AF532713

Walter R. Auer

DER ARCHITEKT ALS GENERALIST

Das Gebäude

Die Fachbuchreihe zu den Themen

- Baurechtpraxis und Baumanagement
- Bautechnik
- Energieeffizientes Bauen
- Energiesystemtechnik
- Gebäudetechnik, TGA und Facility Management
- Klima- und Lüftungstechnik
- Sicherheitstechnik

DIPL.-ING. WALTER R. AUER

DER ARCHITEKT ALS GENERALIST

Das Handbuch für die Projektleitung

VDE VERLAG GMBH

ICS 91.010.01; 91.010.20; 91.040.01

Bibliografische Information der Deutschen Nationalbibliothek
Die Deutsche Nationalbibliothek verzeichnet diese Publikation in der Deutschen Nationalbibliografie; detaillierte bibliografische Daten sind im Internet über *http://dnb.dnb.de* abrufbar.

ISBN 978-3-8007-5007-8 (Buch)
ISBN 978-3-8007-5008-5 (E-Book)

Satz: Reemers Publishing Services GmbH, Krefeld
Druck und Bindung: Beltz Grafische Betriebe GmbH, Bad Langensalza
Printed in Germany 2019-12

Vorwort

Warum dieses Handbuch?

Das Fach eines Architekten ist eine auf weitreichender Gelehrsamkeit und vielseitiger Bildung beruhende Wissenschaft, denn alle Gebilde der übrigen Künste müssen sich der räumlichen Anordnung, der baulichen Schöpfung anbequemen, so *Marcus Vitruvius Pollio*.

Das vorliegende Handbuch soll in diesem Sinne eine Zusammenfassung aller erforderlichen Handlungen des Architekten bei der Projektabwicklung sein – ein Leitfaden als Nachschlagewerk.

Die Erläuterungen und Beschreibungen in diesem Handbuch basieren auf meinen Erfahrungen in der Leitung und Steuerung der Projektabwicklung von Bauvorhaben unterschiedlichster Anforderungen.

Erfahrungen habe ich gesammelt mit meinem kleinsten Projekt (einem Umkleidebereich für eine Internationale Schule), mit meinem Lieblingsprojekt (dem Pressezentrum an der F1-Rennstrecke Nürburgring, zu bauen in vier Monaten zwischen zwei Rennsaisons im Schneewinter 1988) und meinen großen Projekten (zu nennen die Bauten des Bundes in Berlin mit bis zu 500 Mio. Euro Herstellkosten).

Erfahrungen habe ich auch gesammelt mit unterschiedlichen Charakteren von Bauherren: dem genialen Architektenkollegen, dem privatbauenden Familienvater, fachlich dem „Bauhaus-Kenner", dem eigentlich fachlich Wissenden öffentlicher Verwaltungen, dem alles immer infragestellenden Rechtsanwalt und den oft überlasteten Bauabteilungen der Privat- bzw. Gewerbewirtschaft.

Ein Wort zur HOAI:
Der Europäische Gerichtshof hat mit dem Urteil vom 4. Juli 2019 die Mindest- und Höchstpreisregelungen in der Deutschen Honorarordnung für Architekten (HOAI) gekippt. Sie verstoßen gegen die Dienstleistungsrichtlinie der EU. Aber eben nur die Regelungen des § 7 für Aufträge der öffentlichen Hand – alle anderen Regelungen können bestehen bleiben; privatrechtliche Vereinbarungen bleiben weiterhin außen vor.

Düsseldorf, September 2019 — *Dipl.-Ing. Architekt Walter R. Auer*

Inhaltsverzeichnis

1 Einführung

1.1 Der Architekt ist Generalist

Alle Beteiligten im Baugeschehen sind in vielfältiger Weise gefordert. Gestalterische, technische, betriebswirtschaftliche und organisatorische Prozesse sind zu koordinieren und zu steuern. Bauplanungs-, bauordnungsrechtliche und rechtliche Fachkenntnisse sind gefordert und nehmen die Beteiligten in die Pflicht.

Dabei ist den Vorstellungen des Auftraggebers Gestalt zu verleihen, die Gebote der Wirtschaftlichkeit sind zu beachten, der geäußerte oder nachgefragte Kostenrahmen ist einzuhalten. Nach Maßgabe dieser Gebote sind auch die Sonderfachleute und Unternehmer einzubinden sowie die Baustoffe und Bautechniken für die Planung und die Bauverwirklichung in der vorgesehenen Zeit auszuwählen – schließlich ist dafür zu sorgen, dass das Bauwerk mängelfrei entsteht.

Beratung, Entwurf und Bauangaben, Koordinierung und Überwachung sowie die Leitung des Projektes *durch den Auftraggeber* erweisen sich so als eine immense Herausforderung.

Damit zu ganz gezielten Zeitpunkten Ergebnisse herbeigeführt werden, muss der Auftraggeber strategische und operative Leistungshandlungen erbringen und Teilprozesse so organisieren und leiten, dass der Gesamtprozess weitgehend störungsfrei und zielgerecht abläuft.

Diese Leistungen sind bei der Abwicklung eines Bauvorhabens Kernaufgaben des Auftraggebers. In vielen Fällen, z. B. aufgrund der Einmaligkeit des Projektes, werden nicht alle Teilleistungen vom Auftraggeber selbst erbracht. Aus diesem Grunde werden Teilleistungen zur Unterstützung des Auftraggebers delegiert – an den *objektplanenden Architekten* oder an einen Externen.

Es spricht vieles für den objektplanenden Architekten. Der wesentliche Grund für die Beauftragung des objektplanenden Architekten dabei ist: Der Umweg zu den fachlich Beteiligten über den externen Projektleiter als zusätzliche Schnittstelle entfällt. Alle Informationen gehen durch einen „Flaschenhals" und damit nimmt der objektplanende Architekt *direkt und unmittelbar* auf die handwerkliche und technologische Machbarkeit wesentlichen Einfluss im Hinblick auf die Einlösung der geforderten Qualität.

Damit ist der objektplanende Architekt als Projektleiter wieder im Sinne eines *vitruvschen* Architekten, dem Generalisten, tätig.

Leitgedanken:

Der Architekt, griechisch Baumeister, ist der entwerfend tätige Baufachmann. In seinem Beruf vereinigt er Kunst, Wissenschaft und Technik.

Oder – entsprechend dem ersten Kapitel des ersten Buches von Marcus Vitruvius Pollio – es speise sich das Wissen des Architekten aus

- **„fabrica" (Handwerk) und**
- **„ratiocinatio" (geistiger Arbeit),**

die es ihm ermöglichen, über alle anderen Handwerkskünste zu urteilen.

Voraussetzung für die vorgenannten Leitgedanken ist, dass mit dem Architekten ein sogenannter Architekten-Vollvertrag (LPH 1 – 9) vereinbart wird. Denn nur damit wird sichergestellt, dass alle Informationen/alle Projektdaten von Anfang an durch den „Projektleiter-Flaschenhals" gehen und an die richtige Adresse weitergeleitet werden.

Diesem Generalisten-Leitgedanken wird von einigen Fachleuten entgegengehalten, dass es u. a. aufgrund fehlender Fähigkeiten des Architekten besser sei, stattdessen viele Spezialisten einzubinden und diese durch weitere Externe zu steuern.

Die Praxis zeigt, dass dies aber dem vorgenannten Leitgedanken eben nicht ausreichend entspricht und schon gar nicht zielführend ist. Denn durch die Beauftragung vieler Spezialisten orientieren sich die fachlich Beteiligten viel zu oft nur an ihren vertraglich beschriebenen „Leitplanken der Leistungen". Und im Ergebnis wird der Blick auf das gesamte Projektgeschehen von ihnen vernachlässigt; nach dem Motto: Ist ja Leistung der anderen, ist nicht in meinem Vertrag vereinbart.

Dies führt dann u. a. dazu, dass sich in den Projektphasen vor der Bauausführung bereits Ausführungsdefizite z. B. aufgrund von unzureichend abgestimmten Schnittstellen manifestieren, welche dann im Verlauf der Bauausführung zutage treten. Bestenfalls werden durch den Spezialisten der Objektüberwachung beim Einlesen in die Bauangaben einige dieser Ausführungsdefizite beizeiten erkannt und noch vor der Vergabe beseitigt. Damit verbunden ist die Nachbesserung der fertigen Entwurfs- oder Ausführungsplanung durch die fachlich Beteiligten (zeitintensiver Wiedereinstieg in abgeschlossene Teil-Leistungsphasen).

Um dieses zu umgehen, ist der (objektplanende) Architekt als Generalist die richtige Person für die Leitung und Steuerung des Projektes.

Es ist aber an dieser Stelle auch klarzustellen, dass ein Generalist die fachlich beteiligten Planer nicht ihrer Verantwortung enthebt. Die werkvertragliche Verantwortung für seinen Leistungsbereich verbleibt bei jedem einzelnen fachlich Beteiligten.

1.2 Zu diesem Buch

Die Erklärungen und Beschreibungen in diesem Buch erläutern die Leistungen des Architekten als Objektplaner und als Architekt für die Auftraggeber-Projektleitung in einer Funktion (siehe Abschnitt 1.5).

Das Handbuch soll des Weiteren beim Projektauflegen und in Routineangelegenheiten schnellen Zugriff und damit Sicherheit schaffen. Durch die Definition und Beschreibung der Leistungen der fachlich Beteiligten werden die Aufgabenverteilung und die entsprechende Steuerung der Teilprozesse für jeden nachvollziehbar dargelegt.

Meine Erläuterungen zu allen organisatorischen Belangen gelten für ein Projekt, z.B. für ein Bürogebäude oder eine Seniorenresidenz, mit mehreren fachlich beteiligten Büros und Sonderingenieuren, mit bis zu 50 bis 80 und noch mehr Projektmitarbeitern und einem Bauherrn, der delegierbare Auftraggeber-Aufgaben an das Architekturbüro übergibt, welches auch die Architekten-Objektplanung und -überwachung in Auftrag hat. Die Projektlaufzeiten liegen dabei i. d. R. für die LPH 1- 8 bei Einfamilienhäusern bei 3 Jahren, bei einem Bürogebäude sind es 5 Jahre, für die LPH 9 kommen nochmals 5 Jahre hinzu.

Das Handbuch soll ebenso allen Projektbeteiligten eine Struktur zur praxisgerechten, organisatorisch notwendigen Bearbeitung einzelner Leistungsphasen im Bereich der eigenen Aufgaben geben, damit als Ergebnis einerseits eine schlüssige Planung für die Beauftragung der bauausführenden Firmen vorliegt und andererseits die Überwachung der Ausführung im Hinblick auf die notwendige Übereinstimmung mit den Planungsvorgaben und den Projektzielen möglich ist.

Sinngemäß können die Erklärungen und Beschreibungen für die Leistungsbilder Anlage 11 Freianlagen, 12 Ingenieurbauwerke, 13 Verkehrsanlagen, 14 Tragwerksplanung und 15 Technische Ausrüstung der HOAI 2013 verwendet werden.

Die Hauptaufgabe der Beteiligten

Grundlage für alle Leistungshandlungen der fachlich Beteiligten sollte es sein, die Interessen des Auftraggebers bei der Projektbearbeitung zu berücksichtigen. Dabei ist weder der Selbstgefälligkeit noch einer technischen „Alles-ist-machbar"-Strategie zu verfallen, sondern die Leistungshandlungen haben ausschließlich das Erreichen der Projektziele zu fördern.

Zielgerichtetheit erfordert, den Ablauf eines Bauprojektes auch aus der Sicht des Auftraggebers zu sehen. Die Aufgabe der Beteiligten ist, ihre jeweilige Kompetenz so in das Projektgeschehen einzubringen, dass beides zusammen – Kompetenz des Auftraggebers und die Kompetenz der Beteiligten – zum gewünschten Erfolg führt.

Für eine entsprechende Abwicklung von Bauvorhaben haben alle fachlich Beteiligten nachstehende übergeordnete geschuldete Leistungen zu berücksichtigen und als Hauptaufgabe zu erfüllen:

- **Die Entwurfsplanungen des Bauwerkes und die Planungen der Kosten und der Termine sind „gleichrangig".**
- **Die Leistungen (Zeichnungen, Beschreibungen, Berechnungen und Ermittlungen) müssen den vertraglichen Vereinbarungen und nur den Projektzielen entsprechen.**
- **Die Ergebnisse der Leistungen der fachlich Beteiligten müssen insbesondere auch der Vergabe- und Vertragsordnung, der VOB Teil A und B, entsprechen.**

  Denn der Auftraggeber schuldet gemäß VOB dem Bau-Auftragnehmer vertraglich die richtige Bauangabe für die Angebotserstellung und für die Bauausführung – und das alles im abgestimmten Terminrahmen.

Für diese vorgenannten geforderten Leistungen als Hauptaufgaben der Beteiligten hat der Generalist den Überblick für Leitung und Steuerung; das vernetzte Wissen.

In diesem Sinne ist dieses Handbuch in die folgenden Kapitel gegliedert:

1 Einführung
2 Der Entwurf, das Bauprojekt, die Beteiligten
3 Der Architekt: Generalist
4 Planung von Qualität, Kosten, Terminen (Q-K-T)
5 Erläuterung der Leistungsphasen LPH
6 Die Kommunikation
7 Anmerkungen zur VOB und einigen stillen Beteiligten
8 Die HOAI in Schlagworten
9 Anmerkungen zum Architektenvertrag
Anhang

Die Einzelmerkmale Bauprojekt, Beteiligte, Arbeitsteilung und die Kernaufgaben des Generalisten, die Planungen des Projektes, der Qualität, der Kosten und Termine innerhalb der vier Projektabschnitte unter Einsatz einer zielführenden Kommunikation und das Berücksichtigen der stillen Begleiter (VOB, HOAI, Architektenvertrag etc.) werden erläutert und beschrieben.

Und, letztendlich ist noch ein „weiches Argument" bei allem zu berücksichtigen:
Es ist zu bedenken, dass wir alle nur zwei Hände haben und wir für die Realisierung des Bauprojektes in der Zusammenarbeit keine Gegner, sondern Partner benötigen, und Partnern sagt man eigentlich nur die Wahrheit.

1.3 Anmerkung in eigener Sache

Es sind in dem vorliegenden Handbuch bewusst keine seitenlangen Vorschriften, Regelwerke (HOAI, VOB, VHB, RBBau, PM etc.) und Gerichtsurteile zitiert worden. Denn diese Informationen unterliegen einerseits einer fortlaufenden Verifizierung, andererseits stellen z. B. Gerichtsurteile „immer auf den Einzelfall" ab. Deshalb sind benötigte Antworten aus diesen Unterlagen immer zeitnah im Original zu recherchieren.

Beispielsweise stehen auf dem Markt mehrere Kommentare zur HOAI zur Verfügung – i. d. R. von Juristen verfasst und meistens über 1.000 Seiten lang, aber in den wenigsten Fällen von Fachleuten begleitet, welche über Praxiserfahrung in der Projektabwicklung verfügen. Wer also zu meinen Erklärungen der Leistungsphasen und Beschreibungen der Aufgaben weitere rechtssichere Begründungen sucht, nehme bitte diese Werke zusätzlich zur Hand.

Denn auch aufgrund der Tatsache, dass genügend juristischer Kommentar zur Verfügung steht, habe ich bewusst für das vorliegende Handbuch keine Juristen als Co-Autoren bemüht, sondern ausschließlich meine Projekterfahrung aus den letzten fast 50 Jahren niedergeschrieben.

Und – erfreulich– im Sinne eines Generalisten hat auch der Verordnungsgeber gehandelt:

Mit der HOAI 2013 sind in den Leistungsbildern „Gebäude und Innenräume" wieder viele Leistungen der spezialisierten Beteiligten Baumanager, Projektsteurer und -manager in den Grundleistungen und Besonderen Leistungen der Objektplanung berücksichtigt worden (z. B. operative und strategische Leitprozesse, Bedarfsplanung und -ermittlung, Aufstellen eines Funktions- und Raumprogramms).

Und: Auch für diese vorgenannten – isolierten – Leistungen von Baumanager und Projektsteuerer und -manager liegt ausreichend Literatur vor (siehe hierzu unter GPM e.V.). Insbesondere sind hier die Veröffentlichungen von Prof. Dr.-Ing. *W. Rösler* und Prof. Dr. *K. Diederich* zu nennen.

1.4 Etwas zum Schmunzeln

Prof. *Werry Roth* und Dr. jur. *Bernhard Gaber* führen sinngemäß in der GOA, 6. Ausgabe 1962, hierzu aus, dass es für einen Bau eines Meisters bedarf, welcher wie ein Dirigent eines Orchesters die Stimmen zum harmonischen Einklang bringt. [1]

Und weiter, dass jedes Bauwerk aber auch ein konstruktives Gefüge und ein technisches Gebilde ist, welches nur der erfahrene Fachmann gestalten kann. Denn immerhin sind an seinem Entstehen der Bauherr, der Architekt, die Fachingenieure und die Handwerker und der Bau-Unternehmer beteiligt.

Dabei handelt derjenige Bauherr am klügsten, der einen geeigneten fachmännischen Berater sucht und den freischaffenden Architekten nimmt; je früher desto besser.

Denn schon die Lage des Baugrundstückes ist für das Projekt von Bedeutung. Bodenverhältnisse, Fluchtlinienbeschränkungen, Bauzonen, Bauverbote, Nachbarrechte, öffentliche und private Lasten des Grundstückes, Anliegerbeiträge, Verkehrsverhältnisse, sowie der Grundstückspreis und -wert, ebenso die Lage an der Straße oder die Lage zur Straße und viele sonstige Fragen sind dabei zu bedenken, bevor es zum Bauen kommt oder empfehlenswerterweise bevor überhaupt ein Grundstück erworben wird. Bei der Lösung dieser Vorfragen wird der Architekt fachmännischen Rat erteilen.

Manchmal kennt der Auftraggeber seine Bedürfnisse und weiß genau, was er wie gebaut haben will, aber oft merkt er erst durch die Beratung mit dem Architekten, was vergessen wurde, was geändert werden sollte und schließlich auch, was zu viel verlangt wurde im Verhältnis zu den Kosten. Die Frage der Baukosten spielt in fast allen Fällen eine Hauptrolle. Mancher Bauherr hat am Ende seine Entscheidung bereut, nicht frühzeitig genug den Architekten hinzugezogen zu haben, der sich zum geeigneten Mittler und Sachverständigen entwickelt hat.

Sind alle finanziellen und technischen Fragen geklärt, sind umfangreiche Verhandlungen mit einer Vielzahl von Behörden geführt worden, dann kann endlich, nachdem der Architekt durch seine eigenschöpferische Gestaltungskraft auf der Grundlage der modernen Technik und unter Berücksichtigung aller wirtschaftlichen Erfordernisse im Vorentwurf und Entwurf die künstlerisch befriedigende und sich in das Ganze einfügende Lösung gefunden hat, der Bau beginnen. Und am Ende, wenn die Bauaufsicht die Gebrauchsabnahme des Baues durchgeführt hat und der Bau übergeben werden kann, kommt ein bedeutender Augenblick im Leben eines jeden Bauherrn: der Schlusspunkt. Vorbei sind viele Mühen, Sorgen und Überlegungen. Und, es ist der Anfang neuer Freuden; das ist eine der essentiellen Aufgaben des Architekten.

Warum führt diese Einschätzung zum Schmunzeln? Meines Erachtens ist die 2013er HOAI wieder da angelangt, wo 1962 die GOA bereits war; beim Architekten als Generalisten.

Warum fand eigentlich die Abkehr von diesem Gedanken statt? Es gibt zwei Gründe.

Zum einen wurde argumentiert, dass die Bauprojekte immer komplizierter und die gesetzlichen Vorschriften und Erlasse immer arbeitsintensiver würden und dadurch die Architekten das Ganze nicht mehr allein „schultern" könnten; was allgemein nicht in Abrede gestellt wird, da der Aufwand für die Projektabwicklung tatsächlich immer umfangreicher geworden ist.

Zum anderen wurde von den Architekten zunehmend weiteres Spezialwissen verlangt und dieses war in ihren Arbeits-/Büroabläufen zu berücksichtigen und in diese zu integrieren. Dazu zählen QM, PS, PM, FM, Nachhaltigkeit, DSVO, EU-Vergaberecht, einfacheres Baurecht etc.

Mit diesen Argumenten – das alleinige Schultern und die Erfordernis zusätzlicher Fachspezifika – wurden von externen Projektsteuerern und -managern weitere Spezialisten für das Team begründet. De facto hieß das aber auch, den Architekten wurde immer ein wenig ihrer Aufgaben abgenommen; bis der – überspitzt bezeichnet – „Entwurfs-Architekt" übrig blieb.

Dass dies aber am Ende nicht zielführend war, hat auch der Verordnungsgeber verstanden. Mit den derzeitigen Leistungsbildern der HOAI ist deshalb eine Rückbesinnung angestoßen worden.

1.5 Fachbegriffe

Sprachregelung: Im Text werden die männlichen Wortformen Bauherr und Auftraggeber (AG) gleichbedeutend zu den Movierungen Bauherrin und Auftraggeberin (AGin) verwendet.

Architektur und Bau

Dirk Baecker führt in seinem 1991 erschienenen Werk „Code der Architektur" aus, dass ganz allgemein gesehen, ein Dach über dem Kopf zu haben, *Bau* heiße und dass hingegen *Architektur* auf Gestaltungsprinzipien verweise, die sich über einen langen Zeitraum bewähren und bewährt haben. Architektur verwende eine künstlerische Formensprache. Beim Bau hingegen gehe es um marktwirtschaftliche Effektivität und Rationalität. Architektur heiße: einem notwendigen Bauvorhaben mit künstlerischer Methodik etwas entgegenzusetzen, zu relativieren, zu kritisieren. [2]

Architekt -> allgemein

Die Union Internationale des Architects hat im Jahre 1955 eine Charta der Architekten beschlossen (Standort des Architekten in der menschlichen Gesellschaft):

- Der Architekt, das ist der Mensch, der die Kunst des Bauens meistert und so die Stätten, an denen die Menschen ruhen oder sich regen, aufs Beste gestaltet und beseelt.

Und die Charta definiert die Berufsaufgaben des Architekten:

- die künstlerische, auf wirtschaftlichen und technischen Grundlagen beruhende Planung,
- eine Objekt-Überwachung der Bauausführung,
- Vertreter des Bauherrn gegenüber Behörden, Bauunternehmern und Handwerkern und Berater und Betreuer des Bauherrn... zu sein,
- Aufsteller von Gutachten auf allen Gebieten des Bauwesens, vor allem unabhängig und eigenverantwortlich und
- als Treuhänder und Vertreter des Bauherrn auftritt.

Oder einfacher ausgedrückt:

„Architekt, griechisch Baumeister, der entwerfend tätige Baufachmann" [3], der als fachlich Beteiligter den Projektzielen des Auftraggebers verpflichtet ist.

Architekt -> Funktion (in diesem Buch)

- entwerfender und planender Architekt
- objektüberwachender Architekt (gemeinhin Bauleiter genannt)
- verantwortlicher und zuständiger Architekt (Projektleiter des Architekturbüros)
- gesamtverantwortlicher Architekt (Auftraggeber-Projektleiter/Generalist)

Architekt BÜ

Schon Kommentare zur GOA 1962 sprechen davon, dass der Architekt bei fehlender Erfahrung für die Objektüberwachung der Bauausführung sich einen Kollegen zur Seite nehmen soll, welcher über Erfahrung in der Bauausführung verfügt. Damit aber verbleibt die Gesamtverantwortung bei dem (entwerfenden) Architekten und der „Bauleiter" ist der Überwachungs-Spezialist für die Bauausführung und soll die Festlegungen des Entwurfsverfassers umsetzten (lassen). [4]

BÜ öffentlich-rechtlich

Der öffentlich-rechtliche Begriff „Bauleiter" hat nichts mit einer Tätigkeit als „Bauleiter" im Sinne der VOB zu tun. Er beinhaltet hier das Weisungsrecht des öffentlichen Interesses als Schutzfunktion der Bauordnung; dieser Bauleiter wird mit der Baubeginnanzeige bestellt.

Auftraggeber

Ein Auftraggeber ist ein Wirtschaftssubjekt, ein Vertragspartner. Dieses Subjekt überträgt dem anderen Vertragspartner (Auftragnehmer) einen Auftrag für die Besorgung eines Geschäfts. Denn im Baurecht ist er der rechtliche und wirtschaftlich verantwortliche Auftraggeber bei der Durchführung von Bauvorhaben. Er kann sowohl eine natürliche Person (Privatperson) als auch eine juristische Person sein (Körperschaft, Verein und Gesellschaften). Der Auftraggeber ist kein Käufer, da er nicht zeitlich unmittelbar nach seiner Bestellung die Leistung durch den Auftragnehmer erhält, sondern erst nach mehreren Wochen oder Monaten. Der Grund hierfür ist, dass die Leistung erst noch erstellt werden muss, im gegebenen Fall ein Gebäude.

Bauherr

Herr des Bauens. Eine althergebrachte Definition eines Auftraggebers. Aber: Wir sollten den Sinn des Wortes Bauherr nicht immer nur in Verbindung mit dem Geld-gebenden Auftraggeber sehen. Letztendlich bestimmt der Auftraggeber als Herr des Bauens, was er möchte. Und: Fordern wir nicht andererseits wiederkehrend bei gesichtslosen Gremien den Bauherren-Vertreter? Also: Erkennen wir die Position des Auftraggebers als die eines Bauherrn an.

Baubeschreibung

Bei einer Baubeschreibung handelt es sich um eine detaillierte Beschreibung eines zu errichtenden Gebäudes oder Teilen von diesem (Technische Anlagen, Freianlagen, etc.). Dabei sind, neben der Art der Bauausführung, die zum Einbau gelangenden Materialien zu beschreiben und aufzulisten.

Grundsätzlich sind Erläuterungen, Beschreibungen und Berichte in der Systematik der Kostengliederung nach DIN 276 aufzustellen.

Projekt-Zielkatalog
Mit dem Projekt-Zielkatalog werden die Bauvorstellungen des Auftraggebers konkret dargelegt und Grunddaten für die Verwirklichung bestimmt. Es sind alle Belange, welche mit dem Bauvorhaben berührt werden, zu benennen.

Erläuterungsbericht
Die Ergebnisse des Projekt-Zielkataloges der Grundlagenermittlung müssen, jedoch nur noch hinsichtlich des Bauwerkes, der technischen Anlagen, der Freianlagen und der Einrichtung, für den Auftraggeber von allen fachlich Beteiligten jeweils informativ und schlüssig zusammengestellt werden.

Die Objektbeschreibung
Die Objektbeschreibung stellt die schriftliche Ergänzung der Zeichnungen des Bauwerkes, der technischen Anlagen, der Freianlagen und der Einrichtung dar. Sie soll Ausführungen zur Konstruktion und Installationen, zu den Baustoffen und evtl. Gestaltungsdetails enthalten.

Die Baubeschreibung
Die Baubeschreibung für die Genehmigungsvorlagen wird auf Basis der Vorbeschreibungen entweder mit einem Formblatt als Anlage zur BauPrüfVO (ausreichend bei einem Wohnhaus) oder hierzu ergänzend ausführlicher und einschließlich der Betriebsbeschreibung aufgestellt.

Detaillierte Objektbeschreibung als Baubeschreibung
Das Aufstellen einer detaillierten Bauprojekt-Beschreibung als

- Bau- oder als
- Raum-Buch

ist Grundlage der Leistungsbeschreibung mit Leistungsprogramm.

Baumanagement

Prof. *Wolfgang Rösel* definiert Baumanagement als die Ergänzung eines Entwurfsarchitekten, wenn er Teilleistungen der Objektplanung oder die Objektüberwachung nicht selbst erbringt. [5]

Bauprojekt

Ein Bauprojekt ist ein zeitlich begrenztes Vorhaben, das im Wesentlichen gekennzeichnet ist durch

- ein abgrenzbares Einzelvorhaben mit definiertem Anfang und Ende,
- Einmaligkeit,
- Komplexität durch Beteiligung verschiedener Disziplinen und Organisationen,
- viele nicht standardisierbare Wechselbeziehungen,
- technische, wirtschaftliche und terminliche Risiken.

Bauökonomie

Bauökonomie bezeichnet ein Wissensgebiet, das die ökonomische Planung und Durchführung von Bauvorhaben zum Gegenstand hat.

Bausoll

Ausgehend vom Bauvertrag handelt es sich um die zu erbringende Bauleistung. Definitionsgrundlage ist die dem Bauvertrag beigefügte Leistungsbeschreibung oder das Leistungsverzeichnis.

Für den Architekten muss erkennbar sein, was vom Bausoll erfasst werden soll, d. h. welche Leistung laut Vertrag zu erbringen ist und welche Leistung ggf. zusätzlich durch den Auftraggeber beauftragt werden muss. Unterschieden werden zwei Arten, das Bausoll zu beschreiben:

- Das Bausoll wird als ein zu erreichendes Ziel definiert, wobei dem Auftragnehmer überlassen bleibt, wie er dieses Ziel erreicht.
- Es werden detaillierte Vorgaben für die Erreichung des Ziels formuliert, meist durch umfangreiche Leistungsverzeichnisse und entsprechende Ausführungsplanungen. Dieser Fall kommt in der Praxis häufiger vor.

Generalist

Auch als Generalist ist der Architekt den Projektzielen des Auftraggebers verpflichtet. Erweiternd zu seinen Architekten-Grundleistungen führt er mit seinem gesamtheitlichen Leitungs- und Organisationskonzept Ergebnisse zu jeweils bestimmten Zeitpunkten herbei.

Er überlässt das Erreichen der Ergebnisse nicht dem Zufall oder der Genialität einzelner Personen und insbesondere nicht einem durch sich gegenseitig beeinflussende Projektelemente verselbstständigendem Planungsverlauf, sondern er greift gezielt zur Ergebnissicherung in diesen Prozess ein.

Das bedeutet die Zuteilung von Aufgaben, Kompetenzen und Einzelverantwortung an alle am Projekt beteiligten Teams, deren organisatorische Verankerung, die Organisation der Entscheidungsprozesse sowie die Durchsetzung und Kontrolle der getroffenen Entscheidungen.

Der Generalist sichert die eindeutige, sachlich richtige, umfassende und rechtzeitige Bestimmung des Bausolls – als Planungsergebnis – sowie dann dessen Überwachung in der Bauausführung zu.

Er achtet auf die Einhaltung der festgelegten Parameter der Qualitäten und darauf, dass das Projekt zeitgerecht und im vorgestellten Kostenrahmen abgewickelt wird. Durch die technische und geschäftliche Leitung, Organisation und Koordination aller fachlich Beteiligten stellt er das Erreichen der Projektziele sicher.

Sein Ziel ist auch, für den Planungsprozess Erfahrungen über Bauabläufe, Baubetrieb, Baumaterialien und Wirtschaftlichkeit zeitgerecht zur Verfügung zu stellen, um Unzulänglichkeiten nicht erst bei der Bauausführung erkennen zu müssen.

Genius loci

Als Genius loci werden in der Architektur und Raumplanung die baulichen Vorgaben und Merkmale eines Ortes benannt, die sich als entwurfsbestimmend herausstellen. Jedes Grundstück hat eine charakteristische Lage und Einbettung in seine Umgebung. Daraus resultieren Wertigkeit, Charakter und Nutzungsmöglichkeiten.

Des Weiteren beinhaltet er die Atmosphäre und Aura eines Ortes. Vor allem bei der Einbindung historischer Bausubstanz spielt er eine wichtige Rolle, wenn es gilt, die Anknüpfungspunkte, die ein Ort bietet, aufzugreifen, etwa bei der baulichen Umwidmung alter Kirchenbauten.

HOAI

Verordnung über die Honorare für Architekten- und Ingenieurleistungen. Die Verordnung regelt – für die mit Sitz im Inland Tätigen – die Berechnung des Honorars (Entgelt) nur für die Grundleistungen. Die Honorare für die Besonderen Leistungen sind separat zu vereinbaren.

Kostenplanung

Nach DIN 276:2018-12 „Kosten im Bauwesen" ist die Kostenplanung die „Gesamtheit aller Maßnahmen der Kostenermittlung, der Kostenkontrolle und der Kostensteuerung" [6]. Die Norm regelt die Kostenplanung im Bauwesen (Hochbau, Ingenieurbauwerke, Infrastrukturanlagen und Freiflächen) und insbesondere die Ermittlung und Gliederung von Kosten.

Damit ist ein einheitlicher Sprachgebrauch in der planungs- und Bauökonomie mit eindeutig bestimmten Begriffen und verbindlichen Anwendungsregelungen sichergestellt. Das unterstützt eine einheitliche Vorgehensweise für alle fachlich Beteiligten in der Kostenplanung.

Sie begleitet kontinuierlich alle Phasen der Baumaßnahme während der Planung und Ausführung.

Kostengliederung

Die Gesamtkosten gliedern sich in acht Kostengruppen:

- 100 Grundstück
- 200 Vorbereitende Maßnahmen
- 300 Bauwerk – Baukonstruktion
- 400 Bauwerk – Technische Anlagen
- 500 Außenanlagen und Freiflächen
- 600 Ausstattung und Kunstwerke
- 700 Baunebenkosten
- 800 Finanzierung

Kosten -> Kennwerte

Kostenkennwerte stellen dar, wie das Verhältnis der Kosten bestimmter Kostengruppen zu bestimmten Bezugseinheiten ist.

Kosten -> PL-Kennwerte

Planungskennwerte stellen dar, wie das Verhältnis in Prozent oder Faktoren bestimmter Flächen, Rauminhalte oder Nutzungseinheiten (AP, WE) zur Nutzfläche, Bruttogrundfläche oder Einheit ist.

Kostenermittlungen

Nachstehende Ermittlungen sind gefordert:

- Kostenrahmen auf der Grundlage von Kennwerten und von Bedarfszahlen
- Kostenschätzung auf der Grundlage Vorplanung
- Kostenberechnung auf der Grundlage Entwurfsplanung
- Kostenvoranschlag auf der Grundlage Ausführungsplanung und den Leistungsverzeichnissen

- Kostenanschlag auf der Grundlage von Vergaben und Ausführung
- Kostenfeststellung auf der Grundlage entstandener Kosten

Kosten -> Projekt

Kosten, z. B. im Hochbau, für die Aufwendungen insbesondere aller Güter, Leistungen, Steuern und Abgaben, die für die Planung und Ausführung von Baumaßnahmen erforderlich sind.

Kosten -> Elemente

Kostenelemente sind aus abgerechneten Projekten ermittelte spezifische Kosten in Bezug zu einer Einheit, z. B. ein Stk. Bauwerk, 1 m^2 Fassade, 1 m^2 Bodenaufbau bis hin zur Leistungsposition 1 m^3 Beton.

Kosten -> Leitposition

Für die Ermittlung der Kosten mit Mengengerüst sind Bauelemente zu verwenden. Es handelt sich um Zusammenfassungen von mehreren LV-Leitpositionen zu Bau-Kosten-Elementen, z. B. KG 350 Decke besteht aus der Deckenkonstruktion KG 351, den Deckenbelägen KG 353 und der Deckenbekleidung KG 354.

Kostenkontrolle

Kostenkontrolle ist lt. DIN 276 das Vergleichen der aktuellen Kostenermittlung mit früheren Kostenermittlungen und Kostenvorgaben. [7]

Kostensteuerung

Die Kostensteuerung dient der Einhaltung von Kostenvorgaben durch zielgerichtete Korrekturen bei Ausgaben-Fehlentwicklungen.

Es ist die auf die bestmöglichen Ziele eines baulichen Projekts gerichtete Steuerung. Dazu müssen alle Kosten genauestens analysiert und jede kostenrelevante Veränderung dokumentiert werden, um zielgerichtet steuernd eingreifen zu können.

Kostenvorgaben

Kostenvorgaben sind Festlegungen als Obergrenze oder als Zielgröße für das Projekt.

Kostenzusage

Dem Zeitgeist entsprechend soll auch der Architekt an der Entwicklung bzw. Einhaltung der Projektkosten durch eine verbindliche Kostenzusage stärker in die Verantwortung eingebunden werden; Kostengarantie oder Höchst-Bausummen sind hier die Begriffe.

LPH Leistungsphasen (HOAI 2013)

LPH 1: Grundlagenermittlung

LPH 2: Vorplanung (Projekt- und Planungsvorbereitung)

LPH 3: Entwurfsplanung (System- und Integrationsplanung)

LPH 4: Genehmigungsplanung

LPH 5: Ausführungsplanung – Beachte: Afu-Planung, baubegleitend

LPH 6: Vorbereitung der Vergabe

LPH 7: Mitwirken bei der Vergabe

LPH 8: Objektüberwachung (Bauüberwachung) und Dokumentation

LPH 9: Objektbetreuung

Projekt -> Leitung (AG)

Eine Funktion des Auftraggebers gegenüber den sonstigen am Projekt fachlich Beteiligten (Handlungskompetenz und Aufgaben sind projektspezifisch).

Projekt -> Zielklärung

Ermitteln und Festlegen von Funktion, Quantitäten, Qualität, Kosten und Terminen.

Projekt -> Organisation

Planmäßige Gestaltung und Gliederung der projektbezogenen fachlichen Weisungsbefugnisse (ohne Disziplinarkompetenz).

Projekt -> Steuerung

Steuerung der einzelnen Projektprozesse in technischer, wirtschaftlicher und rechtlicher Hinsicht.

Projekt -> Koordination

Zeitliche, kosten- und kapazitätsgemäße Abstimmung technischer Informationen und Sachverhalte aufeinander (Planungs- und Ausführungsablauf) und in das Gesamtgefüge.

Projekt -> Prozesse

Die zwangsläufige Folge von Vorgängen (Abläufen), welche entstehen, um den Fortgang des Vorhabens zu erreichen.

Durch die arbeitsteilige Leistung entstehen mehrere Abläufe zeitgleich oder nacheinander, technologisch unabhängig oder miteinander verbunden.

Die technologische Verbindung (Vernetzung) der Abläufe bestimmt die zeitlichen und kapazitiven Folgen innerhalb des Gesamtablaufes.

Projekt -> Konzept

Entwurf einer Vorgehensweise für eine Projektabwicklung, welche auf die projektspezifischen Belange abzustellen ist.

Projekthandbuch

Leitfaden für das Projektgeschehen. Es zeigt auf, wie die für Projektablauf und Organisation wichtigen Informationen mit den Belangen des Auftraggebers abzustimmen sind.

Projektmanagement

Projektmanagement für Bauprojekte ist die übergeordnete, steuernde und überwachende Auftraggeber-Leistung. Einem Generalisten können Projektmanagement-Aufgaben des Auftraggebers übertragen werden. Es umfasst sämtliche Leitungs- und Führungsfunktionen, die für die Lösung der Projektaufgabe auf der Bauherrenseite erforderlich sind.

Vergabeeinheit

Nach projektspezifischen Bedingungen die Zusammenfassung der ausführungsorientierten Kostengruppen (Gliederung) von Leistungsbereichen und Teilen von Leistungsbereichen.

Die Zuordnung zu Vergabeeinheiten VE hat spätestens mit der Kostenberechnung zu erfolgen.

Verdingungsunterlagen

Auf Grundlage der Verdingungsunterlage gibt der Bieter zuerst sein Angebot ab und erhält darauf den Auftrag; die VE wird Bestandteil des Bauvertrages. Die Verdingungsunterlagen bestehen i. W. aus:

- dem Anschreiben
- der Leistungsbeschreibung und
- den Vertragsbedingungen.

Der Leistungsbeschreibung liegen Zeichnungen, Gutachten, Berechnungen und sonstige sachdienliche Unterlagen zugrunde.

Unternehmensziel

Auch Planungsbüros sollten ein Unternehmensziel haben. Dies sind im Wesentlichen:

- die Erwartungen des Kunden (Auftraggebers) qualifiziert und engagiert zu erfüllen,
- die Mitarbeiter als wesentliches Kapital des Unternehmens zu achten,
- als innovatives Unternehmen anerkannt zu sein und
- Gewinne zu erwirtschaften, um die vorstehenden Ziele erfüllen zu können.

2 Der Entwurf, das Bauprojekt, die Beteiligten

Das Entwerfen eines Bauprojektes ist ein vielschichtiger Prozess, zu dem viele Beteiligte ihre Beiträge einbringen, um den Vorstellungen und Anforderungen des Auftraggebers Gestalt zu verleihen.

Zu Beginn des Entwurfsprozesses ist der Architekt gefordert. Dieser muss die Antworten auf die Anforderungen erarbeiten und für die Verwirklichung eine erste Entscheidung treffen: Welche Architektur entspricht den Anforderungen?

Dabei stellt sich die Frage: Unterscheiden sich in diesem Sinne die Prozesse für das Leiten und Steuern des Projektes?

Exkurs

Gibt es unterschiedliches Bauen, unterschiedliche Architektur? Architektur als Kunst und Architektur für das Allgemeine?

War für den Entwurf bis Ende des 19. Jahrhunderts die Verwendung überlieferter Bauformen mit oft ornamentalen Ausschmückungen maßgebend, wurde dann im 20. Jahrhundert zunächst ein Begriff von Architektur vorherrschend, der den „Zweck der Gebäude" stilisierte: der Funktionalismus. Dieser konzentrierte sich auf den konstruktiven, proportionsgebenden und raumbildenden Aspekt des Bauens, welcher dann in den nachfolgenden Zeiten durch Postmoderne und Dekonstruktivismus aufgelockert wurde.

Gegenwärtig: Für den heutigen Architektur-Stil ist die gestalterische Form nicht mehr die erste oder einzige Priorität.

Und noch konsequenter formuliert *Marcus Vitruvius Pollio*, dass das Fach eines Architekten eine auf weitreichender Gelehrsamkeit und vielseitiger Bildung beruhende Wissenschaft umfasst, da alle Gebilde der übrigen Künste der räumlichen Anordnung der baulichen Schöpfungen sich anbequemen müssen.

Und: Die Baukunde selbst ist aber begründet auf der technisch-gewerblichen Fachkenntnis „Fabricia" und der ästhetisch-theoretischen Befähigung der „Ratiocinatio".

Unter der praktisch-technischen Fertigkeit versteht man aber die durch fortdauernde und beharrliche Übung gewonnene Erfahrung, mittels welcher ein beliebiges Baugebilde durch Handarbeit aus einem geziemenden Stoff nach vorliegender Planzeichnung hergestellt wird.

Und weiter, dass aus diesem Grunde die Baumeister, welche ohne kunstwissenschaftliche Bildung sich mit der mechanischen Handfertigkeit im Zeichnen begnügten, es nicht dahin zu bringen vermochten, mustergültige Werke zu erschaffen;

Und, welche sich ausschließlich auf die theoretischen Studien und Gelehrsamkeit verließen, einem Schatten nachzujagen und nicht das wahre Ziel der Kunst zu erstreben schienen.

Aber diejenigen hingegen, welche sich gründlich bemühten, nach den beiden Richtungen mit dem vollen Rüstzeug der Kenntnisse ausgestattet zu sein, haben rascher mit kunstgerechter Meisterschaft das erwünschte Ziel erreicht. [8]

Vitruv spricht von der „Mutter aller Künste", womit die zeitliche Abfolge als auch die rangliche Einstufung der Architektur gegenüber Bildhauerei und Malerei gemeint ist. Sein klassisches Verständnis „Vitruvs De Architectura" beruht auf den drei Prinzipien

- Stabilität (Firmitas),
- Nützlichkeit (Utilitas) und
- Anmut/Schönheit (Venustas).

Zusammengefasst, als Grundlage für die Architektur, sind es die zehn Bücher, welche das umschreiben, was der Architekt berücksichtigen/beherrschen muss:

Buch 1: Ausbildung des Architekten und architektonische Grundbegriffe; das Anlegen von Städten
Buch 2: Baumaterialien
Buch 3: Tempelbau
Buch 4: Säulenordnung
Buch 5: Öffentliche Gebäude (Basilika, Schatzhaus, Gefängnis, Kurie, Theater), Harmonia
Buch 6: Profanbauten (Privatgebäude)
Buch 7: Innenausbau der Privatgebäude; Farbenkunde
Buch 8: Wasserversorgung
Buch 9: Astronomie und Uhrenbau
Buch 10: Mechanik

Und das bei jeder Art von Gebäudetypus?

Ich sehe das so: Bauprojekte sollen einer bestimmten Anforderung entsprechen. Das sind Anforderungen, welche der Besteller definiert hat für sein Unternehmen, für seine Unternehmensziele oder für sich privat. Diesen Anforderungen sollen wir als Architekt Gestalt geben und dies immer im Sinne des Zeitgeistes.

Es ergibt sich das Spannungsfeld „Bauprojekt – Zeitgeist – Entwerfen".

Der Begriff „Bauprojekt" wird im Regelfall synonym zu der Bezeichnung „Bauvorhaben" verwendet. Nach DIN 69901-5:2009-01 „Projektmanagement – Projektmanagementsysteme" ist ein (Bau-)Projekt definiert als ein „Vorhaben, das im Wesentlichen durch die Einmaligkeit der Bedingungen in ihrer Gesamtheit gekennzeichnet ist" [9].

Aus der Gesamtheit herausgelöst ist das „Erscheinungsbild", der Entwurf, ein wesentlicher Faktor der Einmaligkeit, der aber wiederum einem Wandel des Zeitgeistes unterliegt. Dies im Hinblick auf Veränderungen hinsichtlich des Baustiles, die eine Zeitlang langsamer, heute schneller „fortgeschrieben" werden.

In der Urzeit beginnend beschreibt der Baustil eine „Höhle". Es folgen bis zum Ende des 19. Jahrhundert viele verschiedene Stile von Romanik über Klassizismus zum Jugendstil. Mit *Art déco* beginnt das 20. Jahrhundert. Es geht über in die Moderne (Expressionismus, Bauhaus über Minimalismus zum Regionalismus) zum Dekonstruktivismus und seit 1996 in die von Heinrich Klotz geforderte 2. Moderne.

Kennzeichnend für die 2. Moderne sind die 2001 in Amsterdam gebaute Wohnanlage der „Box-Architektur" von Diener und Diener, die der „Blob-Architektur" (Grazer Kunsthaus aus 2003) von Peter Cook und Colin Fournier und das zu oft nicht „Wahrgenommene", der anonym-ökonomisierte Baustil der sogenannten „Weber Fertighaus"-Architektur.

Hinzugetreten sind ab Mitte der 1990er Jahre der Telearbeitsplatz zu Hause, später Home-Office genannt, und dann, in konsequenter Folge, das Desk-Sharing.

Carsten Goertz merkt hierzu in der Rheinische Post vom 30.10.2010 [10] über die neue Siemens-Zentrale in Düsseldorf zum Thema Desk-Sharing an, dass darunter

- wechselnde Arbeitsplätze,
- Ruheplätze in einer Lounge und
- Internetzugang im Restaurant

zu zählen sind und das Arbeitsumfeld zu definieren ist:

Arbeitsgerät: Mobilphone, Notebook immer dabei, Schrank für das Wegschließen der „Emotionalen Relikte"

Arbeitsplatz: Abteilungsbereich ohne zugeordneten Arbeitsplatz.

Farbiges Arbeitsmobiliar mit synchroner Verbindung von natürlicher, dreidimensionaler Bewegung (Stuhl, Hocker, gepolsterter Container) an höhenverstellbarer Schreibplatte.

Einzel Arbeitsplatz mit Monitor, Headset, Tastatur mit Schnittstelle für Notebook und Ladegerät, ggf. Scanner, Schreibstifte, Papier, beschreibbare Wandflächen, zentrales Ablagesystem

Lieblingsbild: Bildschirmschoner

Arbeitsumfeld: Rotes Sofa in der offenen Küche, genannt Marketplace, Technisch hochgerüstete Räume für Besprechung, Telefon und Videokonferenz, Restaurant mit W-LAN

Arbeitszeit: Gleitend (weltweit vernetzt) und „Home-Office"

Erweiternd zu den Arbeitsplätzen werden heute – ausgeliehen aus der Werbebranche – für intensive Kommunikation oder für Präsentation und für Verkaufsofferten sogenannte Pitch-Räume eingerichtet. Hier erfolgt im kleinen Kreis eine entsprechende Vorbereitung eines zu behandelnden Themas.

Auch der Arbeitsplatz selbst wandelt sich. Die neue Arbeitsform „Coworking" bedeutet:

In größere, verhältnismäßig offene Arbeitsräume sollen – ggf. befristet – Start-ups, Freiberufler und Digital-Nomaden im Gegensatz zur Bürogemeinschaft ohne Verbindlichkeit davon profitieren, z. B. durch „co-worken" bei gemeinsamen Projekten oder Gesprächen Probleme zu erörtern.

Entsprechende Fairuse-Infrastruktur (Netzwerke, digitale Kommunikations-Units, Pitch-Räume) ergänzen den Arbeitsplatz, Kosten entstehen für die Desk- und die „Fairuse"-Nutzung.

Bis zum Jahr 2030 soll diese Assetklasse „Coworking" bis zu 30 % der Bürofläche betragen.

Zurück zu den Baustilen.

Zusammengefasst sind das seit dem Beginn des 20. Jahrhunderts **25 Baustile** in etwas mehr als 100 Jahren; bis zu Beginn des 20. Jahrhundert waren es 8 Baustile in ein paar tausend Jahren.

Es ist leicht zu erkennen, wie schnelllebig Architektursprache geworden ist – oder negativ ausgedrückt – gilt der Grundsatz: Der aktuelle Baustil ist überholt; meine Entwurfssprache ist besser, moderner, weil teurer („polierte" Bankenfassaden)? Ich entspreche mit meiner Auffassung des Architekturstils besser dem Rang und Ansehen meines Auftraggebers in der Öffentlichkeit.

Der Baustil ist und bleibt eine Erscheinung des Zeitgeistes und wird auch zukünftig einer Wandlung – oder positiv ausgedrückt – Fortschreibung unterliegen.

Die Formensprache ist das eine, es tritt aber zumindest zu der ausschließlichen Wertigkeit des Baustils als Zeitgeist heute ein weiterer USP hinzu.

Denn neben der Frage des Architekten, „welchen Baustil verwende ich für diese Anforderung", ist es für ein Unternehmen heute ebenso wichtig, ob das Unternehmen einen Wettbewerbsvorteil am Arbeitsmarkt hat, um neue Mitarbeiter anzuwerben und wenn erfolgreich, wie binde ich diese Mitarbeiter dann an mein Unternehmen.

Folgende Schlagwörter prägen die Diskussion:

- Supermodernismus, Architektur im Zeitalter der Globalisierung
- Work-Life-Balance, oberste Priorität: Vereinbarkeit von Familie und Beruf

Stimmen zu diesen Schlagwörtern:

Der niederländischen Architekturkritiker *Hans Ibelings* prägte den Begriff Supermodernismus und bezeichnet damit eine Architektur im Zeitalter der Globalisierung. Der Begriff tauchte Ende des 20. Jahrhunderts auf. Supermodernistische Architektur setzt nicht auf Symbole und Zeichen, so wie etwa die Postmoderne, sondern vielmehr auf eine sinnliche Erfahrbarkeit des Raumes durch Material und Lichtstimmung.

Und *Andreas Monning* stellt im Tagesspiegel vom 26.3.2007 heraus [11], dass für die Personalpolitik von Unternehmen und Organisationen eine Ausrichtung auf Work-Life-Balance und Vielfalt einen Wettbewerbsvorteil auf dem Arbeitsmarkt darstellen könne. Die Positionierung als familienfreundliches Unternehmen bringe einen Vorteil in Bezug auf Anwerbung und Motivation der Mitarbeiter. Sie diene zudem der Verringerung der Mitarbeiterfluktuation.

Work-Life-Balance ist nach dem Arbeitsplatzwandel „Home-Office" und „Desk-Sharing" eine sich daraus ergebende Forderung an uns Architekten, eben für familiäre (Life) und berufliche (Work) Vereinbarkeit am Arbeitsplatz zu sorgen.

Im *newwork.journal* des Vitra Magazin, by stores, Ausgabe 1, 4/2019 [12] wird dazu ausgeführt, was es bedeutet, für Gesundheit und Wohlbefinden am Arbeitsplatz zu sorgen: zum Beispiel durch Kreativ- und Entspannungs-/Freizeiträume, ein modernes Kasino mit hochwertigen Produkten zur Essensversorgung, ausreichend verteilte ergonomische Möbel, überall gehobene IT-Ausstattung und unterschiedliche Raumqualitäten, in denen der Einzelne sich entfalten kann.

Für Raumqualitäten bietet der Raum die Möglichkeiten; er setzt andererseits aber auch Grenzen. Dabei setzen Boden, Decke und Wand zwar die natürlichen Grenzen, sie sind aber zugleich prägend für die Atmosphäre. Es sind geeignete Materialien der geplanten Nutzung zu bestimmen; denn sie beeinflussen das Raumklima und die Akustik und bestimmen die Gestaltung der Flächen. Nischen im Bestand sind zu nutzen, generell sind Räume zu gliedern und der Ablagebedarf ist dort anzubieten, wo er benötigt wird. Dafür sind Einbauten, die sich zurücknehmen oder in den Mittelpunkt treten, maßgenau oder in guten Proportionen zu positionieren.

Eine genaue Analyse des bereits gebauten oder zukünftigen Raumes und der Blick für dessen Möglichkeiten ist Grundlage für die anstehenden Planungsansätze.

Und weiter: Vor allem Konturen! Licht und Schatten geben den Nutzern Orientierung und setzen bewusst Akzente. Die Möblierung ist begreifbar, besitzbar, benutzbar – mal Arbeitsgerät, mal Lieblingsstück.

Zurück zur Frage: Besteht ein Unterschied im Leiten und Steuern von Projekten, je nachdem, ob Kunst- oder Profanbau? Meines Erachtens nein, zumindestens kein wesentlicher.

Denn, als Grundlage für das Leiten und Steuern des Bauprojektes ist der Vertrag zwischen dem Auftraggeber, dem Architekten und den Ingenieuren und den Bauausführenden das Maß der erforderlichen Leistungen, denn die darin vereinbarten Verpflichtungen sind zu erfüllen.

2.1 Das Bauprojekt und die Beteiligten

Nachfolgend zur Illustration einige Kennzahlen aus den Statistiken der Bundesarchitektenkammer, des Bauindustrieverbandes und der Bundesrechtsanwaltskammer zu Anzahlen von Personen, die im Bauwesen, hier Hochbau, tätig sind.

Die Kennwerte, Stand Mai 2019, sind auf volle Tausend gerundet. Die Differenz bei den eingetragenen Architekten (davon sind sicherlich nicht mehr alle tätig) sind Kollegen der Innenarchitektur sowie Landschafts- und Städtebauarchitekten.

- 70.000 Hochbau-Architekten von insgesamt 135.000 in 16 regionalen Architektenkammern
- 210.000 Bauzeichner, Techniker, Diplom-Ingenieure, Master/Bachelor in Planung und Objektüberwachung
- 40.000 Architekturbüros, davon 30.000 Büros bis 5 Mitarbeiter (MA), mit 80 % nicht-öffentlichen Aufträgen und 50:50-Anteilen an Neubauten zu Bestandsbauten, mit 60 bis 80 T€ Netto/Anno-Honorarumsatz pro MA
- 22.000 Mitarbeiter der Bauabteilungen in Unternehmen und Bauverwaltungen (Stadt-Land-Bund)
- 3.000 Fachanwälte für Bau- und Architektenrecht von insgesamt 170.000 Anwälten in 28 regionalen Anwaltskammern
- 45.000 Studierende im Bauwesen von insgesamt 2,8 Mio. Studenten in 430 Hochschulen

2.1.1 Das Bauprojekt

Was ist ein Bauprojekt?

- Es ist ein abgrenzbares Einzelvorhaben mit definiertem Anfang und Ende.
- Es ist ein Unikat und sucht i. d. R. das technologisch Machbare.
- Es ist komplex durch Beteiligung verschiedener Disziplinen und Organisationen.
- Es hat viele nicht standardisierbare Wechselbeziehungen.
- Es birgt technische, wirtschaftliche und terminliche Risiken.
- Es hat eine Bedeutung und ist ein Projekt im Rahmen des unternehmerischen Gesamtziels.

Ein Bauprojekt kann zum Beispiel der Neubau

- einer Behelfsbaracke,
- eines Verwaltungsgebäudes oder
- eines Stahlwerkes sein.

Es kann

- eine Instandsetzung/-haltung,
- eine Modernisierung,
- ein Umbau,
- ein Wiederaufbau eines bestehenden Objektes sein oder
- deren Freianlagen oder
- ein raumbildender Ausbau.

Jedes dieser Projekte hat seine eigenen Merkmale und Ziele mit speziell unterschiedlichen Anforderungen an alle fachlich Beteiligten.

Am Bauprojekt sind im Regelfall beteiligt:

- der Auftraggeber,
- die Vertreter des Auftraggebers,
- das Bauprojekt selbst mit seinen Merkmalen und seinen Zielen,
- die „Erfüllungsgehilfen" des Auftraggebers (Architekt, Fachingenieur etc.) und
- die Handwerker und Bau-Auftragnehmer für die Bauausführung.

Ebenfalls dazu gehören die „stillen Beteiligten":

- der Architekten- und Ingenieur-Werkvertrag,
- der Bauvertrag nach VOB oder BGB,
- die HOAI, die VOB, Gesetze, Verordnungen und Richtlinien, Handbücher etc.,
- die Berufshaftpflicht-, Bauwesen- und z. B. die Vertragserfüllungs-Versicherung der Bau-Auftragnehmer und
- die täglich anfallenden juristischen Belange.

Und jeder dieser stillen Beteiligten hat seine eigenen Anforderungen und vor allem seine eigene Sicht der Dinge.

Deshalb vorweg: Aufgrund der unterschiedlichen Interessen jedes einzelnen Beteiligten ist allen Projekten gleich, dass sie zielgerichtet zu leiten sind:

- Auf der Seite des Auftraggebers liegt die rechtlich-verantwortliche Projektleitung des gesamten Projektgeschehens (Auftraggeber-Projektleitung).
- Auf der Seite der fachlich Beteiligten koordiniert (einschließlich der Integration) und kontrolliert der Architekt die Planungen einschließlich derer der fachlich Beteiligten und die Überwachung der Ausführung.
- Auf der Seite der Auftragnehmer leitet jeder Unternehmer seine Leistung eigenverantwortlich.

Zielgerichtet und weil aus vorgenannter Interessenslage sich die Beteiligten nicht immer einigen können übernimmt der Auftraggeber oder ein Vertreter des Auftraggebers die Leitung und Steuerung des Projektes. Als Vertreter ist dies der Auftraggeber-Projektleiter als Generalist.

Seine einfache Aufgabe: Als Generalist klarstellen, wer wann was und wie für das Bauprojekt zu leisten hat.

2.1.1.1 Vier Abschnitte der Projektabwicklung

Die Abwicklung eines Bauprojektes gliedert sich immer in vier Abschnitte:

- Beratung
- Entwurf
- Ausführung
- Betreuen

Erläuterungen zu den Teilleistungen und Ergebnissen siehe Kapitel 5.

2.1.1.2 Die Projektmerkmale

Das Bauprojekt wird geprägt durch

- Projektmerkmale und
- Projektziele.

Merkmale von Bauprojekten sind oft ähnlich; Ziele hingegen sind immer verschieden.

Projektmerkmale sind zu berücksichtigen bei der Festlegung der Projektziele. Projektziele festzulegen ist die Aufgabe des Auftraggebers.

Die Projektmerkmale eines Bauprojektes im nicht-öffentlichen Bereich sind vor allem:

- eine individuelle Aufgabenstellung
- gewünschte Projektziele, mehr oder weniger umfassend formuliert hinsichtlich:
  - gegebenen Ressourcen (Finanzierung und Projektteam)
  - terminlicher Vorstellungen hinsichtlich der Projektzeit

- Einsatz eines eigenen Projektteams – Projektleitung
- Einbinden weiterer Projektbeteiligter

Für einen bauerfahrenen Auftraggeber der öffentlichen Hand oder die Bauabteilungen von Konzernen gelten ähnliche Projektmerkmale.

Für den öffentlichen Auftraggeber lauten die Projektmerkmale: Bedarf.

Damit dieser gerechtfertigt ist, fordert § 7 Abs. 2 S. 1 BHO Bundeshaushaltsordnung die öffentlichen Körperschaften dazu auf, vor einer Ausgabe eine Wirtschaftlichkeitsuntersuchung durchzuführen:

(2) BHO:

1. Für alle finanzwirksamen Maßnahmen sind angemessene Wirtschaftlichkeitsuntersuchungen durchzuführen.
2. Dabei ist auch die mit den Maßnahmen verbundene Risikoverteilung zu berücksichtigen.

2.1.1.3 Die Projektziele

Projektziele zeigen auf, welche Erwartungen mit der Realisierung des Projektes verbunden sind. Sie umfassen des Weiteren zum einen gewünschte Eigenschaften und zum anderen projektbezogene Komponenten.

Deshalb müssen Projektziele die Vorstellungen klar benennen, systematisch strukturiert sein, auf Vollständigkeit geprüft und in einer verbindlichen Form nach außen dargestellt und vermittelt werden. Diese Darstellung unterscheidet Ziele (Was soll erreicht werden?) und Vorgehen (Wie soll es erreicht werden?).

Ebenso muss aufgezeigt sein, welches Muss-Ziele und welches Wunsch-Ziele sind. Die Aufstellung dieser Ziele ist hierarchisch nach den Kostengruppen der DIN 276 zu ordnen. In der Projektzielformulierung des Auftraggebers müssen auch alle fachlich Beteiligten (Architekten, Ingenieure, Sonderfachleute, Bauausführende etc.) integriert sein.

Ziele: Was soll erreicht werden?

Gewünschte Eigenschaften:

- eine unverwechselbare Architektur (Corporate Identity),
- die Ausnutzung des Grundstückes maximal nach Baurecht (BGF, NF, BRI)
- oder nur für die benötigte Nutzung mit/ohne Reserve,
- die besondere Berücksichtigung der nachbarschaftlichen Gegebenheiten oder der Öffentlichkeit,
- die Festlegung der Funktion des Objektes (Anzahl, Einheit, Stückzahl etc.) oder seiner Flexibilität,
- die Berücksichtigung von technischen Neuheiten unter Berücksichtigung der Wirtschaftlichkeit,
- die Berücksichtigung wirtschaftlicher und ökologischer Faktoren.

Projektbezogene Komponenten von gewünschten Eigenschaften:

- Gesamtkosten, Fremdfinanzen, Mittelbereitstellung,
- Qualitäten für den Aufwand der Herstellung, des Betriebs, der Lebensdauer,
- Termine der Realisierbarkeit.

Vorgehen: Wie soll es erreicht werden?

Sollten die Projektziele am Beginn des Planungsprozesses LPH 1 noch nicht vorgegeben sein, so müssen diese unabdingbar zuerst erarbeitet werden.

Im Wesentlichen erforderlich ist:

- die interne Aufbauorganisation des Auftraggebers (Aufgabenträger, Projektleiter, Ausschuss, Projektgruppe, ggf. Revision und Rechtsberatung)
- die Projektablauforganisation unter Berücksichtigung aller am Projekt Beteiligten
- die Verpflichtung der externen Fachleute (Architekt und sonstige fachlich beteiligte Büros)
- die Bestimmung entsprechender Vertragsformen (Einzelplaner, Generalplaner, Einzelgewerkevergabe, Teil- bzw. Generalunternehmer mit oder ohne Planungsleistung).

2.2 Die Beteiligten

2.2.1 Der Auftraggeber

Mehrheitlich gehört es für den gewerblichen und privaten Auftraggeber nicht zu seinem Kerngeschäft, Objekte zu errichten; somit ist er mit seinen Organisationsstrukturen und Mitarbeitern auf diese zeitlich begrenzte zusätzliche ergebnisorientierte Aufgabe oft nicht eingerichtet, wobei die primäre Aufgabe von Bauabteilungen i. d. R. die „Sicherstellung des betriebsbereiten Objektes" ist.

Deshalb werden zur Abwicklung der Projektaufgabe und zur Erfüllung der rechtlichen verantwortlichen Leitung und Steuerung des gesamten Projektgeschehens Personen, Gremien und externe Büros mit speziellen Aufgaben und Funktionen von der Auftraggeberseite bestimmt bzw. beauftragt.

Für die Abwicklung der Projektaufgaben sind dies:

- die Projektleitung zur Steuerung und Leitung des Projektes,
- der Architekt und die Ingenieure als fachlich Beteiligte für die Planungen und letztendlich
- die Bauausführenden für die Errichtung des Projektes.

Ob Privatwirtschaft oder öffentliche Hand, im Zusammenwirken beider Seiten, Auftraggeber und Auftragnehmer, entstehen für die Beteiligten Ansprüche aus gegenseitiger Verpflichtung:

- des Auftraggebers: auf Erfüllung der erforderlichen Planungs-, Überwachungs- und Bau-Leistungen,
- der fachlich Beteiligten: auf Erfüllung der Mitwirkungspflicht durch den Auftraggeber,

- der Bau-Auftragnehmer: auf vertragsgerechte Herstellung des Bauwerkes und
- der Öffentlichkeit: auf Erfüllung entsprechend der Baugenehmigung oder der Zustimmung.

2.2.1.1 Die Pflichten des Auftraggebers

Nicht nur die Pflichten der fachlich Beteiligten sind vertraglich zu benennen, sondern auch die Pflichten des Auftraggebers sollten im Architekten-/Ingenieurvertrag als Mitwirkungspflicht des Auftraggebers eindeutig und nach Möglichkeit umfassend beschrieben werden.

Der Auftraggeber muss als „Herr des Bauens" und Besteller der Planungs- und Bauleistungen die Grundlagen dafür schaffen und entsprechende Entscheidungen treffen.

Im Einzelnen sind dies:

- Erwirkung des Grundstückes ohne Belastung von Rechten Dritter. Dies bedeutet, dass bereits zum Zeitpunkt des Grundstückkaufes alle möglichen Belastungen (Störungen) bekannt und geprüft sind und nach Möglichkeit beseitigt wurden (Leistung eines Rechtsbeistandes).
- Sicherung der Finanzierung des Projektes
- Leitung (Überwachung), Steuerung und Koordination der Geschehensabläufe in technischer, rechtlicher und wirtschaftlicher Hinsicht
- Benennung und Festschreibung der Projektziele und deren Fortschreibung
- Erteilung von Planungs- und Bauaufträgen
- Einreichen und Abholen der Baugenehmigung
- Zeitnahe Entscheidungen aufgrund von Empfehlungen der Projektbeteiligten zu Kosten, Qualitäten und Terminen
- Zustimmung zur Terminfortschreibung der Vertragstermine auch gegenüber Bauauftragnehmern
- Annahme und entsprechende Ausführung der Vergabeempfehlungen (Thema des Billigstbietenden)
- Sicherung der Baufreiheit und Übergabe des Baufeldes zu Beginn der Baumaßnahme an die Bauausführenden
- Aussprechen des Verzuges gegenüber Bauauftragnehmern
- Teilkündigung gegenüber Bauauftragnehmern
- Durchführung und Erteilung der rechtsgeschäftlichen Abnahmen gemäß Bauvertrag
- Leistung von Zahlungen auf Anforderung bzw. nach Zahlungsplan
- Stellung einer Bauhandwerkersicherung zur Absicherung der Honoraransprüche

2.2.1.2 Die Mitwirkung des Auftraggebers

Obwohl es manchmal ungewöhnlich erscheint, muss die Mitwirkung des Auftraggebers notfalls schriftlich eingefordert werden. Wird darauf nicht geachtet, sind i. d. R. die fachlich Beteiligten die Benachteiligten, da sie weiterhin entsprechend dem Werkvertrag Leistungen erbringen; zumindest eine geraume Zeit lang auf ihre Kosten.

Dies gilt insbesondere beim Thema Qualitäten und Kosten. Wird seitens des Auftraggebers eine Forderung gegenüber den Planungsbeteiligten erhoben, welche über den vereinbarten Projektzielen liegt, muss der Auftraggeber den mit dieser Forderung verbundenen zusätzlichen Kosten *vor Beginn der Planung* zustimmen.

Oder, werden abgestimmte Leistungen aus dem Pflichtenkatalog seitens des Auftraggebers nicht erbracht, z.B. die Beauftragung von weiteren an der Planung zu beteiligenden Büros, die Herausgabe vorhandener Bestandsunterlagen, oder werden seitens des Auftraggebers z.B. Hinweise zu fehlenden Angaben hinsichtlich der Qualitäten oder eines mangelhaften Bestandes negiert, muss diese Inaktivität des Auftraggebers dokumentiert werden.

Konsequent dokumentieren bedeutet, dass der Auftraggeber seitens der fachlich Beteiligten auf diese fehlenden Handlungen hinzuweisen ist. Denn im Extremfall können durch die Nichterbringung „falsche" Ergebnisse der Planungsbeteiligten entstehen, welche im Nachgang korrigiert werden müssen, was bekanntlich Kosten mit sich bringt; bestenfalls werden „nur" Leistungen für die Schublade erzeugt.

Sollten diese Hinweise auch nicht zu Entscheidungen des Auftraggebers führen, so ist auf eine entsprechende schriftliche Stellungnahme bzw. Begründung des Auftraggebers zu drängen (ein Aktenvermerk ist hier nicht ausreichend!) und gleichzeitig ist die Berufshaftpflichtversicherung einzuschalten.

2.2.1.3 Die Einstellung des Auftraggebers

Im Hinblick auf ein erfolgreich abzuschließendes Bauprojekt ist auch die Einstellung des Auftraggebers zur Baumaßnahme und damit zu seinen Vertragspartnern, den fachlich Beteiligten genauso wie zu seinen Bau-Auftragnehmern, prägend; es ist ein sehr bestimmendes Projektmerkmal.

Welche Einstellung zum Bauen und somit zum Bauvorhaben hat der Auftraggeber? Sieht er seine Vertragspartner als Gegner oder als Partner?

Sieht der Auftraggeber seine Vertragspartner als „Gegner" an, so wird er nicht dem Kooperationsweg folgen, sondern dem der Konfrontation.

Dies bedeutet, dass er alle anderen Beteiligten für die Ursache von Fehlern verantwortlich macht; dieser Auftraggeber hat letztendlich ein weiteres Projektziel vor Augen: Wer mangelhaft gearbeitet hat, ist für zusätzliche Leistungen der Verursacher; dieser muss ohne Kompromiss gefunden und belangt werden.

Dies bedeutet aber auch: Die Vertragspartner des Auftraggebers entwickeln eine „strategische Abwehr" – es werden die Fehler des Auftraggebers dokumentiert.

Sieht der Auftraggeber seine Vertragspartner dagegen als „Partner" an, greift der Gedanke der Kooperation. Das heißt, es liegt seitens des Auftraggebers das Verständnis und die Bereitschaft zur Akzeptanz vor, dass die fachlich Beteiligten und Bau-Auftragnehmer Gewinne machen müssen und im Verlauf der Projektabwicklung dabei auch Fehler auftreten können.

Für beide Gegebenheiten gilt: Eine weitestgehend mangelfreie Leistung der fachlich Beteiligten ist die richtige Voraussetzung zum Erreichen der Projektziele, denn damit wird die Voraussetzung geschaffen, dass der Auftraggeber wiederum seiner Mitwirkungs-Verpflichtung nachkommen kann, die sog. Baufreiheit festzustellen und damit als Grundstücks-Eigentümer die Voraussetzung zur Bebauung schaffen kann.

2.2.1.4 Die Auftraggeber-Projektleitung

Der Auftraggeber ist verantwortlich für die Leitung und Steuerung des gesamten Projektgeschehens.

Über Abschnitt 2.2.1.2 hinausgehend sind weitere allgemeine Leistungen des Auftraggebers:

- Bestimmung der Projektziele zur Formulierung des Projektauftrags mit der Festlegung von Grobzielen und Randbedingungen (minimale/maximale Abweichungen), dazu eine klare Definition der Projektprioritäten zur Vermeidung von Kollisionen bei Kapazitätsengpässen, unter Berücksichtigung der Projektmerkmale,
- Planung des Projektes (gemeinsam mit seinen „Erfüllungsgehilfen"),
- Zusammenstellung des Projektteams,
- Steuerung, Sicherung des Informationsflusses und Kontrolle des Projektes (Termine vereinbaren, Zusammenarbeit mit anderen Fachabteilungen koordinieren, Verantwortlichkeiten festlegen),
- Festlegung von Entscheidungen und deren zeitliche Fixierung durch „Meilensteine" (auch Mitwirkungspflicht des Auftraggebers),
- Festlegung der Projektorganisation unter Berücksichtigung seiner Belange mit eindeutiger Kompetenzregelung,
- Verwaltung des Budgets (Finanzierung, Liquiditätssicherung, Erfassung aller Mitarbeiterkosten),
- Durchsetzen der erforderlichen Maßnahmen und Vollzug der Verträge,
- Führen von Verhandlungen, Vorstellen von Projektergebnissen und argumentative Vertretung,
- Abschlussbericht für Auftraggeber und Dokumentation des Projektes,
- Einsatz eines Auftraggeber-Projekthandbuches für den reibungslosen Ablauf unter Einbeziehung des Auftraggebers und aller fachlich Beteiligter und
- letztendlich sehr wichtig: Förderung des Projektgeschehens durch Mitwirkung bei der Projektabwicklung, der Koordinierung und der Kontrolle der Projektbeteiligten.

Der Auftraggeber-Projektleiter

Der Auftraggeber bestimmt einen verantwortlichen Mitarbeiter als Projektleiter, welcher durch weitere Mitarbeiter, Projekt-Ausschüsse und ggf. weitere externe Fachleute unterstützt wird. Wie viele Beteiligte es auf der Auftraggeberseite auch sind, sie handeln im Gegensatz zu den fachlich Beteiligten im Namen des Auftraggebers.

Die Steuerung und Leitung der fachlich Beteiligten und vor allem deren Kontrolle sind die Hauptaufgaben der Auftraggeber-Projektleitung.

Die Kontrolle dient dazu, regelmäßig Bilanz über den Projektverlauf in allen seinen Einzelaspekten zu ziehen. Sie ermöglicht es, bei unerwünschten Entwicklungen korrigierende Steuerungen vorzunehmen.

Der Lenkungsausschuss

Der Lenkungsausschuss unterstützt den Projektleiter des Auftraggebers. Er ist ein temporärer, projektbegleitender Ausschuss, der dem Projektleiter und seinem Team vorgeschaltet ist. Er initiiert, leitet und überwacht hauptsächlich die Projektaktivitäten und kontrolliert die Ergebnisse. Von ihm erhält der Projektleiter Unterstützung, wenn es Schwierigkeiten gibt.

Teilnehmer:

- Ressortleiter, Fachbereichs- und Projektleiter

Aufgaben:

- Ernennung des Projektleiters des Auftraggebers,
- Definition von Projektzielen und -aufgaben gemeinsam mit dem Projektleiter,
- Kontrolle und Genehmigung der Planung (auch Budget),
- Zustimmung zur Auftragsvergabe an die fachlich Beteiligten und Bauunternehmungen,
- Prüfung und Genehmigung der Zwischenergebnisse und Berichte.

Weitere Funktionen: Er unterstützt den Projektleiter bei größeren Problemen, fällt Entscheidungen, die über dessen Kompetenzen hinausgehen, trägt die Verantwortung bei der Auswahl von Personal und schlichtet Probleme zwischen verschiedenen Projektstellen.

Der Fachausschuss

Der Fachausschuss ist ein Gremium, das in der Regel überwiegend beratende und unterstützende Funktionen hat, aber keine Entscheidungskompetenzen. Hierbei geht es vor allem um die Weitergabe fachlicher Informationen, sowohl von den Fachabteilungen an das Projekt als auch umgekehrt. Damit erhält das Projekt unternehmensinterne Unterstützung und andere Stellen können gleichzeitig von den Fortschritten und Ergebnissen der Projektarbeit profitieren.

Teilnehmer:

- Führungskräfte der Fachabteilungen, die vom Lenkungsausschuss ernannt werden

Aufgaben:

- Unterstützung bei der Planung, Realisierung und Kontrolle, Sicherstellung des Informationsaustausches zwischen Fachabteilungen und Projektteam

Die externe Projektleitung durch den Generalisten

Wenn dem Auftraggeber die erforderlichen Ressourcen zur Leitung des Projektes aus eigenen Reihen nicht ausreichend zur Verfügung stehen, sind die notwendigen (delegierbaren) Ressourcen extern beizustellen. Diese externe Projektleitung ergänzt die Projektleitung des Auftraggebers fachlich bei der Projektabwicklung. Dabei sind die Kontroll- und Leitungsleistungen je nach Qualifikation der Planer, der Fach- und Sonderingenieure geringer oder umfangreicher.

Diese Leitung und Steuerung und vor allem die Prüfung der Leistungen und Ergebnisse der fachlich Beteiligten ist als eine wesentliche Aufgabe der Auftraggeber-Projektleitung dem Architekten als Generalisten zu übertragen.

„Externe Projektsteurer" kontrollieren i. d. R. nur die termingerechte Erfüllung von Leistungen und Ergebnissen der fachlich Beteiligten; es erfolgt keine fachliche Prüfung. Soll eine fachliche Prüfung der Planungsergebnisse stattfinden, wird diese Prüfung i. d. R. einem weiteren neutralen Institut oder Büro übertragen.

Hingegen dient die „aktive" Kontrolle der Leistungen und Ergebnisse durch den Generalisten dazu, regelmäßig und unmittelbar Bilanz über den Projektverlauf in allen seinen Einzelaspekten zu erhalten und es ggf. ermöglichen, bei unerwünschten Entwicklungen korrigierende Steuerungen vorzunehmen.

Dazu werden u. a. Ist-Daten ermittelt, die den Daten der Projektziele gegenübergestellt werden. Die Ist-Daten werden bei den fachlich Beteiligten abgerufen und vom Generalisten bewertet und zusammengestellt und dem Auftraggeber zur Kenntnisnahme gebracht.

Anzumerken ist, dass mit der 7. Novelle der HOAI 2013 die Fehlentwicklung in den Leistungsbildern Gebäude und Innenräume gegenüber den vorangegangenen Fassungen der HOAI korrigiert wurde. Denn es wird festgestellt, dass die mit der 6. Novelle verursachten Änderungen teilweise systematisch willkürlich, unvollständig und inhaltlich problematisch waren ... und (es) wurden deshalb mit der 7. Novelle diese Defizite ... zumindest zum Teil beseitigt und im Überblick auf Seite 10 wird die Honorarerhöhung damit begründet, dass dem Architekten ein Mehraufwand entsteht ... die bislang Auftraggeber- bzw. Projektsteuerleistungen waren.

2.2.2 Die fachlich Beteiligten – die „Erfüllungsgehilfen" des Auftraggebers

Die baufachkundige Ergänzung des Auftraggebers in allen Belangen der Planung und Überwachung sind der Architekt sowie Fach- und Sonderingenieure. Es sind die an der Planung und Ausführung *fachlich Beteiligten.*

Die wesentliche Anforderung an die Leistungen der an der Planung fachlich Beteiligten ist, dass ihre Ergebnisse fristgerecht und hinsichtlich der Qualitäten und Kosten vereinbarungsgemäß erfolgen. Denn diese Ergebnisse sind Gegenstand des Bauvertrags zwischen Auftraggeber und Bau-Auftragnehmer und demnach mangelfrei umzusetzen.

Bei der Vertragsgestaltung hinsichtlich der Leistungsbilder von Sonderingenieuren ist darauf zu achten, dass der Sonderingenieur eine eigene Verantwortung für „Bring- und Holschuld" erhält und nicht die fachlich Beteiligten, z. B. der objektüberwachende Architekt, „Bringschulden" der Bau-Auftragnehmer einzufordern haben. Dieses trifft insbesondere bei der Zertifizierung für die sog. Verwendungsnachweise oder bei festgestellten Materialabweichungen und Mängeln bei der Vor-Ort-Prüfung zu, des Weiteren beim Brand-, Schall- und Wärmeschutz. Diese Mängel sind durch den Sonderingenieur eigenverantwortlich zu verfolgen, deren Beseitigung zu überwachen und zu dokumentieren.

Im Hinblick auf ein erfolgreich abzuschließendes Bauprojekt ist auch hier die Einstellung der fachlich Beteiligten zur Baumaßnahme und damit zum Auftraggeber und seinen Vertragspartnern prägend; es ist ein sehr bestimmendes Projektmerkmal. Sehen wir, die Architekten, unseren Bauherrn nicht nur als Geldgeber, sondern verstehen uns als „Sachwalter" und die sonstigen fachlich Beteiligten als Partner an, die im „selben Boot in die gleiche Richtung rudern", greift auch hier der Gedanke der Kooperation.

Sehen wir unseren Bauherrn jedoch ausschließlich als Geldgeber und verstehen wir uns als „zweitrangiger Erfüllungsgehilfe mit Leitplankendenken" und die sonstigen fachlich Beteiligten als nicht ausreichend kompetent an, die zwar „im selben Boot sitzen, aber nicht immer in die gleiche Richtung rudern", greift hier der Gedanke der Konfrontation.

Die Erfahrung lehrt, dass mit einer Kooperation die vorliegenden Ressourcen zielgerichteter eingesetzt werden und Respekt vor den anderen fachlich Beteiligten dies nachhaltig unterstützt. Hingegen ist eine Konfrontation nicht eben zielführend, weil neben ständiger Unruhe im Projektablauf damit auch Ressourcen belegt sind, welche an anderer Stelle dringender benötigt werden.

Und für unsere Einstellung zu den sonstigen fachlich Beteiligten sollten zwei Weisheiten nicht außer Acht gelassen werden: „Jeder macht mal einen Fehler" und „Am Bau sieht man sich immer zweimal".

Zur Nebenpflicht:

In den letzten Jahren hat sich zunehmend die Anforderung durchgesetzt, dass derjenige, welcher sich verantwortlich mit dem Bauen beschäftigt, über das Fachwissen hinaus auch ein Grundwissen in allgemeinen Rechtsfragen, z. B. des BGB, verbunden mit fachspezifischen Kenntnissen, z. B. der baufachlichen Kommentarliteratur, verfügen muss (vertragliche Nebenpflicht des Werkvertragsrechts).

Dies darf natürlich nicht so weit gehen, dass der anwaltliche Rechtsbeistand ersetzt werden soll, aber für die Beantwortung von fachlichen Fragen des täglichen Bedarfs ist entsprechendes Allgemein- und Fachwissen von den fachlich Beteiligten gefordert.

Dieses notwendige Wissen für eine Bewertung von Problemen und Fragen nimmt einerseits mit der Bauerfahrung zu; andererseits ist ein ständiges Verfolgen amtlicher und veröffentlichter Leitsätze rechtskräftiger Urteile und deren Kommentare sinnvoll.

Ebenfalls hilft es, sich mit anderen Kollegen auszutauschen, die rechtlichen Stellungnahmen zu besonderen Projektfragen des anwaltlichen Rechtsbeistandes zu verarbeiten, entsprechende Literatur zu studieren und Fachvorträge und Seminare zu besuchen.

Denn es ist zu wichtig: Glänzen Sie nicht mit Halbwissen, nur um eine Frage beantworten zu wollen. Der anschließende Rückzug zieht neben möglichen Ersatzansprüchen auch Zweifel an Ihrer Qualifikation bei den übrigen Beteiligten nach sich.

Zur Grundausstattung gehört deshalb für die Abdeckung der rechtlichen Belange der permanente Zugriff auf:

- BGB Bürgerliches Gesetzbuch
- VOB Vergabe- und VertragsO für Bauleistungen, Kommentare zur VOB
- BauGB Baugesetzbuch
- amtlicher Text und Kommentare zur HOAI
- Vertragsbedingungen, Standardschreiben und Formulare
- Herstellervorgaben, Vorschriften und Verordnungen
- Internet für rechtliche Recherchen, Suche nach Materialspezifikationen
- Einsicht in RBBau, RLBau, VHB etc.

Bei aller Informiertheit im Sinne der Nebenpflicht zur Beratung muss man sich dem Folgenden bewusst sein: Selbst wenn man jedes Urteil zu einem bestimmten Thema kennt und glaubt, etwas zu wissen, mitreden zu können: Fehlanzeige, denn dann kommt der Rückzieher des Juristen mit der Aussage: „Jedes Problem ist immer auf den Einzelfall abzustimmen".

Ein Hinweis zu den Novellierungen vorgenannter Gesetze, Verordnungen etc.:

Es ist zu berücksichtigen, dass für die Beurteilung von strittigen Projektproblemen nicht nur die am Tage der Einreichung der Bauantragsunterlagen gültige Bauordnung etc. die Beurteilungs-Grundlagen sind, sondern auch alle die mit Datum der Vertragsunterzeichnung vorgenannten Gesetze, Verordnungen etc. Das meint: Im Laufe der Zeit stehen mehrere Ausgaben der stillen Begleiter gültig nebeneinander.

Und in diesem Zusammenhang ist des Weiteren zu berücksichtigen:

Um auf dem jeweils letzten Stand der Dinge zu sein, wird in den Verträgen aller Beteiligten die Verpflichtung des fachlichen Vertragspartners vereinbart, den anderen Vertragspartner (Auftraggeber) über Änderungen von Vorschriften, Neuerungen etc. zu informieren und eine Empfehlung zu geben, ob der „Änderung" gefolgt werden soll oder nicht.

Dies ist auch eine der wesentlichen „Nebenpflichten" des Architekten. Sie ist kontinuierlich zu bedienen, unter anderem auch, weil sie andernfalls haftungsrechtliche Konsequenzen nach sich zieht.

2.2.3 Der Bauunternehmer – direkter Vertragspartner des Auftraggebers

Zu den wichtigsten Beteiligten im Baugeschehen gehören die Handwerker und der Bauunternehmer. Der einzelne Unternehmer im Baugeschehen ist es, der die eigentliche Bauleistung erbringt und dadurch das Bauwerk materiell entstehen lässt.

Bauunternehmer – die VOB spricht von Auftragnehmer, Bewerber oder Bieter – im engeren klassischen Sinne ist, wer Leistungen für Ausführungsteilbereiche übernimmt (Fachunternehmer für ein Gewerk) und eine Bauleistung ist nach § 1 VOB/B Bauarbeiten jeder Art, durch die eine bauliche Anlage hergestellt, instand gehalten, geändert oder beseitigt wird.

Erweiternd zu vorgenannter Gewerke-Beauftragung werden seit längerem fachverwandte Gewerke zusammengefasst bis hin zum Total-Generalübernehmer, welcher Teilleistungen selbst erbringt, Nachunternehmer einsetzt und auch Planungsleistungen im Sinne der HOAI (i.d.R. Leistungen ab der Ausführungsplanung) erbringt.

Unabhängig davon, in welcher Art des Bauvertrages auch immer die Unternehmereinsatzform erfolgt, der Unternehmer ist der Vertragspartner des Auftraggebers und nicht der fachlich Beteiligten.

Somit ist es die vertragliche Verpflichtung der fachlich Beteiligten gegenüber allen beteiligten Partnern des Auftraggebers, die im Vertrag vereinbarten Leistungen rechtsverbindlich eindeutig, fachlich umfassend und zweifelsfrei sowie fristgemäß zu erbringen, damit wiederum der Bauherr seinen vertraglichen Verpflichtungen gegenüber den Bauunternehmern nachkommen kann.

Der direkte Vertragspartner des Auftraggebers und insbesondere, in welchem Vertragsverhältnis (eG = Einzelgewerke bis GÜ = Generalübernehmer) er stehen soll, ist frühzeitig zwischen Auftraggeber und Architekt zu erörtern, beginnend in der LPH 1.

3 Der Architekt: Generalist

3.1 Die richtige Arbeitsteilung

These der Projektsteuerer:

Das **Planen** wird durch eine spezialisierte Arbeitsteilung bei der Projektabwicklung zielsicherer. Dies steigert die Qualität und die Produktivität und stellt eine erfolgreiche Bauausführung sicher.

Dafür sind im Bauteam der objektplanende Architekt und der objektüberwachende Architekt sowie der Architekt für die Fassadengestaltung und der Innen-Architekt für Einrichtung und Farbgestaltung und für die Freianlagen der Garten-Architekt tätig. Hinzu kommen die fachlich Beteiligten für Tragwerk und technische Anlagen, Ingenieurbauwerke und Verkehrsanlagen etc. sowie die Sonderingenieure für Bauphysik und Bau- und Raumakustik, Brandschutz, Bodenmechanik, Gründungsarbeiten, Fassade, SiGeKo, Vermessung, Umweltschutz, Nachhaltigkeit etc. Und alle sind nebeneinander tätig auf der „Erfüllungsseite" des Auftraggebers.

Dem gegenüber als Vertreter des Auftraggebers für die rechtsgeschäftliche Leitung und Steuerung des Projektteams steht der Bauherr in Persona, ggf. mit einer eigenen Bauabteilung.

Dieser wiederum verstärkt sich oft durch externe Spezialisten für Projektsteuerung und -management, für die Termin- und Kostenkontrolle, mit Ingenieurbüros für Tragwerk, technische Anlagen und für die Unternehmensorganisation sowie weiteren Spezialisten für die Ergebnisse der Sonderingenieure. Und alle sind als „Vertreter des Auftraggebers" nebeneinander tätig.

Die Realität:

Dem stehen gegenüber: gegenwärtig ca. 12 Mrd. Euro Bauschäden jährlich (11,5 % der Hochbau-Bauleistung).

Denn vorgenannte „Spezialisten-Arbeitsteilung", welche heute vorherrscht und eine Gesamtleistung in viele Teilleistungen zerstückelt, dient meines Erachtens nicht der Kompetenzbündelung, sondern ausschließlich der einfacheren Kontrolle durch Externe, da „kleine" Prozesse einfacher kontrolliert werden können.

Dass dadurch immer wieder Schnittstellenprobleme erzeugt werden und Planungs- und Bauergebnisse nicht zum erforderlichen Zeitpunkt vorliegen, ficht den Controller nicht an; denn beim Erkennen von Problemen müssen nur die (werkvertraglich verpflichteten) „Erfüllungsgehilfen" nachbessern.

Die richtige Reaktion auf diese Situation:

Diesen Problemen kann entgegengewirkt werden. Der fachlich beteiligte Architekt ist als Generalist auf der Erfüllungsseite einzusetzen und gleichzeitig als Auftraggeber-Projektleiter mit den delegierbaren Funktionen der Leitung und Steuerung des Projektes zu beauftragen.

Der dadurch entstehende Interessenkonflikt ist positiv zu sehen, denn der Generalist weiß, dass Bevorzugung durch Negierung, für die eine oder andere Seite, nur ein Pyrrhussieg und eben nicht dem Projektziel dienlich ist.

Zusammen mit dem Auftraggeber unterstützt, leitet und steuert so der Generalist als Auftraggeber-Projektleiter das Projektteam. Dabei ist die Auftraggeber-Projektleitung darauf ausgerichtet, den Projektablauf durch vorherige, praxiserfahrene Entscheidungen zu leiten und konsequent die Sachfrage in den Mittelpunkt zu stellen.

Eine interessante Beobachtung: Auf diesem Weg waren wir bereits in den 1990er Jahren nach der Wiedervereinigung. Generalplaner war das Stichwort. Denn nichts anderes sollte damals vermieden werden: Schnittstellenprobleme und Kompetenzgerangel. Also wurde dem Architekten-(Büro) die gesamte Planungsleistung etc. übertragen und der Projektleiter des Architekten war auf einmal der Generalist, der Flaschenhals.

So einfach kann es gehen – trotz „Vertrauen ist gut, Kontrolle ist besser". Denn auch heute hat Gültigkeit, was ursächlich die Sprache des Architekten ist.

3.1.1 Ein Exkurs: „Die Zeichnung ist die Sprache des Architekten"

Das Erreichen der Projektziele in Verbindung mit einer mängelfreien Ausführung im vorgegebenen Kosten- und Terminrahmen ergibt die besten Voraussetzungen für einen zufriedenen Auftraggeber und – damit verbunden – eine gute Referenz für die fachlich Beteiligten. Darum gilt auch heute noch im EDV-Zeitalter die Feststellung von *Philipp Johnson* und *Gustav Peichl*:

„Die Zeichnung ist die Sprache des Architekten."

Das bedeutet: Intensive Projektvorbereitung mit hinreichender Klärung der Planungsaufgaben für einen kontinuierlichen Planungsablauf, qualifizierte Mitarbeiter, rechtzeitiges Agieren mit umfassender, zielführender Organisation und Koordination aller fachlich Beteiligten, entsprechende Qualitätsvorgaben, Objektbeschreibungen und Berechnungen sind Grundlage für die erforderlichen stimmigen Architekten-Zeichnungen.

Denn umgekehrt führt eine unvollständige Vorbereitung, bedingt durch Fehlinterpretation der Planungskriterien, Unkenntnis besonderer baurechtlicher Forderungen, verspätete oder unvollständige Koordination oder Integration mit der möglichen Folge einer nicht mehr zeitgerechten oder fehlerhaften Berücksichtigung bautechnischer Erfordernisse der Bauphysik, der Tragwerksplanung, der TGA und Materialkenntnis mit Sicherheit zu „nicht ganz stimmigen Architekten-Zeichnungen" und damit zu kostentreibenden Doppelbearbeitungen und zu einer Gefährdung des Projektes.

Die gleichen negativen Folgen stellen sich dann später ein für die fehlerhaften Leistungsbeschreibungen einhergehend mit der fehlenden Ausführungsüberwachung.

Geschuldet wird das Erbringen der mängelfreien, frist- und kostengerechten Leistung, die in den Verträgen vereinbart ist. Und hierfür ist die Architekten-Zeichnung (mit Beschreibung) eben das Maß aller Dinge: „Die Zeichnung ist die Sprache des Architekten."

Anhand des vorgenannten Exkurses ist zu erkennen, dass die Stimmigkeit der Architekten-Zeichnung als Basis die Voraussetzung für die darauf nachfolgenden Leistungshandlungen der fachlich Beteiligten ist und der Vollständigkeit der Zeichnung größte Aufmerksamkeit gewidmet werden sollte.

Zur Erklärung für 3, 4, 5 oder vielleicht bald 6 und 7D:

Die zugrunde liegende Zeichnung, auf die Johnson und Peichl Bezug nehmen, ist die – auf Papier – 2D-Darstellung (Länge x Breite). Diese Papierzeichnung wird folgerichtig zur 3D-Information, wenn die Höhe hinzugefügt wird (mittels schriftlicher Information oder Perspektive).

Zu 4D und 5D des BIM (Building Information Modeling) wird umgangssprachlich die Zeichnung, wenn Informationen zu Kosten und Terminen hinzugefügt werden. Kommen zukünftig noch Geruch und Geräusche hinzu, gibt es das 6 und 7D; mal sehen, was sich noch entwickelt.

Grundlage auf dem Bau wird noch lange Zeit sein: der 2D-Schal-, Bewehrungs- und Ausführungsplan.

3.2 Kernaufgabe der Auftraggeber-Projektleitung

Auf der Auftraggeberseite ist die Projektleitung eine für die Dauer des Projektes geschaffene Organisationseinheit, welche in Linienfunktion für Leitung, Planung, Steuerung und Überwachung verantwortlich ist. Ihr obliegt die Zielklärung, Organisation, Leitung und Koordination des Gesamtprojektes.

Viele der Aufgaben des Auftraggebers sollten an den Generalisten – sprich: Architekten – delegiert werden, einige wenige Leistungen muss der Auftraggeber i. d. R. selbst erbringen (Finanzierung, Bestellung und Abnahme).

Die wesentlichen delegierbaren Aufgaben sind vor allem

- die technische und organisatorische Projektleitung über alle Projektphasen hinweg mit Festschreiben der Stabsfunktion und Benennung als Auftraggeber-Projektleiter
- die permanente Steuerung und Leitung des Projektgeschehens
- die Berechtigung zur Anordnung der Planungsorganisation
- die Qualitätsprüfung der Mitarbeiter
- das Erarbeiten und Zusammenfassen der Projektziele
- das Lösen von Termin- und Kostenproblemen
- die Leitung aller Projektgespräche und Verhandlungen/Auftragsgespräche

sowie die der Prüfung und Bewertung, im Einzelnen:

- des Projekt-Zielkatalogs
- der Ergebnisse der fachlich Beteiligten
- der Entwurfsangaben im Hinblick auf den Projektzielkatalog
- der Vollständigkeit der Eingabevorlagen
- dem Entsprechen des B-Planes oder dem vorhabenbezogenen B-Plan-Verfahren
- der zeichnerischen und beschreibenden Lösungen für die Vergabeeinheiten
- der Bauangaben/Festlegung aller Materialien und geforderten Eigenschaften

- der Verdingungsunterlage im Hinblick auf VOB, VHB sowie den Vertragsbedingungen
- der Bieter-Vorschlagslisten
- der fachlichen, sachlichen und wirtschaftlichen Bewertung der Angebote
- von Sondervorschlägen hinsichtlich wirtschaftlicher Fragen
- der Vergabeempfehlungen
- des Vergabevorschlages zu der Erteilung des Bauauftrags
- der stichprobenartigen Überprüfung der Bauausführung
- der Abnahmebegehungen
- der körperlichen Entgegennahme der Bestellung durch Abnahme und Übergabe an den Nutzer
- von Gewährleistungsmängeln
- der Objektdokumentationen
- der Freigaben oder Nicht-Freigaben von Sicherungsleistungen
- der Vorbereitung der Teilleistungsabnahmen der erbrachten LPH der fachlich Beteiligten

Das Ziel für alle Beteiligten ist eine hohe Bauausführungsqualität durch eine materialgerechte Verarbeitung, das Einhalten der Gesamtkosten und der vereinbarten Termine, die Sicherstellung der Nutzung und die eines gesicherten wirtschaftlichen Betriebs des Objektes.

Und nochmals: Grundlage für alles Vorgenannte ist die stimmige Architekten-Zeichnung.

3.2.1 Die Leitung und Steuerung – Allgemeine Anforderungen

3.2.1.1 Die bauspezifischen Beratungsleistungen

Die Beratung des Auftraggebers und des objektplanenden Architekten erfolgt im Hinblick auf Bautechniken, den baubetrieblichen Belangen, den Baustoffen und entsprechend der technisch-wirtschaftlichen Lösungsmöglichkeiten.

Ziel der Beratungsleistungen sind das Herbeiführung von Auftraggeber-Entscheidungen; das bedeutet im Einzelnen:

- Mitwirken bei der Gestaltung der Verträge mit den sonstigen fachlich Beteiligten und bei den Vertragsbedingungen der Bauausführenden
- Unterstützung des Auftraggebers bei der Entscheidung über die Wahl von Ausführungsalternativen der Bautechnik, von bauphysikalischen und baubiologischen Maßnahmen, haustechnischen und konstruktiven Systemen, insbesondere zur Wirtschaftlichkeit bereits gewählter Lösungen
- ggf. Veranlassung von Wirtschaftlichkeitsberechnungen und Vergleich der Kostenübersichten sowie deren Auswertung
- Beratung des Auftraggebers bei der Festschreibung des Bauprogramms und des Ausführungsstandards; Mitwirkung bei der Ausarbeitung einer umfassenden Baubeschreibung
- Unterstützung und Beratung des Auftraggebers bei der Inbetriebnahme des Gebäudes und bei der Betriebstechnik

3.2.1.2 Leistungen für eine Projektentwicklung

Spezielle Beratung und Unterstützung des Auftraggebers in allen Angelegenheiten „rund um die Immobilie" bei der Entwicklung eines Projektes:

- Bedarfsplanung (Klärung der Aufgabenstellung, Nutzerbedarfsprogramm etc.)
- Untersuchung und Auswertung, Bewertung eines vorgegebenen Grundstückes oder einer bestehenden Immobilie
- Strategische Beratung, Machbarkeitsstudie (Bedarfsanalyse)

3.2.1.3 Leistungen zur Bauherrenentlastung

Wie bereits in Kapitel 2 ausgeführt, ist der bauunkundige Auftraggeber durch Beratung und damit Ergänzung seiner Kompetenz zu entlasten. Dies bedeutet im Einzelnen:

- Unterstützung des Auftraggebers bei der Programmentwicklung, bei seiner Standortauswahl und bei Finanzierungsfragen
- eine rechtliche und repräsentierende Außenvertretung
- Schriftführung, interne Kommunikation
- Entfall von Projektsteuerungsaufgaben externer Art
- Organisation und Abwicklung der Verträge aller fachlich Beteiligten
- besondere Berichterstattung in Auftraggeber- oder sonstigen Gremien
- Erarbeitung von Anträgen für die Einholung öffentlich-rechtlicher Genehmigungen
- Beschaffung standortrelevanter Unterlagen (Abklärung planungsrechtlicher Randbedingungen)
- Koordinierung und Kontrolle der Bearbeitung von Finanzierungs-, Förderungs- und Genehmigungsverfahren
- Zusammenstellung des Planungsteams
- Abgrenzung der Planverträge untereinander zur Vermeidung von Planungslücken sowie Definition Besonderer oder Zusätzlicher Leistungen im Architekten- und Fachplanungsbereich
- Definition der Planungsziele gegenüber Fachplanern
- Inverzugsetzung der fachlich Beteiligten bei Terminüberschreitung
- Prüfung und Freigabe von Rechnungen der fachl. Beteiligten und von Dritten
- Überprüfung der Kostenermittlung aller Fachplaner und der Planungsergebnisse
- Vorbereitung und Unterstützung des Auftraggebers bei Beweissicherungs-, Schieds- und anderen gerichtlichen Verfahren
- Wahrnehmung der zentralen Projektanlaufstelle für den Auftraggeber

3.2.1.4 Übergeordnete Projektgesamtkoordination

Die übergeordnete Projektgesamtorganisation ist die fachlich verantwortliche Koordination aller Leistungshandlungen der Erfüllungsgehilfen für alle Geschehensabläufe.

- Koordination, Steuerung und Kontrolle (Überwachung) des Projektes (im Planungs- und Geschehensablauf) in enger Zusammenarbeit mit dem Auftraggeber; das bedeutet im Einzelnen:
  - Koordination in vertraglicher Hinsicht (Leistungsabgrenzung, Schnittstellen)
  - Koordination in terminlicher Hinsicht (Meilensteine, Projektstruktur, Schnittstellen, Teilnetze)
  - Koordination in wirtschaftlicher (kostenmäßiger) Hinsicht
  - Koordination in technischer Hinsicht (Systemgliederung, Schnittstellen, Abstimmung).
  - Koordination und (Plausibilitäts-)Überprüfung der eingesetzten weiteren fachlich Beteiligten
- Durchführung von Einführungsgesprächen mit den ausführenden Firmen zur Erläuterung der Organisationsstruktur, zur Erläuterung des Projektes und Übergabe der Planungsunterlagen, zum Terminablauf und zu sonstigen Fragestellungen einschl. der Führung und Protokollierung dieser Gespräche (unter Mitwirkung der betroffenen Fachplaner zur Erläuterung der fachspezifischen Planungsinhalte, der Anlagen- und Gebäudefunktionen etc.).

3.2.1.5 Koordination der fachlich Beteiligten

Im vorgegebenen Rahmen der übergeordneten Projektgesamtorganisation erfolgt die Koordination aller Erfüllungsgehilfen:

- Koordinierung und Überprüfung der Fachplanerleistungen
- Aufstellung, Anpassung, Fortschreibung und Überwachung von Termin-, Steuerungs- und Detailablaufplänen hinsichtlich sämtlicher beauftragter Planungs- und Fachplanungsleistungen
- Koordinierung und Kontrolle der Mitarbeit aller Planungsbeteiligten
- zeitliche und inhaltliche Koordinierung der Objekt-Planerleistungen mit den Fachplanern
- Überprüfung und Gegenzeichnung aller Planungsunterlagen der beteiligten Architekten und Fachingenieure auf technische Richtigkeit sowie auf Einhaltung der planerischen Belange des Auftraggebers und Übereinstimmung mit den Projektzielen
- Einordnung und Einarbeitung aller Beiträge in die Gesamtplanung bis zur Ausführungsreife
- Abstimmung der Ergebnisse mit den Planungsbeteiligten

3.2.1.6 Projektorganisation

Das Aufstellen und Durchsetzen der Ablauf-Organisation erfolgt in Ergänzung zur Auftraggeber-Projektorganisation:

- Festlegung des für das Projekt erforderlichen Leistungsumfangs

- Erstellung eines Projekt- und Organisationshandbuches (mit Aufgabenverteilung zwischen Auftraggeber, Auftragnehmer und sonstigen Beteiligten sowie einer projektbezogenen Teamzusammensetzung mit Kompetenzverteilung einschl. der notwendigen Schnittstellendefinition und Schnittstellensystematisierung) sowie Fortschreibung eines Organisationsplans einschl. der Darstellung von Entscheidungsstufen
- Mitwirkung und Beratung bei der Auswahl der weiteren an der Planung zu beteiligenden Fachleute
- Festlegung von Entscheidungskriterien und -abläufen
- Schnittstellendefinition für wesentliche Planungsbereiche (Schnittstellenbetrachtung und Berücksichtigung unmittelbarer physischer Verbindungen verschiedener voneinander in Abhängigkeit stehender Leistungen; ebenso Berücksichtigung von Korrespondenzschnittstellen, die im Wesentlichen auf einem Daten- und Informationsaustausch beruhen)

3.2.1.7 Berichtswesen

Zur Sicherstellung einer rechtssicheren Projektdokumentation erfolgen verbindliche Vorgaben für alle fachlich Beteiligten:

- Festlegung eines Berichts- und Dokumentationssystems
- laufende Information des Auftraggebers über Stand und Umfang der Leistungen (regelmäßige Berichterstattung durch monatliche Statusberichte über den Stand der Vertragserfüllung, ggf. Krisenbericht durch Anzeige von Leistungsstörungen und Terminverzögerungen)
- Organisation und Teilnahme an allen notwendigen Planungs-, Projekt-, Koordinations- und Ablaufbesprechungen
- Dokumentation der Planungsergebnisse in den jeweiligen Leistungsphasen
- Projektabschlussbericht mit Dokumentation aller Unterlagen

3.2.1.8 Vertragsmanagement

Im Rahmen eines Vertragsmanagements sind im Hinblick auf die Projektziele folgende Leistungen zu erbringen:

- Verhandlung, Abstimmung und Abschluss der Verträge mit den beteiligten Fachplanern (einschl. der Beschreibung von Leistungsinhalten sowie der Gestaltung von Rechtspositionen)
- Überwachung der Vertragserfüllung (einschl. Durchsetzung von Vertragsansprüchen im Interesse des Auftraggebers und der Abwehr von Forderungen seitens der Fachplaner mit der Prüfung der jeweiligen Rechnungen)
- Vertretung des Auftraggebers in eigenen Belangen gegenüber den beteiligten Fachplanern (Durchsetzung von Anordnungen, Aufbau von Rechtspositionen und Bestehen auf Vertragserfüllung)
- Erfassung, Prüfung und Bewertung sowie Dokumentation des vertragsrelevanten Schriftverkehrs gegenüber den beteiligten Fachplanern und allen weiteren Projektbeteiligten (einschl. der Sonderfachleute des Auftraggebers) und gegenüber Dritten (Behörden etc.)

- Bearbeitung (Empfang, Auswertung und Verteilung) von Mängel- und Behinderungsanzeigen sowie Anzeigen über Leistungsstörungen aller fachlichen und sonstigen Projektbeteiligten
- Erarbeitung von Vorschlägen für Abwehrmaßnahmen und Konfliktlösungen unter Mitwirkung aller Projektbeteiligten
- Mitwirkung bei der Inverzugsetzung der bauausführenden Firmen
- Unterstützung und Vorbereitungsarbeit zur externen juristischen Beratung des Auftraggebers
- Prüfung und Auswertung der Protokolle von Baubesprechungen auf vertragsrelevante Anordnungen und Aussagen hin
- Dokumentation der Verträge, Vertragsänderungen und Vertragsergänzungen
- Koordination der Nachtragsbearbeitung einschl. der Prüfung von Nachtragsangeboten der Fachplaner hinsichtlich ihrer Plausibilität und Berechtigung der Höhe nach

3.2.2 Die Leitung und Steuerung der Planungen

Damit der künstlerische Planungsprozess des Architekten, der i. d. R. stochastisch verläuft, nicht dominiert und eben nicht nur die Kreativität die Geschehensabläufe bestimmt, mit der Folge der rückwirkenden Einflüsse auf schon abgeschlossene Planungsfestlegungen, leitet und steuert die Auftraggeber-Projektleitung übergeordnet den Planungsprozess.

Dieser übergeordnete Leitprozess stellt für die Bauausführung sicher, dass die beiden wesentlichen Teile der Planungen, die Entwurfsangabe und die der Bauangabe, durchgängig und entsprechend den Anforderungen für die Bauausführung betrachtet werden.

Dies erfolgt einerseits durch die direkt in den Planungsablauf eingreifenden Steuerungsfunktionen der Auftraggeber-Projektleitung, damit sichergestellt wird, dass die Planungsabläufe auf eine endliche, begrenzte Distanz gebracht werden, um andererseits die für die Ausführung notwendigen Informationen rechtzeitig und vollständig bereitstellen zu können.

Die wesentlichen Einzelleistungen der Auftraggeber-Projektleitung sind übergeordnete Leistungen, die über die Grund- und Besonderen Leistungen des Architekten hinaus gehen. Es sind die Planung

- des Planungs- und Bauablaufes
- der Bauzeiten/Bauausführung
- der Qualität, der Kosten und Termine.

Zur Wahrnehmung dieser Aufgaben gehört u. a. die ständige Prüfung, ob die Planziele mit den Entwurfsangaben sowie der Ausführungsplanung und der Bauausführung übereinstimmen, ergänzend kommen schwerpunktmäßige Überprüfungen der gebauten Qualität sowie des Materialeinsatzes hinzu.

Vorgenannte Leistungspflichten erfordern allgemein die Verfügbarkeit und umfassende Kenntnis der für die jeweilige Objektausführung erstellten und noch erforderlichen Planungsunterlagen, die Kenntnis ebenso der Ausschreibungs- und Vertragsunterlagen sowie ein ausreichendes Wissen zu allgemein gültigen Bestimmungen aus dem Baurecht, der VOB, den anerkannten Regeln der Baukunst und -technik und sonstiger einschlägiger Vorschriften, z. B. aus dem Umweltschutz.

Denn nur zu gut kennen wir das Problem, dass keiner der Beteiligten um Ausreden für „fehlende Angaben" verlegen ist:

- „Das ist das Problem des 50stel!"
- „Das kriegen wir schon irgendwie hin!"
- „Das hätte die Bauleitung sehen müssen!"
- „Das war doch nur ein Planungs-Vorabzug zur Info!"

Mit einer solchen Einstellung wird heute kein Projekt mehr erfolgreich beendet. Auch die Vorstellung, dass „nur ein paar" Tage der verspäteten Planlieferung oder der späteren Baufreiheit irgendwie und irgendwann schon aufgeholt werden, ist falsch. Jede noch so kleine Abweichung von der Ideallinie wird zum Anlass genommen, die „Erfüllungsgehilfen des Auftraggebers" für zusätzliche Leistungen und damit zusätzliche Kosten verantwortlich zu machen.

Ein beteiligtes „juristisches Projektmanagement" wird mit Sicherheit ein Mitverschulden behaupten; der Schadensersatz aufgrund der gesamtschuldnerischen Haftung kann dann oft nicht abgewendet werden. Und wer glaubt, dass eine Berufshaftpflichtversicherung den Schadensersatz schon regeln wird, geht fehl in dieser Annahme – Quoten um bestenfalls 20 % werden oft nur angeboten.

Immer wiederkehrende Probleme in der Planungsphase, bei der Objektüberwachung, bei der Leistungshandlung der Koordination und der Qualitätssicherung erfordern projektvorbereitende Handlungen aller Projektbeteiligten.

Die wesentliche Aufgabe des Auftraggeber-Projektleiters dafür ist:

- durch Vordenken und „Vorherfestlegen"

die Projektabwicklung positiv zu beeinflussen.

Somit ist jede investierte Minute vor dem eigentlichen Arbeitsprozess wichtig und möglichst kompromisslos zu erledigen.

Hierzu gehören als wichtigste Bestandteile dieses „Vordenk-Prozesses" das Sammeln von Informationen, um anschließend ganzheitlich wichten zu können:

- Durcharbeiten der Verträge und Herausstellen aller geschuldeten Leistungen
- Wissen um die Vertragsinhalte der anderen an der Planung fachlich Beteiligten
- Wissen um die Projektmerkmale und Projektziele
- Hinzuziehung oder Erstellung des Projekthandbuches
- Durcharbeiten aller vorliegenden Unterlagen
- Besprechung mit Sonder- und Fachplanern über Art und Inhalt ihrer Planungen
- Rückfragen und Erklärungen zur Projektidee mit den Vorplanern
- Prüfung der Planung, Durcharbeiten der Planlisten
- Zusammenstellung von Projektdaten anderer, vergleichbarer Bauvorhaben
- Aufstellung der Ergebnislisten für die weitere Vorgehensweise

- Erörterung mit den Vorplanern z. B. hinsichtlich
  - der möglichen Primärkonstruktion (Skelett, Massiv, Fertigteil, Stahl, Systembauteile etc.)
  - der Art der Baugrube, der Fassade
  - des Innenausbaus (örtliche Ausführung oder Systemanfertigung)
  - der technischen Anlagen etc. oder
  - der Art des Bauvertrages.

Damit wird sichergestellt, dass einerseits die Beratung des Auftraggebers im Hinblick auf die Projektziele z. B. über die baubetrieblichen Belange richtig erfolgt ist und andererseits die Steuerung und Leitung durch die Auftraggeber-Projektleitung den Projekterfordernissen entsprechen.

Und abschließend:
Mit der Niederschrift vorgenannter Aufgabenerledigung erfolgt die Fortschreibung der Projekt-Dokumentation.

Es ist in allen Fällen ein eindeutiges Ergebnisprotokoll zu erstellen, das über Gesprächsergebnisse informiert und an alle fachlich Beteiligten zu verteilen ist. Diese Ergebnisprotokolle dienen darüber hinaus dem Zweck einer hinreichenden Dokumentation für den Fall späterer Einsprüche bei der Bausollbestimmung oder einer Diskussion über das Einhalten der Projektziele.

3.2.2.1 Die projektbegleitenden Kontrollen

Zur Steuerung der Qualitätssicherung von Planung und Bauausführung sind Besprechungen mit allen Beteiligten erforderlich. Eröffnungsworkshop, regelmäßige Projektgespräche und Kontakt zum Auftraggeber auch nach der Übergabe bilden den Grundstock.

Die wesentlichen Aufgaben der Auftraggeber-Projektleitung sind u. a.:

Projektstart:
In einem Eröffnungsworkshop zum Projektstart unter der Leitung der Auftraggeber-Projektleitung werden dem gesamten Projektteam unter anderem alle zur Erbringung erforderlichen Leistungen und die Aufgabenstellung laut Vertrag jedes einzelnen fachlich Beteiligten vorgestellt; auch wird dabei schon auf besondere Projektmerkmale hingewiesen. So wird sichergestellt, dass auch alle fachlich beteiligten Mitarbeiter die Aufgaben ihrer Kollegen kennen.

Projektdurchführung:
Da die Projekte in der Regel über einen längeren Zeitraum abgewickelt werden und jedes für sich ein Unikat darstellt, sind sie besonderen Bedingungen und Umständen unterworfen. Viele dieser Umstände können erst bei der Abwicklung festgestellt werden. Durch periodisch stattfindende Projektgespräche wird sichergestellt, dass evtl. erforderlich werdende Anpassungen rechtzeitig erkannt und vereinbart werden können.

Projektabschluss:
Nach Abschluss der Bauausführung und nach Ablauf der Gewährleistungsfristen ist der Kontakt zum ehemaligen Auftraggeber zu halten. Regelmäßige Kontaktaufnahme und Besprechungen

sowie Vor-Ort-Inaugenscheinnahme informieren den Architekten, wie nachhaltig sich seine Planung und die Bauausführung in qualitativer Hinsicht über einen längeren Zeitraum bewähren.

3.2.2.2 Die Prüfung der Bauangaben der Planungsbeteiligten

Wenn die Auftraggeber-Projektleitung später während der Bauausführung ihre Aufgaben erfolgreich erledigen will und nicht nur eine Schadensabwehrdokumentation und Schuldigensuche (als nachlaufende Ursachenforschung) betreiben will, muss das Prüfen der Bauangaben der Vorplaner als ihre wichtigste Arbeitsvorbereitung intensiviert werden.

Intensivierte Arbeitsvorbereitung beinhaltet:

- Prüfen der zeichnerischen Darstellung und Inhalte
- Beachten der Auflagen aus der Genehmigung/Zustimmung
- Prüfen der festgelegten Qualitäten im Hinblick auf die Projektziele
- Überprüfen der Richtigkeit der geforderten Materialien

Dabei ist es ebenfalls Aufgabe des Architekten, die Auftraggeber-Projektleitung bei unzureichenden Bauangaben frühzeitig auf mögliche Konflikte hinzuweisen; jedoch nicht ohne ihm gleichzeitig eine Lösung aufzuzeigen (es gibt immer genug Mitstreiter, die nur sagen können, warum etwas nicht funktioniert, aber eben nicht aufzeigen können, wie das Problem zu lösen ist).

Die wesentliche Aufgabe der Auftraggeber-Projektleitung ist dabei, eine Lösung zu finden in Form

- einer Nachbesserung des Vorplaners,
- einer Terminveränderung,
- einer Beschleunigung der Bauausführung oder
- einer veränderten Bauangabe.

Ohne diese Lösungsfindung und einen zeitnahen Hinweis wird letztendlich der Architekt für die mangelhafte Bauausführung, eine nicht den Projektzielen entsprechende gestalterische Ausführung oder Terminüberschreitung und die damit verbundenen zusätzlichen Kosten verantwortlich gemacht.

Bedenke: „Den Letzten beißen die Hunde".

Zu berücksichtigen ist, dass, je später die Bauangaben überprüft werden, umso aufwendiger wird es, Ergänzungen noch wirtschaftlich sinnvoll vorzunehmen. Es ist ausschlaggebend für den Erfolg der Überprüfung, diese zu einem frühen Zeitpunkt durchzuführen. Deshalb ist es wichtig, dem Architekten und den sonstigen fachlich Beteiligten bereits zu Beginn der Planungen die „Checklisten Planprüfung" zu übergeben.

3.2.2.3 Baufachliche Beratung und Kontrollen

Grundlage der baufachlichen Beratung sind die Vorstellungen des Auftraggebers über sein Bauwerk hinsichtlich Qualitäten, Kosten und Terminen (Q-K-T).

Die wesentliche Aufgabe der Auftraggeber-Projektleitung sind dafür u. a.:

- Bestätigen und Festlegen der Leistungsinhalte aller fachlich Beteiligten
- Bestimmen von Meilensteinen für Entscheidungen des Auftraggebers im Projektverlauf
- Prüfen und Zustimmen des vom Architekten aufgestellten Projekt-Zielkatalogs

Diese Leistung ist mit der Übergabe des Projekt-Zielkataloges an den Auftraggeber weitestgehend erfüllt.

3.2.2.4 Planung der Projektabwicklung

Die Planungs-Verträge sind geschlossen, die Leistungen und alle damit verbundenen Leistungshandlungen sind weitestgehend bestimmt. Das wesentliche Merkmal in dieser Leistung des Architekten ist das Ermitteln und Berücksichtigen der Fristen der einzelnen Projektphasen.

Die wesentliche Aufgabe der Auftraggeber-Projektleitung ist u. a.:

- Bestätigung der abgestimmten, koordinierten Fristen zu Planungs- und Bauzeiten sowie den Bauabläufen.

Am Ende dieser Leistung steht fest, in welchen Zeiträumen die Projektverwirklichung erfolgt.

3.2.2.5 Planung der Termine und Kontrolle

Eine Planung der Planungszeiten kann ohne die Berücksichtigung der Festlegungen zum Bauablauf und zu den Bauzeiten nicht erfolgen. Das wesentliche Merkmal in dieser Leistung des Architekten ist das Erkennen der den Planungszielen entsprechenden notwendigen Planungsinhalte und -zeiten aller fachlich Beteiligten.

Die wesentliche Aufgabe der Auftraggeber-Projektleitung ist u. a.:

- Bestätigung der zeitlichen Fixierung der Einzelvorgänge der Planungen.

Die Ablaufkoordination der Auftraggeber-Projektleitung bei komplexen Bauaufgaben unterstützt die fachlich Beteiligten bei der schrittweisen Bearbeitung von Planungsinhalten. Denn Ergebnisse der Planungen können die Bauzeiten beeinflussen.

Es geht darum,

- die Erarbeitung und die Festlegungen der Planungen hautnah zu begleiten, um Abweichungen in Hinblick auf die Festlegungen der Projektziele frühzeitig zu erkennen.

Mit dieser Leistung erhält der Auftraggeber die Sicherheit, dass seine Projektziele im vorgestellten Terminrahmen erreicht werden und frühzeitig Informationen über die möglichen Auswirkungen von Änderungen der Projektziele zur Verfügung stehen.

Am Ende dieser Leistung steht fest, in welchen Zeiträumen die Projektplanung erfolgt.

3.2.2.6 Planung der Kosten und Kontrolle

Die Kostenermittlungen der Planungsbeteiligten sind die Basis für Entscheidungen zu Veränderungen oder Bestätigung der Projektziele. Das wesentliche Merkmal dieser Leistungen des Architekten ist die Kostenaufstellung und Abstimmung mit den fachlich Beteiligten.

Die wesentliche Aufgabe der Auftraggeber-Projektleitung ist u. a.:

- Kontrolle und Bestätigung der Kostenermittlungen des Architekten.

Die gesamtheitliche Sichtung, Planung und Auswertung der Daten der Herstellkosten nach DIN 276:2018 ist das Fundament der Kostensicherheit. Mit abgesicherten Werten können in jeder Projektphase Entscheidungen zur Nutzung, zur Qualität und zu Terminen erfolgen.

Zur Unterstützung der Kontrolle dienen die Gesetzmäßigkeiten der Informationsverarbeitung (unveränderliche Zusammenhänge von Kenndaten und Kennwerten) und deren Rückkopplung zu Daten fertiggestellter Bauvorhaben. Diese Kenntnisse sind für die Steuerung, Prüfung und Bewertung von Planungen hilfreich (Soll-/Ist-Vergleich). Damit ist der Auftraggeber-Projektleiter schnell in der Lage, vorhandene Schwachstellen der Planung zu erkennen, welche z. B. auf unzureichende Koordinierung zurückzuführen sind.

Mit den vergleichenden Daten können nochmals vor der Vergabe letztmalig bewertet werden:

- die Entwurfs- und Bauangaben aller fachlich Beteiligten
- die Kostenermittlungen und Terminfestlegungen
- die Qualitätsbeschreibungen und sonstigen Projektergebnisse

Mit dieser Leistung erhält der Auftraggeber die Sicherheit, dass seine Festlegungen berücksichtigt worden sind.

3.2.3 Die Leitung und Steuerung der Bauausführung

Die Prüfung der Entwurfsangaben ist nicht ganz einfach, denn dies erfordert zum Zeitpunkt der LV-Erstellung oder der Objektüberwachung viel Erfahrung, Planungen „operativ" zu lesen und zu prüfen.

Der Schwerpunkt der Prüfung liegt darauf, ob die fachlich Beteiligten die abgestimmten Projektziele im Sinne der Kosten, Qualitäten und Termine vollständig und richtig umgesetzt haben. Ein besonderes Augenmerk ist dabei auf die Prüfung der abgestimmten und festgelegten Schnittstellen der einzelnen Planungen zu richten.

Mit den zeichnerischen und beschreibenden Bauangaben erfolgt die vollständige Definition der Aufgabenstellung des Unternehmers als Grundlage des Bauvertrags.

Die wesentliche Aufgabe der Auftraggeber-Projektleitung ist u. a.:

- Prüfen und Bestätigen aller Bestandteile der Verdingungsunterlagen
- Bestätigen der Art des Bauvertrages (eG, GU/GÜ, GMP)

3.2.3.1 Planung des Bauablaufes

Auf Grundlage der festgelegten Art der Bauausführung wurden vom Architekten mit dem Projekt-Zielkatalog auch einige Baufristen bestimmt. Auf Basis dieser Angaben sind weitere Fristen, gegliedert in Arbeiten (Gewerke) und sonstige Abhängigkeiten (Vor-/Nachgewerke, Schalungsfristen, weitere Hilfsmaßnahmen, Wasserhaltung etc.), vom Architekten mit den sonstigen fachlich Beteiligten festzulegen; sie dienen als Grundlage für die Planungsinhalte der Bauangaben und deren Fristen.

Das wesentliche Merkmal dieser Leistung ist, dass der Architekt und die fachlich Beteiligten sich intensiv mit den festgelegten Projektmerkmalen und -zielen vertiefend auseinandersetzen und ggf. die Angaben fortschreiben.

Die wesentlichen Aufgaben der Auftraggeber-Projektleitung sind u. a.:

- Bestätigen der gewählten Unternehmereinsatzform
- Bestätigen der beauftragten Planungsinhalte aller fachlich Beteiligten

3.2.3.2 Prüfen der Ergebnisse: Baubegleitende Planung

Ein weiterer wesentlicher Arbeitsschritt ist die Prüfung der während der Bauausführung durch die Vorplaner zu erbringenden baubegleitenden Ausführungsplanung – vor dem Hintergrund, dass i. d. R. wichtige Gewerke schon auf Basis der Entwurfsplanung ausgeschrieben wurden. Hier hat der prüfende Architekt eine wichtige Holschuld gegenüber dem Auftraggeber, immer eine stimmige Planung termingerecht zur Verfügung zu haben. Und, die Prüfung der baubegleitenden Bauangaben ist ein permanenter Prozess, er erfordert Disziplin.

3.2.3.3 Prüfen der Ergebnisse: Bauangaben

In der LPH 5 müssen die Vorplanungen auf Basis der Ergebnisse der LPH 3 und 4 ohne Änderung der Entwurfsergebnisse Stück für Stück in einen ausführungsreifen Zustand (Bauangabe = Angabe zum Bauen) gebracht worden sein. Die Architekten-Ausführungsplanung gilt den Fachplanern als Grundlage ihrer Ausführungsplanung, die Ergebnisse der Fachplaner sind dann durch den Architekt wieder vollständig und eindeutig zu integrieren. Die Auflagen aus dem Verordnungstext sind zu erfüllen. Die baumeisterliche Ausführungsplanung ist Grundlage für eine mängelfreie Bauausführung; sie hat damit unter dem Aspekt der Kostenerfüllung einen hohen Stellenwert.

Es wird sich oft erst in der detaillierten Betrachtung und Wertung zur Anfertigung der Ausführungsplanung erweisen, ob die Angaben der Entwurfsplanung in einen ausführungsreifen Zustand gebracht werden können und ob diese Angaben in gestalterischer Hinsicht ausreichend sind. Erforderliche ergänzende Angaben der Vorplaner sind über den Auftraggeber einzufordern.

In der LPH 6 müssen alle Vorplaner auf Grundlage der vorliegenden, koordinierten und abgestimmten Planungen die Leistungsverzeichnisse aufstellen, wobei der objektplanende Architekt dies vor allem unter Verwendung der Beiträge anderer an der Planung fachlich Beteiligter machen sollte (der objektplanende Architekt ist „Herr der Schnittstellen").

LV-Aufbau (Lose, Bauabschnitte, Eventualpositionen, KG der Positionen, Mengenansätze, Materialangaben etc.) und die Leistungsbeschreibung bzw. das -verzeichnis sind auf Plausibilität zur Ausführungsplanung zu überprüfen. Die Überprüfung vorgenannter Bauangaben erfolgt dabei einerseits im Hinblick auf die Erfüllung der Projektziele, andererseits insbesondere in fachlicher Hinsicht vor allem auf die Einhaltung der allgemein anerkannten Regeln der Technik.

3.2.3.4 Planung und Kontrolle der Bauzeiten/Bauausführung

Sind die Eckpunkte Beginn (der Planungstätigkeiten) und Ende (der Fertigstellungstermin der Bauausführung) vorgegeben, beeinflusst dies die Unternehmereinsatzformen, die Art der Bauherstellung, den Bauablauf und damit auch die Art der Planungen nebst Planungsinhalten. Das wesentliche Merkmal dieser Leistung des Architekten ist die Auseinandersetzung mit dem Bauablauf und die Festlegung der Zeiten für die einzelnen Bau- und Planungstätigkeiten.

Die wesentlichen Aufgaben der Auftraggeber-Projektleitung sind u. a.:

- abschließende Festlegung und Bestätigung der Art der Bauausführung
- abschließende Festlegung und Bestätigung der Bauzeiten
- Aufzeigen der Auswirkungen auf die Planung der Planung

Die wesentliche Kontrolle besteht darin, dass die Auftraggeber-Projektleitung als Generalist klarer erkennt, welche Umstände einen Planungsablauf vorteilhaft und nachteilig beeinflussen und inwieweit Abweichungen von den Projektzielen die Festlegungen für die Bauausführung beeinflussen.

Und für die Bauzeiten stellt der Auftraggeber-Projektleiter durch die permanente Begleitung des objektüberwachenden Architekten sicher, dass Abweichungen frühzeitig erkannt werden.

Aktive Terminkontrolle und gesamtheitliche Bewertung der Situation mit der ggf. entsprechenden Einleitung von Maßnahmen gewährleisten die Baudurchführung im vorgestellten Zeitrahmen.

Am Ende dieser Leistung steht fest, in welchen Zeiträumen die Bauausführung erfolgt.

3.2.3.5 Mitwirkung bei der Vergabe

Die Verdingungsunterlagen stellen die Gesamtheit der vertraglichen Unterlagen dar, auf die zuerst das Angebot des Unternehmers und danach der Bauvertrag sich beziehen.

Das wesentliche Merkmal dieser Leistung des Architekten ist die rechnerische und fachliche Prüfung aller Angebote und deren Bewertung (Prüfprotokoll, Auftragsgespräch, Vergabeempfehlung).

Die wesentliche Aufgabe der Auftraggeber-Projektleitung ist u. a.:

- Durchführung der Bieter- und Vergabegespräche
- Prüfung und fachliche, gesamtheitliche Wertung des Vergabevorschlages der fachlich Beteiligten

3.2.3.6 Objektüberwachung (Bauüberwachung) und die Objektdokumentation

Die örtliche Überwachung der Bauausführung durch den Architekten und der fachlich Beteiligten hinsichtlich der Einzelheiten der Gestaltung basiert ausschließlich auf den Vorgaben des Architekten. Die qualitative Überwachung der Bauausführung erfolgt auf Basis des geschlossenen Bauvertrages.

Das wesentliche Merkmal dieser Leistung des Architekten ist die Herbeiführung des mangelfreien Objektes im vorgestellten Kosten- und Terminrahmen.

Die wesentlichen Aufgaben der Auftraggeber-Projektleitung sind u. a.:

- Prüfen und Bestätigen der Ergebnisse der örtlichen Objektüberwachung der fachlich Beteiligten
- Prüfen und Bewerten der Abnahmebegehungen und Projektunterlagen (Dokumentation)
- Übernahme des Projektes zur Übergabe an den Aufraggeber/Nutzer

3.2.3.7 Objektbetreuung

Begehungen des Objektes für die Feststellung von Mängeln am Objekt durch Architekt und fachlich Beteiligte innerhalb des vertraglich festgelegten Gewährleistungszeitraums. Es folgen eine Mängelrüge und eine Überwachung der Beseitigung von durch den Auftraggeber gemeldeten Mängeln. Damit verbunden ist die Teilleistung Mitwirken bei der Freigabe/Nichtfreigabe von Sicherheitsleistungen.

Das wesentliche Merkmal dieser Leistung ist die Betreuung des Auftraggebers innerhalb der Gewährleistungsfristen zu festgestellten Ausführungsmängeln und zu deren Beseitigung sowie resultierend daraus die Empfehlung hinsichtlich der Freigabe bzw. Nicht-Freigabe zur Rückgabe der Bau-Auftragnehmer-Sicherheitseinbehalte.

Die wesentliche Aufgabe der Auftraggeber-Projektleitung ist u. a.:

- Prüfen und Bestätigen der Empfehlung der fachlich Beteiligten hinsichtlich der Sicherheitsleistung der Bau-Auftragnehmer

3.3 Das Management von Abweichungen

Abweichungen sind Ereignisse, die entstehen, wenn eine Vorgabe verlassen wird.

Ob Qualitäten, Kosten oder Termine aus dem Planungsgeschehen oder Verzug, Behinderung oder Totalausfall eines Bauunternehmers; immer sind die Auswirkungen durch den Projektleiter des Auftraggebers zu bewerten, ggf. durch verschiedene Szenarien darzustellen und Lösungen sind aufzuzeigen.

3.3.1 Krise allgemein

Zur Konfliktlösung unter Beachtung von menschlichen, technischen, vertragsrechtlichen und wirtschaftlichen Gesichtspunkten wird die Sachfrage in den Mittelpunkt der Entscheidung gestellt.

Das wesentliche Merkmal dieser Leistung für den Auftraggeber-Projektleiter ist die objektive und gesamtheitliche Bewertung von Problemen und ein den Projektzielen entsprechender Lösungsvorschlag. Die Aufgabe besteht darin, den Grund des Konfliktes herauszuarbeiten und entsprechende Lösungen vorzugeben.

Krisen bzw. Änderungen/Abweichungen können entstehen u. a. durch:

- (späte) Änderungen/Abweichungen von den Planungsvorgaben (Planungen oder vertraglich geforderte Bauleistung sind unzutreffend – dadurch ggf. Terminproblem für die Bauausführung)
- Ausfall eines Planungsbeteiligten
- fehlende Baufreiheit
- Verweigerung der Baugenehmigung
- unzureichende Planungsaussagen
- unerlaubte Handlungen (Diebstahl, Zerstörung)
- Insolvenz
- falsche Lieferungen
- Streik, Unwetter etc.
- Einsturz von Bauteilen, Explosion, Brand, Wassereinbruch
- Verwendung von nicht zugelassenen Materialien
- Ausfall eines beauftragten Bauunternehmers etc.

In der Regel treten vorgenannte Krisen aber nicht schlagartig auf, und es ist ein besonderes Merkmal des Generalisten, aufgrund seiner Erfahrung auch schon geringste Abweichungen vom Soll so frühzeitig erkennen und analysieren zu können, dass durch rechtzeitiges Eingreifen und Steuern ein Schaden abgewendet werden kann.

Teilleistungen sind dabei u. a.:

- Ausarbeiten von Szenarien und Erstellen der Risikoanalyse
- Aufstellen von Handlungsplänen und Dokumentation der Konflikte

Die wesentliche Aufgabe der Auftraggeber-Projektleitung besteht darin sicherzustellen, dass der Auftraggeber frühzeitig Informationen über die möglichen Auswirkungen von Abweichungen von den festgelegten bzw. angenommenen Projektzielen erhält.

3.3.2 Änderungen der Projektziele

Änderungen der Projektziele können viele Ursachen haben (z. B. Änderungen der Unternehmensausrichtung, Marktsituation). Es handelt sich aber immer um Störfaktoren für den Planungs- oder Bauablauf.

Kein Hochbau-Bauvorhaben wird ohne eine Änderung zu Ende gebracht. Änderung ist – vor allem bei der baubegleitenden Planung – eine konstante Größe und in den Geschehensabläufen durch Einbeziehung von Pufferzeiten zu berücksichtigen. Änderung bedeutet nicht immer die Anpassung der Projektziele an neue Erkenntnisse, oft geht es auch um das Anpassen der Bauangaben als Folge nicht ausreichender Vorbereitung.

Wodurch eine Änderung auch immer ausgelöst wird, ist letztendlich unerheblich. Eine Änderung birgt immer die Gefahr, dass von den fachlich Beteiligten nicht alle Einflüsse rückwirkend auf schon abgeschlossene Planungsfestlegungen berücksichtigt werden.

Deshalb besteht die wesentliche Aufgabe des Auftraggeber-Projektleiters darin, die von den fachlich Beteiligten aufgrund der Störung angezeigte zusätzlich notwendige Maßnahme zu analysieren, zu bewerten und in Kenntnis der Projektziele und der Projektmerkmale eine Entscheidungsvorlage für den Auftraggeber vorzubereiten (mit allen Informationen zu Q-K-T und zu den Auswirkungen auf die Projektziele), welche verhindern soll, dass das „Krisenereignis" sich zu einer massiven Projektkrise ausweitet.

Merke: Es ist nicht hilfreich, nur auf die Probleme, die von Störungen ausgelöst werden, hinzuweisen; es ist auch aufzuzeigen, wie diese Probleme gelöst werden können.

3.3.3 Werkvertragsrecht und Krisen

Grundsätzlich: Unabhängig vom notwendigen Aufwand für die Erbringung jeder LPH schulden die fachlich Beteiligten dem Auftraggeber aufgrund des Werkvertrages den Erfolg.

Sie schulden dem Auftraggeber eine mängelfreie, dauerhaft genehmigungsfähige Gesamtplanung im Rahmen der eigenen Planungs-, Integrations- und Koordinationsleistungen mit allen anderen an der Planung fachlich Beteiligten.

Die Leistungsphasen der HOAI bauen aufeinander auf: die Vorplanung auf den Ergebnissen der Grundlagenermittlung; keine Entwurfsplanung ohne Vorplanung; die Genehmigungsplanung braucht die Ergebnisse der Entwurfsplanung, die Objektüberwachung braucht den Bauvertrag. Welcher Aufwand am Ende einer LPH sich auch als erforderlich herausstellt – der für den Erfolg erforderliche Aufwand ist quantitativ nicht bestimmt.

Somit sind nur Leistungen, welche wiederholt werden müssen (z. B. nochmaliges Ausschreiben bei Insolvenz eines Bauunternehmer oder ab einem gewissen zusätzlichen Aufwand bei Änderungen von Planungsvorgaben) eine zusätzliche, honorarfähige Leistung.

Viele andere zusätzliche Leistungen bei Krisen sind aber der „geschuldeten Werkvertragsleistung" zuzuordnen und nicht zusätzlich honorarfähig

3.3.3.1 Vertragsvereinbarung mit den fachlich Beteiligten

Damit der steuernden und leitenden Funktion der Auftraggeber-Projektleitung von den fachlich Beteiligten auch ohne viel „Diskussion" entsprochen wird, ist in den Verträgen der sonstigen Beteiligten durch den Auftraggeber eine entsprechende Festlegung zu ergänzen.

Vorschlag zur Ausformulierung:

§ x Die Auftraggeber-Projektleitung

Der Projektleiter des Auftraggebers ist (Name).
Dieser wird unterstützt durch die Fachabteilungen des Auftraggebers ...
Nachstehende Leitungs- und Steuerleistungen
(Aufzählung der delegierten Leistungen)
sind des Weiteren an den Architekten ... als Auftraggeber-Projektleiter übertragen worden.

Für die Durchführung seiner Leistungen wird der Auftraggeber-Projektleiter entsprechende Anordnungen und Festlegungen treffen, denen von allen fachlich Beteiligten zu entsprechen sind.

3.4 Immer wiederkehrende Probleme

Merke: Aus Fehlern sollte man lernen.

Dass das nicht immer funktioniert, zeigen jährlich bis zu 12 Mrd. Euro Bauschäden.

Dass Begreifen von Greifen, von – gedanklich, verstandesgemäß – Verstehen kommen muss, zeigen die immer wiederkehrenden Schäden. Jeder muss anscheinend einmal denselben Fehler machen, bevor er begreift, dass der Hinweis, etwas so nicht zu tun, nichts mit einem erhobenen Zeigefinger oder Besserwissertum zu tun hat.

Deshalb werden nachfolgend einige Probleme dargestellt, die bei Eintritt eine Menge Schaden anrichten können, deren Vermeidung aber gar keines großen Aufwands bedarf.

3.4.1 Probleme in der Planungsphase

3.4.1.1 Praxisfremde, zu optimistische Terminvorgaben

Eine Bauterminplanung muss alle besonderen Merkmale des Projektes und die sich damit ergebenden fachlichen, wirtschaftlichen und technischen Aspekte berücksichtigen. Sie soll sich an der Art der Bauausführung sowie den zur Ausführung vorgesehenen Materialien orientieren, beachten, in welcher Jahreszeit sich der Einbau dieser Materialien ergibt und an dem sich daraus ergebenden Bauablauf orientieren.

Oder – anders formuliert –: Wann ist Start und wann das Ende?

Denn welche Bautermine die Bauterminplanung auch ergibt, daran orientieren sich die Planungstermine und nicht umgekehrt.

Mit der Planung der Planungszeiten ist die Dauer aller Leistungsphasen aller Beteiligten zu bestimmen. Sie sind als „Meilensteine" für die Ergebnisse – zum Integrieren – anderer an der Planung fachlich Beteiligten festzulegen.

Der Planlauf jedes Bauteiles, Geschosses oder Planes ist bis zur Baustelle festzulegen – mit entsprechenden Vorlaufzeiten. Beispielsweise muss Baustahl nicht nur eingebaut, sondern vorher auch bestellt und entsprechend angepasst werden.

Ebenso wichtig zu beachten sind Zustimmungstermine bzw. Zeiträume für die Zustimmung des Auftraggebers.

Stehen alle Abhängigkeiten und Zeiträume fest, ist die Terminplanung auf die Realisierbarkeit hin zu prüfen.

Wenn – aus welchen Grund auch immer – die Zeiträume zu knapp bemessen sind, wird sich eine Belastung aller Beteiligten und des Auftraggebers einstellen. Falsche Zeiträume können unzureichende Vorgaben für Planung, Ausschreibung und Ausführung ergeben. Diese falschen Festlegungen bringen dann zwangsläufig eine mindere Qualität in der Planung und Ausführung mit sich und erzeugen Reibungsverluste; es muss andauernd nachgebessert werden.

Richtig ist, alle Merkmale und Projektziele so zu berücksichtigen, dass die Bautermine realistisch sind.

Ist aber ausdrücklich eine sehr kurze Projektzeit gefordert, kann dieser Forderung natürlich auch entsprochen werden. In der LPH 1 bildet diese Vorgabe dann bei der Beratung durch den Architekten die Grundlage, über das „normal Erforderliche" hinaus zusätzliche Maßnahmen für die Planungs- und Ausführungsphase vorzuschlagen (Art des Bauauftrages und damit Umfang der Planungen, Einsatz von vorgefertigten Bauteilen, zusätzliche Kosten etc.).

Und gut zu wissen ist:

In der heutigen Zeit ist ein „Durchziehen" eines Projektes mit höchstem persönlichen Einsatz des verantwortlichen Architekten nur möglich, wenn eine entsprechende Rückendeckung und Unterstützung durch den Auftraggeber erfolgt. Denn ein „Durchziehen" erfordert vom Architekten auch unangenehme Entscheidungen bzw. Forderungen an alle fachlich Beteiligten und die bauausführenden Auftragnehmer.

3.4.1.2 Zu späte Einbeziehung der Angaben von Sonderfachleuten

Festlegungen von Sonderfachleuten, z. B. hinsichtlich der Herstellung von Sichtbeton, und die Integration der daraus folgenden Anforderungen in die Planungen der fachlich Beteiligten müssen innerhalb der Planungsphase „Vorentwurf" erfolgen. Auf keinen Fall dürfen diese Festlegungen während der Ausführung zur Sache des Bau-Auftragnehmers werden.

Denn dieser wird immer versuchen, z. B. sein System der Schalung, eine „nur nach seinen Vorstellungen" herstellbare Ausbildung der Fuge, seine Zuschlagstoffe etc. für die Ausführung einzusetzen.

Richtig ist, diese Anforderungen schon innerhalb der LPH „Vorentwurf" durch Herstellung von Musterstücken etc. zu ermitteln und festzuschreiben.

3.4.1.3 Unzureichende Beratung

Im Verlauf der Bauvorbereitung und der Bauausführung hat der (fachunkundige) Auftraggeber einen umfassenden Anspruch auf eine den Belangen des Bauens entsprechende Beratung durch seine Erfüllungsgehilfen. Diese Fachberatung schließt auch die dem Bauen verwandten Rechtsprobleme ein. Unzureichende Beratung, ob in fachlicher oder in rechtlicher Hinsicht, wirkt sich weitreichend aus. Halbwissen ist dabei das Gefährlichste, weil Schadenträchtigste.

Richtig ist, wenn die Situation eintritt, dass spezielle Rechts- bzw. Fachkenntnisse erforderlich werden, auf den Umstand hinzuweisen (auch das heißt: beraten) und zu empfehlen, einen Rechtsanwalt oder Spezialisten einzubeziehen.

Anmerkung: Der Vollständigkeit halber sei darauf hingewiesen, dass die „Beratungspflicht" der Erfüllungsgehilfen sogar so weit geht, dass auf Fehler und Mängel in den eigenen Leistungen hinzuweisen ist. Wird dem nicht entsprochen, so kann – neben der Schadenersatzpflicht – auch hier, wie in weiteren Fällen, die Haftung auf Ersatz des Schadens gegenüber dem Auftraggeber sich auf 30 Jahre verlängern.

Richtig ist, entsprechende Nachweise der Qualitätssicherung dem Auftraggeber am Anfang des Projektes bereits in der LPH 1 vorzulegen (Projekthandbuch, Checklisten etc.). Damit erfolgt darüber hinaus eine frühzeitige Information an alle fachlich Beteiligten.

3.4.1.4 Unklare Schnittstellen einer Bauleistung

Die Verschiebung einer notwendigen Bauangabe von vorn (der Planung) nach hinten (in die Ausführung hinein) schafft momentan für die Planer „Luft". Diese fehlende Bauangabe hinterlässt zwar eine unbestimmte Bauleistungs-Schnittstelle (wer was erarbeitet, plant, koordiniert und ausschreibt), führt aber in der Planungszeit noch nicht zu Problemen.

Die fehlende oder unvollständige Festlegung einer Planungsangabe oder Planungsgrenze zwischen dem Objektplaner und den sonstigen fachlich an der Planung Beteiligten wird dann bei der Bauausführung zu einem Problem.

Neben dem sogenannten „Sowieso-Kostenanteil" für das fehlende Bauteil kommen ggf. die Kosten für Baustillstand, evtl. Rückbau, Mehrkosten aufgrund fehlender Wettbewerbsbedingungen, Terminverzug und dessen Beschleunigung hinzu.

Schließlich sollte in einem solchen Fall auch der damit verbundene, stark erhöhte Aufwand der fachlich beteiligten Büros zur Vervollständigung der Bauangaben und, falls dem Auftraggeber ein Schaden entsteht, die Verpflichtung, diesen zu ersetzen, nicht vergessen werden.

Richtig ist, keine „offene Schnittstelle" zu hinterlassen. Eine Festlegung bzw. Benennung ist immer möglich; ggf. ist eine Annahme zu treffen, welche periodisch überprüft wird.

3.4.1.5 Bautoleranzen zu gering

Wenn bei der Planung die Toleranzen, welche bei der Herstellung von Bauteilen immer entstehen, nicht ausreichend Berücksichtigung finden, werden wiederum die Probleme von vorn (Papier ist geduldig) in die Ausführung verschoben.

Es ist nicht möglich, an den Rohbau, die Installationen bzw. Installationstrassen und den Innenausbau die Anforderungen zu stellen, welche in Bezug auf Genauigkeit an die Werkstattmontage einer Metallfassade gestellt werden können. Werden die Toleranzen nicht richtig berücksichtigt, kommt es zu kostenintensiven Anpassungsarbeiten bis hin zu nicht herstellbaren Ebenheitsanforderungen. Damit verbundene Nacharbeitsversuche, welche zu Lasten der Detailqualität gehen, führen darüber hinaus zu zusätzlichen Kosten, die keiner erstatten will.

Richtig ist, in Abhängigkeit von der Baukörpergröße die Maßabweichung durch entsprechende größere Maßzugaben zu berücksichtigen (im Rohbau LV kann darüber hinaus unterstützend ein Höhen- und Lagekoordinatensystem gefordert werden, um Toleranzen beim Errichten des Rohbaus zu minimieren).

Die wichtigste (Planungs)-Toleranzentscheidung ist im Geschossbau die Ebenheit von Decken und deren Auf- und Unterbauten:

- Fußbodendicke und Aufbauten (Hohlraum, Estrich, Installationen etc.) +1 bis 2 cm
- Deckenhohlraum (abgehängte Decke, Installationen etc.) +1 bis 2 cm

In der Summe sind 2 bis 4 cm Übertoleranz (abhängig von der Gebäudelänge) aufzufangen. Dies bedeutet, dass das theoretische, durch Addition ermittelte Maß der Geschosshöhe um mindestens 2 bis 4 cm zu erhöhen ist, damit innerhalb jedes Geschosses die (+/- gebauten) Bautoleranzen realsisiert werden. Diese Plustoleranz wird der lichten Raumhöhe hinzuaddiert (bei Raumhöhe i. L. von 2,75 m wird mindestens 2,77 m vorgegeben).

Fassadentoleranzen sind ggf. mit dem Sonderberater abzustimmen. Grundsätzlich ist in der Geschosshöhe eine horizontale Abweichung von +/-2 cm zu berücksichtigen (wird in vorgenannter lichter Raumhöhe aufgefangen). In der Vertikalen bis ca. 6 bis 8 Geschossen sind 2 bis 3 cm für die Abweichung von der Lotrechten zuzugeben (Fassadenpaket von 17 cm wird somit mindestens mit 19 cm im Detail vorgegeben).

Diese Baukörper-Erhöhungen sind im Hinblick auf die Gesamt-Projektkosten unerheblich, aber für eine Umsetzung der Planung in der geforderten Detail-Bauausführungsqualität eminent wichtig.

Hinweis zur Toleranz einer Fassade:

Bei Einsatz einer Fassade aus Metall (Pfosten-Riegel oder Elementfassade) oder Metall-/Steinfassade ist die elementierte Konstruktion zu bevorzugen. Durch das Herstellen (Montieren) der Elemente im Werk des Auftragnehmers werden Montagetoleranzen aufgefangen, darüber hinaus wird die Montagezeit erheblich verkürzt und es entfallen ggf. Gerüstarbeiten.

Ergänzend ist darauf hinzuweisen, dass in terminlicher Hinsicht mit dem Tragwerksplaner auszuwerten ist, zu welchem Zeitpunkt die Notstützen ausgebaut werden können, z. B. bei Flachdecken i. d. R. erst nach 120 Tagen. Denn erst danach erfolgt das „Durchhängen" der Geschossdeckenränder, welches aber Voraussetzung für das Einmessen der Fassade ist.

3.4.1.6 Änderungen bzw. Fortschreibung der Planung

Die Ausführungsplanung sollte und darf auch dem Grunde nach nur die Fortschreibung der – vollständig erbrachten – LPH 3 und 4 sein. Wenn dies der Fall ist, können Änderungen oder Ergänzungen durch den Auftraggeber-Projektleiter kontrolliert in das Projektgeschehen eingesteuert, fortgeschrieben werden.

In der Praxis ist das aber nicht so. Ist es der Termindruck, welcher die Planer oft veranlasst, Angaben zu vernachlässigen – das ist das Problem des 50stel – oder ist es so, dass noch nicht alle Festlegungen zu treffen waren (z. B. Bürogebäude zur Vermietung)? Was auch immer die Gründe dafür sind: Die vorherrschende Art der „Einstreuung in das Planungsgeschehen" durch unkontrollierte Veranlassung durch einen Planungsbeteiligten erzeugt unweigerlich ein Problem für alle Beteiligten, vor allem für die fachlich Beteiligten selbst.

Unabhängig davon verstößt der Veranlasser gegen seine vertragliche Nebenpflicht, selbst auf den eigenen Mangel (die fehlende Information) hinzuweisen.

Richtig ist: Wenn das Ansinnen oder die Forderung, eine getroffene Entscheidung zu ändern, zu verbessern oder den geänderten Umständen anzupassen, zu spät erfolgt, dann ist dies nur nach vorhergehender Information und Zustimmung der Auftraggeber-Projektleitung und der sonstigen Beteiligten zulässig.

Eine Änderung auf dem „kalten Weg" ins Projektgeschehen einfließen zu lassen, ist unseriös und falsch und bringt zwangsläufig immer einen Konflikt mit sich, denn ein anderer an der Planung oder Ausführung Beteiligter hat mit der „eingestreuten" Information bestimmt ein Problem – und sei es nur ein Mehraufwand; und dieser kostet i. d. R. sein Geld.

Hinweis:

Unabhängig von der Überwachung und Prüfung des Generalisten ist es – gemessen an den Leistungspunkten der HOAI (LPH 1-4 mit 27 % und LPH 5 mit 25 %) – nur ein vermeintlicher Sieg (Gewinn) im Hinblick auf die eigene Wirtschaftlichkeit, wenn die LPH „Entwurf" nicht vollständig erbracht wird, aber gleichzeitig das gesamte Honorar schon in Rechnung gestellt wurde.

Oft wird hierfür die Begründung vorgetragen, dass in der LPH „Vorentwurf und Entwurf" bereits Leistungen aus der LPH 5 erbracht werden müssen. Hier ist es aber richtiger, diese „Leistungsverschiebung" in dem Planungsvertrag durch eine geänderte Zuordnung der entsprechenden Leistungspunkte v. H. vorzunehmen.

3.4.1.7 Fehlende Baufreiheit

Eine fehlende Baufreiheit (tatsächlich oder vermeintlich) kann viele Ursachen haben, z. B.:

- Der Vorunternehmer kann seinen vorgegebenen Bautermin nicht halten.
- Ein Rohrgraben versperrt den Transportweg, schon stehen ganze Kolonnen still. (Diese können natürlich nicht an anderer Stelle eingesetzt werden!)
- Eine Detailangabe liegt nicht vor.
- etc. pp.

Was auch immer der Grund einer Behinderung ist – sie gibt dem Auftragnehmer die Möglichkeit, seine Termine auszusetzen bzw. zu verschieben; natürlich wird er gleichzeitig auch Mehrkosten anmelden (abgesehen von seiner Pflicht zur Abstimmung nach VOB/B § 4). Dem Auftraggeber entsteht damit ein Schaden – gleich welcher Art, zu dessen Ersatz i. d. R. ein Erfüllungsgehilfe aufgefordert wird.

Denn liegt keine Baufreiheit vor, wird der Auftraggeber letztendlich ein Koordinierungs- oder Organisationsverschulden eines Erfüllungsgehilfen behaupten, mit einer Begründung in der Art:

- Der vorgegebene Termin war unrealistisch.

- Die Bauabläufe sind nicht richtig koordiniert worden.
- Die Bauangaben lagen termingerecht nicht vor.

Richtig ist: Wird ein behindernder Umstand von einem fachlich Beteiligten erkannt, so ist dieser nicht „totzuschweigen oder auszusitzen", sondern es sind entsprechende Informationen an den projektleitenden Architekten oder die Projektleitung des Auftraggebers zu übermitteln. Frühzeitig erkannte Probleme können i. d. R. schadensfrei umgangen, die Situation aber mindestens besser koordiniert und organisiert werden.

Und: In jedem Fall hilft hierbei eine richtige, sorgfältig geführte Dokumentation (damit wird dem Vorwurf der fehlenden oder falschen Organisation und Koordinierung entgegengewirkt).

Übrigens: Aus Gründen äußerster Vorsorge ist eine mögliche Schadenersatzforderung der Berufshaftpflichtversicherung anzuzeigen.

3.4.2 Probleme bei der Objektüberwachung

3.4.2.1 Ungenügende Vorbereitung

Der gravierendste Fehler, der in der Objektüberwachung gemacht werden kann, besteht in der fehlenden Auseinandersetzung mit dem Projekt, mit seinen Strukturen und Merkmalen.

Zur selben Kategorie gehört das Verarbeiten „alter" Leistungsverzeichnisse, in welche nur in den Vordersätzen die neuen Projektmengen eingesetzt wurden.

Auch die fehlende Abstimmung mit der Ausführung im (Planungs-) Vorfeld gehört dazu und führt zu Problemen, insbesondere bei:

- Instandsetzungsarbeiten und Modernisierungen
- Abbruch- und Unterfangungsarbeiten
- Baufeld-Freimachungen
- der Baugrubenumschließung
- der Entsorgung
- der Wasserhaltung
- der Baustelleneinrichtung.

Ebenso stellt ein ungenügender Personaleinsatz bei den fachlich Beteiligten eine unzureichende Vorbereitung dar. Auch hier ist die Ansicht: „Das kriegen wir schon geregelt" oder: „Warten wir mal auf die Fehler der anderen" ganz einfach falsch und unüberlegt.

Die „frühere Macht" der Bauleiter bzw. des Ausschreibenden in der VOB-losen Zeit des letzten Jahrhunderts, als Ausgleich zur ungenügenden Vorbereitung der Leistungsbeschreibung fehlende Leistungen durch entsprechende Vertragsbedingungen („alles, auch das nicht Genannte ist enthalten") vom Bau-Auftragnehmer zu fordern, hat in der VOB und im BGB keine Berücksichtigung gefunden, es gibt keinen entsprechenden Paragraphen für mangelhafte Beschreibungen.

Richtig ist: Nur das Wissen um die Projektziele und das Kennen des Projektes bedeutet eine den Projektzielen entsprechende, erforderliche „Macht": Macht zum Vordenken, zum aktiven Vorbereiten der Projektgeschehnisse und zum Handeln.

3.4.2.2 Unzureichende Berücksichtigung äußerer Einflüsse

Bestimmte Einflüsse von außen können zur Falle werden, wenn sie in der bauvorbereitenden Planung keine oder nur ungenügende Berücksichtigung finden:

- Witterungseinflüsse in der Winterzeit, aber auch Sommerhitze
- Angebotsanforderungen durch das Einbinden des „europäischen Wettbewerbs" für Aufträge der öffentlichen Hand, oft mit dem Ergebnis, unzureichend qualifizierte Angebote zu erhalten
- Auseinandersetzungen der Tarifparteien
- Zeiträume bei Bauten der öffentlichen Hand: Kommunal-, Landtags- und Bundestagswahlen (fehlende Entscheidungen jeweils ein halbes Jahr davor und danach)
- Nachbarschaftsrechte (Lärm, Staub, Erschütterung etc.)
- Erfahrungen aus anderen Projekten im Nahbereich des Baugebietes (Grundwasser, Bodenbeschaffenheit etc.)
- Erfahrenheit bzw. Unerfahrenheit von Projektbeteiligten.

Richtig ist: Bei der Arbeitsvorbereitung sind die Checklisten (Beispiele im Anhang dieses Buches) vollständig auszuarbeiten. Eine fehlende Aussage ist einer Klärung zuzuführen oder ggf. periodisch zu bearbeiten. Fehlende Eigenschaften (Qualitäten, Mengen) sind zu dokumentieren oder in Absprache mit der Auftraggeber-Projektleitung entsprechend der erfolgten Festlegung zu den Kostenermittlungen (Qualität des Bauelementes) in Positionen einzupflegen.

3.4.2.3 Der zu frühe Baubeginn

In der LPH 1 werden mit dem Projekt-Zielkatalog neben den Qualitäten und den Herstellkosten auch die Termine für die Bauausführung und entsprechend die Termine für die Planungen aufgestellt und abgestimmt.

Alle diese Festlegungen gehen von einem ungestörten Planungsablauf aus (was in der Praxis nicht immer der Fall ist). Sind dann im weiteren Projektverlauf Starttermine der Bauausführung auf Anordnung des Auftraggebers vorzuziehen – aus welchen Grund auch immer – entsteht i. d. R. kein Problem für den Auftragnehmer Bau, sondern zuerst ein Problem für den Auftragnehmer Planung; denn jetzt wird der Planungsablauf gestört.

Es ist davon auszugehen, dass solche Störungen zu Qualitätsproblemen führen; vergessene Schnittstellen, frühe Festlegungen hinsichtlich Tragfähigkeit, Luftvolumen der Lüftungsanlagen etc. werden nicht „verifiziert". Der Wiedereinstieg in abgeschlossene Planungsphasen bringt es mit sich, dass aufgrund der schnellen Verifizierung der Planungsvorgaben eben einige davon übersehen werden.

Richtig ist es deshalb, die Ausführung erst zu dem Zeitpunkt beginnen zu lassen, der abgestimmt und festgelegt worden war.

3.4.2.4 Ungenaue Kostenermittlungen

Nicht nachvollziehbare Kostenvorstellungen des Auftraggebers oder „schnelle" Kostenermittlungen, die tatsächlich keine sind, bringen ein Projekt in große Gefahr.

Richtig ist eine genaue Berechnung der Herstellkosten. Sollte der Auftraggeber eine konkrete Vorstellung seiner Projektziele und der Herstellkosten haben, so sind unabhängig von seinen Vorstellungen die tatsächlichen Kosten zu planen; detailliert zu ermitteln und zu dokumentieren.

Je detaillierter (und für alle Seiten transparenter) die Kostenaussage ist, desto besser kann der Marktpreis nach außen dargestellt und die Gesamt-Herstellkosten vertreten werden.

Ergeben Submissionen dann später gravierende Abweichungen, ist es sinnvoller, ganz neu auszuloben als Leistungen „herunterzustreichen"; diese werden später doch wieder benötigt, da durch das Streichen die Projektziele verändert werden.

3.4.2.5 Fehlende Disziplin bei der Abwicklung

Auch wenn der Druck der Baustelle noch so groß ist, darf es zu keinerlei fehlender Disziplin bei der Leitung, Koordinierung und Überwachung des Bauprojektes kommen. Nicht erledigte Handlungen holen die an der Überwachung Beteiligten spätestens bei der Prüfung der Auftragnehmer-Schlussrechnung ein; zusätzliche Leistungen (Kosten) müssen zugeordnet werden.

Richtig ist: In jedem Fall müssen die Vorgaben des Vertrages erfüllt werden; das bedeutet:

- eine rechtsverbindliche Dokumentation der Bau-Vertragsabwicklung
- ein zeitnahes Führen des Bautagebuchs
- erforderliche Leistungsfeststellungen nach Baufortschritt
- eine baubegleitende Aufmaß-Prüfung und Abrechnung (zur Überprüfung des Soll-/Ist-Zustandes)
- die korrekte Koordination aller Beteiligten.

Wenn nicht mehr anders möglich, wird auch der Hinweis auf eigene Mängel zur unabdingbaren, zwingenden Voraussetzung, das Projekt erfolgreich zu beenden.

3.4.2.6 Der zu enge Terminrahmen

Wenn die Planungszeit-Vorgaben und die Ausführungsbedingungen (Verdingungsunterlagen, Baustellenablauf, Bauzeiten etc.) sich nach „Wunschterminen" des Auftraggebers richten sollen und diese Termine von den Beteiligten (Architekten und Ingenieure) keiner fachlichen Prüfung hinsichtlich der Erfüllbarkeit unterzogen und in die Terminplanung bzw. Bauausführung „kritiklos" übernommen wurden, wird es den Zeitpunkt geben, wo diese Wunschtermine von der Realität eingeholt werden; zum Beispiel durch:

- ungenaue Auftragsunterlagen
- fehlende Baufreiheit
- ungeeignete Bauauftragnehmer

Wenn dann noch das Kostenbudget keine „Beschleunigung" – zu wessen Lasten auch immer – mehr zulässt, ergeben sich längere Ausführungszeiten und damit ein zwangsläufig späterer Fertigstellungstermin.

Richtig ist: Festlegungen zu Planungs- und Bauzeiten müssen den Anforderungen des Projektes entsprechen und realistisch sein; letztendlich somit den tatsächlichen notwendigen Projektzielen entsprechen. Hierfür sind Architekt und Auftraggeber-Projektleitung verantwortlich.

3.4.2.7 Wiederverwendung von ZTV, LB, LV

Wesentliche Vertragsbestandteile bestimmen die fachlich Beteiligten im Namen des Auftraggebers. Diese Unterlagen müssen die Interessen des Auftraggebers wiedergeben. Eine Verwendung alter Vertragsunterlagen (im Sinne einer scheinbaren Zeitersparnis) stellt einen Pyrrhus-Sieg im Hinblick auf einen späteren Projekterfolg dar.

Richtig ist: Die Angaben und Festlegungen der Verdingungsunterlagen sind Punkt für Punkt, Position für Position abzustimmen und festzulegen. Die Vertragsbedingungen sind durch den Auftraggeber für alle Beteiligten zur Anwendung frei zu geben.

3.4.2.8 Verschieben von Problemen

Wenn die vorgenannten Problemfelder oder auch nur Teilbereiche davon in der Vorbereitung für die Bauausführung nicht beachtet oder bewusst nicht gelöst (oder vermieden) wurden, sondern die Lösung auf später verschoben, so ist dies unverantwortlich gegenüber den anderen Teammitgliedern.

Denn wenn dieses verschobene Problem in der Bauausführung auftritt, sind zunächst alle Betroffenen bemüht, es zeitnah zu lösen – manchmal stehenden Fußes; wer auch immer der Verursacher ist.

Welche Handlung der objektüberwachende Architekt zur Lösung auch vornimmt und sind damit unabwendbare Mehrkosten durch den Bau-Ausführenden verbunden, wird es sich nicht vermeiden lassen, den Verursacher festzustellen.

Für den Auftraggeber ist es unerheblich, welcher Auftragnehmer dies zu verantworten hat (vorgeschobene, nur behauptete Probleme des Auftragnehmers werden hier ausgeklammert); im Zweifelsfall hält er notfalls Honoraranteile ein.

Richtig ist deshalb: Ein direktes, zeitnahes Erledigen des Problems durch entsprechende Festlegungen ist notwendig; ansonsten kumulieren nur die „verschobenen Probleme" in der Ausführung zu Lasten der Erfüllungsgehilfen. Und wenn ein Problemfeld tatsächlich nicht vorher zu lösen ist, muss dies dokumentiert und wiederholt einer Lösung zugeführt werden.

Ein Spruch stimmt heute noch:
„Was vorne (in der Planung) brennt, bekomme ich am Ende (in der Ausführung) nicht gelöscht."

3.5 Weitere wichtige Hinweise zum Gelingen eines Projektes

3.5.1 Diese Voraussetzungen führen zum Erreichen der Projektziele

1. Funktion und Architektur sind gleichwertig zu behandeln.
2. Der architektonische Gestaltungswille muss das Kostenbudget einhalten.
3. Erfolgte Festlegungen zu Qualität, Kosten und Terminen dürfen nur nach erneuter Diskussion und nachfolgender Zustimmung verändert werden.
4. Die Planungsergebnisse (Zeichnung und Beschreibung) müssen zu den festgelegten Terminen vollständig vorliegen.

3.5.2 Wenn diese Voraussetzungen fehlen, sind die Projektziele gefährdet

1. Der Architekt muss ganzheitlich denken; er darf keinen Teilbereich seines Aufgabengebietes vernachlässigen.
2. Kostengruppen, LV-Inhalte und Terminplanungen sind keine „Niederungen" für den entwerfenden Architekten, sondern zur Entwurfsleistung gleichwertige Voraussetzungen zum mängelfreien Entstehen eines Projektes.
3. Zuhören ist Voraussetzung zur Entwurfs- und Meinungsbildung im Hinblick auf das Erfüllen der geforderten Funktion des Objektes. Ausschließlich als Primat den eigenen Gestaltungswillen in den Vordergrund zu setzen, negiert die Auftraggeber-Interessen.
4. Umfangreiche Präsentationen, Ortsbesichtigungen, Muster, Modelle und Animationen helfen dem Auftraggeber zur Meinungsfindung.
5. Wenn Kosten und Termine überschritten werden – ohne Änderung der Anforderungen –, untergräbt dies das Vertrauen zwischen Architekt und Auftraggeber (dies sind also keineswegs Kavaliersdelikte, sondern sie können tödlich sein für die Zusammenarbeit).
6. Berührungsängste mit der Haustechnik degradieren die Kompetenz des Architekten nachhaltig und führen zur Dominanz der „Nein, es geht nur so"-Vertreter.
7. Die Auftraggeber-Projektleitung muss in der Person des Projektleiters – vor allem bei einem Auftraggeber-Bauteam – als Führungskraft auftreten und kongenial zum Team wirken.
8. Die Auftraggeber-Projektleitung muss sich mit dem Projekt identifizieren und dies den fachlich Beteiligten „vorleben".
9. Neue Entscheidungen werden sinnvollerweise erst umfassend, ganzheitlich gewertet und gewichtet, dann aber schnell und zielgerichtet getroffen und ausgeführt.
10. Während der Projektzeit müssen alle Beteiligten teamfähig sein oder aber ausgewechselt werden.

3.5.3 Auch gemeinsame Veranstaltungen sind wichtig

Es ist Brauch, dass sich Bauherrin und Bauherr, Familie, Verwandte, Vertreter öffentlicher Belange, Mitarbeiter und die „Bauleute" auf der Baustelle treffen und mit einer Zeremonie bestimmte Bau-Zustände des Bauprojektes feiern. Damit zeigt der Auftraggeber seine Identifikation mit dem Objekt und macht gleichzeitig deutlich, dass er den Projektfortschritt – verbunden mit den Leistungen der Beteiligten – anerkennt und auch weiterhin verfolgt.

3.6 Zusammenfassung Rollenverteilung

Wichtig zum Verständnis des Ablaufs eines Bauprojektes ist die Frage: Welche Funktionen kann ein Architekt im gesamten Baugeschehen übernehmen und wann genau hat er in welcher Funktion was zu tun? Was ist seine Leistung als Generalist, als Auftraggeber oder Architekt? Liegen hier „doppelte" Beschreibungen vor?

Nein, es liegen keine doppelten Beschreibungen vor. Grundlage ist:

- Der (objektplanende) Architekt ist der *Generalist.*
- Er ist als Auftragnehmer der *Projektleiter* des Auftraggebers.
- Er leitet und steuert das Projektteam, bestehend aus den Mitarbeitern des Auftraggebers, des Architekten, der Ingenieure und den Sonderfachleuten.
- Er erstellt und prüft alle Planungen und überwacht die Bauausführung.
- Er fordert Ergebnisse zu einem bestimmten Datum.
- Er bereitet die rechtsgeschäftliche Abnahme vor.

Beschrieben wird in diesem Buch, welche Leistung er als Projektleiter

- des Architekten

und

- des Auftraggebers

zu erbringen hat.

Und: Diese Leistungen sind ebenso zu erbringen, wenn für den *Projektleiter* des *Auftraggebers* und für den *Projektleiter des Objektplaners* jeweils getrennt ein Architekt tätig ist.

4 Planung von Qualität, Kosten, Terminen (Q-K-T)

4.1 Die Qualitätsplanung

Mit der Planung der Qualitäten ist in diesem Kapitel nicht die Planungs-, Kontroll- oder Managementleistung gemeint; diese wird sowieso vorausgesetzt.

Die hier angesprochene Qualitätsplanung befasst sich mit den zu bestimmenden Bauteilen und deren Materialien in der vom Auftraggeber geforderten Nutzungseigenschaft, der Qualität, den Kosten und den Terminen, welche der Projekt-Zielkatalog insgesamt benennt.

4.1.1 Qualitätsstufen

Bei der Qualitätsplanung werden nachstehende Begriffe für die Einordnung der Anforderungen verwendet:

- einfache
- Standard
- gehobene und
- excellente Qualität.

Wenn man jedoch beginnt, für die Forderung „einfach" oder „gehoben" das entsprechende Material festzulegen, entsteht sehr schnell die Frage: Was ist einfache oder gehobene Qualität? Tatsächlich hat sich „der Begriff Qualität im wirtschaftlichen Alltag als ein allgemeiner Wertmaßstab etabliert, der die Zweckangemessenheit eines Produkts (Produktqualität) zum Ausdruck bringen soll". [13]

Bei einer Fliese können dies z. B. folgende Qualitätskriterien sein:

- eingesetzte Grundmaterialien
- Gebrauchsdauer aufgrund der Herstellung
- Farbgebung
- Maßhaltigkeit
- Ebenheit
- Rutschhemmung
- der Preis?

Oft wird die Einordnung der Qualität am Preis festgemacht. Das ist vom Prinzip her nicht falsch, aber, wenn für einen Nassbereich z. B. eine Rutschhemmung des Bodenbelages gefordert ist, geht es eben nicht immer um den Preis.

Oder:

Ist ein Granitboden qualitativ besser als ein Parkettboden? Wie werden subjektive Eigenschaften wie Optik, Haptik, Reversibilität bewertet?

Oder:

Ist der Einsatz von Fertigteilen wirtschaftlich gesehen besser als der von Ortbeton? Heben die i. d. R. damit verbundenen Mehrkosten von Filigrandecken, Fertigteilstützen oder zweischaligen Wänden die dadurch gewonnene Bauzeitverkürzung – ein paar Wochen – tatsächlich auf?

Und:

Sind 5,0 kN/m² Nutzlast wirklich besser als 3,0 kN/m²? Ist der i. d. R. damit verbundene Mehrbedarf an Betonstahl und auch der Deckenstärke bei einer „normalen Büronutzung" vertretbar, nur um an jeder Stelle der Nutzfläche einen Besprechungsraum auszuweisen?

Und letztendlich:

Welche handwerklichen Qualitäten bei der Verarbeitung von Baumaterialien setze ich voraus? Kann jeder Maler und Anstreicher eine Seidentapete verarbeiten, kann jeder Estrichleger einen geschliffenen Estrich oder Terrazzo herstellen, kann jeder „Mindestbietende" Putzer die Oberfläche Q 4 herstellen?

Im Ergebnis ist somit festzustellen, dass es einerseits keine allgemeingültige Kategorie für Qualitäten gibt und somit andererseits, sich die Qualitäten immer an den speziellen Forderungen der Projekt-Ziele zu orientieren haben.

Denn es heißt:

„Qualität liegt vor, wenn der Kunde wiederkommt und nicht die Ware."

4.1.2 Wie wird Qualität gefordert?

Qualität kann sich beziehen auf

- ein Unternehmen, das für die vorgesehene Aufgabe geeignet sein muss, und
- ein Produkt, das im Verhältnis zu seinen Merkmalen einen nachvollziehbaren Preis haben sollte und speziell formulierte Anforderungen erfüllt.

Qualität wird u. a. gefordert:

- durch Eignungsnachweise der Bewerber gem. VOB/A § 6a und b oder gleichwertig
- im Zuge der technischen Spezifikationen gem. VOB/A § 7a und b
- durch DIN-Normen, Herstellervorschriften, Bauregellisten etc.
- anhand der Zusicherung entsprechend VOB/B § 13 Mängel (frei von Sachmängeln)
- im Zuge der Allgemeinen Technischen Vertragsbedingungen der VOB/C.

Nachfolgendes Beispiel für die Putzarbeiten zeigt diese geforderten Qualitätsmerkmale.

4.1.3 Beispiel: Qualitätsvorgaben bei Putz- und Stuckarbeiten

Mit den Verdingungsunterlagen sind auch die gewerkeorientierten Bedingungen der VOB/C (Allgemeine Technische Vertragsbedingungen für Bauleistungen (ATV)) um die Anforderungen zu ergänzen, welche aufgrund der Projektmerkmale individuell vertraglich zu fordern sind (siehe ergänzende Angaben zu ATV DIN 18299).

1 Geltungsbereich und Ausführungsgrundlage

Der sachliche Geltungsbereich ergibt sich ebenso wie die technische Ausführung grundsätzlich aus:

DIN 18350 Putz- und Stuckarbeiten

Des Weiteren ist u.a. zu beachten:

DIN EN 826 Wärmedämmstoffe für das Bauwesen

DIN EN 10088 Nichtrostende Stähle

DIN 18451 Gerüstarbeiten

Für Silikat- und Silikonharzputze gelten ausschließlich die Herstellervorschriften.

2 Stoffe, Bauteile

Die Verarbeitungsrichtlinien der Werkmörtelhersteller sollen eingehalten werden, auf Verlangen ist dem AG Einsicht in diese zu gewähren. Werkfrischmörtel und Mehrkammer-Silomörtel sind nur mit Zustimmung der OBÜ zu verwenden.

3 Ausführungsleistungen des AN

Im Leistungs- und Lieferumfang des AN/GU sind alle erforderlichen Putz- und Stuckarbeiten enthalten.

3.1 Darüber hinaus wird gefordert und ist mit dem Angebotspreis abgegolten:

3.1.1 Allgemeines

- Fehlstellen, zu tiefe oder zu breite Fugen sind mit besonderen Maßnahmen auszugleichen; sie dürfen nicht im Zusammenhang mit der ersten Putzlage ausgeglichen werden. Ebenso dürfen mit Mörtel geschlossene Fugen und Aussparungen auf keinen Fall „nass-in-nass" überputzt werden.
- Fenster, Fensterstöcke, Türen, Türfutter, Türrahmen, Türzargen, Verglasungen, Sichtbeton-Bauteile, angrenzende Bauteile etc. sind sorgfältig abzudecken. Beim Entfernen von Putzschichten sind Geräte, Einrichtungen u. Ä. staubsicher abzudecken.
- Das Klammern, die Verwendung von Reißzwecken oder ähnlichen Befestigungsmitteln, die die abzudeckende Oberfläche verletzen oder Rost verursachen, ist ausdrücklich untersagt. Bei Nichtbeachtung gehen auch Folgeschäden zu Lasten des ANs.
- Klebebänder dürfen die Beschichtungen der Fensterrahmen und Türzargen nicht angreifen. Im Zweifel sind Proben an unsichtbarer Stelle vorzunehmen.
- Eingebaute Teile, die durch Mörtel verschmutzt werden, sind sofort ohne Beschädigung zu reinigen.

- Vor Einputzen von Metallteilen ist die Materialverträglichkeit zu beachten; ungeschützte Stahlteile dürfen nicht mit gipshaltigem Putz, Aluminiumteile nicht mit Kalk- oder Zementputz in Berührung kommen. Kontakte von Kupfer und frischem Mörtel sind zu vermeiden.
- Die technisch notwendige Ausführung bei Anforderungen an Brandschutz, Schallschutz und Luftdichtheit (Blower-Door-Test) obliegt dem Auftragnehmer.

3.1.2 Innenputz

- Wandputz im Innenbereich darf keine unmittelbare Verbindung zu Treppenläufen und -podesten haben, wenn Maßnahmen zum Trittschallschutz vorgesehen sind.
- Ist Schleifen und Spachteln vorgesehen, so bleibt die Anzahl der Schleifgänge und Spachtelaufträge sowie die Wahl der richtigen Körnung dem Auftragnehmer überlassen und ist auf die vorgesehene Beschichtung einzustellen. Bei Schleifarbeiten im Trockenverfahren sind Absauggeräte zu verwenden.
- Fensterbänke, Rohre, Einbauten und dergleichen sind so einzuputzen, dass durch temperaturbedingte Längenänderungen keine Schäden am Putz entstehen können. Innenputz ist grundsätzlich sauber an die Rohdecke anzuschließen, sofern der Fußbodenaufbau keine andere Lösung vorsieht. Mörtelreste sind unbedingt von der Rohdecke vor der Erhärtung zu entfernen.
- Soll Glättputz an Fertigteildecken angebracht werden (Dicke ca. 5 mm), sollen die Fugen mit einem Fugenband überbrückt werden; das ggf. vorher erforderliche Ausfugen der Deckenplatten wird davon nicht berührt.
- Dünnputz (bis 3 mm) eignet sich grundsätzlich nicht als Deckenputz.
- Ist eine Bauaustrocknung mit Trockengeräten erforderlich, so ist bis auf den vorgegebenen Sollwert zu trocknen. Das Aufstellen eines Hygrometers zählt zu den Nebenleistungen. In Feuchträumen sind Bindemittel ohne Gips zu verwenden.

3.2 Insbesondere umfassen die Putz- und Stuckarbeiten unter anderem: ...

3.2.1 Untergrund für Oberflächenbehandlungen (Anstrich, Tapete etc.): ...

Je nach Anforderung wird die geforderte Putzoberfläche analog zum Trockenbau nach den Qualitätsstufen Q1 bis Q4 eingestuft.

Es wird unterschieden nach

- Q 1 der technisch erforderlichen Oberfläche
- Q 2 der perfekten Oberfläche nach DIN
- Q 3 der Spitzenoberfläche über DIN hinaus und
- Q 4 der Premiumoberfläche.

Qualitätsanforderungen an Raumoberflächen:

- Q1 (Nebenräume, Technikräume etc.) für abgezogene Putze ohne optische Anforderung, z. B. unter Fliesen, Putz, Roll- und Dekorputzen oder unter Bekleidungen. Die technisch notwendige Ausführung muss den Anforderungen an Brandschutz, Schallschutz und Luftdichtheit, nicht aber an die Optik entsprechen.

- Q2 (Flure, Einzelzimmer etc. für Besucher und Patienten zugänglich) für abgeriebene Putze mit geringen optischen Anforderungen;).
- Q3 (Arztzimmer etc.) für abgeriebene Putze mit erhöhten optischen Anforderungen; Repräsentationsräume.
- Q4 (Eingangsbereich) für gefilzte Putze für hohe optische Anforderungen.

4.2 Die Kostenplanung und deren Kontrolle

Beachte: Kostenplanung und Entwurfsplanung sind gleichberechtigt.

Deshalb ist die genaue, transparente Kostenplanung und deren Fortschreibung eine der wesentlichsten Grundleistungen des Architekten und in der geltenden DIN 276:2018 klarer und eindeutiger formuliert worden als in der vorhergehenden Fassung.

Eine ungenaue und nicht transparente Kostenaussage aufgrund mangelhafter Ermittlungen hat fatale Konsequenzen für einen Projektablauf. Dann tritt Folgendes zutage: Architekt und die fachlich Beteiligten müssen nachbessern, ggf. ist sogar die Realisierung des Projektes gefährdet (Eintritt des Schadenersatzes).

Teilleistungen der Planung der Kosten sind u. a.:

- eigene Ermittlungen und Berechnungen
- Prüfen der Kostenermittlungen der fachlich Beteiligten auf Vollständigkeit
- Ermitteln der Mengenansätze und der Marktpreise
- Regelungsmaßnahmen zur Anpassung der Kosten (Projektmerkmale, Index)
- Dokumentation der Kostenplanung

Wichtige Ziele der Planung der Kosten sind:

- Kennen der Mengenansätze
- Kennen der Marktpreise
- Bestätigung der zur Ausführung festgelegten Qualitäten (z. B. anhand der Bauelemente)

Am Ende dieser Leistungen erhält der Auftraggeber die voraussichtlichen Projektkosten.

Dem Zeitgeist entsprechend soll auch der Architekt an der Entwicklung bzw. Einhaltung der Projektkosten durch eine verbindliche Kostenzusage stärker in die Verantwortung eingebunden werden; Kostengarantie oder Höchst-Bausummen sind hier die Begriffe.

Aber: Wir – damit sind alle „Erfüllungsgehilfen" des Auftraggebers gemeint – haben keinen Einfluss auf den Bieter-Wettbewerb (sog. Marktpreis). Weitere Hinweise siehe im Kapitel 9.

4.2.1 Erläuterungen zur DIN 276:2018-12

Kostensicherheit, Kostentransparenz und Wirtschaftlichkeit sind unterschiedliche Merkmale für das Projektziel, setzen aber eine umfassende Ermittlung der Gesamtkosten voraus. Deshalb sind alle acht Kostengruppen mit Leben zu füllen. Wenn Teile der Gesamtkosten nicht erfasst werden können, sind diese zu benennen oder es ist ein Kosten-Budget auszuweisen.

Nach den Geboten der Wirtschaftlichkeit und der Nachvollziehbarkeit der Gesamtkosten sind

- die Baustoffe,
- die Baukonstruktion und
- die Bautechnik

zu bestimmen und entsprechend zu dokumentieren, damit die verschiedenen Stufen der Kostenermittlungen

- Kostenrahmen*
- Kostenschätzung*
- Kostenberechnung*
- Kostenvoranschlag
- Kostenanschlag
- Kostenfeststellung*

mit den Kostengruppen

- 100 Grundstück
- 200 Vorbereitende Maßnahmen
- 300 Bauwerk – Baukonstruktion
- 400 Bauwerk – technische Anlagen
- 500 Außenanlagen und Freiflächen
- 600 Ausstattung und Kunstwerke
- 700 Baunebenkosten
- 800 Finanzierung

klar und eindeutig ermittelt werden. Dabei sind die mit * gekennzeichneten Kostenermittlungen im Projektablauf – bezogen auf den jeweiligen Planungs-, Vergabe- und Baufortschritt – einmalig aufzustellen (und werden zu einem bestimmten Zeitpunkt durchgeführt), sie sind aber anhand der jeweiligen nachfolgenden Kostenermittlungen zu überprüfen und ggf. fortzuschreiben. Dagegen wird der Kostenvoranschlag entsprechend dem Projektablauf einmalig oder in mehreren Schritten aufgestellt. Beim Kostenanschlag handelt es sich in jedem Fall um eine Kostenermittlung, die im weiteren Projektablauf wiederholt und in mehreren Schritten durchgeführt bzw. fortgeschrieben wird.

Die Feststellung der alten DIN 276:2008, dass mit der Kostenschätzung die Gesamtkosten nach Kostengruppen mindestens bis zur 1. Ebene der Kostengliederung ermittelt werden sollen, wurde seinerzeit bereits durch den Abschnitt 4.2 relativiert: Danach konnten – oder besser gesagt: sollten – die Kosten auch vorrangig ausführungsorientiert gegliedert werden.

Das konnte z. B. dadurch geschehen, dass bereits die KG der 1. Ebene nach herstellungsgemäßen Gesichtspunkten unterteilt wurden (Bauteilkatalog KG 310, 320 etc., Einzelgewerke, Vergabeeinheit Fassade, Ausstattungsbudget und alles mit Mengen). Die DIN 276:2008 schloss „mindestens" nicht aus, dass schon zu einem frühen Projektstadium diese vertiefende Kostenermittlung durchgeführt werden sollte.

Vorgenannte Empfehlung wird jetzt richtigerweise mit der Ausgabe DIN 276:2018 normativ gefordert. Bereits mit der Kostenschätzung sind die Gesamtkosten nach Kostengruppen in der 2. Ebene der Kostengliederung zu ermitteln.

So sind generell die Gliederung und die KG-Ebene der DIN 276:2018 Grundlage für Kostenermittlung, Kostenkontrolle und Kostensteuerung.

Da die korrekt ermittelten vollständigen Gesamtkosten für die Zustimmung des Auftraggebers zur Verwirklichung der Baumaßnahme eminent wichtig sind, erwartet der Auftraggeber sehr oft, dass die „erste genannte Zahl der Gesamtkosten" (denn diese brennt sich in den Köpfen der Beteiligten ein) absoluten Bestand hat und der Kostenanschlag, bei unveränderten Projektzielen, nur unerheblich von den vorhergehenden Kostenaussagen abweicht (Thema Baukostenindex und öffentliche Hand außen vor).

Dies erfordert, dass in Abstimmung mit der Auftraggeber-Projektleitung der Architekt und die Fachingenieure die möglichen Kostensteigerungen per Anno für den Verlauf der Projektzeit bestimmen, dokumentieren und entsprechend berücksichtigen.

Der Vollständigkeit halber sei hier darauf hingewiesen, dass die HOAI (Stand 2013) an die neue DIN 276:2018 naturgemäß z. Z. noch nicht angepasst ist (Stand: Juli 2019), sodass für die Ermittlung der Honorare die Kostenermittlung nach DIN 276:2008 aufzustellen ist. Es bleibt aber den Vertragsparteien überlassen, eine abweichende Regelung zu vereinbaren, in welcher zur Honorarermittlung die Kostenermittlung nach DIN 276:2018 zugrunde gelegt werden kann.

Hinweis zum Urteil des Europäischen Gerichtshof vom 4. Juli 2019

Die Mindest- und Höchstpreisregelungen in der Deutschen Honorarordnung für Architekten (HOAI) verstoßen gegen die Dienstleistungsrichtlinie der EU – aber eben nur die Reglungen des § 7 für Aufträge der öffentlichen Hand – alle anderen Regelungen können bestehen bleiben; privatrechtliche Vereinbarungen bleiben weiterhin außen vor.

4.2.2 Objektplanung und Kosten

Zum Zeitpunkt eines Wettbewerbs, der Beratung des Auftraggebers im Zuge der LPH 1, aber spätestens zur Vorplanung LPH 2 erwarten alle Auftraggeber, eine Aussage zu den Gesamtkosten für das Projekt zu erhalten, welche von den nachfolgenden Kostenermittlungen bei unveränderten Projektmerkmalen und -zielen nicht mehr als 3 bis 5 % voneinander abweichen sollen (Index-Steigerungen inbegriffen), denn nur dann wird die Zustimmung kostenmäßig abgesichert zur weiteren Bearbeitung durch den Auftraggeber erfolgen.

Der so gerne zitierte Gerichtsentscheid aus dem „Leitfaden des Baubetriebs und der Bauwirtschaft" von *Kochendörfer, Liebchen und Viering* [14] mit einer Kostentoleranz von 30 % ist in keinem Fall vorzutragen, weil nicht zielführend; seien Sie sicher, mit solch einem Vortrag war es der letzte Auftrag, den Sie erhalten haben.

Denn was erwartet der Auftraggeber? Eine klare Antwort auf eine klare Frage: Was wird mein Bauvorhaben kosten. Hilft es dem Auftraggeber weiter, wenn nachstehende Aussage erfolgt:

- für ein Einfamilienhaus 500 bis 700 T€, oder
- für ein Verwaltungsgebäude 30 bis 42 Mio.€?

Nein, dies hilft keinem der Bauherren weiter, denn darauf lässt sich keine Finanzierung abstellen.

Es ist deshalb unerlässlich, die Ermittlung der Gesamtkosten nicht nur anhand der Kostenkennwerte (BRI, BGF etc.) durchzuführen, sondern die Gesamtkosten sind auch auf Basis von Mengenermittlungen und von Bauelementen zu erfassen. Der Nebeneffekt bei Letztgenanntem ist, dass gleichzeitig mit der Verwendung von Kostenelementen auch die geforderten Qualitäten abgeglichen werden können. Denn wenn im Bauelement „Decke" der Oberbodenbelag mit 40 €/m² ausgewiesen ist, lässt sich leicht erkennen, dass damit ein Echtholzparkettbelag von 120 €/m² nicht möglich ist.

Die Erfahrung zeigt, dass bei einer ungenauen oder nur überschlägigen Kostenermittlung die Abweichung von dieser ersten Kostenaussage die Planer im späteren Projektgeschehen entweder bereits nach genauerer Kostenermittlung oder spätestens mit dem Auftreten zu hoher Submissionsergebnisse negativ einholen wird – Nachbesserung ist erforderlich.

Für den Architekten ist deshalb wichtig zu wissen, dass allein er zu Beginn des Projektes den größten Einfluss auf die Gesamtkosten hat, z. B. durch folgende Erfahrungswerte:

- 10 cm Geschosshöhe zu viel bedeuten i. d. R. 2 bis 3 % mehr 300/400-er Gesamtkosten.
- Null-Toleranz ist nicht bezahlbar, zu geringe Toleranz macht das Schlosserdetail zum Detail für den Fein-Metallbauer, es ist teurer und erzeugt ein hohes Maß an örtlichen Anpassungsarbeiten.
- Zu viel TGA geht zu Lasten „sonstiger Qualitäten" (z. B. nicht geforderte Flexibilität hat Einfluss auf raumorientierte bzw. arbeitsplatzorientierte Anordnung von Heizkörpern, Beleuchtung, aber auch Anzahl von Bürotüren und ggf. öffenbaren Fenstern bis hin zur Stahlbetondeckenplatte mit Unterzügen).
- Installationsschächte und -zentralen sind auf die notwendigen Abmessungen zu beschränken. Hierzu müssen die TGA-Fachplaner schon im Vorplanungsstadium Skizzen anfertigen.
- Anforderungen an Brand-, Schall- und Wärmeschutz, Nutzlasten etc. sind nur im Hinblick auf die Projektziele zu erfüllen.
- Die Gebote der Wirtschaftlichkeit zu erfüllen bedeutet im Umkehrschluss: Wird vom Auftraggeber mehr Qualität gefordert (als für das Projekt eigentlich erforderlich ist), ist der Auftraggeber über diese zusätzlichen Kosten zu informieren und seine Zustimmung einzuholen.

Bei den Ermittlungen der Gesamt-Herstellkosten sind die zur Verfügung gestellten allgemeinen Kostenkennwerte ausgeführter Projekte für die KG 300 und 400 (€/m³, m², m, Stk. etc.) sowie die Positionspreise (siehe Baukosteninformationszentrum, Angaben mit/ohne MwSt.) für die Kostenermittlungen

- zum Wettbewerb
- zur Vorplanung
- zur Entwurfsplanung und
- für die Bauausführung (Verdingungsunterlage)

in jedem Fall den Projektmerkmalen anzupassen (kurze Bauzeit, örtliche Lage des Projektes, Anspruch an die Qualitäten, örtliche Situation des Marktes etc.). Die Gesamtkosten eines Projektes dürfen nicht nur anhand von Multiplikationen der Mengenwerte mit den Kostenkennwerten errechnet werden.

4.2.3 Die Stufen der Kostenermittlung nach DIN 276:2018-12

Bereits im Vorwort des Baukosteninformationszentrums (BKI) der Deutschen Architektenkammern wird darauf verwiesen, dass Kostenermittlungen als Teil der Kostenplanung meist nur so gut wie die angewendeten Methoden und Daten seien. Erfahrung sei nötig, Erfahrungswerte seien unverzichtbar.

Nach DIN 276:2018 „Kosten im Bauwesen" sind die Kostenermittlungen wesentlicher Bestandteil der Kostenplanung und Grundlagen für die weiteren Maßnahmen der Kostenkontrolle und der Kostensteuerung.

Die Gliederung der Kosten nach DIN 276:2018 mit den eindeutig bestimmten Begriffen und verbindlichen Anwendungsregelungen trägt zu einem gemeinsamen Sprachgebrauch in der Planungs- und Bauökonomie bei und sichert so eine einheitliche Vorgehensweise für alle fachlich Beteiligten in der Kostenplanung.

Wie bereits ausgeführt, kann eine Kostenermittlung auf Basis von Projekt-Kennwerten (m^2BGF, m^2NF, m^3BRI, AP, WE oder pro Stück) durchgeführt werden (was bekanntermaßen aber nur für den Stammtisch reicht), oder die auf vorgenannte Art ermittelten Kosten dienen lediglich für eine Grobprüfung der Wirtschaftlichkeit anhand von Flächenvergleichen mit fertiggestellten, vergleichbaren Objekten.

Eine bessere, weil zielgerichtete Kostenermittlung wird dagegen *auf Basis von Bauelementen, Leitpositionen oder Positionen* dargestellt, denn erst mit dieser Art der Ermittlung ist die Information „wieviel wofür" transparent vorliegend und nachvollziehbar.

4.2.3.1 Kostenrahmen zum Wettbewerb, LPH 1

Der Kostenrahmen kann auf Basis von Projekt-Kennwerten (m^2BGF, m^2NF, m^3BRI, AP, WE oder pro Stück) aufgestellt werden und sollte auf jeden Fall durch eine Ermittlung nach Bauelementen oder Leitpositionen bestätigt werden.

Bauelemente in der 2. KG-Ebene sind z. B.:

- 310 m^3 Baugrubenaushub
- 320 m^2 Gründungsfläche
- 330 m^2 Außenwand, erdberührte (UG), transparente und nicht transparente (EG-OG)
- 340 m^2 Innenwände
- 350 m^2 Decken
- 360 m^2 Dächer
- 370 Stk. Infrastrukturanlagen
- 380 Stk. baukonstruktive Einbauten
- 390-%-Satz auf Summe 310 bis 360 für Baustelleneinrichtung

Leitpositionen sind z. B. für KG 350:

- 351 m^2 Deckenkonstruktion (Ortbeton, Holz, Fertigteil etc.)
- 352 m^2 Deckenöffnungen
- 353 m^2 Deckenbeläge (berücksichtigt: Oberbodenbelag 40 €/m^2)
- 359 m^2, m, Stk. Decken sonstige

Beide Kostenermittlungen, nach Kennwerten und Bauelementen, sind entsprechend den Projektmerkmalen und Projektzielen zu bewerten. Dem Auftraggeber sind die Kostenermittlungen und ein Erläuterungsbericht, gegliedert nach den KG, vorzulegen. Abschließend ist ein Kostenrahmen in Euro von / bis zu nennen (mit Hinweis, ob Brutto oder Netto).

Ergänzend ist anzumerken, dass die Ermittlung nach Bauelementen etc. einen weiteren Vorteil hat: Der fachlich Beteiligte setzt sich dabei intensiver mit dem Projekt auseinander und erhält damit weitere wichtige Informationen über die spezifischen Projektdaten.

4.2.3.2 Kostenschätzung zur Vorplanung LPH 2

Im Zuge der Vorplanung ist der Kostenrahmen (siehe Abschnitt 4.2.3.1) durch eine Kostenschätzung und eine allgemeine Verständniserklärung fortzuschreiben, einschließlich Erläuterungsbericht. Die Kosten für die KG sind – soweit nicht schon vorliegend – mindestens unterteilt bis in die 2. Kostenebene zu gliedern.

Es ist anzustreben, eine Genauigkeit gegenüber der nächsten Kostenermittlung mit einer maximalen Abweichung von 3 % bei unveränderten Projektzielen zu erreichen. Dies erfordert, dass die Kosten für die wesentlichen Gewerke anhand von Mengen (Bauelementen, Leitpositionen, Budgets) zu ermitteln sind und alle Änderungen bzw. Ergänzungen sowie Qualitätsveränderungen der Planungen mit Kosten hinterlegt und vom Auftraggeber anerkannt worden sind. Können bestimmte Festlegungen noch nicht erfolgen (z. B. die Menge von Bürotrennwänden), so ist hierfür ein Budget zu bestimmen.

Wie bereits ausgeführt, macht sich der zu diesem Zeitpunkt damit verbundene Mehraufwand bei den anschließenden Planungen und Kostenermittlungen dadurch bezahlt, dass wenige bis keine

Planungsnachbesserungen und damit verbunden keine neuerliche Koordination und Integration der Planungsergebnisse sowie neue Kostenermittlungen erfolgen müssen.

Des Weiteren ist eine Kostenkontrolle durch Vergleich der beiden vorliegenden Kostenermittlungen (Kostenrahmen und Kostenschätzung) durchzuführen, zu dokumentieren und zu erläutern.

4.2.3.3 Kostenberechnung zur Entwurfsplanung LPH 3

Mit Abgabe der Entwurfsplanung ist eine Kostenberechnung zu erstellen und dem Auftraggeber zu übergeben. Die Gesamtkosten sind in KG – unterteilt bis in die 2. Kostenebene – zu ermitteln. Der Erläuterungsbericht aus der Vorplanungsphase ist fortzuschreiben und die Veränderungen sind zu dokumentieren.

Mit dem Anspruch, dass die ermittelten Gesamtkosten aus der Kostenberechnung gegenüber der nächsten Kostenermittlung (Kostenvoranschlag) maximal 3 % abweichen bei unveränderten Projektzielen, sind vertiefende Ermittlungen durchzuführen. Dies bedeutet, dass die Gesamtkosten bis in die 3. Kostenebene (Leistungsverzeichnis bzw. VE mit Leitpositionen und überwiegenden Einzelpositionen) zu erfassen sind.

Der Mehraufwand zu diesem Zeitpunkt macht sich hier und in den anschließenden Leistungsphasen durch fundierte, transparente und damit nachprüfbare Kostenaussagen bezahlt.

Und: Liegen dem Architekten und den sonstigen fachlich Beteiligten aus realisierten, vergleichbaren eigenen Objekten diese Kurz-Leistungsverzeichnisse, bestehend nur aus den Leitpositionen, vor, so ist es nur eine Frage der Mengenermittlung und Verifizierung der EPs hinsichtlich der Projektmerkmale, diese bestehenden Kurz-LVs einzusetzen.

4.2.3.4 Kostenvoranschlag zur Vorbereitung der Vergabe LPH 6

Eine Anmerkung zur besonderen Bedeutung des Kostenvoranschlages:

Wird unterstellt, dass die Leistungsabfolge der HOAI (analog zur RBBau) davon ausgeht, dass eine neue LPH erst dann angefangen wird, wenn die vorhergehende LPH abgeschlossen ist, so würde dies für die Ermittlung des Kostenvoranschlages in der LPH 6 bedeuten, dass

1. eine vollständig erbrachte Ausführungsplanung für jedes Gewerk vorliegt und
2. die Submissionen aller Gewerke-Ausschreibungen erfolgt sind.

Dies entspricht aber nicht der täglichen Praxis, denn im Zuge der baubegleitenden Ausführungsplanung wird i. d. R. der erweiterte Rohbau (einschl. Baustelleneinrichtung, Baugrube, zusätzliche Gründungsmaßnahmen, Abdichtung etc.) auf Basis der Entwurfsplanung ausgeschrieben. Auch die Fassaden- und Innenausbauarbeiten werden ebenfalls schon auf Basis der Entwurfsplanung und einiger Details oder Systemzeichnungen ausgeschrieben; analog dazu die haustechnischen Anlagen.

Wie bereits ausgeführt, ist deshalb bei der vorgenannten baubegleitenden Planung mit einem Nachtragsvolumen von ca. 15 % zu rechnen und entsprechend in Abstimmung mit der Auftraggeber-Projektleitung zu berücksichtigen.

Unabhängig von der Entscheidung in der Planungsvorbereitung zur Vergabeform (Einzelgewerke - Funktionalausschreibung) sind die aufgestellten Leistungsverzeichnisse zu verpreisen. Neben der geschuldeten Ermittlung nach DIN 276:2018 dienen die Mengen dieser LVs des Weiteren auch der Bewertung der submittierten Angebote bei der Funktionalen Ausschreibung, wenn gravierende abweichende Angebotssummen für Gewerke vorliegen.

Deshalb sollte auch bei einer Funktionalen Leistungsbeschreibung eine Mengenermittlung für die Prüfung der Gewerke-Angebotspreise zur Verfügung stehen und dem LV beigefügt sein (erforderliche Mengen der sogenannten Leitpositionen).

Erfahrungsgemäß kann dadurch im Verlauf der Prüfung durch die fachlich Beteiligten in Verbindung mit den vorgenannten „Leitpositionen-LVs" einfach festgestellt werden, warum beispielsweise die Gesamt- bzw. Titelangebotssumme nicht übereinstimmen. Diese Leistung erscheint aufwendig und ggf. durch den Werkvertrag nicht abgedeckt, aber alle fachlich Beteiligten ersparen sich dadurch im Verlauf der Bauabwicklung unzählige, nie zufriedenstellende Gespräche zur „Interpretation des geforderten Leistungsumfangs" (erfahrungsgemäß verbleibt dann immernoch die abweichende Interpretation der Bieter zu geforderten Qualitäten).

Mit dem Erstellen dieser Leistungsverzeichnisse ist ein mit allen fachlich Beteiligten abgestimmter Kostenvoranschlag zu erstellen. Sollten Leistungsverzeichnisse nicht erstellt werden, so sind die Gesamtkosten mindestens unterteilt bis in die 3. Kostenebene der KG zu verpreisen.

4.2.3.5 Kostenanschlag zum Mitwirken bei der Vergabe LPH 7

Auf Basis der submittierten und geprüften, zur Beauftragung vorgesehenen Angebote wird die Kostenermittlung *Kostenanschlag* aufgestellt. Da sich – abgesehen von einer GU-Vergabe – die Vergaben über einen längeren Zeitpunkt verteilen, wird als Grundlage für den Kostenanschlag die Kostenermittlung *Kostenvoranschlag* verwendet und mit den beauftragten Vergabesummen sowie den genehmigten Nachträgen fortgeschrieben.

4.2.3.6 Kostenfeststellung zur Objektüberwachung LPH 8

Mit Vorliegen der geprüften Auftragnehmer-Schlussrechnungen ist der Kostenanschlag zur *Kostenfeststellung* fortzuschreiben.

Mit der Kostenfeststellung ist das Maß der Kosteneinhaltung bzw. die Über- und/oder Unterschreitung gegenüber der i.d.R. von dem Auftraggeber genehmigten Kostenberechnung darzustellen. Entsprechende Begründungen sind in Ergänzung zu den bereits erbrachten Erläuterungsberichten der Kostenkontrolle schriftlich vorzunehmen.

Wenn mit dem Auftraggeber vereinbart worden ist, dass der Baukostenindex berücksichtigt werden soll, ist eine entsprechende Erläuterung zu geben.

4.2.4 Fortschreibung der ermittelten Kosten, Vorbereitung der Kostenkontrolle

Alle Veränderungen der Projektziele – und dies betrifft immer sämtliche Zusammenhänge von Qualitäten, Mengen und Terminen – sind zu erfassen, durch die fachlich Beteiligten zu dokumentieren, vom Auftraggeber freizugeben und für die nächste Kostenermittlung bzw. Kostenkontrolle fortzuschreiben.

Dadurch wird sichergestellt, dass die Kostenkontrolle den Umfang der Kostenfortschreibung berücksichtigt und unnötige Diskussionen zum Thema Kostenänderung vermieden werden.

4.2.4.1 Erste Kostenkontrolle

Nach Vorliegen der *Kostenschätzung* nach DIN 276:2018 ist ein Vergleich mit den finanziellen Rahmenbedingungen der Vorplanung vorzunehmen, das Ergebnis ist zu kommentieren und als Dokumentation der Kostenschätzung beizufügen.

4.2.4.2 Weitere Kostenkontrollen und Baukostenindex

Nach Vorliegen der *Kostenberechnung* ist ein Abgleich mit der *Kostenschätzung* vorzunehmen, das Ergebnis ist ebenfalls zu kommentieren und als Dokumentation der Kostenberechnung beizufügen. In der Regel ist aufgrund der zeitlichen Nähe zum Vorentwurf eine Berücksichtigung des Baukostenindex noch nicht gegeben.

Nach Vorliegen des *Kostenvoranschlags* ist ein Abgleich mit der *Kostenberechnung* vorzunehmen, das Ergebnis zu kommentieren und als Dokumentation dem Kostenvoranschlag beizufügen. Wenn mit dem Auftraggeber vereinbart worden ist, dass der Baukostenindex berücksichtigt werden soll, ist eine Anpassung gegenüber der Kostenberechnung abzustimmen und zu dokumentieren.

4.2.5 Nicht erkennbare Kosten und Kostenindex

Für die Kostenermittlungen wird anhand der Wahl der Bauelemente die Qualität entsprechend dem Projekt-Zielkatalog bestimmt bzw., wenn keine Forderung besteht, angenommen, sodass mit der nächsten Planungsphase, z. B. der Entwurfsplanung folgend auf die Vorplanung und vor allem bei der sog. „baubegleitenden Planung", diese Bauteile verifiziert werden können.

Es ist immer zielführend, zunächst eine Qualität zu bestimmen und diese dann im weiteren Planungsverlauf zu verifizieren. Entweder erfolgt dies über die bereits genannten Bauelemente oder für noch nicht zu ermittelnde Leistungen (z. B. Menge der Trennwände bei Vermietung) werden in Abstimmung mit der Auftraggeber-Projektleitung im LV Kosten-Budgets eingestellt. Manche benennen diese Posten auch mit „Kreativpositionen". Beachte: Nicht die Bezeichnung „Unvorhergesehenes" verwenden, da Unvorhergesehenes nicht zu den anrechenbaren Herstellkosten zählt. Im Erläuterungsbericht ist entsprechend darauf hinzuweisen.

Der Vollständigkeit halber sei hier auf das Thema Kostenindex hingewiesen. Kostenermittlungen stellen die Herstellkosten des Bauwerkes zum *Zeitpunkt der Kostenermittlung* dar. Wenn aber zum Beispiel ein Projektzeitrahmen von fünf Jahren besteht, möchte mancher Auftraggeber die Höhe der Gesamt-Herstellkosten so benannt haben, wie sie sich am Ende dieser fünf Jahre darstellen.

Denn einerseits, wie bereits an anderer Stelle behandelt, „brennt" sich bei vielen Auftraggebern die zuerst genannte Herstellsumme im Gedächtnis ein und jeder Abweichung, i. d. R. nach oben, wird mit Unmut begegnet. Andererseits möchte der Auftraggeber-Vertreter auch nicht mit jeder kleinen Überschreitung der genehmigten Kosten zu seinem Zustimmungsgremium laufen, um die Überschreitung bewilligt zu bekommen.

Dem kann vorgebeugt werden, indem die ermittelte Gesamt-Herstellsumme mit angenommenen, ausgewiesenen Index-Steigerungen per Anno multipliziert wird und am Ende eine Gesamt-Herstellsumme in x Jahren ausgewiesen wird. Im Erläuterungsbericht ist der Weg entsprechend darzustellen.

4.2.5.1 Sowieso-Kosten und Kostenüberschreitung

Sowieso-Kosten sind ursprünglich nicht berücksichtigte Kosten, die auch angefallen wären, wenn diese zum Zeitpunkt der Ermittlung bekannt bzw. berücksichtigt worden wären. Das ist die landläufige Begründung des Aufstellers bzw. der Architekten.

Aber – analog zum Thema Genauigkeit der Kostenermittlung – hilft dies dem Bauherrn auch nicht weiter, wenn eine Kostenüberschreitung eintritt, wobei ein gewisser Toleranzrahmen in Abstimmung mit der Auftraggeber-Projektleitung den fachlich Beteiligten zugebilligt wird.

Wenn also eine Berücksichtigung der unbekannten Kosten über die Qualität der Kostenelemente nicht ausreichend erfolgt ist, muss die Auftraggeber-Projektleitung entweder über eine Kompensierung oder eine Budgeterhöhung nachdenken. Dieses ist mit dem Auftraggeber abzustimmen und festzulegen.

Unabhängig davon kann eine Schadenersatzpflicht vorliegen.

Bei einer Schadenersatzforderung kann, je nach Lage und Situation, ein Minderungsfaktor für einen evtl. geldwerten Vorteil (Sowieso-Kosten) des Auftraggebers, z. B. Vergrößerung der Nutzfläche, in Anrechnung gebracht werden, sofern der Auftraggeber hieraus tatsächlich einen Nutzen zieht. Es kann aber auch das Gegenteil eintreten, z. B. Verlust von Steuerpräferenzen (Wohnungsbau), erhöhte Betriebskosten, Überschreiten begrenzter Fördermittel oder höhere Finanzierungskosten.

Ausgenommen sind alle Fälle, in denen eine Kostenüberschreitung durch alleinige Auftraggeber-Entscheidungen entstehen. In diesen Fällen sind die fachlich Beteiligten jedoch verpflichtet gewesen, die Auftraggeber-Projektleitung bei oder nach getroffener Änderungsentscheidung schriftlich über die entstehenden Kostenveränderungen zu informieren und die Zustimmung einzufordern.

Hierzu dient eine schlüssige Dokumentation der Planungsleistungsphasen „Vorplanung" bis „Genehmigungsplanung" und eine begleitende Dokumentation der Ausführungsplanungen als beste Voraussetzung, um direkt reagieren und informieren zu können.

4.2.6 Abnahme der Architekten- und Ingenieurleistung LPH 8

Erst mit der Vorlage der Kostenfeststellung nach DIN 276:2018 als wesentliche Leistung der LPH 8 werden – soweit vereinbart – i. d. R. Abnahmen der Leistungen der fachlich Beteiligten erteilt und dadurch seitens des Auftraggebers Honorar-Sicherheitsabschläge ausgezahlt.

Somit ist es zwingend erforderlich, die Auftraggeber-Projektleitung auf fehlende Angaben der sonstigen fachlich Beteiligten (fehlende Kostenwerte aufgrund nicht abgerechneter Bau-Schlussrechnungen für die Kostenfeststellung) oder der Bau-Auftragnehmer (generell fehlende Schlussrechnung) hinzuweisen und notfalls in Verzug zu setzen, damit der Zeitraum der Fertigstellung der Kostenfeststellung nahe beim Zeitpunkt der Übergabe des Objektes an den Nutzer liegt.

Sollten Schlussrechnungen durch z. B. Insolvenz des Bau-Auftragnehmers oder bei fehlender Abnahme nicht bzw. noch nicht erstellt worden sein, so ist der Auftraggeber-Projektleitung vorzuschlagen, stattdessen die Werte des Kostenanschlages einschließlich der beauftragten Nachträge als Wert für die Kostenfeststellung zu nehmen.

4.2.7 Mittelbedarfs- und -abflussplan

Die Mittelabflussplanung gibt dem Auftraggeber oder Nutzer Aufschluss über die notwendigen Investitionszeitpunkte und die entsprechende Investitionshöhe.

Die Darstellung des Mittelabflusses erfolgt entweder in tabellarischer Form oder als grafischer Terminplan (der Mittelabflussplan wird auch oft mit der Darstellung der Bautermine im Terminplan verknüpft).

4.2.8 Kostenkennwerte

Der Kennwert ist das Verhältnis von (Bau-Element)-Kosten zu einer bestimmten Bezugseinheit (m^2, m^3, Stk. etc.). Damit diese Werte vergleichbar sind, kommen nur bestimmte Kosten von Kostengruppen zum Einsatz.

Nur die Kostenkennwerte der Kostengruppen 300 und 400 des Bauwerkes können für den Kostenvergleich herangezogen werden. Alle anderen KG (100, 200, 500 bis 800) sind so projektspezifisch, dass diese für einen Vergleich nicht aussagekräftig genug sind bzw. den Kennwert verfälschen würden; die Kostenwerte für vorgenannte KG sind in jedem Fall separat projektspezifisch zu ermitteln.

Es sind folgende sensible Punkte zu beachten:

- Wenn nicht alle Festlegungen getroffen werden können (Mengen oder Qualitäten für Boden, Decke, Wand etc. zum Beispiel für einen Mieterausbau), sind mit der Auftraggeber-Projektleitung entweder die errechneten Mengenwerte mit einem Prozentsatz zu beaufschlagen oder in den Kostenermittlungen sind zugeordnete Budgets auszuweisen.
- Die Art der Position (Alternativ-, Eventualposition, ggf. Kreativposition) ist zu bestimmen.
- Die baubegleitende Planung erzeugt ein Nachtragsvolumen von ca. 15 % der Gesamtkosten.
- Die Indizierung des Projektes ist mit der Auftraggeber-Projektleitung festzulegen.
- Die Mengenermittlungen sind den Kostengruppen der DIN 276:2018 zuzuordnen. Nur dadurch wird eine vergleichbare und transparente Kostenkontrolle bis zur Kostenfeststellung möglich.
- Durch die entsprechend zugeordneten Mengenermittlungen wird die Plausibilitätsprüfung verschiedener Elementmengen ermöglicht (z. B. die Prüfung des Verhältnisses Menge Oberboden zu Menge Unterbodenbeläge).
- Es ist festzulegen, ob die Projektkosten exklusive oder inklusive Umsatzsteuer auszuweisen sind.

Werden die vorgenannten Hinweise beachtet, kann es im Normalfall nicht zu gravierenden Kostenabweichungen innerhalb der Kostenermittlungen kommen; bei gleichbleibenden Projektzielen. Gleichfalls werden auch die Submissionsergebnisse nicht wesentlich vom Kostenvoranschlag abweichen.

Sollten dennoch gravierende Abweichungen der Submissionsergebnisse vorliegen, so hat dies andere Gründe, welche in jedem Einzelfall projektspezifisch zu bewerten sind. Dies sind i. d. R.:

- Einmaligkeit eines Bauvorhabens
- eingeschränkter Wettbewerb
- Konstruktionen nach dem Stand der Wissenschaft (z.B. runde Fundamente, Stahlverbundbauteile)
- konjunkturelle Einflüsse
- unzulässige Preisabsprachen.

Im Falle größerer Abweichungen ist zu prüfen, ob der Auftraggeber-Projektleitung die Aufhebung der Ausschreibung oder das Verhandlungsverfahren vorgeschlagen werden soll. Durch die Einbeziehung der Auftraggeber-Projektleitung in die Kostenermittlungen von Beginn an und die damit verbundene Transparenz aller Kostenermittlungsstufen lässt sich dies ohne weitere Probleme vornehmen.

Damit wird auch das „Herunterstreichen" von Leistungen und Qualitäten vermieden; da später oft wieder „zurückgeplant" wird, nach dem Motto: Ist unabdingbar erforderlich.

Die mit der Angebotsaufhebung einhergehenden Terminänderungen sind bei ordnungsgemäßer Dokumentation der Leistung oft mit den Projektzielen eher vereinbar als eine Beauftragung unter falscher Voraussetzung.

Die Ermittlung der marktgerechten Gesamt-Herstellkosten ist die Aufgabe des Architekten; in Abstimmung und Mitwirkung mit den sonstigen fachlichen Beteiligten. Der Architekt muss zwar die für die Kostenangaben der fachlich Beteiligten zugrunde liegenden Planungen nicht prüfen, aber er muss aus vergleichbaren Projekten ableiten können, ob die genannten Kosten der fachlich Beteiligten zutreffend sind.

Nach der Rechtsprechung des BGH hat der Architekt möglichst frühzeitig den wirtschaftlichen Rahmen für die Verwirklichung der Baumaßnahme abzustecken. Diese Aufgabe wird den LPH 1 und 2 zugewiesen.

Bei der öffentlichen Hand sind die Kosten immer abgestellt auf das Jahr der Ermittlung. Baukostenindex-Steigerungen sind bei diesen Auftraggebern nichts Ungewöhnliches. Aber im Wirtschaftsbau und vor allem im Privatbau muss dem Auftraggeber klar und eindeutig vermittelt werden, dass Kostensteigerungen durch einen Anstieg der Baukosten zu erwarten sind und diese anzuerkennen sind, einschließlich der Konsequenzen für Planung und Ausführung. Bestes Beispiel hierfür sind die schwankenden to- und kg-Preise für Baustahl und Kupfer (hierzu stellen die Verbände gerne entsprechende Index-Tabellen zur Verfügung).

Für die Bewertung vorhandener z.B. Gebäude-Kostenkennwerte ist es wichtig zu wissen, ob diese einer einfachen, standardmäßigen, gehobenen oder excellenten Ausführung zuzuordnen sind. Denn wie nachfolgend aufgezeigt, sind die Kostenkennwerte für die KG 300 und 400 bei selbem Bauvolumen von der Ausführung abhängig und ergeben dadurch bis zu -10 % oder +20 % abweichende Kosten; für Bauten in excellenter Ausführung sind die Kosten immer projektspezifisch zu ermitteln.

Beispiele einfacher Ausführung (z. B. Investorenprojekt):

- geringe Anzahl PKW-Stellplätze, z. T. oberirdisch
- kein Installationsboden
- keine Akustikdecke
- keine mechanische Bürolüftung
- ohne Datennetz
- Fassade Wärmedämmverbundsystem
- i. d. R. 5 bis 10 % kostengünstiger als das Standardgebäude.

Beispiele für Standardausführung (z. B. Verwaltungsgebäude für Eigennutzung):

- Stellplätze im UG
- mit Teilinstallationsboden (Doppelbodentrassen)
- mit Akustikelementen
- keine TGA-Bürolüftung
- ohne Datennetz
- Lochfassade, Naturstein/Ziegel.

Beispiele gehobener Ausführung (z. B. Hauptverwaltung, repräsentativ):

- Stellplätze im UG
- Installationsboden
- Kühldecken bzw. Akustikdecken
- flexible Nutzungsmöglichkeit des Gebäude-Rasters (Stellung der Trennwände auf jedem Ausbau-Raster möglich)
- mechanische Be- und Entlüftung
- Klima in besonderen Räumen
- mit Datennetz
- Doppelfassade
- i. d. R. 10 bis 20 % kostenintensiver als das Standardgebäude.

Excellente Ausführung (Luxus-Wohnungsbau, Repräsentations-Bauwerk etc.):

- Eine durchschnittliche prozentuale Abweichung vom Standard kann nicht genannt werden, da die Herstellkosten der „excellenten" Ausstattung das Mehrfache vom Standard betragen können.

Sind die Kostenkennwerte von einem Gebäude mit einfacher Ausführung abgeleitet, es sich beim bezugnehmenden Projekt aber um eine Hauptverwaltung handelt, also ein Gebäude mit gehobenem Standard, ist der Kennwert um ca. 10 bis 20 % zu erhöhen. Diese Anpassung erfolgt durch den Architekten.

Somit ist und bleibt Grundlage für eine „bestandskräftige", transparente Gesamtkosten-Aussage die Ermittlung auf KG-Elementbasis in Verbindung mit dem umfassenden Erläuterungsbericht.

Hinweis:

Anstelle von eigenen Ermittlungen und der aufwendigen Pflege von Daten für Projekte, Bauelemente, Leitpositionen und Positionen können Anbieter und Dienstleister in Anspruch genommen werden, welche diese Werte zur Verfügung stellen. Es wird insbesondere auf das 1996 von den Architektenkammern aller Bundesländer gegründete Baukosteninformationszentrum, kurz BKI genannt, verwiesen.

4.2.9 Abgrenzung der Kostenermittlungsverfahren von Bausummengarantien und Kostenzusicherungen

Die Kostenermittlungsverfahren nach DIN 276:2018 informieren den Auftraggeber über den Kostenstand und die Kostenentwicklung des Bauvorhabens. Der Architekt steht insoweit dafür ein, das richtige Verfahren und die zutreffenden Ansätze anzuwenden.

Davon unterscheiden sich Kostenzusicherungen und Bausummengarantien maßgeblich.

Für die *Bausummengarantie* ist eine klare und unmissverständliche Vereinbarung der Vertragspartner erforderlich. Bei einer solchen Bausummengarantie bedarf es einer rechtsgeschäftlichen Willenserklärung des planenden Architekten, der Fachingenieure etc., für die Einhaltung der Bausumme persönlich einstehen zu wollen – und zwar ohne Rücksicht auf die Ursache der Kostenüberschreitung oder das Verschulden.

Eine *Kostenzusicherung* beinhaltet dagegen das Versprechen, dass die Baukosten die zugesicherte Kostengröße nicht überschreiten werden. Eine solche Erklärung ist ebenfalls rechtsgeschäftlicher Art, begründet aber eine Schadensersatzverpflichtung nur bei Verschulden. Eine Toleranz steht dem planenden fachlich Beteiligten nicht zu. Die Verletzung der Kostenzusicherung ist ein Tatbestand der positiven Vertragsverletzung.

Bei nicht darstellbaren Gesamtkosten der Entwurfsplanung oder bei einer nicht erklärbaren größeren Submissions-Abweichung kann dies an einer „zu teuren" Planung liegen. Ist dies der Fall, haben die fachlich Beteiligten einen Anspruch auf Nachbesserung ihrer Planungen, wenn dann durch Korrekturen vom bisherigen Konzept noch Einsparungsmöglichkeiten geschaffen werden können.

Anmerkung:

Wir fachlich Planungsbeteiligten haben letztlich keinen Einfluss auf die kalkulierenden Bieter – immer vorausgesetzt, es wurde von uns entsprechend den Projektzielen und -merkmalen geplant.

Beispiel:

Als Behnisch & Partner in den 1960er Jahren das Olympiastadion München mit dem Zeltdach entworfen und ausgeschrieben hatte, wurden „über Nacht" – so wurde zitiert – die Stützen des Zeltdaches um das 16-Fache gegenüber vorhergehenden Aussagen teurer – es gab keinen Wettbewerb der Hersteller.

Vergleichbar hierzu waren z. B. die Erhöhung der Herstellkosten für die Schnellbaustrecken der DB in den 1990er Jahren und sehr erhöhte Baukosten für die Bauten des Bundes in Berlin ursächlich zu begründen mit fehlendem Bieterwettbewerb der vorhandenen Bauunternehmen?

Somit sind Bausummengarantie und Kostenzusicherung ohne Toleranz in der Kosten-Aussage mehr als praxisfremd und so von uns fachlich Beteiligten nicht zu vereinbaren. Eine Bausummengarantie sollte nur gegeben werden, wenn den fachlich Beteiligten das Anpassen der Planungen hinsichtlich der Qualitäten an das Submissionsergebnis zugebilligt und honoriert wird.

Gleiches gilt auch für die gewünschte Kostenzusicherung.

4.2.10 Mangel des Architektenwerkes

4.2.10.1 Haftung des Architekten

Die Haftung des planenden Architekten erstreckt sich auf die andauernde Koordinations- und Beratungspflicht als Sachwalter des Auftraggebers, z. B. hinsichtlich der Gesamt-Herstellkosten. Er haftet auch für die (Richtigkeit von) Informationen und die Einhaltung von Planungsparametern für die volle Ausschöpfung von Steuervorteilen.

Aber auch aufgrund seiner „Flaschenhals"-Informationsverpflichtung gegenüber den fachlich Beteiligten ist es zwingend geboten, dass alle Projektinformationen (hierzu zählen auch ältere Aktennotizen, Schreiben und Stellungnahmen der anderen fachlich Beteiligten) allen fachlich Beteiligten zur Verfügung gestellt und diese aufgefordert werden, hierzu Stellung zu nehmen. Die Verantwortung hierfür liegt beim Architekten.

4.2.10.2 Einhalten der Kosten

Es gibt zwei Arten von Faktoren, die dafür sorgen, dass sich die Gesamtkosten für ein Projekt ändern.

Die harten Faktoren sind u. a.:

- steigende Löhne, verringerte Arbeitszeiten, steigende Lohnnebenkosten etc.
- Nachfrage des Marktes, z. B. Bedarf an Betonstahl, Weltmarktbedarf für Kupfer
- fehlender Wettbewerb, z. B. für „excellente" Qualität des Bauelements
- außergewöhnliche Terminfestlegungen, Bauzeit ohne Winterbau
- Energie- und Umweltkosten
- Verkehrsinfrastruktur (Baustelle Innenstadtlage oder Randlage gut erreichbar)
- Preisabsprachen

Die weichen Faktoren sind u. a.:

- solventer, positiver, bauerfahrener Auftraggeber oder der gegenteilige Fall
- Ansehen des Unternehmens in der Region
- Qualifikation der Mitarbeiter
- Kooperation der Behörden

Diese harten und weichen Faktoren wirken sich auf den Angebotspreis aus. Ebenso haben längere Zeiträume zwischen den Kostenermittlungen einen Einfluss (siehe auch Abschnitt 4.2.5 Baukostenindex). Gut zu wissen: Die weichen Faktoren beeinflussen den Angebotspreis nicht immer nur zum Nachteil des Auftraggebers.

4.2.10.3 Beratung des Auftraggebers hinsichtlich der Kosten, z. B. bei Sonderwünschen des Auftraggebers

Sonderwünsche des Auftraggebers sind zulässig. Unter Sonderwünschen sind hier Forderungen des Auftraggebers zu verstehen, die über den Forderungen vorhergehender Kostenermittlungen liegen.

Bei Sonderwünschen des Auftraggebers, die zu der ursprünglichen Planung hinzutreten, muss in schriftlicher Form von den fachlich Beteiligten darauf hingewiesen werden, dass die Sonderwünsche eine Veränderung der Herstellkosten des Bauvorhabens nach sich ziehen.

4.3 Die Terminplanung und deren Kontrolle

Nicht nur die Kostenplanung und die Entwurfsplanung sind gleichberechtigt (siehe Abschnitt 4.2). Dies trifft auch auf die Terminplanung und die Entwurfsplanung zu.

Differenzen zwischen den jeweiligen Kostenermittlungen können oft noch kompensiert werden; hingegen sind Terminüberschreitungen aufgrund der Vielzahl der Beteiligten meist nicht mehr auszugleichen, ohne dass zusätzliche Kosten aufgewendet werden müssen. Terminüberschreitung kostet immer Geld.

Ergo: Die Auswirkung einer unzureichenden Terminplanung ist gewichtig; eine korrekte und nachhaltig gültige Terminplanung erfordert deshalb genaueste Projekt-, Material-, Markt- und auch Baubetriebskenntnisse.

Im erweiterten Begriffsverständnis sind neben der Terminplanung auch eine terminliche Überwachung (Soll-Ist-Vergleich), eine Abweichungsanalyse und falls notwendig Steuerungsmaßnahmen (Kapazitätsänderungen, andere Abläufe, Terminverschiebungen) festzulegen bzw. durchzuführen.

Bei größeren Bauablaufplänen ist die Strukturierung des Projektes und damit die Festlegung der zu planenden Vorgänge wichtig. Ziel ist, in einer hierarchischen Struktur alle maßgeblichen Vorgänge zu erfassen und sich gleichzeitig so zu beschränken, dass nur die projektrelevanten Vorgänge aufgeführt werden.

Grundlage dafür ist das Zusammenspiel der an der Planung und Ausführung Beteiligten zur Sicherstellung der abgestimmten Projektziele; dies ist durch den Architekten zu koordinieren. Erst nach der planerischen Festlegung können alle anderen Projektbeteiligten ihre Leistung – wiederum termingerecht – erbringen.

4.3.1 Methoden und Vorgehen

Zu unterscheiden sind heuristische und mathematisch-analytische Methoden. Bei den *heuristischen Methoden* werden je nach Erfahrung die Vorgänge so angeordnet, dass ein plausibler Ablaufplan entsteht. Typischer Vertreter ist der Balkenplan.

Die Netzplantechnik repräsentiert die *mathematisch-analytische Methode*. Ihr liegt ein mathematisch-analytisches Verfahren auf der Basis der Graphentheorie zugrunde.

Nur mit einer frühzeitig vorliegenden fundierten Aussage mittels einer vollständigen Projektbetrachtung und der Wichtung von Planungsbeginn bis zur Übergabe kann ein Projekt wirtschaftlich im vorgestellten Terminrahmen ablaufen.

Dabei ist der Schwerpunkt nicht auf die Vollständigkeit aller möglichen Vorgänge zu legen, sondern, je nach Art der Ausführung des Projektes, auf die Erkennung der projektspezifischen Eigenarten und deren Abhängigkeiten.

Die wesentliche Aufgabe des Architekten – aber auch jedes Fachplaners – liegt im Bestimmen des Zeitbedarfs der eigenen Planungsleistungen, der Genehmigungszeiten, der Bauzeiten für Baukonstruktion und Technische Anlagen etc. sowie der erforderlichen Organisationsabläufe und Entscheidungsschritte. Die fachlich am Projekt Beteiligten erhalten für die von ihnen zu bearbeitenden Terminpläne vom Architekten detaillierte Koordinierungs- und Steuerungspläne.

Die Aufstellung von Terminplänen ist vorausschauend zu erbringen; hierbei ist agieren notwendig, damit nicht nur reagiert werden muss (Fortschreibung).

Und zu beachten: Verknüpfungen der Abläufe, z. B.

- Start, wenn Vorgänger fertig oder
- Start x Tage vor Ende Vorgänger,

erfordern viel Arbeit und eine gute Übersicht. Ändert sich jedoch ein Vorgang gravierend, dann sind alle Verknüpfungen zu überprüfen und ggf. anzupassen; der Pflegeaufwand ist umfangreich. Deshalb ist vorher zu schauen, ob Verknüpfungen sinnvoll sind und wenn ja, was muss verknüpft werden.

Je nach Projektgröße /-komplexität sind nachstehende Teilleistungen erforderlich:

- Auswerten des Projekt-Zielkataloges
- Erstellen eines / mehrerer Ablaufpläne
- Erstellen und Koordinieren von Terminplänen unter Mitwirkung der fachlich Beteiligten
- Überwachen und Feststellen des Soll-Ist-Zustandes
- Steuerung der fachlich und am Projekt Beteiligten
- Planungskontrollen
- Fortschreiben der Terminpläne
- Baustellenkontrollen
- Terminbesprechungen
- Berichtswesen

Die differenziertere Terminplanung ist erst nach Vorliegen wesentlicher Planungen vorzunehmen und spätestens vor Vergabe (Ecktermine, Vertragsstrafen) abzustimmen. Unter Mitwirkung der fachlich Beteiligten sind die Terminpläne für Bau-Auftragnehmer als Detailterminpläne vor Ort zeitig aufzustellen (siehe Abschnitt 4.3.3 Terminpläne).

Es ist zu berücksichtigen, dass es erst nach umfassender Kenntnis der Materialien, der Gestaltung, der Detailausführung und in letzter Konsequenz der handwerklichen Qualität des Bau-Auftragnehmers sinnvoll ist, auf die Detailebene differenziert einzugehen.

4.3.2 EDV-gestützte Terminplanung

Generell kann jede Terminplanung, egal welche Methode oder auch Darstellung, händisch aufgestellt werden; dies kann auch heute noch angebracht sein.

Die EDV-gestützte Terminplanung unterscheidet sich prinzipiell in:

- **CAD-Programme**

  CAD-Programme werden in der Terminplanung als reine Zeichenprogramme verwendet. Die Vorteile im Vergleich zu einer traditionellen Darstellung von Stift und Papier sind unter anderem die schnelle Änderungsmöglichkeit und die hohe Qualität der Darstellung.
- **Standardsoftware für Büroanwendungen (Office-Pakete)**

  Office-Pakete mit Tabellenkalkulation und Präsentationen sind zwar nicht für eine professionelle Terminplanung konzipiert, werden jedoch trotzdem vielfach zur Terminplanung eingesetzt. Bei diesen Programmen fehlen viele Funktionalitäten, die dezidierte Terminplanungsprogramme zur Verfügung stellen und somit das Arbeiten wesentlich erleichtern. Ein Nachteil ist zum Beispiel, dass ein Termincontrolling durch eine solche Software nicht unterstützt wird.
- **spezielle Projektmanagement-Softwarepakete**

  Diese gibt es mit unterschiedlichen Schwerpunkten, sie sind kostenpflichtig.

4.3.3 Terminpläne

Für die Koordination der Projektabwicklung werden nachstehende Terminpläne aufgestellt:

- Rahmen- oder Grobterminplan (s. Abschnitt 4.3.3.1),
- Koordinations- und Steuerungsterminpläne (s. Abschnitt 4.3.3.2) und
- Feinterminpläne (s. Abschnitt 4.3.3.3).

Für folgende Aktivitäten und Abschnitte werden spezielle Terminpläne aufgestellt (s. auch Abschnitt 4.3.3.4):

- Planung des Projektablaufes: der Ablaufplan, der Bauzeitenplan
- Planung der Planung
- Planung der Ausschreibungen und Vergaben
- Planung der Bauausführung
- Sonderbereiche und -zonen: Feinterminpläne

- Planung der Abnahmen, Inbetriebnahme, Gewährleistungsfristen
- Zusammenfassung aller Vorgänge: Generalterminplan

4.3.3.1 Rahmen- oder Grobterminplanung (Projektablauf- und Planungszeiten)

Die Rahmen- oder Grobterminplanung dient der generellen Projektplanung. Diese umfasst relativ wenige, aber übergeordnete Vorgänge. Die Zeitdimension sind Monate oder Quartale; vereinbarte Zahlungsdaten können ausgewiesen werden.

Die Rahmen- oder Grobterminplanung ist Teil einer Projektentwicklung (Festlegen des Projektziels) und ist somit parallel zur kaufmännischen (Finanzrahmen), technischen, juristischen und ökologischen Projektdefinition vorzunehmen.

Die Festlegungen in dem Rahmen- oder Grobterminplan sind als Grundlage der Beauftragung der fachlich beteiligten Architekten und Ingenieure und sonstigen Fachbüros vertraglich zu vereinbaren.

Darin eingeschlossen sind das Durchführen von Steuerungs- und Koordinationstätigkeiten, erforderlichenfalls Erarbeiten und Durchsetzen von Anpassungs- und Gegensteuerungsmaßnahmen durch den Architekten unter Mitwirkung von fachlich Beteiligten.

4.3.3.2 Koordinations-/Steuerungsterminplan

Der Begriff Koordinationsterminplanung wird i. d. R. vom Bau-Auftragnehmer, der Begriff Steuerungsterminplanung von der Projektleitung verwendet. Die Koordinations- und Steuerungsterminpläne umfassen detailliert die Planung (Planung der Planung) und die der Bauausführung. Die Zeitdimension sind Tage, Wochen, Monate oder Quartale.

Der Koordinationsterminplan wird vom Bau-Auftragnehmer nach Auftragserteilung erstellt. Der Auftraggeber ist gut beraten, zur Verfolgung des Baufortschrittes einen ähnlich detaillierten Terminplan selbst aufstellen zu lassen.

4.3.3.3 Feinterminplan

Die Feinterminplanung umfasst die Planung von Projektteilbereichen.

Feinterminpläne werden erstellt für die

- Taktplanung,
- Planung besonders kritischer Projektphasen (z. B. „Durchbetonieren" der Sohlplatte),
- Ermittlung erforderlicher Kapazitäten (x Teams für Bodenbelagsarbeiten) und
- Planung, um Terminverzüge innerhalb eines begrenzten Zeitraums aufzuholen.

4.3.3.4 Einzelterminpläne

Die Planung des Projektablaufes: der Ablaufplan, der Bauzeitenplan

Voraussetzung für die Projekt-Terminplanung ist eine *Ablaufplanung*. Durch die Ablaufplanung wird eine logische Folge der erforderlichen Aktivitäten festgelegt, ohne dass diesen bereits konkrete Termine in Form von Kalenderdaten zugewiesen werden.

Das Projekt wird in Vorgänge untergliedert. Soweit erforderlich, können Vorgänge konkrete Arbeitsvorgänge sein, z. B. Herstellen der Decke über dem Erdgeschoss, oder organisatorische Aufgaben, z. B. Schalungsplanung durchführen oder eine Genehmigung einholen.

Es wird zuerst ein prototypischer Ablaufplan erstellt, dem später für die jeweiligen Aktivitäten konkrete Starttermine und Endtermine zugewiesen werden. Durch die Zuordnung von Terminen entsteht der *Bauzeitenplan*.

Die Planung der Planung

Lido Iacocca war als Präsident der Ford Motor Company und später der Chrysler Corporation in Detroit ein wichtiger Manager in der Automobilindustrie in der zweiten Hälfte des 20. Jahrhundert. Heute gilt Iacocca als großer Rhetoriker, der festgestellt hat: „Niemand plant zu versagen, aber die meisten versagen beim Planen."

Im Wesentlichen zeigt der Planungsterminplan auf, wer wann welchen Plan mit welchen Inhalten zu erstellen hat; wann und durch wen dieser zu prüfen ist und anschließend den anderen an der Planung fachlich Beteiligten als Grundlage für die eigene Planungserstellung zur Verfügung stellt.

In Abstimmung mit dem Architekten erarbeiten die fachlich Beteiligten detailliert die Planungsabläufe innerhalb der vorgegebenen Rahmentermine nach nachstehendem Regelablauf:

- Architekt erstellt „Vorabzug Vorplanung" **WP 1**:
  - Darstellung der Geometrie mit Primärkonstruktion der Fassade
  - Tragwerkplaner bemisst die Bauteile
- Architekt übernimmt diese Angaben und erstellt „Entwurf" **WP 2**:
  - Darstellung der abgestimmten Baukonstruktion
  - Verteilung der WP 2 an alle fachlich Beteiligten
  - Fachplaner erstellen Installations-Vorabzüge und übergeben diese dem Architekten zur Freigabe
  - Architekt prüft, i. d. R. zusammen mit fachlich Beteiligten, die Installationsebenen, Schächte, Zentralen etc. und Verteilung zurück an die fachlich Beteiligten
  - Tragwerkplaner prüft Durchbruchsangaben, Lastannahmen etc. und integriert diese in seine Planung und übergibt diese an den Architekten zur Freigabe
- Architekt erstellt „Ausführungsplan" **WP 3:**
  - Darstellung der Raumeinbauten (Verkleidungen, Bekleidungen)
  - Verteilung an alle fachlich Beteiligten

- Architekt erstellt „Detailplanung" **WP 4:**
  - Darstellung des raumbildenden Ausbaus
  - Verteilung an alle fachlich Beteiligten
- Architekt legt terminlich die vollständige Detailplanung fest, welche als Basis für die zu erstellenden Ausschreibungen gilt.

Die Planung der Ausschreibungen und Vergaben

Ein wichtiger Terminplan ist der Ausschreibungs- und Vergabeterminplan. Dieser Terminplan weist folgende Informationen aus, die von den fachlich Beteiligten und der Auftraggeber-Projektleitung entsprechend zu liefern sind:

- Bereitstellung der detaillierten Planunterlagen und Bauangaben
- Bemusterungstermine und Freigaben zu den Qualitäten
- Meilensteine Auftraggeber-Entscheidungen (interne und externe Gremien)
- Baugenehmigungen als Voraussetzung resp. Zustimmungen des Auftraggebers
- Bekanntmachung, ggf. EU-weit, Abfrage des Bieterkreises
- Submissionen, Prüfung und Vergabevorschlag
- Vergaben

Die Planung der Bauausführung

Dieser Terminplan zeigt den Bauablauf in logischer Reihenfolge mit allen Aktivitäten der Bauerstellung, ggf. mit Kapazitäts- und Zahlungsangaben. Des Weiteren sind Detailaussagen z. B. zur Abfolge der Erstellung einzelner Bauteile, zum kritischen Pfad, zu Meilensteinen für den Kranabbau und zum Beginn anderer Gewerke auszuweisen.

Weitere Feinterminpläne für Sonderbereiche und -zonen

In Ergänzung zum Bauausführungsplan werden für die Sonderbereiche, z. B. Technikzentralen, Küche, Kantine, Besprechungsbereiche, Eingangshalle, Datenräume, detaillierte Terminpläne erstellt, welche insbesondere die zeitliche Abfolge der erforderlichen Gewerke in logischer Reihenfolge ausweisen.

Die Planung der Abnahmen, der Inbetriebnahme und Gewährleistungsfristen

Die Abnahmen sind nach der festgelegten Systematik (abnahmevorbereitende Leistungsfeststellungen, Abnahmebegehungen ohne Auftraggeber, Mangelbehebung durch Bau-AN, Empfehlung an die Auftraggeber-Projektleitung, die Abnahme zu erteilen oder zu verweigern) auszuweisen. Konkret können des Weiteren sonstige Sonder- und Fachingenieure zu den Begehungen eingeladen werden.

Für die Inbetriebnahme ist es z. B. nach DGNB Deutsche Gesellschaft für nachhaltiges Bauen e.V. erforderlich, Luft-Hygienemessungen vor der Möblierung durchzuführen. Weitere Vorabnahmen erfolgen z. B. durch den TÜV, es gibt Begehungen mit dem Bauordnungsamt (BOA) etc. Und bei Gebäuden im Gesundheitswesen (Sterilisationsräume, Operationssäle, Analysen der Versorgungsmedien etc.) sind u. a. auch Reinigungs- und Hygieneaspekte in der Inbetriebnahmephase relevant.

Der Gewährleistungsterminplan stellt Beginn und Ende der Gewährleistungszeiträume dar, entsprechend den Daten der erteilten Auftraggeber-Abnahmen. Eine Fortschreibung des Plans wird notwendig bei Unterbrechung und Fortsetzung der Gewährleistungszeiten aufgrund von Mängelrügen.

Der Generalterminplan

Im Generalterminplan (GTP) werden alle vorgenannten Einzeldarstellungen zusammengefasst. Der GTP zeigt die zeitliche Abfolge des Gesamtprojektes und ist Grundlage der Arbeit aller am Projekt fachlich und handwerklich Beteiligten.

4.3.4 Darstellung von Terminplänen

4.3.4.1 Terminliste

In der Terminliste werden alle Vorgänge mit geplanten Terminen tabellarisch geordnet. Die Terminliste ist übersichtlich, sie wird außerdem für die Meldung von Ist-Terminen im Rahmen des Termincontrolling verwendet.

4.3.4.2 Balkenplan

Die am häufigsten verwendete Darstellungsart ist der Balkenplan, auch Gantt-Diagramm genannt. In ihm werden die terminierten Vorgänge in einer Spalte übereinandergeschrieben. Die Vorgangsdauern werden maßstabsgetreu durch Balken repräsentiert, die man entlang der horizontal aufgetragenen Zeitachse positioniert. Die Vorgänge werden meistens so sortiert, dass oben jene Vorgänge stehen, die früh und unten jene, die spät beginnen. Dadurch wird der Balkenplan sehr übersichtlich. Im Balkenplan weist man im Rahmen eines einfachen Termincontrollings häufig durch eine vertikale Linie den Ist-Zeitpunkt und innerhalb des Balkens durch Markierungen den erzielten Fortschritt aus.

4.3.4.3 Weg-Zeit- oder Liniendiagramm

Dies ist eine spezielle Darstellung des Bauablaufs bei Linienbaustellen (Straßenbau, Gleisbau, Tunnelbau etc.). Auf der X-Achse werden die Stationen der Baustelle aufgetragen. Die Y-Achse (wann, wo, in welcher Geschwindigkeit) verläuft nach unten. Schwach geneigte Linien zeigen dabei eine hohe Geschwindigkeit an, stark geneigte dagegen eine geringe Geschwindigkeit. Dieses Weg-Zeit-Diagramm erhöht die Anschaulichkeit eines Projektes mit räumlicher Längenausdehnung enorm.

4.3.4.4 Netzplan, Netzplantechnik

Bei der Netzplantechnik wird die Dauer der Vorgänge (maximal, gewünscht oder dezidiert) je Ereignis berechnet. Bei der

- Vorwärtsterminierung die frühesten Termine und bei der
- Rückwärtsterminierung die spätesten Termine.

Aus den spätesten und frühesten Terminen erfolgt die kritische Pfadberechnung. Diese gibt an, inwieweit Vorgänge verschoben werden können, ohne die früheste Lage von nachfolgenden Vorgängen oder die geplante Fertigstellung des gesamten Projektes zu beeinträchtigen. Die Netzplantechnik eignet sich für sehr komplexe oder zeitkritische Projekte/Projektstarts.

4.3.5 Überwachung, Steuerung und Fortschreibung

Die Überwachung, Steuerung und Fortschreibung der Termine auf Generalebene erfolgt durch den Architekten aufgrund seiner vertraglichen Koordinationsverpflichtung gegenüber den fachlich Beteiligten innerhalb der LPH.

4.3.5.1 Überwachung und Berichtswesen

Die Überwachung und Steuerung der Terminplanungen erfolgt durch den Architekten unter Mitwirkung der fachlich Beteiligten und weiterer objektüberwachender Beteiligter (Sonder- und Fachingenieure). Überwachungsinstrumente sind:

- Baustellenkontrollen
- Terminbesprechungen
- Berichtswesen

Der Architekt legt unabhängig von den sonstigen fachlich Beteiligten dem Auftraggeber in der Ausführungsplanungsphase einen Terminkontrollbericht vor, der mindestens folgende Angaben für alle im Berichtszeitraum begonnenen, fortgeführten und abgeschlossenen Vorgänge enthalten muss:

- zugrundeliegender Steuerungsterminplan
- Vorgangs-Nummer, Vorgangsbeschreibung und -dauer
- Soll-/Ist-Vergleich, Ausführungsstand in %
- voraussichtliche Restdauer
- Begründung bei Terminüberschreitungen mit Angabe der getroffenen Gegensteuerungsmaßnahmen

Werden zwischen den Kontrollberichtsterminen wesentliche, die Rahmentermine bzw. den Gesamtablauf gefährdende Störungen oder Terminabweichungen erkennbar, haben alle fachlich Beteiligten sofort die für ihren Zuständigkeitsbereich notwendigen Maßnahmen zu treffen und den Auftraggeber umgehend schriftlich davon in Kenntnis zu setzen.

Der Architekt hält Terminkoordinationsbesprechungen ab entsprechend dem Planungsfortschritt unter Hinzuziehung der notwendigen Beteiligten und verfasst zur Dokumentation ein Ergebnisprotokoll (EP).

4.3.5.2 Termincontrolling

Das Termincontrolling stellt einen sich wiederholt in gleicher Weise ablaufenden Prozess im Sinne eines kybernetischen Regelkreises dar. Dieser besteht aus folgenden Teilschritten:

- Erstellung einer Terminplanung, welche den geplanten Projektablauf als Bau-Soll definiert
- Erfassung des tatsächlichen Projektzustandes (Bau-Ist) zu einem festgelegten Termin
- Erfassung von Terminrisiken als Meilenstein für Ist-Stand und Prognose
- Durchführung einer Abweichungsanalyse, in der festgestellt wird, wo relevante Differenzen zwischen Soll und Ist vorliegen. In der Regel finden sich zahlreiche kleine Soll-Ist-Abweichungen, die aber keine größeren Auswirkungen haben. Das Ergebnis der Abweichungsanalyse ist regelmäßig in einem Fortschrittsbericht zu dokumentieren.
- Festlegung durch den Architekten, welche Steuerungsmaßnahmen ergriffen werden sollen, um die relevanten Abweichungen zu kompensieren. Dabei muss zuerst unterschieden werden, wer für die Abweichungen verantwortlich ist:
  - Auftraggeber (einschl. seiner Erfüllungsgehilfen) oder Bau-Auftragnehmer
  - externe Ursachen (z. B. Streik oder außergewöhnliche Wetterverhältnisse).

Durch den Architekten ist zu Beginn festzulegen, in welchem Rhythmus das Termincontrolling durchgeführt wird, zum Beispiel wöchentlich, monatlich oder quartalsweise. Der Rhythmus orientiert sich dabei insbesondere an der gesamten Projektlaufzeit und der Projektgröße. Bei typischen Bauprojekten sollte das Controlling alle zwei Wochen oder spätestens monatlich durchgeführt werden. Nur wenn die Controllingabstände im Vergleich zur Gesamtprojektzeit ausreichend kurz sind, kann Terminabweichungen mit vertretbarem Aufwand gegengesteuert werden.

Maßnahmen zur Kompensation von Terminverzügen können zum Beispiel sein:

- Erhöhung der Personal- und/oder der Gerätekapazität
- Überstunden und Wochenendarbeit
- andere Bauverfahren (zum Beispiel Fertigteile statt Ortbeton) oder
- Einsatz von Subunternehmern

Für die Kontrolle der Planungsabwicklung und der Bauausführung sind maßgeblich:

- Der Ablaufplan mit einer logischen Folge der Aktivitäten, jedoch ohne Datum.
- Der Generalterminplan, der die Ecktermine für den Projektablauf festlegt.
- Der Rahmenterminplan, der die wesentlichen Abläufe der Planung und Ausführung sowie Entscheidungs-Meilensteine beinhaltet.
- Der Detailterminplan als ein Steuerungselement für die Kontrolle der Planung und Ausführung.

- Der differenzierte Feinterminplan (auf Raumeinheiten bezogen, z. B. Eingangshalle, Bibliothek, Technikzentralen), der die Abhängigkeit aller Bautätigkeiten im Einzelvorgang zeigt oder in Gruppen zusammengefasst.
- Darüber hinaus sind durch zu Beginn festgelegte Kennungen (VE, beteiligte Büro-Kürzel) Einzelterminpläne darstellbar, welche jedem Planungs- oder Ausführungsbeteiligten seine Leistung in zeitlicher Folge aufzeigen.

Wichtig ist auch die Festlegung im Projekt, wer bei festgestellten Abweichungen welche Vollmachten hat, gegenüber den Verursachern von Terminabweichungen Sanktionen anzudrohen und gegebenenfalls auch zu veranlassen, zum Beispiel eine Vertragskündigung.

4.3.5.3 Expediting, Kapazitäts- und Ressourcenplanung

Ein Sonderfall des Termincontrollings sind das Expediting, die Kapazitäts- und Ressourcenplanung für die Qualitäts- und Terminkontrollmaßnahmen im Rahmen des Einkaufs, wenn ein Bau-Auftragnehmer Lieferungen oder Leistungen an einen Nachunternehmer beauftragt. Hierunter fallen Leistungen oder Lieferungen, auf die der „Haupt-Auftragnehmer" nicht eingestellt ist – z. B. die Stützen für das Münchner Olympia-Zeltdach.

Die Planung von Kapazitäten und Ressourcen hängt eng mit der gesamten Terminplanung zusammen, wenn eine kurze Projektzeit sichergestellt werden soll; Kapazitäten und Ressourcen müssen in diesem Fall ausreichend vorhanden sein.

Zu unterscheiden sind folgende Kapazitäten oder Ressourcen:

- Kapazitäten der Planungsbeteiligten
- Kapazitäten der Bau-Auftragnehmer einschließlich deren Subunternehmen
- Gerätekapazitäten, Materialkapazitäten
- finanzielle Ressourcen (Bürgschaften, Zwischenkredite oder Barmittel)

4.4 Zusammenfassung in Baubeschreibungen

Baubeschreibungen sind im Grunde Zusammenfassungen von Planungs-Ergebnissen unter Beachtung der Parameter Qualität – Kosten – Termine.

Bei einer Baubeschreibung handelt es sich um eine detaillierte Beschreibung des zu errichtenden Bauwerkes, der technischen Anlagen, der Freianlagen und der Einrichtung. Dabei werden, neben der Art der Bauausführung, die zum Einbau gelangenden Materialien aufgelistet und beschrieben.

Grundsätzlich sind Erläuterungen, Beschreibungen und Berichte in der Systematik der Kostengliederung aufzustellen und es sind auch Aussagen zur organisatorischen und terminlichen Abwicklung des Bauprojektes zu geben.

Im Verlauf der Projektbearbeitung sind nachstehende Beschreibungen gefordert:

- LPH 1 Projekt-Zielkatalog
- LPH 2 Erläuterungsbericht

- LPH 3 Objektbeschreibung
- LPH 4 (Bau-) Objektbeschreibung
- LPH 5/6 detaillierte Objektbeschreibung

und als Besondere Leistung

- LPH1/6 Raum- oder Bau-Buch

4.4.1 Projekt-Zielkatalog

Ausgangspunkt, Grundlage und Bestandteil des Projekt-Zielkatalogs der LPH 1 ist die *allgemeine Verständniserklärung*. Sie umfasst alle wichtigen Belange des Bauprojekts im Hinblick auf Vorbereitung, Planung, Ausführung und den Betrieb des Objektes, auch wenn einige Fragen erst mit der weiterführenden Planung beantwortet werden können.

Zur vollständigen Beschreibung gehören die Unterlagen, die der Auftraggeber zur Verfügung stellen kann, sowie die Ergebnisse jener Aktivitäten, welche noch in der LPH 1 erbracht werden müssen:

- Bedarfsplanung
- Bedarfsermittlung
- Aufstellen eines Funktionsprogramms
- Aufstellen eines Raumprogramms
- Standortanalyse
- Mitwirken bei Grundstücks- und Objektauswahl, -beschaffung und -übertragung
- Beschaffung von Unterlagen, die für das Vorhaben erheblich sind
- Bestandsaufnahme
- technische Substanzerkundung
- Betriebsplanung
- Prüfung der Umwelterheblichkeit
- Prüfung der Umweltverträglichkeit
- Machbarkeitsstudie
- Wirtschaftlichkeitsuntersuchung
- Projektstrukturplanung
- Zusammenstellen der Anforderungen aus Zertifizierungssystemen
- Verfahrensbetreuung, Mitwirken bei der Vergabe von Planungs- und Gutachterleistungen

Damit ist die Baubeschreibung der allgemeinen Verständniserklärung der wesentliche Bestandteil der Grundlagenermittlung und erleichtert die Aufgaben nach Abschluss der Grundlagenermittlung:

- Bestimmen der Auftraggeber-Projektgruppe und des Auftraggeber-Projektleiters
- Abschluss der Verträge mit Architekt, Fach- und Sonderplanern sowie Gutachtern und Externen

- Festlegungen hinsichtlich der Art der Bauausführung
- Festlegung der Schnittstellen
- ein realistischer Projektablaufplan als Grundlage für alle weiteren Planungsschritte
- Zustimmung zum Projekt-Zielkatalog

Zu den Inhalten aller Baubeschreibungen siehe auch die Stichwortliste zur Benennung der Schwerpunkte im Anhang.

4.4.2 Erläuterungsbericht

Der Erläuterungsbericht LPH 2 ist die Fortschreibung des Projekt-Zielkatalogs der LPH 1 Grundlagenermittlung durch die fachlich Beteiligten. Er bezieht sich jedoch nur noch auf das ausgewählte Bauprojekt, die technischen Anlagen, die Freianlagen und die Einrichtung. Dies bedeutet, dass ab der Vorplanung LPH 2 Erläuterungsberichte jeweils unter Mitarbeit aller fachlich Beteiligten aufzustellen und abzustimmen sind. Voraussetzung dafür ist die Schnittstellenbeschreibung, welche ebenfalls bereits mit Grob-Beschreibungen in der LPH 1 aufgestellt wurde. Kostenrelevante und terminrelevante Verifizierungen sind in den entsprechenden Berichten zu benennen.

Die Koordination hinsichtlich Struktur und Inhalten obliegt dem Architekten.

Der Erläuterungsbericht wird ggf. ergänzt durch das Raum- oder Bau-Buch.

Mit den Erläuterungsberichten als schriftlicher Ergänzung der Vorplanungen werden dem Auftraggeber vertiefende und schlüssige Informationen gegeben, die seine Entscheidungsfähigkeit unterstützen.

4.4.3 Die Objektbeschreibung

Objektbeschreibungen sind eine schriftliche Ergänzung der Zeichnung. Sie sollen über die Erläuterungsberichte hinaus Ausführungen zur Konstruktion, zu Baustoffen, zur technischen Ausrüstung und evtl. Gestaltungsdetails enthalten.

4.4.4 Die Baubeschreibung

Die Baubeschreibungen für die Genehmigungsvorlagen werden auf Basis der Vorbeschreibungen entweder mit einem Formblatt als Anlage zur BauPrüfVO (ausreichend bei einem Wohnhaus) oder hierzu ergänzend ausführlicher und einschließlich der Betriebsbeschreibung etc. aufgestellt.

Darüber hinaus sind z. B. bei Bauprojekten der Gesundheit und Pflege weitere umfangreiche Erläuterungen und Beschreibungen zu erstellen. Die entsprechenden Anforderungen ergeben sich i. d. R. aus den beteiligten Ämtern.

4.4.5 Detaillierte Objektbeschreibung als Baubeschreibung

Eine detaillierte Objektbeschreibung dient z. B. in der Vermarktung als Grundlage für das Exposé. Hierzu siehe verschiedene Beispiele der Beschreibungen im Anhang.

4.4.6 Raum- und Bau-Buch

Bereits in der LPH 1 wird aufgrund der Entscheidung zur Art der Vergabe der Bauleistung (eGewerke oder Funktionale Leistungsbeschreibung) die Erfordernis eines Raumbuches bestimmt. Es fungiert als ergänzende Maßnahme in jenen Fällen, in denen aus bestimmten Gründen auf die klassische, gewerkeweise gegliederte und positionierte Ausschreibung verzichtet wird (Funktional-/GU-Ausschreibung, i. d. R. ohne Massenangaben).

Darüber hinaus stellt ein Raumbuch für die Festlegung der Projektziele eine sehr hilfreiche Unterstützung dar und trägt damit zur Planungssicherheit bei. Umfang und Inhalt eines Raumbuches sind u. a. abhängig von Objekttyp, Objektgröße, Objektnutzung und den Forderungen des Auftraggebers.

Da bei dieser Form der Leistungsbeschreibung aber alles, was nicht beschrieben ist, vom Bau-Auftragnehmer nicht geschuldet wird, bedarf es einer sehr genauen Beschreibung der Funktion und Qualität der erforderlichen Bauteile. Die nachfolgende Stichwortauflistung ist als in jeder Weise erweiterbare Mindestinformation anzusehen:

- Allgemeine Angaben
- Bauliche Ausführung
- Technische Einbauten
- Betriebliche Einbauten
- Sonstige Einbauten (Einbaumöbel)
- Lose Möblierung
- Muster

Hierzu siehe verschiedene Beispiele der Beschreibungen im Anhang.

5 Erläuterung der Leistungsphasen LPH

Vorab ein Hinweis zum Einsatz der HOAI

Der Europäische Gerichtshof hat mit Urteil vom 04.07.2019 die Mindest- und Höchstpreisregelungen in der Deutschen Honorarordnung für Architekten (HOAI) gekippt. Die Vergütungen für Architekten- und Ingenieursleistungen, die sich im gewissen Rahmen an den durch eine Kostenberechnung ermittelten Herstellkosten orientieren, verstoßen laut EuGH gegen die Vorgaben der Dienstleistungsrichtlinie (RL 2006/123/EG). Damit sind Preisbestimmungen für Architekten- und Ingenieurshonorare zumindest teilweise unwirksam. Die Bundesregierung hatte die HOAI-Regelungen mit der Sicherung des Verbraucherschutzes und der Qualität der Planungsleistungen begründet.

Überarbeitung und Neuregelung von Teilen der HOAI erforderlich

Es muss nun eine unionsrechtskonforme Neuregelung geschaffen werden; bis dahin bleiben die bisherigen Normen der HOAI erst einmal bestehen, da der Artikel 15 der Dienstleistungsrichtlinie nur die verbindlichen Mindest- und Höchstpreise für bestimmte Dienstleistungen verbietet.

Damit ist das HOAI-Preisrecht von § 7 Absatz gemeint:

- (1) Schriftliche Vereinbarung .... der Mindest- und Höchstsätze
- (3) Mindestsätze können ..... in Ausnahmefällen unterschritten werden und
- (4) Höchstsätze dürfen .... überschritten werden

wobei die Formvorschrift für die Vergütungsvereinbarung entsprechend § 7 Absatz 1 HOAI davon unberührt bleibt.

Andere Teile der HOAI, wie die Beschreibung der Planungsprozesse in den Leistungsphasen mit den Leistungsbildern, können bestehen bleiben.

Ergo: Nur die starren Vergütungsregelungen bedürfen einer Überarbeitung.

Honorar nach HOAI als vertragliche Vergütungsvereinbarungen sind deshalb nicht alle unwirksam, da die Vereinbarungsfreiheit als eine Entscheidung aufgrund einer Privatautonomie der Parteien verbleibt; vereinbartes HOAI-Honorar kann also weiterhin geltend gemacht und auch eingeklagt werden.

5.1 LPH 1 Grundlagenermittlung

5.1.1 Grundleistungen

5.1.1.1 Klären der Aufgabenstellung auf Grundlage der Vorgaben oder der Bedarfsplanung des Auftraggebers

Das Erkennen der Vorstellungen des Auftraggebers durch die Bedarfsermittlung, die Bedarfsüberprüfung und als Ergebnis die Beschreibung der Bedarfserfüllung mit der Benennung der Projektmerkmale und -ziele ist für die anstehenden Planungen und für alle fachlich Beteiligten der vertraglich geforderte „Anforderungskatalog" für ihre Leistungen:

- Eingrenzen des finanziellen Rahmens, Aufstellen eines Kostenrahmens nach DIN 276:2018
- Aufstellen eines Terminplanes (Rahmen- oder Grobterminplan)
- Klärung und Beratung zu den Anforderungen aus den Besonderheiten des Bauvorhabens, z. B. Verpflichtungen aus dem Grundstück
- Einflüsse auf das Baugebiet durch z. B. Erdbebenzonen
- grundsätzliche Feststellung zur Genehmigungsfähigkeit
- Planungs- und Überwachungsziele weiter differenzieren und festlegen
- Qualitäten der Materialien und Bauteile
- Gestaltung des Baukörpers
- Funktionen skizzieren
- technische Ausrüstungen eingrenzen
- energetische Anforderungen
- Klärung und Beratung zu den Anforderungen für die Bauausführung
- Bestandserkundung, Prüfung Bausubstanz, Bauart und Abnutzung
- Vorlegen der Planungsgrundlage mit Kosteneinschätzung zur Zustimmung durch den Auftraggeber

5.1.1.2 Ortsbesichtigung

Durch die Begehungen des Baugebietes sind festzustellen:

- Anforderungen, die sich aus Lage und Position des Baugrundstücks ergeben hinsichtlich des „Einfügens"
- Einflüsse aus der Umgebung
- offensichtliche Bodenverhältnisse

5.1.1.3 Beraten zum gesamten Leistungs- und Untersuchungsbedarf

Erforderlichkeit und Umfang sind zu benennen:

- Fachplaner, Genehmigungsbehörde, Bauausführende, Sonderfachmann
- voraussichtlicher Umfang der Planungs- und Überwachungsleistungen
- erforderliche Untersuchungen des Bestandes
- Voraussetzungen und Anforderungen zur EnEV

Ergeben sich Möglichkeiten, Fördergelder zu beantragen, ist es dazu erforderlich, dass ein Kostenrahmen ermittelt wurde.

5.1.1.4 Formulieren der Entscheidungshilfen für die Auswahl anderer an der Planung fachlich Beteiligter

Auf Basis der vorbezeichneten Ergebnisse sind vom Architekten Entscheidungshilfen zu geben:

- für die Auswahl anderer an der Planung fachlich Beteiligter
- Abgrenzung des voraussichtlichen Leistungsumfangs dieser fachlich Beteiligten und deren Honorierung
- ggf. Hinweis zur EU-Ausschreibungspflicht der Leistungen der Fachplaner

Nachstehende Fachplaner sind i. d. R. für den Planungsprozess vorzuschlagen:

- Fachplaner für Freianlagen, Dachbegrünung
- Fachplaner für Ingenieurbauwerke
- Fachplaner für Verkehrsanlagen, interne Verkehrs- und Förderanlagenplanung
- Fachplaner für Tragwerksplanung
- Fachplaner für Technische Gebäudeausrüstung: Heizung-, Klima-/Lüftung-, Sanitär-, Elektroplanung
- Fachplaner für Informationstechnologie
- Fachplaner für Fördertechnik
- Fachplaner für Küchentechnik

Die frühzeitige Einschaltung kompetenter leistungsfähiger Fachplaner bildet eine weitere Grundlage für den fachlich abgesicherten und termingerechten Planungsablauf.

Weitere Sonderingenieure unterstützen die Ziele des Auftraggebers hinsichtlich

- des Umweltschutzes,
- des Arbeitsumfeldes und
- des Brandschutzes.

Siehe hierzu Besondere Leistungen: Weitere Sonderfachleute.

5.1.1.5 Zusammenfassen, Erläutern und Dokumentieren der Ergebnisse

Die ermittelten Ergebnisse müssen für den Auftraggeber schlüssig zusammengestellt werden, um ihn, wo erforderlich, zu einer Entscheidung zu befähigen:

- schriftliche Zusammenfassung der Ergebnisse (Projekt-Zielkatalog)
- Prüfung, ob die gewünschte Zielvorstellung mit den vorgesehenen Möglichkeiten realisierbar ist

Der Projekt-Zielkatalog ist dem Auftraggeber mit einem Anschreiben zu übergeben und von ihm entsprechend der Terminplanung zur weiteren Verwendung freigeben zu lassen.

Hierbei ist deutlich auf noch offene Fragen bzw. Erledigungen hinzuweisen. Eigene Lösungsvorschläge für eine termingebundene Klärung im Zusammenhang mit der Bitte um eine gemeinsame Diskussion und Wertung der Ermittlungsergebnisse sind dabei im Anschreiben darzulegen.

5.1.2 Besondere Leistungen

Nach der Beratung des Auftraggebers zum gesamten Leistungsbedarf ergibt sich die Notwendigkeit, für die nicht mit dem Architektenvertrag abgedeckten Besonderen Leistungen die jeweiligen Gutachter (Sonderfachleute) vorzuschlagen und zu beauftragen.

Das Erkennen der Erfordernis einer Besonderen Leistung liegt ausschließlich im Verantwortungsbereich des Architekten; auch bei Einsatz sonstiger Fach- und Sonderplaner oder Gutachter.

Auswahl weiterer Sonderplaner sowie Gutachter für:

- Umweltverträglichkeitsstudie
- Bauphysik und Schallschutz innen bzw. außen, Abdichtungen, Dämmung, Akustik etc.
- Geotechnik für Baugrundverhältnisse
- Ingenieurvermessung
- Flächennutzungsplan, Bebauungsplan
- Landschaftsplan, Grünordnungsplan, Landschaftsrahmenplan, Landschaftspflegerischer Begleitungs- und Pflege- und Entwicklungsplan
- Flächenplanung, Rahmensetzende Pläne und Konzepte, Städtebaulicher Entwurf
- Betriebs-/Produktionstechnik
- Zertifizierung, Materialökologe
- Brandschutz
- Bodengutachter für Bodenbelastung, Grundwasserproblematik, Gründungsvorschläge, Schadstoffbelastung
- Umweltlabor zur Analyse Boden, Wasser etc.
- Fassadengutachter – sofern nicht durch Bauphysiker abgedeckt
- G + S-Koordinatoren nach EU-Richtlinien, im Verantwortungsbereich des Auftraggebers

- Landschaftsökonomie und Umweltschutz
- Gesundheitswesen und Krankenhausbau, Senioren-Residenzen, Hygieneplanung
- Farbenkonzepte

5.1.2.1 Bedarfsermittlung und Bedarfsplanung

Die Bedarfsermittlung ist Voraussetzung für die Bedarfsplanung.

Für die Bedarfsermittlung gibt es Prüflisten in drei Varianten, die sich in ihrem Detaillierungsgrad unterscheiden:

- methodische Ermittlung der Bedürfnisse von Bauherrn und Nutzer nach DIN 18205
- Definieren der Vorgaben und Wünsche in quantitativer Hinsicht im Nutzerbedarfsprogramm
- Definieren der Vorgaben und Wünsche in qualitativer Hinsicht im Nutzerbedarfsprogramm

Aufgrund der Ergebnisse der Prüflisten wird eine genaue Soll-Vorgabe für alle fachlich Beteiligten und die Bedarfsplanung geschaffen

Der Bedarfsplanung sollte die DIN 18205 zugrunde gelegt werden, denn sie benennt neben Art und Umfang der Informationen auch alle erforderlichen Prozessschritte und beschreibt wesentliche Inhalte und die Struktur der Bedarfsplanung (siehe hierzu auch den nächsten Abschnitt). Im weiteren Verlauf der Projektbearbeitung ist diese ggf. zu überprüfen und fortzuschreiben.

5.1.2.2 Aufstellen eines Funktionsprogramms

Mit einem Funktionsprogramm wird die Nutzung der Programmflächen des Auftraggebers gegliedert nach Nutzungsarten und in Verbindung mit den angestrebten Ausstattungsqualitäten beschrieben.

Grundlage ist die Analyse der internen wie externen Arbeits- und Produktionsvorgänge beim Auftraggeber und folgend wird die Beziehung der einzelnen Funktionseinheiten zueinander bestimmt.

5.1.2.3 Aufstellen eines Raumprogramms

Am Anfang einer Bauplanung steht das Raumprogramm.

Das Raumprogramm wird i. d. R. vom Auftraggeber zusammengestellt. Es gibt einen Überblick der erforderlichen Flächen und ist Grundlage für die Gebäudeplanung. Durch den Architekten erfolgt nach Erfordernis in Abstimmung mit dem Auftraggeber eine Fortschreibung.

5.1.2.4 Standortanalyse

Eine Standortanalyse, z. B. hinsichtlich Boden- und Luftbeschaffenheit, Größe und zulässiger Art der Nutzung, ergibt Standortfaktoren, die durch den Architekten mit den fachlich Beteiligten zu bewerten sind.

Veranlassung für eine Standortanalyse sind

- entweder eine Bewertung eines vorhandenen Standortes oder
- Bewertungskriterien für einen erforderlichen Standort.

Sofern die fachlichen Voraussetzungen zur Beurteilung besonderer Kriterien bei dem Planer nicht gegeben sind, ist die Einschaltung von Sonderfachleuten (Verkehrsplaner, Umweltexperten etc.) erforderlich.

5.1.2.5 Mitwirken bei Grundstücks- und Objektauswahl, -beschaffung und -übertragung

Dies ist ein schwieriges Thema, da gemäß § 3 ArchLG (Gesetz zur Regelung von Ingenieur- und Architektenleistungen, § 3 Unverbindlichkeit der Kopplung von Grundstückskaufverträgen mit Ingenieur- und Architektenverträgen) die „verpflichtende" Vereinbarung, den an Grundstücks- und Objektauswahl beteiligten Architekten oder Ingenieur mit den weiteren Planungen zu beauftragen, unwirksam sind (Kopplungsverbot für Ingenieure und Architekten). Zur Objektbeschaffung und -übertragung beachte das Rechtsdienstleistungsgesetz.

5.1.2.6 Beschaffen von Unterlagen, die für das Vorhaben erheblich sind

Der Informationsbedarf ergibt sich z. B. aus der Grundstückslage:

- Richtfunkstrecke, Lärmzone der Einflugschneise
- Flutgebiet bei Hochwasser, Umweltschutz, Erdbebenzone etc.
- bei Bestandsbauten z. B. historische Fotoaufnahmen zur denkmalrechtlichen Genehmigung für eine dauerhaft genehmigungsfähige Planung

5.1.2.7 Bestandsaufnahme

Eine Bestandsaufnahme wird erforderlich, wenn die Planungs- und Bauaufgabe ganz oder teilweise im Bestand auszuführen ist. Zunächst erfolgt eine Überprüfung der Bestandsunterlagen auf ihre Brauchbarkeit. Bei Nichtvorlage von Bestandsplänen muss ein komplettes Aufmaß (Bauaufnahme) mit Neuaufzeichnungen erstellt werden.

Diese Bauaufnahme (maßlich verformungsgerecht) und deren zeichnerische und beschreibende Ergebnisse umfassen auch die Aufnahme der verwendeten Materialien, Installationen und Einbauten.

Am Ende werden Hinweise auf offensichtliche Mängel und ein Anraten weiterer Substanzerkundungen formuliert.

Beachte: Planung im Bestand ohne eine Bestandsaufnahme führt spätestens bei der Bauausführung zu Überraschungen; Kosten und Termine sind dann nicht mehr zu halten.

5.1.2.8 Technische Substanzerkundung

Untersuchung der vorhandenen Bausubstanz auf die Weiterverwertbarkeit mit Feststellen von Schäden z. B. an tragender Konstruktion.

5.1.2.9 Betriebsplanung

Diese Leistung erfordert allgemein den Einsatz von Sonderfachleuten, z. B. Lager-, Einrichtungs- und Produktionsplaner. Diese erstellen zunächst unabhängig von jeglicher Bauplanung ablaufbedingte Idealschemata:

- Analyse der betrieblichen Abläufe und Bedürfnisse im Hinblick auf Funktions- und Raumprogramm

5.1.2.10 Prüfen der Umwelterheblichkeit

Wenn auch der planende Architekt bei der Durchführung seiner Leistungen die übliche Sorgfalt walten lässt, d. h., mit den geplanten Bauwerken und Materialien die Umwelt nicht mehr als zulässig und notwendig zu belasten, sind bei Großprojekten die Prüfungen auf Umwelterheblichkeit und Umweltverträglichkeit gefordert:

- Untersuchung und Bewertung der Erheblichkeit der Auswirkungen des Bauvorhabens auf die Umwelt

5.1.2.11 Prüfen der Umweltverträglichkeit

Die Umweltverträglichkeit ist ein Maß für die direkten und indirekten Auswirkungen einer ursächlich durch den Menschen hervorgerufenen Veränderung der Umweltbedingungen auf Böden, Gewässer, Luft, Klima, Menschen, Tiere und Pflanzen.

Ergibt die Untersuchung auf Umwelterheblichkeit eine festgestellte Erheblichkeit, ist deren Auswirkung zu untersuchen:

- Weitere Prüfung aufgrund der festgestellten Erheblichkeit auf die Umwelt (UVPGVwV)

5.1.2.12 Machbarkeitsstudie

Um Risiken eines Projektes zu identifizieren oder Erfolgsaussichten abzuschätzen, ist eine Machbarkeitsstudie anzufertigen.

Die daraus abgeleitete Analyse ist Grundlage für die Entscheidung seitens des Auftraggebers, ob das Projekt weiter verfolgt werden soll. Die Studie sollte nachstehende Bereiche umfassen:

- Erarbeiten verschiedener Lösungen
- Analyse verschiedener Lösungsansätze
- Identifizieren der Risiken
- Abschätzen der Erfolgsaussichten mit Empfehlung eines der Lösungsansätze

- Abschätzen der einzusetzenden Auftraggeber-Ressourcen (Zeit, Personal, Finanzen)

  Machbarkeitsprüfung in Hinblick

  - auf organisatorische Umsetzung
  - auf wirtschaftliche und technische Machbarkeit hinsichtlich vorhandener Ressourcen und deren Verfügbarkeit
  - auf rechtliche und zeitliche Realisierbarkeit

5.1.2.13 Wirtschaftlichkeitsuntersuchung

Die Wirtschaftlichkeitsuntersuchung ist die abschließende Kosten-Nutzen-Analyse für die Realisierung des Projektes. Gem. § 7 Abs. 2 S. 1 Bundeshaushaltsordnung (BHO) sind die öffentlichen Körperschaften zur Durchführung der Wirtschaftlichkeitsuntersuchung vor einer Finanzausgabe verpflichtet.

Es handelt sich um eine eigenständige Untersuchung der wirtschaftlichen Ergebnisse in Ergänzung zur Machbarkeitsstudie.

Sinnvollerweise basiert die Wirtschaftlichkeitsuntersuchung auf dem Kostenrahmen (LPH 1), der auf Grundlage der Bauelemente ermittelt wurde, da diese Ergebnisse zutreffender sind als bei einer Kostenermittlung nach Kennzahlen.

5.1.2.14 Projektstrukturplanung

Die Erstellung eines Projektstrukturplans (PSP oder englisch WBS für work breakdown structure) mit der Gliederung des Projektes in planbare und kontrollierbare Elemente ist für die Projektleitung Grundlage für die Termin- und Ablaufplanung sowie für die Ressourcen- und Kostenplanung.

5.1.2.15 Zusammenstellen der Anforderungen aus Zertifizierungssystemen

Zertifizierungssysteme wie BREEAM, LEED oder DGNB zielen darauf ab, Nachhaltigkeit in der Architektur transparent und vergleichbar zu machen.

- transparente Aufstellung der Unterschiede der Zertifizierungssysteme

5.1.2.16 Verfahrensbetreuung, Mitwirken bei der Vergabe von Planungs- und Gutachterleistungen

Die Erfüllung der Leistung Verfahrensbetreuung und Mitwirken bei der Auftragsvergabe an Dritte setzt voraus, dass dem Verfahrensbetreuer die erforderlichen Unterlagen aus der Projektentwicklung zur Verfügung stehen oder die in LM.VM (Leistungs- und Vergütungsmodell) der Projektentwicklung (PE) beschriebenen Inhalte ggf. gesondert beauftragt werden.

5.2 LPH 2 Vorplanung (Projekt- und Planungsvorbereitung)

5.2.1 Grundleistungen

5.2.1.1 Analysieren der Grundlagen, Abstimmen der Leistungen mit den fachlich an der Planung Beteiligten

Zur Erfüllung der hier geforderten Leistungen ist es notwendig, die bei der Grundlagenermittlung LPH 1 erarbeitete allgemeine Verständniserklärung zu den Projektmerkmalen und -zielen zu analysieren, ggf. zu korrigieren, zu ergänzen und aufzubereiten.

Wenn dabei seitens des Auftraggebers in Erwägung gezogen wird, die Bauleistungen an einen GU/GÜ zu übertragen, ist durch den Architekten die erforderliche Beratung des Auftraggebers zu Vor- und Nachteilen dieser Art der Unternehmenseinsatzform durchzuführen. Denn es ist für den weiteren Planungsablauf wesentlich, welche Art des Bauvertrags Grundlage der Ausführung werden soll.

Das „Abstimmen der Leistungen mit den fachlich an der Planung Beteiligten" ist eine Erweiterung der bisherigen Verpflichtung des Architekten, nicht nur vorhandene Beiträge der fachlich Beteiligten in die Analyse einzubeziehen. Jetzt wird für die Analyse der Grundlagen vom Architekten ein engagiertes Handeln gefordert, zusätzlich neue Beiträge der fachlich Beteiligten zu erhalten, diese abzustimmen und zu koordinieren, bevor diese integriert werden (beachte hierzu Abschn. 5.2.1.5 Bereitstellen der Arbeitsergebnisse).

5.2.1.2 Abstimmen der Zielvorstellungen, Hinweisen auf Zielkonflikte

Hinweise auf Zielkonflikte können dann erarbeitet werden, wenn die Zielvorstellungen der Beteiligten bekannt sind. Neben den möglicherweise unterschiedlichen Zielen von Auftraggeber, Nutzer, Baubehörde oder Nachbar sind es auch die Anforderungen an die Qualität im Verhältnis zum Kostenbudget.

Beachte hierzu auch in Abschnitt 5.2.2.1 unter Besondere Leistungen dieser LPH: Aufstellen eines Katalogs für die Planung und Abwicklung der Programmziele.

5.2.1.3 Erarbeiten der Vorplanung, Untersuchen, Darstellen und Bewerten von Varianten nach gleichen Anforderungen, Zeichnungen im Maßstab nach Art und Größe des Objekts

Die Erarbeitung des Planungskonzeptes beinhaltet die zeichnerische Darstellung aller wichtigen Grundrisse, Schnitte und Ansichten mit den wesentlichen Merkmalen (z. B. Fluchtwege, Gebäudekerne, natürliche Belichtungs- und Belüftungsflächen, technische Zentralen, Schächte) sowie die Einbindung in die Grundstückssituation (Lageplan mit Lage zu Himmelsrichtungen, zur Nachbarbebauung, zu Grenzabständen etc.).

Bei der Erarbeitung des Planungskonzeptes gehören ebenfalls Untersuchungen und Darstellungen von „Varianten nach gleichen Anforderungen" dazu, damit dem Auftraggeber Gelegenheit geboten wird, verschiedene Lösungen zu seiner Aufgabenstellung zu wichten und die von ihm bevorzugte Variante abschließend festzulegen. Beachte: Sollen die Varianten verschiedene Anforderungen berücksichtigen, handelt es sich um eine Besondere Leistung, welche zu honorieren ist.

Die Darstellung des Planungskonzeptes (i. d. R. im Maßstab 1:200 bis 1:20 bei Umbauten) verlangt, dass alle Pläne und sonstigen kostenrelevanten Angaben vom Architekten so umfassend auszuarbeiten sind, dass eine Mengen- und Massenermittlung aufgestellt, der Qualitätsstandard eindeutig bestimmt ist sowie das entsprechende Budget festgelegt werden kann.

Ziel ist, dem Auftraggeber eine den Anforderungen entsprechende gestalterische, funktionelle und wirtschaftliche Lösung vorzustellen.

5.2.1.4 Klären und Erläutern der wesentlichen Zusammenhänge, Vorgaben und Bedingungen

Der Architekt und die anderen an der Planung fachlich Beteiligten müssen ihre Ausarbeitungen nach in sich abgeschlossenen Teilabschnitten dem Auftraggeber vorstellen. Die schriftliche Beschreibung (Erläuterungsbericht) des Architekten für die Projektbeschreibung muss dabei die Kriterien und Leitgedanken benennen.

Die stufenweise Erarbeitung einer zeichnerischen Lösung – insbesondere mit der Koordination und Integration der Beiträge der fachlich Beteiligten – unter Berücksichtigung der städtebaulichen, gestalterischen, funktionalen, technischen, wirtschaftlichen, ökologischen, sozialen, öffentlich-rechtlichen Belange ist primäre Aufgabe des Architekten.

Folgende Kriterien und Leitgedanken sind gemäß Leistungsbilder HOAI LPH 2 u. a. unabdingbar:

1. **Städtebauliche Belange**

- Anschluss bzw. Beziehung des Bauprojektes zur unmittelbaren Nachbarbebauung
- evtl. Denkmalschutzaspekte
- Lage des Objektes zur öffentlichen und ggf. privaten Verkehrserschließung
- Auflagen aus Bebauungsplan u. a. m.

2. **Gestalterische Belange**

- Begründung der gewählten Baukörpergröße und Baukörpergliederung
- formale gestalterische Aspekte
- Auflagen aus Bebauungsplan, z. B. Gebäude- und Traufhöhen, Grenzabstände
- wesentliche Materialien, Fassadenanforderung und -gestaltung u. a. m.

3. **Funktionale Belange**

- Integration des Raum- und Funktionsprogramms
- Berücksichtigung der Konstruktion und gebrauchstechnischen Forderungen
- Interne und externe Erschließung für Personen- und Fahrverkehr, Parkplätze, Flucht- und Rettungswege (Feuerwehr)
- Erweiterungsmöglichkeiten, Erweiterung und flexible bzw. nicht flexible Grundrissnutzung u. a. m.

4. **Technische Belange**

- Baukonstruktion
- Maßnahmen der Gebäudeerstellung mit Bezug auf Grundstücks- und Verkehrslage
- Anschlüsse der gebäudetechnischen Ver- und Entsorgung
- Fassadenbeschattung und -reinigung
- evtl. erwähnenswerte Ergebnisse des Boden- und Gründungsgutachtens o. Ä.
- Darstellung des ermittelten Energiebedarfs (aller Medien), der Energieerzeugung bzw. -übernahme (Blockheizwerk, Fernwärme und -kälte, Eigenerzeugung), der technischen Energie-Versorgung und Entsorgung (Standorte der Energiezentralen, Verlauf der Rohr- und Kabeltrassen, Schächte) u. a. m.

5. **Wirtschaftliche Belange**

- Einhaltung der Forderungen aus Raum- und Flächenprogramm bei Berücksichtigung der Arbeitsstättenrichtlinien
- Darstellung der Prozentverhältnisse von BGF, NGF, HNF, KF
- Ausnutzung von Synergie-Effekten jeglicher Art
- Belegungsnutzung nicht natürlich belichteter Flächen
- optimierte Gebäudekerne, Nachrüstbarkeit der Installation (Installationshohlraumböden), demontable Trennwände u. a. m.

6. **Ökologische Belange**

- Landschaftsökologie, Belastung und Empfindlichkeit der betroffenen Systeme
- bei innerstädtischer Bebauung Beibehaltung bzw. Nutzung von Grünflächen und Baumbewuchs
- Hinweis auf die Möglichkeiten der Energieeinsparung, reduzierte CO_2-Werte
- Versickerung von Dachflächen und Wege-Entwässerungen in Rigolen o. Ä. (ggf. Fördermittel)
- Berücksichtigung evtl. Frischluftschneisen, Schattenwurf, reduzierter, temporärer Grundwasserabsenkung bei der Gründung, Grünflächenausgleichsplanung u. a. m.

7. **Bauphysikalische Belange**

- Hinweis auf Forderungen und Einhaltung der geltenden gesetzlichen Verordnungen von Wärme- sowie Schall- und Feuchtschutz
- Darlegung des Ergebnisstandes zum bauphysikalischen Gutachten
- Erwähnung evtl. Besonderheiten u. a. m.

8. Energiewirtschaftliche Belange

- Grundsätzliche Reduzierung des Energiebedarfs durch optimalen Wärme- und Kälteschutz in Konstruktion, Fassade und Dach
- Reduzierung der mechanischen Kühlung und Lüftung durch optimale Gebäudeausrichtung (Himmelsrichtung) bzw. durch Speicherfähigkeit der Konstruktion (z. B. keine abgehängten Decken)
- Rückgewinnung und Wiedereinsatz von Energie (Prozesswärme und -kälte, Prozess- und Regenwasser)
- Verwendung von erneuerbarer Energie (Solarthermie, PV, Windkraft, Wärmepumpen)
- Nennung der errechneten Energieverbrauchswerte und -kosten im Vergleich zu anderen Objektbeispielen

9. Soziale Belange

Immer mehr Arbeitnehmer wollen in Unternehmen arbeiten, die ökologisch und sozial verantwortlich produzieren und handeln (siehe auch soziale Kompetenz des Auftraggebers, Work-Life-Balance, oberste Priorität: Vereinbarkeit von Familie und Beruf).

Denn neben der fachlichen Kompetenz sind auch die Unternehmensphilosophie und die Prinzipien der Unternehmensführung herauszuarbeiten und aufzuzeigen, dass

- die Bedürfnisse der Mitarbeiter bekannt sind und diese ernst genommen werden
- die Arbeitsbedingungen mit den Arbeitskollegen gemeinsam weiterentwickelt werden
- klar gesagt wird, worauf der Auftraggeber Wert legt und gleichzeitig aufzeigen, was den MA erwartet.

10. Öffentlich-rechtliche Belange

Das öffentliche Baurecht ist ein Teilgebiet des besonderen Verwaltungsrechts.

- Es regelt die Zulässigkeit, Grenzen, Ordnung und Förderung der baulichen Nutzung des Bodens.
- Es besteht aus dem Bauplanungsrecht und dem Bauordnungsrecht.
- Das *Bauplanungsrecht* regelt die rechtliche Qualität des Bodens sowie dessen Nutzbarkeit und wird durch den Bund vorgegeben. Bedeutende Rechtsquellen des Bauplanungsrechts sind
  - das Baugesetzbuch (BauGB),
  - die Baunutzungsverordnung (BauNVO),
  - die Immobilienwertermittlungsverordnung und
  - die Planzeichenverordnung.
- Das *Bauordnungsrecht* befasst sich mit den technischen Anforderungen an bauliche Anlagen und den Gefahren, die von diesen ausgehen. Es wird von den Ländern bestimmt. Das Bauordnungsrecht wird im Wesentlichen geregelt
  - durch die Landesbauordnungen,
  - zahlreiche Satzungen und Verordnungen der Gemeinden,
  - auf Grundlage des BauGB und der Landesbauordnungen.

Der Vollzug des öffentlichen Baurechts, etwa durch Erteilung von Baugenehmigungen sowie durch Einschreiten bei Verstößen gegen das öffentliche Baurecht, erfolgt durch die Bauaufsichtsbehörden.

Zur Vervollständigung: In Abgrenzung dazu regelt das private Baurecht

- den Interessenausgleich privater Grundstückseigentümer und
- es umfasst auch das Bauvertragsrecht.

5.2.1.5 Bereitstellen der Arbeitsergebnisse als Grundlage für die anderen an der Planung fachlich Beteiligten sowie Koordination und Integration von deren Leistungen

Aufgabe des Architekten ist es an dieser Stelle, seine eigene Vorplanung als Grundlage den fachlich Beteiligten zur Verfügung zu stellen. Dann hat er die Leistungen der Fachplaner und auch die wesentlichen Angaben von Sonderfachleuten zu koordinieren und in die eigene Planung zu integrieren.

Dabei obliegt dem Architekten die Pflicht, diese Angaben auf Plausibilität im Hinblick auf die Projektziele zu überprüfen. Des Weiteren bedeutet Integrieren nicht nur die Aufnahme der Angaben in die Zeichnungen (Schachtquerschnitte, Dimensionen der Zentralen etc.) des Architekten, sondern auch die jeweils zugeordnete fachliche Erläuterung dieser Angaben in den entsprechenden Erläuterungsberichten.

Damit ein geordnetes Miteinander bei den Vorplanern entstehen kann, ist ein Terminplan „Planung der Planungszeiten" vom Architekten aufzustellen, mit den fachlich Beteiligten abzustimmen und dem Auftraggeber zur Zustimmung vorzulegen.

5.2.1.6 Koordinieren und Integrieren bedingen einander

Damit aber der Architekt seinen eigenen Planungsfortschritt in zeitlichem Hinblick koordinieren kann, muss er wissen, zu welchem Zeitpunkt er die Leistungen der anderen an der Planung fachlich Beteiligten integrieren muss.

Den zeitlichen Aspekt einzuplanen ist die Integrationsaufgabe des Architekten. Er hat darüber hinaus zu bedenken, dass die Bauzeitenplanung wie auch die Festlegung der Planungszeit unter Berücksichtigung realistischer Zeitvorgaben zu erfolgen haben. Von optimalen, im realen Geschehen kaum einzuhaltenden Abläufen darf nicht ausgegangen werden. Bei Missachtung dieser Grundsätze kann ein Verschulden des Architekten vorliegen.

Die zeitliche Dimension darf nicht darüber hinwegtäuschen, dass die fünfte Grundleistung, die in der LPH 2 mit „sowie Koordination und Integration von deren Leistungen" überschrieben ist, auch eine maßgebliche qualitative Komponente enthält. Der Architekt muss die Fachplanung in einem ersten Schritt in gewissem Umfang prüfen und in der zweiten Stufe integrieren. Den Architekten trifft keine Prüfungspflicht im fachtechnischen Detail.

Folgende Bewertungsfragen sind hier zu stellen:

- Geht die Fachplanung von den richtigen, d. h. maßgeblichen Ausgangsplänen aus?
- Enthält die Fachplanung offensichtliche, ins Auge springende Fehler?
- Enthält die Fachplanung Aspekte, die im Rahmen der Integrierung Planungsänderungen bedingen?
- Enthält die Fachplanung bloße Annahmen - und muss deshalb im Rahmen der Objektverwirklichung die Bauwirklichkeit mit dieser Annahme verglichen werden?
- Hinweis: Diese Situation kann aber auch im Bereich „Planen und Bauen im Bestand" vorkommen, wenn die vorhandene Substanz so genau noch nicht bekannt ist und deshalb Fachplanungskonzepte z. B. mit Ergebnissen von Laboruntersuchungen verglichen werden müssen.
- Wenn die Fachplanung in ihren Aussagen von der Verwendung ganz bestimmter Materialien und deren Einsatz bestimmt wird, nötigt dann jede Stoffveränderung zur Wiederholung der Fachplanungsleistung?

  Hinweis: Dieser Aspekt ist bedeutsam vor allem im Bereich Wärme- und Schallschutz.

Der Fachplaner verantwortet grundsätzlich nur seinen eigenen fachspezifischen Bereich. Die Verknüpfung der Fachplanung mit den Schnittstellen ist eine wesentliche Aufgabe des Architekten innerhalb der von ihm geforderten Integration.

Zwei Beispiele mögen dies verdeutlichen:

Beispiel A:

Schlägt der Fachplaner eine Änderung in der Planung vor, weil dies z. B. für die Tragwerksplanung oder die Planung der Sanitärinstallation günstiger ist, trägt der Architekt die Verantwortung dafür, dass bei Änderung die sonst weiter geltenden Anforderungskriterien eingehalten werden.

Wenn also Lasten durch Unterzüge oder Säulen etc. abgefangen werden sollen, dadurch aber die Anforderungen der Garagenverordnung hinsichtlich der Fahrgassen in Tiefgaragen nicht mehr eingehalten werden, braucht der Tragwerksplaner diesen Zusammenhang nicht zu beachten; die allgemeinen Gebrauchstauglichkeitsanforderungen hat der Architekt einzuhalten.

Beispiel B:

Der Fachplaner befasst sich mit Schnittstellen und Problemen der allgemeinen Gebrauchstauglichkeit, also z. B. damit, wie die Fassade mit der Kragplatte zu verbinden ist. Damit wird die allgemeine Gebrauchstauglichkeit zum einen auch vom Fachplaner zu verantwortenden Teil seiner Leistung.

Fazit:

Die Schnittstellen und die Fragen der allgemeinen Gebrauchstauglichkeit lassen sich nur unter Einsatz detaillierten fachspezifischen Wissens bewältigen. Aber auch dann, wenn die Auswirkungen der Fachplanung auf die allgemeine Gebrauchstauglichkeit fachspezifisches Wissen im Detail voraussetzen, muss erwartet werden, dass der Fachplaner über die Planung hinaus dem Architekten entsprechende Hinweise zukommen lässt. Damit erfolgt eine Erweiterung der Einstandspflicht und Verantwortlichkeit (siehe Schnittstellenliste), denn anzunehmen, dass sich der Architekt etwa bei einer weit gespannten Betonrippendecke darauf verlassen dürfe, vom Tragwerksplaner auf Verformungen mit Folgen für die weitere Ausführung aufmerksam gemacht zu werden – das verneint das OLG Hamm: kein Pflichtenverstoß des Tragwerkplaners, wenn es dieser unterlässt, darauf hinzuweisen, dass die sich durchbiegenden Decken Auswirkungen auf die Brauchbarkeit leichter Trennwände haben.

Die Integrationsaufgabe erweist sich als äußerst komplex und vielfältig. Sie ist kein einseitiger Vorgang, sondern setzt voraus, dass zwischen Objekt- und Fachplaner ein umfassender, wechselseitiger Informationsfluss stattfindet, in welchem der Fachplaner für seine Aufgabenbewältigung erforderliche Daten erfragt, der Architekt seinerseits diese Informationen aber auch liefern muss. Dessen Informations- und Integrationsaufgabe, der auf der anderen Seite die Aufgabe des Fachplaners entspricht, kann nur gelingen, wenn die maßgeblichen Systemgesichtspunkte angesprochen und ausdiskutiert werden.

5.2.1.7 Vorverhandlungen über die Genehmigungsfähigkeit

Ziel ist, die grundsätzliche dauerhafte Genehmigungsfähigkeit der Entwurfsplanungen des Architekten, der Freianlagenplanung und der TGA-Installationsplanung festzustellen. Hierzu sind Gespräche mit den entsprechenden Behörden und u.a. den Nachbarn zu führen.

Im Interesse einer zügigen behördlichen Prüfung ist es notwendig, vorab die Prüfungswege und die jeweilige Zuständigkeit innerhalb der Behörde zu erkunden und ggf. Mehrfachausfertigungen zu erstellen, damit – unmittelbar nach Einreichung – vom verantwortlichen Sachbearbeiter die Unterlagenverteilung zwecks paralleler Prüfung bei den zuständigen Dienststellen vorgenommen werden kann.

Des Weiteren sind in Ergänzung zu den Vorgesprächen mit der Genehmigungsbehörde in den LPH 2 und 3 weitere Gespräche vor Einreichen der Vorlagen zu empfehlen, um spezielle Anforderungen, Nachweise oder Formulierungen etc. zu erkunden, damit nach dem Einreichen der Vorlagen eine Mitteilung der Behörde nicht ergeht, dass die Vorlagen unvollständig sind (Nachforderung der Behörde).

Ein gewichtiger Grund spricht dafür: Mitteilungen hinsichtlich der Unvollständigkeit der Vorlagen unterbrechen die dreimonatige Bearbeitungszeit. Dies kann eben nur vermieden werden, wenn die Behörde frühzeitig in den Entwurf und die Genehmigungsvorlagen einbezogen wird.

Vorverhandlungen mit den zuständigen Behörden

Der Architekt schuldet dem Auftraggeber grundsätzlich die dauerhafte Genehmigungsfähigkeit seiner Planung bei Einhaltung der Auflagen aus dem Bebauungsplan, der Vorschriften aus der geltenden Landesbauordnung und sonstiger Vorschriften der im späteren Genehmigungsprozess eingebundenen Ämter und Institutionen.

Besonderheiten aus der Aufgabenstellung des Auftraggebers, z.B. Eingriffe in bestehende, denkmalgeschützte Bausubstanz, Grundstückszuwegung, Veränderung bei Grenzabständen, Geräusch- und Abluftemissionen, Abweichung bei der baulichen Nutzung des Grundstückes (GFZ/GRZ) bedingen zusätzliche Klärungen und Genehmigungen.

Zweckmäßigerweise kann daher die prinzipielle Sicherstellung der Genehmigungsfähigkeit bereits im frühestmöglichen Planungsstadium durch eine sogenannte schriftliche Bauvoranfrage, späterhin durch den Bauantrag (LPH 4) erfolgen.

Sofern keine Sonderdezernate (z. B. für Nuklear- bzw. Atomenergie, Luftfahrt, Schifffahrt) zu befragen sind, beschränkt sich die Kontaktaufnahme in der Regel auf folgende Behörden:

- Bauordnungsamt und angeschlossene Dienststellen
- Denkmalschutzamt
- Umweltamt und Naturschutz
- Energieversorgungsunternehmen
- Feuerwehr, Brandschutzsachverständiger
- Berufsgenossenschaft, Amt für Arbeitsschutz
- Untere Wasserbehörde

Mit Abschluss der Vorplanung muss der planende Architekt den Auftraggeber über die Genehmigungsfähigkeit, etwaige Einschränkungen, mögliche Auflagen und Genehmigungsaussichten für Dispensanträge informieren.

Vorverhandlungen mit den anderen an der Planung fachlich Beteiligten

Die Festlegungen hinsichtlich der Abmessungen der baukonstruktiven Bauelemente (Schächte, Installationshöhen, Grundleitungen, Raumabmessungen zur Belichtung und Beleuchtung, mechanische Unterstützung durch Lüftungsinstallationen, Entrauchungen etc.) und der notwendigen Dimensionen der zentralen Räume, aber auch Transportwege, Montageöffnungen, Installationsstraßen usw. sind relevant für die spätere Genehmigungsfähigkeit.

Spätestens zum Abschluss der Vorplanung ist z. B. aufgrund entsprechender Ausarbeitungen durch den Auftraggeber zu entscheiden, ob für das Gebäude und dessen Umgebung ein „Windkanalversuch" durchgeführt werden soll, damit die Zu- und Abluftöffnungen an der richtigen Stelle festgelegt werden, aber auch, um bei außenliegendem Sonnenschutz Sicherheit für die Windbelastung und die Beschattung von Fassadenseiten zu erhalten. Weitere Ergebnisse aufgrund der Situierung des Projektes innerhalb eines bebauten Gebietes sind relevant für die Änderung der Wind- und Sonnenverhältnisse für die angrenzenden Bebauungen.

Vorverhandlungen mit Freianlagen- bzw. Außenanlagenplanern

Abzustimmen sind die öffentlich-rechtlichen, aber auch die nachbarschaftlichen Auflagen und Bestimmungen. Dabei sind u. a. die gestalterischen und funktionalen Konzepte zur Geländebearbeitung/-gestaltung (z. B. Modulation) zu erläutern, ebenso die Anlage von Straßen, Wegen, Plätzen, Parkflächen, Vegetationsbereichen, Biotopen, Einfassungsmaßnahmen usw.

Oftmals stehen diese Erläuterungen dabei in Verbindung mit notwendigen Sicherungs- und Überwachungsvorkehrungen (Einbruch, Diebstahl, Personen-, Anlagensicherheit).

Weiterhin sind an dieser Stelle Angaben zu machen über mögliche bauliche und technische Einbauten sowie über die technische Ver- und Entsorgung und einen evtl. erforderlichen Grünflächenausgleichplan. Bei vorhandenem Altbewuchs (Bäumen) sind evtl. geforderter Schutz bzw. Rodung und Ersatzbepflanzung zu erläutern.

5.2.1.8 Kostenschätzung nach DIN 276:2018, Vergleich mit den finanziellen Rahmenbedingungen

Mit der Fertigstellung der Vorplanung ist vom Architekten eine mit allen fachlich Beteiligten abgestimmte Kostenschätzung gem. DIN 276:2018 mit dem Erläuterungsbericht und den Qualitätsfestlegungen dem Auftraggeber vorzulegen.

Der Vergleich mit den finanziellen Rahmenbedingungen (Kostenrahmen nach DIN 276:2018) aus der LPH 1 Grundlagenermittlung wird zu stark differierenden Werten führen, wenn der Kostenrahmen nur mit Kennwerten ermittelt wurde. Ist der Kostenrahmen dagegen mit Bauelementen (2. Ebene KG) ermittelt worden, wird es zur Kostenschätzung keine „Überraschungen" geben; bei unveränderten Projektzielen.

5.2.1.9 Erstellen eines Terminplans mit den wesentlichen Vorgängen des Planungs- und Bauablaufs

Der Ablaufterminplan (Ecktermine) aus der LPH 1 diente der generellen Projektplanung. Er umfasste relativ wenige, aber übergeordnete Vorgänge, ist Teil der Grundlagenermittlung und war parallel zur kaufmännischen, technischen, juristischen und ökologischen Projektdefinition erstellt worden.

Die Zusammenfassung im Generalterminplan beinhaltet dezidierter die Planungs- und Bauzeiten und berücksichtigt des Weiteren die erforderlichen Organisationsabläufe und Entscheidungsschritte.

5.2.1.10 Zusammenfassen, Erläutern und Dokumentieren der Ergebnisse

Die ermittelten Ergebnisse der LPH 1, zusammengefasst im Projekt-Zielkatalog, sind fortzuschreiben zu einem detaillierten Erläuterungsbericht.

Der Erläuterungsbericht stellt die schriftliche Ergänzung der Zeichnungen durch Worte dar. Er soll Ausführungen zur Konstruktion, zu Baustoffen, zur technischen Ausrüstung, zum Baubetrieb und zur Art des Bauvertrags und evtl. Gestaltungsdetails enthalten.

Einige Erläuterungsbereiche werden sich zeichnerisch abwickeln lassen (städtebauliche, gestalterische und funktionale Elemente, Nutzung, Abmessungen etc.). Im Bereich der Technik, der bauphysikalischen, wirtschaftlichen, energiewirtschaftlichen und landschaftsökologischen Zusammenhänge und Bedingungen aber wird bei objektspezifischem Bedarf nur eine in Worte gekleidete Erläuterung möglich sowie auch für den Auftraggeber als Informationsempfänger am wertvollsten (weil: verständlich und offen für Nachfragen / Klärungen) sein.

Der Erläuterungsbericht soll die wirtschaftlichen Zusammenhänge mit Hinweisen (z. B. auf Nutzungs- und Unterhaltungskosten) sowie mögliche Alternativen herausstellen. Der Architekt ist gehalten, eine möglichst wirtschaftliche und kostengünstige Lösung zu erzielen. Dabei geht es um sämtliche Baukosten, die über die Kostenermittlungsverfahren erfasst werden, wie auch um die Folgekosten. Das Gebot, eine wirtschaftliche Lösung zu erzielen, schließt die Berücksichtigung der auf den Auftraggeber zukommenden Betreiberkosten ein.

Mit Blick auf die Erstellung der Kostenschätzung ist es wichtig, den Erläuterungsbericht mit Qualitätsfestlegungen ebenfalls nach KG zu gliedern.

Die Zusammenstellung der Ergebnisse der Vorplanung ist vom Architekten zu koordinieren. Sie besteht im Wesentlichen aus:

- Fortschreiben des Projekt-Zielkataloges – der Erläuterungsbericht
- Erfassung in Listen aller wesentlichen Ergebnisse einschl. Benennung vorgelegter alternativer Lösungsvorschläge
- Kostenschätzung gem. DIN 276
- Rahmenterminplan
- Vorabzug der Planliste (Pläne aller fachlich Beteiligten)
- Übergabe vorliegender Gutachten und Vorgutachten zu den Bereichen Bodenbeschaffenheit und Gründungsvorschläge, Bauphysik (Schallschutz, Feuchtschutz, Wärmeschutz u. a. Kriterien), Fassadenkonstruktion u. a. m.

Die vorstehende Form der Dokumentation verschafft dem Auftraggeber, dem Architekten und allen anderen fachlich Beteiligten den Vorteil einer eindeutigen Beweislage zur möglichen späteren Leistungsüberprüfung durch Dritte. Insbesondere dient sie zugleich als Nachweis für zusätzliche Leistungen aller fachlich Beteiligten bei anschließenden Änderungsforderungen des Auftraggebers.

5.2.2 Besondere Leistungen

5.2.2.1 Aufstellen eines Katalogs für die Planung und Abwicklung der Programmziele

Anhand eines Kataloges lassen sich bei der Erarbeitung der Projektziele die Zielkonflikte – übergeordnete und abstrakte – erkennen und bewerten. Er ist die Ergänzung zu der Grundleistung Abstimmen der Zielvorstellungen, Hinweisen auf Zielkonflikte (siehe Abschn. 5.2.1.2).

5.2.2.2 Untersuchen alternativer Lösungsansätze nach verschiedenen Anforderungen einschließlich Kostenbewertung

Die Leistungsdefinition „nach verschiedenen Anforderungen" ist von Varianten und Alternativen der grundsätzlich gleichen Anforderung abzugrenzen.

Eine grundsätzlich verschiedene Anforderung bedeutet nicht die Darstellung von Varianten (z. B. für eine Fenstergröße) oder eine alternative Ausführung (z. B. ein Hohlraumboden, Doppelboden), sondern geht wesentlich darüber hinaus: zum Beispiel Zellenbüro gegenüber Großraumbüro, Flachbauten gegenüber einem hohen Haus, klimatisiert gegenüber nicht klimatisiert; und dies ergänzt durch entsprechende Kostenbewertungen.

5.2.2.3 Beachten der Anforderungen des vereinbarten Zertifizierungssystems

Auf Basis der transparenten Aufstellung der Unterschiede der Zertifizierungssysteme „LPH 1 Anforderungen aus Zertifizierungssystemen" muss der Auftraggeber sich in dieser LPH für eines der Zertifizierungssysteme entscheiden und dieses beauftragen.

Die Detail-Vorstellung des Zertifizierungssystems erfolgt dann i. d. R. durch einen Auditor, der den Auftraggeber und die fachlich Beteiligten bis zur Zertifizierung begleitet.

5.2.2.4 Durchführen des Zertifizierungssystems

Die Anforderungs-Kriterien der Steckbriefe (z.B. der Deutschen Gesellschaft für Nachhaltiges Bauen DGNB) für die Zertifizierung liegen den Beteiligten vor und bereits in der LPH 2 ist es unabdingbar, dass der Auditor mit allen fachlich Beteiligten alle Anforderungen der Kriterien der Zertifizierung „abarbeitet". Da je nach Anforderung des Kriteriums dieses die Festlegungen in dem Projekt-Zielkatalog berührt, sind alle Abweichungen aufzulisten und dem Auftraggeber zur Entscheidung vorzulegen.

Bestimmte Kriterien erfordern eine bestimmte Güte von Baumaterialien. Hinsichtlich der zur Ausführung vorgesehenen Materialien ist es oft erforderlich, zusätzlich einen Sonderberater in ökologischen Fragen zu beteiligen.

5.2.2.5 Ergänzen der Vorplanungsunterlagen auf Grund besonderer Anforderungen

Leistungen hierfür können erst gefordert werden, wenn die Vorplanung abgeschlossen ist. Es müssen Anforderungen bzw. Vorstellungen sein, welche zu Beginn der Vorplanung noch nicht bekannt waren.

Beispielsweise sind, nach Vorliegen aller Planungen, Kosten etc., die Fragen

- eines veränderten Raumbedarfs
- nach veränderten Ausstattungsmerkmalen
- nach der verschiedenen Unternehmereinsatzform
- der Art der Leistungsbeschreibung
- nach der Möglichkeit technisch machbarer und wirtschaftlicher Lösungen
- einer weitergehenden Bearbeitung aufgrund besonderer Auflagen aus baurechtlichen oder umweltschutzrechtlichen Gründen oder
- Anforderungen aus wirtschaftlichen oder finanziellen Gründen

im Hinblick auf die erfolgten Festlegungen ergänzend zu bearbeiten.

5.2.2.6 Aufstellen eines Finanzierungsplanes

Diese Zusatzleistung dient dem Auftraggeber für die fristgerechte Beschaffung der Geldmittel und basiert auf dem Terminplan aus Grundleistung h) und der Kostenschätzung.

Es wird auf die besondere haftungsrechtliche Situation hingewiesen, da „Kosten" i. d. R. nicht in der BHV eingeschlossen sind.

5.2.2.7 Mitwirken bei der Kredit- und Fördermittelbeschaffung

Sofern es sich nur um das Ausfüllen weniger Teile eines Formulars und um allgemeine Auskünfte in Form gemeinsamer Informationsgespräche (z. B. Bank) handelt, liegt eine Zusatzleistung über den Rahmen der Grundleistungen hinaus nicht vor.

Hingegen sind für die Fördermittelbeschaffung die finanziellen Aufwendungen anhand der Kostenschätzung zu ermitteln, was einen tatsächlichen zusätzlichen Aufwand begründet.

In jedem Fall sind etwaige Verpflichtungserwartungen oder Bürgschaftserklärungen durch den Architekten auszuschließen.

5.2.2.8 Durchführen von Wirtschaftlichkeitsuntersuchungen

Auf Basis der Wirtschaftlichkeitsuntersuchung aus der LPH 1 ist diese Zusatzleistung „Durchführen einer Bauwerks- und Betriebskosten- bzw. Nutzenanalyse" nur in Zusammenarbeit mit den Sonderfachleuten für die gebäudetechnischen Anlagen und den Betriebswirten bzw. Finanzexperten zu erbringen.

Basis der Untersuchung ist die Kostenschätzung.

Aussagefähige Daten ergeben sich nach Auswertung bzw. einer Hochrechnung der zu erwartenden Betriebskosten, Kosten der Unterhaltung, Instandsetzung und Reinigung des Objektes in Verbindung mit den Kostenwerten für Steuern, Abgaben, Baunutzungskosten nach DIN 18960, den Ertragswertermittlungen aus Vermietung, Verpachtung und sonstiger Vergleichsberechnungen sowie Spezialkenntnissen des Kapitalmarktes und des Finanzrechtes (Abschreibungsmöglichkeiten).

5.2.2.9 Durchführen der Voranfrage (Bauanfrage)

Grundsätzlich hat der Architekt die Pflicht, wenn es erkennbare Unstimmigkeiten mit den baurechtlichen Anforderungen o. Ä. gibt, darauf hinzuweisen, dass eine Bau-Voranfrage zweckmäßig ist, um ggf. kosten- und zeitintensive Maßnahmen (weitere Planungsarbeiten, Verträge mit Sonderfachleuten, Mietvorverträge etc.) – sowie eine „Schubladenplanung" – zu vermeiden.

5.2.2.10 Anfertigen von besonderen Präsentationshilfen, die für die Klärung im Vorentwurfsprozess nicht notwendig sind

Besondere Präsentationshilfen sind:

- Präsentationsmodelle
- perspektivische Darstellungen
- bewegte Darstellung/Animation
- Farb- und Materialcollagen
- digitales Geländemodell

5.2.2.11 3D oder 4D Gebäudemodellbearbeitung (BIM)

Das BIM (Building Information Modeling) ist eine Darstellungsmethode der optimierten Planung, Ausführung und Bewirtschaftung von Objekten mithilfe von Softwareprogrammen. Es wird unterschieden in bis zu 5 Ebenen:

- geometrisch visualisiert 3D BIM
- zusätzliche zeit- und terminbezogene Aspekte 4D BIM und
- zusätzliche Erweiterung um die Kosten als 5D BIM

5.2.2.12 Aufstellen einer vertieften Kostenschätzung nach Positionen einzelner Gewerke

Die vertiefende Kostenschätzung basiert auf der Ermittlung der Herstellkosten nach Bauelementen (2. Ebene der Kostengliederung) oder auf der Ebene von Leitpositionen (3. Ebene der Kostengliederung) im Gegensatz zur „HOAI-Grundleistung" (Gesamtkosten bis zur 1. Ebene der Kostengliederung).

Im Sinne weiterer ruhig ablaufender und zielorientierter Planungsphasen ist vom Architekten zu prüfen, inwieweit – unabhängig vom Anspruch auf eine Besondere Leistung – es nicht doch projektfördernd ist, diese vertiefende Kostenschätzung seinen Kostenermittlungen, beginnend bereits mit dem Kostenrahmen in der LPH 1, zugrunde zu legen.

5.2.2.13 Fortschreiben des Projektstrukturplanes

Der Projektstrukturplan (PSP) aus der LPH 1 ist die Grundlage für die Termin- und Ablaufplanung, die Ressourceneinplanung und die Kostenplanung. Ausgehend von den Ergebnissen der Vorplanung LPH 2 ist der PSP fortzuschreiben.

5.2.2.14 Aufstellen von Raumbüchern

Bereits in der LPH 1 werden aufgrund der Entscheidung zur Art der Vergabe der Bauleistung (eGewerke oder Funktionale Leistungsbeschreibung) die Erfordernisse eines Raumbuches bestimmt (Materialien, technische Anlagen und Ausstattung).

Umfang und Inhalt eines Raumbuches sind u. a. abhängig vom Objekttyp, der Objektgröße, Objektnutzung und den Forderungen des Auftraggebers (siehe auch Abschnitt 4.4.6).

5.2.2.15 Erarbeiten und Erstellen von besonderen bauordnungsrechtlichen Nachweisen für den vorbeugenden und organisatorischen Brandschutz bei baulichen Anlagen besonderer Art und Nutzung, Bestandsbauten oder im Falle von Abweichungen von der Bauordnung

Der Nachweis des Brandschutzes ist vom Architekten nach § 11 Muster-Bauvorlagenordnung (MBauVorlV) in die üblichen Bauvorlagen einzutragen.

Bei Bestandsbauten und bei Notwendigkeit weitergehender Angaben für Sonderbauten sind i. d. R. besondere fachübergreifende Kenntnisse des baulichen, anlagetechnischen und betrieblich-organisatorischen Brandschutzes und zum Teil auch eine besondere Qualifikation oder Nachweisberechtigung erforderlich (Brandschutz-Sonderingenieur).

5.2.3 Haftung

Mündliche Erläuterungen können bestritten werden, was zu Beweisbedarf führen kann. Die Vorlage und beweisbare Überlassung des Erläuterungsberichtes klärt die Sachlage auf dem Wege des Urkundenbeweises. Es ist daher wichtig, den Erläuterungsbericht vorzuhalten und nachweislich zu übergeben.

5.3 LPH 3 Entwurfsplanung (System- und Integrationsplanung)

5.3.1 Grundleistungen

5.3.1.1 Erarbeiten der Entwurfsplanung unter weiterer Berücksichtigung der wesentlichen Zusammenhänge, Vorgaben und Bedingungen

Es handelt sich hierbei um die stufenweise Erarbeitung der zeichnerischen Lösung gemäß der Festlegung des gewählten Vorentwurfes.

Zu berücksichtigen sind die wesentlichen Zusammenhänge (Fortschreibung Grundleistung, siehe Abschn. 5.2.1.4) aus der LPH 2: Klären und Erläutern der wesentlichen Zusammenhänge, Vorgaben und Bedingungen und die erforderlichen öffentlich-rechtlichen Genehmigungen unter Verwendung der Beiträge anderer an der Planung fachlich Beteiligter bis zum vollständigen und endgültigen Entwurf.

Wie benannt erfolgt i. d. R. die zeichnerische Entwurfsdarstellung im Maßstab 1:100 (Grundrisse, Schnitte, Ansichten), die des Lageplanes im Maßstab 1:500 bzw. 1:200. Erläuternde Einzeldarstellungen der Gestaltung von Innenräumen, z. B. Raumbelegungen und Gebäudekerne, sind im Maßstab 1:50 bis 1:20 anzufertigen. Die Vermaßung muss in jedem Fall die Achs-, die Raum- und Gesamtmaße beinhalten.

Für die Innenraum-Festlegungen und wiederkehrenden Raumarten (Einzelbüro, Funktionszonen etc.) sind bereits Details der Wand- und Deckenabwicklung, ggf. auch der Bodengestaltung sowie Farb-, Licht- und Materialgestaltung anzugeben und mit Mustern zu hinterlegen.

Hinweis:

Spätestens mit der Entwurfsplanung stellt sich für den Architekten die Frage, da die Planungsunterlagen mittels CAD erstellt werden: Findet jetzt nicht eine Verschiebung der Leistung aus anderen LPH in die Entwurfsplanung der LPH 3 statt?

Aufgrund des vorgenannten Sachverhaltes sind die %-Punkte v. H. für die LPH 1, 3 und 4 entsprechend angepasst worden.

5.3.1.2 Bereitstellen der Arbeitsergebnisse als Grundlage für die anderen an der Planung fachlich Beteiligten sowie Koordination und Integration von deren Leistungen

Aufgabe des Architekten ist es an dieser Stelle, seine eigene Entwurfsplanung als Grundlage den fachlich Beteiligten zur Verfügung zu stellen. Dann hat er die Leistungen der Fachplaner und auch die wesentlichen Angaben von Sonderfachleuten zu koordinieren und in die eigene Planung zu integrieren.

Dabei obliegt dem Architekten die Pflicht, diese Angaben auf Plausibilität unter technischen und wirtschaftlichen Aspekten im Hinblick auf die Projektziele zu überprüfen. Des Weiteren bedeutet Integrieren nicht nur die Aufnahme der Angaben in die Zeichnungen (Schachtquerschnitte, Dimensionen der Zentralen etc.) des Architekten, sondern auch die jeweils zugeordnete fachliche Erläuterung dieser Angaben in den entsprechenden Berichten.

Damit ein geordnetes Miteinander bei den Planern entsteht, ist der Terminplan „Planung der Planungszeiten" vom Architekten zu verifizieren, mit den fachlich Beteiligten abzustimmen und dem Auftraggeber zur Zustimmung vorzulegen.

5.3.1.3 Objektbeschreibung

Der mit der Vorentwurfsplanung erstellte Erläuterungsbericht ist in dieser LPH entsprechend den Ergebnissen und Erkenntnissen aus der genaueren Durcharbeitung aller Planungsbereiche zu verfeinern und als Objektbeschreibung dem Auftraggeber schriftlich vorzulegen.

5.3.1.4 Verhandlungen über die Genehmigungsfähigkeit

In Ergänzung der LPH 2 sind abschließende genehmigungsrechtliche Klärungsgespräche anhand der Entwurfsplanung und aufgrund der Forderungen des Auftraggebers an das zu realisierende Objekt zu führen.

Bei den Behördengesprächen sind die Fachplaner zu beteiligen, welche ggf. ebenfalls Verhandlungen über die Genehmigungsfähigkeit von Planungen und Beschreibungen zu führen haben. In jedem Fall liegen die Leitung und Protokollierung dieser Gespräche wegen der übergeordneten Bedeutung beim Architekten.

5.3.1.5 Kostenberechnung nach DIN 276:2018 und Vergleich mit der Kostenschätzung

Mit Abgabe der Entwurfsplanung ist eine Kostenberechnung gem. DIN 276:2018 zu erstellen.

Nach dem Aufstellen der mit den fachlich Beteiligten abgestimmten Kostenberechnung ist ein Abgleich (Vergleich von Qualitäten, Mengenansätzen und zusätzlichen Projektforderungen) mit der Kostenschätzung vorzunehmen, das Ergebnis zu kommentieren und als Dokumentation der Kostenberechnung schriftlich beizufügen.

In jedem Fall ist Sinn und Zweck der Kostenberechnung, die Angaben der Kostenschätzung zu kontrollieren und zu verfeinern und dem Auftraggeber mit dieser dritten Kostenermittlungsstufe eine deutlich stärker abgesicherte Aussage zu den zu erwartenden Objektkosten zu geben.

Der in mancher Kommentarliteratur genannte Toleranzwert von 15 % bis 20 % Abweichung der Kostenberechnung zur Kostenschätzung ist keinem Auftraggeber zumutbar. Dies kann nicht Grundlage von Entscheidungen für die Projektrealisierung sein und für die Reputation des Architekten ist dieses Vorgehen ebenso nicht dienlich.

Zwar bietet die Beauftragung der Besonderen Leistung an, eine vertiefende Kostenberechnung als Besondere Leistung zu realisieren, aber auch ohne diese zusätzliche Leistung kann nur empfohlen werden, dass die Kostenermittlungen immer vertiefend durchgeführt werden (siehe Abschnitt Kosten).

5.3.1.6 Fortschreiben des Terminplans

Der Generalterminplan diente bisher der generellen Projektplanung und ist in der LPH 3 entsprechend der aktuellen Planungstiefe des Entwurfs zu verfeinern.

5.3.1.7 Zusammenfassen, Erläutern und Dokumentieren der Ergebnisse

Der Erläuterungsbericht aus der LPH 2 ist zu analysieren und der vertieften Planung des Entwurfs anzupassen. Anlagen zu der Erläuterung sind i. d. R.:

- fortgeschriebener Erläuterungsbericht aus LPH 2
- Erfassung in Listen aller wesentlichen Ergebnisse einschl. Benennung vorgelegter alternativer Lösungsvorschläge
- Kostenberechnung gem. DIN 276
- Fortschreiben des Rahmenterminplans
- Fortschreibung der Planliste (Pläne aller fachlich Beteiligten)
- Übergabe weiterer vorliegender Gutachten zu den Bereichen Bodenbeschaffenheit und Gründungsvorschläge, Bauphysik (Schallschutz, Feuchtschutz, Wärmeschutz u. a. Kriterien), Fassadenkonstruktion u. a.m.

Die Zusammenstellung der Ergebnisse dieser Leistungsphase ist vom Architekten zu koordinieren.

5.3.2 Besondere Leistungen

5.3.2.1 Analyse der Alternativen/Varianten und deren Wertung mit Kostenuntersuchung (Optimierung)

Dies ist die Fortschreibung der Untersuchung alternativer Lösungsansätze im Hinblick auf das Optimum an Funktionalität und Wirtschaftlichkeit und fordert vom Architekten sehr weitgehende Untersuchungen und Vergleichsberechnungen einschließlich Gegenüberstellung und Kommentierung der Ergebnisse.

Insbesondere berücksichtigt dies:

- die aus der Vielfalt gewählte Baukonstruktion, Baustoffe und Bauteile
- die Wertung als funktionales, technisches und wirtschaftliches Optimum

Beachte rechtlich:

Der Architekt ist unter Abwägung des Optimums von Funktionalität und Wirtschaftlichkeit mit seinen Grundleistungen zu einer wirtschaftlichen Planung verpflichtet. Deshalb werden mit dieser Besonderen Leistung Analysen und Kostenuntersuchungen von Alternativen und Varianten der Ausführung oder des Baumaterials gefordert, welche sich nicht als kostengünstig darstellen.

5.3.2.2 Wirtschaftlichkeitsberechnung

Die Wirtschaftlichkeitsberechnung ist die Weiterführung der Wirtschaftlichkeitsuntersuchung aus der Vorplanungsphase (LPH 2).

Hierbei ist die Aufgliederung der Gesamtkosten – unter Verwendung der Ergebnisse der Kostenberechnung – in

- Kapitalkosten,
- Eigenkapital,
- Fremdkapital,
- Abschreibungen,
- Verwaltungskosten,
- Steuern,
- Betriebskosten,
- Bauunterhaltungskosten

mit Gegenüberstellung der geldwerten Vorteile der Nutzung (der Mieteinkünfte) durchzuführen und zu beurteilen.

Bei der Wirtschaftlichkeitsberechnung handelt es sich um eine Leistung, die der Architekt mit Unterstützung von Sonderfachleuten (Finanzinstitut, Fachplaner, Steuerberater etc.) erbringen sollte.

5.3.2.3 Aufstellen und Fortschreiben einer vertieften Kostenberechnung

Diese „verfeinerte Kostenberechnung" in der LPH 3 ist als Vorgriff auf die LPH 6 – Vorbereiten der Vergabe – anzusehen.

Erforderlich ist in jedem Falle eine Ermittlung nach DIN 276:2018 bis einschließlich 3. Kostenebene (Leistungs- bzw. Kernleistungspositionen). Die Ermittlung erfolgt auf Basis eines Mengengerüstes, welches in einem Rumpf-Leistungsverzeichnis und einem Bauelementkatalog – Auflistung aller für die geplante Leistung erforderlichen Bauelemente – dokumentiert wird.

Im Ergebnis erbringt diese Form der Kostenberechnung mit den Kriterien des Rumpf-Leistungsverzeichnis und dem Bauelemente-Katalog eine wesentlich verbesserte Kostensicherheit in diesem Planungsstadium; einschließlich einer Bestätigung der vorhergehenden Kostenermittlungen.

5.3.2.4 Fortschreiben von Raumbüchern

Es handelt sich um die Anpassung der Raumbücher aus LPH 2 an den aktuellen und vertieften Planungsstand der Entwurfsplanung LPH 3.

5.4 LPH 4 Genehmigungsplanung

5.4.1 Grundleistungen

5.4.1.1 Erarbeiten und Zusammenstellen der Vorlagen und Nachweise für öffentlich-rechtliche Genehmigungen oder Zustimmungen einschließlich der Anträge auf Ausnahmen und Befreiungen, sowie notwendiger Verhandlungen mit Behörden unter Verwendung der Beiträge anderer an der Planung fachlich Beteiligter

Das Erarbeiten, Zusammenstellen und spätere Einreichen der Bauantrags-Vorlagen (einschließlich der Planungen der fachlich Beteiligten) ist die wesentliche Leistung des Architekten.

Bei der nachfolgenden Beschreibung der erforderlichen Antragsvorlagen wird von einem genehmigungspflichtigen Bauvorhaben ausgegangen. Die Koordination und die Prüfung auf Vollständigkeit obliegen dem Architekten. Weitere Anforderungen sind den jeweiligen Landesbauordnungen und den hierzu erlassenen Bauvorlagenverordnungen zu entnehmen.

Im Regelfall sind einzureichen (Zuständigkeit):

• Formloses Antrags-/Übergabeschreiben	Architekten
• Statistischer Erhebungsbogen	Architekten
• Formerfordernis (Formulare) von Anträgen und Aufstellungen	Architekten
• Berechnungen zu BRI/GFZ/GRZ/BMZ, Wohnflächenberechnung	Architekten
• Bau- (Objekt-) Beschreibung	Architekten, FPL
• Hygienenachweise, Wasserqualität	Fachplaner
• kombinierte Bau- und Betriebsbeschreibung	Fachplaner
• Stellflächennachweis für Pkws	Architekten
• amtlicher Lageplan mit Auszug aus Katasterwerk	Fachplaner
• Objekteintragung M 1:500	Fachplaner
• Baueingabepläne M 1:100: Grundrisse, Schnitte, Ansichten	Architekten
• Dachaufsichten, jeweils ergänzt mit den zeichnerischen Einzelheiten für eine Genehmigungsanfrage	Architekten
• Nachweise der Standsicherheit (Statik)	Fachplaner
• Nachweise für den Brandsschutzs	Sondering.
• Nachweis des Feuerlöschschutzes	Fachplaner
• Nachweise für den Schallschutz und Lüftung	Fachplaner

• SiGeKo-Antrag	Sondering.
• Heizungsschema mit Angaben über Lage und Größe des Heizraumes, des Abgasschornsteins, der Kesselanlage sowie Angabe zur Energieerzeugung, Brennstoffart und Lagerung	Fachplaner
• Entwässerungsplan M 1:100	Fachplaner
• Freiflächenplan M 1:200 mit Eintragung evtl. vorhandener und zu erhaltender Altvegetation (Grünflächenaustauschplan)	Fachplaner
• Nachweise nach der EnEV	Fachplaner
• Nachweise für den Umweltschutz	Fachplaner
• Nachweise bei Umwelterheblichkeit	Fachplaner
• Anträge auf Ausnahmen und Befreiung	Architekten
• Anforderungen des Denkmalschutzes	Architekten

Gleiche Leistungen sind erforderlich bei Bauvorhaben,

- welche genehmigungsfrei gestellt sind bzw. die
- lediglich der bauaufsichtlichen Zustimmung bedürfen und
- Bauvorhaben für das Vereinfachte Genehmigungsverfahren.

Mit Bezug auf die Gesamtverantwortlichkeit des Architekten für die Einreichverfahren gegenüber dem Auftraggeber und der Baugenehmigungsbehörde hat der Architekt vorab eine Gesamtkontrolle der Beiträge aller fachlich Beteiligten bezüglich Vollständigkeit und Stimmigkeit durchzuführen, unabhängig von der Tatsache, dass die einzelnen Fachplaner für die Richtigkeit ihrer Angaben verantwortlich sind.

Sofern im Zuge der Baugenehmigungsprüfung weitere Besprechungen mit den Genehmigungsstellen zur Erläuterung der Bauvorlagen / des Bauvorhabens erforderlich werden, sind diese vom Architekten und – je nach Notwendigkeit - unter Hinzuziehung der Fachplaner oder des Auftraggebers zu führen und zu protokollieren.

Eine Besonderheit in Bezug auf eine vollständige Honorierung gilt für Bauvorhaben, welche von vornherein verfahrensfrei gestellt sind, da hierzu Vorlagen nicht zu erstellen sind.

5.4.1.2 Einreichen der Vorlagen

Hier wird dem Architekten dringend empfohlen, die Vollständigkeit der Unterlagen – ggf. mithilfe eines Rechtsbeistandes – zu prüfen, da die Dreimonatsfrist für den Bearbeitungszeitraum durch das Bauordnungsamt BOA erst beginnt, wenn die Bauvorlagen vom Bauamt nicht beanstandet und demnach vollständig sind.

5.4.1.3 Ergänzen und Anpassen der Planungsunterlagen, Beschreibungen und Berechnungen

Hinweis: Um die grundsätzliche dauerhafte Genehmigungsfähigkeit (des Entwurfes) zu erreichen, sind die Vorverhandlungen mit der Behörde zu führen (siehe Abschn. 5.2.1.7 Vorverhandlungen über die Genehmigungsfähigkeit ...). Dadurch wird weitestgehend sichergestellt, dass im Zuge des Genehmigungsverfahrens keine Ergänzungen und Anpassungen der Genehmigungsvorlage gefordert werden.

Wenn die Behörde im Rahmen der Genehmigungsverfahren dennoch weitere Auflagen erteilt oder Ergänzungen verlangt, sind diese von den betroffenen fachlich Beteiligten zu erstellen und vom Architekten nachzureichen.

Es ist zu beachten, dass Nachtragsgesuche, z. B. aufgrund einer geänderten Raumanordnung während der Bauausführung, in Absprache und Zustimmung mit der Genehmigungsbehörde erst vor den Behörden-Abnahmebegehungen einzureichen sind. Nachtragsgesuche sind wiederholte Grundleistungen im Sinne des § 10 Abs. 2.

5.4.2 Besondere Leistungen

5.4.2.1 Mitwirken bei der Beschaffung der nachbarlichen Zustimmung

Eine nachbarliche Zustimmung muss z. B. in allen Fällen mit Grenzbebauung herbeigeführt werden, aber auch im Allgemeinen. In Einzelfällen sind zusätzliche oder der Ausführungsplanung vorgezogene Untersuchungen und Darstellungen erforderlich, z. B. Unterfangungen und Abstützungen.

Darüber hinaus sind nachbarrechtliche Zustimmungen, Hinweise auf Abstandsflächen, Beschattung oder Windbelastungen, Fluchtwegführungen etc. zu prüfen, zu erläutern und ggf. über Nutzungsgenehmigungen zu verhandeln.

Hierzu ist es erforderlich, dass der Architekt das Bauvorhaben anhand der vorliegenden Entwurfs- bzw. Genehmigungsplanung fachkundig und verständlich den „Angrenzern" erläutert.

Die Nachbarzustimmung soll verhindern, dass sich ein Nachbar im Nachhinein gegen Maßnahmen beschweren kann, die ihn in seinen Abwehrrechten beschränken, also z. B. gegen eine zu lange Grenzbebauung oder eine Unterschreitung von Abstandsflächen, wenn sonst nichts dagegen spricht.

Beachte: Die nachbarrechtliche schriftliche Zustimmung ist Voraussetzung für eine dauerhaft genehmigungsfähige Bauvorlage.

Wenn die Behörde mit der Nachbarzustimmung zufrieden ist, ist zu vermuten, dass sie beabsichtigt, eine Befreiung z. B. von der Einhaltung der Grenzbebauung, den Baugrenzen, Einhaltung der Abstandflächen zu erteilen.

Damit die Genehmigungsfähigkeit von Dauer ist, muss die Zustimmung des Nachbarn durch Unterschrift auf den Bauvorlagen und durch eine gesonderte schriftliche Zustimmungserklärung erfolgen und ist den Bauantragsunterlagen beizufügen. Im letzteren Fall muss der Gegenstand der Zustimmung erkennbar sein. Diese Zustimmung gilt auch für Rechtsnachfolger, wenn die Immobilie verkauft wird.

Mit der Zustimmung erklärt sich der Nachbar mit der vorgelegten Planung einverstanden. Auch wenn zugestimmt wird, bedeutet dies jedoch nicht zwangsläufig, dass die Behörde das Vorhaben genehmigen muss. Bestimmte nachbarschützende Vorschriften (z.B. Schutz vor Lärmimmissionen) müssen selbst dann eingehalten werden, wenn der Nachbar ausdrücklich darauf verzichtet.

Umgekehrt bedeutet die fehlende Zustimmung nicht ohne Weiteres eine Versagung des Bauantrages. In diesem Fall kann der Nachbar jedoch eine Baugenehmigung mit Rechtsmitteln angreifen, da die Genehmigung eben nicht dauerhaft ist.

5.4.2.2 Nachweise, insbesondere technischer, konstruktiver und bauphysikalischer Art, für die Erlangung behördlicher Zustimmungen im Einzelfall

Die Behörde kann verlangen, dass ergänzende Unterlagen für besondere Prüfverfahren den Vorlagen beizufügen sind.

Sofern diese (nicht explizit in den LBOs benannten) besonderen Unterlagen zur Verdeutlichung des Bauvorhabens von den Genehmigungsstellen zusätzlich angefordert werden und der Architekt und/oder einer der anderen fachlich Beteiligten diese Unterlagen bzw. Angaben zu erstellen oder zu beschaffen hat, muss das im Rahmen einer generellen Leistungsverpflichtung und zwecks Schadenminderung (Vermeidung späterer Folgeschäden) auch erfolgen. Sollten dafür weitere Sonderingenieure erforderlich werden, ist dies dem Auftraggeber entsprechend vorzutragen.

5.4.2.3 Fachliche und organisatorische Unterstützung in Widerspruchsverfahren, Klageverfahren oder ähnlichen Verfahren

Im Falle einer Verweigerung der Baugenehmigung insgesamt oder in Teilbereichen (bzw. bei wesentlichen, für den Auftraggeber mit deutlich negativen Auswirkungen verbundenen Auflagen) sowie in allen Fällen, die nicht mit einer Fehlerhaftigkeit oder Unvollständigkeit der eingereichten Bauvorlagen begründet wurden, wird der Auftraggeber i. d. R. ein Widerspruchs- oder Klageverfahren anstrengen.

Für den baufachlichen Bereich (Gestaltung, Konstruktion, Gebäudetechnik, Verkehrsanschluss etc.) bedarf der Auftraggeber hierbei der Unterstützung und Mithilfe seines Architekten bzw. auch der sonstigen an der Planung fachlich Beteiligten.

Anfallende zusätzliche Leistungen, z.B. zusätzliche Planungsunterlagen, Fotomontagen, Gutachten, die im Aufwand sehr unterschiedlich sein können, sind in der Regel nicht mit den Grundleistungsverpflichtungen abgedeckt. Grundsätzlich gilt jedoch, dass die Planer nur den vorgenannten bautechnischen Aspekt bearbeiten bzw. unterstützen und für den rechtlichen bzw. juristischen Teil vom Auftraggeber ein kompetenter Rechtsbeistand beauftragt werden muss.

5.5 LPH 5 Ausführungsplanung

5.5.1 Grundleistungen

5.5.1.1 Erarbeiten der Ausführungsplanung mit allen für die Ausführung notwendigen Einzelangaben (zeichnerisch und textlich) auf der Grundlage der Entwurfs- und Genehmigungsplanung bis zur ausführungsreifen Lösung, als Grundlage für die weiteren Leistungsphasen

Dieser Arbeitsschritt beinhaltet die stufenweise Erarbeitung und Lösungsdarstellung der Bauaufgabe weiterhin unter Berücksichtigung der städtebaulichen, gestalterischen, funktionalen, technischen, bauphysikalischen, wirtschaftlichen, energiewirtschaftlichen, biologischen, soziologischen, ökologischen und öffentlich-rechtlichen Anforderungen unter Verwendung der Beiträge anderer an der Planung fachlich Beteiligter, bis zur ausführungsreifen Lösung.

Die in o. a. Sinne erstellte Ausführungsplanung muss so eindeutig und umfassend sein, dass mit der Bauausführung bzw. der Arbeitsvorbereitung der ausführenden Firmen ohne zusätzliche Planungstätigkeit begonnen werden kann.

Wesentlich ist, dass im Vorfeld die abschließende Koordination aller an der Planung fachlich Beteiligter durch den Architekten erfolgt ist und die erforderlichen Beiträge dieser Planungspartner in die Architekten-Ausführungsplanung integriert worden sind.

5.5.1.2 Ausführungs-, Detail- und Konstruktionszeichnungen nach Art und Größe des Objekts im erforderlichen Umfang und Detaillierungsgrad unter Berücksichtigung aller fachspezifischen Anforderungen, zum Beispiel bei Gebäuden im Maßstab 1:50 bis 1:1, zum Beispiel bei Innenräumen im Maßstab 1:20 bis 1:1

Von allen fachlich Beteiligten werden die endgültigen, vollständigen Ausführungs-, Detail- und Konstruktionszeichnungen mit allen notwendigen Einzelangaben und textlichen Festlegungen in den Maßstäben 1:50 bis 1:1 als die vertraglich geschuldete Bauangabe gegenüber dem Auftraggeber gefordert.

Denn dieser muss seiner vertraglichen Verpflichtung entsprechend VOB nachkommen, die geforderten Bauleistungen eindeutig und zweifelsfrei zu beschreiben.

Allgemein gilt, dass durch die Übersichtszeichnungen im Maßstab 1:50 ein gesamter Bauteil (Geschoss, Gebäudeschnitt etc.) vollständig darzustellen ist und mit den Detailzeichnungen M 1:20 bis 1:1 die notwendigen Einzelheiten vermittelt werden. Weitere Konstruktionszeichnungen erläutern dann den inneren Aufbau mit den zugehörigen handwerklichen Einzelheiten.

Die Vollständigkeit ist nur gegeben, wenn die zugehörigen schriftlichen Angaben zu Materialien (bei Fabrikatsnennung mit dem Hinweis: o. glw.), eine ausreichende Vermaßung, durchgehende Maßketten, Bezeichnungen und erläuternde Kurztexte auf den Plänen vorhanden sind. Die Gesamtdarstellung muss eindeutig, sachlich und rechnerisch richtig und umfassend sein.

Ausführungsplanungen im kleineren Maßstab, z. B. 1:100, sind in der Regel nicht zulässig, siehe auch RB Bau, Abschnitt F (2.1.1.4).

5.5.1.3 Bereitstellen der Arbeitsergebnisse als Grundlage für die anderen an der Planung fachlich Beteiligten, sowie Koordination und Integration von deren Leistungen

Wie bereits in der LPH 2 (siehe Abschn. 5.2.1.5) und LPH 3 (siehe Abschn. 5.3.1.2) dargelegt, obliegt dem Architekten die Koordinationspflicht mit allen anderen an der Planung fachlich Beteiligten, d. h., der Architekt ist verantwortlich dafür, dass diesen Planungsbeteiligten immer der letzte Stand der Informationen zur Verfügung steht. Keine oder nur unzureichende Ausübung dieser Vertragspflicht führt mehrheitlich zu zeitraubenden und kostenintensiven Planungsänderungen oder -überarbeitungen bis hin zu verbleibenden Planungsfehlern und damit zu Schadensersatzforderungen gegen den Architekten.

Die Vorbereitung der eigenen Grundlagen für die Arbeit der Fachplaner, der Abgleich der Planungen der Beteiligten, deren terminliche Koordination sowie die Integration der Einzelbeiträge in ein widerspruchsfreies und vollständiges Gesamtkonzept durchzieht die gesamte LPH 5, bis die Planung ausführungsreif fertiggestellt ist.

Dabei kann sich zwar der Architekt grundsätzlich auf die Fachkenntnis des Sonderfachmanns verlassen, dennoch muss er die Planung der fachlich Beteiligten in solchem Umfang prüfen, in dem die enthaltenen bautechnischen Fragen zu seinem Wissensgebiet gehören. Er haftet damit für Mängel der Fachplanung, die er nach den von ihm zu erwartenden Fachkenntnissen hätte bemerken müssen.

Sofern nicht schon in den vorhergehenden LPH erledigt, bietet diese LPH dem Architekten die letzte Gelegenheit, noch vor der Bauausführung restliche, noch ausstehende Klärungen und Koordinationen durchzuführen und die dabei erzielten Ergebnisse in die Architektenplanung zu übernehmen.

5.5.1.4 Fortschreiben des Terminplans

Hierzu wird auf die LPH 2 Grundleistungen h) Erstellen eines Terminplanes sowie auf die LPH 3 f) Fortschreiben des Terminplanes verwiesen.

Der Bauzeitenplan (Ecktermine) aus der LPH 1 diente der generellen Projektplanung. Er umfasste relativ wenige, aber übergeordnete Vorgänge, ist Teil der Grundlagenermittlung und war parallel zur kaufmännischen, technischen, juristischen und ökologischen Projektdefinition erstellt worden.

Im Generalterminplan der LPH 2 sind dezidierter die Planungs- und Bauzeiten ausgewiesen. Er weist des Weiteren die erforderlichen Organisationsabläufe und Entscheidungsschritte, mit getrennter Darstellung der beteiligten Fachplanungen und Gewerke, aus und war in der LPH 3 entsprechend der aktuellen Planungstiefe zu verfeinern.

Im Verlauf der Ausführungsplanung sind aufgrund der fortgeführten Planungstiefe der LPH 5 die Angaben mehrmals fortzuschreiben.

5.5.1.5 Fortschreiben der Ausführungsplanung auf Grund der gewerkeorientierten Bearbeitung während der Objektausführung

Im Verlauf der Bauausführung hat das Fortschreiben der Ausführungsplanung unter Berücksichtigung aktueller Erkenntnisse und etwaiger Änderungsforderungen zu erfolgen, einschließlich der textlichen Beschreibungen.

Das Fortschreiben ist nicht ungewöhnlich und beim Bauen im Bestand sogar die Regel, damit eine Behinderung oder Unterbrechung der Bauarbeiten nicht eintritt.

Die jeweiligen Änderungsangaben in den Ausführungsplänen sind für alle Seiten nachvollziehbar zu gestalten, indem sie durch die Angabe von Bearbeiter, Datum, Grund etc. in der Agenda dokumentiert werden.

Dabei ist Grundlage, dass, wenn die bisherigen Planungsziele unverändert bleiben, die Fortschreibung der Ausführungsplanung nur Ergänzungen (z. B. Abmauerungen von Steigeschächten oder Rohren, Vormauerungen, Änderung lichter Deckenhöhen oder Deckenversprünge), welche sich durch die Bauausführung ergeben, beinhaltet.

Am Ende der Fortschreibung der Ausführungsplanung entstehen keine Bestandspläne. Das Anfertigen von Bestandsplänen ist eine Besondere Leistung der LPH 9.

5.5.1.6 Überprüfen erforderlicher Montagepläne der vom Objektplaner geplanten Baukonstruktionen und baukonstruktiven Einbauten auf Übereinstimmung mit der Ausführungsplanung

Diese Leistung der Überprüfung von Montageplänen war bisher im Leistungsumfang der fachlich Beteiligten enthalten; auch als Umkehrung der Besonderen Leistung dieser LPH „Prüfen und Anerkennen von Plänen Dritter, nicht an der Planung fachlich Beteiligter auf Übereinstimmung mit den Ausführungsplänern (z. B. Werkstattzeichnungen von Unternehmen, Aufstellungs- und Fundamentpläne von Maschinenlieferanten), soweit die Leistungen Anlagen betreffen, die in den anrechenbaren Kosten nicht enthalten sind".

5.5.2 Besondere Leistungen

5.5.2.1 Aufstellen einer detaillierten Objektbeschreibung als Grundlage der Leistungsbeschreibung mit Leistungsprogramm

Die detaillierte Objektbeschreibung baut auf den in den vorlaufenden Planungsphasen erstellten Beschreibungen und Erläuterungen auf. Sie dient ggf. mit einem Bau-Buch oder als Raum-Buch als Grundlage der Leistungsbeschreibung mit Leistungsprogramm als Ersatzmaßnahme für jene Fälle, in denen aus bestimmten Gründen auf die klassische, gewerkeweise gegliederte und positionierte Ausschreibung verzichtet wird.

Eine Funktional-Ausschreibung (i. d. R. ohne Massenangaben) ist im Gegensatz zu den Gewerke-Leistungsverzeichnissen in einem kürzeren Zeitraum erstellbar, sie ist nicht ausführungs-, sondern ergebnisorientiert.

Zu beachten ist die Vorgabe, dass der Zweck der fertigen Leistung sowie die an sie gestellten technischen, wirtschaftlichen, gestalterischen und funktionsbedingten Anforderungen beschrieben werden (siehe hierzu § 7c VOB/A).

5.5.2.2 Prüfen der vom bauausführenden Unternehmen auf Grund der Leistungsbeschreibung mit Leistungsprogramm ausgearbeiteten Ausführungspläne auf Übereinstimmung mit der Entwurfsplanung

Diese Leistung wird erforderlich, wenn vom Architekten keine Ausführungsplanung erstellt wird und das bauausführende Unternehmen einen Vertrag mit dem Auftraggeber einschl. dieser Planungsleistungen geschlossen hat.

Als Grundlagen für die Ausführungsplanung des Unternehmers dienen dann üblicherweise die Genehmigungsplanung, Leitdetails und die Funktionalbeschreibungen. Der Architekt bzw. der Auftraggeber hat zum Zeichen der Zustimmung (Übereinstimmung mit dem Bauvertrag) die Pläne entsprechend freizuzeichnen und an alle Beteiligten zu übergeben.

5.5.2.3 Fortschreiben von Raumbüchern in detaillierter Form

Das weitere Fortschreiben des erstellten Raumbuches der LPH 2 und dessen Fortschreibung in LPH 3 ist erforderlich, wenn sich nach den Ausführungsplänen Änderungen ergeben oder auch bei Änderungen während der Bauausführung.

5.5.2.4 Mitwirken beim Anlagenkennzeichnungssystem (AKS)

Die Mitwirkung des Architekten beschränkt sich auf die Auswahl und Implementierung des Systems. Er kann nur fachlich-technische Unterstützung leisten.

5.5.2.5 Prüfen und Anerkennen von Plänen Dritter, nicht an der Planung fachlich Beteiligter auf Übereinstimmung mit den Ausführungsplänen (zum Beispiel Werkstattzeichnungen von Unternehmen, Aufstellungs- und Fundamentpläne nutzungsspezifischer oder betriebstechnischer Anlagen), soweit die Leistungen Anlagen betreffen, die in den anrechenbaren Kosten nicht erfasst sind

Diese Besondere Leistung umfasst die Überprüfung von Plänen Dritter, d. h. nicht der Fachplaner. Sie betrifft keine Anlagen, die bereits in den anrechenbaren Kosten berücksichtigt sind.

5.6 LPH 6 Vorbereitung der Vergabe

5.6.1 Grundleistungen

5.6.1.1 Aufstellen eines Vergabeterminplans

Im Vergabeterminplan sind auszuweisen:

- LV-Erstellung der Verdingungsunterlage
- Abstimmen der VE mit dem Auftraggeber
- Bekanntmachung (ggf. EU-weit) und Abfrage Beteiligter
- Prüfen auf Eignung der Bewerber, Festlegen der Bieter
- Laufzeit der Angebotsbearbeitung, Angebotsabgabe
- Submission öffentlich/nicht öffentlich
- Prüfen der Angebote
- Aufklärungsgespräch
- Vergabevorschlag
- Auftragserteilung und
- Termine Start und Ende der Bauzeiten

Zu bedenken ist, dass der „Vergabeablauf" Fristen erfordert. Wenn es schnell geht, vergehen 6 Monate zzgl. Bauzeit, wenn öffentlich und dazu EU-weit 9 bis 15 Monate (abhängig von den Vorschriften des Vergaberechtes).

Gerade in der LPH 6 ist es abschließend möglich, anhand der Mengen und der Art und Weise der Bauausführung Genaueres über Leistungsdaten und Aufwandswerte zu erfahren; anhand dieser Erkenntnisse lassen sich alle Festlegungen überprüfen und die zwingend erforderlichen Daten in die Werkverträge als Vertragsfristen übernehmen.

Denn für den Auftraggeber ist bei Terminstörungen nicht das maßgeblich, was sich der Architekt in seiner ursprünglichen Ablaufplanung vorgestellt hatte; entscheidend ist, welche Vertragsfristen der Bauvertrag de facto enthält.

Hinweis 1: Die Protokollierung der Bieter- und Auftragsgespräche sollte unmittelbar erfolgen und ist vom gesamten Gesprächsteilnehmerkreis direkt am Ende des Gesprächs durch Unterschrift anzuerkennen.

Hinweis 2: In einigen Kommentarliteraturen wird darauf hingewiesen, dass jetzt in dieser Leistungsphase „Vorbereitung der Vergabe" die Art der Bau-Auftragnehmer-Vergabeart zu entscheiden ist; das ist völlig praxisfremd. Denn es ist anzumerken, dass damit ggf. bereits Honorar-Kostenanteile dem Auftraggeber entstanden sind, wenn erst jetzt entschieden wird, ob Leistungspositionen und die vollständige Ausführungsplanung für die Einzel-Gewerkevergabe oder nur architekturbestimmende Details mit Leistungsbeschreibung für eine GU-Vergabe erfolgen sollen.

5.6.1.2 Aufstellen von Leistungsbeschreibungen mit Leistungsverzeichnissen nach Leistungsbereichen, Ermitteln und Zusammenstellen von Mengen auf der Grundlage der Ausführungsplanung unter Verwendung der Beiträge anderer an der Planung fachlich Beteiligter

Das Aufstellen von Leistungsverzeichnissen erfordert vom Aufsteller u. a. umfassende Kenntnisse

- der ATV (VOB/C),
- der einschlägigen DIN-Normen,
- der Ausführungsbestimmungen und den aaRdT sowie
- der jeweiligen Landesbauordnung.

Die genaue Mengenermittlung ist mit dem Auftraggeber abzustimmen (Massenreserven ja/nein, Budgetpositionen ja/nein etc.). Es ist aber das Thema „10 %" der VOB/B § 2, Abs. 3 Vergütung zu berücksichtigen.

Als Maxime gilt, dass der Anbieter als Baufachmann einen eindeutigen Leistungsumfang erkennen und kalkulieren kann. Je eindeutiger Leistungsbeschreibung und Leistungsverzeichnis zusammen mit der Ausführungsplanung abgefasst sind, desto qualifizierter ist das Angebot und desto geringer fallen spätere Diskussionen um etwaige Nachforderungen aus.

Aus Sicht des Architekten bieten nur die vorgenannten umfassenden Angaben zur Bauausführung die Garantie für das Erreichen der gestalterischen und qualitativen Projektziele.

In Ergänzung der Bauangaben der Afu-Planung erfolgt die Beschreibung der Leistung. Dabei ist selbstverständlich die Integration der Beiträge der sonstigen fachlich Beteiligten durch den Architekten erforderlich sowie die Koordination mit seiner Ausschreibung. Alle erforderlichen Vertragsbedingungen VB sind durch den Architekten zu beschaffen und unter Beteiligung der weiteren Beteiligten aufzustellen und dem Auftraggeber zur Prüfung zu übergeben.

Bei der Vergabe von Bauleistungen für den öffentlichen Auftraggeber ist die VOB/A §§ 7 ff. „Leistungsbeschreibung" Grundlage für den Bauvertrag.

Auszug aus der VOB/A § 7 ff.:

§ 7 Leistungsbeschreibung:

1. Die Leistung ist eindeutig und so erschöpfend zu beschreiben, dass alle Bewerber die Beschreibung im gleichen Sinne verstehen müssen und ihre Preise sicher und ohne umfangreiche Vorarbeiten berechnen können.
2. (...)
3. Dem Auftragnehmer darf kein ungewöhnliches Wagnis aufgebürdet werden für Umstände und Ereignisse, auf die er keinen Einfluss hat und deren Einwirkung auf die Preise und Fristen er nicht im Voraus schätzen kann.

§ 7b Leistungsbeschreibung mit Leistungsverzeichnis

1. Die Leistung ist in der Regel durch eine allgemeine Darstellung der Bauaufgabe (Baubeschreibung) und ein in Teilleistungen gegliedertes Leistungsverzeichnis zu beschreiben.

§ 7c Leistungsbeschreibung mit Leistungsprogramm

1. Wenn es nach Abwägen aller Umstände zweckmäßig ist, abweichend von § 7b Absatz 1 zusammen mit der Bauausführung auch den Entwurf für die Leistung dem Wettbewerb zu unterstellen, um die technisch, wirtschaftlich und gestalterisch beste sowie funktionsgerechteste Lösung der Bauaufgabe zu ermitteln, kann die Leistung durch ein Leistungsprogramm dargestellt werden.

5.6.1.3 Abstimmen und Koordinieren der Schnittstellen zu den Leistungsbeschreibungen der an der Planung fachlich Beteiligten

Die durch den Architekten in der LPH 1 begonnene Abstimmung und Festlegung der Schnittstellen unter den fachlich Beteiligten und deren Fortschreibung im Verlauf der weiteren Planungen ist hinsichtlich möglicher doppelter Ausschreibung bzw. deren Auslassung z. B. im Haupt- und Fachgewerk zu überprüfen.

5.6.1.4 Ermitteln der Kosten auf der Grundlage vom Planer bepreister Leistungsverzeichnisse

Die fertiggestellten Leistungsverzeichnisse sind vom Architekten und den sonstigen Fachplanern zu verpreisen.

5.6.1.5 Kostenkontrolle durch Vergleich der vom Planer bepreisten Leistungsverzeichnisse mit der Kostenberechnung

Nach fertiggestellter Verpreisung der Leistungsverzeichnisse ist der Kostenvoranschlag zu erstellen. Dieser Kostenvoranschlag ist mit der Kostenberechnung der LPH 3 zu vergleichen und auszuwerten.

Spätestens jetzt zeigt sich der Vorteil, wenn die Ermittlung der Kosten (Kostenschätzung und -berechnung) auf Basis von Leit- und Leistungspositionen erfolgt ist.

5.6.1.6 Zusammenstellen der Vergabeunterlagen für alle Leistungsbereiche

Am Ende der LPH 6 Vorbereitung der Vergabe sind die Vergabeunterlagen mit allen Vertragsgrundlagen je Vergabeeinheit

- Leistungsverzeichnis bzw. -beschreibung
- Vertragsbedingungen
- Planungen und Beschreibungen sowie Gutachten

für den Versand zusammenzustellen. Siehe hierzu auch VB im Anhang.

5.6.2 Besondere Leistungen

5.6.2.1 Aufstellen der Leistungsbeschreibungen unter Bezug auf Raumbuch/Baubuch

Auf Basis der detaillierten Objektbeschreibung oder eines Bau- und Raumbuches (Besondere Leistung LPH 5) ist die Leistungsbeschreibung mit Leistungsprogramm aufzustellen.

5.6.2.2 Aufstellen von alternativen Leistungsbeschreibungen für geschlossene Leistungsbereiche

Mit dieser Leistung sind für ganze Leistungsbereiche (z. B. Holz-Fenster anstelle Leichtmetall-Fenster oder WDVS-Außenputze auf verschiedene Dämmungen) Leistungsbeschreibungen „alternativ" aufzustellen. Unter Aufrechterhaltung der Funktion, ggf. zu Lasten der Gestaltung und/oder der späteren Instandhaltung, sind alternativ andere mögliche Konstruktionen bzw. Materialien zu beschreiben.

Zur alternativen Leistungsbeschreibung wird empfohlen, in einer Gegenüberstellung deutlich alle Vor- und Nachteile jeweils zu benennen.

5.6.2.3 Aufstellen von vergleichenden Kostenübersichten unter Auswertung der Beiträge anderer an der Planung fachlich Beteiligter

Mit einer vergleichenden Kostenübersicht der gegebenen Planung oder in Erweiterung der Aufgabe aus der vorhergehenden Besonderen Leistung soll die Planung optimiert und bestätigt werden.

5.7 LPH 7 Mitwirken bei der Vergabe

5.7.1 Grundleistungen

5.7.1.1 Koordinieren der Vergaben der Fachplaner

Der Architekt fordert die Beiträge der Vorplaner an und koordiniert die Zusammenstellung aller Verdingungsunterlagen, ihre Bewertung sowie die Zusammenstellung zur Versendung durch den Auftraggeber.

5.7.1.2 Einholen von Angeboten

Für den privatwirtschaftlichen Auftraggeber besteht die Möglichkeit, entweder die Beteiligten für die Angebotsausarbeitung/-abgabe selbst zu bestimmen oder entsprechend Abfragen (siehe hierzu im Anhang Abschnitt A.7.2) an Handwerker und Baufirmen zu stellen.

Bei einem öffentlichen Auftraggeber erfolgt die Festlegung des Bieterkreises entweder durch Bekanntmachung, durch eine Aufforderung zur Teilnahme am Bieterverfahren oder durch entsprechende Kenntnisse und Erfahrungen der Projektbeteiligten. Die Auswahl der geeigneten Bieter erfolgt entweder ausschließlich durch den Auftraggeber oder in Zusammenarbeit mit dem Architekten und den Fachingenieuren anhand von Bieterlisten. Damit jeder Bieter das nach den

Kriterien der Ausschreibung geeignetste Angebot unterbreiten kann, ist für die Prüfung seiner Eignung im ureigensten Interesse ein strenger Maßstab anzulegen.

Die Aufforderung zur Abgabe eines Angebote erfolgt i. d. R. durch den Architekten am einfachsten als E-Mail; die Art des Versandes der Verdingungsunterlagen ist bei der Abfrage oder der Ankündigung bereits mitzuteilen.

Mit dem Anschreiben an die Bieter ist darauf hinzuweisen, dass die Anfrage als Vertreter im Namen des Auftraggebers erfolgt und dass Rückfragen ausschließlich schriftlich per E-Mail an den Architekten zu erfolgen haben; mit Cc an den Auftraggeber (siehe Anhang in diesem Buch).

Bei öffentlichen Auftraggebern ist in Bezug auf die ersten beiden Ausschreibungs- und Vergabemöglichkeiten (Leistungsbeschreibung mit Leistungsverzeichnis) auf die Einhaltung der geltenden Bestimmungen der VOB/A für Bekanntmachung, Wettbewerb und Vergaben verwiesen.

Auch hier erfolgt die Aufforderung zur Abgabe eines Angebots durch den Auftraggeber (beachte das Vergabehandbuch des Bundes etc.) in folgenden möglichen Verfahrensformen:

Offenes Verfahren (Öffentliche Ausschreibung)

Bekanntmachung der Baumaßnahme mit ca.-Angabe der wesentlichen Leistungen. Siehe dazu auch VOB, Teil A, § 12, Abs. 1. Zu beachten ist, dass die Bekanntmachung mindestens 3 Monate vor LV-Versand erfolgen sollte.

Nicht offenes Verfahren (beschränkte Ausschreibung)

Die beschränkte Ausschreibung kann über zwei Wege erfolgen. Entweder werden über einen öffentlichen Teilnehmerwettbewerb (Tageszeitung, amtliche Veröffentlichungsblätter oder Internetportale) interessierte Bieter aufgefordert, ihre Teilnahme am Wettbewerb zu beantragen. Danach wählt der Auftraggeber (Auslober) nach eigenen Kriterien den Bieterkreis aus. Im anderen Fall legt der Auftraggeber nach eigenem Ermessen und eigenen Kriterien einen bestimmten Bieterkreis fest.

Verhandlungsverfahren (Freihändige Vergabe)

Im Vorfeld des LV-Versands ist der Bieterkreis durch den Architekten in enger Zusammenarbeit mit dem Auftraggeber zu bestimmen. Dieses Vergabeverfahren kommt bei der öffentlichen Hand nur in begrenzten Sonderfällen zur Anwendung (Geheimhaltung, sehr kurze Termine etc.).

5.7.1.3 Prüfen und Werten der Angebote einschließlich Aufstellen eines Preisspiegels nach Einzelpositionen oder Teilleistungen, Prüfen und Werten der Angebote zusätzlicher und geänderter Leistungen der ausführenden Unternehmen und der Angemessenheit der Preise

Die beim Auftraggeber eingegangenen Angebote werden dem Architekten oder Fachplaner zu einer rechnerischen und fachlichen Prüfung und Wertung übergeben. Nach dieser Prüfung und Wertung der Angebote erfolgt die Empfehlung zu einer Vergabe an den Bieter, welcher das annehmbarste Angebot unterbreitet hat.

Zu beachten ist, dass das annehmbarste Angebot nicht immer der Bestbietende sein muss; denn Leistungsfähigkeit und z. B. Einsatz eigener Mitarbeiter – oder eben nur selbstständiger

Nachunternehmer – werden erst im Zuge der Aufklärung bekannt. Für die Vergabe nicht an den Bestbietenden im öffentlichen Verfahren wird dringend empfohlen, für die ablehnende Begründung den Rechtsbeistand einzubeziehen.

Etwaige, dem Angebot beigefügte Kalkulationsunterlagen verbleiben beim Auftraggeber.

Nach Eingang der Angebote sind nachstehende Prüf- und Bewertungsvorgänge federführend durch den Architekten sowie in Zusammenarbeit mit allen fachlich Beteiligten durchzuführen:

- formale und sachliche Angebotsprüfung, auch der Nebenangebote
- rechnerische Angebotsprüfung
- fachtechnische und wirtschaftliche Angebotsprüfung
- Angebotsvergleichsprüfung (Erstellung der Preisspiegel)
- ggf. Aufklärungsgespräche mit den Bietern
- Erstellung eines Prüfberichts mit einer Vergabeempfehlung.

Werden im Zusammenhang der Angebotsabgabe Sondervorschläge unterbreitet, so sind zu deren Bewertung auch die Fachplaner hinzuzuziehen und ggf. der Sache dienliche, besondere Aufklärungsgespräche zu führen. Die hierbei geforderten Leistungen sonstiger fachlich Beteiligter werden durch den Architekten koordiniert und integriert.

Werden im Verlauf der Angebotsprüfung oder durch das Anschreiben des Bieters Hinweise gefunden, dass die Leistungsbeschreibung „Lücken" hat, sind diese vom Architekten im Prüfungsbericht eindeutig zu benennen und als Gesprächspunkt für das Aufklärungsgespräch aufzubereiten.

Das ggf. erforderliche Durchführen von Aufklärungsgesprächen bei VOB/A-Angeboten dient ausschließlich der Herbeiführung von Klarheit über das Angebot oder Teilen davon. Es sind in keinem Falle Angebotspreis-beeinflussende Fragen an den Bieter zu richten (siehe insbesondere das VHB des Bundes etc.).

Die Teilnahme des Auftraggebers ist dabei nicht unbedingt notwendig, der Auftraggeber sollte aber unbedingt im Vorfeld über die Gesprächstermine informiert werden; es bleibt dann seine Endscheidung, ob er an den Gesprächen teilnimmt.

Ist der Architekt durch den Auftraggeber eindeutig befugt, in Aufklärungsgesprächen auch preisliche Aufklärung herbeizuführen, so sind die Gespräche von mindestens zwei Mitarbeitern des Architekturbüros durchzuführen, handschriftlich zu protokollieren, von allen Beteiligten am Ende des Gespräches rechtsverbindlich zu unterzeichnen und an die Gesprächsbeteiligten zu verteilen.

Nach Klärung aller Sachverhalte sind von den fachlich Beteiligten entsprechende Preisspiegel aufzustellen.

Nur aus reiner Vorsorge ergeht der Hinweis, dass Angebotspreise, Rangfolge etc. einer vertraulichen Behandlung bedürfen und keinem der Bieter irgendetwas mitgeteilt werden darf.

5.7.1.4 Führen von Bietergesprächen

Bietergespräche des (privaten) Auftraggebers vor der Auftragserteilung sollen zur Klarheit bezüglich des Angebots- bzw. Einheitspreises führen. Dies umfasst die gestellten Rückfragen bzw.

Anmerkungen aufgrund der Angebotsprüfung duch den Architekten sowie die Preisgestaltung jedes EPs oder von Pauschalsummen, vor allem aber den Nachlass und das kaufmännische Skonto, die Anzahlungsforderung etc. (siehe hierzu Anmerkungen zum Aufklärungsgespräch im Abschnitt zuvor).

Für den öffentlichen Auftraggeber regeln sich Bieter-Aufklärungen nach VOB/A § 15 Aufklärung des Angebotsinhaltes.

5.7.1.5 Erstellen der Vergabevorschläge, Dokumentation des Vergabeverfahrens

Nach der Prüfung und Wertung der Angebote sind die Vergabevorschläge für jedes Gewerk abzuleiten, zu dokumentieren und dem Auftraggeber vorzulegen.

5.7.1.6 Zusammenstellen der Vertragsunterlagen für alle Leistungsbereiche

Das Zusammenstellen der Vertragsunterlagen in Ergänzung zur LPH 6 f) Zusammenstellung der Vergabeunterlagen erfolgt durch den Architekten unter Mitarbeit der fachlich Beteiligten. Die Unterlagen sind dem Auftraggeber vorzulegen.

Wenn es heißt: Mitwirkung bei der Vergabe, so ist damit die fachliche Beratung des Auftraggebers durch den Architekten über Inhalt und ggf. Form des Bauvertrags, über fachliche Details innerhalb der Aufklärungsgespräche, die Bewertung von Sondervorschlägen oder Zahlungsmodalitäten etc. gemeint, welche zwingend vor dem eigentlichen Vergabegespräch zu erfolgen hat, damit zum entscheidenden Vergabegespräch nur noch die den Auftraggeber betreffenden Punkte, hier im Wesentlichen der Angebotspreis, verhandelt werden.

Wenn der Architekt oder Fachplaner an den Vergabegesprächen teilnehmen soll, beantwortet er nur fachbezogene Rückfragen, welche sich im Verlauf des Gespräches ergeben. Die Protokollierung hat aus Gründen der Rechtssicherheit durch den Auftraggeber-Projektleiter zu erfolgen, der Architekt und die Fachplaner bestätigen auf dem Vergabeprotokoll die Teilnahme an dem Gespräch.

Im Fall der „Mitwirkung bei der Vergabe" bei einem öffentlich-rechtlichen Auftraggeber können bestimmte Teilleistungen vom Auftraggeber ohne Mitwirkung des Architekten erbracht werden (z. B. rechnerische Prüfung der Angebote).

5.7.1.7 Vergleichen der Ausschreibungsergebnisse mit den vom Planer bepreisten Leistungsverzeichnissen oder der Kostenberechnung

Der Auftraggeber soll mit dem Kostenanschlag eine weitestgehende Absicherung seines Kosten- und Finanzierungsplans erhalten und in die Lage versetzt werden, entsprechende Entscheidungen für das Projekt zu treffen.

Kostenermittlung und Erläuterungsbericht werden durch den Architekten in Abstimmung mit den Fachplanern koordiniert und integriert. Dabei erfolgt der Vergleich der Titelsummen bzw. Einheitspreise des Angebotes mit den verpreisten LVs des Kostenvoranschlages.

Nach der Vergabe einer Leistung wird der vormals errechnete Wert der VE im Kostenvoranschlag durch den Vergabewert in dem Kostenanschlag ersetzt. Soweit noch keine Angebots-/Vergabewerte vorliegen, werden die Kostenberechnungswerte des Kostenvoranschlages belassen bzw. den neuen Erkenntnissen aus den Vergaben angepasst und dokumentiert. Der Kostenvergleich zur Kostenberechnung dokumentiert die dabei aufgetretenen Veränderungen.

Mit dem Auftraggeber ist abzustimmen, ob die verbleibenden Werte des Kostenvoranschlages ggf. durch den Preisindex zu verändern sind.

5.7.1.8 Mitwirken bei der Auftragserteilung

Die Mitwirkung bei der Vergabe beschränkt sich im Wesentlichen auf die Vorbereitung und Zusammenstellung der Vergabeunterlagen; beachte hierzu bei öffentlichen Auftraggebern auch den § 10 VOB/A Angebots-, Bewerbungs- und Bindefristen.

Alle Fragen, welche sich aus der Angebotswertung und -prüfung ergeben haben, müssen unbedingt vor der Verhandlung in ihrer Gesamtheit durch die fachlich Beteiligten geklärt worden sein. Die geklärten Informationen sind dann Gegenstand jedes Prüfberichts und jeder Vergabeempfehlung, sodass bei der eigentlichen Verhandlung mit dem Bieter nur noch der Auftraggeber tätig werden muss. Die Beauftragung erfolgt durch den Auftraggeber.

Wenn der Architekt oder Fachplaner an den Vergabegesprächen teilnehmen soll, beantwortet er nur fachbezogene Rückfragen, welche sich im Verlauf des Gespräches ergeben. Die Protokollierung hat aus Gründen der Rechtssicherheit durch den Auftraggeber zu erfolgen, Bieter, Architekt und die Fachplaner bestätigen auf dem Vergabeprotokoll die Teilnahme an dem Gespräch.

Im Fall der „Mitwirkung bei der Vergabe" bei einem öffentlich-rechtlichen Auftraggeber können bestimmte Teilleistungen vom Auftraggeber ohne Mitwirkung des Architekten erbracht werden (z. B. rechnerische Prüfung der Angebote).

5.7.2 Besondere Leistungen

5.7.2.1 Prüfen und Werten von Nebenangeboten mit Auswirkungen auf die abgestimmte Planung

Wenn eine Prüfung von Nebenangeboten mit Auswirkungen auf die abgestimmte Planung nur mit weiteren Planungen erfolgen kann, so ist der erforderliche Aufwand abzuschätzen und ein gesondertes Honorar zu vereinbaren.

5.7.2.2 Mitwirken bei der Mittelabflussplanung

Diese Leistung ergänzt die Aufstellung eines Finanzierungs-(Termin-)Planes aus der LPH 2.

5.7.2.3 Fachliche Vorbereitung und Mitwirken bei Nachprüfungsverfahren

Bei den Vergabeverfahren der öffentlichen Hand nehmen Nachprüfungsverfahren von unterlegenen Bietern zu. Damit verbunden sind Zeitverlust in der Projektabwicklung und Kosten. Für die fachlich beteiligten Architekten und Ingenieure verbleibt ausschließlich die vorbereitende fachliche Unterstützung.

5.7.2.4 Mitwirken bei der Prüfung von bauwirtschaftlich begründeten Nachtragsangeboten

Bauwirtschaftliche Nachtragsangebote sind begründet, wenn der Auftraggeber Leistungen, Bauumstände oder Bauzeiten im Verlauf der LPH 7 ändert.

5.7.2.5 Prüfen und Werten der Angebote aus Leistungsbeschreibung mit Leistungsprogramm einschließlich Preisspiegel

Sind Leistungsbeschreibung mit Leistungsprogramm Gegenstand der Verdingungsunterlage, ist zu beachten, dass die geforderte Leistung des Prüfens und Wertens der Angebote eine Grundleistung wird.

Nach Klärung aller Sachverhalte sind von den fachlich Beteiligten entsprechende Preisspiegel aufzustellen.

5.7.2.6 Aufstellen, Prüfen und Werten von Preisspiegeln nach besonderen Anforderungen

Preisspiegel können nach besonderen Anforderungen erarbeitet werden, wenn das Aufstellen, Prüfen und Werten der Vergleichswerte nach

- funktionalen,
- konstruktiven,
- bauphysikalischen,
- wirtschaftlichen oder energiewirtschaftlichen Wertmaßstäben

erfolgen soll.

Oder es tritt der Fall ein, dass ein LV aufgrund des Sondervorschlags pauschaliert werden soll und folgende Umstände müssen dazu sorgfältig geprüft werden:

- Welche der u. U. bei den erbrachten Grundleistungen gewonnenen Erkenntnisse und Faktoren (Mengenermittlungen) können als Grundlage weiterhin genutzt werden (um durch ein vorweggenommenes Aufmaß die LV-Mengen zu prüfen)?
- Welcher zusätzliche Aufwand ist zu leisten (Ermittlung von abweichenden Mengen, z. B. bei einem Sondervorschlag)?
- Welchen Preisvorteil genießt der Auftraggeber aus dieser zusätzlichen Leistung?

5.8 LPH 8 Objektüberwachung (Bauüberwachung) und Dokumentation

5.8.1 Grundleistungen

5.8.1.1 Überwachen der Ausführung des Objektes auf Übereinstimmung mit der öffentlich-rechtlichen Genehmigung oder Zustimmung, den Verträgen mit ausführenden Unternehmen, den Ausführungsunterlagen, den einschlägigen Vorschriften sowie mit den allgemein anerkannten Regeln der Technik

Diese „Haupt-Grundleistung" umfasst die Kontrolle über die Ausführung des Bauwerkes durch Überwachen und Prüfen auf Übereinstimmung mit dem Vertrag, der öffentlich-rechtlichen Baugenehmigung, den Ausführungsplänen, den (vertraglich vereinbarten) Leistungsbeschreibungen, den anerkannten Regeln der Technik und Baukunst sowie den zugehörigen einschlägigen Vorschriften.

Im Einzelnen umfasst die Überwachung der Ausführung des Objektes die Umsetzung der Ausführungspläne im Bauwerk sowie die Wahrnehmung aller Prüf-, Kontroll-, Steuerungs- und Berichtsfunktionen zur Sicherstellung der im Bauvertrag zwischen Auftraggeber und Bau-Auftragnehmer getroffenen Vereinbarungen über Qualität, Kosten und Termine.

Die Kontrolltätigkeit des Architekten beinhaltet darüber hinaus die Feststellung der Einhaltung aller sonstigen behördlichen Auflagen, etwaiger Dispenserteilung, nachbarrechtlicher Vereinbarungen, Respektierung der Grenzabstände, des Gesetzes zum Schutz der Umwelt und – sehr wesentlich – die Einhaltung aller Sicherheitsbestimmungen der Berufsgenossenschaft und anderes.

5.8.1.2 Überwachen der Ausführung von Tragwerken mit sehr geringen und geringen Planungsanforderungen auf Übereinstimmung mit dem Standsicherheitsnachweis

Diese Leistung umfasst die Überwachung der Ausführung einfacher Tragwerke (hier: Bewehrungen, Stahlbauarbeiten, Gründungsarbeiten etc. in der Regel Honorarzone I und II) auf Übereinstimmung mit dem Standsicherheitsnachweis.

Diese Grundleistung beschränkt sich ausschließlich auf Tragwerke mit sehr geringem Schwierigkeitsgrad, insbesondere auf einfache, statisch bestimmte, ebene Tragwerke aus Holz, Stahl, Stein oder unbewehrtem Beton mit ruhenden Lasten, ohne Nachweis horizontaler Aussteifung. Tragwerke mit darüber hinausgehenden Anforderungen und Schwierigkeitsgraden sind von fachlich qualifizierten Tragwerksplanern zu überwachen.

5.8.1.3 Koordinieren der an der Objektüberwachung fachlich Beteiligten

Für einen geordneten Bauablauf sind die Tätigkeiten aller an der Objektüberwachung fachlich Beteiligten durch den Architekten zu koordinieren, zu integrieren und abzustimmen, auf Basis des Bauablauf-Terminplanes. Dabei prüft der Architekt im Verlauf der Objektüberwachung kontinuierlich, ob die abgesprochenen Festlegungen von allen Beteiligten eingehalten werden.

Zu den Kernaufgaben des Architekten gehören die Durchführung der Routine- und Sonder-Baubesprechungen mit genauer Ergebnis-Protokollierung. In diesen Gesprächen geht es um die konsequente Abarbeitung durch das Überprüfen der festgelegten Vorgänge und deren Erledigung durch Vergleich mit dem Baufortschritt.

Bei unzureichender Mitwirkung oder Leistungserbringung der Fachbauleitungen ist der Auftraggeber schriftlich aufzufordern, seine Erfüllungsgehilfen zur Einhaltung der für alle verbindlichen Festlegungen anzumahnen.

5.8.1.4 Aufstellen, Fortschreiben und Überwachen eines Terminplans (Balkendiagramm)

Bei der Aufstellung der Bauablauf-Terminpläne in der LPH 8 handelt es sich um eine zu fixierende, ergänzende Detailabfolge und Abstimmung der Leistungsausführung im Ausführungszeitraum innerhalb der in den Werkverträgen festgelegten Eckdaten (Anfangs-, Zwischen- und Endtermine).

Zu dieser Leistung gehören des Weiteren neben der Aufstellung der Terminpläne vor allem auch die Überwachung der in diesem Zeitplan aufgeführten Termine und die Information des Auftraggebers über evtl. Abweichungen; anschließend die Einbeziehung aller fachlich Beteiligten zur Regelung und Koordination des Ineinandergreifens der Bauarbeiten.

Beachte: Die zwischen Auftraggeber und Auftragnehmer vereinbarten (Vertrags-) Termine können rechtsverbindlich nur durch die Vertragsparteien verändert werden. Dies betrifft insbesondere vereinbarte Zwischentermine und den Fertigstellungstermin.

Alle sonstigen, „dazwischen liegenden" Termine können vom Architekten im Zuge der Bauausführung den Gegebenheiten angepasst werden.

5.8.1.5 Dokumentation des Bauablaufs (zum Beispiel Bautagebuch)

Die Klammer in der Überschrift (zum Beispiel Bautagebuch) weist darauf hin, dass die Dokumentation des Bauablaufes aus mehr als nur dem Bautagebuch bestehen kann.

Einerseits ist das Führen des Bautagebuches im Einfamilienhausbau insbesondere die (einzige) Dokumentation der regelmäßigen örtlichen Überwachung der Bauausführungen mit den entsprechenden Feststellungen und Anordnungen, andererseits ist das Bautagebuch im Wirtschaftsbau nur ein Teil der Dokumentation des Bauablaufes.

Unabhängig davon ist die tagesbezogene Bautagebuchführung eine wesentliche Leistungspflicht der an der Überwachung Beteiligter. Die Aufzeichnungen und weitere Unterlagen können ggf. zu späteren Zeiten bei Abnahmen, Abrechnung, Mängelanfall und möglicher strittiger Auseinandersetzung von maßgeblicher Bedeutung sein.

Es sind im Wirtschaftsbau zwei Arten von Bautagebucheintragungen zu führen:

- die Bautagesberichte jedes Bau-Auftragnehmers und
- die Bautagesberichte in Zusammenfassung der Objektüberwachungen

Diese Berichterstattung muss Tagesdatum, Wetterbedingungen, sonstige Randbedingungen, Anzahl und Qualifikation der Mitarbeiter, ausgeführte Leistungen, Arbeitszeiten, besondere Vorfälle, Leistungen und Maßnahmen, evtl. zusätzliche, nicht im Vertrag enthaltene Leistungen, Anordnungen der Objektüberwachung sowie evtl. im Vorfeld vereinbarte Stundenlohnarbeiten und Bilddokumentation enthalten. Etwaige Änderungen bzw. Korrekturen sind vom Bau-Auftragnehmer und den Objektüberwachenden gegenzuzeichnen.

Die Objektüberwachung sammelt und ordnet alle Bautagesberichte der tätigen Auftragnehmer, getrennt nach Datum und Auftragnehmern, und erstellt - entsprechend der Vereinbarung - ein wöchentliches *kumuliertes* Deckblatt. Mit dem Auftraggeber ist abzustimmen, dass alle Fachbauleitungen nach demselben Schema arbeiten.

Das Aufstellen der Bautagesberichte und das Vorlegen beim objektüberwachenden Architekten ist von Projektbeginn an durch den Architekten zu kontrollieren und anzumahnen. Die fachlich Beteiligten haben die Inhalte zu prüfen, abzuzeichnen und zur weiteren Vervollständigung zu dokumentieren.

In der Praxis werden die Bautagebucheintragungen ergänzt durch die Ergebnisprotokolle, Fotoaufnahmen, Behinderungs- und Verzugsanzeigen sowie den sonstigen fristen- und rechtewahrenden Schriftverkehr.

5.8.1.6 Gemeinsames Aufmaß mit den ausführenden Unternehmen

Entgegen vieler Kommentare in der Literatur sieht die VOB/B § 14, Abs. (2) Abrechnung vor, ein Aufmaß (Feststellungen) **möglichst** gemeinsam vorzunehmen.; es ist also kein Muss.

Somit erfolgt der Nachweis der Mengen für die Abrechnung entsprechend den Ausführungsplanungen; lediglich nicht dargestellte Bauteile und Ausstattungen sind „aufzumessen".

Sofern die Bau-Auftragnehmer-Leistungen nicht pauschaliert sind, ist die beauftragte und tatsächlich fertiggestellte Leistung am Projekt gemeinsam von Architekt und Bau-Auftragnehmer festzustellen.

Die notwendigen Abrechnungsunterlagen hat der Auftragnehmer beim Auftraggeber anzufordern bzw. sind ihm von diesem zur Verfügung zu stellen. Die Unterlagen können auch über den objektüberwachenden Architekten dem Auftragnehmer übergeben werden.

Die Aufstellung der Mengenansätze erfolgt durch den Auftragnehmer. Die Prüfung erfolgt durch den objektüberwachenden Architekten. Bei Unstimmigkeiten ist der Auftragnehmer hinzuzuziehen.

Soweit die Ausführung den Ausführungsplänen ohne Änderung entspricht, hat der Auftragnehmer den Massenauszug zusammen mit einer Abrechnungszeichnung dem objektüberwachenden Architekten zur Prüfung vorzulegen (Vorlage für Aufmaßunterlagen siehe BVB).

Soll das Aufmaß nach REB aufgestellt und geprüft werden, so ist dies in den Vertragsbedingungen festzulegen. Soll ein gemeinsames örtliches Aufmaß mit dem objektüberwachenden Architekten durchgeführt werden, so muss dies ausdrücklich in den Vertragsbedingungen vereinbart werden.

Für die als richtig festgestellten Mengenansätze ist eine entsprechende Messurkunde (Mengenaufstellung) vom Auftragnehmer und dem objektüberwachenden Architekten zu unterschreiben.

Originale Messurkunden und Abrechnungsunterlagen verbleiben bei dem objektüberwachenden Architekten und werden nach der Prüfung der Schlussrechnung (Abnahme des Auftraggebers muss erfolgt sein) gemeinsam mit der Schlusszahlungsfreigabe dem Auftraggeber übergeben. Für die Übergabe dieser Unterlagen ist die Schriftform zwingend vorgeschrieben. Die vorher festgelegten Aufmaße sind Dokumente und damit für den Auftragnehmer und den Auftraggeber vertragsrechtlich bindend. Sie bilden die Grundlage für die spätere Abrechnung.

5.8.1.7 Rechnungsprüfung einschließlich Prüfen der Aufmaße der bauausführenden Unternehmen

Die Rechnungsprüfung erstreckt sich auf alle im Zusammenhang mit der Planung, Genehmigung und Ausführung des Objektes anfallenden Teil-, Teilschluss- und Schlussrechnungen.

Es gelten die Vertragsbedingungen als Grundlagen, hier insbesondere das Auftragsprotokoll und die sonstigen vertraglichen Regelungen. In den Vertragsbedingungen ist festgelegt, dass der Auftragnehmer erst nach dem vom objektüberwachenden Architekten festgestellten Aufmaß seine Abschlags-, Teilschluss- oder Schlussrechnung bei dem Auftraggeber/Architekten einreichen darf.

Sämtliche Rechnungen sind nachvollziehbar zu prüfen. Die Prüfvermerke sind leserlich in grün einzutragen. Der Prüfvorgang ist mit Firmenstempel, Datum und Unterschrift zu dokumentieren.

Abgesehen von möglichen Vorauszahlungen gegen entsprechende Bürgschaften oder für Materialsicherungen gelten als weitere Voraussetzungen der Rechnungsprüfung:

- die ordnungsgemäße Leistungserfüllung
- die rechtzeitige Vorlage, Anerkennung und Prüfung der Aufmaßunterlagen (siehe hierzu auch die Regelungen der VB)
- prüffähige Rechnungsunterlagen und sonstige, aus den Vertragsunterlagen relevanten Bestimmungen bezüglich anteiliger Kostentragung für Energieverbrauch, Reinigung, Schuttbeseitigung etc.
- mögliche Belastungen durch zusätzliche Leistungen anderer Auftragnehmer.

Nicht prüffähige Rechnungen sind umgehend an den Rechnungssteller bzw. an den Auftraggeber zur Entlastung der fachlich Beteiligten zurückzugeben, damit die VOB-Prüffristen unterbrochen werden. Das Gleiche ist zu veranlassen, wenn Rechnung und Aufmaß zeitgleich vom Auftragnehmer eingereicht werden. In den Vertragsbedingungen ist geregelt, dass erst nach erfolgter Anerkennung der Aufmaßunterlagen der Auftragnehmer die Rechnung einreichen kann.

Die für die Rechnungsprüfung vorgesehenen Fristen gemäß VOB, Teil B, § 14 Abrechnung sind unbedingt einzuhalten. Gleiches gilt für die vom Auftraggeber zu veranlassenden Zahlungen, siehe auch VOB, Teil B, § 16 Zahlung.

Im Fall vereinbarter Skonto-Abzüge ist vom objektüberwachenden Architekten in jedem Fall eine fristgerechte Rechnungsprüfung erforderlich, da sonst vom Auftraggeber Regressansprüche zu erwarten sind.

Sollten erst nach Abschluss des Architektenvertrages (welchem für die Prüfung die VOB/B-Fristen zugrunde lagen), zum Zeitpunkt der Vergabe durch den Auftraggeber kürzere Zahlungsziele mit dem Auftragnehmer vereinbart werden, um Skonto zu erhalten, so ist seitens des fachlich

Beteiligten durch einen Nachtrag über Besondere Leistungen der Mehraufwand für die „zeitlich verkürzte Prüfung" von Rechnungen anzubieten (Mehraufwand an Überstunden etc.).

Die Rechnungsprüfung durch den Architekten ist eine Pflicht gegenüber dem Auftraggeber. Sie stellt keine vertragsrechtliche Anerkenntnis dar. Diese wird erst mit der Akzeptierung durch den Auftragnehmer und der Zahlung durch den Auftraggeber hergestellt (entsprechend VOB/B § 16 Zahlung, Abs. (3), Nr. 2 Vorbehaltlose Annahme).

Wenn im Verlauf des Einführungsgespräches oder im Verlauf der Bauzeit die fachlich Beteiligten oder ein Auftragnehmer feststellt, dass Leistungen hinzukommen oder entfallen, so hat dieser seinen Nachtrag dem Auftraggeber vorzulegen. Die Prüfung ist durch die fachlich Beteiligten vorzunehmen und die Beauftragung ist dann durch den Auftraggeber vorzunehmen.

Mit der Schlussrechnung sind seitens der Bau-Auftragnehmer für die förmliche Übergabe an den Auftraggeber die vertraglich geforderten Unterlagen gem. Abnahmeprotokoll (Zulassungen, Pflegeanweisungen, Konstruktionszeichnungen, Prüfzeugnisse, Bücher und Protokolle, Bedienungsanleitungen, Revisionsunterlagen, Wartungs- und Betriebsanleitungen, Revisionspläne, Fotodokumente sowie EDV-Träger etc.) zu übergeben.

5.8.1.8 Vergleich der Ergebnisse der Rechnungsprüfungen mit den Auftragssummen einschließlich Nachträgen

Zur Kostensicherheit sind die abgerechneten Mengen mit denen des Leistungsverzeichnisses im Einheitspreisvertrag zu vergleichen; siehe hierzu LPH 6 Aufstellung der Mengenpositionen nach Bauteilen.

5.8.1.9 Kostenkontrolle durch Überprüfen der Leistungsabrechnung der bauausführenden Unternehmen im Vergleich zu den Vertragspreisen

Mit der zeitnahen Prüfung von Aufmaßnachweisen soll sichergestellt werden, dass durch Vergleich zwischen der tatsächlich ausgeführten Menge und der entsprechenden Teilmenge der Leistungspositionen keine Abweichung besteht (siehe vorhergehende Grundleistung).

Werden Abweichungen und damit einhergehende Kostenüberschreitungen nicht zeitnah festgestellt und hat der Auftraggeber zwischenzeitlich kostenerhöhende Qualitätsverbesserungen aufgrund des „passenden Gesamtkostenrahmens" beschlossen, so sind die fachlich Beteiligten für den Schaden aufgrund ihrer fehlerhaften Beratung mitverantwortlich.

Für die fachlich Beteiligten ist zu beachten, dass in der Berufshaftpflichtversicherung Ansprüche wegen Schäden aus der Überschreitung nicht aktualisierter Massen- oder Kostenermittlungen in der Regel grundsätzlich nicht versichert sind.

5.8.1.10 Kostenfeststellung

Nach Vorlage aller wesentlichen Schlussrechnungen ist die Kostenfeststellung abschließend aufzustellen.

Mit der Kostenfeststellung ist das Maß der Kosteneinhaltung bzw. Über- und/oder Unterschreitung gegenüber dem Kostenanschlag zu ermitteln. Entsprechende Begründungen sind in Ergänzung zu den bereits erbrachten Kostenberichten schriftlich vorzunehmen.

Erst mit der Vorlage der Kostenfeststellung nach DIN 276:2018 an den Auftraggeber als wesentliche Leistung der LPH 8 haben die fachlich Beteiligten Anspruch auf Teilabnahme durch den Auftraggeber; gleichzeitig beginnt die Haftung auf Gewährleistung. Somit ist es zwingend erforderlich, den Auftraggeber auf fehlende Angaben der fachlich Beteiligten oder Bauauftragnehmer (Schlussrechnung) hinzuweisen und notfalls in Verzug zu setzen, damit der Zeitraum nahe bei dem Zeitpunkt der Übergabe des Objektes liegt.

Wenn den fachlich Beteiligten von einem Bau-Auftragnehmer eine Rechnung (Teil- oder Schlussrechnungen) nicht zeitgerecht vorliegt, so ist dem Auftraggeber vorzuschlagen, dass stattdessen entweder die Werte des Kostenanschlags zzgl. der Nachträge als Richtwerte genommen werden können oder die erforderliche Rechnung von einem fachlich Beteiligten oder sonstigen Externen zu Lasten des Bau-Auftragnehmers aufgestellt wird.

5.8.1.11 Organisation der Abnahme von Bauleistungen unter Mitwirkung anderer an der Planung und Objektüberwachung fachlich Beteiligter, Feststellung von Mängeln, Abnahmeempfehlung für den Auftraggeber

Die Abnahme von Bauleistungen ist eine Verpflichtung des Auftraggebers gegenüber jedem Auftragnehmer. Sie hat den Festlegungen der Vertragsbedingungen entsprechend zu erfolgen.

Mit der Abnahme erfüllt der Auftraggeber gegenüber dem Bau-Auftragnehmer seine Verpflichtung aus dem Bauvertrag im Hinblick auf die „körperliche Übernahme und die Billigung des Werkes als in den wesentlichen Teilen vertragsentsprechend ausgeführten Leistung".

Damit der Auftraggeber diese seine Verpflichtung erfüllen kann, benötigt er die Leistungsfeststellungen der fachlich Beteiligten, dass eben diese Leistung des Auftragnehmers dem Vertrag entsprechend ausgeführt worden ist.

Auszug aus VOB/B § 4.10 Ausführung:

„Der Zustand von Teilen der Leistung ist auf Verlangen gemeinsam von Auftraggeber und Auftragnehmer festzustellen, wenn diese Teile der Leistung durch die weitere Ausführung der Prüfung und Feststellung entzogen werden. Das Ergebnis ist schriftlich niederzulegen."

Die Aufforderung zur Zustandsfeststellung von Teilen der Leistung kann nicht nur durch den Auftragnehmer erfolgen, sondern sollte auch vom Architekten bei folgenden Sachverhalten herbeigeführt werden:

- Leistungen werden durch fortführende Bauleistungen verdeckt.
- Es besteht eine Insolvenzgefahr bei einem der Bau-Auftragnehmer.
- ggf. vorübergehende Leistungsunterbrechung bei Baustillstand

Die Feststellung des Zustandes von Teilen der Leistung ist eine periodische Feststellung des Bau-, Liefer- und Montagefortschrittes jeder Auftragnehmer-Leistung bzw. Teilleistung/Lieferung hinsichtlich der geforderten Qualität und Beschaffenheit (als Voraussetzung zur Arbeitsaufnahme anderer, darauf aufbauender Auftragnehmer) und einer ggf. vorliegenden Mangelhaftigkeit (nicht vertragsgemäßer Zustand).

Jede VE-Teilleistung ist demnach durch die Objektüberwachungen mit den Vertretern von Auftragnehmer und Auftraggeber (ein solcher muss aber nicht teilnehmen) periodisch (wöchentlich, monatlich etc.) abzunehmen. Beispiele hierzu: die Feststellung des Zustands über das Roh- oder Feinplanum, der Abdichtung, der Stahlbetoneinbauten, der Rohwand- bzw. Belagsoberfläche, des Einbaus von Feuerschutzklappen oder des rohen Holzelementes, welches noch anzustreichen ist.

Die Feststellung ist mittels Protokoll zu dokumentieren und von allen Beteiligten rechtsverbindlich zu unterzeichnen.

Die gesamte Dokumentation besteht neben dem Protokoll aus der Verortung in Plänen, auch anhand von Fotoaufnahmen, welche fortgeschrieben werden.

Damit allen Unklarheiten vorgebeugt wird, sind in den Vertragsbedingungen entsprechende Regelungen zu vereinbaren, welche ausdrücklich darauf hinweisen, dass es sich um Leistungsabnahmen entsprechend VOB/B § 4 Nr.10 handelt und nicht um VOB/B-Abnahmen nach § 12 (rechtsverbindliche Auftraggeber-Abnahme).

Die Feststellung des Zustands von Teilen der Leistung erfordert in diesem Sinne, dass durch den Auftragnehmer alle erforderlichen Nachweise (Prüfzeugnisse etc., aber keine Revisionsunterlagen) zur Feststellung vorgelegt werden.

Die gesamten Zustands-Leistungsfeststellungen dienen der Vorbereitung der Auftraggeber-Abnahme. Wird diese Abnahme entsprechend den Vertragsbedingungen gefordert (in den Vertragsbedingungen ist i. d. R. ausgeschlossen, dass eine fiktive Abnahme durch eine Auftragnehmer-Fertigstellungsmeldung eintritt), so entscheidet die Objektüberwachung anhand der Leistungsfeststellungen und ggf. anhand der noch zu erbringenden Restleistungen, ob dem Auftragnehmer-Verlangen nach einer Abnahme stattzugeben ist oder nicht.

Im Rahmen der Auftraggeber-Abnahme ist der Auftragnehmer verpflichtet, alle Nachweise (Prüfzeugnisse etc.), welche gemäß den Vertragsbedingungen gefordert werden, einzureichen. Diese Unterlagen sind von der Objektüberwachung auf Vollständigkeit zu überprüfen.

Die Leistungsfeststellung stellt noch keine vertragsrechtliche Anerkennung einer Leistung dar, sondern ist zunächst als Leistungs-Entgegennahme zu werten. Erst mit der vertragsrechtlichen Abnahme geht die Gefahr auf den Auftraggeber über, sofern dieses nicht schon gemäß VOB, Teil B, § 7 erfolgt ist.

Die „Leistungsfeststellung/Leistungs-Entgegennahme" und die „vertragsrechtliche Leistungsabnahme" sind im Regelfall nicht zum selben Termin durchzuführen. Vielmehr ist aufgrund der festgestellten Mängel bei der Leistungsfeststellung ein ausreichender Zeitraum für deren Beseitigung vorzusehen, damit zum Termin der vertragsrechtlichen Abnahme einerseits diese aufgrund einer Vielzahl von Mängeln nicht verweigert wird und andererseits ein (einziger) Termin für die Auftraggeber-Abnahmen festgelegt wird, der für den Zeitraum der Auftragnehmer-Gewährleistungen als ein gemeinsames, verbindliches Datum gilt. Deshalb erfolgen in der Regel die Leistungsfeststellungen und die Abnahmen von Bauleistungen zeitversetzt.

Bei entsprechend sorgfältiger und umfassender Vorbereitung durch den Architekten kann die Auftraggeber-Abnahme auch ohne Teilnahme des Auftraggebers im Sinne der „Vorbereitung der rechtsgeschäftlichen Auftraggeber-Abnahme" vorbereitet bzw. durchgeführt werden.

In der Regel wird der Auftraggeber dann zur Schlussbegehung nach der durch den Bau-Auftragnehmer erfolgten Mängelbeseitigung die rechtsgeschäftliche Abnahme erteilen.

Hingegen ist zu beachten, dass die behördlichen Abnahmen als Pflichtveranstaltungen für den Auftraggeber mit seinen Architekten und ggf. Ingenieuren anzusehen sind.

Zu diesen behördlichen Abnahmen (erforderlich nach einigen LBO, keine zivilrechtliche Folgen für Auftraggeber-Abnahmen, jedoch oft Voraussetzung hierfür) gehören die:

- Rohbauabnahme

  (nach Fertigstellung der wesentlichen Rohbauarbeiten; vor Putz-, Estrich- oder Installationsarbeiten, nach Erfordernis in Abschnitten)

- Gebrauchsabnahme bzw. Schlussabnahme

  (nach Fertigstellung der Gesamtleistung, vor Einzug/Nutzung durch den Auftraggeber).

Hierbei obliegt dem objektüberwachenden Architekten jeweils die rechtzeitige Abrufung, die Bestellung etwaiger Ausführungsunterlagen einschließlich Baugenehmigung sowie die notwendige Koordination. Die Garantie zur Rechtmäßigkeit und Verantwortung liegt bei den Behördenvertretern einschließlich der Verpflichtung zur Ausstellung der entsprechenden Abnahmebescheinigungen. Zur Aufgabe des objektüberwachenden Architekten gehört die verantwortliche Durchführung und Protokollierung, damit ggf. auch die Erstellung von Mängellisten etc. Das Gesamtprotokoll wird von allen Beteiligten unterzeichnet und an alle verteilt.

Erst nach erfolgter Abnahme durch den Auftraggeber ohne/mit Mängelfeststellungen kann der Auftragnehmer die Schlussrechnung aufstellen und einreichen; zu beachten ist, dass Aufmaßprüfungen zeitnah zu den Abschlagsrechnungen erfolgen, damit die VOB-Frist eingehalten werden kann.

Eine wichtige Bedeutung kommt der Bewertung von Restarbeiten im Hinblick auf den Beginn des Gewährleistungszeitraumes bzw. der LPH 9 zu.

Je kürzer die Bauzeit, desto mehr stehen üblicherweise zur Auftraggeber-Abnahme noch Restarbeiten aus und/oder sind noch eine hohe Anzahl von Mängeln zu beseitigen, welche aber die Nutzung und Inbetriebnahme nicht beeinträchtigen. Hier obliegt es dem objektüberwachenden Architekten, eine objektive Zeiteinschätzung dahingehend vorzunehmen, inwieweit die vorliegenden Umstände bei der Festlegung von Beginn und Ende der Gewährleistungspflicht zu berücksichtigen sind.

Die Vertragserfüllungs-Bürgschaft des Auftragnehmers ist erst nach vollständiger Erbringung der vertraglich geforderten Leistung zur Rückgabe freizugeben. Zu den Leistungen des Auftragnehmers gehören u. a. die Beseitigung der festgestellten Mängel, die Fertigstellung von Restleistungen, das Beibringen aller nach den Vertragsbedingungen geforderten einzureichenden Unterlagen und vor allem die durch den Auftragnehmer zu vollziehende Anerkennung der vom Auftraggeber erstellten Schlusszahlungssumme nach Schlussrechnungsprüfung.

5.8.1.12 Antrag auf öffentlich-rechtliche Abnahmen und Teilnahme daran

Bevor die Auftraggeber-Abnahme gegenüber den Bau-Auftragnehmern erfolgen kann, ist die behördliche öffentlich-rechtliche Abnahme zu beantragen und durchzuführen. Für Leistungen der Fachplaner trifft dies ebenso zu.

5.8.1.13 Systematische Zusammenstellung der Dokumentation, zeichnerischen Darstellungen und rechnerischen Ergebnisse des Objekts

Für den sicheren und wirtschaftlichen Betrieb des Objekts müssen dem Auftraggeber die wesentlichen Daten zur Verfügung stehen.

Nachstehende Unterlagen sind vom Architekten und den fachlich beteiligten Ingenieuren zusammenzustellen und an den Auftraggeber zu übergeben:

- Planungsunterlagen aller Gewerke (letzter Stand der Freigaben)
- Tragwerksplanung mit statischer Berechnung
- Schal- und Bewehrungspläne einschl. aller Änderungs- und Nachtragsvermerke
- Wesentliche Baustoffangaben (DIN 276)
- Wesentliche Daten der Baukonstruktion KG 300
- Wesentliche Daten der Gebäudetechnik KG 400
- Wesentliche Daten der Energieversorgung und vorgesehene Verbrauchswerte
- Kostendaten/-kennwerte aus der Kostenfeststellung der LPH 8
- Vertragsrechtliche Dokumentationen
- Sonstige Dokumentationen.

Die Übergabe aller aufgelisteten Unterlagen ist sorgfältig zu dokumentieren.

5.8.1.14 Übergabe des Objekts

Nach Abschluss der wesentlichen Arbeiten, den Abnahmebegehungen durch den Architekten, der schriftlichen Fertigstellungsmeldung seitens des Auftragnehmers an den Auftraggeber erfolgt die förmliche Objektübergabe des Projektes an den Auftraggeber.

Die Übergabe ist schriftlich zu dokumentieren. Die Mitwirkung der fachlich Beteiligten ist von dem Architekten zu koordinieren. Nach Aufforderung durch den Auftraggeber hat der Architekt an einer Objektbegehung teilzunehmen.

5.8.1.15 Auflisten der Verjährungsfristen für Mängelansprüche

In Fortführung der Abnahme ist unter Beachtung der vertraglichen Vereinbarungen eine Zusammenstellung sämtlicher Gewährleistungsfristen vom Architekten zu erarbeiten.

Diese Zusammenstellung muss in einer übersichtlichen Matrixform mit Auflistung nachstehender Informationen für alle beauftragten und abgerechneten, gewerkebezogenen Auftragnehmerleistungen aufgestellt werden.

Allgemeine Beispiele für solche Informationen sind (siehe hierzu auch im Anhang):

- Leistung/Gewerke VE-Kennung
- Auftragnehmer mit voller Anschrift, ggf. Bearbeiter
- Abnahmedatum der vertraglichen Abnahme
- vereinbarte Frist bzw. Regelfrist (VOB, BGB) der Gewährleistung
- Beginn der Gewährleistungsfrist
- Ende der Gewährleistungsfrist
- Unterbrechung der Gewährleistungsfrist mit Fortschreibung der Daten
- Angaben zum Wartungsvertrag (Abschluss/kein Abschluss)

Bei Vorliegen eines VOB-Vertrages wird automatisch mit einer Mängelrüge die Verjährung einmal unterbrochen. Insofern können sich bei einem Bauwerk an einzelnen Bauteilen bzw. Leistungsabschnitten, jeweils im selben Zeitraum errichtet, unterschiedliche Gewährleistungsfristen ergeben.

Praxisgerecht ist weiterhin auch die Festlegung eines Termins für die Objektbegehung – jeweils ca. 3 Monate vor Fristablauf des Gewährleistungszeitraums, um dem Bau-Auftragnehmer dann noch ausreichend Gelegenheit zur Nachbesserung zu geben.

5.8.1.16 Überwachen der Beseitigung der bei der Abnahme festgestellten Mängel

Der Architekt überwacht die Verpflichtung des Auftragnehmers, die bei den Leistungsfeststellungen bzw. bei der Auftraggeber-Abnahme festgestellten, nicht vertragsgerechten Leistungen durch vertragsgemäße zu ersetzen.

Für die Beseitigung eines festgestellten Mangels ist dem Auftragnehmer ein ausreichender Zeitraum einzuräumen und eine angemessene Frist zu setzen, in welcher der vertragsgemäße Zustand erreicht werden muss. Diese Arbeiten sind mit allen betroffenen Beteiligten zu koordinieren; die Ausführung der Leistung ist nach Erfordernis zu überwachen.

Zu beachten ist, dass nach erfolgloser zweimaliger Aufforderung mit angemessener Fristsetzung zur Mängelbeseitigung der Auftraggeber eine Teilkündigung aussprechen und die Arbeiten in Form einer Ersatzmaßnahme zu Lasten des Auftragnehmer durchführen lassen kann. Nach Bedarf ist der Auftragnehmer aufzufordern, für diese Ersatzmaßnahme einen Vorschuss – wenn die Vertragserfüllungsbürgschaft die Summe nicht abdeckt – an den Auftraggeber zu überweisen.

Der Architekt koordiniert diese Maßnahme der Mängelbeseitigung. Er ist – analog zur Anwesenheit der Objektüberwachung auf der Baustelle – dabei aber nicht zur dauernden Anwesenheit verpflichtet. Nach erfolgter schriftlicher Fertigmeldung durch den Auftragnehmer führt der Architekt die Leistungsfeststellung durch und empfiehlt dem Auftraggeber zum entsprechenden Zeitpunkt die Abnahme der Mängelbeseitigung.

Für die Leistungen des Architekten LPH 9 ist es erforderlich, dass die Daten der Gewährleistungsfristen und deren Unterbrechungen für die Aufstellung des Gewährleistungs-Terminplans aufbereitet werden.

5.8.1.17 Überwachen und Detailkorrektur von Fertigteilen

Die (Qualitäts-)Überwachung von Fertigteilen beginnt mit der Überprüfung der Leistungen des Bau-Auftragnehmers im Fertigungsbetrieb. Hier sind entsprechende Musterteile zu verlangen, abzunehmen und zu sichern.

Diese Detailkontrolle ist zwingend erforderlich und findet gemeinsam mit dem Auftraggeber durch Überprüfung auf Übereinstimmung mit der Planung, mit den vertraglichen Bedingungen und den formalen Anforderungen vor dem Fertigungsstart statt.

Hierzu gehören das Erstellen eines Protokolls, die Mängelfeststellung und Anmerkungen auf Wiedervorlage sowie die Überprüfung der Beseitigung bei bzw. vor dem Einbau.

Hier sei nochmals explizit auf diese Leistungspflicht des objektüberwachenden Architekten verwiesen. Wesentliche Bedeutung erlangt diese Leistung bei der Erstellung von Großserien aller Typen von Betonfertigteilen und Vorfertigungselementen. Die Fertigungskontrolle beinhaltet die Prüfung auf Maßhaltigkeit, Form, Abstimmung und Ausführung der Befestigung und Verankerung am Bauwerk, Oberflächenbeschaffenheit und Gütenachweis.

5.8.2 Besondere Leistungen

5.8.2.1 Aufstellen, Überwachen und Fortschreiben eines Zahlungsplanes

Im Regelfall entstehen zwei, im Aufwand unterschiedliche Bearbeitungsleistungen:

- Zahlungs-/Kostenfortschreibung von Vertragsleistungen ohne vereinbarten Zahlungsplan, d. h. Auflisten von geprüften Teil-, Teilschluss- und Schlussrechnungen nach erbrachten Leistungen
- Zahlungs-/Kostenfortschreibung nach einem vereinbarten Zahlungsplan.

Im ersten Fall umfasst die Kosten- und Zahlungsfortschreibung alle eingegangenen und geprüften Rechnungen einschl. einer Prognosedarstellung über weitere Zahlungen und Zahlungstermine für alle Auftragnehmer über die gesamte Bauzeit, üblicherweise mit einem Gesamtausdruck zum Ende eines jeden Monats.

Im zweiten Fall umfasst die Besondere Leistung zunächst die gemeinschaftliche Aufstellung eines leistungs- und termingerechten Zahlungsplans in Abstimmung mit Auftraggeber und Auftragnehmer. Dieser abgestimmte Zahlungsplan wird zum Vertragsbestandteil. Hierbei werden in der Regel entsprechende Teilleistungen prozentual zum Gesamtauftragswert auf einer monatlichen Basis bewertet und auf die Gesamtvertragszeit aufgeteilt.

Sollte aus unvorhersehbaren, im Verschulden des Auftragnehmers liegenden Gründen die jeweils angenommene prozentuale monatliche Leistung nicht erreicht werden, ist bei der Rechnungsprüfung ein entsprechender Abzug vorzunehmen und ggf. bei erfolgter Leistungsaufholung bis zum Folgetermin dem dann fälligen Zahlungsbetrag hinzuzurechnen.

Hierdurch entstehende Zahlungsverschiebungen sind in einem Korrektur-Zahlungsplan auf monatlicher Basis zu erfassen. Die Beteiligten sind darüber schriftlich zu informieren.

5.8.2.2 Aufstellen, Überwachen und Fortschreiben von differenzierten Zeit-, Kosten- oder Kapazitätsplänen

Auf Basis der Bauablauf-Terminangaben werden differenzierte Objektablaufpläne (OA) zur effizienteren Überwachung und Steuerung der Bau-Ausführung aufgestellt (Pläne für bestimmte Räume oder Raumgruppen, Pläne für einen „kritischen Auftragnehmer" etc.). Gleiches gilt, wenn spezielle Bedingungen zur Leistungserbringung vorliegen, z.B. bei Umbauten oder Sanierung während fortlaufender bzw. terminierter Unterbrechungen von Betriebs- oder Produktionsverkehr.

Auf Basis der differenzierten Zeitplanung sind entsprechend die Kosten- und Kapazitäten auszuweisen.

Sofern bei der Aufstellung der Terminpläne noch nicht alle Leistungen vergeben sind, ist eine Ergänzung und Aktualisierung, auch unter Berücksichtigung möglicher Verschiebungen, in regelmäßigen Abständen zwingend erforderlich.

Als oberstes Ziel gilt jedoch die Einhaltung des vertraglich vereinbarten Endtermins. Nur im Fall außergewöhnlicher, nicht vorhersehbarer Ereignisse ist in Abstimmung mit allen Beteiligten und nur mit Zustimmung des Auftraggebers eine Verschiebung der Vertragstermine statthaft bzw. vertragsrechtlich wirksam. Dazu sind die vertragsrechtlichen Konsequenzen aus dem Kreis der Beteiligten festzustellen (z.B. Vertragsstrafen) und in der notwendigen Schriftform (z.B. Inverzugsetzung) zu erklären.

5.8.2.3 Tätigkeit als verantwortlicher Bauleiter, soweit diese Tätigkeit nach jeweiligem Landesrecht über die Grundleistungen der LPH 8 hinausgeht

Diese Besondere Leistung erwächst aus der Aufgabe des Auftraggebers, bei einer genehmigungspflichtigen Baumaßnahme die Bestellung eines Bauleiters im Sinne der LBO vorzunehmen (gemäß LBO z. Z. nicht in Sachsen-Anhalt, Bayern, Niedersachsen und Nordrhein-Westfalen).

Unberührt hiervon verbleibt die Verantwortlichkeit und Haftung bei dem/den Unternehmer/n für deren eigene Leistung sowie die Verpflichtung des Auftraggebers, für einen Sicherheits- und Gesundheitsschutzkoordinator zu sorgen.

Trotz der Verpflichtung eines solchen Bauleiters im Sinne der LBO hat der Objektbauleiter darüber hinaus darauf zu achten, dass jeder Auftragnehmer – bzw. bei Generalunternehmerverträgen ein gesamtverantwortlicher Bauleiter – die Verantwortungspflichten entsprechend der VOB/B übernimmt (siehe Vertragsbedingungen).

Der gegenüber der Bauaufsichtsbehörde benannte Bauleiter hat darüber zu wachen, dass die Baumaßnahme dem öffentlichen Recht, den allgemein anerkannten Regeln der Technik und den genehmigten Bauvorlagen entsprechend durchgeführt wird.

Er hat im Rahmen dieser Aufgabe auf den sicheren bautechnischen Betrieb der Baustelle, insbesondere auf das gefahrlose Ineinandergreifen der Arbeiten der verschiedenen Unternehmer, zu achten. Den Bauleiter trifft insoweit unter anderem eine Verkehrssicherungspflicht, die sowohl gegenüber der Bauaufsichtsbehörde als auch gegenüber der Öffentlichkeit besteht.

Im Falle der Bestellung der Fachbauleiter trifft den Bauleiter im Sinne der LBO die Verantwortung, für die Auswahl des Fachbauleiters und für deren Koordinierung zu sorgen.

5.9 LPH 9 Objektbetreuung

5.9.1 Grundleistungen

5.9.1.1 Fachliche Bewertung der innerhalb der Verjährungsfristen für Gewährleistungsansprüche festgestellten Mängel, längstens jedoch bis zum Ablauf von fünf Jahren seit Abnahme der Leistung, einschließlich notwendiger Begehungen

Mittels Ortsbesichtigungen sind die Mangelursache und die Möglichkeit der Mangelbeseitigung bzw. Höhe der zu erwartenden Kosten für die Mangelbeseitigung festzustellen.

5.9.1.2 Objektbegehung zur Mängelfeststellung vor Ablauf der Verjährungsfristen für Mängelansprüche gegenüber den ausführenden Unternehmen

Hier geht es um die Feststellung von Baumängeln vor Ablauf der vereinbarten Auftragnehmer-Gewährleistungsfristen durch Objektbegehungen. Zu beachten ist zur Hemmung der Verjährung, ob die Gewährleistung nach VOB oder BGB vereinbart worden ist.

5.9.1.3 Mitwirken bei der Freigabe von Sicherheitsleistungen

Erst nach Feststellung des vertragsgemäßen Zustands des Gewerkes, der VE, des Objektes durch den Architekten zum entsprechenden Zeitpunkt hat der Auftragnehmer ein Anrecht auf die Rückgabe der Sicherheitsbürgschaft. Diese ist auf Antrag des Auftragnehmers vom Architekten förmlich freizugeben und durch den Auftraggeber herauszugeben.

5.9.2 Besondere Leistungen

5.9.2.1 Die festgestellten Gewährleistungsmängel sind fach- und fristgerecht durch die zuständigen Auftragnehmer zu beseitigen

Dem Auftraggeber gemeldete Mängel sind von diesem gegenüber dem Auftragnehmer schriftlich zu rügen. Dabei ist eine angemessene Frist zur Beseitigung des Mangels zu setzen sowie, nach Absprache mit dem Architekten, die Vorgehensweise der Abarbeitung vorzugeben; ebenso die Anmeldung (bzw. der Termin) zur Aufnahme der Arbeiten zur Mängelbeseitigung.

Eine regelmäßige Begehung des Objektes ist nicht durchzuführen, sondern nur auf Anforderung durch den Auftraggeber. Drei Monate vor Ablauf der Frist zum Gewährleistungsende jeder Auftragnehmer-Leistung ist der Auftraggeber durch den Architekten darüber zu informieren und auf eine Begehung hinzuweisen.

Entsprechend der Auftraggeber-Mängelrüge ist die Durchführung der Mängelbeseitigung von dem Architekten nach Erfordernis zu überwachen. Die Beseitigung des Mangels ist festzustellen und vom Auftraggeber abzunehmen; die Gewährleistungsliste aus der LPH 8 ist fortzuschreiben.

Bezogen auf Umfang und Gewichtung des Mangels ist zu entscheiden, ob die Gewährleistungsfrist auszusetzen und nach erfolgter Mängelbeseitigung mit der vertraglich vereinbarten neuen Gewährleistungszeit neu zu befristen ist (siehe auch VOB, Teil A, § 13, Abs. 4 + 5 sowie sonstige Absätze mit Bezug auf Leistungsverweigerung, Abgeltung bei Unmöglichkeit oder Unzumutbarkeit der Mängelbeseitigung).

Ist der Umfang der Anzahl von Mängeln oder des Aufwandes der Beseitigung erheblich, kann vom Architekten hierfür ein gesondertes Honorar verlangt werden, welches zu Lasten des betroffenen Auftragnehmers vom Auftraggeber zu beauftragen ist.

5.9.2.2 Erstellen einer Gebäudebestandsdokumentation

Im Verlauf der Bauausführung werden die Ausführungspläne des Architekten und der Ingenieure nur in bestimmten Details fortgeschrieben.

Damit aber der zuletzt gebaute Zustand des Objektes einschl. der technischen Einbauten und sonstiger Eigenschaften von Bauteilen vorliegt, müssen Bestandspläne (Kontrollzeichnungen, deren Inhalt vor Beginn gemeinsam mit dem Auftraggeber festzulegen ist) hergestellt werden; möglicherweise dienen sie später als Grundlage für das Facility Management.

5.9.2.3 Aufstellen von Ausrüstungs- und Inventarverzeichnissen

Als Teil des Facility Managements verschafft die Aufstellung von Ausrüstungs- und Inventarverzeichnissen bzw. die Erstellung von Wartungs- und Pflegeanweisungen dem Auftraggeber einen Überblick über die Erstausstattung. Das gesamte Inventar, die technischen Anlagen und alle Einrichtungen, welche zu warten sind (einschl. vorbeugender Wartungen z. B. der Dachabdichtung), sind zu erfassen. Gegebenenfalls sind dazu Wartungsverträge vorzubereiten.

5.9.2.4 Erstellen von Wartungs- und Pflegeanweisungen

Über die gemäß LPH 8 erfolgte Zusammenstellung und Übergabe der vom Auftragnehmer vorgelegten Anweisungen hinaus ist hier gefordert, dass der Architekt selbst Wartungs- und Pflegeanweisungen erstellt.

5.9.2.5 Erstellen eines Instandhaltungskonzepts

Nach erfolgter Bestandsaufnahme und Abstimmung der Ziele mit dem Auftraggeber sind alle notwendigen Pflege- und Wartungsmaßnahmen zu einem Instandhaltungskonzept zusammenzuführen.

Das Konzept soll unterscheiden in:

- Kategorien der Maßnahmen
- jeweilige Einzelmaßnahmen

- die betroffenen Bauteile
- das zugeordnete Fachpersonal
- die Instandhaltungsintervalle und
- relevante Örtlichkeiten

5.9.2.6 Objektbeobachtung

Durch eine nach baukonstruktiven und wirtschaftlichen Kriterien vorgenommene Beurteilung des fertiggestellten Objektes können auf Basis der sog. Due-Diligence-Prüfung abgesicherte Schlüsse für weitere Bauvorhaben hinsichtlich Qualität, Materialien, TGA-Konzepten etc. gezogen werden.

Es sollen

- technische,
- wirtschaftliche,
- konstruktive,
- nutzungsspezifische oder
- energiewirtschaftliche Fragestellungen

regelmäßig überprüft werden, z. B. im Rahmen eines Energiemonitorings.

5.9.2.7 Objektverwaltung

Dies ist im eigentlichen Sinne keine Aufgabe des Architekten. Stattdessen ist hier eine Hausverwaltung angesprochen. Die genauen Leistungsinhalte sind dabei mit dem Auftraggeber zu erarbeiten.

5.9.2.8 Baubegehungen nach Übergabe

Hiermit sind alle zusätzlichen, über die gemäß LPH 9 hinausgehenden Begehungen des Objektes auf Anforderung des Auftraggebers gemeint (Verkauf des Objektes, Einweisung des Auftragnehmers bei größeren Umbauten und Reparaturen).

5.9.2.9 Aufbereiten der Planungs- und Kostendaten für eine Objektdatei oder Kostenrichtwerte

Dies fordert das Aufstellen und Auswerten von Kennwerten, Eigenschaften und vorhergesagten Ergebnissen. Die Norm DIN 18961 Kostenrichtwerte im Hochbau ist zu beachten.

5.9.2.10 Evaluieren von Wirtschaftlichkeitsberechnungen

Unter Beachtung der DIN 18961 schließt die Auswertung der Wirtschaftlichkeitsberechnung an die Besondere Leistung aus LPH 3 (Wirtschaftlichkeitsuntersuchung der Machbarkeitsstudie) an und es können sowohl Rückschlüsse für die Nutzung des Objektes ebenso wie für sonstige anstehende Planungen und deren Umsetzung erfolgen.

6 Die Kommunikation

6.1 Kommunikation im digitalen Zeitalter

Kommunikation im Projektgeschehen erfolgt auf unterschiedliche Arten (mündlich oder nichtmündlich) und Wegen (Sprechen/Schreiben) und betrifft i. d. R. den Austausch von Projektinformationen.

Die Kommunikation (mit den zugehörigen Anlagen) bei Großprojekten füllte im analogen Zeitalter mehrere hundert Projektordner, welche am Ende des Projektes dem Auftraggeber als Projektdokumentation übergeben wurden. Aber auch im Einfamilien-Hausbau kamen schnell 20 bis 30 Ordner zusammen.

Ein alter Spruch besagt, dass wir gemeinsam singen, aber nicht gleichzeitig reden können. Übersetzt ins digitale Zeitalter bedeutet dies, dass es für die Kommunikation Spielregeln geben muss; es muss Hierarchien geben und ein System, die produzierten Daten wiederzufinden.

Denn Kommunikation im digitalen Zeitalter ohne „Hierarchie-Spielregeln" bedeutet leider eine „ungezügelte Kommunikation". Es werden von den Cc-Empfängern „wiederholende" Stellungnahmen abgegeben, obwohl i. d. R. in der Mail die Historie des Betreffs Bestandteil ist; diese wird aber nicht gelesen und so entsteht eine unerwünschte Antwortflut, die die Projektdokumentation/-ablage mit redundanten Daten füllt.

Und: Um Daten (vorhandene und neue) wiederzufinden – ob Zeichnungen, Schriftstücke oder sonstige Dokumente – sind diese nur von dem Erst-Versender-Projektbeteiligten in ein elektronisches Dokument umzuwandeln. Und nur von diesem Projektbeteiligten sind dann die weiteren Beteiligten entsprechend den vereinbarten Spielregeln zu informieren und nur er legt das Dokument in die Projektdokumentation ab (ggf. sind vertragsrelevante Schriftstücke noch als Papierdokument zu archivieren).

6.2 Besprechungsebenen

Festlegungen zu Projekt-Entscheidungen in einer Besprechung sind i. d. R. für die anderen am Projekt Beteiligten als Aufgabe zu sehen, entweder als top-down oder als bottom-up.

Mit top-down oder bottom-up werden zwei entgegengesetzte Wirkrichtungen in Prozessen bezeichnet, die in verschiedenen Sinnzusammenhängen für Analyse oder Synthese verwendet werden.

Die Top-down-Positionierung stellt die Gesprächshierarchie für die Projekt-Abwicklung dar und bestimmt auch die Wirkrichtung für Analyse und Problemlösung. Bottom-up bestimmt die Wirkrichtung in eine höhere Hierarchie-Ebene.

Somit ist die Festlegung der Hierarchie nicht Selbstzweck, sondern Teil des Prozesses zur Problemlösung.

6.2.1 Koordinationsbesprechungen Auftraggeber 01

Neben den übergeordneten Entscheidungsebenen auf der Auftraggeber-Seite mit

- Lenkungsausschuss und
- Fachausschuss

gibt es auch auf der Projektseite mehrere Ebenen (siehe dazu im Anhang Abschnitt A.2).

Mit der **01 Koordinationsbesprechung** ist der Auftraggeber über den Planungsstand des Projektes sowie den weiteren Abstimmungsbedarf zu informieren. In der Koordinationsbesprechung werden grundlegende, übergeordnete Entscheidungen bezüglich Planung, Qualitäten, Bauausführung, Kosten und Terminen abgestimmt.

Leitung, Protokoll:	Auftraggeber, Projektleiter des Auftraggebers
Teilnehmer:	Auftraggeber, fachlich Beteiligte, sonstige Teilnehmer nach Bedarf
Inhalt, Aufgabe:	Planung und Ausführung, Abstimmung der Zwischenergebnisse und Entscheidung, Stand der Ausführung.
Termine:	2 bis 4 Wochen
Ort:	...

Alle sich aus der Planung und Bauabwicklung maßgeblich ergebenen und notwendigen Änderungen gegenüber den Vertragsvorgaben des Auftraggebers werden in der Koordinationsbesprechung vom Projektleiter mit dem Ziel vorgetragen, Gegensteuerungsmaßnahmen zu entwickeln und mit dem Auftraggeber eine Entscheidung herbeizuführen und zu dokumentieren.

6.2.2 Behördengespräche 02

In den **02 Behördengesprächen** sollen die Abstimmungen mit den örtlichen Behörden in Bezug auf die Baugenehmigung sowie für Sonderbereiche behandelt werden. Die Besprechungen werden über den Projektleiter des Auftraggebers auf Veranlassung eines der fachlich Beteiligten vereinbart.

Leitung, Protokoll:	Einladender
Teilnehmer:	Auftraggeber, fachlich Beteiligte, sonstige Teilnehmer nach Bedarf
Inhalt, Aufgabe:	themenorientiert
Termine:	nach Bedarf
Ort:	unbestimmt

6.2.3 Projektbesprechungen 03

In den **03 Projektbesprechungen** wird zwischen der Auftraggeber-Projektleitung, den Planern und den an der Planung beteiligten externen Fachplanern der Projektstand erörtert. Bezogen auf den Projektstatus werden in diesen Besprechungen die projektbestimmenden Entscheidungen vorbereitet.

Insbesondere werden wesentliche, das Projektziel beeinflussende oder gefährdende Probleme aus Planung und Bauausführung mit Konsequenzen auf Termine, Kosten und den festgelegten Qualitätsstandard behandelt. Ziel der Projektbesprechungen ist, Maßnahmen zur Steuerung des Projektes abzuwägen und diese zur Lösung anstehender Probleme für eine Entscheidung durch die Auftraggeber-Projektleitung vorzubereiten.

Leitung, Protokoll: Einladender

Teilnehmer: fachlich Beteiligte, sonstige Teilnehmer nach Bedarf

Inhalt, Aufgabe: Abstimmung und Koordination der Planungen und Abstimmung der Zwischenergebnisse, Vorbereitung des Auftraggeber 01

Termine: nach Bedarf

Ort: ...

6.2.4 Planungsbesprechungen 04

Die **04 Planungsbesprechungen** dienen u.a. der Integration der Leistungen der an der Planung fachlich Beteiligten und der Abstimmung und Koordinierung untereinander.

In diesen Besprechungen werden daher u.a. die Themen der 03 Projektbesprechung vor- bzw. nachbereitet. Ziel der Planungsbesprechungen ist die Planungs- und Ablaufkoordination unter den verschiedenen Fachdisziplinen. Dabei sind Problemstellungen des Projekts anzuzeigen, diese zu lösen bzw. bei weiterem Klärungsbedarf in die entsprechende Projektbesprechung zur Entscheidung einzubringen.

Leitung, Protokoll: Architekt

Teilnehmer: Architekt, FBL, fachlich Beteiligte

Inhalt, Aufgabe: Vor- bzw. Nachbereitung aus 01 und Herbeiführen von Ergebnissen

Termine: wöchentlich bzw. nach Bedarf

Ort: Planungsbüro, Baustelle

6.2.5 Fachbesprechungen 05

Die **05 Fachbesprechungen** dienen der fachlichen Klärung von Leistungen der an der Planung fachlich Beteiligten und der Abstimmung und Koordinierung untereinander.

Ziele der 05 Fachbesprechungen sind, Problemstellungen des Projekts mit Lösungsansätzen aufzubereiten und bei weiterem Klärungsbedarf diese in den entsprechende Planungsbesprechungen zur Entscheidung einzubringen.

Leitung, Protokoll: fachlich Betroffener

Teilnehmer: Architekt, FBL, fachlich Beteiligte

Inhalt, Aufgabe: Erörterung und Herbeiführen von Ergebnissen

Termine: wöchentlich bzw. nach Bedarf

Ort: Planungsbüro, Baustelle

6.2.6 Baubesprechungen 06

In den **06 Baubesprechungen** werden die Probleme der Baustelle, die Fragen des Bauablaufs und der Bauausführung etc. erörtert und Lösungen im Rahmen der abgeschlossenen Bauverträge erarbeitet und diese bei weiterem Klärungsbedarf in den entsprechenden Planungsbesprechungen zur Entscheidung eingebracht.

Leitung, Protokoll:	Architekt
Teilnehmer:	Architekt, FBL, fachlich Beteiligte, alle bauausführenden Auftragnehmer
Inhalt, Aufgabe:	Erörterung und Herbeiführen von Ergebnissen
Termine:	wöchentlich bzw. nach Bedarf
Ort:	Baustelle

6.2.7 Matrix der Besprechungsebenen

Besprechungen	Ort	Turnus	Teilnehmer	Themen/Inhalt	Gesprächsvorbereitung	Leitung	Protokollführung	Protokollverteilung
Koordinationstbesprechung 01	nn	2-Wochen Montag, 10:00 Uhr	AG, alle fachl. Beteiligte	Information über Projektstand (Q – K – T) Abstimmung und Entscheidung	AG Abstimmung mit PL	AG-PL	PL	nach 2 WT
Behördengespräche 02	nn	nach Bedarf	AG, fachl. Beteiligte	Abstimmung Genehmigungsverfahren, Problemdefinition und -lösung	Architekt	AG-PL	PL	nach 3 WT
Projektbesprechung 03	Büro Architekt	wöchentlich Donnerstag 10:00 Uhr	Architekt, Fachplaner	Information und Koordination, Entscheidungsvorbereitung (Q - K - T)	Architekt	Architekt	PL	nach 2 WT
Planungsbesprechung 04	Büro PL	nach Bedarf	Architekt, Fachplaner	Planungsinformation und -Koordination (Q - K - T)	Architekt	Architekt	PL	nach 2 WT
Fachbesprechung 05	Büro nn	nach Bedarf	Architekt, Fachplaner	Fachliche Klärung von Problemstellungen und Entwickeln von Lösungsansätzen	Fachplaner	Einladender	PL und Fachplaner	nach 2 WT
Baubesprechung 06	Vor Ort	wöchentlich Donnerstag 14:00 Uhr	PL, BÜ/FBL, alle Bau-AN	Baustelleninformation und Koordination, Problemdefinition und -lösung	PL, BU/OBÜ	PL	PL	nach 2 WT

6.2.8 Verteilungsschema des Schriftverkehrs

Schriftverkehr AG	-	K	KbB	KbB	KbB	KbB	KbB
Schriftverkehr Behörden	K/D	K/D	K	KbB	KbB	KbB	-
Schriftverkehr PL	K	-	K	KbB	KbB	KbB	KbB
Schriftverkehr fachl. Beteiligte	KbB	K	-	KbB	KbB	KbB	KbB
Schriftverkehr Externe	KbB	D	KbB	-	KbB	KbB	KbB
Schriftverkehr OÜ	K	D	KbB	KbB	-	KbB	KbB
Schriftverkehr Bau-AN	KbB	D	KbB	KbB	K	-	KbB

Legende: D - Versender/Durchführung
K - Kenntnisnahme/Kopie (zur Erledigung)
KbB - Kopie bei Bedarf (ggf. ausschnittsweise)

6.3 Mittel der Kommunkation: Protokoll und Organisationshandbuch

Eine Protokollierung stellt sicher, dass

- die jeweils Beteiligten über alle für die Durchführung des Projektes relevanten Daten informiert sind und im Zuge dessen vom Auftraggeber auch die entsprechenden Unterlagen zur Verfügung gestellt bekommen,
- die Projektleiter den Auftraggeber auf Grundlage der von den Planern und anderen fachlich Beteiligten übermittelten Daten und Unterlagen über den Stand der geplanten bzw. ausgeführten Qualitäten, Kosten und Termine informieren.

Die dafür erforderliche Systematik kann in einem Organisationshandbuch (OHB) bestimmt werden.

6.3.1 Organisation der Projektbeteiligten

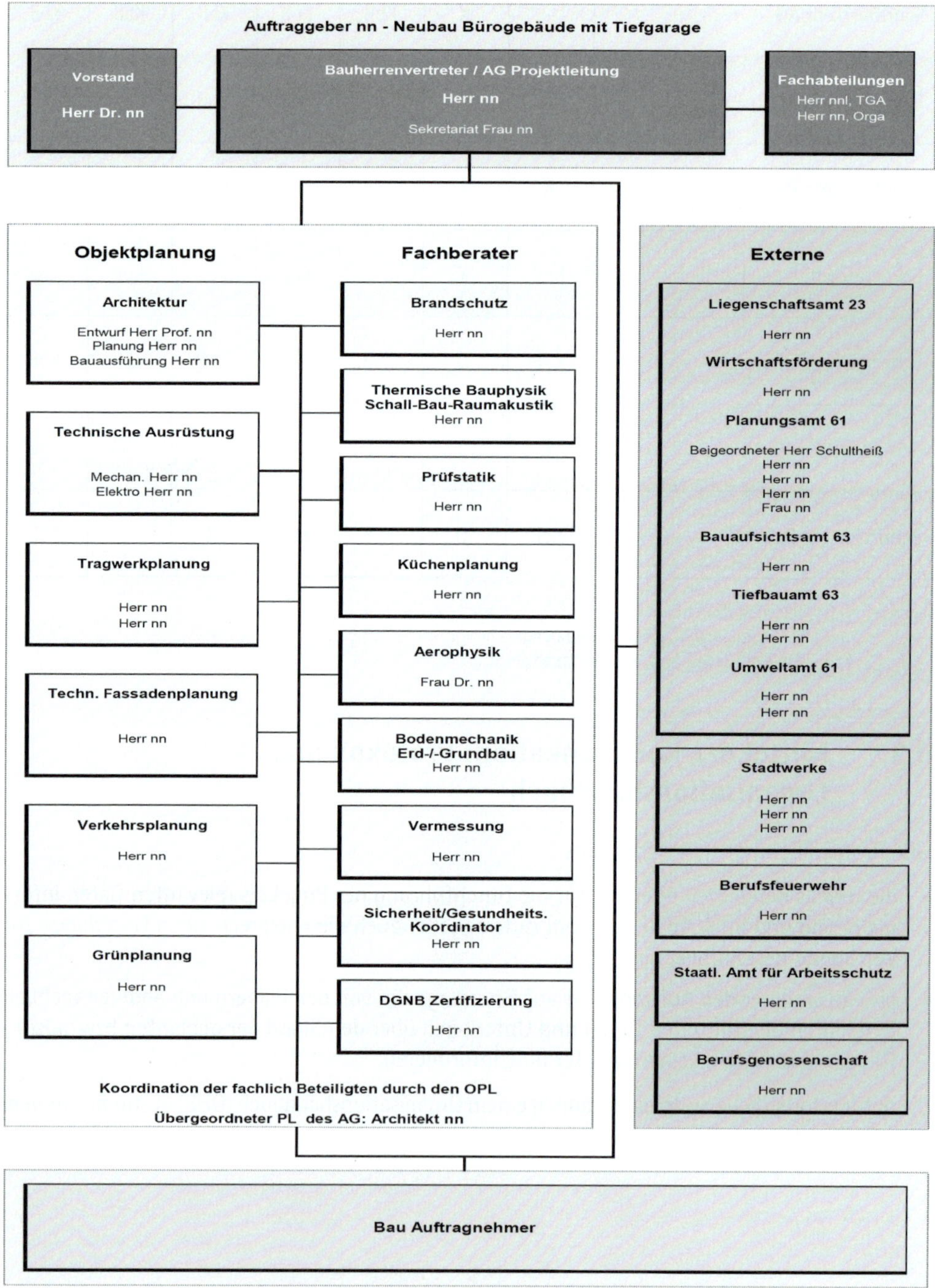

6.3.2 Das Protokoll

Das (Ergebnis-)Protokoll (EP) gibt nicht nur die Gesprächsergebnisse wieder, sondern auch Mitteilungen und Anordnungen der Projektleiter – auf einfachstem Weg.

Welche Art auch immer gewählt wird: Das Protokoll liefert keine Nacherzählung des Entscheidungsprozesses, sondern nur das Ergebnis zu dem anstehenden Punkt.

Nachstehend ist beispielhaft die Struktur bzw. Inhalte des im Unternehmen des Autors üblichen Ergebnisprotokolls aufgeführt:

- EP-Nr. mit Kurzbezeichnung: P = Planung; B = Baustelle; T = Terminkontrolle, A = Abnahme etc.
- auf Seite 1 Erfassung aller Beteiligten mit Funktionsbezeichnung, Mobil-Nr. und E-Mailadresse
- Festhalten wichtiger, immer wiederkehrender Hinweise
- Durchnummerierung der Besprechungspunkte, immer gleichbleibend von 1 ff.
- nur einmaliges Aufführen erledigter Punkte, im folgenden EP nicht mehr, keine Historie

Das Protokoll ist innerhalb von 2 Tagen zu erstellen und an alle per Mail zu verteilen.

Vorgenannte Struktur bringt kurze, prägnante Protokolle hervor. Andere Strukturen führen beispielhaft erledigte Punkte immer mit oder haben eine durchlaufende Nummerierung etc. (siehe Anhang).

6.3.3 Organisationshandbuch und Projekthandbuch

Bei komplexeren Bauvorhaben unterstützt der Einsatz eines **Organisationshandbuches** (OHB) den Prozess der Kommunikation.

Das OHB schafft die Voraussetzung für eine zielgerichtete und effiziente Erfüllung von Aufgaben zur Planung und Projektrealisierung. Es nennt folgende Bereiche:

- Organisation der Projektbeteiligten
- Zuordnung von Aufgaben und Kompetenzen
- Systematisierung von Abläufen
- Organisation des Informationsflusses – die Kommunikation
- Einführung einer einheitlichen Terminologie
- Darstellung von Kontroll- und Steuerungsmechanismen
- Koordination von Abläufen bei Problemstellungen
- Erkennung und Einleitung von Steuerungsmaßnahmen bei Termin-, Kosten- oder Qualitätsabweichungen.

Das OHB dient allen Projektbeteiligten als Hilfsmittel während der Projektbearbeitung und muss nach Erfordernis aktualisiert und ergänzt werden. Es dient nicht als Informationsquelle über den aktuellen Projektstatus. Der aktuelle Projektstatus kann im **Projekthandbuch (PHB) der Projektleitung** dokumentiert und mit den aktuellen Projektdaten fortgeschrieben werden.

Das Projekthandbuch enthält alle für ein Projekt relevanten Daten, Informationen und Arbeitsanweisungen. Bestandteil des PHB ist die Darlegung der Projektstruktur, die Aufbau- und die Ablauforganisation.

Als Leitfaden für den Projektablauf und die Organisation von Projektinformationen, welche für die Belange des Auftraggebers und der sonstigen fachlich Beteiligten wichtig sind, enthält das PHB für diesen Bereich erschöpfende Angaben und Regelungen für alle am Projekt Beteiligten. Es ergänzt - soweit vorhanden - das **Auftraggeber-PHB**.

Der Erfolg des Projektes hängt in hohem Maße von der Umsetzung dieser Instrumentarien ab und es ist Ziel, die verbindliche Verpflichtung aller Beteiligten zur Beachtung und zum Einsatz des PHB bei der Projektabwicklung zu erreichen.

Wichtige Teilleistungen bei der Erstellung des PHB sind:

- Definition und Rangfolge der Projektziele (ausgehend LPH)
- Bestimmen der Verantwortung aller fachlich Beteiligten
- Einführungen in das Projekt
- organisatorische Festlegungen (Kommunikation, Berichtswesen, Dokumentation etc.).

Wichtige Ziele der Erstellung eines Projekthandbuches sind u. a.:

- Sicherstellung eines geordneten und nachvollziehbaren Projektablaufs
- Sicherstellung insbesondere der Qualität der Planungs- und Ausführungsleistungen
- klare Vorgaben für die Termin- und Kostenplanung, -verfolgung und -steuerung
- Mit den Ausarbeitungen und Instrumentarien wird die Basis für eine effiziente und ökonomische Vertragserfüllung gelegt.

Mit dem PHB erhalten der Auftraggeber und alle Beteiligten ein geeignetes Steuerungs- und Organisationskonzept.

6.4 Kommunikationsverwaltung: Dokumentenmanagementsysteme

Heute, im digitalen Zeitalter, werden die Projekt-Ordner nicht mehr im Schrank, sondern im Rechner - wo dieser auch immer steht - abgebildet.

Und, anstelle der Sekretärin, welche oft für die Ablage der analogen Unterlagen in die Ordner zuständig war, werden heute Dokumentenmanagementsysteme eingesetzt - einfache oder aufwendige.

Nachstehend einige Beispiele für die Verwaltung elektronischer Dateien in Dokumentenverwaltungs-Systemen.

6.4.1 Software-Anwendungen

Für die Bereiche CAD (Computer-aided Design) und AVA (Anwendungen für Ausschreibung-Vergabe-Abrechnung) gibt es eine Vielzahl von Anbietern (AutoCad, Allplan, Archicat, 3D-Programme, RIB Software, GEAB, SIDOUN Globe, Orca AVA, Bautagebuch xy etc.).

Hinzu kommen die EDV-Anwendungen für das Projektmanagement und weitere Spezialanbieter (Oracle Database, SAP, Microsoft, PRINCE2, Dataserv, Microsoft OneDrive etc.).

6.4.2 Es geht natürlich auch etwas „schmaler"

Mit Office 365 (Word, Excel, PowerPoint, Access, Visio, OneNote, OneDrive, Outlook etc.) steht, wenn man möchte, alles als Standard zur Verfügung – lediglich zu ergänzen um wenige Ordnungskennungen: Projektnummer und Ablagesystematik.

Als Standard ist hier hervorzuheben, dass bei Office 365 keinerlei Betreuung, Wartung und Beschaffung von Updates benötigt werden; alles wird seitens des Systemanbieters „im Hintergrund" erledigt.

6.4.3 Ablagesystematik „Ordner"

Für die Datenablage (Schriftstücke, Zeichnungen, sonstige Dokumente) wird eine einfache Ablagesystematik mit einer dem typischen Projektablauf entsprechenden Projekt-Unterordner-Struktur, welche individuell dem Projekt ggf. noch anzupassen ist, festgelegt. Beispielhaft für den Architekten:

- Schriftverkehr – siehe Outlook
- Angebot, Auftrag (ggf. auf ausgegliederten Datenträgern)
- Buchhaltung (ggf. auf ausgegliederten Datenträgern)
- Protokolle
- Berechnungen
- Beschreibungen
- Materialien – Qualitäten
- Kosten
- Termine
- Planung
- Verdingung
- Fotoaufnahme
- Projektinfo
- Vordrucke.

Dabei bedeutet „Schriftverkehr – siehe Outlook", dass alle das Projekt betreffenden E-Mails unter Outlook abgespeichert sind, nach der Ablagesystematik „Ordner".

Für den Schriftverkehr bringt die Ordner-Systematik einerseits eine schnellere Datensuche per Suchkriterium und andererseits eine visuelle „zeitliche" Abbildung von E-Mail-Eingang und -Ausgang (gesendet) je Ordner. Empfohlen wird, das direkt unter dem Outlook-Posteingang die Ordner „0000 Zur Bearbeiten" und „0001 Wiedervorlage" angelegt werden, in welchen die eingehende E-Mail nach der ersten Bearbeitung als WV abgelegt wird bis zu deren Erledigung.

Am Ende des Projekts werden diese E-Mail-Ordner – bereinigt – in der Projektablage abgebildet und vervollständigen damit die Projektdokumentation.

Vorgenanntes Beispiel der Projekt-Dokumentenverwaltung ist zu Beginn der Projektbearbeitung dem Auftraggeber vorzustellen; letztendlich muss dieser Systematik vom Auftraggeber zugestimmt werden. Die abgestimmte Systematik ist dann in das OHB zu übernehmen.

6.4.3.1 Projektnummer

Oberstes (Ordnungs-)Kriterium eines Projektes ist die Zuordnung einer unverwechselbaren Projektnummer, z. B. die Jahreszahl, die fortlaufende Nummer des Projektes und das Projekt-Kürzel, zum Beispiel:

19105 XYZ = Jahr 2019, Projekt 105, Kurzbezeichnung Auftraggeber

6.4.4 Kurzbezeichnung der Beteiligten

Für die Dokumentation des Datenaustausches innerhalb der Projektgruppe und mit Externen kann eine Kurzbezeichnung verwendet werden, welche prägnant den Datenversender (Exporteur) und Datenempfänger (Importeur) bezeichnen soll.

Beispiel:

XYZ Versicherung xyz für Gebäudehaftpflicht

ama Architekturbüro ama – auer management+architektur

BOA Bauordnungsamt der Stadt xy

6.4.5 Dateienbezeichnung

Alle Dokumente bzw. Dateien werden nur per E-Mail versendet und empfangen. Das Cc ist klar zu benennen, Bcc liegt in der Eigenverantwortung.

Zum Zwecke der Ordnung, Vereinfachung und Auffindbarkeit sollten die elektronischen Schriftstücke und sonstige Dokumente entsprechend bezeichnet werden.

Beispiel eines Dateinamens und Bedeutung der Kürzel:

1051 XYZ ama – EP B 003

1051 individuelle Projektnummer des Büros

XYZ Kurzbezeichnung des Auftraggebers

ama Büro/Person Verfasser

EP B 003 prägnante Kurzbezeichnung des Betreffs, z. B.:

- Ergebnisprotokoll B Nr.
- Schreiben an Auftraggeber
- Kostenberechnung V5
- Terminplan V3
- Mangelbericht 013
- Rechnung Auftragnehmer vom .... geprüft etc.

Das Datum muss nicht ausgewiesen werden, es wird vom System standardmäßig erzeugt.

6.5 Informationsaustausch

6.5.1 Schriftstücke und sonstige Dokumente

Die Verteilung von Schriftverkehr und sonstiger Dokumente während der Projektbearbeitung wird direkt zwischen den Beteiligten abgewickelt (Versender: Exporteur, Empfänger: Importeur).

Der Datenaustausch erfolgt elektronisch in Form von E-Mails z. B. mit Outlook. Der Projektleiter des Auftraggebers erhält von jedem Dokument grundsätzlich eine Kopie zur Kenntnis. Nach Erfordernis werden weitere Projektbeteiligte durch Kopie (Cc) informiert. Eine Lesebestätigung erfolgt nicht.

Ausgenommen hiervon ist der gesamte vertragsrelevante und kaufmännische Schriftverkehr, der ausschließlich nur zwischen den Vertragsparteien geführt wird.

Hinweis zum E-Mail-Export (nicht Protokolle): Wer glaubt, dass eine Bringschuld erledigt ist, wenn er die E-Mail abgeschickt hat, der irrt. Es gibt viele Ursachen, dass eine Mail den Empfänger nicht erreicht hat. Wird der Empfänger mit der E-Mail zur Bearbeitung eines Punktes gebeten und zu einer Rückmeldung verpflichtet, ist es unabdingbar, dass der Versender nach einem gewissen Zeitraum (2 – 3 Tage) telefonisch beim Empfänger nachfragt, ob die E-Mail angekommen ist.

Wird der Empfänger mit der E-Mail aber nur informiert, kann die E-Mail in einer der nächsten Besprechungen als Punkt aufgeführt werden.

6.5.2 Zeichnungen und ein Internet-Projektraum

Für eine strukturierte Planungsinformation der Beteiligten, für die Ablage und die Historie stehen internetbasierte Projekträume zur Verfügung.

Die Vorteile eines virtuellen Projektraumes liegen in der hohen Geschwindigkeit des Datenaustauschs und damit in der Schaffung von Prozessaktualität. Transparenz und Rechtssicherheit sind gegeben. Dies steigert die Qualität im Bauprozess und führt zur Kosteneinsparung.

Mittlerweile Alltag im Projektgeschehen ist i. d. R. die Vereinbarung, den Projektraum des Architekten für alle Beteiligten zu nutzen.

Die Zeichnungen (Planungs-Vorabzüge, Planungs-Koordinierungen, Freigaben zur weiteren Bearbeitung bzw. Verwendung als Referenz für die Fachplaner und die Ausführungsplanungen WP 1 bis WP 4) sind in den Projektraum für Export, Dokumentation, Historie einzustellen.

Eine Ablage der Schriftstücke und sonstigen Dokumente erfolgt nicht in dem Projektraum, sondern ausschließlich am Ort im „Ordner der Dokumentenverwaltung".

Der Zugang erfolgt über gängige Internettechnologien, Art und Umfang der Zugriffsberechtigungen werden mit den Projektverantwortlichen abgesprochen und über die Projektleitung festgelegt.

6.5.3 Fotoaufnahmen

So wie die Zeichnung die „Sprache" des Architekten ist, so ist eine Fotoaufnahme eines Details die „Visualisierung" des Besprechungspunktes, ob als zusätzliche Erläuterung eines Mangels oder als allgemeine Erläuterung.

Für die Verwaltung der Aufnahmen stehen viele Anwendungen zur Verfügung (Adobe Photoshop, ACDSEE etc.). Je nach Software werden nachstehende Dateiformate erzeugt: JGD, BMP, PNG oder TIF-Dateien.

Da es sich aber bei der vorgesehenen Verwendung innerhalb eines Textes nicht um eine Bearbeitung einer Bilddatei handelt, sondern nur um eine „visuelle Ergänzung" einer textlichen Beschreibung, z. B. in einem Protokoll, ist derzeit noch darauf zu achten, dass die Bilddatei durch entsprechende Bearbeitung nur eine Datengröße von ca. 200 KB hat, da ansonsten der E-Mail-Anhang datenmäßig zu groß wird.

7 Anmerkungen zur VOB und einigen stillen Beteiligten

Jedes Projekt ist für den Architekten aufgrund der unterschiedlich beteiligten Personen und der verschiedenen Projektmerkmale und Projektziele ein Unikat.

Unabhängig von den individuellen Merkmalen und Zielen sowie den beauftragten Leistungen gibt es bei jedem Projekt jedoch die immer wiederkehrenden „stillen Beteiligten".

Diese sind:

- die VOB, VOL, VHB, RBBau, DIN, die allgemein anerkannten Regeln der Technik,
- die Bauordnung, sonstige Vorschriften und Erlasse etc.,
- die Art der Projektabwicklung (Einzelgewerk- oder bis hin zum Generalunternehmer) und
- die Bestimmungen aus dem Architekten-/Ingenieurvertrag.

Deshalb werden zum wichtigsten Beteiligten, der VOB, nachfolgend einige kurze und zusammenfassende Ausführungen gegeben. Diese Klarstellungen nehmen selbstverständlich keinen der fachlich Beteiligten aus der Verpflichtung, den Inhalt der Verträge, Verordnungen, Policen etc. in ihrem gesamten Inhalt zu kennen.

Der Vollständigkeit halber erfolgt der Hinweis, dass zu jedem „stillen Beteiligten" thematisch ausreichend Fachliteratur vorliegt.

7.1 Die VOB ist der Leitfaden und die Grundlage des Vergabehandbuchs

Die Vergabe- und Vertragsordnung für Bauleistungen VOB ist ein vom Deutschen Vergabe- und Vertragsausschuss für Bauleistungen erarbeitetes dreiteiliges Werk, das einer ständigen Anpassung unterliegt. Es ist für die Vergabe und Vertragsbedingungen bei Bauaufträgen öffentlicher Auftraggeber verpflichtend. Die VOB wird mittlerweile auch bei privaten Bauverträgen angewandt.

Die VOB ist aber anders als häufig angenommen weder Gesetz noch eine Rechtsverordnung, übernimmt aber mit der VOB/B im Bauvertrag die Funktion der Allgemeinen Geschäftsbedingungen (AGB) (beachte hierzu BGB Titel 9: Werkverträge und ähnliche Verträge, seit 01.01.2018).

Anmerkung: Ich gehe bei meinen weiteren Erläuterungen davon aus, dass die VOB in der jetzigen Form erhalten bleibt und nicht mit den Liefer- und Dienstleistungen vereint wird.

Die VOB enthält in der Fassung 2016 einschl. Überarbeitung 2019:

- in Teil A Allgemeine Bestimmungen für die Vergabe von Bauleistungen (VOB/A),
- in Teil B Allgemeine Vertragsbedingungen für die Ausführung von Bauleistungen (VOB/B) sowie
- in Teil C Allgemeine Technische Vertragsbedingungen für Bauleistungen (VOB/C) mit gewerkespezifischen technischen Vorschriften über die Ausführung und Abrechnung der jeweiligen Bauleistungen.

Teil A

regelt die Vergabe von Bauaufträgen der öffentlichen Hand und von Sektorenauftraggebern. Die VOB unterscheidet dabei drei Bereiche:

- Nationale Vergabeverfahren,
- EU-Ausschreibungen und
- Verfahren im Bereich der Sektorenauftraggeber, für die unterschiedliche Verfahrensregeln gelten.

Für diese Bereiche werden jeweils die möglichen Vergabearten und die jeweiligen Verfahren festgelegt. In Ergänzung und zur Beachtung der VOB Teil A (und Teil B) gilt für Bauvorhaben der öffentlichen Hand das sog. Vergabehandbuch (VHB).

Das Vergabehandbuch – gegenwärtige Ausgabe 2017 – schafft mit den VOB-Teilen A und B eine weitestgehend rechtssichere Voraussetzung für die Durchführung von Vergaben der öffentlichen Hand. Das VHB berücksichtigt das Bauvertragsrecht des BGB.

Hinweis:

Im Rahmen der Vergaberechtsreform von 2016 wurde mit der Vergabestatistikverordnung (VergStatVO) die Grundlage für den Aufbau einer allgemeinen bundesweiten Vergabestatistik geschaffen. Die elektronisch und möglichst automatisiert erhobenen Daten sollen dazu beitragen, erstmals valide statistische Aussagen zur öffentlichen Auftragsvergabe in Deutschland ableiten zu können. Es ist beabsichtigt, die Vergabestatistik im Jahr 2020 in Betrieb zu nehmen. Die erfassten Daten werden in zyklischen Abständen durch Destatis ausgewertet und auf GENESIS-Online (Gemeinsames neues statistisches Informationssystem) veröffentlicht. Bei GENESIS-Online handelt es sich um einen webbasierten, freien und kostenlosen Zugang zum Statistischen Informationssystem, das gemeinsam von den Statistischen Ämtern des Bundes und der Länder entwickelt wurde. [15]

Teil B

Teil B der VOB umfasst die Allgemeinen Vertragsbedingungen für die Ausführung von Bauleistungen (ATV). Im Grundsatz richten sich Bauverträge nach den Regelungen des BGB, wobei aber viele Vorschriften des BGB nicht zwingend sind und deshalb durch vertragliche Regelungen ergänzt werden können. Die öffentliche Hand verwendet des Weiteren darüber hinaus ergänzend noch die Zusätzlichen und Besonderen Vertragsbedingungen.

Dem privaten Bauherrn steht es frei, die VOB/B zu vereinbaren. Entscheidet er sich dafür, so sind dadurch auch die VOB/C – Allgemeine Technische Vertragsbedingungen für Bauleistungen (ATV) Vertragsbestandteil.

Teil C

Die VOB/C enthält die Allgemeinen Technischen Vertragsbedingungen für Bauleistungen (ATV), die auch als DIN-Normen herausgegeben werden. Darüber hinaus gehören den Baugewerken zugeordnete spezielle technische Vorschriften dazu sowie Regelungen über Art und Weise der Abrechnung von Leistungen.

Zu beachten ist, dass gem. § 1 Abs. 2 Nr. 5 VOB/B die VOB/C von besonderer Bedeutung im Baurecht ist, bei Widersprüchen geht Teil C vor Teil B. Darum ist es unabdingbar, dass auch der planende Architekt und die sonstigen fachlich Beteiligten ihre Planungsaussagen – letztendlich mit der Aufstellung von Leistungsbeschreibungen bzw. -verzeichnissen LPH 6 – VOB-gerecht erbringen.

Nach § 1 Nr. 2 der VOB/B wird die Reihenfolge der Gültigkeit bei Widersprüchen im Vertrag geregelt. Es gelten nacheinander zuerst die Leistungsbeschreibung, dann die Besonderen Vertragsbedingungen, an dritter Stelle kommen etwaige Zusätzliche Vertragsbedingungen und am Ende, an sechster Stelle, wird erst die VOB genannt. Aber: Für Meinungsunterschiede zur Bauausführung steht die VOB/B dagegen an erster Stelle. Sie bildet mit ihren Paragrafen den richtungsgebenden Leitfaden für die Bauangaben und die Leistungshandlungen.

Und: Die VOB/B gilt tatsächlich auch schon für den planenden Architekten!

Auf die Regelungen der VOB/A wird in diesem Abschnitt nicht weiter eingegangen, da diese nur eine temporäre Gültigkeit bis zur Vergabe der Bauleistung haben und hinreichend durch das VHB beschrieben werden.

Aber: Nachhaltig, weil im Einzelfall auch die VOB/B darauf aufbaut, ist die Forderung des § 7 „Leistungsbeschreibung" der VOB/A:

„(1) 1. Die Leistung ist eindeutig und so erschöpfend zu beschreiben, dass alle Unternehmen die Beschreibung im gleichen Sinne verstehen müssen und ihre Preise sicher und ohne umfangreiche Vorarbeiten berechnen können".

Man kann im Tagesgeschäft über die Vollständigkeit einer Bauangabe unterschiedlicher Auffassung sein und manchmal funktioniert es auch, seine Einschätzung zur Vollständigkeit der Beschreibung durchzusetzen. Aber, objektiv betrachtet, unter Zugrundelegung der VOB/A und B, ist nur die vorgenannte Definition zielführend.

Somit kommt der Regelung der Verordnung und deren Beachtung eine besondere Wichtigkeit zu. Zur Bearbeitung eines Problems sind des Weiteren die Kommentare zur VOB heranzuziehen. Aber beachte: Dabei generiert gerade Halbwissen ein neues Problem, sodass es oft sinnvoller ist, den Rechtsbeistand einzubinden.

Die 18 Paragrafen der VOB/B können zum besseren Verständnis in 4 Abschnitte der Auftragsabwicklung gegliedert werden:

- Abschnitt 1: Auftrag
- Abschnitt 2: Ausführung
- Abschnitt 3: Ablehnung
- Abschnitt 4: Abrechnung

7.1.1 VOB/B, Abschnitt 1: Der Auftrag

Wir unterscheiden:

- § 1 Art und Umfang der Leistung
- § 2 Vergütung.

Fragen zur Erschließung:

- Generell: Was schuldet der Auftragnehmer entsprechend dem Bauvertrag?
- Wie sind die Art (Material, Zusammensetzung, gestalterische Einzelheiten, Qualitäten etc.) und der Umfang (Stückzahl oder Funktion, Termine, Kosten etc.) der Leistung gefordert und wie erfolgt die Vergütung (auf Nachweis, Pauschal, Zahlungsplan, Vertragsstrafe etc.)?

7.1.2 VOB/B, Abschnitt 2: Die Ausführung

Wir unterscheiden:

- § 3 Ausführungsunterlagen
- § 4 Ausführung
- § 5 Ausführungsfristen
- § 6 Behinderung und Unterbrechung der Ausführung
- § 7 Verteilung der Gefahr.

Fragen zur Erschließung:

- Generell: Wie soll der Auftragnehmer die geschuldete Leistung ausführen?
- Welche Ausführungsunterlagen (Baugebiet, Pläne, Gutachten, Vorschriften etc.) sind gemäß Bauvertrag Grundlage für die geschuldete Leistung,
- in welcher Form (koordinierter Terminplan, Überwachung der Ausführung, Bedenkenanmeldung, Schutz der Leistung, Leistungsfeststellung etc.) soll der Auftragnehmer die Leistung ausführen,
- welche Vertragsfristen hat der Auftragnehmer,
- welche Folgen haben Behinderung und Unterbrechung, und
- wie ist die Gefahr des Untergangs verteilt?

7.1.3 VOB/B, Abschnitt 3: Die Ablehnung

Wir unterscheiden:

- § 8 Kündigung durch den Auftraggeber
- § 9 Kündigung durch den Auftragnehmer
- § 10 Haftung der Vertragsparteien
- § 11 Vertragsstrafen.

Fragen zur Erschließung:

- Wie kann der Auftraggeber nicht vertragsgerechte Leistungen ablehnen?
- Unter welchen Voraussetzungen kann durch den Auftraggeber gekündigt werden – aber auch, unter welchen Voraussetzungen kann der Auftragnehmer kündigen?
- Wie ist der Schadenersatz geregelt, und welche Vertragsstrafe kann der Auftraggeber anwenden?

7.1.4 VOB/B, Abschnitt 4: Die Abrechnung

Wir unterscheiden:

- § 12 Abnahme
- § 13 Mängelansprüche
- § 14 Abrechnung
- § 15 Stundenlohnarbeiten
- § 16 Zahlung
- § 17 Sicherheitsleistung
- § 18 Streitigkeiten.

Fragen zur Erschließung:

- Wie muss die vertragsgerechte Leistung abgerechnet werden?
- Welche Voraussetzungen müssen zur Abnahme erfüllt sein, welche Zeiten sind für die Gewährleistung festgelegt, wie erfolgt die Abrechnung der tatsächlich ausgeführten bzw. erbrachten Leistung?
- Welche Art der Zahlung ist vereinbart – und wie hoch ist die Sicherheit?
- Welche Möglichkeiten bei Meinungsverschiedenheiten stehen den Vertragsparteien zur Verfügung?

Aus dem weiter oben genannten Grund der unterschiedlichen Auffassungen bei der Bauausführung und der Wichtigkeit der VOB/B folgt für den objektüberwachenden Architekten der zwingende Rückschluss, dass mit Beginn der Arbeitsaufnahme die Leistungen der Vorplaner geprüft worden sind.

Nur dann können die Kernaufgaben des Architekten: Koordinieren, Prüfen und Überwachen weitestgehend mängelfrei durchgeführt werden.

7.2 Öffentlicher oder privater Auftraggeber

Die Art der Vergabe ist zu unterscheiden nach der Stellung des Auftraggebers:

- öffentliche Ausschreibungen: nach den Anforderungen der VOB Teil A
- nicht öffentliche Ausschreibung: i. d. R. unter Ausschluss der VOB Teil A

7.2.1 Vergabe pauschal oder zur Abrechnung

Für die Leistungsbeschreibung wird unterschieden in einen

- Einheitspreisvertrag: Technisch und wirtschaftlich einheitliche Teilleistungen, deren Menge nach Maß, Gewicht oder Stückzahl in den Verdingungsunterlagen anzugeben ist.
- Pauschalvertrag: Die Leistung ist nach Ausführungsart und Umfang genau bestimmt und es wird nicht mit einer Änderung bei der Ausführung gerechnet (habe ich in meiner 40-jährigen Berufspraxis noch nicht erlebt).

7.2.2 Die Leistungsbeschreibung

Bei der Beschreibung der geforderten Leistung wird unterschieden in:

- Leistungsbeschreibung mit Leistungsverzeichnis:

  Die Leistung wird durch eine allgemeine Darstellung der Bauaufgabe (Ausführungsplanung und Baubeschreibung) und ein in Teilleistungen gegliedertes Leistungsverzeichnis beschrieben.
- Leistungsbeschreibung mit Leistungsprogramm:

  Das Leistungsprogramm umfasst eine Beschreibung der Bauaufgabe, aus der die Bewerber alle für ihr Angebot maßgebenden Bedingungen und Umstände erkennen können und in der sowohl der Zweck der fertigen Leistung als auch die an sie gestellten technischen, wirtschaftlichen, gestalterischen und funktionsbedingten Anforderungen angegeben sind, sowie gegebenenfalls ein Musterleistungsverzeichnis, in dem die Mengenangaben ganz oder teilweise offen gelassen sind.

7.2.3 Viele Auftragnehmer oder nur ein Auftragnehmer

Die Art des Bauvertrages und eine Begriffsdefinition nach groben Merkmalen:

eG = Einzelgewerke-Bauvertrag: Die Bauleistung (Gewerk) wird von Fachbetrieben erbracht.

- Die Koordination der Bauleistung obliegt dem Auftraggeber.
- Die Bauangabe durch den Auftraggeber beschreibt den Weg der Herstellung.
- Die Beauftragung von 20 – 30 Gewerken erfolgt durch den Auftraggeber.

GU = Generalunternehmer-Bauvertrag: Eine Kernbauleistung wird vom Auftragnehmer (i. d. R. die Rohbauarbeiten) selbst erbracht, sonstige Bauleistungen von Nachunternehmern.

- Die Koordination der Bauleistung obliegt dem Auftragnehmer.
- Die Bauangabe durch den Auftraggeber beschreibt das Bauziel.
- Die Beauftragung der Gewerke erfolgt an Nachunternehmer durch den Auftragnehmer.

GÜ = Generalübernehmer-Bauvertrag: Die gesamte Bauleistung wird von Nachunternehmern erbracht. Auch Planungsleistungen, i. d. R. die Ausführungsplanung, treten als Leistung hinzu.

- ansonsten wie GU

Die Merkmale Finanzierung, Pauschalauftrag, GMP-Vertrag (GU/GÜ-Vertrag mit garantiertem maximalen Preis), Planungen etc. variieren noch die vorgenannte grobe Klassifizierung.

Wesentliches Merkmal der vorgenannten Art der Bauverträge ist für die Ergebnisse der Leistungshandlungen der fachlich Beteiligten, dass

- der eG-Bauvertrag in allen Einzelheiten die Herstellung der geforderten Bauteile beschreibt und
- der GU/GÜ-Bauvertrag nur das geforderte Ziel (in technisch, wirtschaftlicher, gestalterischer und funktionsbedingter Hinsicht) beschreibt.

7.2.4 Die Vor- und Nachteile einer eG- oder GU/GÜ-Vergabe

Projektmerkmale und die gewünschten Projektziele legen die Art der Leistungsbeschreibung fest, bestimmen die Art der Vergabe und letztendlich auch die Art des Bauvertrages. Diese Festlegungen müssen nach Möglichkeit zu Beginn des Projektes erfolgen. Denn die Art des Bauvertrages ist prägend für alle Projektbeteiligten. Sie bestimmt die Inhalte der notwendigen Leistungshandlungen der fachlich Beteiligten.

Mittlerweile gibt es jede Menge Abhandlungen, Untersuchungen und Meinungen über den Vor- und Nachteil einer GU-/GÜ- oder einer eG-Vergabe. Letztendlich sprechen für oder gegen die eine oder andere Vergabeart ausschließlich der Einzelfall nach Abwägen und Wichten aller Projektmerkmale und -ziele.

Der Unterschied zwischen diesen beiden Formen der Ausschreibung ist, dass in der

- GU-Funktionalausschreibung nur das fertige Werk oder Bauteil beschrieben wird;

dagegen mit dem

- eG-Leistungsverzeichnis die Herstellung des Bauteils in Einzelschritten vorgegeben wird.

Dies bedeutet, dass im eG-Leistungsverzeichnis die Einzelheiten der Herstellung beschrieben werden mit den Materialien, Oberflächen, Eigenschaften, Abmessungen etc. und einzeln genau vorgegeben. Darüber hinaus wird exakt vorgeschrieben, wie das Bauteil herzustellen ist. Somit muss für das eG-Leistungsverzeichnis auch die Planung aller Einzelheiten stimmig vorgegeben sein; für die GU-Funktionalausschreibung reichen dagegen Leitdetails in der Regel aus.

GU-Funktionalausschreibung

Eine GU-Vergabe erfolgt i. d. R. mit ausführungsbestimmenden Details der Ausführungsplanung und einer funktionalen Leistungsbeschreibung. Die „restliche" zu koordinierende Ausführungsplanung und die Erstellung von Leistungsverzeichnissen wird dem GU übertragen, wodurch ein zeitlicher Vorteil durch eine frühere Vergabe erreicht wird.

Für eine GU-Vergabe geeignet sind:

Gebäude ohne spezielle Anforderungen an den Bau und mit eindeutig definierten Nutzungsvorgaben.

Geeignet bedeutet, dass auf Grund der vorgenannten Projektmerkmale nicht zu erwarten ist, dass noch weitere Bauvergaben im Verlauf der Ausführung erforderlich werden.

Für eine GU-Vergabe nicht geeignet sind:

Gebäude mit speziellen Anforderungen an den Bau und mit größeren Schwankungen in der Bedarfsentwicklung des Nutzers.

Nicht geeignet bedeutet, dass aufgrund der vorgenannten Projektmerkmale zu erwarten ist, dass sich die Herstellkosten wegen der zu erwartenden Nutzungsanpassungen verändern, i. d. R. erhöhen.

eGewerke-Ausschreibung:

Ausschreibungen nach Einzelgewerken zeichnen sich durch eine größere Flexibilität aus. Der direkte Zugriff auf die Firmen ermöglicht es dem Auftraggeber, günstigere Angebotspreise im Wettbewerb zu erzielen. Nebenangebote und Sondervorschläge des Bieters, die zu Qualitätssteigerungen bzw. Preisnachlässen führen können, sind ausdrücklich zugelassen. Der direkte Zugriff auf die Firmen ermöglicht dem Auftraggeber eine gezielte Preis- und Qualitätskontrolle.

(Vermeintlicher) Vorteil der GU/GÜ-Vergabe – somit Nachteil der eG-Vergabe:

Wesentlicher, aber nur temporärer Vorteil ist die Termin- und Kostensicherheit. Temporär nur, weil diese Sicherheiten i. d. R. nur zum Vergabezeitpunkt Bestand haben (verbindlicher Gesamtpreis und Terminrahmen). Der Nutzer/Auftraggeber wird hierdurch zu einer Termindisziplin gezwungen. Spätere Änderungen und Wünsche sind problematisch und können entweder nicht mehr berücksichtigt werden oder sind nur unter Inkaufnahme einer Entlassung des GU aus der Termin- und Kostenbindung möglich.

Und wenn, wie bei den meisten aller Projekte, vom Auftraggeber Ergänzungen, Änderungen und dergleichen gewünscht werden, wird dies vom GU mit Hinblick auf die „Termingarantie" in der Regel mit nicht nachvollziehbaren „Nachtragskosten" so angeboten, dass die temporäre Kosten- und Terminsicherheit teuer nachbezahlt wird. Natürlich gibt es auch Ausnahmen davon und man hat es dann mit einem Partner zu tun, welcher nicht nur kurzfristig denkt.

Ein weiterer wichtiger Vorteil einer GU-Vergabe ist, dass der Bauherr nur einen Vertragspartner hat und dadurch eine vereinfachte administrative Handhabung des Vertragsmanagements und der Gesamtverantwortung möglich ist.

Da aber auch der GU nach Vertragsabschluss ausfallen kann, ist es wichtig, dass der Auftraggeber Zugriff auf die Nachunternehmer des GU hat. Dies ist in den Vertragsbedingungen entsprechend zu regeln (Benennung und entsprechende Verpflichtung der Beteiligten, siehe Anhang, VB – Anlage 1 BVB, Abtretung Mängelansprüche).

Alle vorgenannte Vorteile sind mit einem GU-Aufschlag in Höhe von 10 bis 20 % zu beauftragen.

Natürlich wird von Seiten des GU oft bestritten, dass die GU-Vergabe 10 bis 20 % teurer ist als die eG-Vergabe. Als Hauptargument wird oft vorgetragen, dass aufgrund vieler GU-Aufträge von den Nachunternehmern günstigere Einheitspreise angeboten werden; lassen wir das mal so stehen.

Aber tatsächlich ist gegeben, dass es Architekten- und Ingenieurleistungen (Ausführungsplanungen, Leistungsbeschreibungen, Koordination, Überwachung und Leitung der Bauausführung) sowie die kaufmännischen Risiken (Ausfallrisiko des NU während und nach der Bauausführung, Abdecken sonstiger Risiken) nicht kostenlos gibt.

Und: Aufgrund der Neutralität der freien Architekten werden von ihnen auch Ausführungen oder Materialien sowie Qualitäten verlangt, welche vordergründig nicht erforderlich erscheinen; letztendlich aber ggf. einen geringeren Unterhaltungsaufwand erfordern – hingegen die Qualitäten des „GU-Architekten" dies allzu oft nicht erfüllen.

7.3 Verbindlichkeit Europäischer Normen

Der DIN-Ausschuss hat aufgrund wiederkehrender Anfragen in verschiedenen Gremien auf nationaler und europäischer Normungsebene zur Verbindlichkeit Europäischer Normen (EN) und zur Klarstellung auf die in diesem Zusammenhang relevanten Regelungen hingewiesen:

- Europäische Normen als solche werden nicht veröffentlicht. Sie werden von den CEN-Mitgliedern als nationale Normen herausgegeben, in Deutschland als DIN EN.
- Damit gilt auch für Europäische Normen in Deutschland der Grundsatz aus DIN 820-1:1994-04, Abschnitt 6.1: „Die Normen des Deutschen Normenwerkes stehen jedermann zur Anwendung frei" und,
- weiter unten im selben Abschnitt: „Eine Anwendungspflicht kann sich auf Grund von Rechts- und Verwaltungsvorschriften sowie aufgrund von Verträgen oder sonstigen Rechtsgründen ergeben."

Damit besteht im Grundsatz keine Verpflichtung zur Anwendung von DIN-EN-Normen; werden diese aber Vertragsbestandteil, so sind diese als „Mindest"-Qualitätsforderung von den Beteiligten zu realiseren.

7.4 Die allgemein anerkannten Regeln der Technik

Gemäß § 4 Nr. 2 Abs. 1 VOB/B hat der Auftragnehmer bei der Erbringung seiner Vertragsleistung die allgemein anerkannten Regeln der Technik (aaRdT) zu beachten. Entspricht seine Leistung den Anforderungen nicht, ist diese gem. VOB/B § 13 Nr. 1 mangelhaft.

Der Ursprung für die Inhaltsbestimmung der anerkannten Regeln liegt in der Rechtsprechung des Reichsgerichtes (1879 – 1945) zum Baustrafrecht, welches heute insbesondere im BGB § 319 Baugefährdung geregelt ist.

Zu den allgemein anerkannten Regeln der Technik zählen i. d. R.:

- VOB/C
- DIN- sowie DIN-VDE-Normen
- Europäische Normen
- Einheitliche technische Baubestimmungen
- Herstellervorschriften für die Verwendung eines bestimmten Bauproduktes
- VDI-Richtlinien
- Gesetzliche Bestimmungen (EnEV)

Eine Regel (für Planung, Leitung oder Ausführung eines Baues oder den Abbruch eines Bauwerkes) ist dann allgemein anerkannt, wenn sie die herrschende Ansicht der technischen Fachleute darstellt. Das ist der Fall, wenn sie nicht nur allgemeine wissenschaftliche Anerkennung gefunden, sondern sich auch praktisch bewährt hat.

Beachte: Die anerkannten Regeln der Technik sind vom Stand der Wissenschaft oder auch der Technik abzugrenzen. Der Stand der Wissenschaft beinhaltet jeweils die neuesten Methoden, welche sich aber entgegen den anerkannten Regeln noch nicht durchgesetzt oder auch bewährt haben.

Eine Regel der Technik ist eine normierte Handlungsanweisung zu Arbeitsmethoden sowie Verfahrensweisen zur sachgerechten Lösung bzw. zum Erreichen bestimmungsgemäßer technischer Ziele:

- die Kennzeichnung geforderter Merkmale und Funktionen (Eigenschaften)
- die Beschreibung geeigneter Mittel, Verfahren und sonstiger Vorgehensweisen
- die Beschreibung der dabei anzuwendenden Sorgfaltsmaßstäbe

Für den Architekten und den fachlich Beteiligten bedeutet dies – soweit nichts Abweichendes im Vertrag vereinbart ist – dass ohne weitere Erwähnung die Vertragspartner zur Einhaltung als Mindeststandard verpflichtet sind.

Dabei ist zu beachten, dass anerkannte Regeln der Technik nicht automatisch identisch mit den DIN-Normen sind. Normen werden in mehr oder weniger großen Zeiträumen aktualisiert und den jeweiligen praktischen Bedürfnissen angepasst. Daher können sie ggf. auch hinter den aRdT zurückbleiben.

Auch das gibt es heute noch: Neben den schriftlich dokumentierten anerkannten Regeln der Technik gibt es in einigen traditionellen Handwerksberufen, z. B. des Zimmermanns, noch mündlich überlieferte technische Regeln.

7.5 Technische Baubestimmungen

Planung, Bemessung und Konstruktion baulicher Anlagen sowie die Verwendung von Bauprodukten sind in den Landesbauordnungen geregelt. Sie enthalten zahlreiche technische Regeln für den Bereich Baurecht und Anlagensicherheit. Es handelt sich vorrangig um DIN-Normen und bauaufsichtliche Richtlinien (Liste Technischer Baubestimmungen LTB).

Die LTB sind in Deutschland Bestandteil der 16 Landesbauordnungen und durch § 3 Abs. 3 der Musterbauordnung bzw. Landesbauordnung als verbindlich erklärt und im Zuge der Novellierung (MBO 2016) sind die technischen Regeln für Planung, Bemessung und Ausführung von Bauwerken und für die Bauprodukte zusammengeführt worden in:

- Muster-Verwaltungsvorschrift Technische Baubestimmungen (MVV TB vom 31.08.2017)
- Teil A: Konkretisierung der Grundanforderungen an Bauwerke
- Teil B: Ergänzungen zu Teil A für Bauteile und Sonderkonstruktionen
- Teil C: Regelungen zur Leistung von nicht harmonisierten Bauprodukten
- Teil D: Produkte, für die kein Verwendungsnachweis notwendig ist

7.6 Musterbauordnung (MBO)

Die Musterbauordnung (zuletzt geändert am 22.02.2019) soll die Landesbauordnungen vereinheitlichen. Sie besteht aus den Teilen:

- Allgemeine Vorschriften
- Das Grundstück und seine Bebauung
- Bauliche Anlagen
- Die am Bau Beteiligten
- Bauaufsichtsbehörden, Verfahren
- Ordnungswidrigkeiten, Rechtsvorschriften....

7.7 Neue Baustoffe, DIN-Vorschriften und Verfahrensweisen

Bei Verwendung neuer Baustoffe oder Verfahrensweisen ist zunächst eine eingehende Fachberatung des Auftraggebers durch den Architekten, den fachlich Beteiligten oder auch durch einen Sonderingenieur erforderlich. Hat der Auftraggeber eine Entscheidung getroffen, ist sein Einverständnis bzw. seine Entscheidung schriftlich festzuhalten.

7.8 Vertragsgestaltung Sonderingenieur, zum Beispiel der SiGeKo

Bei der Vertragsgestaltung für den SiGeKo (Sicherheits- und Gesundheitsschutz-Koordinator) ist – neben dem zur Verfügung stehenden Standardvertrag – zu vereinbaren, dass der SiGeKo bei der Vor-Ort-Überwachung festgestellte Abweichungen und Mängel eigenverantwortlich verfolgt, deren Beseitigung überwacht und dies dokumentiert wird.

Hinweis zum Verantwortlichen Bauleiter nach UVV/LBO:

Vermehrt wird vom Auftraggeber vorgetragen, dass die SiGe-Koordination zu den Grundleistungen des Architekten gehört (Bauleiter im Sinne der LBO etc.). Dem ist natürlich nicht so.

Es ist entgegenzuhalten, dass ein SiGe-Koordinator alle Gewerke (Bauleistungen) zu betreuen hat, also baukonstruktive, haustechnische, anlagentechnische und sonstige Fachplanungen und Gewerke. Er deckt demnach mehrere Fachplanungen und Ausführungen ab, sodass diese Leistung vom Architekten allein nicht gewährleistet werden kann.

7.9 Nachhaltiges Bauen – die Zertifizierung

Für das Ziel der Projektrealisierung unter besonderer Beachtung von Nachhaltigkeitskriterien ist es erforderlich, einerseits über den Standard hinausgehende gewünschte Gebäudequalitäten als Projektmerkmale zu benennen und andererseits, die Anforderungen an Materialien für die Herstellung und die Ausführungen in ökologischer Hinsicht zu bestimmen, welche die Grenzwerte nicht überschreiten.

Beispielhaft können gewünschte ökologische Merkmale und Gebäudequalitäten sein:

- flexible Nutzflächen und reversibles Gebäude (Büro, Wohnen etc.)
- Verwendung natürlicher Materialien
- Erdwärmegewinnung
- Bauteiltemperierung
- Doppelfassaden
- dezentrale Lüftungssysteme
- Lichtsteuerung und -lenkung
- Solarthermie und Photovoltaik
- (seltener) Grauwasser
- soziale Einrichtungen/Sonderdienste (Kindergarten, Fahrradräume, Umkleiden, Duschen, Chill-Räume etc.)

Es sind bereits in der Vorplanungsphase insbesondere seitens des OPL die Kriterien für die Nachhaltigkeit mit der Projektleitung des Auftraggebers und den sonstigen fachlich Beteiligten zu erarbeiten.

Wenn nur geringe Erfahrungen über Materialien in ökologischer Hinsicht bei den Planungsbeteiligten vorliegen, sollte ein Sonderfachmann für die ökologischen Baustoffqualitäten eingebunden werden. Damit werden einerseits die zur Ausführung gewünschten Qualitäten festgelegt und andererseits wird schon in dieser Planungsphase das sog. Material-Book zusammengestellt.

Am Ende des Bauprozesses – vor Inbetriebnahme – sind als Nachweis der Erfüllung der Anforderungen die verbindlichen Grenzwerte für die Innenraumhygiene durch Messungen zu belegen (DGNB).

Für die Verdingungsunterlagen ist eine separate Vertragsbedingung durch den Ökologen aufzustellen; Blower-Door-Tests sind verbindlich durchzuführen. Alle erforderlichen Angaben der Bau-Auftragnehmer zu den Bauprodukten und deren Verwendungsnachweise sind durch den Ökologen einzufordern, zu bewerten und zu dokumentieren.

7.10 Weitergehende Objektdokumentation – Technical Due Diligence

Der Energieeffizienzgedanke spielt mittlerweile bei allen fachlich Beteiligten eine große Rolle. Begriffe wie „innovativ", „ökologisch" und „intelligent" etikettieren die Neubauten.

Während des Betreibens eines Objektes ist es erforderlich zu überprüfen, ob tatsächlich die bei der Planung gewünschten Effekte, zum Beispiel die Einhaltung prognostizierter Energieeinsparungswerte, eingetreten sind bzw. auch nach geraumer Nutzungszeit noch bestehen. Dies kann nur durch ein kontinuierliches Monitoring und ein Technical Due Diligence, also eine Zustandsbewertung, durch Auftraggeber/Nutzer festgestellt werden. Hierzu sind ebenfalls die entsprechenden Fachleute seitens der TGA-Planer *frühzeitig* einzubinden.

8 Die HOAI in Schlagworten

Vorab ein Hinweis zur HOAI

Der Europäische Gerichtshof hat mit Urteil vom 04.07.2019 die Mindest- und Höchstpreisregelungen in der Deutschen Honorarordnung für Architekten (HOAI) gekippt. Es muss nun eine unionsrechtskonforme Neuregelung geschaffen werden; bis dahin bleiben die bisherigen Normen der HOAI erst einmal bestehen, da der Artikel 15 der Dienstleistungsrichtlinie nur die verbindlichen Mindest- und Höchstpreise für bestimmte Dienstleistungen verbietet. Honorar nach HOAI als vertragliche Vergütungsvereinbarungen sind deshalb nicht alle unwirksam, da die Vereinbarungsfreiheit als eine Entscheidung aufgrund einer Privatautonomie der Parteien verbleibt; vereinbartes HOAI-Honorar kann also weiterhin geltend gemacht und auch eingeklagt werden.

Zur „HOAI – Honorarordnung für Architekten und Ingenieure" liegen ausreichend Kommentar-Literaturen vor, ebenso Erläuterungen, Hinweise und weiterführende Verweise im Internet.

Um die Kommentar-Literatur von Rechtsexperten zu den einzelnen Paragraphen der HOAI auf einen Punkt zu bringen, erfolgt in diesem Abschnitt eine schlagwortartige, treffende Zitierung der bezeichneten wesentlichen Vertragsregelung bzw. Leistung der fachlich Beteiligten.

8.1 Teil 1: Allgemeine Vorschriften HOAI §§ 1 bis 58

§ 1 Anwendungsbereich

- … Verordnung regelt die Berechnung der Entgelte „nur" für die Grundleistungen ….

§ 2 Begriffsbestimmung

- (1) … Objekte sind Gebäude, Innenräume, Freianlagen, Ingenieurbauwerke, Verkehrsanlagen …. Tragwerke und Anlagen der Technischen Ausrüstung
- (2) … Neubauten und Neuanlagen …
- (3) … Wiederaufbauten …
- (4) … Erweiterungsbauten …
- (5) … Umbauten …
- (6) … Modernisierungen …
- (7) … Mitzuverarbeitende Bausubstanz …
- (8) … Instandsetzung …
- (9) … Instandhaltung …
- (10) … Kostenschätzung … bis zur 1. KG Ebene … Vorläufige Grundlage für Finanzierungsüberlegungen
- (11) … Kostenberechnung … bis zur 2. KG Ebene ….

§ 3 Leistungen und Leistungsbilder

- (1) ... Honorare nur für Grundleistungen ... Besondere und Beratungsleistungen sind nicht geregelt
- (2) ... Grundleistungen ... sind in Leistungsbildern erfasst .... gliedern sich in Leistungsphasen ...
- (3) ... Aufzählung der Besonderen Leistungen ... ist nicht abschließend ...
- (4) ... Wirtschaftlichkeit der Leistung ist stets zu beachten.

§ 4 Anrechenbare Kosten

- (1) ... Anrechenbare Kosten sind .... nach aaRdT oder nach Verwaltungsvorschriften ... auf der Grundlage ortsüblicher Preise zu ermitteln ...
- (2) ... Ermittlung wie vor auch bei Auftraggeber-Lieferungen .... nicht übliche Vergünstigungen ... In Gegenrechnung ... Vorhandene oder vorbeschaffte Baustoffe oder Bauteile ....
- (3) ... Mitzuverarbeitende Bausubstanz ...

§ 5 Honorarzonen

- (1) ... Objekt- und Tragwerksplanung ... Honorarzonen I bis V ...
- (2) ... Flächenplanung und ... Technische Ausrüstung ... Honorarzone I bis III
- (3) .... Honorarzonen anhand der Bewertungsmerkmale ...

§ 6 Grundlagen des Honorars

- (1) ... Honorar ... nach Fläche ... Objekt ... Richtet sich nach ...
- (2) ... Honorare ... Umbauten und Modernisierungen ... Umbau- oder Modernisierungszuschlag ...
- (3) ... keine Planungen ... für eine Kostenschätzung oder Kostenberechnung ...

§ 7 Honorarvereinbarung

- (1) ... Honorar richtet sich nach der schriftlichen Vereinbarung ...
- (2) ... Anrechenbare Kosten ... außerhalb der ... Honorartafeln ... Honorare frei vereinbar
- (3) ... Unterschreitung der Mindestsätze ... können in Ausnahmefällen unterschritten werden ...
- (4) ... Höchstsätze ... außergewöhnliche oder ungewöhnlich lange dauernde Grundleistungen ... dürfen überschritten werden ...
- (5) ... wird unwiderleglich vermutet ... dass Mindestsätze vereinbart sind ...
- (6) ... Erfolgshonorar ... und Malus-Honorar ...

§ 8 Berechnung des Honorars in besonderen Fällen

- (1) ... nicht alle Leistungsphasen eines Leistungsbildes übertragen ...
- (2) ... nicht alle Grundleistungen eines Leistungsbildes übertragen ...
- (3) ... Gesonderte Vergütung ... bei zusätzlichem Koordinierungs- oder Einarbeitungsaufwand ...

§ 9 Berechnung des Honorars bei Beauftragung von Einzelleistungen

- (1) ... Vorplanung oder Entwurfsplanung ...
- (2) ... Bauleitplanung .... entsprechend anzuwenden ...
- (3) ... Objektüberwachung ...

§ 10 Berechnung des Honorars bei vertraglichen Änderungen des Leistungsumfanges

- (1) ... Umfang der beauftragten Leistung geändert ...
- (2) ... Wiederholung von Grundleistungen ...

§ 11 Auftrag für mehrere Objekte

- (1) ... Mehrere Objekte ... jedes Objekt getrennt ....
- (2) ... Vergleichbare Objekte ... nach der Summe der anrechenbaren Kosten
- (3) ... Mehrere im Wesentlichen gleiche Gebäude ...
- (4) ... Grundleistungen ... bereits Gegenstand eines anderen Auftrages ... ein gleiches Gebäude ...

§ 12 Instandsetzung und Instandhaltung

- (1) ... für Grundleistungen ...
- (2) ... Prozentsatz für die Objektüberwachung oder Bauoberleitung ... Erhöhung

§ 13 Interpolation

- ... Mindest- und Höchstsätze für Zwischenstufen ... durch lineare Interpolation zu ermitteln ...

§ 14 Nebenkosten

- (1) ... kann neben den Honoraren .... Nebenkosten in Rechnung stellen ...
- (2) ... zu den Nebenkosten gehören ...
- (3) ... pauschal oder nach Einzelnachweis ...

§ 15 Zahlungen

- (1) ... Honorar wird fällig, wenn die Leistung abgenommen ...
- (2) ... Abschlagszahlungen können zu den schriftlich vereinbarten Zeitpunkten ... gefordert werden
- (3) ... Nebenkosten ... werden mit der Honorarrechnung fällig
- (4) ... Andere Zahlungsweisen können schriftlich vereinbart werden

§ 16 Umsatzsteuer

- (1) ... Anspruch auf Ersatz der gesetzlich geschuldeten Umsatzsteuer ...
- (2) ... Auslagen ... weiter zu berechnen ...

8.2 Teil 2: Flächenplanung §§ 17–32

Abschnitt 1 Bauleitplanung, Vorbemerkungen zu §§ 17–21

Abschnitt 2 Landschaftsplanung, Vorbemerkung zu §§ 22 bis 32

8.3 Teil 3: Objektplanung §§ 33–37

Abschnitt 1 Gebäude und Innenräume

§ 33 Besondere Grundlagen des Honorars

- (1) ... Für Grundleistungen ... Kosten der Baukonstruktion anrechenbar
- (2) ... Für Grundleistungen ... Kosten für Technische Anlagen ... nicht anrechenbar ... soweit der Auftragnehmer diese weder plant noch beschafft ....

§ 34 Leistungsbild Gebäude und Innenräume

- (1) ... Leistungsbild Gebäude .... umfasst ....
- (2) ... Leistungen für Innenräume ...
- (3) ... Grundleistungen unterteilt in neun Leistungsphasen ... in Prozentsätzen ...
- (4) ... Anlage 10 Nummer 10.1 regelt die Grundleistungen .... Beispiele für Besondere Leistungen ...

§ 35 Honorare für Grundleistungen bei Gebäuden und Innenräumen

- (1) ... Die Mindest- und Höchstsätze .... in der folgenden Honorartafel festgesetzt (25 T - 25 Mio. €)

§ 36 Umbauten und Modernisierungen von Gebäuden und Innenräumen

- (1) ... Gebäuden ... durchschnittlicher Schwierigkeitsgrad ein Zuschlag ... vereinbart
- (2) ... Innenräume ... durchschnittlicher Schwierigkeitsgrad ein Zuschlag ... vereinbart

§ 37 Aufträge für Gebäude und Freianlagen oder für Gebäude und Innenräume

- (1) ... § 11 Absatz 1 ist nicht anzuwenden ...
- (2) ... Innenräume .... und Grundleistungen für dieses Gebäude .... nicht separat berechnet

Abschnitt 2 Freianlagen §§ 38–40

Abschnitt 3 Ingenieurbauwerke §§ 41–44

Abschnitt 4 Verkehrsanlagen §§ 45–48

8.4 Teil 4: Fachplanung §§ 49–56

8.5 Teil 5: Übergangs- und Schlussvorschriften §§ 57–58

8.6 Anlage 1–9

- Anlage 1 Beratungsleistungen
- Anlage 2 zu § 18 Absatz 2 Grundleistungen im Leistungsbild Flächennutzungsplan
- Anlage 3 zu § 19 Absatz 2 Grundleistungen im Leistungsbild Bebauungsplan
- Anlage 4 zu § 23 Absatz 2 Grundleistungen im Leistungsbild Landschaftsplan
- Anlage 5 zu § 24 Absatz 2 Grundleistungen im Leistungsbild Grünordnungsplan
- Anlage 6 zu § 25 Absatz 2 Grundleistungen im Leistungsbild Landschaftsrahmenplan
- Anlage 7 zu § 26 Absatz 2 Grundleistungen im Leistungsbild Landschaftspflegerischer Begleitung
- Anlage 8 zu § 27 Absatz 2 Grundleistungen im Leistungsbild Pflege- und Entwicklungsplan
- Anlage 9 zu § 18, 19, 23, 24, 25, 26, 27 Absatz 2 Besondere Leistungen zur Flächenplanung

8.7 Anlage 10 zu § 34 Abs. 1, § 35 Absatz 6 Leistungsbilder LPH 1–9

8.7.1 Grundleistungen im Leistungsbild Gebäude und Innenräume, Besondere Leistungen, Objektlisten

LPH 1 Grundlagenermittlung

Grundleistungen

a) Klären der Aufgabenstellung auf Grundlage der Vorgaben oder der Bedarfsplanung des Auftraggebers

b) Ortsbesichtigung

c) Beraten zum gesamten Leistungs- und Untersuchungsbedarf

d) Formulieren der Entscheidungshilfen für die Auswahl anderer an der Planung fachlich Beteiligter

e) Zusammenfassen, Erläutern und Dokumentieren der Ergebnisse

Besondere Leistungen

- Bedarfsplanung
- Bedarfsermittlung
- Aufstellen eines Funktionsprogramms

- Aufstellen eines Raumprogramms
- Standortanalyse
- Mitwirken bei Grundstücks- und Objektauswahl, -beschaffung und -übertragung
- Beschaffen von Unterlagen, die für das Vorhaben erheblich sind
- Bestandsaufnahme
- technische Substanzerkundung
- Betriebsplanung
- Prüfen der Umwelterheblichkeit
- Prüfen der Umweltverträglichkeit
- Machbarkeitsstudie
- Wirtschaftlichkeitsuntersuchung
- Projektstrukturplanung
- Zusammenstellen der Anforderungen aus Zertifizierungssystemen
- Verfahrensbetreuung, Mitwirken bei der Vergabe von Planungs- und Gutachterleistungen

LPH 2 Vorplanung (Projekt- und Planungsvorbereitung)

Grundleistungen

a) Analysieren der Grundlagen, Abstimmen der Leistungen mit den fachlich an der Planung Beteiligten
b) Abstimmen der Zielvorstellungen, Hinweisen auf Zielkonflikte
c) Erarbeiten der Vorplanung, Untersuchen, Darstellen und Bewerten von Varianten nach gleichen Anforderungen, Zeichnungen im Maßstab nach Art und Größe des Objekts
d) Klären und Erläutern der wesentlichen Zusammenhänge, Vorgaben und Bedingungen (zum Beispiel städtebauliche, gestalterische, funktionale, technische, wirtschaftliche, ökologische, bauphysikalische, energiewirtschaftliche, soziale, öffentlich-rechtliche)
e) Bereitstellen der Arbeitsergebnisse als Grundlage für die anderen an der Planung fachlich Beteiligten sowie Koordination und Integration von deren Leistungen
f) Vorverhandlungen über die Genehmigungsfähigkeit
g) Kostenschätzung nach DIN 276, Vergleich mit den finanziellen Rahmenbedingungen
h) Erstellen eines Terminplans mit den wesentlichen Vorgängen des Planungs- und Bauablaufs
i) Zusammenfassen, Erläutern und Dokumentieren der Ergebnisse

Besondere Leistungen

- Aufstellen eines Katalogs für die Planung und Abwicklung der Programmziele
- Untersuchen alternativer Lösungsansätze nach verschiedenen Anforderungen einschließlich Kostenbewertung
- Beachten der Anforderungen des vereinbarten Zertifizierungssystems

- Durchführen des Zertifizierungssystems
- Ergänzen der Vorplanungsunterlagen auf Grund besonderer Anforderungen
- Aufstellen eines Finanzierungsplanes
- Mitwirken bei der Kredit- und Fördermittelbeschaffung
- Durchführen von Wirtschaftlichkeitsuntersuchungen
- Durchführen der Voranfrage (Bauanfrage)
- Anfertigen von besonderen Präsentationshilfen, die für die Klärung im Vorentwurfsprozess nicht notwendig sind, zum Beispiel
  - Präsentationsmodelle
  - Perspektivische Darstellungen
  - Bewegte Darstellung/Animation
  - Farb- und Materialcollagen
  - digitales Geländemodell
  - 3-D oder 4-D Gebäudemodellbearbeitung (Building Information Modeling BIM)
- Aufstellen einer vertieften Kostenschätzung nach Positionen einzelner Gewerke
- Fortschreiben des Projektstrukturplanes
- Aufstellen von Raumbüchern
- Erarbeiten und Erstellen von besonderen bauordnungsrechtlichen Nachweisen für den vorbeugenden und organisatorischen Brandschutz bei baulichen Anlagen besonderer Art und Nutzung, Bestandsbauten oder im Falle von Abweichungen von der Bauordnung

LPH 3 Entwurfsplanung (System- und Integrationsplanung)

Grundleistungen

a) Erarbeiten der Entwurfsplanung, unter weiterer Berücksichtigung der wesentlichen Zusammenhänge, Vorgaben und Bedingungen (zum Beispiel städtebauliche, gestalterische, funktionale, technische, wirtschaftliche, ökologische, soziale, öffentlich-rechtliche) auf der Grundlage der Vorplanung und als Grundlage für die weiteren Leistungsphasen und die erforderlichen öffentlich-rechtlichen Genehmigungen unter Verwendung der Beiträge anderer an der Planung fachlich Beteiligter. Zeichnungen nach Art und Größe des Objekts im erforderlichen Umfang und Detaillierungsgrad unter Berücksichtigung aller fachspezifischen Anforderungen, zum Beispiel bei Gebäuden im Maßstab 1:100, zum Beispiel bei Innenräumen im Maßstab 1:50 bis 1:20

b) Bereitstellen der Arbeitsergebnisse als Grundlage für die anderen an der Planung fachlich Beteiligten sowie Koordination und Integration von deren Leistungen

c) Objektbeschreibung

d) Verhandlungen über die Genehmigungsfähigkeit

e) Kostenberechnung nach DIN 276 und Vergleich mit der Kostenschätzung

f) Fortschreiben des Terminplans

g) Zusammenfassen, Erläutern und Dokumentieren der Ergebnisse

Besondere Leistungen

- Analyse der Alternativen/Varianten und deren Wertung mit Kostenuntersuchung (Optimierung)
- Wirtschaftlichkeitsberechnung
- Aufstellen und Fortschreiben einer vertieften Kostenberechnung
- Fortschreiben von Raumbüchern

LPH 4 Genehmigungsplanung

Grundleistungen

a) Erarbeiten und Zusammenstellen der Vorlagen und Nachweise für öffentlich-rechtliche Genehmigungen oder Zustimmungen einschließlich der Anträge auf Ausnahmen und Befreiungen, sowie notwendiger Verhandlungen mit Behörden unter Verwendung der Beiträge anderer an der Planung fachlich Beteiligter

b) Einreichen der Vorlagen

c) Ergänzen und Anpassen der Planungsunterlagen, Beschreibungen und Berechnungen

Besondere Leistungen

- Mitwirken bei der Beschaffung der nachbarlichen Zustimmung
- Nachweise, insbesondere technischer, konstruktiver und bauphysikalischer Art, für die Erlangung behördlicher Zustimmungen im Einzelfall
- Fachliche und organisatorische Unterstützung des Bauherrn im Widerspruchsverfahren, Klageverfahren oder ähnlichen Verfahren

LPH 5 Ausführungsplanung

Grundleistungen

a) Erarbeiten der Ausführungsplanung mit allen für die Ausführung notwendigen Einzelangaben (zeichnerisch und textlich) auf der Grundlage der Entwurfs- und Genehmigungsplanung bis zur ausführungsreifen Lösung, als Grundlage für die weiteren Leistungsphasen

b) Ausführungs-, Detail- und Konstruktionszeichnungen nach Art und Größe des Objekts im erforderlichen Umfang und Detaillierungsgrad unter Berücksichtigung aller fachspezifischen Anforderungen, zum Beispiel bei Gebäuden im Maßstab 1:50 bis 1:1, zum Beispiel bei Innenräumen im Maßstab 1:20 bis 1:1

c) Bereitstellen der Arbeitsergebnisse als Grundlage für die anderen an der Planung fachlich Beteiligten, sowie Koordination und Integration von deren Leistungen

d) Fortschreiben des Terminplans

e) Fortschreiben der Ausführungsplanung auf Grund der gewerkeorientierten Bearbeitung während der Objektausführung

f) Überprüfen erforderlicher Montagepläne der vom Objektplaner geplanten Baukonstruktionen und baukonstruktiven Einbauten auf Übereinstimmung mit der Ausführungsplanung

Besondere Leistungen

- Aufstellen einer detaillierten Objektbeschreibung als Grundlage der Leistungsbeschreibung mit Leistungsprogramm*
- Prüfen der vom bauausführenden Unternehmen auf Grund der Leistungsbeschreibung mit Leistungsprogramm ausgearbeiteten Ausführungspläne auf Übereinstimmung mit der Entwurfsplanung*
- Fortschreiben von Raumbüchern in detaillierter Form
- Mitwirken beim Anlagenkennzeichnungssystem (AKS)
- Prüfen und Anerkennen von Plänen Dritter, nicht an der Planung fachlich Beteiligter auf Übereinstimmung mit den Ausführungsplänen (zum Beispiel Werkstattzeichnungen von Unternehmen, Aufstellungs- und Fundamentpläne nutzungsspezifischer oder betriebstechnischer Anlagen), soweit die Leistungen Anlagen betreffen, die in den anrechenbaren Kosten nicht erfasst sind*

* Diese Besondere Leistung wird bei Leistungsbeschreibung mit Leistungsprogramm ganz oder teilweise Grundleistung. In diesem Fall entfallen die entsprechenden Grundleistungen dieser Leistungsphase

LPH 6 Vorbereitung der Vergabe

Grundleistungen

a) Aufstellen eines Vergabeterminplans
b) Aufstellen von Leistungsbeschreibungen mit Leistungsverzeichnissen nach Leistungsbereichen, Ermitteln und Zusammenstellen von Mengen auf der Grundlage der Ausführungsplanung unter Verwendung der Beiträge anderer an der Planung fachlich Beteiligter
c) Abstimmen und Koordinieren der Schnittstellen zu den Leistungsbeschreibungen der an der Planung fachlich Beteiligten
d) Ermitteln der Kosten auf der Grundlage vom Planer bepreister Leistungsverzeichnisse
e) Kostenkontrolle durch Vergleich der vom Planer bepreisten Leistungsverzeichnisse mit der Kostenberechnung
f) Zusammenstellen der Vergabeunterlagen für alle Leistungsbereiche

Besondere Leistungen

- Aufstellen der Leistungsbeschreibungen mit Leistungsprogramm auf der Grundlage der detaillierten Objektbeschreibung*
- Aufstellen von alternativen Leistungsbeschreibungen für geschlossene Leistungsbereiche
- Aufstellen von vergleichenden Kostenübersichten unter Auswertung der Beiträge anderer an der Planung fachlich Beteiligter

* Diese Besondere Leistung wird bei einer Leistungsbeschreibung mit Leistungsprogramm ganz oder teilweise zur Grundleistung. In diesem Fall entfallen die entsprechenden Grundleistungen dieser Leistungsphase.

LPH 7 Mitwirkung bei der Vergabe

Grundleistungen

a) Koordinieren der Vergaben der Fachplaner

b) Einholen von Angeboten

c) Prüfen und Werten der Angebote einschließlich Aufstellen eines Preisspiegels nach Einzelpositionen oder Teilleistungen, Prüfen und Werten der Angebote zusätzlicher und geänderter Leistungen der ausführenden Unternehmen und der Angemessenheit der Preise

d) Führen von Bietergesprächen

e) Erstellen der Vergabevorschläge, Dokumentation des Vergabeverfahrens

f) Zusammenstellen der Vertragsunterlagen für alle Leistungsbereiche

g) Vergleichen der Ausschreibungsergebnisse mit den vom Planer bepreisten Leistungsverzeichnissen oder der Kostenberechnung

h) Mitwirken bei der Auftragserteilung

Besondere Leistungen

- Prüfen und Werten von Nebenangeboten mit Auswirkungen auf die abgestimmte Planung
- Mitwirken bei der Mittelabflussplanung
- Fachliche Vorbereitung und Mitwirken bei Nachprüfungsverfahren
- Mitwirken bei der Prüfung von bauwirtschaftlich begründeten Nachtragsangeboten
- Prüfen und Werten der Angebote aus Leistungsbeschreibung mit Leistungsprogramm einschließlich Preisspiegel*
- Aufstellen, Prüfen und Werten von Preisspiegeln nach besonderen Anforderungen

* Diese Besondere Leistung wird bei Leistungsbeschreibung mit Leistungsprogramm ganz oder teilweise Grundleistung. In diesem Fall entfallen die entsprechenden Grundleistungen dieser Leistungsphase.

LPH 8 Objektüberwachung (Bauüberwachung) und Dokumentation

Grundleistungen

a) Überwachen der Ausführung des Objektes auf Übereinstimmung mit der öffentlich-rechtlichen Genehmigung oder Zustimmung, den Verträgen mit ausführenden Unternehmen, den Ausführungsunterlagen, den einschlägigen Vorschriften sowie mit den allgemein anerkannten Regeln der Technik

b) Überwachen der Ausführung von Tragwerken mit sehr geringen und geringen Planungsanforderungen auf Übereinstimmung mit dem Standsicherheitsnachweis

c) Koordinieren der an der Objektüberwachung fachlich Beteiligten

d) Aufstellen, Fortschreiben und Überwachen eines Terminplans (Balkendiagramm)

e) Dokumentation des Bauablaufs (zum Beispiel Bautagebuch)

f) Gemeinsames Aufmaß mit den ausführenden Unternehmen

g) Rechnungsprüfung einschließlich Prüfen der Aufmaße der bauausführenden Unternehmen
h) Vergleich der Ergebnisse der Rechnungsprüfungen mit den Auftragssummen einschließlich Nachträgen
i) Kostenkontrolle durch Überprüfen der Leistungsabrechnung der bauausführenden Unternehmen im Vergleich zu den Vertragspreisen
j) Kostenfeststellung, zum Beispiel nach DIN 276
k) Organisation der Abnahme der Bauleistungen unter Mitwirkung anderer an der Planung und Objektüberwachung fachlich Beteiligter, Feststellung von Mängeln, Abnahmeempfehlung für den Auftraggeber
l) Antrag auf öffentlich-rechtliche Abnahmen und Teilnahme daran
m) Systematische Zusammenstellung der Dokumentation, zeichnerischen Darstellungen und rechnerischen Ergebnisse des Objekts
n) Übergabe des Objekts
o) Auflisten der Verjährungsfristen für Mängelansprüche
p) Überwachen der Beseitigung der bei der Abnahme festgestellten Mängel

Besondere Leistungen

- Aufstellen, Überwachen und Fortschreiben eines Zahlungsplanes
- Aufstellen, Überwachen und Fortschreiben von differenzierten Zeit-, Kosten- oder Kapazitätsplänen
- Tätigkeit als verantwortlicher Bauleiter, soweit diese Tätigkeit nach jeweiligem Landesrecht über die Grundleistungen der LPH 8 hinausgeht

LPH 9 Objektbetreuung

Grundleistungen

a) Fachliche Bewertung der innerhalb der Verjährungsfristen für Gewährleistungsansprüche festgestellten Mängel, längstens jedoch bis zum Ablauf von fünf Jahren seit Abnahme der Leistung, einschließlich notwendiger Begehungen
b) Objektbegehung zur Mängelfeststellung vor Ablauf der Verjährungsfristen für Mängelansprüche gegenüber den ausführenden Unternehmen
c) Mitwirken bei der Freigabe von Sicherheitsleistungen

Besondere Leistungen

- Überwachen der Mängelbeseitigung innerhalb der Verjährungsfrist
- Erstellen einer Gebäudebestandsdokumentation,
- Aufstellen von Ausrüstungs- und Inventarverzeichnissen
- Erstellen von Wartungs- und Pflegeanweisungen
- Erstellen eines Instandhaltungskonzepts
- Objektbeobachtung

- Objektverwaltung
- Baubegehungen nach Übergabe
- Aufbereiten der Planungs- und Kostendaten für eine Objektdatei oder Kostenrichtwerte
- Evaluieren von Wirtschaftlichkeitsberechnungen

9 Anmerkungen zum Architektenvertrag

Vorab ein Hinweis zur HOAI

Der Europäische Gerichtshof hat mit Urteil vom 04.07.2019 die Mindest- und Höchstpreisregelungen in der Deutschen Honorarordnung für Architekten (HOAI) gekippt. Es muss nun eine unionsrechtskonforme Neuregelung geschaffen werden; bis dahin bleiben die bisherigen Normen der HOAI erst einmal bestehen, da der Artikel 15 der Dienstleistungsrichtlinie nur die verbindlichen Mindest- und Höchstpreise für bestimmte Dienstleistungen verbietet. Honorar nach HOAI als vertragliche Vergütungsvereinbarungen sind deshalb nicht alle unwirksam, da die Vereinbarungsfreiheit als eine Entscheidung aufgrund einer Privatautonomie der Parteien verbleibt; vereinbartes HOAI-Honorar kann also weiterhin geltend gemacht und auch eingeklagt werden.

9.1 Der Architektenvertrag

Architektenverträge sind individuelle Vereinbarungen (zur Orientierung wird auf die RBBau, Teil 3 Vertragsmuster freiberuflich Tätige, verwiesen). Nachfolgend einige Anmerkungen zu immer wiederkehrenden Fragen.

Eine Weisheit: Solange sich die Projektbeteiligten vertragen, bleibt der Vertrag im Schrank.

Vertragen sie sich nicht mehr, wird der Vertrag herausgeholt und jeder Vertragspartner beginnt zu interpretieren oder ist vielleicht sogar erstaunt, was der Vertrag so alles regelt. Deshalb hat jeder Partner oder Beteiligte, wenn er an der Vertragserarbeitung nicht mitgewirkt hat, den Vertrag zu Projektbeginn einer inhaltlichen Analyse im Hinblick auf die geschuldeten Leistungen zu unterziehen. Auch sind die Vereinbarungen des Vertrages für alle Mitarbeiter der fachlich beteiligten Architekten- und Ingenieurbüros wichtig und diesen zur Kenntnis zu geben

9.1.1 Rechtsform des Architektenvertrages

Der Architekten-, Ingenieur-, Sonderfachmann- oder Bauvertrag fällt unter den Werkvertrag nach §§ 650p ff. BGB; denn wie bereits im Vorwort ausgeführt, regelt die HOAI keine abschließenden notwendigen Leistungen (vertraglichen Regelungen) für ein Bauvorhaben, sondern ist ausschließliches Preisrecht für die Honorierung.

Nur der geschlossene Architekten-/Ingenieurvertrag regelt die geschuldeten Leistungen beider Vertragsparteien. Am Ende der Ausarbeitung ist ein wesentliches Merkmal des Vertrages zustande gekommen, nämlich die Schriftform (eine Urkunde) mit den zwei Unterschriften der Vertragsparteien (als das Ergebnis eines Angebotes und der Annahme).

Grundsätzlich ist das wesentliche vereinbarte und geschuldete sowie dauerhaft genehmigungsfähige Leistungsziel die Erstellung eines mängelfreien, funktionsgerechten Bauwerkes. Es kommt dem Auftraggeber letztendlich nicht auf die Art und Weise oder Vielzahl der Erbringung der Leistungen (Leistungshandlungen der Beteiligten) an, sondern nur auf das Erreichen des vereinbarten Erfolges.

Auch bei einer getrennten Vergabe der Objektplanungsleistung in Planung und in Überwachung verbleibt der Werkvertragscharakter für jeden Beteiligten. Der objektüberwachende Architekt muss die Vorgaben seines objektplanenden Kollegen prüfen und ggf. zur Überarbeitung an ihn übergeben.

Nachstehend die wesentlichen Merkmale des Werkvertrages für Architekten- und Ingenieurleistungen:

- Der Architekten- und Ingenieurvertrag ist als Werkvertrag im Sinne der §§ 631 ff. BGB zu qualifizieren ... und in § 650p BGB legal definiert (verpflichtend) ..., vereinbarte Planungs- und Überwachungsziele zu erreichen.
- ... Ansprüche bei einem Werk, dessen Erfolg in der Erbringung von Planungs- und Überwachungsleistungen für ein Bauwerk besteht ...
- Der Vertrag kann schriftlich oder mündlich zustande kommen (mündlich regelmäßig schwer beweisbar).
- ... was der Architekt/Ingenieur im Einzelnen schuldet, ist anhand der Vereinbarung mit dem Bauherrn festzustellen ... Maßgeblich ist also der vereinbarte Werkerfolg.
- ... die HOAI ist z. Z. noch zwingendes Preisrecht (bis zur Änderung aufgrund des EuGH-Urteils) und kein Vertragsrecht ... es bleibt den Vertragsparteien aber unbenommen, schuldrechtlich das Leistungsprogramm der HOAI zu vereinbaren ... wobei die Honorierungen regelmäßig die Grundleistungen zum Vertragsgegenstand erheben (Honorierung nach Honorartabelle); Besondere Leistungen sind besonders zu vergüten.
- ... der im Wege der Auslegung als sog. Vollarchitekturauftrag ... schuldet dieser:
  - die Erstellung einer mangelfreien und dauerhaft genehmigungsfähigen Planung einschließlich der für die Durchführung des Bauvorhabens weiter erforderlichen Vergabeunterlagen
  - die Einhaltung eventuell vereinbarter finanzieller Vorstellungen des Auftraggebers
  - die ordnungsgemäße Objektüberwachung sowie
  - die ordnungsgemäße Feststellung und Abwicklung etwaig gegebener Gewährleistungsansprüche des Auftraggebers.
- ... eine Vollmachtserteilung durch den Auftraggeber ... nach den Grundsätzen der Anscheins- und Duldungsvollmacht ... kann schriftlich oder mündlich durch schlüssiges Verhalten erfolgen.
- ... stellt die Überschreitung einer festen Kostenobergrenze einen Planungsmangel dar, welcher regelmäßig als wichtiger Kündigungsgrund zu sehen ist, wenn der Architekt/Ingenieur trotz Aufforderung die Planung nicht nachbessert.
- ... obgleich es sich im Wesentlichen um geistig-schöpferische Leistungen handelt, ist das Architekten-/Ingenieurwerk abnahmefähig ... bedeutet die Billigung des Werkes durch den Auftraggeber als im Wesentlichen vertragsgerecht.
- ... ist sowohl Fälligkeitsvoraussetzung ... für den Verjährungsbeginn der Gewährleistungsfrist ...
- ... beim Vollarchitekturauftrag orientieren sich Mängel von Architekten-/Ingenieurleistungen ... an den vier Phasen: Planung, Ausschreibung, Koordination und Bauüberwachung ...

- ... Gesamtschuldnerische Haftung bei Vorliegen eines Ausführungsfehlers/Baumangels ist gegeben ... kommt ein Mitverschuldungseinwand seitens des Bau-Auftragnehmers gegenüber dem Auftraggeber (und somit gegenüber dem Erfüllungsgehilfen des Auftraggebers) nicht in Betracht.
- .... Planung und Durchführung von Bauvorhaben sind untrennbar mit einer Vielzahl von Rechtsfragen verbunden ....
- .... ein Architekt ist nicht verpflichtet, Verträge und Vertragsbedingungen .... selbst zu entwerfen (siehe hierzu Rechtsdienstleistungsgesetz RDG).

Hinweis:

Unabhängig von der Überwachung und Prüfung des Architekten ist es gemessen an den Leistungspunkten der HOAI (LPH 1 bis 4 mit 27 % und LPH 5 mit 25 %) nur ein vermeintlicher Sieg (Gewinn) im Hinblick auf die eigene Wirtschaftlichkeit, wenn die LPH Entwurf nicht vollständig erbracht wird, aber gleichzeitig das gesamte Honorar schon in Rechnung gestellt wurde.

Oft wird hierfür die Begründung vorgetragen, dass in der LPH Vorentwurf und Entwurf bereits Leistungen aus der LPH 5 erbracht werden müssen. Hier ist es aber ratsam, diese „Leistungsverschiebung" im Planungsvertrag durch eine weitergehende geänderte Zuordnung der entsprechenden Leistungspunkte v. H. vorzunehmen.

9.1.2 Die Art des Vertrages, ziel- oder einzelleistungsorientiert

Aus unserer täglichen Arbeit kennen wir als Bestandteil des Bauvertrags die funktionale Leistungsbeschreibung oder das gewerkeorientierte Leistungsverzeichnis. Das eine ist die Festlegung des Vertragszieles, das andere die Beschreibung aller Einzelleistungen. Übersetzt auf den Architektenvertrag, gibt es den Auftraggeber, der den Inhalt des Vertrages zielorientiert oder einzelleistungsorientiert formuliert.

Durchgesetzt hat sich heute der einzelleistungsorientierte Vertrag. Dies hat auch seinen Grund darin, dass dem Auftraggeber das „Controlling" leichter fällt, wenn in der Art einer Strichliste abgehakt wird, ob die einzelne Leistungshandlung erbracht ist oder nicht. Der Vorteil dieser Vertragsform liegt darin, dass durch die exakte Formulierung der Leistungshandlungen die Schnittstelle zu den sonstigen fachlich Beteiligten und damit die Haftung eindeutig geregelt sind; nachteilig ist die Möglichkeit der Kürzung des Honorars, wenn eine Leistungshandlung nicht erbracht werden musste.

Trotzdem ist letztlich auch der genau ausformulierte einzelleistungsorientierte Vertrag ein Werkvertrag, denn es gehört zu unseren vertraglichen Nebenpflichten, dem Auftraggeber bei z. B. schwierigen Gründungsarbeiten auf die Erforderlichkeit der Einschaltung eines weiteren Sonderfachmannes hinzuweisen und die Einschaltung rechtzeitig durchzusetzen. Lassen wir auf der Baustelle weiterarbeiten und es kommt zu einem Schaden, sind wir mitverantwortlich, da wir wider besseren Wissens es zugelassen haben, weiter zu bauen.

9.1.3 Die Haftung

Alle am Projekt fachlich Beteiligten unterliegen der gesamtschuldnerischen Haftung zum Ersatz des Schadens des Auftraggebers. Dieser wird sich, der Einfachheit halber, i. d. R. den wirtschaftlich stärksten Vertragspartner aussuchen.

Willkür kann zwar mit der Formulierung entsprechend einer Aufrechnungsmöglichkeit:

„Gegen die Honorarforderung des Auftragnehmers kann nur mit einer unbestrittenen oder rechtskräftig festgestellten Forderung aufgerechnet werden; andere Forderungen können dagegen nicht zur Aufrechnung eingesetzt werden."

vermieden werden; die Realisierung ist aber oft nicht durchzusetzen.

Zur Abgrenzung und damit zur Abwehr unberechtigter Forderungen bekommt das Thema „Schnittstellenfestlegung und rechtssichere Dokumentation des Projektablaufes" eine besondere Bedeutung.

9.1.4 Erfolgshonorar nach HOAI

Gibt der Auftraggeber den Planungsbeteiligten den Anreiz eines Erfolgshonorars, muss im Hinblick auf die Zuordnung der Ergebnisse der Besonderen kostensenkenden Leistungen der Planungsbeteiligten eine entsprechende Dokumentation erfolgen.

9.1.5 Honorareinbehalt durch den Auftraggeber

Einmal abgesehen von der gesamtschuldnerischen Haftung aus dem Werkvertragsrecht: Es wird dem Auftraggeber schwer gemacht, aufgrund einer behaupteten Schlechtleistung Honorar einzubehalten, wenn einerseits die Planung entsprechend den Projektzielen und andererseits eine Dokumentation (Erläuterungsberichte, Informationen zum Ist-Zustandes des Projektes am Ende jeder LPH) vorliegen. Denn jetzt hat der Auftraggeber erst recht die von ihm behauptete mangelhafte Leistung eindeutig substantiiert, konkret oder ggf. mit einem Rechtstitel begründet zu belegen und er kann erst danach aufrechnen.

Erfolgt trotzdem ein unbegründeter Einbehalt durch den Auftraggeber, wird der einzuschaltenden Rechtsvertretung des Architekten oder Ingenieurs mit der vorgenannten Dokumentation eine bessere Ausgangsposition zur Einforderung des Honorars bis hin zur Möglichkeit einer Leistungsverweigerung als letztes Mittel zur Verfügung gestellt.

9.1.6 Die Ausführungsanweisung und Anscheinsvollmacht

Im selbstständigen Beweisverfahren wird oft von der Gegenseite behauptet, dass durch die Art der Ausführungsanweisung, z. B. durch die Freigabe des Werkstattplanes, der Architekt oder Ingenieur einen Zusatzauftrag generiert hat und auf Basis einer Anscheinsvollmacht im Namen des Auftraggebers handelt.

Um diese strittigen Auseinandersetzungen zu umgehen, ist in den Vertragsbedingungen der Bauverträge der Bau-Auftragnehmer die Verpflichtung zu vereinbaren, dass jede Anweisung zur Ausführung seitens des Auftraggebers oder seiner Erfüllungsgehilfen vom Bau-Unternehmer daraufhin zu überprüfen ist, ob es sich um eine zusätzliche Leistung handelt oder ob die Leistung der Anweisung bereits Gegenstand des Auftrages ist.

Hinweis: Es ist i. d. R. bereits in den Werkverträgen der fachlich Beteiligten vereinbart, dass eine Auftragsvollmacht nicht besteht. Lediglich bei „Gefahr in Verzug" ist zu regeln, dass eine Auftragsvollmacht zur Abwehr der Gefahr besteht.

9.1.7 Hol- und Bringschuld, Leistungen aller Beteiligten

Aus dem geschlossenen Vertrag sind, sofern dies nicht schon Bestandteil des Vertrages in einer Anlage ist, unter Einbeziehung der Schnittstellenfestlegungen die Hol- und Bringschuld und die Leistungen (Leistungshandlungen) der fachlich Beteiligten herauszuarbeiten und abzugleichen; Überschneidungen sind - falls nicht zu vermeiden - eindeutig und nur einem fachlich Beteiligten zuzuordnen. Eine Hol- und Bringschuld ist nur einmal zuzuordnen. Voraussetzung hierfür ist, dass die Leistungshandlungen (Vertragsinhalte) aller Beteiligten auch allen Beteiligten bekannt sind.

9.1.8 Der Kostenrahmen

Siehe hierzu auch Abschnitt 4.2.9 Abgrenzung der Kostenermittlungsverfahren von Bausummengarantien und Kostenzusicherungen.

Wenn ein Kostenrahmen vorgegeben ist - welcher dann ebenfalls auch im Vertrag aller Vorplaner verankert sein sollte –, so sind alle Beteiligten verpflichtet, bei einer erkennbaren Überschreitung durch zusätzliche Leistungen den Kostenrahmen wieder sicherzustellen (Planungsänderung, andere gleichwertige Materialien etc.), ohne die Gleichwertigkeit der Qualität zu verändern.

Da unsere Kostenermittlungen trotz aller Sorgfalt vom Marktpreis (Angebote) abweichend sein können, sollte zur Klarstellung nachstehende beispielhafte Vereinbarung in die Architekten- und Ingenieurverträge aufgenommen werden:

„Die Kostenschätzung der Zielfahndungsphase ist ein ca.-Kostenrahmen. Es handelt sich hierbei um eine erste grobe Einschätzung der Kosten. Die tatsächlichen Kosten können höher sein. Es wird ausdrücklich darauf hingewiesen, dass die Kostenermittlungen auf Basis von ortsüblichen Preisen und Kostenangaben der Architektenkammer NW erfolgen, welche bei abgeschlossenen Projekten abgerechnet worden sind. Dies bedeutet, dass die tatsächlichen Kosten für die Baumaßnahme dem Bieter-Wettbewerb sowie der örtlichen Marktlage unterliegen und abweichend von den Kostenermittlungen sein können."

9.1.9 Die Vertragsfristen

Sind für den Abschluss einzelner Leistungsphasen Termine festgeschrieben und weitere Zwischentermine innerhalb von Leistungsphasen fixiert (sogenannte Vertragsfristen), befinden wir uns in Verzug, wenn die Fristen nicht erfüllt werden.

Die rechte- und fristenwahrende Dokumentation der Leistungshandlungen aller Beteiligten z.B. über Verzögerungen und/oder Unterbrechungen (z.B. wegen „Planungsnachbesserungen" von fachlich Beteiligten) oder „Änderungsanordnungen" des Auftraggebers, einschließlich der Dokumentation der erfolgten bzw. nicht erfolgten Mitwirkungspflicht des Auftraggebers, trägt zur Schadensabwehr bei.

9.2 Berufshaftpflichtversicherung (BHV) und Bauwesenversicherung (BWV)

Die Behandlung beider Versicherungen in einem Abschnitt soll verdeutlichen, welche gegenseitigen Abhängigkeiten bestehen.

Es gibt nichts Gegensätzlicheres im Baugeschehen als Berufshaftpflichtversicherung und Bauwesenversicherung. Der einen muss nachgewiesen werden, dass unerlaubte Handlungen Dritter vorliegen und das Verschulden nicht bei einem der fachlich Beteiligten liegt, der anderen muss genau entgegengesetzt das Verschulden eines fachlich Beteiligten aufgezeigt werden.

Eine BHV vertritt die Interessen ihrer Versicherten, Schaden von ihnen abzuwenden, und stellt im Falle des Falles auch einen Rechtsbeistand; dieser wird zum weiteren Vorgehen entsprechende Anweisungen geben. D. h., dieser Rechtsbeistand ist in der Leistung des Versicherungsgebers eingeschlossen und erzeugt keine zusätzlichen Kosten.

Es gibt zwei Möglichkeiten der vertraglichen Einbindung einer BHV: Entweder wird projektbezogen die Haftung – Höhe der Prämie – vereinbart oder die Prämie richtet sich unabhängig von der Anzahl der Projekte nach dem jährlichen Honorarumsatz.

Der Vertreter der BHV sollte erstmalig zum Zeitpunkt des Vorliegens des Entwurfes des Architektenvertrages – also in jedem Fall vor dem Abschluss des Architektenvertrages – eingebunden werden. Er ersetzt dabei zwar nicht den allgemeinen Rechtsbeistand, wird aber zu den Haftungsthemen (Selbsteinbehalt etc.) Stellung nehmen.

Bei Vorliegen eines Schadensersatzanspruches gegen den Versicherten im Projektablauf muss aus Gründen äußerster Vorsorge die BHV zeitnah – d. h. nach maximal ein paar Tagen – eingebunden werden. Auch wenn der Betroffene davon überzeugt ist, nicht die Ursache des Schadens zu sein – machen Sie nicht den Fehler, die BHV zu spät einzubinden.

Dagegen soll die BWV – i. d. R. wird diese für das Bauvorhaben vom Auftraggeber abgeschlossen – einen Schaden ersetzen, wenn dieser aufgrund unerlaubter Handlungen nicht feststellbarer Dritter im Bauwerk eingetreten ist.

Damit die BWV nicht schadensersatzpflichtig wird, ist sie bemüht, zunächst einen „schuldigen Verursacher" zu behaupten, z. B. ein Fehlverhalten eines der fachlich beteiligten Büros. Denn nur dann kommt sie aus der Ersatzpflicht heraus; gelingt der BWV dieses Vorhaben, wird aus einem Bauwesenversicherungsfall ein Fall für die Berufshaftpflichtversicherung.

Auch der Vertreter der Bauwesenversicherung sollte erstmalig zum Zeitpunkt des Vorliegens des Entwurfes des Architektenvertrages eingebunden werden. Denn auch die Police der Bauwesenversicherung – ohne hier näher auf den verschiedenen Versicherungsumfang einzugehen – ist für die Berufshaftpflichtversicherung von Interesse, vor allem im Hinblick auf den Schaden-Eigenanteil (Selbsteinbehalt), den Vermögensschaden für Personen und dem x-Fachen der Schadenssumme/ -häufigkeit.

Zur einfacheren Information ist mit den Vertretern beider Versicherungen ein Projektgespräch zu Beginn der Planung zu führen. Neben allgemeinen Projekterläuterungen sind mit den Vertretern der Versicherungen weitere regelmäßige Gesprächstermine festzulegen. Zu diesen Gesprächen sind alle BL/FBL hinzuzuziehen. Sollten sich neue oder zusätzliche Risiken oder Abweichungen von den bisherigen Erkenntnissen ergeben, ist ggf. der Auftraggeber aufzufordern, diese nachträglich in den Versicherungsschutz der BWV aufnehmen zu lassen.

Im weiteren Verlauf der vorgenannten Gespräche ist dann zu Beginn der Erstellung der Projekt-Verdingungsunterlagen unabdingbar auf den Bauablauf mit allen Provisorien und sonstigen Gefahrenzuständen hinzuweisen; die Vertragsbedingungen der Verdingungsunterlage sind dabei auch durchzusprechen und zu übergeben.

Es wird empfohlen, zur Vereinfachung aller damit verbundenen Vorgänge in den Vertragsbedingungen der Bau-Verdingungsunterlage eine entsprechende Verpflichtung für die Bau-Auftragnehmer festzuschreiben: Beschädigungen, Diebstahl oder unzulässige Handlungen, z. B. das Öffnen von DB-Platten oder Entfernen von Schutzeinrichtungen durch Fremdfirmen o. glw., sind durch die betroffenen Bau-Auftragnehmer zeitnah und eigenverantwortlich der BWV anzuzeigen.

Diese Verpflichtung sollte mit dem Hinweis erfolgen, dass die Objektüberwachung und somit der Auftraggeber für unzulässige Handlungen die zusätzlich erforderlich werdenden Leistungen des betroffenen Bau-Auftragnehmers zur Beseitigung vorgenannter Zustände nicht als eine vertraglich geforderte Leistung dem Grunde und der Höhe nach anerkennt.

Weitere Ausführungen, die Rechte und Pflichten, Versicherungsgegenstand etc. sind in jedem Einzelfall den Policen und der einschlägigen Literatur zu entnehmen.

Abschließend:

Für die Beurteilung strittiger Einschätzungen eines Problems wird von allen fachlich Beteiligten erwartet, dass sie über fachbezogene juristische Kenntnisse verfügen. Aber: Bei mangelhafter Leistung der fachlich Beteiligten können Rechtspositionen des Auftraggebers verletzt werden und zur Verpflichtung eines Schadenersatzes führen.

Eine solide Grundlage – neben dem Fachwissen und der juristischen Rechtsberatung – ist die rechtesichernde Projektdokumentation der Projektabwicklung (Vollständigkeit der Bauangaben, Baufreiheit gegen Behinderung, richtige Terminplanung etc.). Sie bewahrt die fachlich Beteiligten vor ungerechtfertigten Behauptungen und unterstützt die fachlich Beteiligten dabei, in selbstständigen Beweisverfahren, Streitverkündigungen und Rechtsstreiten eindeutig und unzweifelhaft aufzuzeigen, kein Mitverschulden zu tragen.

9.3 Rechtsbeistand

Exkurs

Die Zeiten des „schwarzgekleideten, 1 m über dem Boden schwebenden" (Le Corbusiers), fehlerlosen Architekten haben sich beginnend Mitte der 60er Jahre des letzten Jahrhunderts verändert. Der Architekt war bis dahin einerseits im künstlerischen Entwurf genial – wirkte aber kostenresistent, denn es wurde andererseits bei den Ausschreibungen von den Bau-Auftragnehmern als geschuldete Leistung alles eingefordert – auch das, was nicht geplant, beschrieben oder mengenmäßig nicht richtig erfasst war.

Dementsprechend waren die VOB und das VHB in diesen Jahren die unwichtigsten Verordnungen, die es gab, kaum jemand setzte diese ein, sogar öffentliche Bauherren umgingen diese, da der Architekt individuell sowieso alles besser machen konnte.

Die VOB

Die erste Ausgabe der VOB – Vergabe von Bauleistungen im Reich und Ländern – wurde 1926 herausgegeben, um einheitliche Richtlinien zu schaffen. Im Jahre 1947 wurde durch den neu gegründeten DVA (Deutscher Verdingungsausschuss) eine neue Ausgabe als „Grundsätze für sachgerechte Vergabe und Abwicklung von Bauaufträgen" vorgelegt. Es erfolgten Überarbeitungen: 1952 und dann erst wieder 1973, diese unter dem Titel „Verdingungsordnung für Bauleistungen". Dann folgten bis heute 12 weitere Überarbeitungen; ab 2002 mit dem neuen Titel: „Vergabe- und Vertragsordnung für Bauleistungen". Und das VHB regelte erstmals 1974 die Bautätigkeiten des Bundes.

Und zum genialen Architekten passte auch: Anwaltlicher Beistand ist nicht erforderlich, „das regelt schon der Architekt".

Mit dem Schwinden der „Architekten-Durchsetzungsmacht", aber auch dem Schwinden der „Allmacht der öffentlichen Hand" aufgrund mittlerweile von den Bau-Auftragnehmern bewirkter Gerichtsentscheidungen wurde zunehmend die VOB herausgeholt und, ohne weiteren Rechtsbeistand, sehr individuell interpretiert eingesetzt und mit eigenen Vertragsbedingungen ergänzt; mit mehr oder weniger Erfolg.

Diese Praxis lief bis 1983; dann brachte endlich eine Frankfurter Rechtsanwaltskanzlei die „VOB – Musterbriefe für Auftraggeber" heraus. Endlich wurde der Interpretationsrahmen damit definierter und wir alle, Architekten und Ingenieure, waren darüber sehr erfreut.

Aber nur einige Monate lang, denn dann brachte diese Sozietät heraus: „VOB – Musterbriefe für den Auftragnehmer". Damit war „Gleichstand" hergestellt. Und, wie an anderer Stelle bereits ausgeführt, dem Wissen und Vorbringen passender Gerichtsurteile wurde regelmäßig entgegengehalten: „Kommt immer auf den Einzelfall an".

Aufgrund vieler Gegebenheiten (insbesondere der umfangreiche Aufbau Ost, aber auch in Westdeutschland, siehe DB-Schnellbaustrecke Köln – Frankfurt) wurde dann das Juristische Projektmanagement vom Auftraggeber in das Projektteam eingebunden mit dem Ziel, rechtssicher Verträge ohne „Haken und Ösen" zu vereinbaren; aber auch das funktionierte nur halbwegs.

Denn es liegt in der Natur der Sache, dass die beteiligten Rechtsbeistände bei einer strittigen Position jeder für sich reklamieren, dass sie jeweils Recht haben.

Egal, wie Sie es machen, ob sie eine „hundertprozentige" funktionale Beschreibung oder eine sehr ausführliche Positions-Leistungsbeschreibung dem Bauvertrag zugrunde legen wollen, gerne wird im Zuge der Bauarbeiten festgestellt, dass entweder die Vollständigkeit fehlt oder der erforderliche Leistungsumfang oder die geforderte Qualität nicht genau beschrieben wurde und deshalb ein Nachtragsbegehren des Bauunternehmers begründet ist.

Anmerkung

Um die vorgenannten strittigen Punkte zu minimieren, wird dringend empfohlen, bevor der Auftraggeber einen Bau-Auftragnehmer beauftragt, mit diesem die dem Angebot zugrunde liegenden Vertragsbestandteile (Planungen, Beschreibungen, Mengen etc.) Punkt für Punkt durchzusprechen, vervollständigt durch ein Ergebnisprotokoll, welches von beiden beteiligten Vertragspartnern anzuerkennen ist.

Und im sonstigen Projektverlauf? Die Einbindung des Rechtsbeistandes lieber einmal zu viel als einmal zu wenig einfordern.

9.3.1 Die rechtesichernde Dokumentation

Die rechtesichernde Dokumentation beginnt mit der Dokumentation der eigenen Ergebnissse und jener der fachlich Beteiligten. Hierbei festgestellte unzureichende Festlegungen der fachlich Beteiligten sind auf dem „kurzen Weg" mit den Betroffenen abzustimmen und zu dokumentieren und, wenn eine Ergänzung nicht erfolgen sollte, der Auftraggeber-Projektleitung mit der Bitte um entsprechende Veranlassung zu übergeben. Vervollständigte bzw. überarbeitete Planungsergebnisse sind wiederum im Hinblick auf die Projektziele zu prüfen, zu dokumentieren und wiederum der Auftraggeber-Projektleitung zur Verfügung zu stellen. Die gleiche Vorgehensweise gilt für die Prüfung von Leistungsbeschreibungen oder Leistungsverzeichnissen sowie bei Funktionalausschreibungen.

Ebenso sind die Leistungen der fachlich Beteiligten zu behandeln. Überwachen, Prüfen, Rügen und wieder Überwachen müssen lückenlos dokumentiert werden.

Nur damit ist die dem Auftraggeber geschuldete rechte- und fristenwahrende Leistungshandlung erbracht.

Schließlich ist nur anhand dieser lückenlosen Kette solcher Prüfungen und Dokumentationen dem Gutachter im selbstständigen Beweisverfahren darzulegen – und letztendlich damit auch dem Richter im Rechtsstreit –, dass der Verpflichtung zur Überwachung der Ausführung im Hinblick auf vertragsgerechte, den allgemein anerkannten Regeln des Handwerkes und den Auflagen aus der Genehmigung entsprechenden Ausführung ausreichend nachgekommen worden ist.

Dieser Nachweis der Tätigkeit entlastet auch, wenn an einer Stelle der Bauleistung dennoch eine mangelhafte Ausführung bei der Abnahme nach VOB/B § 12 Abnahme oder innerhalb des Gewährleistungszeitraumes auftritt.

9.3.2 Selbstständiges Beweisverfahren

Regelmäßig wird ein selbstständiges Beweisverfahren in Betracht gezogen, wenn sich die Parteien (Auftraggeber und Auftragnehmer) nicht darauf einigen, dass ein Mangel (Planung oder Ausführung) besteht.

Die Entscheidung für ein selbstständiges Beweisverfahren ist jedoch sorgfältig abzuwägen. Sollte die Erfordernis eines solchen Verfahrens so objektiv wie möglich geprüft und mit den Betroffenen ausdiskutiert sein und das Verfahren erforderlich werden, ist zu bedenken, dass nach Beginn des selbstständigen Beweisverfahrens keiner der Beteiligten mehr – Auftraggeber, Architekt oder Ingenieur, Bauunternehmer – „Herr seines Handelns" ist.

Um die Beweissicherung zu gewährleisten, ist deshalb in Fällen der Eilbedürftigkeit die Beweissicherung des Mangels durch einen unabhängigen Gutachter zu beantragen, denn ein einseitig eingeschalteter (Privat)-Gutachter ist im Beweisverfahren nur ein qualifizierter Parteivortrag.

Ist ein selbstständiges Beweisverfahren erst einmal eingeleitet, führt dies automatisch zu der Hemmung der Verjährung nach § 204 Abs. 1 Nr. 7 BGB. Dabei ist ein einvernehmliches Beweisverfahren – dies geht mit einem gemeinsam vorgeschlagenen Gutachter einher – mit den Beteiligten zulässig; es ist sogar anzustreben. Zu bedenken ist, dass ein eingeleitetes Beweisverfahren nicht während des Verfahrens zurückgenommen werden kann.

Das selbstständige Beweisverfahren selbst ist ein gerichtliches Verfahren, welches dem eigentlichen Zivilprozess (Hauptsacheverfahren) vorgeschaltet ist. Um den Zivilprozess zu umgehen, sollten sinnvollerweise die Streitparteien daher vorher bestätigen, dass sie sich der gutachterlichen Beweisaufnahme und der eindeutigen Aussage des Gutachters zum Mangel unterwerfen (Verhinderung eines strittigen und langen Verfahrens im Zivilprozess, u. U. mit dem Verlust von Beweismitteln).

9.3.3 Leistungsverweigerungsrecht Besondere Leistung

Besondere Leistungen können sich ergeben aufgrund einer Anordnung des Auftraggebers, z. B. hinsichtlich einer Untersuchung zur alternativen Nutzung oder zur Bau-Qualität oder aber, es soll eine Variante untersucht werden, welche die Wiederholung bereits abgeschlossener Leistungsphasen erfordert.

Besondere Leistungen (nach Auffassung der Architekten meist eine zusätzliche Leistung) sind der Auftraggeber-Projektleitung vorzutragen und es sollte eine Honorarvereinbarung (schriftlich) vor der Ausführung erzielt werden. Dieser Vorgang ist im Einzelfall jedoch abhängig vom Auftraggeber – je nachdem, ob die Zusammenarbeit mit den fachlich Beteiligten partnerschaftlich ist oder die Beteiligten „Gegner" sind (siehe hierzu Ausführungen in Abschnitt 2.2.1.3).

Im Ernstfall steht den fachlich Beteiligten ein Leistungsverweigerungsrecht zu, solange die Honorarvereinbarung nicht rechtsverbindlich anerkannt ist.

Hinweis auf eigene Mängel

Zur Vollständigkeit sei nochmals darauf hingewiesen, dass auch wir Architekten und Ingenieure den Auftraggeber auf unsere eigene mangelhafte Ausführung – resultierend aus Planung oder Überwachung – hinweisen müssen (beachte: an die BHV denken).

Dies ist auch dann zwingend erforderlich, wenn wir den Mangel bei der Abnahme erkennen, aber der Bau-Auftragnehmer bei der Ausführung den Mangel nicht bemerkt und Bedenken gegen die Ausführung nicht angemeldet hatte. Hier trägt der Bau-Auftragnehmer zwar die Hauptverantwortung gegenüber dem Auftraggeber für den gebauten Mangel. Somit kann er für die Beseitigung des Mangels „herangezogen" werden, aber der Auftragnehmer hat die Möglichkeit, notfalls durch Gerichtsentscheid, den Verursacher (Architekt, Ingenieur oder sonstiger fachlich Beteiligter) an der Beseitigung des Mangels zu beteiligen.

9.3.4 Urheberrecht des Architekten (§ 2 Urheberrechtsgesetz UrhG)

Zusammenfassung:

Weisen Entwürfe und Gebäude unter anderem folgendes Merkmal auf:

- sie heben sich von der Masse der Alltäglichkeit wesentlich ab, sind innovativ und originell;

dann können gelten:

- eine geistig, persönliche Beziehung zum Werk (Urheberpersönlichkeitsrecht) und
- eine kommerzielle Auswertung des Werkes (Verwertungsrecht)

aber:

- es darf sich um keine „Massenware" handeln, z. B. einfache Reihenhäuser, Bürogebäude;

somit fallen

- nur ca. 15 % aller Gebäude in Deutschland unter das Urheberrecht;

und:

- Fotos oder Zeichnungen, die von öffentlich zugänglichen Standorten aus aufgenommen oder erstellt werden, sind zu akzeptieren.

A Anhang

Check-, Ermittlungs- und Prüflisten, Hinweise und Standardschreiben

A.1 Abkürzungsverzeichnis
A.2 Der Architektenvertrag
A.3 Büroorganisation – Vorlagen, Formulare
A.4 Beispiel Bürohandbuch
A.5 Beispiel Projekthandbuch
A.6 Planung
A.7 Bauausführung
A.8 Qualität – Baubeschreibung
A.9 Kostenermittlung
A.10 Termine
A.11 Vertragsbedingungen Bauvertrag

Aus der Praxis der täglichen Routinen heraus und als Ergänzung zu den Ausführungen in den vorangestellten Kapiteln stellen nachstehende Listen, Hinweise und Schriftstücke eine Arbeitshilfe für die tägliche Projektbearbeitung dar. Diese Arbeitshilfen zeigen eine praxisorientierte und „schlanke" Möglichkeit der Prüfungen auf.

Es erfolgt auch hier der Hinweis, dass eine Vielzahl von vor allem Checklisten, aber auch Ermittlungs- und Prüflisten auf dem Markt zur Verfügung steht; vor allem aus dem Tätigkeitsbereich der Projektsteuerung.

Dabei ist zu unterscheiden, dass eine *Checkliste* (oder Klarliste) die listenartige Handlungsanweisung ist, welche die erforderlichen Kontrollen und Aktionen in korrekter Reihenfolge enthält. Die *Ermittlungsliste* wiederum ist eine Recherche für eine Lösung, die mit bestimmten Anforderungen einhergeht und eine *Prüfliste* andererseits ist eine Arbeitshilfe in Form eines Fragenkataloges für die Durchführung und Dokumentation von Maßnahmen in der Qualitätssicherung. Die *Hinweise* zeigen eine mögliche Lösung eines Problems.

Bei der Verwendung der vorgenannten Arbeitshilfen sollten diese ergänzt werden um eine

- **Kopfzeile, z. B.**
  - **Ergebnisprotokoll B 005**
  - **Projekt:**
  - **Bauherr:**
  - **Betreff:**
  - **Projekt Nr.:**
- **Fußzeile**
  - **Büroanschrift**
  - **Filename und Seitenanzahl**

Der Bereich Bauausführung beinhaltet nacheinander folgend Schriftstücke zu einem spezifischen Thema, z. B. von der Abfrage zur Teilnahme an einem Bieter-Wettbewerb über die Prüfung der

Angebote bis hin zum Bauvertrag, welche insgesamt oder in Teilen den eigenen Projekterfordernissen angepasst werden sollten. Manche Schriftstücke zeigen Alternativen zum selben Thema auf.

Ein spezieller Themenblock beinhaltet die Vertragsbedingungen für die Vergabeeinheit. Die Ausschreibungs- und Vertragsbedingungen A.11.1 bis A.11.25 sind beispielhaft. Es sind in jedem Einzelfall, angepasst an die Merkmale des Projektes und des Auftraggebers, die eigenen Ausschreibungs- und Vertragsbedingungen aufzustellen und abzustimmen.

Für Projekte der „öffentlichen Hand" siehe die Bedingungen des VHB.

Hierzu wird nochmals angemerkt, dass die an die Projektmerkmale angepassten Vertragsbedingungen dem Auftraggeber mit der Bitte zu übergeben sind, diese von der eigenen Rechts- und/oder Bauabteilung prüfen zu lassen und gegenüber allen fachlich Beteiligten zur Anwendung/zum Einsatz freizugeben.

Hinweis

Den überwiegenden Teil der in diesem Anhang abgedruckten Dokumente (Listen, Anschreiben, Vorlagen und Vertragstexte) finden Sie auf der beiliegenden CD-ROM in je einer Word- und einer PDF-Version für Ihre individuelle Nutzung.

A.1 Abkürzungsverzeichnis

aaRdT allgemein anerkannte Regeln der Technik
AB Ablaufplan
AG Auftraggeber
AG-PL Auftraggeber-Projektleiter, Projektleitung
AN Auftragnehmer
AP Arbeitsplatz
ATV Allgemeine Technische Vertragsbedingungen
AVA Ausschreibung – Vergabe – Abrechnung

BA Berechneter Anfang
BauGB Baugesetzbuch
BauPolVO Baupolizeiverordnung
BDSG Bundesdatenschutzgesetz
BE Berechnetes Ende
BGF Brutto-Grundfläche
BGH Bundesgerichtshof
BHV Berufshaftpflichtversicherung
BL Bauleitung (Begriff aus HOAI, jedoch beschränkt auf den öffentlichen Bereich)
BM Baumanagement
BMU Bundesministerium für Umwelt, Naturschutz und nukleare Sicherheit (seit 2018)
BMUB Bundesministerium für Umwelt, Naturschutz, Bau und Reaktorsicherheit (bis 2018)
BMVg Bundesministerium der Verteidigung
BMWi Bundesministerium für Wirtschaft und Energie
BOA Bauordnungsamt
B-Plan Bebauungsplan
BRI Brutto-Rauminhalt
BWV Bauwesenversicherung

CAD Computer-Aided Design (and Drafting)
CHL Checkliste
Cloud Cloud Computing, IT-Infrastruktur als Dienstleistung

DGNB Deutsche Gesellschaft für Nachhaltiges Bauen e. V.
DIN Deutsches Institut für Normung e. V.
DSGVO Datenschutz-Grundverordnung
DT Detailterminplan

eG Einzelgewerk
EP Ergebnisprotokoll

FB/FL Formblätter, Formulare
FBL Fachbauleitung
FM Facility Management
FMA Freier Mitarbeiter

GA Generalablaufplan
GAEB Gemeinsamer Ausschuss Elektronik im Bauwesen

GB	**Generalbaumanagement**
GF	**Geschäftsführung**
GOA	Gebührenordnung für Architekten
GU	Generalunternehmer
GÜ	Generalübernehmer
KA	Kostenanschlag
KB	Kostenberechnung
KE	Kostenelement
KF	Kostenfeststellung
KG	Kostengruppe
KGF	Konstruktions-Grundfläche
Ko	Koordination
KR	Kostenrahmen
KRI	Konstruktions-Rauminhalt
KS	Kostenschätzung
KvA	Kostenvoranschlag
KVP	Kontinuierlicher Verbesserungsprozess
KW	Kalenderwoche
LBO	Landesbauordnung
LPH	Leistungsphase
LST	Liste mit Informationen
MA	Mitarbeiter
MT	Monat
NF	Nutzfläche
NGF	Netto-Grundfläche
NRI	Netto-Rauminhalt
OA	Objektablaufplan
OBÜ	Örtliche Bauüberwachung
Office 365	eine Kombination aus Online-Services und Desktop-Software
OHB	**Organisationshandbuch**
oneDrive	Cloud-Speicher von Microsoft
OPL	**Objektplanender Architekt**
Oracle	Optional Reception of Announcement by Codes Line Electronics, hier: Software für Cloud-Anwendungen
ORG	Organigramm, Organisationslisten, Organisationsanweisungen
OTI	Oberste technische Instanz (sind das BMU und BMVg)
OÜ	Objektüberwachung(en), Architekt und Fachplaner etc.
PHB	**Projekthandbuch**
PL	**Projektleiter**
PM	**Projektmanager/-management**
Prince2	Projects in Controlled Environments, Projektmanagementmethode für einen befristeten Zeitraum
PS	**Projektsteuerer/-steuerung**

PSP	Projektstrukturplan
PZK	**Projektzielkatalog**
QM	**Qualitätsmanagement**
QMB	**Qualitätsmanagementbeauftragter** (auch QM-Beauftragter geschrieben)
QMS	**Qualitätsmanagementsystem** (auch QM-System geschrieben)
QMV	**Qualitätsmanagement-Verantwortlicher**
RBBau	Richtlinie für die Durchführung von Bauaufgaben des Bundes
RLBau	Richtlinie für die Durchführung der Bauaufgaben (z. B. der Staatlichen Bauverwaltung NRW)
RT	Rahmenterminplan
SAP	Systeme, Anwendungen, Produkt; Software für Finanzwesen und Kostenrechnung
sBv	selbstständiges Beweisverfahren
SiGeKo	Sicherheits- und Gesundheitsschutzkoordinator
SLA	Service-Level-Agreement, Schnittstelle zwischen Auftraggeber und Dienstleister
T	Technische Funktionsfläche
TB	Terminberichtliste
TDD	Technical Due Diligence
TK	Terminkontrollliste
TL	Teilleistung
TP	Terminplan
TQM	Total Quality Management
TÜV	Technischer Überwachungsverein
UHB	**Unternehmenshandbuch**
UHB QM	**Unternehmenshandbuch Qualitätsmanagement**
USP	Unique Selling Point, Alleinstellungsmerkmal
UVgO	Unterschwellenvergabeordnung
VAW	Verfahrensanweisungen
VE	Verdingungsunterlage
VergStatVO	Vergabestatistikverordnung
VertragsO	Vertragsordnung (der VOB)
VF	Verkehrsfläche
VHB	Vergabehandbuch des Bundes
VMG	Vergabemarktplatz des Bundes
VMS	Vergabemanagementsystem des Bundes
WBS	Work Breakdown Structure
WE	Wohneinheit
WP 1	Werkplanstufe 1: Darstellung der Geometrie (Primärkonstruktion, Fassade)
WP 2	Werkplanstufe 2: Darstellung der gesamten Baukonstruktion
WP 3	Werkplanstufe 3: Darstellung der Raumeinbauten (Verkleidungen, Bekleidungen)
WP 4	Werkplanstufe 4: Darstellung des raumbildenden Ausbau
ZBÜ	Zentrale Bauüberwachung

A.2 Der Architektenvertrag

A.2.1 Architektenvertrag LPH 1–9

Aufbau und allgemeiner Inhalt eines Architektenvertrags einschl. der Allgemeinen Vertragsbedingungen zum Werkvertrag für Leistungen des Architekten-/Ingenieurvertrags sind in der einschlägigen Literatur ausreichend vorhanden. Ebenso sind die Länderarchitektenkammern fachkundig und bereit, bei der Abfassung behilflich zu sein; nicht zu vergessen die rechtsanwaltliche Beratung, die bei Bedarf jederzeit in Anspruch genommen werden sollte.

Daher wird an dieser Stelle darauf verzichtet, einen weiteren „Standard-Vertrag" für Neubau, Altbaumodernisierung etc. hinzuzufügen.

Darüber hinaus wird i. d. R. der Auftraggeber den vorläufigen Vertragstext vorgeben, denn für ihn stehen bei seiner Vertragsgestaltung zunächst natürlich die eigenen Interessen im Vordergrund. Dagegen ist erst einmal nichts einzuwenden. In jedem Fall ist der endgültige Vertragstext dann aber mit geeigneten, fachkundigen Personen bzw. Institutionen oder Kanzleien auszuarbeiten.

Wichtig ist, dass beide Vertragsparteien jeden Vertragspunkt ausdiskutieren und im Kern verstehen und dass Besondere Leistungen nicht irrtümlich in die Grundleistungen ohne Honorierung „hineingeschoben" werden, denn die Haftung entsteht auch ohne Honorar für diese Leistungen. Besondere und Zusätzliche Leistungen sind in den Preistabellen der HOAI nicht enthalten. Die Honorierung dieser Leistungen ist den Anforderungen entsprechend zu vereinbaren.

Der nachfolgenden Systematik eines Architektenvertrags sind **Hinweise zu entnehmen, welche Punkte im Vertrag unbedingt geregelt sein sollten.**

Hinweise zu Vertragsinhalten
1. zu: Gegenstand des Angebotes
Der Eigentümer versichert, dass dingliche Rechte Dritter am Baugrundstück oder solchen Rechten vergleichbare Beschränkungen der Durchführung der Baumaßnahme nicht entgegenstehen.

2. zu: Grundlage des Angebots
Die Bestimmungen über den Werkvertrag (§§ 631 ff. BGB) und das HOAI-Honorartabellenbuch, Verordnung über die Honorare für Architekten- und Ingenieurleistungen in der gültigen Fassung 2013.

Bei Inkrafttreten einer neuen HOAI werden die geänderten Bestimmungen diesem Vertrag zugrunde gelegt, allerdings nur für solche Leistungen, die bis zum Inkrafttreten der neuen HOAI noch nicht erbracht sind.

Die Projektkommunikation (Versand von Planungsunterlagen, schriftlichen Ausarbeitungen, Protokollen, Gutachten etc. sowie der Verdingungsunterlagen bzw. Leistungsbeschreibung an die fachlich Beteiligten und Bieter) erfolgt per E-Mail über Outlook.

Die Projektdokumentation (erfolgter Schriftverkehr per Mail) wird im PST-Format übergeben. Sonstige Unterlagen (Planungen, Foto, Gutachten etc.) im PDF-Format.

Eine Übergabe der Projektdokumentation im „Original" (Zeichnungen, Schriftverkehr etc.) als Papierdokumentation erfolgt nicht.

(Beachte hierzu auch: Architektenvertrag Teilleistungsprüfung für Abnahmen durch AG – Abschnitt A.2.2 in diesem Buch).

3. zu: Grund- und Besonderen Leistungen bei Gebäuden und Innenräumen
Grundleistungen
Siehe Grundleistungen LPH 1 – 9 mit den v.H.-Sätzen entsprechend den Leistungsbildern der HOAI.

Besondere Leistungen
Besondere Leistungen gem. § 3 Abs. 3 HOAI i.V.m. Anlage 2 zur HOAI

Besondere Leistungen gem. Baustellenverordnung für SiGeKo

Besondere Leistungen verantwortlicher Fachbauleiter nach LBO

Besondere Leistungen der Einbindung der fachlich Beteiligten

4. zu: Termine
Die Fertigstellung der LPH zu den vereinbarten Terminen setzt voraus, dass die fachlich Beteiligten ebenfalls vertraglich verpflichtet sind, ihre Leistungen entsprechend zu erbringen.

5. zu: Honorierung
Die anrechenbaren Kosten werden gemäß § 32 i.V.m. §§ 4, 6 Abs. 1 HOAI ermittelt, insbesondere auf der Grundlage der nach DIN 276 ermittelten Kostenberechnung, soweit diese noch nicht vorliegt auf der ermittelten Kostenschätzung.

Können erforderliche Bau-Leistungen (anrechenbare Herstellkosten) im Zuge der Entwurfsplanung und somit zur Kostenberechnung noch nicht ermittelt werden (z. B. Trennwände und Arbeitsplatzbeleuchtung bei Vermietung, Einrichtungen und Möblierungen, Kosten für die Entsorgung kontaminierter Bauteile oder Materialien etc.), so sind hierfür Budget-Summen zu ermitteln und auszuweisen oder die Kostenberechnung ist fortzuschreiben.

Belastungen für Baustrom, Bauschutt, Bauwesenversicherungen und sonstige (z. B. durch eingeschränkte Arbeitszeiten), Leistungen des Auftraggebers sowie Grundreinigung, Leistungen zur Sicherung der Baustelle und Maßnahmen zum kontinuierlichen Weiterbauen (Schutzmaßnahmen, Winterheizung etc.), sind in den anrechenbaren Herstellkosten der Kostenberechnung zu berücksichtigen und sind enthalten.

6. zu: Kostenschätzung entsprechend BGB § 650p Abs. 2.

Die Kostenschätzung der Zielfahndungsphase Vorentwurf ist ein ca.-Kostenrahmen. Es handelt sich hierbei um eine erste grobe Einschätzung der Kosten. Die tatsächlichen Kosten können höher sein. Es wird ausdrücklich darauf hingewiesen, dass die Kostenermittlungen auf Basis von ortsüblichen Preisen und Kostenangaben der Architektenkammer (BKI der AK) erfolgen, welche bei abgeschlossenen Projekten abgerechnet worden sind. Dies bedeutet, dass die tatsächlichen Kosten für die Baumaßnahme dem Bieter-Wettbewerb sowie der örtlichen Marktlage unterliegen und abweichend von den Kostenermittlungen sein können.

Wird aufgrund von Angebotssummen eine Umplanung erforderlich, um sich in den Kostenrahmen einzufügen, so erfolgt diese Umplanung auf Nachweis.

Ändert sich der beauftragte Leistungsumfang (und somit auch die anrechenbaren Kosten) auf Veranlassung des Auftraggebers mit der Folge, dass sich die anrechenbaren Kosten ändern, so ist in Entsprechung von § 7 Abs. 5 HOAI die vorstehende dem Honorar zugrundeliegende Vereinbarung durch schriftliche Vereinbarung anzupassen, d. h. zum Beispiel die anrechenbaren Kosten zu erhöhen oder herabzusetzen. Ausgenommen hiervon sind Änderungsplanungsleistungen (gem. § 5 des Vertrages), deren Vergütung sich nach § 4 Abs. 1 des Vertrages richtet.

Treten nach dem Erstellen der Kostenberechnung im Verlauf der weiteren Planung oder Bauausführung zusätzliche Leistungen auf (z. B. Entsorgung von belasteten Baumaterialien, zusätzliche Verstärkungsmaßnahmen), so ist die Kostenberechnung (anrechenbare Herstellkosten) fortzuschreiben.

7. zu: Nebenkosten entsprechend HOAI § 14

Die Nebenkosten für Büromaterial, Versand und Kosten der Datenübertragung, Datenträger etc. sowie Fahrten zwischen dem Büro in ... und der Baustelle werden pauschaliert.

Kosten für Vervielfältigung oder Scannen von Zeichnungen, Bestands- und sonstige Unterlagen werden im Namen/auf Rechnung des Auftraggebers bei einem Kopierunternehmen veranlasst.

Kosten für Reisen auf Anordnung des Auftraggebers werden auf Nachweis erstattet (PKW 0,80 €/km; Mietwagen, Bahn und Flug Businessclass; Hotel Klasse 4 oder 5*; Taxi; Verpflegungspauschale sowie die Reisezeit).

Für Leistungen, die nicht in meinem Büro in ... erbracht werden, stellt und unterhält der Bauherr kostenfrei ein Baustellenbüro (einschließlich Einrichtung, Kopierer, Scanner, Drucker etc., Beheizung und Beleuchtung, Unterhaltung siehe Abschn. A.7.1.9 Baubüro).

8. zu: Honorarermittlung

Leistungen nach Zeit

Als Stundensätze, bei 10 Stunden Einsatz, mit Vor- und Nachbearbeitung werden für 2019 vereinbart:

- für den Büroinhaber 180,- €
- für den Architekten/Projektleiter 130,- €
- für technische Mitarbeiter 100,- €
- für sonstige Mitarbeiter 80,- €

Die Honorare errechnen sich anhand von Stundenbelegen. Die Abrechnungen erfolgen monatlich.

Dauert die Durchführung des Vertrages länger als 12 Monate, ohne dass dies der Architekt zu vertreten hat, so ist eine Anpassung der Stundensätze zu vereinbaren.

Die Stundensätze verstehen sich zuzüglich Nebenkosten und Umsatzsteuer.

9. zu: Erfüllung/Planungsänderung

Leistungsphasen sind mit dem Eintritt des geschuldeten Erfolges erfüllt, wobei im Rahmen der Leistungsphasen gemäß § 3 des Vertrages diese mit der Übergabe an den Auftraggeber als erbracht gelten (siehe hierzu auch Anhang A Teilabnahmen der Architekten- und Ingenieurleistungen).

Für Änderungsplanungsleistungen erfolgt die Vergütung entsprechend einer zu treffenden Vereinbarung nach Stundensätzen gem. § 8 und nachgewiesenem Aufwand.

Im Falle einer Wiederholungsplanung im Sinne von § 10 HOAI vereinbaren die Parteien schon jetzt, dass der Auftragnehmer die nachgewiesenen Teilleistungen gemäß den Honorargrundlagen dieses Vertrages vergütet erhält. Damit ist die Vereinbarung im Sinne von § 10 HOAI bereits getroffen.

Eine verlorene Planung ist entsprechend zu vergüten.

10. zu: Verlängerung oder Unterbrechung der Bauzeit
Wird die nach dem ursprünglichen Terminplan vorgesehene Planungs- und/oder Bauzeit des Projekts mehr als (2) x Monate überschritten, so erhöht sich das auf die Gesamtleistung entfallende Honorar ohne weitere Vereinbarung im Verhältnis der vorgesehenen zur Planungs- und/ oder Bauzeit, es sei denn, der Auftragnehmer hat die Bauzeitenüberschreitung zu vertreten.

Wird die Durchführung des Vertrages aus Gründen, die vom Auftragnehmer nicht zu vertreten sind, länger als 2 Monate unterbrochen, so kann der Auftragnehmer kündigen und hat Anspruch auf Zahlung bis zu der in § 9 AVA bestimmten Höhe. Sofern der Auftragnehmer nicht kündigt, kann er für die Unterbrechung Vorhaltekosten in Höhe des auf den Unterbrechungszeitraum fallenden anteiligen Honorars abzüglich ersparter Aufwendungen in der Höhe gem. § 9 AVA als Vorhaltekosten geltend machen.

11. zu: Zahlungen
Für die Leistungen nach § 3 werden monatliche Abschlagszahlungen aufgrund Rechnungslegung vereinbart. Zahlungsziel sind 10 Banktage.

Die Rechnungslegung für die Schlusszahlung erfolgt nach Fertigstellung und Abnahmebegehungen der Leistungen der Bau-Auftragnehmer und – soweit vorliegend – der Prüfung der Schlussrechnung der Bau-Auftragnehmer.

Zahlungsziel sind 20 Banktage.

Sollte eine Schlussrechnung nicht vorgelegt werden können – aus welchem Grunde auch immer – ist vereinbart, dass als Schlussrechnungswert des Auftrages eine Abrechnungssumme durch den Auftragnehmer ermittelt/zusammengestellt wird (aus Auftragssumme, Abschlagsrechnungen, Nachträgen, Belastungen etc.).

Für die Ansprüche des Auftragnehmers ist ein Zahlungsplan mit monatlichen Abschlagszahlungen für alle LPH zzgl. Nebenkosten und Umsatzsteuer zu vereinbaren.

12. zu: Umsatzsteuer
In den Honoraren und Nebenkosten ist die Umsatzsteuer (Mehrwertsteuer) nicht enthalten; sie wird in der gesetzlichen Höhe gesondert in Rechnung gestellt.

13. zu: Gewährleistung für Planermängel und Verjährung
Der Auftragnehmer steht für die Mängelfreiheit und Ordnungsmäßigkeit der gem. Nummer ... des Vertrags übertragenen Leistungen nach dem Werkvertragsrecht des BGB ein.

Dabei besteht zwischen den Vertragspartnern Einvernehmen, dass das Modernisierungs-/Umbau- und Instandsetzungsergebnis maßgeblich von der Objektanalyse abhängt. Für die verborgenen technischen Risiken der vorhandenen Bausubstanz steht der Auftragnehmer nur ein, wenn deren Klärung Gegenstand einer Objektanalyse gewesen ist, die der Auftragnehmer vorwerfbar nicht beachtet hat. Für die Richtigkeit der Objektanalyse selbst haftet der Auftragnehmer nicht.

Für ursächlich auf die vorhandene Bausubstanz zurückgehende Baumängel steht der Auftragnehmer auch dann nicht ein, wenn das Modernisierungs-/Instandsetzungskonzept die Beseitigung dieser Mängel-/Schadenslage nicht einschloss.

Die Verjährungsfrist für die Haftung des Auftragnehmers aus Gewährleistung beträgt fünf Jahre, es sei denn, die Vertragspartner haben in der letzten Nummer dieses Vertrags eine besondere Vereinbarung getroffen.

14. zu: Haftung und Haftpflichtversicherung
Vertragliche Ansprüche des Auftraggebers verjähren nach Ablauf von fünf Jahren. Die Verjährungsfrist beginnt jeweils mit der Fertigstellung der einzelnen Leistungsphasen, spätestens jedoch nach Fertigstellung der Leistungsphase 8 ohne die nachlaufenden Leistungen (Mängelbeseitigung der Bau-AN nach Abnahme etc.). Für Leistungen, die der Auftragnehmer danach zu erbringen hat, beginnt die Verjährung mit Abschluss der jeweiligen Leistungsphase.

15. zu: Abnahme
Der Auftragnehmer hat nach Abschluss jeder Leistungsphase einen Anspruch auf Teilabnahme. Eine Leistungsphase gilt unabhängig davon als abgenommen, wenn der Auftragnehmer die Fertigstellung angezeigt hat oder der Auftragnehmer die nachfolgende Leistungsphase beginnt.

16. zu: Anzuwendende Vorschriften
Hinweis auf BGB

17. zu: Allgemein
Die Arbeiten werden in meinem Büro in ... und vor Ort in ... erbracht. Ansprechpartner auf der Auftraggeber-Seite ist Herr/Frau ...

A.2.2 Architektenvertrag Teilleistungsprüfung für Abnahme durch Auftraggeber

Teilabnahmeprotokoll über die folgende Teilleistung
LPH 1 Grundlagenermittlung bis LPH 9 Objektbetreuung

Werkvertrag vom: ....
Auftragnehmer (AN): ....
Auftraggeber (AG): ....

Sonstige Teilnehmer: ....

Bauvorhaben: ....

Vorbemerkung:

Diese Leistungsfeststellung ersetzt nicht eventuell erforderliche behördliche oder andere vorgeschriebene Zustimmungen/Abnahmen technischer oder verwaltungstechnischer Art.

Leistungsfeststellung:

Siehe Teilleistungen (Anhang)

Teilabnahme erfolgt*:

- Erfolgte ohne Mängelfeststellung.
- Erfolgt mit den nachfolgend genannten aufgeführten Mängeln.
  ....
  ....
  Diese sind unverzüglich, spätestens jedoch bis zum .... zu beseitigen.
- Kann nicht erfolgen aus den nachfolgend genannten Gründen:
  ....
- Wird zurückgestellt aus den nachfolgend genannten Gründen:
  ....
- Neuer Termin findet am .... statt. Die Fertigstellung ist dem Auftraggeber schriftlich anzuzeigen.

Aufgrund der Teilabnahmen kann der Auftragnehmer für diese LPH die Teilschlussrechnung stellen / nicht stellen*.

Hinweis zu allen Teilleistungsabnahmen:
Es ist mit der Abnahme der Teilleistungen eine entsprechende „Digitale Zusammenfassung" aller Ergebnisse (Planungen, Beschreibungen, Berechnungen, Leistungsverzeichnisse, Abnahmen etc.) dem Protokoll beizufügen.

....
Ort / Datum

....	....
Rechtsverbindliche Unterschrift (AN)	rechtsverbindliche Unterschrift (AG)
....	....
Beteiligte	Beteiligte

* Nichtzutreffendes löschen

Anhang zum Teilabnahmeprotokoll

Teilleistungen LPH 1 Grundlagenermittlung

Grundleistungen

a) Klären der Aufgabenstellung auf Grundlage der Vorgaben oder der Bedarfsplanung des Auftraggeber
b) Ortsbesichtigung
c) Beraten zum gesamten Leistungsbedarf
d) Formulieren von Entscheidungshilfen für die Auswahl anderer an der Planung fachlich Beteiligter
e) Zusammenfassen der Ergebnisse.

Besondere Leistungen

- Bedarfsplanung
- Bedarfsermittlung
- Aufstellen eines Funktionsprogramms
- Aufstellen eines Raumprogramms
- Standortanalyse
- Mitwirken bei Grundstücks- und Objektauswahl, -beschaffung und -übertragung
- Beschaffung von Unterlagen, die für das Vorhaben erheblich sind
- Bestandsaufnahme
- technische Substanzerkundung
- Betriebsplanung
- Prüfung der Umwelterheblichkeit
- Prüfung der Umweltverträglichkeit
- Machbarkeitsstudie
- Wirtschaftlichkeitsuntersuchung
- Projektstrukturplanung
- Zusammenstellen der Anforderungen aus Zertifizierungssystemen
- Verfahrensbetreuung, Mitwirken bei der Vergabe von Planungs- und Gutachterleistungen

Weitere Besondere Beratungsleistungen

- Planungs- und Beschreibungs-Schnittstellen
- Aufstellen des Kosten- und Terminrahmens
- Kostenrahmen
- Teminrahmen
- Projekt-Zielkatalog

Klärungskriterien

- Nutzungszweck- und Flächenbedarf
- Qualitätsanforderungen
- Randbedingungen der Umsetzung (z. B. Corporate Identity)
- Zeit- und Kostenrahmen
- Unterhaltung und Betrieb des Objektes.

Ziele

- die Festlegung des Planungsteams
- der Abschluss der Verträge mit Fach- und Sonderplanern sowie Gutachtern und Externen
- Beauftragung der an der Planung fachlich Beteiligten
- Festlegungen hinsichtlich der Art der Bauausführung
- eine einvernehmliche Akzeptanz der Leistung „Grundlagenermittlung“ einschl. Klärung der noch offenen Punkte und der vorgeschlagenen weiteren Vorgehensweise durch Zustimmung des Auftraggeber zum Projekt-Zielkatalog

* Nichtzutreffendes löschen

Teilleistung LPH 2 Vorplanung (Projekt- und Planungsvorbereitung)

Grundleistungen

a) Analysieren der Grundlagen, Abstimmen der Leistungen mit den fachlich an der Planung Beteiligten
b) Abstimmen der Zielvorstellungen, Hinweisen auf Zielkonflikte
c) Erarbeiten der Vorplanung, Untersuchen, Darstellen und Bewerten von Varianten nach gleichen
d) Anforderungen, Zeichnungen im Maßstab nach Art und Größe des Objekts
e) Klären und Erläutern der wesentlichen Zusammenhänge, Vorgaben und Bedingungen (zum Beispiel städtebauliche, gestalterische, funktionale, technische, wirtschaftliche, ökologische, bauphysikalische, energiewirtschaftliche, soziale, öffentlich-rechtliche)
f) Bereitstellen der Arbeitsergebnisse als Grundlage für die anderen an der Planung fachlich Beteiligten sowie Koordination und Integration von deren Leistungen
g) Vorverhandlungen über die Genehmigungsfähigkeit
h) Kostenschätzung nach DIN 276, Vergleich mit den finanziellen Rahmenbedingungen
i) Erstellen eines Terminplans mit den wesentlichen Vorgängen des Planungs- und Bauablaufs
j) Zusammenfassen, Erläutern und Dokumentieren der Ergebnisse

Besondere Leistungen

- Aufstellen eines Katalogs für die Planung und Abwicklung der Programmziele
- Untersuchen alternativer Lösungsansätze nach verschiedenen Anforderungen einschließlich Kostenbewertung
- Beachten der Anforderungen des vereinbarten Zertifizierungssystems
- Durchführen des Zertifizierungssystems
- Ergänzen der Vorplanungsunterlagen auf Grund besonderer Anforderungen
- Aufstellen eines Finanzierungsplanes
- Mitwirken bei der Kredit- und Fördermittelbeschaffung
- Durchführen von Wirtschaftlichkeitsuntersuchungen

Klärungskriterien

- die gestalterische, funktionelle und wirtschaftliche Lösung(en)
- Zusammenhänge, Vorgaben, Bedingungen mit und aus der Fachplanung
- Flächenbedarf und deren Nutzung
- Zeit- und Kostenrahmen
- die Unterhaltung und Betrieb des Objektes.

Ziele

- Positive Vorverhandlung mit den Behörden über die Genehmigungsfähigkeit
- Zeichnerische Darstellung der Grundrisse, Schnitte, Ansichten und wichtiger Details
- Integration der Ergebnisse der an der Planung fachlich Beteiligten
- Kostenermittlung durch das Aufstellen der Kostenschätzung
- Termin-Festlegungen für die Planung und die Bauausführung
- Aufstellen des Erläuterungsberichtes
- Zustimmung zu den Planungsergebnissen durch den Auftraggeber

* Nichtzutreffendes löschen

Teilleistung LPH 3 Entwurfsplanung (System- und Integrationsplanung)

Grundleistungen

a) Erarbeiten der Entwurfsplanung, unter weiterer Berücksichtigung der wesentlichen Zusammenhänge, Vorgaben und Bedingungen (zum Beispiel städtebauliche, gestalterische, funktionale, technische, wirtschaftliche, ökologische, soziale, öffentlich-rechtliche) auf der Grundlage der Vorplanung und als Grundlage für die weiteren Leistungsphasen und die erforderlichen öffentlich-rechtlichen Genehmigungen unter Verwendung der Beiträge anderer an der Planung fachlich Beteiligter.
b) Zeichnungen nach Art und Größe des Objekts im erforderlichen Umfang und Detaillierungsgrad unter Berücksichtigung aller fachspezifischen Anforderungen, zum Beispiel bei Gebäuden im Maßstab 1:100, zum Beispiel bei Innenräumen im Maßstab 1:50 bis 1:20
c) Bereitstellen der Arbeitsergebnisse als Grundlage für die anderen an der Planung fachlich Beteiligten sowie Koordination und Integration von deren Leistungen
d) Objektbeschreibung
e) Verhandlungen über die Genehmigungsfähigkeit
f) Kostenberechnung nach DIN 276 und Vergleich mit der Kostenschätzung
g) Fortschreiben des Terminplans
h) Zusammenfassen, Erläutern und Dokumentieren der Ergebnisse

Besondere Leistungen

- Analyse der Alternativen/Varianten und deren Wertung mit Kostenuntersuchung (Optimierung)
- Wirtschaftlichkeitsberechnung
- Aufstellen und Fortschreiben einer vertieften Kostenberechnung
- Fortschreiben von Raumbüchern

Klärungskriterien

- Erarbeitung der endgültigen Lösung der Planungsaufgabe
- Genehmigungsfähigkeit sichern
- Flächenbedarf und deren Nutzung abschließend festlegen
- Qualitäts-, Zeit- und Kostenrahmen
- Lösungen für verschiedene Systeme abschließend festlegen
- die Lösung ist so eindeutig, dass die LPH 4 und 5 ohne grundsätzliche Änderungen erstellt werden können

Ziele

- Bestätigung der Vorverhandlung mit den Behörden über die Genehmigungsfähigkeit
- Berücksichtigung und zeichnerische Darstellung des Entwurfs mit den planungsrechtlichen, baurechtlichen und gestalterischen Einzelheiten
- Plausibilitätsprüfung der Ergebnisse der an der Planung fachlich Beteiligten
- Bestätigung der Projektziele / Erläuterungsbericht durch die Objektbeschreibung
- Bestätigung der Kostenermittlung / Kostenschätzung durch die Kostenberechnung
- Bestätigung der Qualitäten
- Bestätigung der Termine
- Zustimmung zu den Planungsergebnissen durch den Auftraggeber

* Nichtzutreffendes löschen

Teilleistungen LPH 4 Genehmigungsplanung

Grundleistungen

a) Erarbeiten und Zusammenstellen der Vorlagen und Nachweise für öffentlich-rechtliche Genehmigungen oder Zustimmungen einschließlich der Anträge auf Ausnahmen und Befreiungen, sowie notwendiger Verhandlungen mit Behörden unter Verwendung der Beiträge anderer an der Planung fachlich Beteiligter
b) Einreichen der Vorlagen
c) Ergänzen und Anpassen der Planungsunterlagen, Beschreibungen und Berechnungen

Besondere Leistungen

- Mitwirken bei der Beschaffung der nachbarlichen Zustimmung
- Nachweise, insbesondere technischer, konstruktiver und bauphysikalischer Art, für die Erlangung behördlicher Zustimmungen im Einzelfall
- Fachliche und organisatorische Unterstützung des Bauherrn im Widerspruchsverfahren, Klageverfahren oder ähnlichen Verfahren

Klärungskriterien

- Erteilung der dauerhaft genehmigungsfähigen Planung – Baugenehmigung
- Übereinstimmung mit der Entwurfsplanung
- Baulasten für das Auftraggeber-Grundstück und ggf. angrenzende Grundstücke (z. B. Geh-, Fahr- und Leitungsrechte, Höhenbegrenzungen in Einflugschneisen)
- Zustimmung von Angrenzern
- Unterstützung des Auftraggeber im Widerspruchsverfahren

Ziele

- Alle Unterlagen basieren auf den Ergebnissen der abgeschlossenen Entwurfsplanung
- Bestätigung der Vorverhandlung mit den Behörden durch die Genehmigung
- Übereinstimmung des Bauvorhabens mit öffentlich-rechtlichen Normen und Bestimmungen
- Plausibilitätsprüfung der Ergebnisse der an der Planung fachlich Beteiligten
- Bestätigung der Projektziele

* Nichtzutreffendes löschen

Teilleistungen LPH 5 Ausführungsplanung

Grundleistungen

a) Erarbeiten der Ausführungsplanung mit allen für die Ausführung notwendigen Einzelangaben (zeichnerisch und textlich) auf der Grundlage der Entwurfs- und Genehmigungsplanung bis zur ausführungsreifen Lösung, als Grundlage für die weiteren Leistungsphasen
b) Ausführungs-, Detail- und Konstruktionszeichnungen nach Art und Größe des Objekts im erforderlichen Umfang und Detaillierungsgrad unter Berücksichtigung aller fachspezifischen Anforderungen, zum Beispiel bei Gebäuden im Maßstab 1:50 bis 1:1, zum Beispiel bei Innenräumen im Maßstab 1:20 bis 1:1
c) Bereitstellen der Arbeitsergebnisse als Grundlage für die anderen an der Planung fachlich Beteiligten, sowie Koordination und Integration von deren Leistungen
d) Fortschreiben des Terminplans
e) Fortschreiben der Ausführungsplanung auf Grund der gewerkeorientierten Bearbeitung während der Objektausführung
f) Überprüfen erforderlicher Montagepläne der vom Objektplaner geplanten Baukonstruktionen und baukonstruktiven Einbauten auf Übereinstimmung mit der Ausführungsplanung

Besondere Leistungen

- Aufstellen einer detaillierten Objektbeschreibung als Grundlage der Leistungsbeschreibung mit Leistungsprogramm x
- Prüfen der vom bauausführenden Unternehmen auf Grund der Leistungsbeschreibung mit Leistungsprogramm ausgearbeiteten Ausführungspläne auf Übereinstimmung mit der Entwurfsplanung x
- Fortschreiben von Raumbüchern in detaillierter Form
- Mitwirken beim Anlagenkennzeichnungssystem (AKS)
- Prüfen und Anerkennen von Plänen Dritter, nicht an der Planung fachlich Beteiligter auf Übereinstimmung mit den Ausführungsplänen (zum Beispiel Werkstattzeichnungen von Unternehmen, Aufstellungs- und Fundamentpläne nutzungsspezifischer oder betriebstechnischer Anlagen), soweit die Leistungen Anlagen betreffen, die in den anrechenbaren Kosten nicht erfasst sind

Klärungskriterien

- Bestätigung der Ergebnisse der LPH 3 (und LPH 4)
- Eindeutige Bauangaben
- Erarbeiten der Grundlagen für die anderen an der Planung fachlich Beteiligten
- Integrierung ihrer Beiträge
- Fortschreibung der Ausführungsplanung während der Objektausführung – Besondere Leistungen

Ziele

- termingerechte, rechtsverbindlich eindeutige, fachlich umfassende und zweifelsfreie Bauangaben

* Nichtzutreffendes löschen

Teilleistungen LPH 6 Vorbereitung der Vergabe

Grundleistungen

a) Aufstellen eines Vergabeterminplans
b) Aufstellen von Leistungsbeschreibungen mit Leistungsverzeichnissen nach Leistungsbereichen, Ermitteln und Zusammenstellen von Mengen auf der Grundlage der Ausführungsplanung unter Verwendung der Beiträge anderer an der Planung fachlich Beteiligter
c) Abstimmen und Koordinieren der Schnittstellen zu den Leistungsbeschreibungen der an der Planung fachlich Beteiligten
d) Ermitteln der Kosten auf der Grundlage vom Planer bepreister Leistungsverzeichnisse
e) Kostenkontrolle durch Vergleich der vom Planer bepreisten Leistungsverzeichnisse mit der Kostenberechnung
f) Zusammenstellen der Vergabeunterlagen für alle Leistungsbereiche

Besondere Leistungen

- Aufstellen der Leistungsbeschreibungen mit Leistungsprogramm auf der Grundlage der detaillierten Objektbeschreibung
- Aufstellen von alternativen Leistungsbeschreibungen für geschlossene Leistungsbereiche
- Aufstellen von vergleichenden Kostenübersichten unter Auswertung der Beiträge anderer an der Planung fachlich Beteiligter

Immanente Klärungskriterien

- Bestätigung der Mengenermittlungen, welche zuletzt geprüft und der Kostenberechnung zugrunde gelegt waren
- Qualitätsforderungen gem. Erläuterungsbericht und Raum- bzw. Baubuch

Ziele

- termingerechte, rechtsverbindlich eindeutige, fachlich umfassende und zweifelsfreie Bauangaben entsprechend der Bestimmen der Unternehmereinsatzform

* Nicht zutreffendes löschen

Teilleistungen LPH 7 Mitwirkung bei der Vergabe

Grundleistungen

a) Koordinieren der Vergaben der Fachplaner
b) Einholen von Angeboten
c) Prüfen und Werten der Angebote einschließlich Aufstellen eines Preisspiegels nach Einzelpositionen oder Teilleistungen, Prüfen und Werten der Angebote zusätzlicher und geänderter Leistungen der ausführenden Unternehmen und der Angemessenheit der Preise
d) Führen von Bietergesprächen
e) Erstellen der Vergabevorschläge, Dokumentation des Vergabeverfahrens
f) Zusammenstellen der Vertragsunterlagen für alle Leistungsbereiche
g) Vergleichen der Ausschreibungsergebnisse mit den vom Planer bepreisten Leistungsverzeichnissen oder der Kostenberechnung
h) Mitwirken bei der Auftragserteilung

Besondere Leistungen

- Prüfen und Werten von Nebenangeboten mit Auswirkungen auf die abgestimmte Planung
- Mitwirken bei der Mittelabflussplanung
- Fachliche Vorbereitung und Mitwirken bei Nachprüfungsverfahren
- Mitwirken bei der Prüfung von bauwirtschaftlich begründeten Nachtragsangeboten
- Prüfen und Werten der Angebote aus Leistungsbeschreibung mit Leistungsprogramm einschließlich Preisspiegel
- Aufstellen, Prüfen und Werten von Preisspiegeln nach besonderen Anforderungen

Klärungskriterien

- Beauftragung im Hinblick auf die Projektziele
- Beauftragung innerhalb des Kostenvoranschlages
- Beauftragung an einen leistungsstarken Auftragnehmer

Ziele:

- Erfüllen der Auftraggeber-Verpflichtung als Besteller der Bauleistung gegenüber den Auftragnehmer
- Herstellen der Grundlage für die LPH 8: auf Basis des Bauvertrages ist die Überwachung, Prüfung und Abrechnung der Bauausführung durchzuführen
- Für den Auftraggeber sollen alle Belange des Projekt-Zielkataloges efüllt sein

* Nichtzutreffendes löschen

Teilleistungen LPH 8 Objektüberwachung (Bauüberwachung) und Dokumentation

Grundleistungen

a) Überwachen der Ausführung des Objektes auf Übereinstimmung mit der öffentlich-rechtlichen Genehmigung oder Zustimmung, den Verträgen mit ausführenden Unternehmen, den Ausführungsunterlagen, den einschlägigen Vorschriften sowie mit den allgemein anerkannten Regeln der Technik
b) Überwachen der Ausführung von Tragwerken mit sehr geringen und geringen Planungsanforderungen auf Übereinstimmung mit dem Standsicherheitsnachweis
c) Koordinieren der an der Objektüberwachung fachlich Beteiligten
d) Aufstellen, Fortschreiben und Überwachen eines Terminplans (Balkendiagramm)
e) Dokumentation des Bauablaufs (zum Beispiel Bautagebuch)
f) Gemeinsames Aufmaß mit den ausführenden Unternehmen
g) Rechnungsprüfung einschließlich Prüfen der Aufmaße der bauausführenden Unternehmen
h) Vergleich der Ergebnisse der Rechnungsprüfungen mit den Auftragssummen einschließlich Nachträgen
i) Kostenkontrolle durch Überprüfen der Leistungsabrechnung der bauausführenden Unternehmen im Vergleich zu den Vertragspreisen
j) Kostenfeststellung, zum Beispiel nach DIN 276
k) Organisation der Abnahme der Bauleistungen unter Mitwirkung anderer an der Planung und Objektüberwachung fachlich Beteiligter, Feststellung von Mängeln, Abnahmeempfehlung für den Auftraggeber
l) Antrag auf öffentlich-rechtliche Abnahmen und Teilnahme daran
m) Systematische Zusammenstellung der Dokumentation, zeichnerischen Darstellungen und rechnerischen Ergebnisse des Objekts
n) Übergabe des Objekts
o) Auflisten der Verjährungsfristen für Mängelansprüche
p) Überwachen der Beseitigung der bei der Abnahme festgestellten Mängel

Besondere Leistungen

- Aufstellen, Überwachen und Fortschreiben eines Zahlungsplanes
- Aufstellen, Überwachen und Fortschreiben von differenzierten Zeit-, Kosten- oder Kapazitätsplänen
- Tätigkeit als verantwortlicher Bauleiter, soweit diese Tätigkeit nach jeweiligem Landesrecht über die Grundleistungen der LPH 8 hinausgeht

Klärungskriterien

- Sicherstellung der geforderten Qualitäten im vorgestellten Kosten- und Terminrahmen
- Ordnen und Zusammenstellung der wesentlichen Objektunterlagen

Ziele

- die mängelfreie Fertigstellung des Projektes im vorgegebenen Qualitäts-, Kosten- und Terminrahmen (Erfüllung der Projektziele entsprechend Bauvertrag).

* Nichtzutreffendes löschen

Teilleistung LPH 9 Objektbetreuung

Grundleistungen

a) Fachliche Bewertung der innerhalb der Verjährungsfristen für Gewährleistungsansprüche festgestellten Mängel, längstens jedoch bis zum Ablauf von fünf Jahren seit Abnahme der Leistung, einschließlich notwendiger Begehungen
b) Objektbegehung zur Mängelfeststellung vor Ablauf der Verjährungsfristen für Mängelansprüche gegenüber den ausführenden Unternehmen
c) Mitwirken bei der Freigabe von Sicherheitsleistungen

Leistungen

- Überwachen der Mängelbeseitigung innerhalb der Verjährungsfrist
- Erstellen einer Gebäudebestandsdokumentation
- Aufstellen von Ausrüstungs- und Inventarverzeichnissen
- Erstellen von Wartungs- und Pflegeanweisungen
- Erstellen eines Instandhaltungskonzepts
- Objektbeobachtung
- Objektverwaltung
- Baubegehungen nach Übergabe
- Aufbereiten der Planungs- und Kostendaten für eine Objektdatei oder Kostenrichtwerte
- Evaluieren von Wirtschaftlichkeitsberechnungen

Ziele

- Erfassen und Beseitigen von Ausführungsmängeln, welche sich innerhalb des Zeitraumes der Gewährleistung im Bauwerk verwirklicht haben.

* Nichtzutreffendes löschen

A.2.3 Architektenvertrag

A.2.3.1 Anmerkungen zu den Allgemeinen Vertragsbedingungen zum Architektenvertrag (AVA)

1. zu: Pflichten des Auftragnehmers

Die Aushändigung aller Unterlagen an den AG erfolgt immer mit der Teil-Abnahme der einzelnen LPH in digitaler Form. Eine sonstige Aufbewahrungspflicht des Auftragnehmers besteht demnach nicht (siehe hierzu: Abschnitt A.2.1 Punkt 2 in diesem Buch).

2. zu: Pflichten des Auftraggebers

Die Mitwirkungspflicht des Auftraggebers ist im Sinne folgender Tätigkeiten einzufordern:

- Das Grundstück ohne Belastung von Rechten Dritter erwirken
- Die Projektziele benennen und wenn erforderlich fortschreiben
- Die öffentlich-rechtlichen Genehmigungen und Erlaubnisse einholen
- Zeitnahe Entscheidungen zu Kosten, Qualitäten und Terminen
- Der Vergabeempfehlung des Baumanagements folgen (Thema des Billigstbietenden)
- Das Baufeld zu Beginn der Baumaßnahme baufrei machen
- Das Aussprechen des Verzuges von Bauauftragnehmern
- Teilkündigung von Bauauftragnehmern auf Empfehlung des Architekten
- Unterlassung von Handlungen bzw. Anordnungen, welche gegen die fachlich Beteiligten gerichtet sein könnten
- Zustimmung zur Terminfortschreibung der Vertragstermine
- Durchführung von Abnahmen gemäß Vertrag
- Leistung von Zahlungen.

Der Auftraggeber stellt und unterhält für den Architekten kostenfrei ein funktionsfähiges, eingerichtetes und ausgestattetes Büro für die örtliche Bauüberwachung.

3. zu: Vertretung des Auftraggebers

Der Auftragnehmer ist nicht berechtigt, Aufträge im Namen und für Rechnung des Auftraggebers zu erteilen. In den BVB der Verdingungsunterlagen ist die „Anscheinsvollmacht" auszuschließen.

Im Rahmen seines Auftrags ist der Auftragnehmer berechtigt und verpflichtet, die Rechte des Auftraggebers zu wahren. Ist Gefahr im Verzug, darf der Auftragnehmer finanzielle Verpflichtungen für den AG eingehen, wenn dessen Einverständnis vorher nicht mehr zu erhalten ist.

Wird bei der Bauausführung die Notwendigkeit einer Erteilung von zusätzlichen Kleinaufträgen (Stundenaufträge, Schadensminderungspflicht durch kleinere Ersatzmaßnahmen etc.) bis 5.000 € erkannt, so ist der Architekt dazu berechtigt. Der Auftraggeber ist zeitnah (zwei Tage) später darüber zu informieren.

4. zu: Vergütung

Wenn der Auftragnehmer auch mit der LPH 9 beauftragt werden soll, ist für die Leistungen bis einschl. LPH 8 zu vereinbaren, dass eine Teilschlussrechnung zu stellen ist.

5. zu: Aufrechnungsmöglichkeit

Damit die willkürliche Forderung eines vom Auftraggeber behaupteten Schadens vermieden wird, sollte im Vertrag vereinbart werden, dass gegen die Honorarforderung des Auftragnehmers nur mit einer unbestrittenen oder rechtskräftig festgestellten Forderung aufgerechnet werden kann; andere Forderungen können dagegen nicht zur Aufrechnung eingesetzt werden.

6. zu: Sicherheitseinbehalt
Soll ein Sicherheitseinbehalt, i. d. R. 5 % des Honorars, vereinbart werden, so ist der Zweck der Absicherung festzustellen. Im Ergebnis der Feststellung wird dann herauskommen, dass Sicherheit vor Honorar-Überzahlung gewünscht wird (denn – fast – alles andere ist durch die Berufshaftpflichtversicherung gedeckt). Dieses ist dann auch so festzuschreiben.

Und ebenfalls ist festzuschreiben, dass dann bei Fertigstellung des Projektes mit projektbegleitender Kostenkontrolle (vorläufige Kostenfeststellung, welche die Gefahr der Überzahlung nicht ergibt) die entsprechende Abschlagsforderung zur Auszahlung kommt.

7. zu: Architektenvollmacht
Damit es im Verlauf der Projektabwicklung und insbesondere bei der Bauabrechnung nicht im Nachhinein zu Forderungen gegen den Auftragnehmer kommt, ist im Vertrag zu regeln, dass:

- wenn eine Stundenlohnvereinbarung im Bauvertrag vorliegt, die Kontrolle und Gegenzeichnung durch die OBÜ erfolgen
- bei schleppender Aufmaß-Vorlage dies durch den Architekten erstellt wird
- Weisungen zur Sicherung der Baustelle und gem. § 4 Nr. 1 Abs. 2 und 3 VOB/B erteilt werden können

8. zu: Haftung des Auftragnehmers

Hierzu sollten die gesetzlichen Regelungen Vertragsbestandteil werden.

9. zu: Kündigung
Für die Kündigung des Vertrages durch den Auftraggeber ist zu vereinbaren, dass von dem Resthonorar ohne weitere Nachweise 30 % als Ersatz des Schadens dem Auftragnehmer vergütet werden.

Bei einer Kündigung des Vertrages entstehen neben den sonstigen Ansprüchen (Schadenersatz) auch Ansprüche auf Erstattung von Demobilisierungskosten.

Für das Projekt werden eine eigene EDV-Anlage und andere technische Geräte installiert. Durch einen Vertragsrücktritt ist möglicherweise die EDV-Anlage wieder zu veräußern. Aufgrund der im EDV-Bereich geringen Restwerte ergeben sich Kosten aus dem Wertverlust, da die Geräte durch den vorzeitigen Rücktritt nicht über den gesamten vorgesehenen Projektzeitraum abgeschrieben werden konnten.

Durch einen Rücktritt des Auftraggebers oder Auftragnehmers vom Vertrag sind die für das Projektteam angeschafften technischen Ausrüstungsteile zu verkaufen bzw. bei Anmietung vorzeitig zu kündigen. Diese Anlagen werden ebenso nur mit Verlust (zum Restwert) zu verkaufen sein. Entsprechende Demobilisierungskosten ergeben sich aus dem Aufwand dafür und dem Verlust bei vorzeitigem Verkauf.

10. zu: Unterbrechung bzw. Stillstand des Projektes
Bei einer Unterbrechung oder dem vorübergehenden Stillstand des Projektes ergeben sich Sach- und Personalkosten (aus den vorgesehenen Personalaufwendungen und den laufenden Sachkosten) für jeden Monat der Unterbrechung. Diese Personal- und Sachkosten sind vom Auftragnehmer nachzuweisen und vom Auftraggeber zu erstatten.

11. zu: Verjährung
Gesetzliche Regelung

12. zu: Gewährleistung für behauptete Planermängel im Bestand
Auch bei einer noch so umfassenden Bestandsaufnahme und -untersuchung tritt der Fall ein, dass im Zuge der Arbeiten weitere Maßnahmen (Sicherungen, Austausch etc.) erforderlich werden. Dies verursacht oft zusätzliche Kosten, zusätzliche Planungsleistungen und zusätzliche Maßnahmen bei der Bauausführung. Dieses sind zusätzliche Leistungen, vom Auftragnehmer nachzuweisen und vom Auftraggeber entsprechend zu honorieren.

A.2.4 Architektenvertrag Rücktritt – Demobilisierungskosten

Zu: Nachlaufende Arbeiten
Diese Position beinhaltet die Kosten für Projektnachbearbeiten (Schlussrechnungsbearbeitung, Schlussbericht, Archivierung etc.) und ggf. Kosten für die ARGE-Auflösung.

Zu: Personaldemobilisierung
Durch den Rücktritt vom Vertrag ist eigens akquiriertes und bereitgestelltes Personal zu kündigen bzw. in andere Dienstverhältnisse und Fachbereiche überzuführen. Kosten ergeben sich insbesondere aus den Kündigungskosten und aus Kosten durch eine vorübergehend unvollständige Auslastung weiterbeschäftigter Mitarbeiter.

Zu: EDV-Anlage, Telefonanlage, Scanner, Kopierer, Büromöbel etc.
Für das Projekt wurde eine eigene EDV-Anlage installiert. Bedingt durch den Vertragsrücktritt, war die EDV-Anlage zu veräußern. Aufgrund der im EDV-Bereich geringen Restwerte, ergeben sich Kosten aus dem Wertverlust, da durch den vorzeitigen Rücktritt nicht über den gesamten vorgesehenen Projektzeitraum abgeschrieben werden konnte.

Durch den Rücktritt vom Vertrag sind die für das Projektteam angeschafften technischen Ausrüstungsteile zu verkaufen gewesen. Diese Anlagen waren ebenso nur mit Verlust (zum Restwert) zu veräußern.

Für Büromöbel, die für das Projektteam etc. angeschafft wurden, gilt analog, dass diese nur zum Restwert verkauft werden konnten und demzufolge die Verluste daraus Demobilisierungskosten darstellen.

Zu: Demobilisierung Projektzentrale
Als Projektzentrale wurde ein Büro in ... erworben und eingerichtet. Aus dem Verkauf dieses Objektes ergeben sich Kosten durch erforderliche Umbaumaßnahmen bzw. Wertreduktion und Aufwendungen für die Veräußerung.

Zu: Akquisitionsaufwand
Bedingt durch den vorzeitigen Rücktritt vom Vertrag ergeben sich Kosten aus dem Akquisitionsaufwand. Diese Kosten sind deshalb als Demobilisierungskosten zu qualifizieren, da sie erst durch den Rücktritt für den Auftragnehmer als Belastung anfallen. Im Falle einer vertragsgemäßen Projektfertigstellung wären diese Aufwendungen vom Projekt getragen worden.

Zu: Sach- und Personalkosten für einen Monat Unterbrechung
Diese Kosten gegeben sich aus den laufenden Personalaufwendungen und den laufenden Sachkosten. Gemäß Vertrag war eine zeitweilige Unterbrechung einzukalkulieren. Bedingt durch den

Umstand, dass das Projekt zu ca. 1/7 abgewickelt, die einmonatige Unterbrechung jedoch vom Auftraggeber voll konsumiert wurde, sind die verbleibenden 6/7 der Unterbrechungskosten zu verrechnen.

Zu: Demobilisierung ZBÜ und OBÜ
Als Projektzentrale wurde ein Büro gemietet und eingerichtet. Diese Kosten, die bis zum Ende des Mietvertrags anfallen, stellen ebenfalls Demobilisierungskosten dar.

A.2.5 TGA-Planinhalte – VDI 6026

Im Blatt 1.1 der Richtlinie VDI 6026 „Dokumentation in der Technischen Gebäudeausrüstung" sind die Anforderungen an Inhalte und Beschaffenheit von Planungs-, Ausführungs- und Revisionsunterlagen der technischen Gebäudeausrüstung sowie FM-spezifische Anforderungen an die Dokumentation geregelt.

Die Richtlinie gliedert sich in:

- Anwendungsbereich
- Entwurfsplanung
- Grundrisse
- Zentrale Möblierung
- Schächte
- Koordination
- Ausführungsplanung
- Grundrisse
- Montageplanung
- Revisionsunterlage

Aufgrund der vertikalen (durch alle TGA-Gewerke) und horizontalen (innerhalb des Gewerkes) Verknüpfung und Verflechtung besteht ein immenser, notwendiger Koordinierungs- und Abstimmungsbedarf – zusammengefasst unter der „integralen Planung".

Damit ein besseres (eindeutiges) Verstehen dieser Verflechtungen für alle fachlich Beteiligten gegeben ist, wird in der VDI 6026 beschrieben, in welcher Planungsphase die verschiedenen Unterlagen (Pläne, Zeichnungen, Berechnungen, Simulationen etc.) zu erstellen sind und vor allem, welche Informationen diese enthalten müssen und – für das Thema Schnittstellen-Zuordnung – wie diese inhaltlich beschaffen sein müssen, um das Projektziel einer Baumaßnahme zu erreichen.

Folgende TGA-Gewerke werden von der Richtlinie erfasst:

- Abwasser-, Wasser-, Gasanlagen
- Wärmeversorgungsanlagen
- Raumlufttechnische Anlagen
- Kälteanlagen
- Starkstromanlagen
- Fernmelde- und informationstechnische Anlagen
- Förderanlagen
- Gebäudeautomation (GA)

A.2.6 Typische Kernleistungen von Architekt – Tragwerksplaner – TGA-Planer (Beispiel Bürogebäude) in der Gegenüberstellung

A.2.6.1 Prüfen der Leistungsinhalte

Der Generalist hat die Leistungen aller fachlich Beteiligten - vor dem Abschluss einer LPH - zu prüfen und zu dokumentieren. Dies kann er für die LPH 1 - 5 „Zug um Zug" durchführen; für die LPH 6 - 8 nur zusammenhängend, denn diese Leistungsphasen „ziehen" sich bei der Einzelgewerke-Beauftragung bis zum Ende der Bauzeit.

A.2.6.2 Planerstellungen und Planinhalte

Damit – neben den Kernleistungen jedes Planers – die geschuldete Planung/Ausführung von den fachlich Beteiligten erbracht wird, müssen im Planungsprozess entsprechende Abstimmungen, Aufstellungen, Beschreibungen und Prüfungen erfolgen.

Zur Sicherstellung, dass die Planungsbeteiligten den gleichen Projektinformationsstand haben im Hinblick auf was, wie, von wem und zu welchem Zeitpunkt zu leisten ist, sind Plan-, Schnittstellen- und Terminlisten aufzustellen.

Planliste
Die Planliste des Architekten dient den fachlich Beteiligten als Grundlage für die Aufstellung der eigenen Planliste.

Schnittstellenliste
Damit auf Basis der Planlisten die Verflechtung der Baukonstruktion mit den TGA-Gewerken erkannt wird, bedingt dies eine klare Schnittstellenbeschreibung.

Mit der Unterlage „Schnittstellen" werden keinem fachlich Beteiligten aufgezeigt, wie er seine werkvertraglichen Leistungen zu erbringen hat. Dies regelt der Vertrag. Damit aber nicht gewollte Planungs- und Beschreibungsangaben nicht Bestandteil des Bauvertrages werden, sind eben diese Schnittstellen klar und eindeutig zu beschreiben.

Terminlisten
Für die funktionale, koordinierte Zusammenarbeit aller am Projekt Beteiligten sind die Ausarbeitungen Pkt. 1.1 und 1.2 zeitnah zu erstellen. Diese sind die Grundlage der Terminlisten „Planung der Planung", „Vergabe – Auftragsvergabe" und „Bauablauf".

Freigabe/Abnahme der Leistungsphasen
Und letztendlich benötigt jede Abstimmung eine „gemeinsame Freigabe".

Die Abstimmung der Planungen zwischen dem Architekt und den sonstigen fachlich Beteiligten (LPH 2 bis 5) und den Bau-Auftragnehmern (Werkstatt- und Montageplanung) erfolgt verantwortlich durch den Architekt mit Beteiligung der sonstigen fachlich Beteiligten entsprechend den freigegebenen Terminplänen. In einem gemeinsamen Freigabe- und Unterschriftenfeld auf den Planunterlagen wird mit Datum und Index die Vollständigkeit jeweils der LPH 2 bis 5 bestätigt und dokumentiert und danach vom Auftraggeber abgenommen und im Falle der LPH 5 zur Ausführung freigegeben. Ebenso erfolgt bei Einzelgewerkausschreibung die Abnahme der LPH 6, 7 und 8 zusammen. Die LPH 9 ist nach deren Abschluss abzunehmen.

Nachstehend folgen allgemeine Angaben über Umfang und Inhalt der Leistungen des fachlich beteiligten Architekten, Tragwerksplaners und TGA-Planers.

Hinweis: Für die Anfertigung von Planunterlagen gilt derzeit u. a.:

- DIN 1356-1:2018-03 Bauzeichnungen – Teil 1 Grundregeln der Darstellung

A.2.6.3 Kernleistungen des Architekten

Grundlagenermittlung LPH 1

Wettbewerbsunterlagen	ohne Maßstab
Skizzen für Ermittlung der BGF, Stellplätze, Raumbedarf	ohne Maßstab
Zusammenfassung der Projektziele	Schriftform
Kostenbudget	analog DIN 276

Vorplanung LPH 2

Amtlicher Lageplan	M 1:500
Lageplan mit Freianlagen	M 1:500
Bestimmen Konstruktionsraster/Ausbauraster	Plan
Grundrisse UG – Dachaufsicht	M 1:200
Schnitte, Ansichten, Schnitt-Ansicht	M 1:200
Detailgrundrisse – Standard Büro, Eingangszone. Kerne etc.	M 1:20/1:10
Ansicht – N-Achsen, Gebäudehöhe	M 1:20
Fluchtweg-Plan	M 1:200
Höhenzugangs-Plan	M 1:100
Festlegen der Materialien/Stoffe/Farben	Liste
Erläuterungsbericht Vorplanung mit Kostenschätzung	Schriftform
Schnittstellen mit allen Beteiligten erarbeiten	Liste

Nach Bestimmen des Planumfangs sind vom Architekten (verantwortlich) den fachlich Beteiligten die Planliefertermine und ggf. Vorabzüge in einem Terminplan festzulegen. Dabei sind auch „Meilenstein" Termine für die Abgabe von Berichten der Sonderfachleute usw. festzulegen.

Entwurfsplanung LPH 3

Fortschreiben der Pläne Vorplanung und weitere, neue Pläne	
Amtlicher Lageplan	M 1:500
Lageplan mit Freianlagen	M 1:200
Grundrisse UG – Dachaufsicht	M 1:100

zusätzlich:

Gründung und Baugrubenverkleidung	M 1:100
Baustelleneinrichtungsplan	M 1:100
Bestimmen der Raumnummerierung	
Schnitte inkl. UG und Gründung	M 1:100
Ansichten ggf. Detail-Ansichten	M 1:100

Detailgrundrisse	M 1:20/1:1
vorhandene ergänzen, zusätzlich z.B.:	
Vordach/Pförtner/Empfang/Nassbereiche/Sonderbereiche/Rampen	M 1:10/1:1
Details	
Rohbau/Einbauteile/Mauerwerk/Einbauteile/Fugen/-verschluss	M 1:1
Öffnungen/Einbauteil/Abdichtung außen/Abdichtung innen	M 1:1
Sohle, Kellerwände, horizontale Flächen, erdüberdeckt, Dächer	divers
Öffnungen – Fenster, Türen, Tore usw.	M 1:10/1:1
Bodenaufbauten/Wandbauten/-bekleidung/Decken/-bekleidungen	M 1:1
Aufstellen Türliste	Liste
Ausbau	
Bodenpläne/Vertragspläne/Deckenuntersichten/Wandabwicklungen	M 1:50/1:10/1:1
Freianlagen	
Wege/Vegetation/Beläge/Einbauten/Mobiliar/Zäune, Tore, Schranken	M 1:100/1:10
Ergänzen der Festlegung der Materialien (aus LPH 2)	
Stoffe, Farben, Art der Verarbeitung	Design Buch
Erläuterungsbericht	Schriftform
Kostenaussage	DIN 276
Sonstige Listen/Angaben	
Abstimmung z. B. Rohbau, Fassade, notwendige Pläne/Zeitpunkt der Übergabe	Protokoll
Nach abschließendem Bestimmen des Planungsumfangs sind mit den fachlich Beteiligten die Planliefertermine fortzuschreiben und verbindlich festzulegen; ebenfalls die Ergebnisberichte sonstiger fachlich an der Planung Beteiligter	Terminplan
Genehmigungsplanung LPH 4	
Amtlicher Lageplan/Ggf. Abstandsflächennachweis	M 1:100 aus LPH 2
Lageplan Freianlagen/Grünflächenausgleichsplan	M 1:200 aus LPH 3
Grundrisse UG - Dachaufsicht	M 1:50 aus LPH 3
zusätzlich:	
Mögliche Büroaufteilung, wenn kein Raumprogramm vorliegt	
Bestimmen der Raumnummerierung	
Schnitte	M 1:50/20 aus LPH 3
Ansichten	M 1:20/1aus LPH 3
Erläuterungsbericht	Schriftform
Kostenaussage	DIN 276
Sonstige Listen/Angaben	
Ausführungsplanung LPH 5	
Werkplaninhalte Afu-Planung	M 1:50

WP 1
Geometrie für den TWP, Einarbeiten Angaben TWP und Vorabzug für TGA- Planer

WP 2
Koordinierte Durchbruchplanung Stahlbeton und Mauerwerk/Einbauteile

WP 3
Abgeschlossene Festlegung der Boden-Decken- Wandaufbauten

WP 4
Innenausbau Planung, Möblierung, Kunst

Fortführung und Ergänzung von Plänen/Details der LPH 3 und 4

Aufstellen des Terminplans für die Planliefertermine WP 1 – WP 4 des Architekten, des Tragwerkplaners, der TGA-Planer sowie des Freianlagenplaners

Im Verlauf der Ausführung ist die Werkplanung fortzuschreiben der 1:50-Pläne im Hinblick auf geänderte Ausführung auf der Baustelle (Vormauerungen, Abkofferungen usw.). Änderungen durch den Auftraggeber (Räume, Nutzung etc.) fallen nicht unter den Begriff der Fortschreibung der Afu-Planung und hiermit ist auch nicht gemeint, dass alles „auf den letzten Stand" gebracht wird. Dieses kommt der „Bestandsplanung" gleich, welche eine Besondere Leistung der LPH 9 darstellt.

Vorbereitung der Vergaben LPH 6

Aufstellen Terminplan Vergaben	Terminplan
Abstimmen der Vergabeeinheiten VE	Liste
Abstimmen der Vertragsbedingungen (VOB, BVB, ZVB usw.)	Schriftform
Aufstellen der ZTV	Schriftform
Aufstellen der VEs auf Basis der Leitpositionen	LV
Abstimmen der Bieterlisten	Schriftform
Doku Leistungsprüfung Architekt/fachl. Beteiligte	Protokoll
Zustimmung/Freigabe durch den Auftraggeber	Protokoll

Mitwirken bei der Vergabe LPH 7

Versand der Verdingungsunterlagen	Internet
Submission der Angebote/rechn. + fachl. Prüfung	Preisspiegel
Aufklärungsgespräche mit Bietern	Protokoll
Preisspiegel und Vergabevorschlag	Schriftform
Kostenkontrolle/Aufstellen Kostenanschlag	DIN 276
Doku Leistungsprüfung Architekt/fachl. Beteiligte	Protokoll
Vergabeverhandlungen	Protokoll

Objektüberwachung (Kernleistungen) und Dokumentation LPH 8

Arbeitsvorbereitung des „Projektes Baustelle"	Protokoll
Planprüfung durch die BL/FBL	Freigabe
Qualitätssicherung/Überwachung der Ausführung des Objektes	Protokoll
— Einführungsgespräch mit dem Auftragnehmer + Plan-/Leistungsabstimmung	
— Feststellen/ergänzender Planungen/Planfortschreibung	
— Baustellenbegehung mit den Vorplanern	
— Baukoordinationsgespräch	
— Überwachung der Ausführung	
— Koordinierung der an der Objektüberwachung fachlich Beteiligten	
— Überwachung und Detailkontrolle von Fertigteilen	
• Aufstellung und Überwachung eines Zeitplanes	Terminplan
— Das Auftraggebergespräch	
— Das Baukoordinierungsgespräch	
— Fortschreiben des Terminplanes	
• Fortschreiben Aufträge/Verdingungsunterlagen	Bauvertrag
— Feststellen von zus. Leistungen/entfallenen Leistungen	
— Die Koordinierungsgespräche über Leistungsänderung	
— Fortschreiben der Aufträge/Kostenprüfung	
— Die Behinderung	
— Die Inverzugsetzung	
— Erfassen von Mängelrügen	
— Die Regelungsgespräche zum Bauschutt/SiGeKo	
— Die Klärungsgespräche zu Unfällen auf der Baustelle	
• Führen eines Bautagebuches	Listen
• Gemeinsames Aufmessen der Leistung	Aufmaß
• Abnahme von Bauleistungen, Leistungsfeststellungen des Architekten	Protokoll
• Rechnungsprüfung und Zahlungsverkehr	kumulierte Doku
• Kostenfeststellung nach DIN 276	DIN 276
• Antrag auf behördliche Abnahmen	Schriftform
• Übergabe des Objektes mit Zusammenstellen und Übergeben der erforderlichen Unterlagen einschl. Auflisten der Gewährleistungszeiten	Listen
• Überwachung der Beseitigung von Mängeln	Protokoll
• Kostenkontrolle der Kostenfeststellung	Protokoll
• Zusammenstellung der zeichnerischen Darstellungen und rechnerischen Ergebnisse des Objektes	Liste

Objektbetreuung LPH 9

Objektbegehung zur Mängelfeststellung	Protokoll
Überwachen der Beseitigung der Mängel	
Mitwirken bei der Freigabe von Sicherheitsleistungen	Liste

A.2.6.4 Tragwerksplanung

Schalplan
Schalpläne sind Bauzeichnungen mit Darstellung der einzuschalenden Bauteile. Der Schalplan muss nicht alle Maße und Angaben enthalten; er ist die Vorgabe der Baukonstruktion für den Architekten und eine Ergänzung der Afu-Planung des Architekten. Schalpläne sollen mindestens enthalten die Angabe über die Abmessung, Höhenkote und den Achsbezug und des Weiteren Aussparungen, soweit sie für das Tragverhalten bedeutsam sind, tragende Einbauteile und Art und Festigkeit der Baustoffe.

Rohbauzeichnung (erweiterte Schalpläne)
Die Rohbauzeichnung enthält alle Angaben (Beton, Mauerwerk, Einbauteile, Dämmschichten, Fugenbänder etc. sowie alle Aussparungen, Arbeitsfugen und Oberflächenbeschaffenheit), die auf der Baustelle für die Bauausführung des Projektes benötigt werden. Bei dieser Planungsart ist die Grundrissdarstellung nach DIN 1356 „der Blick in die leere Schalung".

Positionspläne
Positionspläne sind Bauzeichnungen des Tragwerkes zur Erläuterung der statischen Berechnung mit Angabe der einzelnen Positionen. Sie werden auf der Grundlage der Entwurfszeichnungen des Architekten nach den gleichen Projektionsregeln wie Schalpläne und Rohbauzeichnungen erstellt.

Bewehrungszeichnungen
Bewehrungszeichnungen sind Bauzeichnungen mit allen zum Biegen und Verlegen der Bewehrung erforderlichen Angaben.

Fertigteilzeichnungen/Verlegezeichnungen
Fertigteilzeichnungen sind Bauzeichnungen mit allen zur Herstellung von Fertigteilen erforderlichen Angaben. Verlegezeichnungen enthalten alle Angaben für Einbau und Anschluss der Fertigteile.

Achs- und Koordinatensysteme
Achsen- und Koordinatensysteme sowie die Bezugsebene für die Höhenangaben sollten in Absprache mit dem Auftraggeber und den anderen am Bauvorhaben Beteiligten festgelegt und von allen einheitlich benutzt werden.

Bau- und Montagezustände
In der statischen Berechnung sind bei der Systemwahl Bau- und Montagezustände zu berücksichtigen. Insbesondere bei Sonderbauten müssen mit der Systemwahl die Montagekonzepte abgestimmt sein. Notwendige Überhöhungen, Angaben und Nachweise für Montagehilfen (Lage der Aufhängepunkte, Montageösen etc.) sowie notwendige Einschalfristen einschl. Unterstützen nach dem Ausschalen sind festzulegen.

Schriftliche Erläuterungen
Ein detailliertes Inhaltsverzeichnis ist unerlässlich. Darin sind auch die Positionspläne, der Anhang und Beilagen aufzuführen.

Allgemeine Angaben Vorbemerkungen
Bau- und Konstruktionsbeschreibung
Planungsgrundlagen
Standort

Nutzungsbedingte Anforderungen an das Bauwerk

- Verformungsbeschränkungen/- Überhöhungen
- Schwingungsbegrenzungen
- Maßgenauigkeiten/- Toleranzen

Schutzmaßnahmen

- Korrosionsschutz/Abdichtungen/Betondeckung/Rissebeschränkung

Besondere Anforderungen, z. B.

- Schutzmaßnahmen gegen Anprall/Dichtigkeit für Flüssigkeiten und Gase
- Ausführung von Fugen

Gründung

- Statische Konzeption und Aussteifungssystem
- Baustoffe und Eignungsnachweise

Schluss-Seite/Anhang/Beilagen

A.2.6.5 TGA-Planung

VDI 6026

Mit der VDI 6026 wird für die TGA-Planung beschrieben, in welcher Phase des Projektverlaufs die verschiedenen Unterlagen (Pläne, Zeichnungen, Berechnungen, Simulationen etc.) zu erstellen sind, welche Informationen sie enthalten und wie sie inhaltlich beschaffen sein müssen.

Diese Richtlinie ist vertraglich zu vereinbaren.

Hinsichtlich der Fortschreibung der Ausführungsplanung TGA während der Bauausführung (in Ergänzung zur vertraglichen Leistung des Architekten) können sowohl der Fachplaner als auch das ausführende Unternehmen mit der notwendigen Fortschreibung der Ausführungsplanung beauftragt werden.

A.2.6.6 Kernleistungen – Gegenüberstellung

Nachstehende Grundleistungen des Tragwerk- und Haustechnikplaners sind in Abstimmung mit dem Architekten innerhalb der LPH zu erbringen.

Architekt	1. Tragwerk- und 2. Haustechnikplaner

LPH 1 Grundlagenermittlung

Klären der Aufgabenstellung	**1 und 2:** Klären Aufgabenstellung aufgrund der Vorgaben / Abstimmung mit Architekt
Ortsbesichtigung	**1 und 2:** Unterstützen des Architekten: Baugrundstück, Umgebung, Bodenverhältnis
Beraten zum gesamten Leistungs- und Untersuchungsbedarf	**1:** Zusammenstellen der die Aufgabe beeinflussenden Planungsabsichten **2:** Ermitteln der Planungsrandbedingungen / Beraten zum Leistungsbedarf
Entscheidungshilfen Auswahl Planer	
Zusammenfassen, Erläutern, Dokumentieren der Ergebnisse	**1 und 2:** Ergebnisse wie Architekt, in Abstimmung mit dem Architekten

LPH 2 Vorplanung

Analyse der Grundlagen	**1:** Mitwirken bei der Analyse **2:** Mitwirken bei der Analyse und Abstimmen der Leistungen
Abstimmen der Zielvorstellungen	**1:** Beraten in statisch-konstruktiver Hinsicht
Erarbeiten der Vorplanung	**1 und 2:** Mitwirken bei der Erarbeitung eines Planungskonzeptes
Klären und Erläutern der wesentlichen Zusammenhänge	**2:** Aufstellen eines Funktionsschemas, Klären und Erläutern der wesentlichen fachübergreifenden Prozesse, Randbedingungen, Schnittstellen etc.
Bereitstellen der Planungsergebnisse als Grundlage für a. a. d. P. Beteiligte	**1 und 2:** Prüfen der übergebenen Unterlagen
Vorverhandlungen über die Genehmigungsfähigkeit	**1:** Mitwirken **2:** Mitwirken einschl. der zu beteiligenden Stellen zur Infrastruktur
Kostenschätzung nach DIN 276	**1:** Mitwirken **2:** Mitwirken und Aufstellen
Erstellen des Terminplanes	**1:** Mitwirken **2:** Mitwirken und Aufstellen
Zusammenfassen, Erläutern, Dokumentieren der Ergebnisse	**1 und 2:** Ergebnisse wie Architekt, in Abstimmung mit dem Architekten

LPH 3 Entwurfsplanung

Erarbeiten der Entwurfsplanung	**1:** Erarbeiten der Tragwerkslösung bis zum konstr. Entwurf mit zeichn. Darstellung Überschlägige statische Berechnung und Bemessung Grundlegendes Festlegen der konstruktiven Details und Hauptabmessungen **2:** Durcharbeiten des Planungskonzeptes bis zum vollständigen Entwurf Festlegen alles Systeme und Anlagenteile Berechnen und bemessen der technischen Anlagen... Abstimmen des Platzbedarfes, zeichnerische Darstellung.... Fortschreiben und Detaillieren der Funktions- und Strangschemata Übergeben der Berechnungsergebnisse zum Aufstellen vorgeschr. Nachweise... Angabe und Abstimmung mit dem Tragwerksplanung....
Bereitstellen der Planungsergebnisse als Grundlage für a. a. d. P. Beteiligte	**1 und 2:** Prüfen der übergebenen Unterlagen
Objektbeschreibung	**1:** Mitwirken **2:** Anlagenbeschreibung mit Angabe der Nutzungsbedingungen
Verhandlungen über die Genehmigungsfähigkeit	**1 und 2:** Mitwirken
Kostenberechnung und Vergleich KS	**1:** Mitwirken, Überschlägiges Ermitteln der Betonstahlmengen **2:** Aufstellen und Mitwirken beim Vergleichen
Fortschreiben des Terminplanes	**1:** Mitwirken beim Vergleichen **2:** Aufstellen und Mitwirken beim Vergleichen
Zusammenfassen, Erläutern, Dokumentieren der Ergebnisse	**1 und 2:** Ergebnisse wie Architekt, in Abstimmung mit dem Architekten

LPH 4 Genehmigungsplanung

Erarbeiten und Zusammenstellen der Vorlagen und Nachweise	**1:** Aufstellen der prüffähigen stat. Berechnung Anfertigen von Positionsplänen ..... oder Einträge in die Entwurfszeichnungen des Architekten **2:** Erarbeiten und Zusammenstellen der Vorlagen und Nachweise einschl. Anträge Mitwirken bei Verhandlungen mit Behörde
Einreichen der Unterlagen	**1:** Zusammenstellen der Unterlagen, Abstimmen mit Prüfämtern und Prüfingenieur
Ergänzen und Anpassen der Planungsunterlagen, Beschreibungen und Berechnungen	**1:** Vervollständigen und Berichtigen der Berechnungen und Pläne **2:** Vervollständigen und Anpassen der Planungsunterlagen, Beschreibungen und Berechnungen

LPH 5 Ausführungsplanung

Erarbeiten der Ausführungsplanung	**1:** Durcharbeiten der Ergebnisse der LPH 3 und 4 **2:** Erarbeiten der Afu-Planung auf Grundlage der Ergebnisse der LPH 3 und 4 bis zur ausführungsreifen Lösung
Ausführungs-, Detail- und Konstruktionszeichnungen	**1:** Anfertigen der Schalpläne in Ergänzung der fertig gestellten Afu-Planung… Zeichnerische Darstellung der Konstruktionen, Bewehrungspläne…Leitdetails.. Aufstellen von Stahl- und Stücklisten…mit Stahlmengenermittlung **2:** Fortschreiben der Berechnungen und Bemessungen… Zeichnerische Darstellung der Anlagen in Abstimmung mit dem Architekten .. Anpassen und Detaillierung der Funktions- und Strangschemata Abstimmen der Afu-Planung mit den fachl. Beteiligten Anfertigen von Schlitz- und Durchbruchsplänen
Bereitstellen der Arbeitsergebnisse	**1 und 2:** Prüfen der übergebenen Unterlagen
Fortschreiben des Terminplanes	**2:** Fortschreiben des Terminplanes
Fortschreibung der Ausführungs-Planung	**1:** Fortführen der Abstimmung mit Prüfämtern und Prüfingenieur **2:** Fortschreiben der Ausführungsplanung … Übergeben der fortgeschriebenen Afu-Planung an die ausführenden Unternehmen
Überprüfen erforderlicher Montage-Pläne mit der Afu-Planung	**2:** Prüfen und Anerkennen der Montage- und Werkstattpläne … auf Übereinstimmung mit der Afu-Planung

LPH 6 Vorbereiten der Vergabe

Aufstellen des Vergabeterminplanes	**2:** Mitwirken
Aufstellen von Leistungsbeschr. mit LV nach LBs/VEs	**1:** Ermitteln der Betonstahlmengen…. Überschlägiges Ermitteln der Mengen der konstruktiven Stahlteile…. Mitwirken beim Erstellen des LB als Ergänzung zu den Mengenermittlungen als Grundlage für das LV des Tragwerkes **2:** Aufstellen der Vergabeunterlagen…..
Abstimmen und Koordination der Schnittstellen zu den LVs	**2:** Mitwirken beim Abstimmen der Schnittstellen…….
Ermitteln der Kosten auf Basis bepreister LVs	**2:** Ermitteln der Kosten auf Basis bepreister LVs
Kostenkontrolle durch Vergleich ….mit der Kobe	**2:** Kostenkontrolle durch Vergleich….mit der Kobe
Zusammenstellen der Vergabeunterlagen für alle LBs/VE	**2:** Zusammenstellen der VE-Unterlagen .. (Anm.: Übergabe an den Architekten)

LPH 7 Mitwirken bei der Vergabe

Koordinieren der Vergaben der Fachplaner	**2:** Abstimmen der Vergabetermine etc.
Einholen der Angebote	**2:** Einholen von Angeboten
Prüfen und Werten der Angebote einschl. Aufstellen Preisspiegel	**2:** Prüfen und Werten der Angebote einschl. Aufstellen Preisspiegel
Führen von Bietergesprächen	**2:** Führen von Bietergesprächen
Erstellen der Vergabevorschläge	**2:** Erstellen der Vergabevorschläge
Zusammenstellen der Vertragsunterlagen für alle LBs	
Vergleichen der Ausschreibungsergebnisse mit den bepreisten LVs	**2:** Vergleichen der Ausschreibungsergebnisse mit den bepreisten LVs
Mitwirken bei der Auftragserteilung	**2:** Mitwirken bei der Dokumentation

LPH 8 Objektüberwachung

Überwachen der Ausführung des Objektes...	**2:** Überwachen der Ausführung des Objektes ....
Überwachen...von Tragwerken	
Koordinieren der an der Objektüberwachung fachl. Beteiligten	**2:** Mitwirken bei der Koordination der am Projekt Beteiligten
Aufstellen, Fortschreiben und Überwachen eines Terminplanes	**2:** Aufstellen, Fortschreiben und Überwachen eines Terminplanes
Dokumentation des Bauablaufes (z. B. Bautagebuch)	**2:** Dokumentation des Bauablaufes (z. B. Bautagebuch) Prüfen und Bewerten der Notwendigkeit geänderter oder zusätzlicher Leistungen und der Angemessenheit der Preise
Gemeinsames Aufmaß mit den ausführenden Unternehmen	**2:** Gemeinsames Aufmaß mit den ausführenden Unternehmen
Rechnungsprüfung einschl. Prüfen der Aufmaße	**2:** Rechnungsprüfung einschl. Prüfen der Aufmaße und Leistungsstand
Vergleich der Ergebnisse der Rechnungsprüfung	**2:** Vergleich der Ergebnisse der Rechnungsprüfung ......
Kostenkontrolle durch Überprüfen der Leistungsabrechnungen	**2:** Kostenkontrolle durch Überprüfen der Leistungsabrechnungen
Kostenfeststellung z. B. nach DIN 276	**2:** Kostenfeststellung
Organisation der Abnahmen ...	**2:** Mitwirken bei Leistungs- und Funktionsprüfungen Fachtechnische Abnahme, Feststellen von Mängeln, Abnahmeempfehlung an AG
Feststellen der Mängel ... Abnahmeempfehlung für den AG	
Antrag auf öffentlich-rechtliche Abnahme......	**2:** Antrag auf behördliche Abnahmen ......
Systematische Zusammenstellung der Dokumentation	**2:** Prüfen der übergebenen Revisionsunterlagen stichprobenhaft auch auf Übereinstimmung mit dem Stand der Ausführung ... Systematische Zusammenstellung der Dokumentation ...
Übergabe des Objektes	
Auflisten der Verjährungsfristen ...	**2:** Auflisten der Verjährungsfristen ...
Überwachen der Beseitigung der bei der Abnahme festgestellten Mängel	**2:** Überwachen der Beseitigung der bei der Abnahme festgestellten Mängel

LPH 9 Objektbetreuung

Fachliche Bewertung innerhalb der Verjährungsfristen.....	**2:** Fachliche Bewertung innerhalb der Verjährungsfristen .....
Objektbegehung zur Mängel-Feststellung vor Ablauf der Verjährungsfristen	**2:** Objektbegehung zur Mängelfeststellung vor Ablauf der Verjährungsfristen ....
Mitwirken bei der Freigabe von Sicherheitsleistungen	**2:** Mitwirken bei der Freigabe von Sicherheitsleistungen

A.3 Büroorganisation – Vorlagen, Formulare

A.3.1 Brief 1-seitig

LOGO

Mitglied im …

Büro Name – Inhaber
AK NR xyccc
+49 xx
+49 xx
xx@xx.de
www.xx.de

Büroanschrift

NN
NN
NN

Ort, Datum
Zeichen: xx-aa
WV: Datum

Projekt:
Auftraggeber:
Betreff:
Projekt Nr.:

Sehr geehrte Damen und Herren,

Text

Für Rückfragen steht Ihnen der Unterzeichner gerne zur Verfügung.

Büro Signatur

Inhabername

Anlagen: wie erwähnt

A.3.2 Brief 2-seitig

LOGO

Mitglied im …

Büroanschrift

NN
NN
NN

Büro Name – Inhaber
AK NR xyccc
+49 xx
+49 xx
xx@xx.de
www.xx.de

Ort, Datum
Zeichen: xx-aa
WV: Datum

Projekt:
Auftraggeber:
Betreff:
Projekt Nr.:

Sehr geehrte Damen und Herren,

Text

Schreiben an ...

LOGO

Text

Für Rückfragen steht Ihnen der Unterzeichner gerne zur Verfügung.

Büro Signatur

Inhabername

Anlagen: wie erwähnt

A.3.3 Übermittlung

LOGO

Mitglied im ...

Büro Name – Inhaber
AK NR xyccc
+49 xx
+49 xx
xx@xx.de
www.xx.de

Büroanschrift

NN
NN
NN

Ort, Datum
Zeichen: xx-aa
WV: Datum

Projekt:
Auftraggeber:
Betreff:
Projekt Nr.:

Sehr geehrte Damen und Herren,

als Anhang bzw. nachstehend erhalten Sie eine Information zu o. a. Projekt mit der Bitte um Kenntnisnahme, Bearbeitung oder weitere Veranlassung.

Für Rückfragen steht Ihnen der Unterzeichner gerne zur Verfügung.

Büro Signatur

Inhabername

Anlagen: wie erwähnt

A.3.4 Einladung zum Gespräch

Kopfzeilen

Text

Datum / Uhrzeit:

Besprechungsort:

Teilnehmer:

Agenda:

A.3.5 Ergebnisprotokoll

Kopfzeilen

Ort: Baustelle
Beginn: xx:yy Uhr
Verfasser: ....
Agenda: EP 052

Teilnehmer:
Fachlich Beteiligte und x Verteiler

x Frau ...	...	Auftraggeberin	*Mobilnummer*	...........@..........de
x Herr ...	...	Auftraggeber	*Mobilnummer*	...........@..........de
x Herr ...	...	TWP	*Mobilnummer*	...........@..........de
x Herr ...	...	TGA Elt.	*Mobilnummer*	...........@..........de
x Herr ...	...	TGA Mech.	*Mobilnummer*	...........@..........de
Herr ...	...	Bodengutachter	*Mobilnummer*	...........@..........de
x Herr ...	...	Ökonom	*Mobilnummer*	...........@..........de
Herr ...	...	Energien	*Mobilnummer*	...........@..........de
x Herr ...	...	Orga	*Mobilnummer*	...........@..........de
x Herr ...	...	Orga	*Mobilnummer*	...........@..........de
x Herr ...	...	FM	*Mobilnummer*	...........@..........de
x Herr Auer	Projektleiter	Architekt	*Mobilnummer*	Prnr@ama-auer.de
x Herr ...	...	Umweltamt	*Mobilnummer*	...........@..........de
x Herr ...	...	Amt f. Arbeitsschutz.	*Mobilnummer*	...........@..........de

Bau-Auftragnehmer und x Verteiler

x Herr ...	...	Rohbau	*Mobilnummer*	...........@..........de
Herr ...	...	Rohbau	*Mobilnummer*	...........@..........de
x Herr ...	...	TGA Elt.	*Mobilnummer*	...........@..........de
Herr ...	...	TGA Elt.	*Mobilnummer*	...........@..........de
x Herr ...	...	TGA Mech.	*Mobilnummer*	...........@..........de
x Herr ...	...	Fassade	*Mobilnummer*	...........@..........de
x Herr ...	...	Estrich	*Mobilnummer*	...........@..........de
x Herr ...	...	Putz	*Mobilnummer*	...........@..........de
x Herr ...	...	Trockenbau	*Mobilnummer*	...........@..........de
x Herr ...	...	Dachabdichtung	*Mobilnummer*	...........@..........de
x Herr ...	...	Bodenbelag	*Mobilnummer*	...........@..........de
x Herr ...	...	Anstrich	*Mobilnummer*	...........@..........de

Nächster Termin: Datum, Uhrzeit
Ort: Büro NN
Teilnehmer: Projektgruppe, Herr/Frau ...

Hinweis 1:
Rein vorsorglich weise ich im Sinne der Datenschutz-Grundverordnung (DSGVO) darauf hin, dass die Nennung und Verarbeitung der Namen, der Funktion, Telefonnummer und E-Mailadresse ausschließlich projektgebunden erfolgt. Sollte eine betroffene Person im Sinne der datenschutzrechtlichen Einwilligung damit nicht einverstanden sein, so bitte ich um entsprechende Information.

Hinweis 2:
Sollte das Protokoll am 3. Tag nach der Besprechung nicht zugestellt sein, so bitte ich um die Rückfrage beim Aufsteller des Protokolls unter Mail ....@..........de.
Die Empfänger werden gebeten, den Inhalt dieses Ergebnisprotokolles zu lesen und Änderungen oder Korrekturen dem Aufsteller des Protokolls unter Mail ....@..........de umgehend zur Kenntnis zu bringen. Erfolgen keine Änderungen oder Korrekturen gilt, dass der Inhalt des Ergebnisprotokolls zutreffend ist.

Kopfzeilen

Bezug		Veranlasser/Termin
1.	**Hinweis zum Einhalten der Sicherheitsvereinbarungen** Wiederholt wurden Mitarbeiter von Bauunternehmen auf der Baustelle angetroffen (und entsprechend belehrt), z.B. Schutzhelm und Sicherheitsschuhe entsprechend UVV-Baustellenverordnung zu tragen. Es erfolgt der Hinweis, dass die verantwortlichen Baustellenleiter der Bauunternehmen zum Einhalten der UVV verpflichtet sind.	**alle**
2.	**EP 052**	
	1. Auftraggeber	erledigt
	2. NN	
	3. NN	
	4. Objektplanung NN	Nachtermin
	5. NN	erledigt
3.	**Baustelle**	
	1. NN	
	2. NN	
4.	**Sonstiges**	
	1. NN	alle
	2. NN	
5.	**Neue Punkte EP 053**	NN
	1. Auftraggeber	
	2. Objektplanung NN	Büro NN bis
	3. Tragwerksplanung NN	Büro NN bis
	4. TGA Lüftung	NN
6.	Baustelle	
	Baustellensicherheit	alle
7.	Sonstiges	
	NN	
	NN	

Ort, Datum, Unterschrift

Nur an dieser Stelle Erläuterung zu Hinweis 1:
***DSGVO**, Datenschutz-Grundverordnung, ist eine Verordnung der Europäischen Union, mit der die Regeln zur Verarbeitung personenbezogener Daten durch private Unternehmen und öffentliche Stellen EU-weit vereinheitlicht werden. Dadurch soll einerseits der Schutz personenbezogener Daten innerhalb der Europäischen Union sichergestellt, und auch andererseits der freie Datenverkehr innerhalb des Europäischen Binnenmarktes gewährleistet werden.*

*Prinzipiell sind die Anforderungen an eine wirksame Einwilligung gegenüber dem deutschen **BDSG** reduziert: Die Schriftform der Einwilligungserklärung ist nicht mehr die Regel, auch eine stillschweigende Einwilligung ist nach Erwägungsgrund zulässig, wenn sie eindeutig ist.*

A.3.6 Gesprächsnotiz

Kopfzeilen

Datum:
Gesprächspartner:
Unternehmen:

Telefon:
E-Mail:

Projekt-Nr.:
Gesprächsinhalt:

Info an:

Mit der Bitte um
Rücksprache bis:

WV am:

Signatur:

A.3.7 Gesprächsnotiz Projekt-Vertrag

Kopfzeilen

Datum:
Gesprächspartner:
Unternehmen:

Telefon:
E-Mail:

Projekt-Nr.:
Gesprächsinhalt:

Leistungsphasen: LPH 1–9
Art der Vergabe: Gewerke – GU – GÜ
Art der Planung: z. B LPH 5 reduziert, wegen GU-Vergabe (im Vertrag die geforderten Leistungen genau beschreiben)

Besondere Leistungen:

Honorarzone:
Von-Satz:
Umbauzuschlag:
Mitzuverarbeitende Substanz: Mio Euro m³ BRI

Fachplaner: vorhanden, sonstige:

Tragwerk:	NN	incl.
Technische Gebäudeausrüstung:	NN	
Freianlagen:	NN	
Baugrund/Bodenmechanik:	NN	
weitere:		

Nebenkosten: v. H. Pauschal
Baubüro durch Auftraggeber inkl. Unterhalt
Vervielfältigungs- und Scankosten auf Nachweis

Info an:

Mit der Bitte um Rücksprache bis:

WV am:

Signatur:

A.3.8 Personalgespräch Bewerber

Kopfzeilen

Datum:
Gesprächspartner:
Unternehmen:

Telefon:
E-Mail:

Berufsbezeichnung:
Funktion z. Zt.:
Funktion / Ziel:
Telefon (privat):
Mail-Adresse:
Mobilnummer:
z. Zt. Tätig Firma / Ort:

Schul- und Berufsausbildung und berufliche Tätigkeit siehe Bewerbungsunterlage

Sprachkenntnisse	**Auslandserfahrung – Land / Jahre**
Englisch	

Ausbildung:
Hauptschule
Techniker
FH / Universität
Weiterbildung
Mitglied in

Berufserfahrung	**Projektkosten**	**Auftraggeber**
Verwaltungsbau	unter 20 Mio. EURO	freie Wirtschaft
Wohnungsbau	unter 50 Mio. EURO	öffentliche Hand
Industriebau	über 50 Mio. EURO	

Berufskenntnisse

x Jahre	Projektleitung	Teilbauleiter	Abrechnung
Terminplanung	Kosten DIN 276	AVA Programm	Gesprächsleitung
VOB	BGB	Bauregelliste	VHB
Planung			
Sekretariat	Grammatik	Kassenführung	Terminverwaltung
Microsoft Office	Sonstige	Ablage	Wiedervorlage
Text nach Band	Text nach Diktat	Kassenbuch	

Gehalt z. Zt.:	Gehaltswunsch:	Gehaltsvorschlag:
Beginn frühestens:	Beginn spätestens:	Probezeit:
Entscheidung bis:	weitere Vereinbarungen:	

....	....
Datum / Unterschrift	Datum / Unterschrift

2. Projekt Bewerbungsliste
Durch das Sekretariat ist eine Bewerbungsliste zu führen.

A.3.9 Personalgespräch Mitarbeiter

Kopfzeilen

Datum:
Mitarbeiter:

Gespräch:

Tätig als / seit:
Leistung:
Einsatz:
Verhalten:
Ziel:
Fortbildung:
Belobigung:
Tadel / Verbesserung:
Abmahnung:
Gehaltsanpassung:
Prämie:
Sonderurlaub:
Nächstes Gespräch:

Signatur:

A.3.10 Stellenbeschreibung Projektleiter Planung

Kopfzeilen

Tätigkeit:	Verantwortung für die operative Planung und Steuerung des Projektes für das Einhalten und Erreichen der Projektziele, ggf. unter Mitwirkung des OBÜ-PL. Beurteilen von Mitarbeitern. Fachliche, personelle und organisatorische Leitung des Gesamtbauvorhabens im Bereich der Objektplanung in Abstimmung mit – soweit erforderlich – dem PL der OBÜ des Architekten sowie dem Büroinhaber. Einsatz und Führung der Mitarbeiter in den Bereichen: – Planungsleistungen LPH 1 bis LPH 5 – Planungskoordination der fachlich beteiligten Büros – Kostenermittlung LPH 1 bis 3 – Terminplanung LPH 1 bis 5 – Zusammenstellen der Unterlagen je LPH – Beantragung d. Teilabnahmen vom AG (LPH 1 bis 5) Abgrenzungen der Leistungen der Objektplanung zu anderen fachlich beteiligten Büros. Koordinieren der Gesamtleistung aller fachlich Beteiligten in der Objektplanung. Feststellen geforderter Mehrleistungen und Abweichungen vom Architektenvertrag sowie Erarbeitung von Honoraranpassungen (Nachtragungen). Planen und Feststellen der Leistungs- und Personalentwicklung sowie zugehörige Prognosen mittels monatlicher Statusberichte. Prüfen von Stundenlisten und Anträgen der Mitarbeiter.
Verantwortung:	Erfolgreiche Vertragsabwicklung
Berichterstattung:	An Büroleitung
Weisungsberechtigung:	Gegenüber unterstellten Mitarbeitern vertragsbezogen, gegenüber sonstigen fachlich beteiligten Büros im Rahmen der Vertragsgrundlage (HOAI, BGB etc.).

Ort / Datum: ....

....

Unterschrift Mitarbeiter Unterschrift Büroinhaber

A.3.11 Stellenbeschreibung Projektleiter OBÜ

Kopfzeilen

Tätigkeit:	Verantwortung für die operative Planung und Steuerung des Projektes für das Einhalten und Erreichen der Projektziele, ggf. unter Mitwirkung des Planungs-PL. Beurteilen von Mitarbeitern. Fachliche, personelle und organisatorische Leitung des Gesamtbauvorhabens im Bereich der Objektüberwachung in Abstimmung mit dem Büroinhaber. Einsatz und Führung der Mitarbeiter in den Bereichen: – Planungs-/Überwachungsleistungen LPH 6 bis LPH 9 – Koordination der fachlich Beteiligten LPH 6 bis LPH 9 – Baustellenkoordination – Kostenermittlung LPH 6 bis LPH 8 – Terminplanung LPH 6 bis LPH 8 – Kostenkontrolle – Nachtragsüberprüfung mit der Örtlichkeit/ Rechnungsprüfung – Abnahme/Dokumentation – Objektbetreuung – Zusammenstellen der Unterlagen je LPH – Beantratung der Teilabnahmen vom AG der LPH 6 bis LPH 9 Abgrenzungen der Leistungen der Objektüberwachung zu anderen Leistungsbereichen. Feststellen geforderter Mehrleistungen und Abweichungen vom Architektenvertrag sowie Erarbeitung von Honoraranpassungen (Nachtragungen). Planen und Feststellen der Leistungs- und Personalentwicklung sowie zugehörige Prognosen mittels monatlicher Statusberichte. Prüfen von Stundenlisten und Anträgen der Mitarbeiter. Koordinieren der Gesamtleistung aller fachlich Beteiligten in der Objektüberwachung.
Verantwortung:	Erfolgreiche Vertragsabwicklung
Berichterstattung:	An Büroleitung
Weisungsberechtigung:	Gegenüber unterstellten Mitarbeitern vertragsbezogen, gegenüber sonstigen fachlich Beteiligten, ausführenden Firmen im Rahmen des Bauvertrages.

Ort / Datum: ....

....

Unterschrift Mitarbeiter Unterschrift Büroinhaber

A.3.12 Stellenbeschreibung Baustellenleiter OBÜ

Kopfzeilen

Aufgabe:

Fachliche, personelle und organisatorische Baustellenleitung eines Bauvorhabens (Objektes) im Bereich der Objektüberwachung auf Weisung des Projektleiters Objektüberwachung.

Disposition und Koordination der Aufgaben in den Bereichen:
– Überwachung
– Baustellenkoordination (Terminplanung)
– Rechnungsprüfung
– Kostenkontrolle
– Nachtragsüberprüfung mit der Örtlichkeit
– Abnahme / Dokumentation
– Objektbetreuung

Urlaubskoordination der Mitarbeiter.
Eigene Objekttätigkeit in den vorgenannten Bereichen.

Verantwortung: Auftragsabwicklung auf der Baustelle

Berichterstattung: An Projektleiter Objektüberwachung

Weisungsberechtigung: Gegenüber Bauleiter, Abrechner, Sekretariat in fachlicher Sicht.

Ort / Datum: ....

....
Unterschrift Mitarbeiter   Unterschrift Büroinhaber

A.3.13 Stellenbeschreibung Sekretariat OBÜ

Kopfzeilen

Tätigkeitsbereich / Verantwortung		haupt	vertretend	gemeinsam
1	**Buchhaltung**			
1.1	Projektrechnungen	x		
	(a) Bauherren			
	(b) Lieferantenrechnungen			
1.2	Steuerliche Angelegenheiten			x
1.3	Löhne / Gehälter/ Aushilfen / Krankenkassen			x
1.4	Kasse / Portokasse	x		x
1.5	Bankangelegenheiten			x
2	**Korrespondenz**			
2.1	Telefondienst / Empfang, Terminabstimmungen	x		
2.2	Post: Eingang, Ausgang	x		
2.3	Ablage Projekt	x		
2.4	Ablage Verwaltung	x		
2.5	Versicherungsangelegenheiten		x	
2.6	Personalwesen allgemeine		x	
2.7	Zeiterfassung; Urlaub, Dokumentation, Auswertung	x		
3	**Büromaterial**			
3.1	Bestellungen	x		
3.2	Herstelleranfragen / Literaturrecherchen	x		
3.3	Bedienung, Büromaschinen (Kopierer, Scanner)	x		
3.4	Textverarbeitung, Berichte, Tabellen, Grafiken	x		
4	**Reisen**			
4.1	Ab-/Anm. Seminaren / sonstigen Veranstaltungen	x		
4.2	Buchungen Flüge, DB-Reisen, Hotelreservierungen	x		
4.3	MA-Nebenkosten, Kontrolle	x		
5	**Allgemein**			
5.1	Pflege Teeküche, Besprechungsraum, Blumen / Pflanzen, Optik des Büros	x		
5.2	Kontakt Vermieter (Hausmeister)		x	
6	**Verträge**			x
	Unterlagen nur zum Einsatz – persönlich			
6.1	Anstellungsvertrag			
6.2	Zeitvertrag			
6.3	Ingenieurvertrag			
6.4	Architektenvertrag, AVA und sonstige Anlagen			

Ort / Datum: ....

....

Unterschrift Mitarbeiter/in Unterschrift Büroinhaber/in

A.3.14 Arbeitsvertrag geringfügig Beschäftigte (Beispiel)

Vorlage Arbeitsvertrag ohne Tarifbindung

Zwischen ... *(Name und Adresse des Arbeitgebers)*
– nachfolgend „Arbeitgeber" genannt –

(*ggf.:* vertreten durch ...*)*

und

Herrn/Frau ...

wohnhaft ...
– nachfolgend „Arbeitnehmer/in" genannt –

wird folgender Arbeitsvertrag geschlossen:

Beginn des Arbeitsverhältnisses
Das Arbeitsverhältnis beginnt am ....

Probezeit
Das Arbeitsverhältnis wird auf unbestimmte Zeit geschlossen. Die ersten x Monate gelten als Probezeit. Während der Probezeit kann das Arbeitsverhältnis beiderseits mit einer Frist von zwei Wochen gekündigt werden.

oder

Dieser Vertrag wird auf die Dauer von sechs Monaten (*oder:* drei Monaten) vom *Datum* bis zum *Datum* zur Probe abgeschlossen. Nach Ablauf dieser Befristung endet das Arbeitsverhältnis, ohne dass es einer Kündigung bedarf, wenn nicht bis zu diesem Zeitpunkt eine Fortsetzung des Arbeitsverhältnisses vereinbart wird. Innerhalb der Probezeit kann das Arbeitsverhältnis mit einer Frist von zwei Wochen gekündigt werden, unbeschadet des Rechts zur fristlosen Kündigung (befristetes Probearbeitsverhältnis).

Tätigkeit
Der Arbeitnehmer wird als ... eingestellt, und vor allem mit folgenden Arbeiten beschäftigt:

...

(Bei der Angabe der Tätigkeiten empfiehlt sich keine zu starke Einengung, da bei einer Änderung der Arbeitnehmer ansonsten zustimmen muss oder eine sozial gerechtfertigte Änderungskündigung auszusprechen ist.)

Er verpflichtet sich, auch andere zumutbare Arbeiten auszuführen – auch an einem anderen Ort –, die seinen Vorkenntnissen und Fähigkeiten entsprechen und nicht mit einer Lohnminderung verbunden sind.

Arbeitsvergütung
Der Arbeitnehmer erhält eine monatliche Bruttovergütung von ... € / Anno

oder

einen Stundenlohn von zurzeit ... Euro / Std.

Soweit eine zusätzliche Leistung vom Arbeitgeber gewährt wird, handelt es sich um eine freiwillige Leistung, auf die ein Rechtsanspruch nicht besteht und auch bei einer mehrfachen Gewährung nicht begründet werden kann. Voraussetzung für die Gewährung einer Gratifikation ist stets, dass das Arbeitsverhältnis am Auszahlungstag weder beendet noch gekündigt ist.

Arbeitszeit
Die regelmäßige wöchentliche Arbeitszeit beträgt zurzeit ... Stunden. Beginn und Ende der täglichen Arbeitszeit richten sich nach der betrieblichen Einteilung.

Urlaub
Der Arbeitnehmer hat Anspruch auf einen gesetzlichen Mindesturlaub von ... Arbeitstagen im Kalenderjahr – ausgehend von einer Fünf-Tage-Woche. Der Arbeitgeber gewährt zusätzlich einen vertraglichen Urlaub von weiteren ... Arbeitstagen. Bei der Gewährung von Urlaub wird zuerst der gesetzliche Urlaub eingebracht.

Bei Ausscheiden in der zweiten Jahreshälfte wird der Urlaubsanspruch gezwölftelt; die Kürzung erfolgt allerdings nur insoweit, als dadurch nicht der gesetzlich vorgeschriebene Mindesturlaub unterschritten wird.

Kann der gesetzliche Urlaub wegen der Beendigung des Arbeitsverhältnisses ganz oder teilweise nicht mehr gewährt werden, so ist er abzugelten. In Bezug auf den gesetzlichen Urlaubsanspruch besteht ein Abgeltungsanspruch auch dann, wenn die Inanspruchnahme wegen krankheitsbedingter Arbeitsunfähigkeit nicht erfolgt ist. Eine Abgeltung des übergesetzlichen Urlaubsanspruchs ist ausgeschlossen.

Die rechtliche Behandlung des Urlaubs richtet sich im Übrigen nach den gesetzlichen Bestimmungen.

Krankheit
Ist der Arbeitnehmer infolge unverschuldeter Krankheit arbeitsunfähig, so besteht Anspruch auf Fortzahlung der Arbeitsvergütung bis zur Dauer von sechs Wochen nach den gesetzlichen Bestimmungen. Die Arbeitsverhinderung ist dem Arbeitgeber unverzüglich mitzuteilen. Dauert die Arbeitsunfähigkeit länger als drei Kalendertage, hat der Arbeitnehmer eine ärztliche Bescheinigung über das Bestehen sowie deren voraussichtliche Dauer spätestens an dem auf den dritten Kalendertag folgenden Arbeitstag vorzulegen. Der Arbeitgeber ist berechtigt, die Vorlage der Arbeitsunfähigkeitsbescheinigung früher zu verlangen.

Verschwiegenheitspflicht
Der Arbeitnehmer verpflichtet sich, während der Dauer des Arbeitsverhältnisses und auch nach dem Ausscheiden, über alle Betriebs- und Geschäftsgeheimnisse Stillschweigen zu bewahren.

Nebentätigkeit
Jede entgeltliche oder das Arbeitsverhältnis beeinträchtigende Nebenbeschäftigung ist nur mit Zustimmung des Arbeitgebers zulässig.

Vertragsstrafe
Der Arbeitnehmer verpflichtet sich für den Fall, dass er das Arbeitsverhältnis nicht vertragsgemäß antritt oder das Arbeitsverhältnis vertragswidrig beendet, dem Arbeitgeber eine Vertragsstrafe in Höhe einer halben Bruttomonatsvergütung für einen Vertragsbruch bis zum Ende der Probezeit und einer Bruttomonatsvergütung nach dem Ende der Probezeit zu zahlen. Das Recht des Arbeitgebers, weitergehende Schadensersatzansprüche geltend zu machen, bleibt unberührt.

Kündigung
Nach Ablauf der Probezeit beträgt die Kündigungsfrist vier Wochen zum 15. oder Ende eines Kalendermonats. Jede gesetzliche Verlängerung der Kündigungsfrist zugunsten des Arbeitnehmers gilt in gleicher Weise auch zugunsten des Arbeitgebers. Die Kündigung bedarf der Schriftform. Vor Antritt des Arbeitsverhältnisses ist die Kündigung ausgeschlossen.

Der Arbeitgeber ist berechtigt, den Arbeitnehmer bis zur Beendigung des Arbeitsverhältnisses freizustellen. Die Freistellung erfolgt unter Anrechnung der dem Arbeitnehmer eventuell noch zustehenden Urlaubsansprüche sowie eventueller Guthaben auf dem Arbeitszeitkonto. In der Zeit der Freistellung hat sich der Arbeitnehmer einen durch Verwendung seiner Arbeitskraft erzielten Verdienst auf den Vergütungsanspruch gegenüber dem Arbeitgeber anrechnen zu lassen.

Das Arbeitsverhältnis endet spätestens mit Ablauf des Monats, in dem der Arbeitnehmer das 65. Lebensjahr vollendet hat. Sollte das gesetzliche Rentenalter geändert werden, gilt die Befristung bis zu dem dann jeweils festgelegten Renteneintrittsalter.

Verfall-/Ausschlussfristen
Die Vertragschließenden müssen Ansprüche aus dem Arbeitsverhältnis innerhalb von drei Monaten *(oder: sechs Monaten)* nach ihrer Fälligkeit schriftlich geltend machen und im Falle der Ablehnung durch die Gegenseite innerhalb von weiteren drei Monaten einklagen.

Andernfalls erlöschen sie. Für Ansprüche aus unerlaubter Handlung verbleibt es bei der gesetzlichen Regelung.

Zusätzliche Vereinbarungen
...

Vertragsänderungen und Nebenabreden
Aus dem reinen einseitigen Verhalten des Arbeitgebers erwachsen dem Arbeitnehmer keine vertraglichen Rechtsansprüche, sofern nicht eine mündliche oder schriftliche einvernehmliche Vertragsänderung vorliegt (Ausschluss der betrieblichen Übung).

Sollten einzelne Bestimmungen dieses Vertrages unwirksam sein oder werden, wird hierdurch die Wirksamkeit des Vertrages im Übrigen nicht berührt.

Der Arbeitnehmer verpflichtet sich, dem Arbeitgeber unverzüglich über Veränderungen der persönlichen Verhältnisse wie Familienstand, Kinderzahl und Adresse Mitteilung zu machen.

....
Ort, Datum

....
rechtsverbindliche Unterschrift Arbeitgeber rechtsverbindliche Unterschrift Arbeitnehmer

A.3.15 Anforderung Referenzschreiben

LOGO

Mitglied im …

Büro Name – Inhaber
AK NR xyccc
+49 xx
+49 xx
xx@xx.de
www.xx.de

Büroanschrift

NN
NN
NN

Ort, Datum
Zeichen: xx-aa
WV: Datum

Projekt:
Auftraggeber:
Betreff:
Projekt Nr.:

Sehr geehrte Damen und Herren,

nach Abschluss unserer Projektbearbeitung und der Inbetriebnahme des Bauvorhabens … wenden wir uns mit der Bitte an Sie, im Rahmen der Fortschreibung unserer Bürounterlagen uns ein Referenzschreiben zukommen zu lassen.

Das Schreiben sollte folgende Daten beinhalten:

- Art und Umfang der Leistungen (HOAI § 15, LPH 1 – 9)
  Besondere Leistungen: Differenzierte Terminplanung und Überwachung
- Planungs- und Bauzeit von / bis (2014 – 2019)
- Gesamtherstellkosten ohne Mehrwertsteuer, ohne Nebenkosten
- Ansprechpartner: Herr/Frau NN, Leitung Immobilien

Des Weiteren wären wir Ihnen sehr verbunden, wenn Sie darüber hinaus einige Feststellungen zu der fachlichen Qualifikation, zu der Kompetenz, zu der Einsatzbereitschaft und Projektidentifikation der am Projekt beteiligten Mitarbeiter unseres Büros machen würden.

Für eine abschließende Weiterempfehlung wären wir ebenfalls dankbar.

Für Rückfragen steht Ihnen der Unterzeichner gerne zur Verfügung.

Büro Signatur

Inhabername

A.3.16 Ablagesystematik

Kommunikation ist der Austausch oder die Übertragung von Informationen bzw. Dokumenten, die auf verschiedene Art (verbal, nonverbal) oder verschiedenen Wegen (Sprechen, Schreiben) stattfinden kann. Die Dokumente sollten zur Archivierung aber auch vor allem zur Wieder-Auffindbarkeit nach einem Ordnungssystem folgend abgelegt werden.

Für die Datenablage (Schriftstücke, Zeichnungen, sonstige Dokumente) wird eine einfache Ablagesystematik mit einer dem typischen Projektablauf angepassten Projekt-Unterordner-Struktur, welche individuell dem Projekt ggf. noch anzupassen ist, festgelegt.

Beispielhaft für den Architekten:

00 Schriftverkehr – siehe Outlook
03 Angebot / Vertrag
05 Buchhaltung (Rechnungen / Forderungen)
09 Handbücher

10 Ergebnisprotokolle

20 Berechnungen
22 Beschreibungen
24 Qualitäten – Materialien

30 Kosten

40 Termine

50 Planung

60 Verdingungsunterlagen
62 LV-Aufträge

70 Objektdokumentation

80 Fotoaufnahmen

90 Projektinfo
98 Projekt-Vordrucke
99 Ungültig / überholt

Dabei bedeutet „Schriftverkehr – siehe Outlook“ der Hinweis, dass alle das Projekt betreffenden E-Mails im Programm Microsoft Outlook abgespeichert werden nach der „Ablagesystematik Ordner“.

Für den Schriftverkehr bietet die Ordner-Systematik einerseits eine schnellere Datensuche mittels Suchkriterium und andererseits eine visuelle „zeitliche“ Abbildung von E-Mail-Eingang und -Ausgang je Ordner.

Empfohlen wird, das direkt unter dem Outlook-Posteingang der Ordner „0000 Zur Bearbeiten“ angelegt wird, in welchem die eingehende E-Mail nach der ersten Bearbeitung als WV abgelegt wird bis zur Erledigung.

Am Ende des Projekts werden diese Microsoft E-Mail-Ordner – bereinigt – in der Projektablage abgebildet und vervollständigen die Projektdokumentation.

A.4 Beispiel Bürohandbuch

Bürohandbuch – BHB

ama – auer management+architektur
Stand: 07.2019

Inhalte

1 Allgemein
Das Unternehmen

2 Bürostandorte
Standort
Auskunft
Posteingang/-ausgang, Fax, Mail
Projektablage
Betriebsunfall

3 Unsere Dienstleistung

4 Dokumentation von Gesprächen

5 Bewerbungsunterlagen
Referenzen
Internetauftritt
Präsentation bei Vorstellung

6 Dokumentenablage
Büroablage
Projektablage
Dokumentenbearbeitung/Kennzeichnung

1 Allgemein
Das Unternehmen
Das Unternehmen ist auf dem Gebiet der Architektur tätig mit den Kernbereichen:
- Beratung des Bauherrn rund um die Immobilie
- Architektenleistungen LPH 1 – 9
- Qualitätskontrolle und Steuerung als Vertreter des Auftraggebers
- Beratung des Bauherrn für die Projektentwicklung

Meine Unternehmensziele sind vorrangig:
- die Erwartungen des Kunden qualifiziert und engagiert zu erfüllen
- die Mitarbeiter als wesentliche Elemente des Unternehmens zu achten
- als innovatives Unternehmen anerkannt zu sein
- Gewinne zu erwirtschaften, um die vorstehenden Ziele langfristig erfüllen zu können.

Vertrauen
Dem Büro **ama** – auer management+architektur werden Daten und Fakten über das Unternehmen unserer Auftraggeber anvertraut, welche sehr vertraulich sind und deshalb an Unbeteiligte nicht weitergegeben werden dürfen.

Auskünfte und Antworten an Presse, Funk, Fernsehen etc. werden nicht erteilt.

Organisation
Für den geordneten Bürobetrieb dient dieses Handbuch, es ist für den internen Gebrauch bestimmt. Für die Projektabwicklung wird ggf. den Erfordernissen entsprechend ein Projekthandbuch aufgestellt und mit dem Auftraggeber abgestimmt.

Für die Bearbeitung stehen Standard-Prüflisten und -Dokumente zur Verfügung.

2 Bürostandorte – Sekretariat
Standort Hauptbüro
ama - auer management+architektur
Herrn W. R. Auer, Dipl.-Ing. Architekt
Am Heerdter Busch 7
D - 40549 Düsseldorf

N +49 211 989 1642
M +49 172 890 9214

Projektbüro
NN
N +49
M +49

Domain/Signatur

Allgemeine Informationen/Anfragen usw.	info@ama-auer.de
Projektdaten Information	Projektnummer@
Jeder Mitarbeiter erhält darüber hinaus z. B.	namexx@
Der Webauftritt ist	www.ama-auer.de

Bürozeiten
Sekretariat
Die Kernzeit Sekretariat ist von 8:00 Uhr bis 17:00 Uhr.
Die Kernzeit für Mitarbeiter im Büro ist von 9:00 Uhr bis 16:00 Uhr.

Baustellen
Die Kernzeit der Büroöffnung ist von 8:00 Uhr bis 17:00 Uhr sicher zu stellen.

Abwesenheit und Urlaub
Abwesenheitszeiten nach interner Abstimmung.

Außentermin
Zu diesen Abwesenheitszeiten ist das Nebenstellen-Telefon beim Verlassen des Büros zum Sekretariat umzustellen.

Auskünfte per Telefon
„Guten Tag, Architekturbüro auer.
Mein Name ist NN, was kann ich für Sie tun?"

Gewünschte Person ist im Büro anwesend:
Den Projektmitarbeiter anwählen und das Gespräch bei Annahme durchstellen. Ist besetzt, den Anrufer informieren, dass er zurückgerufen wird. Fragen werden notiert und dem projektzuständigen MA zugeleitet (Formular handschriftlich ausfüllen).

Gewünschte Person ist abwesend:
Fragen, ob die Mobilnummer gewünscht wird, ansonsten werden Fragen entgegengenommen, ggf. notiert und dem projektzuständigen MA zugeleitet, ansonsten erfolgt die Aussage, dass er zurückgerufen wird (Formular handschriftlich ausfüllen).

Projekt
Über das Projekt werden Auskünfte nicht erteilt.

Bauherren
Zur Person oder zu Sachverhalten werden Auskünfte nicht erteilt. Fragen werden entgegengenommen, ggf. notiert und dem projektzuständigen MA zugeleitet (Formular handschriftlich ausfüllen).

Mitarbeiter
Wenn der gewünschte Mitarbeiter nicht erreichbar ist, ist als Grund zu antworten:

„Herr/Frau NN ist zurzeit abwesend. Ich veranlasse, dass Sie zurückgerufen werden."

Es erfolgt keine Aussage darüber, ob die gewünschte Person krank, im Urlaub, zum Seminar oder auf Geschäftsreise ist.

Posteingang/-ausgang, Fax, Mail
Eingang
Soweit Dokumente nicht per E-Mail eingehen, werden die per Post eingehenden Schriftstücke (Dokumente) eingescannt, von Prospekten und ähnlichen Informationen wird die erste Seite eingescannt.

Nach Erfordernis werden die Dokumente in eine Eingangsliste aufgenommen.

Ausgang
Der Projekt-Schriftverkehr wird mittels Outlook erbracht. Der vertragsrelevante Schriftverkehr bzw. die Dokumente werden nur zwischen dem Auftraggeber und Auftragnehmer geführt. Die E- Mail dient hier nur der „Vorabinfo".

Kennzeichnung von Schriftstücken
Entsprechend der Anlage: Dokumentenkennzeichnung.

Projektablage
Entsprechend der Anlage: Standardorganisation.

Mobiltelefon
NN

Betriebsunfall
Neben den erforderlichen Rettungsmaßnahmen (Notarzt, Polizei, Unternehmerleitung bzw. Arbeitskollege, Auftraggeber) ist in jedem Fall ein Protokoll anzufertigen und der Vertreter unserer Berufshaftpflichtversicherung, Herr NN, Tel. .... zu informieren.

3 Dienstleistung – Antworten zu Fragen des Anrufers
Das Kerngeschäft
Wir übernehmen weit vor Baubeginn die Beratung und Unterstützung der Auftraggeber-PL bei der Bauvorbereitung der Planung, der Planung und der Qualitätskontrolle der Bauausführung. Dabei ist unser Ziel, bei allen Wünschen kompetent zu beraten. Das Team wird den Erfordernissen entsprechend zusammengestellt.

Dienstleistung
Wir sorgen durch professionelles und konsequentes Agieren für die Durchsetzung der Auftraggeber-Interessen.

Baufachliche Beratung rund um die Immobilie
Anhand der Ziele und Merkmale die Antwort „Wie soll das Projekt realisiert werden". Krisenmanagement.

Projekt – Vorbereitung
Unterstützung der Auftraggeber-Projektleitung bei Projektentwicklung, Bedarfsplanung, Nutzungsanalyse, Gutachten, Wertermittlung, Bestandserfassung und -analyse

Projekt – Planung
Unterstützung der Auftraggeber-PL für Objektplanung und Stadtplanung,
Stadtentwicklung, Bauleitplanung, Innenarchitektur, Raumgestaltung, Überwachen der Planungen, Planungsmanagement, Planprüfung

Projekt – Ausführungsvorbereitung
Unterstützung der Auftraggeber-PL bei der Erarbeitung der Bauangaben (Afu-Planung, Vorbereiten der Vergabe)

Unterstützung der Auftraggeber-PL bei dem Mitwirken bei der Vergabe

Projekt – Ausführung
Unterstützung der Auftraggeber-PL bei der Qualitäts- und Objektüberwachung,
Kosten- und Terminplanung, dem Claimmanagement,
Vertragsmanagement und den Abnahmen

Projekt – Abschluss
Unterstützung der Auftraggeber-PL bei der Objektbetreuung,
-dokumentation, Facility Management

Dienstleistungserbringung
Unser Team stellt konsequent die Sachfrage in den Mittelpunkt und löst die Beziehungsfragen zugunsten der Sachseite.

Qualitätssicherung
Für die Planung mit Kompetenz und Erfahrungen über Bautechnik, Baukonstruktion und Bauabwicklung und der Wirtschaftlichkeit eines Bauobjektes. Unzulänglichkeiten werden nicht erst bei der Bauausführung erkannt.

Was erwartet der Kunde von uns?	**Die Antwort:**
Zuverlässigkeit	40-jährige Kundenverbindung, z. B. öffentl. Hand
Qualität	unabhängig, frei von Produkt- und Lieferinteressen
Lösungen	erfahren, kompetent, praxis- und zielorientiert
Wertschätzung	langjähriger Mitarbeiterstamm
Preis	Angebot ist i. d. R. allumfassend, keine Nachträge

Was ist unsere Dienstleistung?	**Die Antwort:**
Kundenorientiert	Sie ist auf die Bedürfnisse des Kunden abgestellt
Örtlich präsent	Sie wird am Ort der Bauausführung erbracht
Erfahrung	Beratung erfolgt praxisorientiert
Kompetenz	Die Problemlösung erfolgt nach gesamtheitlicher Wichtung
Persönlich	Sie wird von eigenen MA erbracht
Kontinuität	Sie wird von einem erfahrenen Team erbracht
Professionell	Sie ist an den Projektzielen ausgerichtet
Referenzen	Viele erfolgreich abgeschlossene Projekte

Zusammenfassung/Ende Gespräch
„Sollte es Ihnen möglich erscheinen, Leistungen unseres Büros in das Projektgeschehen zur Durchsetzung Ihrer Interessen einzubinden, so sind wir an der Mitwirkung bei der Durchführung von Projektaufgabe sehr interessiert und werden uns besonders auf Ihre Belange einstellen."

Nach Möglichkeit einen persönlichen Vorstellungstermin – um die Mittagszeit – vereinbaren!!

Weitere Unterlagen über unser Büro ankündigen.

4 Dokumentation von Gesprächen
Siehe A.3.6 bis A.3.9 in diesem Buch.

5 Bewerbungsunterlagen
Nachweise Mitarbeiter
Leistungsprogramm

Referenzen
Allgemeine Anschreiben
Projektfotos

Internetauftritt – Präsentation bei Vorstellung
Angebot/Bewerbung ggf. aktualisieren – ama-Teilnehmer abklären
Termin mit Nennung der/des Teilnehmer/s schriftlich bestätigen durch Sekretariat
Teilnehmer des Einladenden mit Namen und Funktion erfragen
Falls nicht vorgegeben, Dauer und Inhalt der Präsentation durch GF/Projektleiter abklären
Wegbeschreibung, Anfahrt klären

Präsentationstechnik
PC/USB als Kopie
Unterlagen auf Papier vervielfältigen zur Übergabe
Sonstige Unterlagen (Broschüren, Flyer etc., soweit noch nicht übersandt)

Ablauf einer Standard-Präsentation

- Einführung und Vorstellen ama - Büro
  - Dank für die Einladung/Vorstellung der Beteiligten/Synergien/Personal
- ama Leistungen/Unternehmensdaten
  - Verweis auf Referenzobjekte in Bewerbungsunterlagen
  - spezielle Referenzen entsprechend der Projektaufgabe
- Projektaufgabe
  - Ableitung aus Auslobung - Rückfragen des Auftraggebers zu unserem Angebot
  - Einbindung in bestehende bzw. neue Aufbau- und Ablauforganisation
- Projektpersonal
  - Curriculum Vitae Geschäftsführung/Projektleitung
- Vorstellung; Lebenslauf und Referenzen durch den Projektleiter
  - Organisation Intern und an den Schnittstellen (TGA etc.)/Mitwirken
  - Koordination Intern und an den Schnittstellen
  - Schwerpunkt der Aufgabe
- Beratung des Auftraggebers bei der Projektvorbereitung, Erfordernis fachl. Beteiligte
  - Weitere Projektmitarbeiter
- Ablauf wie vor, etc.
  - Qualitätssicherung
- Arbeitsweise, integriert im Auf- und Ablauforganigramm, Örtlichkeit
- Arbeitsproben, Folien von verschiedenen Projekten/Unternehmenshandbuch/Checklisten
- Dokumentation der Ergebnisse

Zum Abschluss
offene Punkte und Rückfragen
Erläuterungen zur Angebotssumme
Weiterer Ablauf des Verfahrens, Zeit, Termine
Dank aussprechen für das Interesse der Beteiligten

6 Dokumentenablage
Büroablage
Siehe Abschnitt A.3.14 in diesem Buch.

Projektablage
Die Ablageordnung wurde aus Sicht des ganzheitlich Tätigen im Immobilienbereich festgelegt.

Die Festlegungen der Ordnernummer und dessen Inhalt für die elektronische Ablagesystematik von Projekt-Dokumenten aller Art in den Büros der Niederlassungen und den örtlichen Projektbüros ist einerseits für einen weitestgehend störungsfreien Bürobetrieb vorteilhaft, andererseits für eine elektronische Daten- und Dokumentationsverwaltung zwingende Voraussetzung.

Zu berücksichtigen ist in „vertraglicher" Hinsicht:
Juristisch verwertbar ist nur der direkte Schriftverkehr zwischen den Vertragspartnern (Auftraggeber und Auftragnehmer) durch das Papierdokument.

Für unseren Leistungsbereich betrifft dies insbesondere Kosten, Auftragssumme, Nachträge und die vereinbarten Termine (streng genommen sind z. B. Veränderungen von Terminen in den Besprechungen solange nicht gültig, bis der Auftraggeber diese bestätigt; unbeachtet „vertragsähnlicher" Prozeduren).

Deshalb sind diese relevanten Dokumente – soweit erforderlich mit Eingangsdatum zu kennzeichnen – durch die Sekretärin abzulegen.

Die Dokumentenbezeichnung, entsprechend der Dokumentenpfad, ist eindeutig festgelegt und unterstützt eine einfache Ablage innerhalb eines Projektes (siehe Organisationshandbuch).

Unterordner/Inhalt Ordner
Unterordner sind angelegt und können projektspezifisch ergänzt werden.
Nummerierung der Ablageordner

Ordnerstruktur
Siehe Abschnitt A.3.13 in diesem Buch.

Dokumentenbearbeitung/Kennzeichnung (Auszug)
Wenn es erforderlich ist, Nachweis darüber zu führen, wann welches Dokument beim Architekten eingegangen, bearbeitet bzw. weitergeleitet wurde, ist eine Matrix aufzustellen.

Da der Aufwand zur Führung und Dokumentation der Matrix sehr hoch ist, ggf. ein ausschließlich dafür tätiger Mitarbeiter abgestellt werden muss, ist der Einsatz vorher zu prüfen.

Ob dies eine Besondere Leistung darstellt, ist mit dem Auftraggeber zu besprechen.

A.5 Beispiel Projekthandbuch (PHB)

Inhaltsverzeichnis

6.1.5 Fotoaufnahmen
6.2 Kommunikation
6.2.1 Berichtswesen, Besprechungen
6.2.2 Besprechungsebenen
6.2 3 Verteilungsschema des Schriftverkehrs
6.3 Besprechungen – Ergebnisprotokoll
6.3.1 Koordinationsbesprechung Auftraggeber 01
6.3.2 Behördengespräch 02
6.3.3 Projektbesprechung 03
6.3.4 Planungsbesprechungen 04
6.3.5 Fachbesprechung 05
6.3.6 Baubesprechungen 06

7 Objektplanung – graphische Bauangaben des Bausolls
7.1 Allgemeines
7.2 Checklisten
7.2.1 Planliste
7.2.2 Schnittstellenliste, Leistungsabgrenzung
7.2.3 Terminliste
7.3 Abweichung von den Planungsvorgaben
7.4 Prüfung und Freigabe der Pläne
7.5 Planverteilung
7.6 Muster

8 Terminplanung
8.1 Allgemein
8.1.1 Planung
8.1.2 Ausschreibung, Vergabe
8.1.3 Bauausführung -- Gewerkebauzeitenplan
8.2 Kontrolle
8.3 Steuerung

9 Kostenplanung
9.1 Allgemein
9.2 Kontrolle
9.3 Steuerung

10 Objektausführung – beschreibende Bauangaben des Bausolls
10.1 Allgemein
10.2 Planung der Leistungsbeschreibung/VE
10.3 Aufmaß und Abrechnung
10.3.1 Zahlungsfristen
10.4 Leistungsfeststellung
10.5 Abnahme, Bürgschaft
10.6 Mangelanspruch, Berufshaftpflichtversicherung
10.7 Zusammenstellung und Übergabe Projektunterlagen

Stand: Datum

1. Grundlagen zum Projekthandbuch

1.1 Aufgaben und Bedeutung

Das Projekthandbuch wird den spezifischen Anforderungen des Projektes und den Projektzielen des Auftraggebers entsprechend zusammengestellt.

Es soll die funktionale Zusammenarbeit aller am Projekt Beteiligten unterstützen. Um dies zu erreichen, bedarf es einer Gliederung der Organisation der Zusammenarbeit, d. h. die Umsetzung des Konzeptes in Richtlinien und Vorgaben und in Informationen für die fachl. Beteiligten. Diese Aufgabe erfüllt das PHB, da hier verbindlich für alle Projektbeteiligten festgelegt sind:

- einheitliche Beziehungen
- grundsätzliche Aspekte der Planung und Ausführung
- Projektstrukturen und -abläufe
- Aufgaben und Pflichten
- ein einheitliches Informationswesen

Das Handbuch wird Vertragsbestandteil und gilt für alle Projektbeteiligten. Die Aktualisierung erfolgt mittels Änderungs- bzw. Ergänzungslieferungen.

1.2 Gültigkeit und Verpflichtungen

Das PHB ist ausschließlich gültig für das Projekt: ...

1.3 Ergänzungen

Die Projektbeteiligten sind für die Verteilung des PHB innerhalb ihres Büros selbst verantwortlich. Sie haben sicherzustellen, dass alle Mitarbeiter über den neuesten Stand des PHB verfügen und die Inhalte etc. bei ihrer Tätigkeit beachten.

Das PHB dient nicht als Informationsquelle über den aktuellen Projektstatus.

2. Allgemeines

Für die reibungslose und erfolgreiche Abwicklung des Projektes ist eine straffe und einfache Organisation erforderlich.

Unabhängig davon ist aber zu berücksichtigen, dass alle fachlich Beteiligten im Außenverhältnis die Erfüllungsgehilfen des Auftraggebers sind; und aus diesem rechtlichen Zustand entsteht allen fachlich Beteiligten eine Verpflichtung gegenüber den sonstigen Vertragspartnern des Auftraggebers.

2.1 Rechtsform des Architekten-/Ingenieurvertrags

Der Architekten-, Ingenieur-, Sonderfachmann- oder Bauvertrag fällt unter den Werkvertrag nach §§ 631 ff. und nach §§ 650a ff. BGB. Die HOAI (Verordnung über die Honorare für Architekten- und Ingenieurleistungen) regelt keine abschließenden notwendigen Leistungen für ein Bauvorhaben; sie ist Preisrecht für die Honorierung von Grundleistungen und benennt wesentliche Leistungen, sog. Kernleistungen.

2.2 Die Art der Bauverträge

Die Bauverträge für das Bauvorhaben werden auf gewerkeorientierten Leistungsverzeichnissen/ funktionaler Leistungsbeschreibung basieren.

Es gilt für die Verdingungsunterlage somit die Beschreibung aller Einzelleistungen (graphische und beschreibende Festlegungen), wie das Projektziel erreicht werden soll oder es gilt für die

Verdingungsunterlage somit die Beschreibung des Zieles (graphische und beschreibende Festlegungen), was als Projektziel gefordert wird.

Damit verbunden ist für die fachlich Beteiligten das wesentliche Leistungsziel, mit ihrer Leistung die Voraussetzung zu schaffen zur Erstellung eines mängelfreien, funktionsgerechten Bauwerkes.

Es kommt dem Auftraggeber letztendlich nicht auf die Art und Weise oder Vielzahl der Erbringung der Leistungen an, sondern nur auf das Erreichen des vereinbarten (geschuldeten) Erfolges.

2.3 Hol- oder Bringschuld

Aus dem geschlossenen Vertrag unter Berücksichtigung der Projektziele sind unter Einbeziehung der Schnittstellenabstimmung die Hol- und Bringschuld und die Leistungen der fachlich Beteiligten herauszuarbeiten und abzugleichen; dabei sind Überschneidungen eindeutig und nur einem fachlich Beteiligten zuzuordnen.

Aber: Eine Hol- oder Bringschuld ist zwar (fast) eindeutig zu regeln; keiner der fachlich Beteiligten kann sich bei Schadenersatzforderungen darauf berufen, an der betreffenden Stelle keine Holschuld gehabt zu haben. Wer glaubt, allein mit dem Absenden einer Info/E-Mail seiner Verantwortung entsprochen zu haben, irrt deshalb, wenn er nicht nacharbeitet, ob seine Nachricht/Info seine Zielperson erreicht hat und von dieser bearbeitet wird.

2.4 Der Kostenrahmen

Für dieses Projekt ist ein Kostenrahmen auf Basis der Grundlagenermittlung benannt und genehmigt worden. Bei einer Überschreitung der Kosten führt dies zu einer Mangelhaftigkeit des Bauwerkes (hier wird von einem Gewährleistungsanspruch des Auftraggebers aus der verschuldensunabhängigen Werkvertragshaftung gegenüber dem (Objekt-) Planer/Architekten gesprochen).

Alle Beteiligten sind verpflichtet, bei einer erkennbaren Abweichung bzw. Überschreitung den Auftraggeber zeitnah darauf hinzuweisen; auch wenn die Veränderung auf einer Änderungsanordnung (Fortschreiben der Projektziele) des Auftraggebers beruht. Dieser Hinweis ist mit einem Vorschlag verbunden, wie die Steigerung bzw. Abweichung kompensiert werden kann – oder der Kostenrahmen ist vom Auftraggeber anzupassen.

2.5 Die Vertragsfristen

Dem Projekt liegt ein Terminrahmen zugrunde. Dem Einhalten ist eine hohe Priorität zuzuordnen. Ist während des Projektablaufs erkennbar, dass ein Termin nicht erreicht werden kann, so ist nach Abwägung möglicher Handlungen der Auftraggeber ebenfalls zeitnah zu informieren und es sind mögliche Maßnahmen vorzulegen.

Hierzu ist die fristenwahrende Dokumentation der Leistungshandlungen aller Beteiligter wichtig; einschließlich der erfolgten bzw. nicht erfolgten Mitwirkung des Auftraggebers.

2.6 Die Haftung

Alle am Projekt fachlich Beteiligten unterliegen der gesamtschuldnerischen Haftung zum Ersatz des Schadens des Auftraggebers.

Auch hierzu bekommt zur Abgrenzung und damit zur Abwehr unberechtigter Forderungen das Thema Schnittstellenfestlegung und rechtssichere Dokumentation des Projektablaufes die besondere Bedeutung.

2.7 Vertretungsvollmacht, Anscheinsvollmacht

In den Vertragsbedingungen der Leistungsverzeichnisse ist eindeutig darauf hingewiesen, dass eine Vertretungsvollmacht/Anscheinsvollmacht des Architekten und der fachlich Beteiligten nicht vereinbart ist.

3 Projektmerkmale und Projektziele

3.1 Auftraggeber

Adresse mit Telefonnummer der Zentrale
Aufsichtsratsvorsitzender: ...
Vorstand: ...
Zuständiges Mitglied des Vorstandes: ...

3.2 Vertreter des Auftraggebers

Projektleitung des Auftraggebers: ...

Mobil ...
... @....

Sekretariat Architekt: ...
Festnetz ...
Mobil ...
... @....

3.3 Erläuterungsbericht, Projekt-Zielkatalog

3.3.1 Auszüge aus dem Erläuterungsbericht

3.3.1.1 Ziele und Prognosen des Auftraggebers

Die derzeitige Belegung wird dazu führen, dass die Neubauten ... Ende des Jahres ... belegt sind. Im Hinblick auf die Anzahl der Mitarbeiter/-innen wird für die kommenden Jahre ab ... ein Bedarf von ca. 40 – 60 zusätzlichen MA – Nettozuwachs – jährlich prognostiziert. Somit besteht bis ... ein Bedarf von ca. 200–300 Arbeitsplätzen.

3.3.1.2 Lage Baugebiet

Das Bauvorhaben „..." ist am Standort ... gegenüber dem ... situiert. Begrenzt wird das Baugebiet im Norden durch den ..., im Osten durch die ..., im Süden schließt das Basisgebäude ... teilweise an das ... an und im Westen grenzt es an ein Wohngebiet an.

3.3.1.3 Baurecht B-Plan

Für das Baugebiet ist der B-Plan Nr. ... der Stadt ... gültig. Die festgesetzte GFZ dieses B-Planes beträgt 1,5 und ist für den vorgesehenen ... nicht ausreichend. Aus diesem Grunde ist eine Änderung des gültigen B-Plans erforderlich.

Das Bauvorhaben Version ... wurde entsprechend dem Beschluss des ... vom ... am ... dem Planungsausschuss der Stadt ... vorgestellt und von den vertretenen Parteien durchweg positiv bewertet. In der Sitzung des Rates der Stadt ... am ... ist der Beschluss zur Aufstellung des vorhabenbezogenen B-Planes Nr. ... gefasst worden.

Nach der Zustimmung durch den Rat der Stadt ... erlangt der B-Plan in ... Rechtskraft.

	Zulässige/gewünschte bauliche Nutzung	
	Nach B- Plan Nr. ...: Ist	nach B- Plan Nr. ... Soll
Zulässige GFZ:	1,5	< 3,0
Zulässige GRZ:	0,5	0,8

3.3.1.4 Grundstück

Das Grundstück ist bebaut mit den Gebäuden Haus ... und .... Für einen Neubau wird das ... durch den ... zurückgebaut. Im Verlauf der Baufreimachung wird das Grundstück nach Kampfmitteln sondiert.

Das Grundstück ist fast eben und hat eine mittlere Höhe Höhenkote +61,50 m ü. NN. Der höchste Grundwasserstand (HGW) ist aufgrund vergleichbarer Gutachten Institut ... bei ca. +58,00 m ü. NN. Der Baugrund ist bis zu -3 abfallend auf 7 m sandig/schluffig und darunter steht klüftiger Mergel an. Angaben zur Tragfähigkeit, der Gründung usw. sind durch ein Hydrologisches Gutachten zu ermitteln.

Das Grundstück liegt am Rande der Innenstadt in einem Bürogebiet im Übergang zu einem Wohngebiet und ist ruhig gelegen. Die öffentliche ... Straße ist im Einmündungsbereich zum ... nach Süden zu verschwenken. Hierdurch werden umfangreiche Verlegungsarbeiten der Ver- und Entsorgungsleitungen der Stadt ... u. glw. erforderlich.

Weitere Angaben sind durch Sonderingenieure im Verlauf des vorhabenbezogenen B-Plan Verfahrens aufzustellen.

Grundstücksgröße	
größte Länge	ca. 130 m
größte Breite	ca. 55 m
Fläche	6.039 m^2
Bebaute Fläche (ohne Haus S)	1.581m^2

3.3.1.5 Anhängendes Gerichtsverfahren

Es erfolgt der Hinweis, dass gegen die Erteilung der Baugenehmigung Rechtsmittel eingelegt wurden. Aus Gründen äußerster Vorsorge werden in allen abzuschließenden Bauverträgen entsprechende Regelungen vereinbart, die einen Stillstand der Bauarbeiten und die damit verbundenen Konsequenzen regeln.

4 Rahmenbedingungen zur Projektabwicklung

4.1 Entwurf

4.1.1 Architektur (Architekt Duk-Kyu Ryang)

Das Kunstwerk im Zeitalter seiner technischen Reproduzierbarkeit (W. Benjamin) heißt, die Kultur zu industrialisieren, ist Kulturindustrie.

Kulturindustrie ist unter dem Aspekt der rationalisierten Produktionseffizienz und Austauschbarkeit Vereinheitlichung und Normierung, die Kultur verliert ihre Funktionen und ihre Aura, es ist kulturelle Lähmung.

Lähmung gegenüber dem Individuellen als auch gegenüber Gegenstand, Erfahrung, Empfindung, Drang und Schock. Gegenüber Lust, Instinkt, Fantasie und körperlichem Empfinden. Individuelles Empfinden ist aufzugeben zugunsten der Massenvereinheitlichung, Gehorsamkeit und Verdummung (T. W. Adorno). Man beginnt unter dem Rahmen der Vernunft, sich Einschränkungen gegenüber eigenen Emotionen aufzuerlegen, man verwaltet sein Ratio durch instrumentelle Vernunft (M. Horkheimer).

Um diese Lähmungen zu überwinden, ist die Kultur der Kulturindustrie abzulehnen und diese Gewohnheit des Auftraggebers ist zu überwinden durch anti-Ästhetisierung, anti-Historisierung bis anti-Sozialisierung.

Nur dadurch öffnet man sein seelisches Auge für neue Empfindungen; die Kultur kann wieder Gesprächsthema für unsere Seelen werden.

Aus diesen Gedanken ist das Konzept für den Neubau ... abgeleitet:

In diesem Imagezeitalter über die rationale Vernunft hinaus Emotionen erwecken, um für die zukunftsorientierte ... Strategie entsprechende Identifikation und Semantik zu schaffen.

4.1.2 Elemente des Entwurfs

Grundlage für die Planungen ist im Hinblick auf das Erreichen des Projektzieles der entsprechend ökonomische, ökologische und sozialkulturelle qualitätsvolle Entwurf.

U. a. wurden deshalb beim Entwurf berücksichtigt:

- Gebäudeausrichtung
- Kompaktes Gebäude, günstiger Außenflächen-Volumen-Wert
- Erschließung, ÖPNV, Fahrrad
- Wandlungsfähige Nutzung der Grundrisse (Flexibilität)
- Integration klimatischer Pufferzonen (Atrium)
- Bauteilkühlung und -heizung (unverkleidete Massivbauteile)
- Optimierung sommerlicher und winterlicher Wärmeschutz
- 2-schalige Fassaden, optimierter außenliegender Sonnenschutz
- Öffenbare Fenster, Nachtlüftung
- Transparenz, Tageslichteinfall, Energieeffiziente Beleuchtung
- Simulationsberechnungen, GLT, Steuerung
- Energierückgewinnung durch Wärmetauscher
- Erdwärme, Geothermie, ggf. in Verbindung mit BHKW
- LED-Nutzung, Präsenzmelder, Tageslichtsteuerung

Für die ggf. erhöhten Baukosten wird in jedem Fall eine Verringerung der direkten Nebenkosten und der Instandhaltung erreicht.

4.2 Rahmentermine

Für die Projektabwicklung gelten nachstehende Rahmenbedingungen:

Planungsbeginn:	...
Baufrei:	...
Baubeginn:	...
Bauliche Fertigstellung:	...

Der Projektverlauf ist im ... Generalterminplan und ff. ausführlicher dargestellt, dieser gilt als Grundlage für die Abstimmung mit den Planungs- und Projektbeteiligten.

4.3 Kostenrahmen

Das vom Vorstand des ... freigegebene Kostenbudget (Stand Grundlagenermittlung BG ...) für die Baumaßnahmen beträgt ... Mio. Euro, zzgl. MwSt. Diese Summe beinhaltet die Kosten der Kostengruppen 200 – 500 und stellt für den vorgenannten Entwurf die Kostenobergrenze dar.

4.4 Projektziele
Projektorganisation

Projektziel			
1. Ordnung		**2. Ordnung**	**3. Ordnung**
		Mitarbeiter - Motivation	Termine
	Planung		
Qualität		Nachhaltigkeit	Kosten
	Bauausführung		
		Corporate Identity	Stärkung der Region

4.5 Projektstruktur

Projektstrukturierung				
Projekt	**Block**	**Ebene**	**Zone**	**Raum**
nn	Untergeschosse	Geothermie	Kernzone	Nummer 001
	Basisgebäude	Gründung	Nutz-/Bürozone	
	Hochhaus	-3 bis 17.OG	sonstige	
	Außenanlage	Dachebene		
	Anschluß Haus 4			

5.1 Organisation der am Projekt Beteiligten

Siehe Abbildung in Abschnitt 6.3.1 in diesem Buch.

5.2 Adressenverzeichnis der Projektbeteiligten

Siehe Projektbeteiligtenliste.

Die Eintragungen in eine Liste der Projektbeteiligten ist mit den fachlich Beteiligten abzustimmen. Mindestens ist zu nennen:

- Büroname und Anschrift
- Projektleiter
- ggf. weitere Projektmitarbeiter

jeweils mit Projekt-Mail-Adresse, Mobil- und Festnetznummer.

5.3 Änderungen, Entscheidungen

Nach Abschluss der Phasen Entwurf - Bauantrag sind Abweichungen eine Änderung der Vorgaben des Auftraggebers in den LPH 1–4. Diese müssen von den fachl. Beteiligten gut vorbereitet und zeitnah vorgebracht werden, damit eine Entscheidung getroffen werden kann:

1. Standard ist, dass diese für die Besprechungen mit dem Auftraggeber dem Projektleiter des Auftraggebers vorgebracht werden.
2. Zum Gespräch mit dem Auftraggeber sind Entscheidungsanträge (von 1–n) vorzulegen. Immer zu nennen sind:
   - Grundlage
   - Begründung/Verursacher
   - Bewertung und eine Empfehlung
   - die Auswirkungen auf Termine und Kosten
3. Alle notwendigen Entscheidungen sollten spätestens mit Abschluss der LPH 4 (Kostenberechnung) getroffen sein. Es ist eine Liste der Entscheidungen und deren laufende Saldierung durch den Architekten zu führen.

5.4 Offene Punkte (To-Do-Liste)

Als Ergebnis sowohl der Besprechungen als auch des Schriftverkehrs ergeben sich fehlende

- Entscheidungen + Maßnahmen
- Zeichnungen, Berechnungen, Texte usw.

Diese fehlenden Informationen werden in regelmäßigen Zeitabständen in einer Liste zusammengefasst und vom Architekten verfolgt.

5.5 Abnahme durch den Auftraggeber

Zum Abschluss einer Leistungsphase wird diese als „vertragsgemäß" durch den Auftraggeber schriftlich abgenommen. Voraussetzung ist, dass vorher die Ergebnisse der fachlich Beteiligten vom Architekten auf Vollständigkeit und auf Übereinstimmung mit den Projektzielen gemeinsam mit den fachlich Beteiligten geprüft wurden.

6. Schriftverkehr, Berichtswesen, Besprechungen, Fotoaufnahmen

Mit Office 365 (Word, Excel, PowerPoint, Access, Visio, OneNote, OneDrive, Outlook etc.) steht alles als Standard zur Verfügung - lediglich zu ergänzen um wenige „Ordnungskennungen": Projektnummer und Ablagesystematik.

6.1 Organisation Dokumente

6.1.1 Bürokürzel der fachlich Beteiligten

Siehe Abschnitt 6.4.4 in diesem Buch.

6.1.2 Ablagesystematik „Ordner"

Siehe Abschnitt 6.4.3 in diesem Buch.

6.1.3 Dateiname Dokumente und Betreffzeile E-Mail

Zur Vereinfachung, leichteren und schnelleren Auffindbarkeit sowie der einheitlichen Ordnung ist für den elektronischen Datenaustausch des Schriftverkehrs dieser eindeutig zu benennen.

Weiteres siehe Abschnitt 6.4.5 in diesem Buch.

6.1.4 Der Projektraum

Die Koordination der Projekt-Zeichnungen erfolgt im Projektraum. Für Export und Dokumentation wird ein Netz-Server eingesetzt; auf diesem Server werden ausschließlich Planunterlagen eingestellt, welche zur Ausführung gekennzeichnet freigegeben sind.

Es ist ein virtueller Projektraum Typ ... eingerichtet.

Die Zeichnungen (Planungs-Vorabzüge, Planungs-Koordinierungen, Freigaben zur weiteren Bearbeitung bzw. Verwendung als Referenz für die Fachplaner und die Ausführungsplanungen WP 1 bis WP 4) sind in dem Projektraum für Export, Dokumentation, Historie einzustellen. Die „Spielregeln" für die Nutzung des Projektraumes sind vom Architekt in Abstimmung mit dem Betreiber eingerichtet.

Eine Ablage der Schriftstücke und sonstiger Dokumente erfolgt nicht in dem Projektraum, sondern ausschließlich am Ort im „Ordner der Dokumentenverwaltung".

6.1.5 Fotoaufnahmen

Siehe Abschnitt 6.5.3 in diesem Buch.

6.2 Kommunikation

Die Verteilung von Schriftverkehr und sonstigen Dokumenten während der Projektbearbeitung wird direkt zwischen den Beteiligten abgewickelt (Versender: Exporteur, Empfänger: Importeur).

Der Datenaustausch erfolgt elektronisch in Form von E-Mails unter z. B. Outlook. Der Projektleiter des Auftraggebers erhält von jedem Dokument grundsätzlich eine Kopie zur Kenntnis. Nach Erfordernis werden weitere Projektbeteiligte durch Kopie informiert. Eine Lesebestätigung erfolgt nicht.

Dies erfolgt unabhängig davon, ob die Dokumente per direkter Übergabe, per Postweg oder per E-Mail versandt bzw. eingegangen sind. Ausgenommen vertragsrelevanter Schriftverkehr werden nach dem ggf. notwendigen Einscannen alle Dokumente vernichtet.

Jeder Cc-Empfänger wird eigenverantwortlich tätig aufgrund der Information, soweit dies nicht sowieso in dem Dokument bestimmt wird. Eine Lesebestätigung erfolgt nicht. Unabhängig davon wird der Exporteur ebenfalls eigenverantwortlich die Bearbeitung, Erledigung, Klärung seiner Information verfolgen.

Vom Cc ausgenommen ist der gesamte vertragsrelevante und kaufmännische Schriftverkehr jedes Beteiligten, der ausschließlich nur zwischen den Vertragsparteien geführt wird.

6.2.1 Berichtswesen – Besprechungen

Ziel ist es, einen kontinuierlichen Informationsfluss sicherzustellen, der die effektive Zusammenarbeit der fachlich Beteiligten ermöglicht und die Entscheidungsgremien sowie alle sonstigen Beteiligten mit den für sie relevanten Informationen versorgt, die für die Planung, Entscheidung, Ausführung und Kontrolle erforderlich sind. Inhalte und Ergebnisse sind für die weitere Behandlung in den Koordinierungsbesprechungen bzw. in den Planungsbesprechungen in die entsprechenden Tagesordnungspunkte aufzunehmen.

6.2.2 Besprechungsebenen

Siehe Matrix in Abschnitt 6.2.7 in diesem Buch.

6.2.3 Verteilungsschema des Schriftverkehr

Siehe Abschnitt 6.2.8 in diesem Buch.

Es sind i. d. R. drei Arten der Informationserzeugung möglich:

- Telefonat/Besprechung mit Protokoll
- Planungsfestlegung
- Baubegehung

Der gesamte Informationsfluss zwischen den Beteiligten erfolgt eigenverantwortlich durch den Protokollanten bzw. Sender per E-Mailversand, i. d. R. immer mit Cc an die sonstigen fachl. Beteiligten.

Eine Ausnahme hiervon betrifft die zur Ausführung bestimmten Planunterlagen. Diese werden im Planserver eingestellt und können von dort von jedem berechtigten Beteiligten abgeholt werden.

6.3 Besprechungen – Ergebnisprotokoll

Alle Projektbesprechungen finden turnusmäßig statt. Durch die Verteilung des Ergebnisprotokolls werden alle zu informierenden Projektbeteiligten über den Stand des Projektes bzw. der Teilprojekte unterrichtet bzw. welche Arbeitsleistungen durch die in der Besprechung festgelegten Projektbeteiligten zu erbringen sind.

Zur Reduzierung des alltäglichen Schriftverkehrs wird durch das Ergebnisprotokoll der Besprechung mit „Veranlasser/Termin" der Bearbeiter bzw. das Büro benannt und die erforderliche Bearbeitung terminlich angestoßen und bis zum entsprechenden Termin verfolgt.

6.3.1 Koordinationsbesprechung Auftraggeber 01

Diese Gesprächsrunde soll der Projektleiter/Architekt des Auftraggebers, den zuständigen Vorstand, über den Planungsstand des Projektes, während der Bauphase sowie den weiteren Abstimmungsbedarf informieren. Sie soll alle Entscheidungen bezüglich Planung, Bauausführung, Qualitäten, Kosten und Terminen so vorbereiten, dass seitens des Projektleiters/Architekt des Auftraggebers Entscheidungen getroffen werden können.

Dies beinhaltet auch die Erörterung veränderter Nutzerwünsche bzw. Aktualisierung des Programms mit Auswirkungen auf Planung und Bauablauf (Q-K-T) und die Abstimmung des Ablaufs der Planung, der Termingestaltung, der Bauausführung, der Übergabe sowie der Inbetriebnahme des Gebäudes.

Aus Planung oder Bauabwicklung resultierende notwendige Änderungen gegenüber den aktuellen Festlegungen, d. h. Abweichungen von den terminlichen Vorgaben für Planung und Bauablauf, von der vorgegebenen Kostenverteilung bzw. dem genehmigten Kostenrahmen sowie vom festgelegten Qualitätsstandard werden mit dem Vertreter des Auftraggebers analysiert und die erforderlichen Maßnahmen ausgearbeitet.

Sind nach Auffassung des Auftraggeber-Projektleiters/Architekt Entscheidungen des Vorstandes erforderlich, wird der Sachverhalt entsprechend vorbereitet und durch den Projektleiter/Architekt des Auftraggebers – ggf. unter Mitwirkung von fachlich Beteiligten – in der Vorstandssitzung vorgetragen und festgeschrieben oder Gegensteuerungsmaßnahmen beschlossen.

Leitung/Protokoll:	Auftraggeber, Projektleiter des Auftraggebers
Teilnehmer:	Auftraggeber, fachlich Beteiligte, sonstige Teilnehmer nach Bedarf
Inhalt/Aufgabe:	Planung und Ausführung, Abstimmung der Zwischenergebnisse und Entscheidung, Stand der Ausführung.
Termine:	2–4 Wochen
Ort:	…

6.3.2 Behördengespräch 02

In den 02 Behördengesprächen sollen die Abstimmungen mit den örtlichen Behörden in Bezug auf die Baugenehmigung sowie für Sonderbereiche behandelt werden. Die Besprechungen werden über den Vertreter des Auftraggebers auf Veranlassung des Projektleiter/Architekt vereinbart.

In den Gesprächen z. B. mit den Behördenvertretern sollen die Abstimmungen mit den örtlichen Behörden im Bezug auf die Baugenehmigung und für Sonderbereiche behandelt werden. Diese Besprechungen werden entweder auf Veranlassung des Architekten bzw. eines Fachplaners oder auf Veranlassung des Auftraggebers vereinbart. Die Inhalte und Ergebnisse sind ggf. für die weitere Behandlung in das Auftraggeber-Planungsgespräch bzw. in den internen Planungsbesprechungen in die entsprechenden Auftraggeber Ordnungspunkte aufzunehmen.

Leitung/Protokoll:	Einladender
Teilnehmer:	Auftraggeber, Fachlich Beteiligte, sonstige Teilnehmer nach Bedarf
Inhalt/Aufgabe:	Themenorientiert
Termine:	nach Bedarf
Ort:	unbestimmt

6.3.3 Projektbesprechung 03

Bezogen auf den Projektstatus werden auf dieser Ebene die projektbestimmenden Entscheidungen vorbereitet.

In den 03 Projektbesprechungen wird zwischen Projektleiter/Architekt, den Planern und den an der Planung beteiligten externen Fachplanern der Projektstand besprochen. Insbesondere werden wesentliche, das Projektziel beeinflussende oder gefährdende Probleme aus Planung und Bauausführung mit Konsequenzen auf Termine, Kosten und den festgelegten Qualitätsstandard behandelt.

Die Besprechung dient auch der Integrierung der Leistungen anderer an der Planung fachlich Beteiligter und der Abstimmung und Koordinierung aller an der Planung fachlich Beteiligten. Daher werden in dieser internen Planungsbesprechung auch die Themen der Auftraggeber-Planungsbesprechung vor- bzw. nachbereitet.

Ziel der Projektbesprechung ist es, Problemstellungen des Projekts anzuzeigen, diese intern zu lösen bzw. Maßnahmen zur Steuerung des Projektes abzuwägen und diese zur Lösung anstehender Probleme für eine Entscheidung durch den Auftraggeber vorzubereiten.

Leitung/Protokoll:	Einladender
Teilnehmer:	Fachlich Beteiligte, sonstige Teilnehmer nach Bedarf
Inhalt/Aufgabe:	Interne Abstimmung und Koordination der Planungen und Abstimmung der Zwischenergebnisse, Vorbereitung des Auftraggeber-Jour-Fixe
Termine:	nach Bedarf
Ort:	...

6.3.4 Planungsbesprechungen 04

Die Besprechungen dienen u. a. der Integration der Leistungen der an der Planung fachlich Beteiligten und der Abstimmung und Koordinierung untereinander.

In den 04 Planungsbesprechungen werden daher u. a. die Themen der Projektbesprechung vor- bzw. nachbereitet. Ziel der Planungsbesprechung ist die Planungs- und Ablaufkoordination unter den verschiedenen Fachdisziplinen. Dabei sind Problemstellungen des Projekts anzuzeigen, diese zu lösen bzw. bei weiterem Klärungsbedarf in die entsprechende Projektbesprechung zur Entscheidung einzubringen.

6.3.5 Fachbesprechung 05

Die Besprechungen dienen der fachlichen Klärung von Leistungen der an der Planung fachlich Beteiligten und der Abstimmung und Koordinierung untereinander.

Ziel der 05 Fachbesprechungen ist, Problemstellungen des Projekts mit Lösungsansätzen aufzubereiten und bei weiterem Klärungsbedarf diese in den entsprechende Planungsbesprechungen zur Entscheidung einzubringen.

6.3.6 Baubesprechungen 06

In den 06 Baubesprechungen werden die Probleme der Baustelle, die Fragen des Bauablaufs und der Bauausführung usw. erörtert und Lösungen im Rahmen der abgeschlossenen Bauverträge erarbeitet und diese bei weiterem Klärungsbedarf in den entsprechende Planungsbesprechungen zur Entscheidung eingebracht.

6.3.7 Baubesprechungen

In den Baubesprechungen wird die Koordination der Baustelle, des Bauablaufs und der Bauausführung erörtert und ggf. Lösungen im Rahmen der Vorgaben aus der Planung erarbeitet. Dies beinhaltet u. a. die Klärung von Detaillösungen, Planungsergänzungen, Schnittstellenprobleme Baustelle, äußere Erschließung, Behinderungsanzeigen oder Koordinationsprobleme der Bau-Auftragnehmer untereinander usw.

Leitung/Protokoll:	Architekt
Teilnehmer:	Architekt, FBL, fachlich Beteiligte, alle Bauausführenden Auftragnehmer
Inhalt/Aufgabe:	Abstimmung während der Bauphase
Termine:	wöchentlich bzw. nach Bedarf
Ort:	Baustelle

7 Objektplanung – graphische Bauangaben des Bausolls

7.1 Allgemeines

Jeder fachlich Beteiligte erbringt seine Planungen entsprechend seinem Vertrag eigenverantwortlich je Leistungsphase. Jeder Plan, Berechnung und Beschreibung ist vom Verfasser für die weitere Verwendung mit Name, Datum und Index freizugeben (geprüft von: Name).

Die Planungen und die Beschreibungen sollen umfassend, eindeutig und mangelfrei aufzeigen, wie der Bau-Auftragnehmer das Bauteil im vereinbarten Kosten- und Terminrahmen herstellen soll.

Diese Planungsfestlegungen sind auch die Grundlage für die Bau-Auftragnehmer, ihre vertragliche Leistung zu erbringen für

- die der Werkstatt- und Montageplanung
- die der werkseitigen Herstellung
- die des Transportes und des Einbringens in das Gebäude und
- die der Montage.

Zur Absicherung der Planungsziele prüfen zum Abschluss jeder Planungsphase der Projektleiter/Architekt, der Auftraggeber und die fachlich Beteiligten in einer Sitzung gemeinsam die Planungen, Berechnungen und Beschreibungen auf Vollständigkeit und unterzeichnen ein entsprechendes Protokoll.

Die „fortgeschriebene" Planung der Bau-Auftragnehmer (Werkstatt- und Montageplanung) wird von diesen den fachlich Beteiligten zur Freigabe vorgelegt und ist freizugeben. Erst nach erfolgter Freigabe der Werk- und Montageplanungen wird das Bauteil hergestellt.

Hinweis: Die einzelnen Planungsschritte innerhalb der Ausführungsplanung sind nachstehend bezeichnet mit:

WP 1 – Geometrie für den TWP, Einarbeiten Angaben TWP – Grundlage für TGA-Planer
WP 2 – Koordinierte Durchbruchplanung Stahlbeton und Mauerwerk – Grundlage Bewehrungsplan
WP 3 – Abgeschlossene Festlegung der Boden-Decken-Wandaufbauten, der Einbauten in Öffnungen
WP 4 – Innenausbauplanung, lose Möblierung, Kunst

Damit die Planungsbeteiligten den gleichen Projekt-Informationsstand haben im Hinblick auf „was", „wie", „von wem" und „zu welchem Zeitpunkt" zu leisten ist, sind Plan-, Schnittstellen- und Terminlisten zu erstellen.

Vorgenannte Checklisten müssen von LPH zu LPH geprüft und fortgeschrieben werden.

7.2 Checklisten

7.2.1 Planliste

Für den Planungsumfang ist eine entsprechende Zeichnungsliste mit mindestens folgenden Spalten als Information vom Architekten (und von den fachl. Beteiligten) an die fachl. Beteiligten aufzustellen, fortzuschreiben und zu übergeben:

- Zeichnungsnummer – Dateiname siehe XY/Richtlinie zum CAD-Datenaustausch
- Zeichnungsart und -inhalt, ggf. Vergabeeinheit VE xyz
- Index mit Datum, Änderungs-Kurzbeschreibung
- Planungsstand entspr. HOAI
- Maßstab
- Geprüft Name, Datum
- Freigabe Name, Datum

Die Zeichnungsliste sollte als Excel-Liste chronologisch geführt werden. Die Planliste des Architekten dient den fachlich Beteiligten als Grundlage für die Aufstellung der eigenen Planliste.

7.2.2 Schnittstellenliste/Leistungsabgrenzung

Zur im Wesentlichen eindeutigen Bestimmung der Planungsverantwortung und Ausschreibung, Abgrenzung aber auch in Bezug der „Planerhaftung", ist auf Basis der Planlisten die Verflechtung der Baukonstruktion mit den TGA-Gewerken und Angaben für den TWP etc. zu erkennen und die Schnittstellenliste abzustimmen und freizugeben.

7.2.3 Terminliste

Für die funktionale, koordinierte Zusammenarbeit aller am Projekt Beteiligten sind diese Ausarbeitungen zeitnah zu erstellen und bilden des Weiteren die Grundlage der Terminliste „Planung der Planung" und „Bauausführung".

7.3 Abweichung von den Planungsvorgaben

Im Rahmen der regelmäßigen Jour-Fixe-Besprechungen mit dem Auftraggeber werden von den Planungszielen abweichende Planungsergebnisse vom Planer vorgestellt, die Auswirkungen auf

Qualität, Kosten und Termine werden erläutert und nach Abwägung wird durch den Auftraggeber entschieden. Ggf. sind bereits freigegebene Planungen fortzuschreiben.

Änderungen, die von anderen Parteien vorgegeben werden, ohne dass dafür eine Zustimmung des Auftraggebers vorliegt, dürfen nicht umgesetzt werden.

7.4 Prüfung und Freigabe der Pläne

Die Abstimmung der Planungen zwischen dem Architekt und den sonstigen fachlich Beteiligten (LPH 2–5) und den Bau-Auftragnehmern (Werkstatt- und Montageplanung) erfolgt verantwortlich durch den Architekt mit Beteiligung der sonstigen fachlich Beteiligten entsprechend den freigegebenen Terminplänen. In einem gemeinsamen Freigabe- und Unterschriftenfeld auf den Planunterlagen wird mit Name, Datum und Index die Vollständigkeit jeweils der LPH 2 bis 5 bestätigt und dokumentiert und danach vom Auftraggeber abgenommen und im Falle der LPH 5 zur Ausführung freigegeben.

Für die Freigabe ist eine Regelfrist von 5 Werktagen vorzusehen. Die Pläne werden ggf. mit Anmerkungen und Korrekturen durch den Prüfenden an den Planverfasser mit dem Vermerk „Zur Ausführung freigegeben" zurückgegeben und von diesem auf dem Netz-Server eingestellt.

Können aufgrund fehlerhafter oder unvollständiger Planung die Pläne nicht zur Ausführung freigegeben werden, so werden diese mit dem Vermerk „Zur Wiedervorlage" an den Planverfasser zur Überarbeitung zurückgegeben. Der vorgenannte Prüfvorgang beginnt dann von neuem.

Die Werkstatt- und Montageplanung ist jeweils zwischen den fachlich Beteiligten und dem Bau- Auftragnehmer im Einführungsgespräch hinsichtlich Umfang/Anzahl und Vorlageterminen festzulegen.

7.5 Planverteilung

Jeder freigegebene Plan ist verantwortlich durch den Verfasser in den Projektraum einzustellen. Aufgrund der dann erfolgten E-Mail-Info an alle Beteiligten können die Planunterlagen abgeholt werden.

Das „Abholen" erfolgt eigenverantwortlich und wird von keinem Beteiligten kontrolliert.

7.6 Muster

Für die Zustimmung durch den Auftraggeber sind die Planungen durch Material-/Farbhandmuster zu ergänzen. Für die Ausbildung der Fassade und eines Standardbüroraumes wird ein 1:1-Muster angefertigt.

8 Terminplanung

8.1 Allgemein

Die Terminfestlegungen für Planung, Ausschreibung und Vergabe sowie Herstellung des Bauwerkes bis hin zum vereinbarten Übergabetermin an den Nutzer sind mit dem Auftraggeber vereinbart und stellen die Grundlage für den Bauzeitenplan dar.

Unter Berücksichtigung der terminlichen Abhängigkeiten für die Aufstellung des vorhabenbezogenen B-Planes, den notwendigen Planungen und Ausschreibung/Vergabe sowie den erforderlichen Bauzeiten sind die Ecktermine fixiert worden.

Für die Fortschreibung/Aktualisierung werden laufend die erforderlichen Inputs aus den Planungsbesprechungen bzw. des Baufortschrittes berücksichtigt.

8.1.1 Planung

Bei der für die Ausführung vorgesehenen Art der baubegleitenden Planung müssen diese Terminfestlegungen als übergreifender Leitprozess zusammenhängend hergestellt werden, damit die Angaben zum Entwurf und die Angaben zur Bauausführung zeitgerecht und vollständig erfolgen.

Von den Planern bzw. Fachplanern ist ein detaillierter Zeitplan über die Erstellung der einzelnen Planunterlagen abzustimmen, in dem die Erstell-, Einreich- und Prüfzeiten für jeden Planbereich und jedem Beteiligten detailliert ausgewiesen sind.

Das wesentliche Merkmal dieser Leistung ist das Erkennen der den Planungszielen entsprechenden notwendigen Planungsinhalte und -zeiten aller fachlich Beteiligten. Als Meilenstein ist je LPH die Zustimmung des Auftraggebers auszuweisen.

8.1.2 Ausschreibung, Vergabe

Hier sind die Laufzeiten von der Erstellung von Plan-Vorabzügen, der Einleitung des Vergabeverfahrens über die Submission und die notwendigen Liegefristen bis zum frühestmöglichen Ausführungsbeginn dargestellt.

8.1.3 Bauausführung – Gewerkebauzeitenplan

Auf Basis des abgestimmten Bauablaufes sind die Zeiten für die einzelnen Bautätigkeiten zu ermitteln. Ebenso sind bei der (Grob-) Bestimmung der Bauzeiten Abhängigkeiten einzelner Vorgänge (technologisch bedingtes Nacheinander, mögliche gleichzeitige Arbeiten) aufzuzeigen. Aufgrund der Festlegungen sind auch erforderliche Kapazitäten zu erkennen (Arbeitsleistungen in einem zwingenden bestimmten Zeitrahmen), welche in der LPH 6 und 7 von Bedeutung sind. Ebenfalls sind Fristen für Lieferzeiten und Werkstattanfertigung zu erkennen und auszuweisen.

Das wesentliche Merkmal dieser Leistung ist die zeitliche Fixierung von Einzelvorgängen und die Bestimmung der Fristen für die Bauausführung (Vertragsfrist LPH 6).

Die wesentliche Aufgabe ist die Berücksichtigung aller beeinflussenden Komponenten bei der Festlegung von Vorgangsdauern und Reihenfolgen von Einzelleistungen der Bauausführung.

8.2 Kontrolle

Im weiteren Projektverlauf ist die Entwicklung der Einzelabläufe ständig zu aktualisieren und fortzuführen. Dies geschieht regelmäßig durch die OBÜ sowie FBL in Form von Stellungnahmen bzw. Kommentierungen im Rahmen der Terminkontrolle während der Bauausführung an den Auftraggeber.

8.3 Steuerung

Im Zusammenhang mit der Terminkontrolle werden in Zusammenarbeit mit den FBL bei Bedarf Vorschläge für mögliche Terminaufholungen bzw. Beschleunigungen erarbeitet und mit dem Auftraggeber abgestimmt.

Von der OBÜ/FBL werden weiterhin die möglichen Auswirkungen auf Kosten, Termine und Qualitäten eingefordert, aufgeführt und bewertet. Die Durchsetzung der Maßnahmen in Form von Anweisungen, Beauftragungen bzw. Anordnungen erfolgt durch die OBÜ/FBL eigenverantwortlich.

9. Kostenplanung

9.1 Allgemein

Mit der Planung der Kosten sollen diese über die einzelnen HOAI-Leistungsphasen/Projektphasen hinweg sichtbar gemacht werden, d. h. es ist Kostentransparenz herzustellen.

Nur damit können die kostenmäßigen Auswirkungen von Planungsentscheidungen aufgezeigt und Abweichungen frühzeitig erkannt werden, womit ein gezieltes Eingreifen (Einhaltung oder Veränderung der Kosten) ermöglicht wird.

Die Gliederungstiefe ist in jeder Leistungsphase weiter zu verfeinern, wodurch sich die Anzahl der vergleichbaren Kostenangaben und infolgedessen die Kostentransparenz permanent vergrößert.

Die OBÜ führt die Angaben der fachlich Beteiligten zu einer gemeinsamen Kostenermittlung zusammen. Die Fortschreibung durch Entscheidungen und Änderungen erfolgt in Abstimmung mit dem Auftraggeber.

9.2 Kontrolle

Sobald eine Abweichung von den Projektzielen erkennbar wird, entweder durch Planungs-, Submissions- oder Ausführungsänderung, sind die benannten Kosten zu überprüfen und die Abweichung festzustellen.

9.3 Steuerung

Im Zusammenhang mit der Überprüfung der Projektziele werden in Zusammenarbeit mit den FBL bei Bedarf Vorschläge erarbeitet und mit dem Auftraggeber abgestimmt.

Von der OBÜ/FBL werden weiterhin die möglichen Auswirkungen auch auf Termine und Qualitäten eingefordert, aufgeführt und bewertet. Die Durchsetzung der Maßnahmen in Form von Anweisungen, Beauftragungen bzw. Anordnungen erfolgt durch die OBÜ/FBL eigenverantwortlich.

10. Objektausführung – beschreibende Bauangaben des Bausolls

10.1 Allgemein

Auch hier gilt, dass jeder fachlich Beteiligte seine Objektüberwachung entsprechend seinem Vertrag eigenverantwortlich je Leistungsphase erbringt. Jedes Dokument ist vom Verfasser für die weitere Verwendung mit Namen, Datum und Index freizugeben bzw. zu kennzeichnen (geprüft von: Name).

Neben den graphische Angaben zum Bausoll sind die beschreibenden Angaben Grundlage für die Qualitätssicherung. Die Qualitätssicherung erfolgt durch Kontrollen der Planung und Verdingungsunterlage, der Festlegung des Bausolls im Bauvertrag, der Prüfung der Werk- und Montageplanung sowie durch die Prüfung der Bauausführung auf Übereinstimmung mit dem Vertrag.

Abweichungen (auch durch zusätzliche Anforderungen des Auftraggeber) hiervon bedürfen der vorherigen Zustimmung des Auftraggebers; dabei sind auch die Auswirkungen auf Qualitäten, Kosten und Termine zu benennen und zu dokumentieren.

10.2 Planung der Leistungsbeschreibung/VE

Den beschreibenden (Qualitäts-) Festlegungen kommt ebenfalls eine hohe Bedeutung zu, da beides zusammen das Bausoll erfasst und damit die vertraglich geschuldete Leistung der bauausführenden Auftragnehmer darstellt. Dabei sind die einschlägigen Bestimmungen der VOB Teil A, B und C, Herstellerrichtlinien usw. zu berücksichtigen.

Das Leistungsverzeichnis jeder Vergabeeinheit (VE) wird in elektronischer Form dem Bieterkreis übergeben. Die Struktur des LV (Abschnitt, Lose) ist für alle fachlich Beteiligten gleich. Die Benennung für die VE Vergabeeinheiten sind der entsprechenden Liste zu entnehmen.

Die für alle Beteiligten gültigen Vertragsbedingungen (VB) werden durch den Architekten mit dem Auftraggeber abgestimmt und liegen jeder VE zugrunde. Im Einzelnen sind dies:

Ggf. Angebots-Aufforderung	AA
Angebotsschreiben (Bieter)	AG
Bewerbungs- und Ausschreibungsunterlagen	BAB
Leistungsverzeichnis	LV
EFB-Listen	EFB
Besondere Vertragsbedingungen	BVB
Weitere Besondere Vertragsbedingungen	WBVB
Zusätzliche Vertragsbedingungen	ZVB
Weitere Zusätzliche Technische Vertragsbedingungen	WZTV
Planungsunterlagen	Projektleiter/Architekt
Allgemeine Technische Vertragsbedingungen VOB C	ATV
Vergabe- und Vertragsordnung für Bauleistungen - soweit zutreffend	Teil A
Vergabe- und Vertragsordnung für Bauleistungen	Teil B

Lediglich die Zusätzlichen Technischen Vertragsbedingungen (ZTV) sind noch durch die fachlich Beteiligten gewerkeweise aufzustellen und abzustimmen.

Doppelnennungen von Vertragsregelungen sind **zu vermeiden**.

10.3 Aufmaß und Abrechnung

Der Nachweis der vertraglich geschuldeten Leistungen erfolgt durch Abrechnungsunterlagen (i. W. Zeichnungen und Listen) und örtlichen Überprüfungen. Die Prüfung kann durch eine vorweggezogene Massenprüfung nach Auftragserteilung ersetzt werden (Pauschalvertrag) oder zu jeder Abschlagsforderung des Bau-Auftragnehmers als kumulierende Aufmaß-Prüfung, wodurch bei der Vorlage der Schlussrechnung die Prüfung vertragsgerecht und zeitnah erfolgen kann.

10.3.1 Zahlungsfristen

Damit die vertraglichen Zahlungsfristen eingehalten werden können, ist in den VB festgelegt:

a. Aufmaßunterlagen des Auftragnehmers prüfen durch OBÜ/FBL mit bzw. oder ggf. Leistungsstandsprüfung (bei Zahlungsplan) und bei Unstimmigkeiten Abstimmung mit dem Auftragnehmer,
b. Rechnung vom Auftragnehmer anfordern und Prüfung der Rechnung innerhalb von 5 Werktagen mit Fortführung der Kostenkontrolle,
c. Weiterleitung der geprüften Rechnung an den Auftraggeber zur Anweisung des Zahlbetrages mit Anforderung eines
d. Rückläufers des Zahlungsformulars des Auftraggebers und Überprüfung der Zahlungssumme.

Die Kostenfortschreibung und die Kostengesamtkontrolle erfolgen durch den objektüberwachenden Architekten. Dieser informiert in regelmäßigen Abständen den Auftraggeber.

10.4 Leistungsfeststellung

Eine regelmäßige Überprüfung der Bauausführung erfolgt durch Baubegehung der fachl. Beteiligten vor der Baubesprechung und ist zu dokumentieren.

Das Begehungsprotokoll ist von allen Beteiligten rechtsverbindlich zu unterzeichnen. Die gesamte Dokumentation besteht neben dem Protokoll aus der (Mangel-) Verortung anhand von Verkleinerungen etc. sowie von digitalen Fotoaufnahmen.

Diese Zustands-Dokumentation von Teilen der Leistung erfolgt unter folgenden Aspekten:

- vorbereitende, kumulierende VOB-Abnahmen
- Insolvenzgefahr bei einem Auftragnehmer

10.5 Abnahme, Bürgschaft

Neben der Abnahme durch den Auftraggeber sind die behördlichen Abnahmen „Pflichtveranstaltungen":

- Rohbauabnahme
  (nach Fertigstellung der wesentlichen Rohbauarbeiten; vor Putz-, Estrich- oder Installationsarbeiten, nach Erfordernis in Abschnitten)
- Gebrauchsabnahme/Schlussabnahme
  (nach Fertigstellung der Gesamtleistung, vor Einzug bzw. Nutzung durch den Auftraggeber)

Die Vertragserfüllungs-Bürgschaft des Bau-Auftragnehmers ist erst nach vollständiger Erbringung der vertraglich geforderten Leistung (Anerkennung gem. VOB/B der geprüften Schlussrechnung) zur Rückgabe freizugeben bzw. in eine Gewährleistungsbürgschaft zu wandeln.

Zu den Leistungen des Bau-Auftragnehmers gehören u a. die Beseitigung der festgestellten Mängel, die Fertigstellung von Restleistungen, das Beibringen aller nach den VB geforderten einzureichenden Unterlagen und vor allem die durch den Auftragnehmer zu vollziehende schriftliche Anerkennung der vom Auftraggeber anerkannten Schlusszahlungssumme nach Schlussrechnungsprüfung.

10.6 Mangelanspruch

Neben der üblichen Bearbeitung/Beseitigung eines Mangels ist in jedem Einzelfall die Anzeige/Feststellung eines Mangels (Planung, Ausschreibung, Bauausführung) dahingehend zu überprüfen, ob dieser der Berufshaftpflichtversicherung anzuzeigen ist.

10.7 Zusammenstellung und Übergabe Projektunterlagen

Nach Abschluss der wesentlichen Arbeiten und der schriftlichen Fertigstellungsmeldung seitens OBÜ/FBL an den Auftraggeber erfolgt die förmliche Objektübergabe an den Auftraggeber.

A.5.1 Projektdokumentation – Erläuterungsbericht

Projektdokumentation (Beispiel)

Verwaltungsgebäude NN
Bauherr: NN
Architekt: NN

Technische Daten:	
Planungs- und Bauzeit:	NN–NN
Gesamtgrundstücksfläche:	108.400 m^2
BGF Neubau ober- und unterirdisch:	47.500 m^2
Bebaute Fläche gesamt:	13.000 m^2
Nutzflächen gesamt:	30.500 m^2
Bauvolumen:	215.500 m^3
Anzahl der Arbeitsplätze:	1.200
Tiefgaragenplätze:	122
PKW Einstellplätze oberirdisch:	528
Normalgeschosshöhe	3,50 m

Gebäudeabmessungen:	
Länge:	155 m
Breite:	90 m
Höhe:	21 m
Höhe Turm:	48 m

Geschosszahl über Terrain:
Erdgeschoss und 4 Obergeschosse

Geschosszahl unter Terrain:
1 Sockelgeschoss

Fassade:
Ca. 24.000 m^2
Glasfassade mit raumhoher Verglasung und vertikalen Schiebefenstern

Besonderheiten:
Lärmschutzmembrane entlang der Amsterdamer Straße.
Raumhohe verglaste Elementfassade mit vertikalen Schiebefenstern.
Turm als zentrale Erschließung mit 3 Panoramaaufzügen und freier Stahltreppe.
Gesamtes Materialkonzept besteht aus: Holz, Glas, Sichtbeton und Stahl.

Leistungsphasen:	1–9

Die Projektdokumentation wird je nach Bedarf durch Bildmaterial ergänzt.

Erläuterungsbericht (Beispiel)

Verwaltungsgebäude NN
Bauherr: NN
Architekt: NN

Zielsetzung für das neue Pressehaus in ... war die Zusammenlegung diverser Verlagsabteilungen und Redaktionen des NN mit der Produktion des Druckereibetriebes des Kölner Stadt-Anzeigers sowie des NN.

Unter Berücksichtigung der städtebaulichen Situation wurde eine optimierte Konfiguration der Baukörper gefunden, die zugleich auch den Ansprüchen einer modernen, wie humanen, gut funktionierenden Bürolandschaft entspricht.

Die Architektur versteht sich als Analogie zum Gedanken eines offenen, bürgernahen und transparenten Pressehauses.

Der 5-geschossige Baukörper entlang der ... Straße gliedert sich in zwei kammförmige Büroflügel, die durch ein begrüntes Atrium miteinander verbunden sind. Ein 48 m hoher gläserner Turm und eine freistehende Lärmschutzmembrane prägen das Erscheinungsbild des Gebäudes.

Die Haupterschließung des Verlagshauses erfolgt von der Amsterdamer Straße aus. Die 3-geschossige Empfangshalle bildet das Entree zu der im Turm befindlichen vertikalen Erschließung. Drei gläserne Panoramaaufzüge und eine offene Kommunikationstreppe aus Stahl erschließen die einzelnen Büroetagen und geben den Blick frei in den begrünten Innenhof.

Der Bürobereich umfasst Teamräume, Kombibüros und klassische Einzelbüros, die sich zu dem begrünten Atrium und zu den kleineren, durch die Kammstruktur bedingten Höfe öffnen. Die raumhoch verglaste Fassade und die Glastüren zu den Fluren schaffen offene, lichtdurchflutete Räume und fördern eine kommunikative Arbeitsatmosphäre.

Das durchgängige Materialkonzept besteht aus Holz und Glas sowie aus robusten, ungeschminkten Oberflächen, wie Sichtbeton und feuerverzinktem Stahl. Alle diese Materialien unterstreichen eine gewünschte lebendige Pressehausatmosphäre als Kennzeichnung für Offenheit, Wahrheit und Klarheit.

Zum Schutz gegen Lärm und Abgasimmissionen wurde frei vor dem Gebäude eine Schallschutzmembrane errichtet. Diese konkav geschwungene, gläserne Fassade von 150 m Länge und einer Höhe von 25 m wird von einer feuerverzinkten Stahlkonstruktion getragen. Die geschosshohen Scheiben wurden mit Punkthalterungen befestigt und fügen sich zu einer homogenen Außenhaut zusammen.

Für die Heizungswarmwasser- und für die Brauchwarmwasser-Versorgung werden im Gebäude drei gasbefeuerte Kesselanlagen mit je 1.200 kW Heizleistung eingesetzt, wobei die Kesselanlagen mit Brennwerttechnik ausgerüstet sind.

Der gläserne Turm bildet ein deutlich sichtbares Wahrzeichen und dient gleichzeitig als ein Identifikationsmerkmal eines wachsamen Verlages in diesem städtebaulich neugeordneten Bereich.

Der Erläuterungsbericht wird je nach Bedarf durch Bildmaterial ergänzt.

A.6 Planung

A.6.1 Projekt-Zielkatalog

1 Hinweise zum Erstellen des Projekt-Zielkatalogs
Auszug aus LPH 1 Beratung:
Ziel dieser Leistung ist es, dem Auftraggeber zum frühestmöglichen Zeitpunkt des Projektverlaufs einen Gesamtüberblick über alle notwendigen Planungs- und Beratungsleistungen zu geben.

Hierzu gehört, allgemein gefasst, die Erarbeitung der allgemeinen Verständniserklärung zu den Projektmerkmalen und Projektzielen.

Am Ende dieser Leistungsphase erhält der Auftraggeber die Dokumentation der Projektmerkmale und Projektziele sowie den Projekt-Zielkatalog.

2 Zielbeschreibungen allgemein
Der Projekt-Zielkatalog zeigt die Anforderungen an das Projekt auf und bietet damit auch einen Maßstab für die Prüfung, ob bei späteren Änderungs- oder Zusatzwünschen noch dieselben oder grundsätzlich verschiedene Anforderungen gelten.

Auf Grundlage der allgemeinen Verständniserklärung, die durch die Bedarfsplanung, Bedarfsermittlung, Bedarfsüberprüfung die Beschreibung der Bedarfserfüllung ergeben, sind die Anforderungen festzulegen.

Bei der Abfassung des schriftlichen Projektzielkatalogs ist die Gliederung entsprechend der DIN 276:2018, Kosten im Hochbau zu verwenden. Sofern bestimmte Projekte zusätzliche Problemstellungen haben, ist die Liste entsprechend zu ergänzen.

Gliederung entsprechend der allgemeinen Verständniserklärung nach KG:

KG 100 Grundstück
Ergebnisse der Unterlagenauswertung

- Ergebnisse der Grundstücksbesichtigung
- Folgerungsmaßnahmen für die Bebauung

KG 200 Vorbereitende Maßnahmen
Erforderliche vorbereitende Maßnahmen, um die Baumaßnahme auf dem Grundstück durchführen zu können

KG 300 Bauwerk – Baukonstruktionen
Geplante Bauleistungen und Lieferungen zur Herstellung des Bauwerks von Hochbauten, Ingenieurbauten und Infrastrukturanlagen

Erfordernisse bei Planung im Bestand, Berücksichtigung von Landschafts- und Denkmalschutzauflagen, Sonderbauteile mit Sondernutzung usw.

- Hinweise auf mögliche Erschwernisse bei Planung und behördlicher Genehmigung
- Hinweis auf notwendige Sonderfachleute

KG 400 Bauwerk – Technische Anlagen
Allgemeine Erläuterung der notwendigen Grundinstallation/-ausstattung

- Hinweis auf notwendige Sonderfachleute

KG 500 Außenanlagen und Freiflächen
- Anforderungen aus Bebauungsplan und entsprechend der Ortsbesichtigung
- Allgemeine Gestaltungsvorschläge für Straßen, Wege, Plätze, Vegetationsflächen, Einzäunung usw.
- Hinweis auf notwendige Sonderfachleute

KG 600 Ausstattung und Kunstwerke
Angaben sind erforderlich, wenn Ausstattung und Kunstwerke zulasten des Projektes gehen

- Einrichtung von Räumen mit losem Mobiliar (nicht KGR 370, 470, 570)
- Ausstattung/Umfang von Kunstwerken
- Gebäudeinformationssystem

KG 700 Baunebenkosten

KG 800 Finanzierung
- Finanzierung/Zuschüsse
- Honorare fachlich Beteiligter

3 Zielbeschreibung Qualitäten
Bei der Zielbeschreibung der Qualitäten werden nachstehende Begriffe für die Einordnung der Forderungen verwendet:

- einfache
- Standard
- gehobene und
- excellente Qualität.

Weitere Erläuterungen siehe Planung der Qualität.

4 Zielbeschreibung Kosten nach DIN 276:2018-12
Für den Auftraggeber stehen zwei Aussagearten zur Verfügung:

- vergleichbare ausgeführte Objekte und erzielte Kostenergebnisse in Relation zum Nutzungszweck und
- Ermittlung des Kostenrahmens auf Basis der allgemeinen Verständniserklärung.

Die Hinweise auf ausgeführte Projekte sollten in jedem Fall mit einer Besichtigung des Objekts und Gesprächen mit den für das Objekt Verantwortlichen erfolgen.

Für die Ermittlung der Kosten ist die Erläuterung für Mengen und Bezugseinheiten der DIN 276:2018-12 maßgebend anzuwenden. Nachstehend auszugsweise die DIN 276-2018 als Stichwortliste:

KG 100 Grundstück
- Kosten der für das Bauprojekt vorgesehenen Fläche eines oder mehrerer im Grundbuch und im Liegenschaftskataster ausgewiesenen Grundstücke.

- Dazu gehören die mit dem Erwerb und dem Eigentum des Grundstücks verbundenen Nebenkosten sowie die Kosten für das Aufheben von Rechten und Belastungen.

KG 110 Grundstückswert

- Als Kosten ist der Kaufpreis oder der Verkehrswert (Marktwert) des Grundstücks und ggf. auch grundstücksgleicher Rechte (z. B. bei Erbbaurecht) anzusetzen.

KG 120 Grundstücksnebenkosten

- Kosten, die im Zusammenhang mit dem Erwerb und dem Eigentum des Grundstücks entstehen.

KG 300 Bauwerk – Baukonstruktionen

- Bauleistungen und Lieferungen zur Herstellung des Bauwerks von Hochbauten, Ingenieurbauten und Infrastrukturanlagen, jedoch ohne die technischen Anlagen (KG 400).
- Dazu gehören auch die mit dem Bauwerk fest verbundenen Einbauten, die der jeweiligen Zweckbestimmung dienen, sowie die mit den Baukonstruktionen in Zusammenhang stehenden übergreifenden Maßnahmen.
- Zu den Baukonstruktionen gehören auch die mit dem Bauwerk verbundenen Dach-, Fassaden- und Innenraumbegrünungen. Außenanlagen außerhalb des Bauwerks und gestaltete Freiflächen gehören zur KG 500.
- Bei Umbauten und Modernisierungen von Baukonstruktionen zählen hierzu auch die Kosten von Teilabbruch-, Instandsetzungs-, Sicherungs- und Demontagearbeiten. Die Kosten sind bei den betreffenden Kostengruppen auszuweisen.

KG 331 Tragende Außenwände

- Außenwände und flächige Konstruktionen, die für die Standfestigkeit des Bauwerks erforderlich sind, einschließlich horizontaler Abdichtungen sowie Schlitzen und Durchführungen.

bis

KG 840 Bürgschaften

- Gebühren für Zahlungsbürgschaften

Weitere Erläuterungen siehe Planung der Kosten.

5 Zielbeschreibung Terminrahmenplanung

Erläuterung zur vorläufigen Termineinschätzung auf Basis der Terminliste mit Benennung der erforderlichen Auftraggeber-Entscheidungen zur Vorplanung und sonstigen offenen Fragen.

Weitere Erläuterungen siehe Planung der Termine.

6 Zielbeschreibung sonstige

6.1 Vorklärung zum Ausschreibungs- und Vergabeverfahren

- gewerkeweise Einzelausschreibung und Vergabe
- losweise (erweiterter Rohbau, Ausbau, TGA, Außenanlagen)
- Funktionalausschreibung losweise oder Gesamtvergabe als schlüsselfertige Generalunternehmerleistung
- Darlegung der Vor- und Nachteile der verschiedenen Möglichkeiten mit Bezug auf Planungsinhalte/-abläufe, Baubeginn, Bauablauf, Steuerungsmöglichkeiten, Kosten, Absicherung von Terminen und Qualitäten/Nachträge

6.2 Projekt-Datenraum

Die Zeichnungen (Planungs-Vorabzüge, Planungs-Koordinierungen, Freigaben zur weiteren Bearbeitung bzw. Verwendung als Referenz für die Fachplaner und die Ausführungsplanungen WP 1 bis WP 4) sollten in dem Projektraum für den Export/Dokumentation/Historie eingestellt werden.

Eine Ablage der Schriftstücke und sonstiger Dokumente erfolgt nicht in dem Projekt-Datenraum, sondern ausschließlich am Ort (Outlook Ordner) im „Ordner der Dokumentenverwaltung".

6.3 Genehmigungsfähigkeit/Bauvoranfrage

- Erläuterung der Genehmigungskriterien, Einschätzung der Genehmigungsfähigkeit mit und ohne Dispensanträge
- Empfehlung zur Einreichung einer Bauvoranfrage zwecks Abklärung aller Eventualitäten und Absicherung der weiteren Planungsschritte

6.4 Die Auftraggeber-Projektleitung

Die verantwortliche Leitung und Steuerung des gesamten Projektgeschehens liegt bei der Auftraggeberseite.

Erläuterungen zu den Teilleistungen:

- Festlegen der Projektbeteiligten
- Bestimmen der Projektgruppe und des Projektleiter des Auftraggeber
- Festlegung der Projektorganisation mit eindeutiger Kompetenzregelung
- Verabschiedung des Projekt-Zielkatalogs und der allg. Verständniserklärung
- Definition der Projekt-Prioritäten zur Vermeidung von Kollisionen
- Festlegung von Entscheidungen und deren zeitliche Fixierung/„Meilensteine"

6.5 Architekten- und Ingenieurvertrag

Der Architekten-, Ingenieur-, Sonderfachmann- oder Bauvertrag fällt unter den Werkvertrag nach §§ 650p ff. BGB. Die HOAI regelt keine abschließenden notwendigen Leistungen für ein Bauvorhaben, sondern ist ausschließliches Preisrecht für die Honorierung der Grundleistungen.

Nur der geschlossene Architekten-/Ingenieurvertrag regelt die geschuldeten Leistungen beider Vertragsparteien. Am Ende der Ausarbeitung ist ein wesentliches Merkmal des Vertrags zustande gekommen, nämlich die Schriftform (eine Urkunde) mit den zwei Unterschriften der Vertragsparteien (als das Ergebnis eines Angebotes und der Annahme).

6.6 Pflichtenkataloge

Pflichten des Auftraggebers und der fachlich Beteiligten (mit Terminsetzung).

Sofern seitens des Auftraggebers keine Einwendungen gemacht werden, ist der Auftraggeber um die schriftliche Bestätigung der Leistungserfüllung mit Ergebnisfeststellung zu bitten.

A.6.2 Architektenpläne – Erstellung und Verteilung

Nachstehende Planungen sind i. d. R. vom Architekten anzufertigen bzw. zu veranlassen:

1.	**Grundlagenermittlung LPH 1**	
1.1	Wettbewerbsunterlagen	ohne Maßstab
1.2	Skizzen für Ermittlung der BGF, Stellplätze, Raumbedarf	ohne Maßstab
1.3	Allgemeine Verständniserklärung	Bericht
1.4	Zusammenfassung Projekt-Zielkatalog	Bericht
1.5	Kostenrahmen	Bericht/Ermittlung
2.	**Vorplanung LPH 2**	
2.1	Amtlicher Lageplan	M 1:500
2.2	Lageplan mit Freianlagen	M 1:500
2.3	Grundrisse UG- Dachaufsicht (ohne Gründung)	M 1:200
2.4	Schnitte/Ansichten/Schnitt-Ansicht	M 1:200
2.5	Detailgrundrisse Standard – Büro, Eingangszone, Kerne usw.	M 1:20/1:10
2.6	Ansicht – N-Achsen, Gebäudehöhe	M 1:20
2.7	Fluchtweg-Plan	M 1:200
2.8	Höhenzugangs-Plan	M 1:100
2.9	Festlegen der Materialien/Stoffe/Farben	Liste
2.10	Erläuterungsbericht Vorplanung mit Kostenschätzung	Bericht/Ermittlung
2.11	Schnittstellen mit allen Beteiligten erarbeiten	Liste
2.12	Nach Bestimmen des Planumfangs sind verantwortlich vom Architekten mit den fachlich Beteiligten die Planliefertermine und ggf. Vorabzüge in einem Terminplan festzulegen. Dabei sind auch „Meilenstein"-Termine für die Abgabe von Berichten der Sonderfachleute und der Zustimmung durch den Auftraggeber usw. festzulegen.	
3.	**Entwurfsplanung LPH 3**	
3.1	Amtlicher Lageplan	M 1:500
3.2	Lageplan mit Freianlagen	M 1:200
3.3	Grundrisse UG- Dachaufsicht zusätzlich:	M 1:100
	Gründung und Baugrubenverkleidung	M 1:100
	Baustelleneinrichtungsplan	M 1:100
	Bestimmen der Raumnummerierung	
3.4	Schnitte inkl. UG und Gründung	M 1:100
3.5	Ansichten ggf. Detail-Ansichten	M 1:100
3.6	Detailgrundrisse vorhandene ergänzen, zusätzlich z.B.	M 1:20/1:1
	Vordach, Pförtner/Empfang	
	Nassbereiche	
	Sonderbereiche	
	Rampen usw.	Details
	Rohbau/Einbauteile	M 1:1
	Mauerwerk/Einbauteile	M 1:10/1:1
	Fugen/Fugenverschluss	M 1:1
	Öffnungen/Einbauteil	M 1:1

	Abdichtung außen, Sohle, Kellerwände, horizontale Flächen, erdüberdeckt, Dächer	M 1:1
	Abdichtung innen	M 1:1
	Öffnungen – Fenster, Türen, Tore usw.	M 1:10/1:1
	Bodenaufbauten	M 1:1
	Wandbauten/-bekleidung	M 1:1
	Decken/Deckenbekleidungen	M 1:1
	Aufstellen Türliste	Liste
3.8	Ausbau	
	Bodenpläne/Vertragspläne	M 1:50/1:10/1:1
	Deckenuntersichten	M 1:50/1:10/1:1
	Wandabwicklungen	M 1:50/1:10/1:1
3.9	Freianlagen	
	Wege/Vegetation/Beläge	M 1:100/1:1
	Einbauten/Mobiliar	M 1:100/1:10
	Zäune, Tore, Schranken	M 1:100/1:10
3.10	Ergänzen der Festlegung der Materialien (aus LPH 2), Stoffe, Farben, Art der Verarbeitung (Bericht) in Erläuterungsbericht	Text
3.11	Objektbeschreibung Entwurfsplanung mit Kostenberechnung	Bericht/Ermittlung
3.12	Abstimmung mit der OÜ über den Umfang der für die Pläne und dem Zeitpunkt der Übergabe	Liste

Nach Bestimmen des Planungsumfangs sind mit den fachlich Beteiligten und der OBÜ die Planliefertermine in einem Terminplan verbindlich festzulegen. Ebenfalls die Ergebnisberichte sonstiger fachlich an der Planung Beteiligter.

4.	**Genehmigungsplanung LPH 4**	
4.1	Amtlicher Lageplan	M 1:100 aus LPH 2
4.1.1	Ggf. Abstandsflächennachweis	M 1:100
4.2	Lageplan Freianlagen	M 1:200 aus LPH 3
4.2.1	Grünflächenausgleichsplan	M 1:200
4.3	Grundrisse UG- Dachaufsicht zusätzlich: Mögliche Büroaufteilung, wenn kein Raumprogramm vorliegt Bestimmen der Raumnummerierung	M 1:50 aus LPH 3
4.4	Schnitte M 1:50/1:20aus LPH 3	
4.5	Ansichten	M 1:20/1:1aus LPH 3
4.6	(Bau-)Objektbeschreibung	Text
4.7	Kostenaussage	Text
4.8	Sonstige Listen/Angaben	

5.	**Ausführungsplanung LPH 5**	
5.1	Werkplaninhalte Afu-Planung	M 1:50
	WP 1 – Geometrie für den TWP, Einarbeiten Angaben TWP und Vorabzug für TGA- Planer	
	WP 2 – Koordinierte Durchbruchplanung Stahlbeton/Mauerwerk	

WP 3 – Abgeschlossene Festlegung der Boden-Decken-Wandaufbauten der Einbauten in Öffnungen
WP 4 – Innenausbau Planung, Möblierung, Kunst

5.2 Fortführung und Ergänzung von Plänen/Details der LPH 3 und 4

5.3 Aufstellen des Terminplans für die Planliefertermine WP 1–WP 4 des Architekten, des Tragwerkplaners, der TGA-Planer sowie des Freianlagenplaners

Im Verlauf der Ausführung ist die Werkplanung fortzuschreiben hinsichtlich geänderter Ausführung auf der Baustelle (Vormauerungen, Abkofferungen etc.).

Änderungen durch den Auftraggeber (Räume, Nutzung etc.) fallen nicht unter den Begriff der Fortschreibung der Afu-Planung. Hiermit ist ferner nicht gemeint, dass alles „auf den letzten Stand" gebracht wird. Dies kommt der „Bestandsplanung" gleich, die aber eine besondere Leistung darstellt (LPH 9).

6. Plan-Verteilung

Die nachstehende Festlegung benennt die Erstellung/Verteilung/Freigabe von Planunterlagen (Entwurfs- bis Ausführungsplanung für das vertraglich vereinbarte Bausoll der Bau AN) des Architekten. Dieses entspricht den Bedürfnissen der sonstigen fachlich Beteiligten und benennt in der Klammer auch den Mitwirkenden (den Zuarbeitenden und darauf für seine Planungen Beteiligten), der seine Angaben dem Zuständigen zuarbeitet.

Jede Planungsphase der Objektplanung wird im ersten Schritt als Vorabzug erstellt. Auf Basis dieser Vorabzüge erstellen die sonstigen fachlich Beteiligten ihre entsprechenden Vorabzüge. Die Ergebnisse der sonstigen fachlich Beteiligten werden vom Architekten auf Plausibilität geprüft und erst dann in seine weiterführende Planung integriert. Der Architekt erstellt entsprechend die Freigabe-Planung.

	Leistungen	**Zuständigkeit (Mitwirkender), Verteiler (Exporteur)**
1.0	**Entwurfs- bis Ausführungsplanung**	
1.1	Erstellen der Planlisten (Vorausschau)	Architekt, (Fachplaner)
1.2	Erstellung Terminplan „Planung der Planung"	Architekt, (Fachplaner)
1.3	Klärung Schnittstellenliste	Architekt und Fachplaner
1.4	Erstellung Vorabzug/Grob-Planung	Architekt, Fachplaner
1.5	Planungskoordination	Architekt
1.6	Erstellung der Freigabe-Planung	Architekt und Fachplaner
1.7	Planprüfung	Architekt und Fachplaner
1.8	Planfreigabe zur Bauausführung	Architekt und Fachplaner, andere fachlich Beteiligte
1.9	Planvervielfältigung und Verteilung.	Architekt und Fachplaner
	Weitere Planungsunterlagen können den Bietern während der Angebotszeit nachgesandt werden (bis max. 1 Woche vor Abgabetermin/Submissionstermin)	Planung an Bieter

	Leistungen	Zuständigkeit (Mitwirkender), Verteiler (Exporteur)
	Ergänzend können weitere Pläne einem reduzierten Bieterkreis (preislich interessante Bieter) bis max. 1 Woche vor Vergabe übergeben werden.	Planung an Bieter
	Nach erfolgter Vergabe können, mit einem Vorlauf von mind. 1 Woche, zu dem Einführungsgespräch mit dem Auftragnehmer, nochmals ergänzende Planunterlagen übergeben werden. Übergabe letzter Bauangaben an den Auftragnehmer zur Bauausführung	Planung an Bieter Planung an Auftragnehmer
2.0	**Objektüberwachung/Bauausführung**	
2.1	Im Einführungsgespräch werden alle übergebenen Bauangaben (Planungsunterlagen und LV-Texte) durchgesprochen.	Auftragnehmer
	Hierbei wird der Auftragnehmer (AN) verpflichtet, Werk- und/ oder Montageplanungen unter Beachtung von Prüf- und Freigabezeiten gem. Vertrag rechtzeitig dem Planer vorzulegen.	Prüfung/Freigabe Planer
	Des Weiteren ist der Auftragnehmer verpflichtet, gem. Vertrag noch fehlende Bauangaben beim Planer rechtzeitig abzufordern.	
2.2	Örtliche Bauangaben – ohne Planunterlage	Planer (Auftragnehmer)
2.2	Führung des Planeingangbuchs o. glw. auf der Baustelle zuständig.	
2.3	Im Falle von nachträglichen Planungskorrekturen oder -ergänzungen ist sinngemäß nach Punkt 1.8 und 1.9 zu verfahren.	Planer und Fachplaner
2.4	Abrechnungsunterlagen/Aufmaß nach Plänen	Planer über Auftragnehmer
2.5	Zusammenstellen der Objektdokumentation	Planer

Zur Sicherstellung, dass zur Bauausführung nur freigegebene Planunterlagen verwendet werden, ist die Planeingangsliste monatlich zwischen Architekt und den fachlich Beteiligten abzustimmen.

A.6.3 Schnittstellen-Planung, Zuordnung und Beschreibung

Die nachstehende Schnittstellenliste orientiert sich an den Belangen eines Bürogebäudes. Für andere Neubauten, Umbauten und Renovierungen sind die Schnittstellen analog festzulegen.

Es kommt bei der ersten Durcharbeitung nicht auf die Vollständigkeit an; Detailwissen entwickelt sich oft erst durch die weiteren Planungen.

Somit ist die Schnittstellenliste den jeweiligen Planungsinhalten fortzuschreiben, damit diese dann für die LPH 6 abgestimmt und damit auch – fast – vollständig zur Verfügung steht.

000 Allgemein
100 Grundstück
200 Vorbereitende Maßnahmen
300 Bauwerk – Baukonstruktion

3.1 Erweiteter Rohbau
3.2 Ausbaugewerke
400 Bauwerk – Technische Anlagen
410 Abwasser, Wasser, Gas
420 Wärmeversorgungsanlagen
421 Erd-Geothermie
430 Raumlufttechnische Anlagen
434 Kälteanlagen
440 Elektrische Anlagen
445 Beleuchtungsanlagen
455 Audio/Video
456 Einbruchmeldeanlage
456 Brandmeldeanlage
460 Förderanlagen
470 Nutzungsspezifische und verfahrenstechnische Anlagen
471 Küchentechnik
480 Gebäude- und Anlagenautomation
490 Sonstige Maßnahmen für technische Anlagen
500 Außenanlagen und Freiflächen
600 Ausstattung und Kunstwerke

Schnittstelle

KG	Gewerk/Bauteil	Architekt	Fachlich Beteiligte
000	Allgemein		
0.1	Projekthandbuch	Abstimmung PL-AG	Information an OPL
0.2	Projektorganisation	Abstimmung PL-AG	
0.3	Datenaustausch PDF auch in Word, Excel DA 81–86	DGN-, DWG-Format, PDF auch in Word, Excel DA 81–86	DGN- , DWG-Format
0.4	Datenraum		
0.5	Datenübertagung	Internet Portal	Internet Portal
0.6	Fach-/Sondering./Gutachter	Abstimmung PL-AG	Abstimmung mit OPL
0.7	LPH-Teilleistungen	Abstimmung PL-AG	Abstimmung mit OPL
0.8	Art der Vergabe	Abstimmung PL-AG	
0.9	Baustellenbüro	Abstimmung PL-AG	Abstimmung mit OPL
0.10	Vertragsbedingungen	Abstimmung PL-AG	Abstimmung mit OPL
0.11	ZTV-Qualiäten	für verantwortliche VEs	Abstimmung mit OPL
0.12	Bemusterung/in Bauteilen	Musterraum Veranlassung Abstimmung PL-AG	Abstimmung mit OPL
0.13	Termine/Planung Ausführung		Abstimmung mit OPL

KG	Gewerk/Bauteil	Architekt	Fachlich Beteiligte
0.14	Kostenermittlungen	Integration Beiträge fachl. Beteil.	Ergebnisse an OPL
0.15	Baustelleneinrichtungsplan Flächen an OPL	Abstimmung PL-AG	Angabe der notwendigen Transportwege etc
0.16	Schlitz- und Durchbrüche	Darstellung nach Freigabe Abstimmung PL-AG	Verantwortl. Koordination Abstimmung mit OPL
0.17	Montage+Werkplanung	Prüfung+Freigabe durch OPL	Prüfung/Freigabe an OPL
0.18	Revisions-/Montageö.	Abstimmung mit dem PL-AG	Abstimmung mit OPL
0.19	Toleranzen für alle Konstruktionen/Gewerk	Höhen und Fluchten abstimmen	Höhen/Fluchten an OPL
0.20	Ebenheiten/Oberflächen	Abstimmung PL-AG	
0.21	Schallschutz	Abstimmung PL-AG	Abstimmung mit OPL
0.22	Bauphysik	Abstimmung PL-AG	Abstimmung mit OPL
0.23	Bau-/Raumakustik	Abstimmung PL-AG	Abstimmung mit OPL
0.24	Nachhaltigkeit	Abstimmung PL-AG	Abstimmung mit OPL
100	**Grundstück**		
1.1	Abfindung	Abstimmung PL-AG	Abstimmung mit OPL
1.2	Ablösen dinglicher Rechte	Abstimmung PL-AG	Abstimmung mit OPL
1.3	Freimachen, Sonstiges	Abstimmung PL-AG	Abstimmung mit OPL
1.4	Bodenuntersuchung	Abstimmung PL-AG	Abstimmung mit OPL
1.5	sonstige Rechte	Abstimmung PL-AG	Abstimmung mit OPL
1.6	Baurecht	Abstimmung PL-AG	Abstimmung mit OPL
1.7	Energieen	Abstimmung PL-AG	Abstimmung mit OPL
200	**Vorbereitende Maßnahmen**		
2.1	Sicherungsmaßnahmen	Abstimmung PL-AG	Abstimmung mit OPL
2.2	Abbruchmaßnahmen	Abstimmung PL-AG	Abstimmung mit OPL
2.3	Altlastenbeseitigung	Abstimmung PL-AG	Abstimmung mit OPL
2.4	Herrichten Geländeoberfläche	Abstimmung PL-AG	Abstimmung mit OPL
300	**Bauwerk – Baukonstruktion**		
3.1	**Erweiterter Rohbau**		
3.1.1	Durchbiegung/Toleranzen	Abstimmung TWP+PL-AG	Abstimmung mit OPL
3.1.2	auszuschreibende VEs	Abstimmung PL-AG	Abstimmung mit OPL

KG	Gewerk/Bauteil	Architekt	Fachlich Beteiligte
3.1.3	Abfall/Schuttentsorgung	Abstimmung PL-AG Planung/Art LV-LB	Abstimmung mit OPL
3.1.4	Abbruch/Kontaminierung	Abstimmung PL-AG	Abstimmung mit OPL
3.1.5	Belastungen Strom/ Wasser/Bauwesen	Abstimmung PL-AG	Abstimmung mit OPL
3.1.6	Baustrom	Planung/LV	Entfernung an OPL
3.1.7	Baubeleuchtung	Planung/LV	Zentralen in Technik LV
3.1.8	Bauwasser	Planung/LV	Menge an OPL Entfernung
3.1.9	Bauschild, Werbung	Abstimmung mit PL-AG	Abstimmung mit OPL
3.1.10	WC- und Wasch-Einrichtungen	Planung/LV	Angabe FW+SW an OPL
3.1.11	Entwässerungskanalarbeiten	Angabe Pumpensümpfe Straßen-Niveau	Angabe an OPL Beachte: alte Anschlüsse
3.1.12	Fundamente techn. Aggregate	Abstimmung mit dem Bauphysiker in VE Rohbau	Angabe der Abmessungen an OPL
3.1.13	Aussparungen usw., Rohrhülsen in Wänden, Decken und Unterzügen, Leerrohre	Herstellen/Lieferung und Einbau in VE Rohbau	Verantwortl. Koordination Planerstellung/Prüfung Mengenangaben an OPL
3.1.14	Schließen von Aussparungen in Beton und Mauerwerk nach erfolgter Technikinstallation	Schließen der Aussparungen nach Freigabe der HT-PL durch VE Rohbau	Ummantelung, Installationen durch Technikfirmen Abstimmen: Ist abzusehen, dass ein nachträgliches Schließen nicht möglich ist, sind Einbaurahmen an OPL
3.1.15	Erdarbeiten/Kanalaushub	Erstellen LV	Trassenplanung an OPL
3.1.16	Grundleitungen und Zubehör	Integration ins LV	LV wird dem Rohbau-LV beigegeben
3.1.17	Blitzschutz	Integration ins LV	LV an OPL übergeben
3.1.18	Wasserdichte Rohr- und	Integration ins LV	LV an OPL übergeben
3.1.19	Kernbohrungen in Beton eigenverantwortlich HT, in Abstimmung mit TWP	Integration ins LV	Pos. im Rohbau LV
3.2	**Ausbaugewerke**		
3.2.1	Nutzlasten	Abstimmung PL-AG	Abstimmung mit OPL
3.2.2	Durchbiegung	Abstimmung PL-AG+TWP	in LV übernehmen
3.2.3	Abdichtungsarbeiten	Abstimmung PL-AG	in LV berücksichtigen
3.2.4	Revisionsklappen	Integration ins LV	in Plänen an OPL

KG	Gewerk/Bauteil	Architekt	Fachlich Beteiligte
3.2.5	Schalter, Steckdosen usw. in Fassade, Wänden, Schränken	Koordination Übergabepunkt	Planung/LV Stückzahl in Plänen an OPL
3.2.6	Befestigungskonstruktion in Leichtbauwänden	Integration im entsprechenden Gewerk/LV	Lastangabe/Ort usw. in Plänen an OPL
3.2.7	Waschtisch/-anlagen Sichtschutz etc	Planung/LV Waschtische und Handtuchspender etc	Planung/LV sanitäre Einzelobjekte, Armaturen
3.2.8	WC-Trennwände und WC-Accessoires	Planung/LV	Abstimmung mit OPL
3.2.9	Standard-/Feuerlöschkasten/ Wandhydrant Handfeuerlöscher	Abstimmung PL-AG Planung/LV	Angabe Stückzahl in Technikräume an OPL
3.2.10	Verkleidung Feuerlöschkästen	Planung/LV	Nachr. Übernahme
3.2.11	Installationsböden	Planung/LV Schallschutz Abst. mit PL-AG Übergabepunkten/Klemmleisten Abschottungen/Feuerschutz/ Angabe Revisionsöffnungen	Größe und Lage der Einbauteile an OPL
3.2.12	Bodenauslässe	Abstimmung mit PL-AG	in Plänen an OPL
3.2.13	Installationsboden UV-Räume	Übernahme Planung/LV	in Plänen an OPL
3.2.14	Anschlüsse Stromverbraucher Rolltor etc. Hebebühne, Kranbahn, Feuerschutztor Wasserflächen, Aufzug etc. Fassadenbefahranlage	Planung/LV Leistungsdaten an TGA	Übernahme in Planung und LV einschl. Anschluss
3.2.15	Verdrahtung gelieferter Bauteile Schranken/Toranlagen	im LV ausweisen Planung/LV Leerrohre in LV berücksichtigen	Anschluss Lieferung Verkabelung, Leitungen
400	**Bauwerk – Technische Anlagen**		
410	**Abwasser, Wasser, Gas**		
	Höhenlage Installation	Abstimmung PL-AG und TGA	
	Wandschlitze, -durchbrüche Schallschutz/Brandschutz	Abstimmung PL-AG und TGA	Abstimmung OPL/Pl+LV Abstimmung OPL/Pl+LV
	Revisionsöffnungen		Abstimmung OPL/Pl+LV
	Armaturen und Rohrleitungen		Abstimmung OPL/Pl+LV
	Bodeneinläufe/Rinnen	Abstimmung PL-AG und TGA	Abstimmung OPL/Pl+LV
	Frisch-/Fortluft/Gitter		Abstimmung OPL/Pl+LV

KG	Gewerk/Bauteil	Architekt	Fachlich Beteiligte
	Rohrleitungen		Abstimmung OPL/PI+LV
	Revisionsöffnungen	Ausbaugewerke+LV	Übergabe an OPL/I+LV
420	**Wärmeversorgungsanlagen**		
	Heizkörperbekleidungen	Planung/LV	Abstimmung mit OPL
	Heizkörper, Ventile	Herrichten (Putzen der Nischen) Anstrich der Heizkörper Flächenangabe TGA	Planung/LV Heizkörper usw. Flächenangabe an OPL
	Unterflur-Konvektoren	Planung/LV Konvektorschacht Beachte: Schallschutz	Planung/LV Heizkörper/Lüfter usw.
	Armaturen und Rohrleitungen	Anstrich (Flächenangabe HT	Planung/LV
	Dachdurchführung Abgasschornsteine	Integration Einbauteile in LVs	Planung/LV Angabe an OPL Abstimmung OPL/PI+LV
	Rohrleitungen	Integration in entsprechende LV	Anstrichflächen an OPL
	Revisionsöffnungen	Ausbaugewerke+LV	Übergabe an OPL/PI+LV
421	**Erd-Geothermie**		
	Anordnung Bohrungen	Planung/LV	Abstimmung PL-AG/OPL
	Wandschlitze, -durchbrüche	Planung/LV	Abstimmung OPL/PI+LV
	Revisionsöffnungen	Planung/LV	
	Armaturen und Rohrleitungen		Abstimmung OPL/PI+LV
	Rohrleitungen		Abstimmung OPL/PI+LV
430	**Raumlufttechnische Anlagen**		
	Wetterschutzgitter (WSG)	Fassaden Planung/LV	Anschlusskanal an WSG Gitterdaten an OPL
	Ventilator, Deflektorhauben	Integration der Einbauteile LV	PI/LV, Darstellung an OPL
	Brandschutzklappen/-ventile	Einmörtelung durch Rohbaufirma	PI/LV, Prüf.+Freig. Einbau
	Schachtbühnen	Planung/LV	Angabe an OPL
	Fortluftschachtabdeckung	Planung/LV	Angabe an OPL
	Luftdichte Türen in Wänden	Planung/LV	Angabe an OPL
	Luftaus-/-einlass Decken	Deckenausschnittes in LVs	Abstimmung OPL/PI+LV
	Luftaus-/-einlass Installationsb.	Aussparung in LVs	PI/LV, Darstellung an OPL

KG	Gewerk/Bauteil	Architekt	Fachlich Beteiligte
434	**Kälteanlagen**		
	Höhenlage Installation		Abstimmung PL-AG/OPL
	Wandschlitze, -durchbrüche		Abstimmung OPL/Pl+LV
	Revisionsöffnungen		Abstimmung OPL/Pl+LV
	Armaturen und Rohrleitungen		Abstimmung OPL/Pl+LV
	Rohrleitungen		Abstimmung OPL/Pl+LV
	Anordnung Sprinkler		Abstimmung OPL/Pl+LV
440	**Elektrische Anlagen**		
	Blitzschutz	Integration ins Rohbau LV	Planung/LV zum Rohbau LV
	Schalter/Steckdose in Trennwandsystem	Integration Einbauteilen in LV	Pl/LV, Darstellung an OPL
	Schalter/Steckdose in Metallfass./Pfosten/Riegel	Integration ins entsprechende LV	Pl/LV, Darstellung an OPL
	Leerrohre	Integration ins entsprechende LV	Pl/LV, Darstellung an OPL
	Sonnenschutzanlage	Planung/LV inkl. Zentrale	Lieferung/Anschluss Ltg., im Gebäude Angaben an Architekt
	Unterflurkanalsystem	Integration ins entsprechende LV	Pl/LV, Darstellung an OPL
	Steuertableaus in Pulten usw.	Integration ins entsprechende LV	Pl/LV, Darstellung an OPL
	Brandschutz ELT/NT-Kabel	Integration ins entsprechende LV	Pl/LV, Darstellung an OPL
	Elektrofußbodenheizung bzw. Oberboden an OPL	Planung/LV	Pl/LV, Darstellung an OPL
	RWA-Abzugsanlage	Planung/LV	Pl/LV, Darstellung an OPL
	Dachdurchf. Abgasrohr NEA	Integration ins entsprechende LV	Pl/LV, Darstellung an OPL
	Installationsb. in ELT-Zentralen (MSA, NHV) Boden-Elektranten		Pl/LV, Darstellung an OPL

KG	Gewerk/Bauteil	Architekt	Fachlich Beteiligte
445	**Beleuchtungsanlagen**		
	Einbaustrahler Dekorative Beleuchtung	Planung/LV	Übernahme Leistungsdaten Pl/LV, Darstellung an OPL
	Standard Büroleuchte	Integration in LV Beistellung der Leuchte zum Einbau Deckenbauer Beistellung Einputzrahmen Darstellung Deckenplänen an OPL LVs	Planung/LV der Leuchte ELT.-Anschluss
	Technische Beleuchtung	Integration in LV ELT.-Anschluss/Beistellung	Pl/V der Leuchte bzw. Beistellung Leuchte zum Einbau Deckenbauer
		Darstellung Deckenpläne	an OPL LVs
450	**Kommunikations-, sicherheits- und informationstechnische Anlagen**		
455	**Audio/Video**		
	Bildleinwand	Planung/LV	Übernahme Daten
	Flachbildschirm/Beamer	Planung/LV	Übernahme Daten
	Einbaulautsprecher	Übernahme der Anschlussdaten	Planung/LV
456	**Einbruchmeldeanlage**		
	Einbruchmeldeanlage	Erstellen LV, Türen/Fenster	Pl/LV Anschlussleitungen
	Blockschloss	Leerrohre, Kabelübergänge	Anklemmarbeiten
	Magnet-/Riegelkontakte		Montage/Justierung
	Fingerprints		Einbauteile an OPL
	Alarmdrahteinlagen	Pl/LV der Glasflächen Es ist bei den Alarmdrahteinlagen	Prüfung Leitungsverlegung auf Erd-/Kurzschluss Leerrohre im Rohbau
	Bewegungsmelder Elektroakustische Anlagen	Integration ins LV	Pl/LV, Leerrohre an OPL
	Perimeterüberwachung	Übernahme, evtl. gartenbaulicher Erdaushub LV	Pl/LV, Koordination G-Arch
	Videoüberwachung	Integration ins LV	Pl/LV Befestigung Kamera
	Videokameras		Abstimmung OPL/G-Arch
	Kameramasten		

KG	Gewerk/Bauteil	Architekt	Fachlich Beteiligte
	Installation		Abstimmung OPL/PI+LV
	Wandschlitze, -durchbrüche		Abstimmung OPL/PI+LV
	Revisionsöffnungen		Abstimmung OPL/PI+LV
	Endgeräte		Abstimmung OPL/PI+LV
	Archivierung		Abstimmung OPL/PI+LV
456	Brandmeldeanlage		
	automatische Brandmelder	Einbauteile in LV	PI/LV, Darstellung an OPL
	nicht automatische Brandm	Einbauteile in LV	PI/LV, Darstellung an OPL
	Paralleltableau, -tresor	Einbauteile in LV	PI/LV, Darstellung an OPL
	Schlüsseltresor	Einbauteile in LV	PI/LV, Darstellung an OPL
	Türfeststelleinrichtung	Leitungsführung im Türprofil	PI/LV, Darstellung an OPL
	Zusatzstromversorgung der Türfeststelleinrichtungen	Leerrohrnetz bis zum Übergabepunkt	Abstimmung mit OPL
	Pultplatte in Pförtnerpult	Integration Einbauteilen in LV	PI/LV, Darstellung an OPL Verdrahtung im Pult
	Zugangskontrolle	Integration von Einbauteilen in LV	PI/LV, Darstellung an OPL
	Leitungsverlegung/Anschuss	bauseits gestellten Türöffner	12/24, Ruhe-/Arbeitsstrom mit/ohne Rückmeldung
460	**Förderanlagen**		
	Fördermenge/Anzahl	Abstimmung mit PL-AG	Planung/LV
	Innenausbau/Kabinentüren	Abstimmung mit PL-AG	Planung/LV
	Schachtausbildung	Abstimmung mit PL-AG	Planung/LV
	NEA	Abstimmung mit PL-AG	Planung/LV
	Abluft	Planung/LV	Angabe in Plänen an OPL
	Maschinenraum/Ausbau	Planung/LV	Angabe in Plänen an OPL
	Etagentüren/-portale	Planung/LV	Angabe in Plänen an OPL

KG	Gewerk/Bauteil	Architekt	Fachlich Beteiligte
470	**Nutzungsspezifische und verfahrenstechnische Anlagen**		
	Wäscherei-/Reinigungsanlage	Abstimmung mit PL-AG	Planung/LV
	Medienversorgungsanlagen	Abstimmung mit PL-AG	Planung/LV
	Medizin-/labortechnische Anlagen	Abstimmung mit PL-AG	Planung/LV
	Feuerlöschanlagen	Abstimmung mit PL-AG	Planung/LV
	Badetechnische Anlagen	Planung/LV	Angabe in Plänen an OPL
	Prozesswärme/Kälte/Luft		Fundamente
	Entsorgungsanlagen		Akustik
471	**Küchentechnik**		
	Abdichtung/Gefälle	Planung/LV	
	Rohrdurchführungen	Planung/LV	Pl/LV, Darstellung an OPL
	Bodenaufbau	Planung/LV	
	Einbau von Rinnen	Integration in LV	Pl/LV, Darstellung an OPL
	Ablufthauben	Integration in LV	Pl/LV, Darstellung an OPL
480	**Gebäude- und Anlagenautomation**		
	Systemumfang	Abstimmung mit PL-AG	Planung/LV
	sichtbare Einbauten	Abstimmung mit PL-AG	Planung/LV
490	**Sonstige Maßnahmen für technische Anlagen**		
	Baustelleneinrichtung	Abstimmung mit PL-AG	Pl/LV, Darstellung an OPL
	Kranstellung/Fristen	Planung/LV	Abstimmung mit OPL
	Gerüste/Sicherungen	Planung/LV	Abstimmung mit OPL
	Brandschutz	Planung/LV	Abstimmung mit OPL
	SiGeKo	Abstimmung mit PL-AG	
	Abfall Container	Planung/LV	Abstimmung mit OPL
	Sicherungsmaßnahmen	Abstimmung mit PL-AG	Pl/LV, Darstellung an OPL
	Abbruch/Entsorgung	Abstimmung mit PL-AG	Pl/LV, Darstellung an OPL
	Provisorien	Abstimmung mit PL-AG	Pl/LV, Darstellung an OPL

KG	Gewerk/Bauteil	Architekt	Fachlich Beteiligte
500	**Außenanlagen und Freiflächen**	**Architekt/Gartenarchitekt**	
	Geländeflächen	Planung/LV	Mitwirken beim Entwurf
	Befestigte Flächen	Planung/LV	Trassen TGA an OPL
	Schächte, Ansaugöffnungen	Planung/LV	Angabe TGA an OPL
	Baukonstruktion	Planung/LV	Angabe TGA an OPL
	TA in Außenanlagen	Angaben an TGA Planer	Pl/LV, Darstellung an OPL
	Schrankenanlagen/Tore	Planung/LV	Angabe TGA an OPL
	Info-Systeme	Planung/LV	Angabe TGA an OPL
	Wasserflächen	Planung/LV	Angabe TGA an OPL
	Kunstobjekte	Abstimmung AG	
	Pflanzen- und Saatflächen	Planung/LV	
	sonstige Außenanlagen	Planung/LV	
	Beleuchtung	Planung/LV	Angabe an TGA
	Grundleitungen SW/FW/RW	Planung/LV	Angabe an TGA
	Gas, Elektro, Datenleitung	Planung/LV	Angabe an TGA
600	**Ausstattung und Kunstwerke**		
	Teeküchen/Sonderzonen	Planung/LV	Pl/LV, Übernahme von OPL Installationen
	Getränkeautomaten	Planung/LV	Pl/LV, Übernahme von OPL Installationen
	Pförtnertheke	Planung/LV	Pl/LV, Übernahme von OPL technischen Installationen
	Kunstwerke	Abstimmung mit PL-AG	

A.6.4 Auftraggeber-Mängelanzeige

Die Mängelanzeige oder -rüge eines Mangels einer nicht vertragsgemäßen Leistung an den Bau-Auftragnehmer durch den Auftraggeber bzw. im Auftrag des Auftraggebers kann wie nachstehend erfolgen:

1.1 Anzeige über einen gebauten Mangel vor Auftraggeber-Abnahme gemäß VOB/B § 4.7 und BGB § 633 ff. durch den Architekten und fachlich Beteiligte
oder

1.2 Anzeige über einen eingetretenen Mangel nach Auftraggeber-Abnahme gemäß VOB/B § 13 und BGB § 633 ff. im Gewährleistungszeitraum des Auftragnehmers durch den Auftraggeber
und

1.3 Anzeige über einen eingetretenen Mangel nach Ablauf der Gewährleistungsfrist an den zuständigen Bau-Auftragnehmer mit Aufforderung zur Beseitigung eines Mangel gem. BGB § 363 Beweislast und BGB § 633 ff. Sach- und Rechtsmängel

Der Architekt bzw. die fachlich Beteiligten haben entsprechend Pkt.: 1.1 den Mangel beim Bau-Auftragnehmer zu rügen mit nach fruchtlos verlaufender Fristsetzung einer Kündigungsandrohung zur (Teil-)Kündigung und nach § 8 Nr. 3 VOB/B das Recht, den Mangel zulasten des Auftragnehmers beseitigen zu lassen.

Der Architekt bzw. die fachlich Beteiligten (soweit LPH 9 beauftragt ist) haben entsprechend Pkt.: 1.2 den Mangel beim Bau-Auftragnehmer zu rügen mit nach fruchtlos verlaufender Fristsetzung einer Kündigungsandrohung zur (Teil-)Kündigung und den Mangel nach § 13 Nr. 5 Abs. 2 VOB/B das Recht, den Mangel zulasten des Auftragnehmers beseitigen lassen.

Im Falle der Mängelmeldung nach Pkt. 1.3 ist die Anzeige des Mangels an die ehemaligen fachlich Beteiligten ein Hinweis, welcher vertragsrechtlich i. d. R. keine Leistung fordert. Es ist jedoch darauf zu achten, ob es sich um einen immer wiederkehrenden Mangel handelt. Ist dies der Fall, liegt möglicherweise ein „Konstruktionsmangel" des Bauteils vor oder der Mangel hat sich bisher nicht ausgewirkt – beachte hierzu „Verschweigen" eines Mangels.

In diesem Fall wird ein Mitwirken des betroffenen fachlich Beteiligten vom Auftraggeber eingefordert.

1. Tätigkeiten Architekt, fachlich Beteiligte
Unabhängig von der Feststellung, ob wir ursächlich beteiligt sind, müssen wir den Mangel aus Gründen äußerster Vorsorge der Berufshaftpflichtversicherung anzeigen.

Hierzu ist es erforderlich, den Schriftverkehr sowie Leistungsfeststellungen, Abnahmeprotokolle oder sonstige Unterlagen, z. B. Bautagebuch, Fotodokumentation, zusammenzustellen.

Unser aktives Mitwirken ist in jedem Fall zwingend erforderlich, da der Auftraggeber die Möglichkeit hat, den Schadenersatz auch gegenüber uns geltend zu machen, da wir – Architekt, Fachplaner – dem Auftraggeber gegenüber gesamtschuldnerisch haften.

A.6.5 Formular Nachbarschaftszustimmung

Nachbarzustimmung zum Bauantrag

Aktenzeichen

Nachbar bzw. Nachbarin

Name	Telefon	E-Mail
Anschrift		

Nachbargrundstück

Gemeinde, Ortsteil, Straße, Hausnummer		
Gemarkung	Flur	Flurstück

Bauherr

Name und Anschrift

Baugrundstück

Gemeinde, Ortsteil, Straße, Hausnummer		
Gemarkung	Flur	Flurstück
Baumaßnahme		

Abstand zur Nachbarschaftsgrenze

☐ ohne Grenzabstand ☐ mit Grenzabstand .... m

Mit der Durchführung der obigen Baumaßnahme bin ich einverstanden, wenn die unten aufgeführten Einschränkungen eingehalten werden. Mir ist bekannt, dass diese Zustimmung nur bis zur Erteilung der Baugenehmigung durch mich frei widerrufen werden kann.

Die Lagepläne und Bauzeichnungen vom .... habe ich eingesehen und dort unterschrieben.

Auf eine Einsicht in die genehmigten Lagepläne und Bauzeichnungen verzichte ich. ☐ Ja ☐ Nein

Ich bitte um eine Abschrift der Baugenehmigung. ☐ Ja ☐ Nein

Die Zustimmung erteile ich unter folgenden Einschränkungen:
ggf. Rückseite benutzen

Ort, Datum, Unterschrift des Nachbarn/der Nachbarin

A.7 Bauausführung

A.7.1 Standardschreiben

A.7.1.1 Bauvorlagen Inhalt, Anzahl, Zusammenstellung

Die nachstehenden Angaben beschreiben den Regelfall. Abweichungen in Umfang, Inhalt und Darstellung sind jeweils der zuständen LBO zu entnehmen bzw. vorab zu klären. Mehrfertigungen für Auftraggeber und Einreicher sind zu berücksichtigen.

Sofern eine Vorklärung für eine parallele Amtsführung abgestimmt ist, sind die zusätzlich erforderlichen Mehrfertigungen zu berücksichtigen.

Vorlagenotwendigkeit nach Bedarf und Vorabklärung. Jede Ausfertigung ist einzeln zusammenzustellen.

Bauvorlage für Bauwerke			
Nr.	**gepr.**	**Bezeichnung, Beschreibungen, Inhalte etc.**	**Regelanzahl**
1		**Bauantragsformular (Vordruck)**	**3-fach**
		- vollständig ausgefüllt	
		- Unterschriften Bauherr, Planer, Objektüberwacher	
2		**Übersichtsplan mit Kennzeichnung des Baugrundstücks M 1:10.000/1:25.000**	**3-fach**
		Amtlicher Lageplan mit Objekteintragung M 1:500	
3		**Abzeichnung der Flurkarte mit Objekteintragung M 1:500/1:1.100**	**1-fach zur 1. Ausfertigung**
		- nach jeder Seite mindestens zwei angrenzende Grundstücke DIN A4	
		- mit amtlicher Beglaubigung, falls Lageplan nicht beglaubigt	
4		**Lageplan bzw. amtlicher Lageplan, siehe Vorposition**	**3-fach**
		- auf DIN A4 gefaltet, Schriftfelder unten rechts	
		- Unterschriften	
		- evtl. beglaubigt	
5		**Qualifizierter Freiflächenplan M 1:200**	**3-fach**
6		**Eingriffsplan M 1:200/1:500**	**3-fach**
7		**Ausgleichsplan M 1:200**	**3-fach**
8		**Abstandsflächenplan M 1:100/1:200**	**3-fach**
9		**Bauzeichnungen sämtlicher Geschosse, Schnitte, Ansichten ggf. Darstellung der Einfriedung M 1:100/1:200**	**3-fach**
		- Auf DIN A4 gefaltet, Schriftfelder unten rechts - Unterschriften Bauherr, Planverfasser	

Bauvorlage für Bauwerke			
Nr.	**gepr.**	**Bezeichnung, Beschreibungen, Inhalte etc.**	**Regelanzahl**
10		**Entwässerungspläne mit Grundrissen, Schnitten, Strangschemata, Abwicklungen, M 1:100/M 1:500 In Abstimmung Versorger/Stadt**	**3-fach**
		- Unterschriften Bauherr, Planverfasser	
11		**Berechnung der Abwassermenge**	**3-fach**
12		**Baubeschreibung Entwässerungsanlage** (Vordruck)	**3-fach**
13		**Bau- und Betriebsbeschreibung zum Gesamtbauvorhaben evtl. auf Vordruck**	**3-fach**
		- Unterschriften Bauherr, Verfasser	
14		**Baubeschreibung für Feuerungsanlagen über 50 KW** (Vordruck)	**3-fach**
15		**Baubeschreibung zur Lagerung wassergefährlicher Stoffe**	**3-fach**
16		**Baubeschreibung gewerblicher Anlagen ggf. mit Bau- und Betriebsbeschreibung**	**3-fach**
17		**Baubeschreibung Werbeanlagen und Warenautomaten** (Vordruck)	**3-fach**
18		**Baubeschreibung für den Abbruch baulicher Anlagen** (Vordruck) - ggf. erfolgte Abbruchantrag vorlaufend aus Termingründen (Bestandteil Baubeschreibung)	**3-fach**
19		**Baubeschreibung Außen- und Innenraumgestaltung für denkmalgeschützte Bauwerke und Kulturdenkmäler** (Herrichtungsmaßnahmen)	**3-fach**
20		**Berechnung des Maßes der baulichen Nutzung** - BRI Brutto-Rauminhalt DIN 277 - BGF Brutto-Grundfläche DIN 277 - GRZ Grundflächenzahl - GFZ Geschossflächenzahl - BMZ Baumassenzahl	**3-fach**
21		**Berechnung der notwendigen Kfz-Stellplätze nach Gemeindesatzung**	**3-fach**
22		**Nachweis der notwendigen Kfz-Stellplätze**	**3-fach**
		- auf dem Grundstück	
		- mittels Baulastsicherung auf Fremdgrundstück	
		- mittels Ablösung gemäß Satzung	
		- mittels Stellung Befreiungsantrag	
23		**Berechnung der notwendigen Abstellplätze für Zweiräder nach Satzung der Gemeinde**	**3-fach**
24		**Nachweis der notwendigen Abstellplätze für Zweiräder**	**3-fach**

Bauvorlage für Bauwerke			
Nr.	**gepr.**	**Bezeichnung, Beschreibungen, Inhalte etc.**	**Regelanzahl**
		- auf dem Grundstück	
		- mittels Baulastsicherung auf Fremdgrundstück	
		- mittels Stellung Befreiungsantrag	
25		**Standsicherheitsnachweis, ggf. Typenstatik**	**2-fach**
		- statische Berechnung mit Titelblatt	
26		**Übersichtsplan der Positionen**	
		- Konstruktions- und Bewehrungszeichnungen - sonstige Pläne werden abschnittsweise anlässlich Ausführungsplanung vorgelegt	
		- Unterschrift Tragwerksplaner	
		- Baugrunduntersuchung, Bodengutachten	2-fach
		- Nachweis Wärmeschutz nach Wärmeschutzverordnung und DIN 4108 - Nachweis gemäß Heizungsanlagenverordnung	2-fach 2-fach
		- Nachweis des Brandverhaltens der Baustoffe und der Feuerwiderstandsdauer an Bauteilen gemäß DIN 4102	2-fach
		- brandschutztechnische Gutachten	2-fach
27		**Berechnung der anrechenbaren Herstell-/Baukosten ggf. mit Bau- und Betriebsbeschreibung**	**2-fach**
		- evtl. Befreiungsantrag von Festsetzungen des Bauplanungsrechts oder von Vorschriften des Bauordnungsrechts inkl. Begründung (Vordruck)	1-fach
28		**Abstandflächenüberlagerung** - mit Grundbucheintragung/Zustimmung Nachbar	**1-fach**
29		**Nachbarerklärungen**	**1-fach**
		- Nachweis des Grundstückseigentümers, dass gegen das Bauvorhaben keine Bedenken bestehen, falls Bauherr nicht Grundstückseigentümer ist	1-fach
		- Bescheinigung über Mitgliedschaft der Architektenkammer	
		- sonstige Bescheinigungen als Nachweis der Berechtigung	
30		**Nachweis zur Berufshaftpflichtversicherung des Entwurfsverfassers bei veranschlagten Baukosten über 30 TDM** (Vordruck)	**1-fach**
31		**Erhebungsbogen (Zählkarte) des Statistischen Bundesamtes (Vordruck)**	**1-fach**

Beachte: Für Sonderbauten werden zusätzliche Angaben, z. B. nach BimSch, gefordert.

A.7.1.2 Vergabeeinheiten Nummerierung

Vergabeeinheiten
Die Verwendung von festgelegten Nummern für die Vergabeeinheiten ist Voraussetzung zur Erstellung von vergleichbaren Kennwerten und den Kostenermittlungen.

Bei vergleichbaren Leistungen ist zwischen VE-Nummern von Neubauten und denen für Arbeiten im Bestand (Umbauen, Modernisieren, Instandsetzen) zu differenzieren.

Von öffentlichen Auftraggebern kann die Forderung nach Verwendung von Kosten-Kennwert-Elementen (KKE) erfolgen. Dies ist im entsprechenden PHB zu berücksichtigten (Synonymtabelle).

Damit allen Eventualitäten (z. B. Änderung der Umsatzsteuer oder einer separaten Abrechnung von VE-Leistungen zulasten anderer ANs etc.) entsprochen werden kann, erhalten alle VE-Nummern die Möglichkeit einer Untergliederung in Untergruppen rechts vom Punkt durch die Zahlen 02–49 (für Neubauten) und 51–99 (für Bestandsbauten). Diese Untergruppen sind z. Zt. nicht vorgegeben und können innerhalb der Projektabwicklung durch fachlich Beteiligte festgelegt werden.

Für die vergleichenden Bewertungen werden die differenzierten Untergruppen der VE-Nr. hinzugerechnet.

Beispiel:
Rohbau, erweitert
Neubau: VE 240.01 Bestand: VE 240.50

Bei Verwendung der VE-Nr. zur Kostenermittlung:
Nach der Kostenschätzung ist z. B. davon auszugehen, dass die VE 027 (Tischlerarbeiten) zur Kostenberechnung in die VE 027.01 bis VE 027.05 weiter aufgeteilt wird. Bei einer Vergabe in Losen innerhalb einer VE-Nr. können weitere Untergruppen gebildet werden (Kostenanschlag: Auftrags-LV, VE 027.06 für AN Nr. 1 bis VE 027.08 für AN Nr. 3 etc.).

Werden KG der DIN 276 (bei Neubauten) in den Kostenermittlungen verwendet, so sind diese auch in den zugehörigen Baubeschreibungen als Gliederung zu verwenden.

Es ist zu beachten, dass bei automatischer Erstellung von Unterlagen durch Verwendung von Daten aus einem ausgewerteten Projekt die VE-Nr. zur KG-Nr. Projekt entsprechend zu prüfen ist.

Die festgelegten Nummern der Vergabeeinheiten müssen bei allen Dokumenten im Betreff stehen.

Auch für die Leistung Aufmaß-Prüfung und -Abrechnung ist die Verwendung der VE-Nr. zwingend erforderlich (siehe hierzu auch die Vertragsbedingungen ZTV), damit zum Abschluss letztendlich die Kostenfeststellung korrekt zusammengestellt werden kann.

Vergabeeinheiten – Hauptgruppen
000–099 Bauwerk – Leistungsbereiche gem. StLB
100–149 Grundstück/Vorbereitende Maßnahmen
150–249 Bauwerk – Baukonstruktion Tragwerk
250–299 Bauwerk – Baukonstruktion Hülle (Fassade, Abdichtung, Dach)
300–399 Bauwerk – Baukonstruktion Bauen im Bestand BIB gem. StLB
400–499 Bauwerk – Baukonstruktion Ausbauten/Innenausbauten
500–599 Bauwerk – Plattenbauten gem. StLB
600–699 Bauwerk – Mieter-/Nutzeranbauten

700–799 Bauwerk – Technische Anlagen
800–874 Außenanlagen und Freiflächen
875–949 Ausstattung und Kunstwerke
950–999 Baunebenkosten/Finanzierung

Bei den nachstehenden Untergruppen sind im LV-Text ggf. die zugehörigen LB-Nr. zu ergänzen.

Untergruppenzuordnung zu den VE-Hauptgruppen

VE 000–099	**Bauwerk – Leistungsbereiche gem. StLB**
VE/LB 000	Baustelleneinrichtung
VE/LB 001	Gerüstarbeiten
VE/LB 002	Erdarbeiten
VE/LB 003	Landschaftsbauarbeiten
VE/LB 004	Landschaftsbauarbeiten Pflanzen
VE/LB 005	Brunnenbauarbeiten, Aufschlussbohrungen
VE/LB 006	Verbau-, Ramm- und Einpressarbeiten
VE/LB 007	Untertagebauarbeiten
VE/LB 008	Wasserhaltungsarbeiten
VE/LB 009	Entwässerungskanalarbeiten
VE/LB 010	Dränarbeiten
VE/LB 011	Abscheider-, Kleinkläranlagen
VE/LB 012	Mauerarbeiten
VE/LB 013	Beton- und Stahlbetonarbeiten
VE/LB 014	Natur-/Betonwerksteinarbeiten
VE/LB 016	Zimmer- und Holzbauarbeiten
VE/LB 017	Stahlbauarbeiten
VE/LB 018	Abdichtung gegen Wasser
VE/LB 020	Dachdeckungsarbeiten
VE/LB 021	Dachabdichtungsarbeiten
VE/LB 022	Klempnerarbeiten
VE/LB 023	Putz- und Stuckarbeiten
VE/LB 024	Fliesen- und Plattenarbeiten
VE/LB 025	Estricharbeiten
VE/LB 027	Tischlerarbeiten
VE/LB 028	Parkett-, Holzpflasterarbeiten
VE/LB 029	Beschlagarbeiten
VE/LB 030	Rolladen, Sonnenschutz, Verdunkelung
VE/LB 031	Metallbau-/Schlosserarbeiten
VE/LB 032	Verglasungsarbeiten
VE/LB 033	Gebäudereinigungsarbeiten
VE/LB 034	Maler-/Lackiererarbeiten
VE/LB 035	Korrosionsschutzarbeiten
VE/LB 036	Bodenbelagarbeiten
VE/LB 037	Tapezierarbeiten
VE/LB 039	Trockenbauarbeiten
VE/LB 040	Heizungs- und Brauchwassererwärmung

VE/LB 042	Gas- und Wasseranlagen – Leitungen, Armaturen	
VE/LB 043	Druckrohrleitung-Gas, Wasser, Abwasser	
VE/LB 044	Abwasserinstallationsleitungen, Abläufe	
VE/LB 045	Gas-, Wasser-, Abwasser/Einrichtung	
VE/LB 046	Gas-, Wasser-, Abwasser/Betriebseinrichtung	
VE/LB 047	Wärme- und Kältedämmarbeiten	
VE/LB 048	Sanitärausstattung für den medizinischen Bereich	
VE/LB 049	Feuerlöschanlagen	
VE/LB 050	Blitzschutz- und Erdungsanlagen	
VE/LB 051	Bauleistungen für Kabelanlagen	
VE/LB 052	Mittelspannungsanlagen	
VE/LB 053	Niederspannungsanlagen	
VE/LB 055	Ersatzstromversorgungsanlagen	
VE/LB 056	Batterien	
VE/LB 058	Leuchten und Lampen	
VE/LB 059	Notbeleuchtung	
VE/LB 060	ELA-Anlage, Sprech-/Rufanlage	
VE/LB 061	Fernmeldeleitungsanlagen	
VE/LB 063	Meldeanlagen	
VE/LB 069	Aufzüge, Fahrtreppen	
VE/LB 070	Regelung-, Heiz-, Raumluft-, sanitäre Anlagen (MSR)	
VE/LB 071	Gebäudeautomation, Einrichtung/Funktionen	
VE/LB 072	Gebäudeautomation, Feldgeräte Verkabelung/Schalt	
VE/LB 074	Raumlufttechnische Anlagen/Zentralgeräte	
VE/LB 075	Raumlufttechnische Anlagen/Luftverteilsystem	
VE/LB 076	Raumlufttechnische Anlagen/Einzelgeräte	
VE/LB 077	Raumlufttechnische Anlagen/Schutzräume	
VE/LB 078	Raumlufttechnische Anlagen/Kälteanlagen	
VE/LB 080	Straßen, Wege, Plätze	
VE/LB 081	Betonerhaltungsarbeiten	
VE/LB 099	Allgemeine Standardbeschreibung	
VE 100–149	**Grundstück/Vorbereitende Maßnahmen**	
VE 100	Abbrucharbeiten	KG 200
VE 102	Abbrucharbeiten	KG 300
VE 104	Abbrucharbeiten	KG 400
VE 106	Abbrucharbeiten	KG 500
VE 110	Kampfmittelräumdienst	
VE 112	öffentliche Erschließung	
VE 114	nicht öffentliche Erschließung	
VE 116	Altlastenbeseitigung	
VE 118	Herrichten der Geländeoberflächen	
VE 120	Anschlussbeiträge/Kostenzuschüsse	
VE 122	Verkehrserschließung	
VE 124	Ausgleichsabgaben	
VE 130	Sicherungsmaßnahmen	

VE 132	Baustromanschluss – Baugelände	
VE 134	Bauwasseranschluss – Baugelände	
VE 136	Geländebewachung	
VE 150–250	**Bauwerk – Baukonstruktion Tragwerk**	
VE 150	Baustelleneinrichtung	
VE 152	Baustromversorgung	
VE 154	Bauwasserverteilung	
VE 156	Abfall- und Entsorgung	
VE 160	Baubüro	
VE 162	Musterfassade	
VE 164	Stundenlohnarbeiten	
VE 170	Schlechtwetterbaumaßnahmen	
VE 180	Umbau- und Sanierung	
VE 190	Herrichten	
VE 200	Generalunternehmer	
VE 202	Generalübernehmer	
VE 210	Baugrube und Baugrubenumschließung	
	LB 002	Erdarbeiten
	LB 003	Landschaftsbau
	LB 006	Verbau-, Ramm- und Einpressarbeiten
	LB 008	Wasserhaltungsarbeiten (bis Start Rohbau)
	LB 010	Dränarbeiten
VE 220	Bohrarbeiten	
VE 222	Auskernungen	
VE 230	Mauerarbeiten innen/außen	
VE 232	Verblendarbeiten	
VE 234	Erdarbeiten	
VE 236	Gerüstarbeiten	
VE 240	Erweiterte Rohbauarbeiten	
	LB 000	Baustelleneinrichtung, Teil 2
	LB 001	Gerüstarbeiten
	LB 002	Erdarbeiten
	LB 006	Verbau-, Ramm- und Einpressarbeiten
	LB 008	Wasserhaltungsarbeiten (ab Start Rohbau)
	LB 009	Grundleitungen Entwässerungskanalarbeiten
	LB 010	Dränarbeiten
	LB 012	Mauerarbeiten
	LB 013	Beton- und Stahlbauarbeiten
	LB 018	Abdichtung gegen Wasser
	LB 021	Dachabdichtungsarbeiten
	LB 050	Blitzschutz
VE 250–299	**Bauwerk – Baukonstruktion Hülle (Fassade, Abdichtung, Dach)**	
VE 250	Fassadenarbeiten (ggf. Teil 1)	
	LB 029	Beschlagarbeiten
	LB 030	Rollladen, Sonnenschutz, Verdunkelung

	LB 031 Metallbau-Fassade
	LB 032 Verglasungsarbeiten
VE 270	Fassadenbekleidungen
VE 280	Abdichtungsarbeiten, unter Gelände
VE 282	Abdichtung innen/Dachabdichtungsarbeiten
VE 284	Prov. Dachabdichtung
VE 286	Sicherungsmaßnahmen Tagwasser
VE 288	Prov. Decken/Dachentwässerung
VE 290	Dachdeckungsarbeiten
VE 294	Stahlbauarbeiten
VE 300–399	**Bauwerk – Baukonstruktion Bauen im Bestand BIB**
VE/LB 312	(BIB); Mauerarbeiten
VE/LB 313	(BIB); Betonarbeiten
VE/LB 314	(BIB); Naturwerksteinarbeiten
VE/LB 323	(BIB); Putzinstandsetzung
VE/LB 382	(BIB); Schutz vorhandener Bausubstanz
VE/LB 383	(BIB); Entsorg. asbesthaltiger Bauteile
VE/LB 384	(BIB); Abbruch-, Bohr-, Schneidearbeiten
VE/LB 385	(BIB); Trockenlegungsarbeiten
VE/LB 386	(BIB); Hausschornsteine
VE 400–499	**Bauwerk – Baukonstruktion Ausbauten/Innenausbau**
VE 400	Bauwerk – Innenausbau 1 (mehrere Gewerke)
VE 403	Naturwerkstein – innen
VE 406	Betonwerkstein
VE 407	Putz- und Stuckarbeiten
VE 410	Fliesenarbeiten
VE 414	Estricharbeiten
VE 416	Installationsböden
VE 418	Hohlraumboden
VE 420	Fließestrich
VE 422	Doppelboden
VE 424	Asphaltarbeiten
VE 426	Schlosserarbeiten, Teil 1
VE 428	Schlosserarbeiten, Teil 2
VE 450	Bauwerk – Innenausbau 2 (mehrere Gewerke)
VE 430	Tischlerarbeiten
VE 432	Tischlerarbeiten, Holztüren
VE 434	Tischlerarbeiten, Deckenbekleidung
VE 436	Tischlerarbeiten, Wandbekleidung
VE 438	Tischlerarbeiten, Fenster
VE 440	Tischlerarbeiten, Schränke
VE 442	Parkett, Holzpflasterarbeiten
VE 444	Metallbauarbeiten
VE 446	Trockenbauarbeiten, Wände, Türen
VE 448	Trockenbauarbeiten, Deckenbekleidung

VE 450	Trockenbauarbeiten, Feuerschutz
VE 452	Maler- und Lackierarbeiten, Tapezierarbeiten
VE 454	Verglasungsarbeiten
VE 456	Bodenbelagsarbeiten
VE 458	Tapezierarbeiten
VE 460	Bauwerk – Einrichtung 1 (KGR 370 und 470)
VE 460	Pförtneranlagen, Empfangstresen
VE 462	Garderobenanlagen, Empfangsdienste
VE 464	Teeküchen
VE 466	Flexible Trennwandanlagen
VE 468	Allgemeine Einbauten
VE 470	Bauwerk – Einrichtung 2 (KGR 370 und KGR 470)
VE 470	Allgemeine Möbel
VE 472	Arbeitsplatzmobiliar
VE 474	Schrankwände
VE 476	Audio/Video
VE 478	Freizeiteinrichtungen
VE 480	Allgemeine Ausstattung
VE 484	Dekorative Leuchten
VE 490	Orientierungssysteme
VE 495	Parkierungssysteme
VE 500–599	**Bauwerk – Baukonstruktion Plattenbauten gem. SHB**
VE/LB 501	(BIB); Wärmedämmverbundsysteme
VE/LB 502	(BIB); Vorgehängte hinterlüftete Fassade
VE/LB 503	(BIB); Fassadenbeschichtung/-putze
VE/LB 504	(BIB); Fugeninstandsetzung
VE/LB 505	(BIB); Betonerhaltung
VE/LB 506	(BIB); Balkone, Loggien, Hauseingänge
VE/LB 510	(BIB); Fenster und Außentüren
VE 600–699	**Bauwerk – Mieter-/Nutzereinbauten keine Vergabe**
VE 700–799	**Bauwerk – Technische Anlagen**
VE 700	Technische Gebäudeausrüstung
VE 705	Heizung, Lüftung, Sanitär, Kälte
VE 710	Heizung
VE 715	Lüftung, Kälte
VE 720	Sanitär, Grundleitungen/Regenentwässerung Sanitär innen
VE 730	Sprinkler
VE 740	Elektrotechnik gesamt
VE 750	Starkstrom, Blitzschutz
VE 760	Beleuchtung
VE 765	Schwachstrom Audio/Video
VE 770	EDV-Verkabelung
VE 780	Fördertechnik
VE 785	Müllentsorgung

VE 790 Küchentechnik
VE 795 Gebäudeautomation

VE 800–874 Außenanlagen und Freiflächen
VE 805 Freianlagen gesamt
VE 810 Bauwerke in Freianlagen
VE 820 Befestigte Flächen
VE 830 Grünflächen, Geländebearbeitung
VE 840 Technische Anlagen in Außenanlagen
- LB 002 Erdarbeiten
- LB 009 Entwässerungskanalarbeiten
- LB 042 Gas-, Wasserinstallation, Leitungen und Armaturen
- LB 049 Hydranten Leitung
- LB 061/062 Fernmeldetechnik
- LB 045 Gas-, Wasser-, Abwasser/Einrichtungen
- LB 050–053
- LB 058 Elektrotechnik

VE 845 Einbauten in Außenanlagen
VE 850 Kunstwerke

VE 875–949 Ausstattung und Kunstwerke (KGR 600)
VE 875 Loses Mobiliar, Arbeitsplatz
VE 880 Loses Mobiliar, Allgemeinfläche
VE 890 Textilien
VE 900 Teppiche
VE 910 Bilder etc.
VE 930 Kunstwerke
VE 935 Technische Anlagen für Kunstobjekte
VE 940 Baukonstruktion für Kunstobjekte

VE 950–999 Baunebenkosten
VE 950 Fachlich Beteiligte
VE 960 Nebenkosten
VE 970 Bau-Feinreinigung

A.7.1.3 Bearbeitungszeiten VE Erstellung bis Vergabe

Verdingungsunterlage 20 Tage bis Versand	VE-Nr. bestimmen
	Vertragsbedingungen BAB, BVB, ZVB etc.
	Belastungen abstimmen (Energien, Bauschutt etc.)
	ZTV der VE, Baustelleneinrichtungsplan
	Leistungsbeschreibung/-verzeichnis
	Planunterlagen, Objekt-Beschreibungen etc. Datenraum
	Gutachten, Bauteilkatalog, Zertifizierung etc.
	Terminplan
	Brandschutz während der Bauzeit/SiGeKo/Schallschutz etc.
Bieterfrist 30–50 Tage	Firmenliste mit Auftraggeber abstimmen
	Abgabetermin abstimmen
	Anfrage Bieterkreis mit Hauptmassen
	CD versenden
Angebotsprüfung 20–60 Tage	Protokoll Eröffnung
	Preisspiegel/Zusammenfassung/Sondervorschläge
	Aufklärungsgespräch
	Vergabegespräch
Auftrag 20–80 Tage	Vergabevorschlag/Auftragsentwicklung
	Protokoll zur Auftragsverhandlung
	AN Nachweise prüfen/vervollständigen
	Bauvertrag (Liste fortführen)
	Kostenfortschreibung mit NT Budget
	Dokumentation Auftrag paraphieren
	Bieterkreis absagen
	Vom Beginn Aufstellen des LV bis zur Auftragsvergabe vergehen i. d. R. mindestens 4 Monate

Nachweise	Baustellenordnung etc.
	Police Bauleistungsversicherung an AN
	Anerkennung DGUV Vorschrift 1 etc.
	Montagekonzept/Gefährdungsabschätzung
	Nachweis Betriebshaftpflicht
	Bürgschaften
	Zahlungsplan
	Terminplan AN
Einführungsgespräch	EP Baustellen Einführungsgespräch
	- Bauvertrag/Leistung etc.
	- Baustelle
	- Projekt Organisation
	- Terminplan
	- Zertifizierung/Deklaration/Zustimmung
	- Aufmaßprüfung/Pauschalierung
Rechnungsprüfung	Aufmaß im Hinblick auf Auftrag prüfen
	zusätzl. Leistungen mit dem Auftraggeber besprechen
	Rechnung anfordern und freigeben an Auftraggeber
	Rücklauf Zahlbetrag Auftraggeber
	Kostenfortschreibung Rechnung eintragen
Bauausführung	Prüfung Übereinstimmung mit Vertrag/Zeichnung
	Qualitätsprüfung
	Koordination Vor-/Nachgewerk
	Behinderung/Verzug
Abnahme	Leistungsfeststellungen
	Prüfen Leistungssoll
	Nachweise/Fachbauleitererklärungen/Zulassungen Terminabstimmung Auftraggeber Protokoll Abnahme

A.7.1.4 Doppelausschreibung mit Haftungsfolgen bei VOB/A-Anwendern

Die Doppelausschreibung einer Leistung in zwei Gewerken als Normalposition ist gemäß § 7 VOB/A unzulässig. Sie verhindert eine erschöpfende und für den Bewerber eindeutig nachvollziehbare Leistungsbeschreibung.

Bei einer Doppelausschreibung wird die Leistung vor Vergabe gezwungenermaßen aus einem Gewerk gestrichen. Dies behindert die Kalkulation derjenigen Bieter, die auf dem Weg einer Mischkalkulation vorgegangen sind. Bei Arbeiten, die in zwei verschiedenen Gewerken geleistet werden können, müssen diese in beiden Gewerken als Eventual- oder Wahlpositionen gekennzeichnet sein, ansonsten muss der Architekt für Folgen aus der fehlerhaften Ausschreibung haften (OLG-Koblenz AZ 2 U 227/96).

A.7.1.5 Hinweise zu LV-Erstellung Rohbau

Generelle Voraussetzungen für inhaltlich stimmige (Leistung, Materialien, Mengen) und in der Bearbeitung wirtschaftlich zu erstellende Leistungsverzeichnisse – in Ergänzung eines frühzeitig und kontinuierlich durchgeführten Informationsaustausches zwischen Architekt und anderer an der Planung fachlich Beteiligter – sind:

1. Planungsunterlagen im Sinne der LPH 5, umfassend, eindeutig und vollzählig
2. Zustimmung des Auftraggebers zur Ausführungsplanung sowie Entscheidungen des Auftraggebers zum Ausschreibungsverfahren, z. B. Einzelvergabe, losweise Vergabe, GU-Vergabe sowie Vertragsbedingungen, die den LV-Inhalt für die Ausführung von Bauleistungen mitbestimmen, z. B. BAB, AVB, ZVB, BV.

Beispielhaft und ohne Anspruch auf Vollständigkeit werden stichwortartig folgende Unterlagen und Vorgaben benannt:

Planungsunterlagen:

alle notwendigen Ausführungszeichnungen	Architekt
alle rohbaurelevanten Detailzeichnungen	Architekt
alle Positionspläne und Statik	TWP
alle Fertigteilzeichnungen	Architekt, TWP
Boden- und Gründungsgutachten	Bodengutachter
Entwässerungsplanung	Fachplaner
Freiflächengestaltungsplan	Architekt, Fachplaner
evtl. Bestandspläne für Abbrucharbeiten	Auftraggeber, Architekt
evtl. Bewuchs-Bestandspläne für Erhalt/Rodung	Architekt, Fachplaner
sonstige Planunterlagen z. B.	Bauschild

Grundleistungen

- Ausschreibung durch Fachplaner oder Objektüberwachung/Öffentliche Anschlüsse, Materialien,
- Lage der Kontrollschächte, freie Ausführung oder durch Vertragsfirma der Gemeinde etc.

Stahlbetonarbeiten

- Sofern im Boden-/Gründungsgutachten nicht erwähnt bzw. nicht vorliegen: Spezialgründung
- Unterfangung von Nachbargebäuden

- Untergeschoss-Abdichtung/Dämmung (schwarze bzw. weiße Wanne, Perimeterdämmung, Filter- und Dränschichten, Fugenausbildung, Fugenbänder, Fugenbleche), Einbauteile
- Aufzugsunterfahrten, Pumpensümpfe, Schächte für Hebeanlagen und/oder Produktionsanlagen
- Sichtbetonteile/Schalungsart
- Treppenausführung (Fertigteile, Ortbeton, Sichtbeton)
- Kellerlichtschächte und Kellerfenster

Mauerarbeiten
- Tragende/nichttragende Ausführung
- Sichtmauerwerkbereiche
- Ziegelformate, Ziegelart, Anforderungen

Dachkonstruktion
- Dachaufbau mit Dämmung und Dichtung
- Ausführung von Dachaufbauten
- Fahrschienen etc. für Fassaden Befahranlagen
- Vorgaben für Dachentwässerung (innen-/außenliegend), Materialien

Auftraggeber-Festlegungen/Entscheidungen
Ausschreibungsart und Vergabe
- Leistungsbeschreibung, Einzelgewerkeausschreibung, Zusammenfassung in
- Losen (erweiterter Rohbau, Fassade, Ausbau, TGA, Außenanlagen),
- Generalunternehmerausschreibung (mit/ohne Mengenangaben)
- Ausschreibungsverfahren (offen, nicht offen, beschränkt, freihändig)

Festlegung der LV-beeinflussenden Vertragsbedingungen
- in BAB, AVB, ZVB, BVB etc.

Einrechnung von Sicherheiten bei Mengenangaben
- z. B. keine/3 v. H./nach Bedarf

Fortschreibung der Kostenermittlungen
- Fortschreibung durch Kosten-Indexsteigerungen

A.7.1.6 Hinweise zu LV-Erstellung Ausbau

Generelle Voraussetzungen für inhaltlich stimmige (Leistung, Materialien, Mengen) und in der Bearbeitung wirtschaftlich zu erstellende Leistungsverzeichnisse – in Ergänzung eines frühzeitig und kontinuierlich durchgeführten Informationsaustausches zwischen Architekt, anderer an der Planung fachlich Beteiligter – sind:

- Planungsunterlagen im Sinne der LPH 5 umfassend, eindeutig und vollzählig
- Zustimmung des Auftraggebers zur Ausführungsplanung und Entscheidungen des AG zum Ausschreibungsverfahren, z. B. Einzelvergabe, losweise Vergabe, Generalunternehmervergabe sowie zu den den LV-Inhalt mitbestimmenden Vertragsbedingungen für die Ausführung von Bauleistungen, z. B. BAB, AVB, ZVB. BVB.

Beispielhaft und ohne Anspruch auf Vollständigkeit werden stichwortartig folgende Unterlagen und Vorgaben benannt:

Planungsunterlagen

alle notwendigen Ausführungszeichnungen	Architekt
alle ausbaurelevanten Detailzeichnungen	Architekt
alle Planunterlagen über betriebliche Einbauten	Architekt, Fachplaner
bauphysikalisches Gutachten (Akustik, Abdichtungen)	Gutachter
evtl. Bestandspläne für Abbrucharbeiten	AG, Architekt
evtl. Bewuchs-Bestandspläne für Erhalt/Rodung	Architekt, Fachplaner
sonstige Planunterlagen	

Sonstige Planungsfestlegungen

Fensteranlagen

- Regel- bzw. Leitdetails vorhanden, Material-/Farb-/Fabrikationsvorgaben, Ausführung der Verglasung, Sicherheitsbelange, Beschlagvorgaben, Vorgaben für Innen- und Außenfensterbänke.

Fassadenausführung

- Regel- bzw. Leitdetails vorhanden, Ausführungsart als Kalt-, Warm-, Doppelfassade, Material- und Dimensionierungsvorgaben für entsprechende Ausführung (Metall, Putz, Naturwerkstein etc.)

Türen und Tore im Fassadenbereich inkl. Zargen

- Regel- bzw. Leitdetails vorhanden, Ausführungstypen (Öffnungsart), Antriebsart, Beschläge, Material-/Farbvorgaben, Sicherheits-/Brandschutzbelange, Türliste

Türen und Tore im Innenbereich inkl. Zargen

Regel- bzw. Leitdetails vorhanden, Ausführungstypen (Öffnungsart), Antriebsart, Beschläge, Material-/Farbvorgaben, Sicherheits-/Brandschutzbelange, Türliste

Briefkastenanlage als Kombiausführung

- Regel- bzw. Leitdetails vorhanden mit Funktionsbeschreibung

Schließanlagen

- Anforderungen, Fabrikatsvorgaben

Metallbauarbeiten (Schlosser)

- Leistungsumfang, Regel- bzw. Leitdetails vorhanden, z. B. Treppengeländer, Verkleidungen, Einbauten

Decken- und Wandputz, innen

- Ausführungsbereiche, Putzarten

Estricharbeiten

- Leistungsumfang, Regel- bzw. Leitdetails vorhanden, sonst Klärung von Art und Ausführung in den verschiedenen Bereichen mit Benennung der Beanspruchung

Bodenbeläge

- Regel- bzw. Leitdetails vorhanden für Gesamtaufbau in verschiedenen Bereichen, Material-, Qualitäts-, Fabrikats- und Farbvorgaben

Naturwerkstein, Betonwerkstein

- Regel- bzw. Leitdetails vorhanden, Material- und Verarbeitungsvorgaben, Dimensions- und Verlegevorgaben, Fugenausbildung und Materialien, Verlegepläne

Angehängte Decken Deckenverkleidungen

- Regel- bzw. Leitdetails vorhanden, Verlegepläne in Abstimmung mit Beleuchtung und Belüftung, Vorgaben für Material-, Fabrikats- und Farbangaben inkl. Unterkonstruktion, Brandschutz- und Akustikvorgaben, sonstige Anforderungen aus TGA-Vorgaben

Leichtbautrennwände

- Regel- bzw. Leitdetails vorhanden, Montagebereiche, Anforderungen aus Brandschutz-, Akustikbelangen, Systemtrennwände, GK-Ständerwände mit Art/Lagen der Beplankung, Material-, Fabrikats-, Farbvorgaben, sonstige Anforderungen

Fliesenarbeiten

- Regel- bzw. Leitdetails vorhanden, Ausführungsbereiche, Wandabwicklungen vorhanden, Material-, Fabrikats-, Farb- und Dimensionsangaben, Verlegung im Mörtelbett bzw. im Klebeverfahren, farbige Verfugung, Unterbau mit/ohne besondere Abdichtung

Malerarbeiten (innen)

- Vorgaben zum Untergrund der fertigen Oberfläche, Vorgaben für Qualität, Fabrikat und Farbtöne

Beschilderungen

- Info-Leitsystem vorhanden, Vorgaben für Beschilderungsausführung (Materialien, Befestigung, Größen, Texte etc.), mit/ohne Beleuchtung

Sonstige Vorgaben
Auftraggeber-Festlegungen/Entscheidungen
Ausschreibungsart und Vergabe

- z. B. Leistungsbeschreibung, Einzelgewerkeausschreibung, Zusammenfassung in Losen (erweiterter Rohbau, Ausbau, TGA, Außenanlagen), Generalunternehmerausschreibung (ohne Mengenangaben), Ausschreibungsverfahren (offen, nicht offen, beschränkt)

Festlegung der LV-beeinflussenden Verdingungsunterlagen

- in BAB, AVB, ZVB, BVB etc.

Einrechnung von Sicherheiten bei Mengenangaben

- z. B. keine/3 v. H./nach Bedarf

Fortschreibung der Kostenermittlungen

- Fortschreibung durch Kosten-Indexsteigerungen

A.7.1.7 Hinweise zur Funktionalen Leistungsbeschreibung

Bei diesem Vertragstyp wird die schlüsselfertige Bauleistung nicht durch ein detailliertes Leistungsverzeichnis, sondern durch eine funktionale Leistungsbeschreibung definiert. Diese dient zur Fixierung des zu erbringenden Leistungsziels, ohne die Leistung im Detail konkret zu beschreiben (die „schlüsselfertige" Leistung erfordert entsprechende Vereinbarungen, siehe Bauvertrag).

Der Auftragnehmer trägt das Vollständigkeitsrisiko, da er sämtliche Leistungen schuldet, die für die Errichtung eines funktionstauglichen Werkes erforderlich sind – ohne Rücksicht darauf, ob diese in der Leistungsbeschreibung umfassend definiert wurden.

Unabhängig von den Vergütungsmodalitäten im Einzelnen umfasst die Leistungspflicht des Auftragnehmers auch Planungs- und Bauleistungen, insbesondere solche Leistungen, die nach diesem Vertrag und seinen Anlagen nicht ausdrücklich erwähnt worden sind, die jedoch erforderlich werden, um die Schlüsselfertigkeit des in dem Vertrag beschriebenen Bauvorhabens herbeizuführen.

Funktionale Leistungsbeschreibung
Vorteile der funktionalen Leistungsbeschreibung für Auftraggeber sind:

- Value Engineering-Prozess (Qualitäts- und Kostenoptimierung)
- Alliance Contracting/Partnering-Vertrag (Kooperationsmodell, Streitvermeidung) Verkürzung der Gesamtprojektdauer (Zeitersparnis in der Planungs- und Vergabephase)
- stufenweise Konkretisierung des Bau-Solls
- ein Vertrags- und Ansprechpartner (Koordination und Mängelansprüche)
- Kosten- und Terminrisiko liegt weitestgehend beim Auftragnehmer

Nachteile der funktionalen Leistungsbeschreibung für Auftraggeber sind:

- hohes Risiko bei Insolvenz des Auftragnehmers
- Angebotswettbewerb liegt in der Verantwortung des Auftragnehmers
- Koordinationszuschlag (sog. GU-Zuschlag), erhöhte Risikozuschläge

Funktionale Ausschreibungen
Der Bundesgerichtshof (BGH) hat klargestellt, dass auch bei funktionalen Ausschreibungen genaue Leistungsvorgaben (zum Beispiel Zeichnungen) als Vertragsbestandteil gelten und von den ausführenden Unternehmen zwingend einzuhalten sind.

Deshalb sind in der Ausschreibungen genaue Vertragsinhalte zu definieren.

Als wichtigste Vertragsbestandteile hat der BGH folgende Unterlagen anerkannt:

- Bauwerkszeichnungen (unberührt vom Maßstab und der Planungstiefe)
- Berechnungen und Baubeschreibungen (die Planungsinhalte oder Ausführungsanforderungen enthalten und Vertragsbestandteil mit dem GU geworden sind)

A.7.1.8 Erklärung AN gem. DGUV V 1 (Grundsätze der Prävention) zur UVV und SiGeKo

Projekt: ....
Auftragnehmer: ....
Leistung: ....

Der Auftragnehmer erklärt, dass er bei der für ihn zuständigen Berufsgenossenschaft angemeldet ist:

Berufsgenossenschaft:
Mitgliedsnummer:

1. Als **Fachbauleiter** entsprechend LBO werden benannt:
Name/Unterschrift:
Geburtsdatum:
Berufsbezeichnung:
Tel./Mobil:

Vertreter:
Name/Unterschrift
Geburtsdatum
Berufsbezeichnung
Tel./Mobil:

2. Als **Sicherheitsfachkraft** entsprechend DGUV und SiGe wird benannt:
Name/Unterschrift:
Geburtsdatum:
Berufsbezeichnung:
Tel./Mobil:

Vertreter:
Name/Unterschrift:
Geburtsdatum:
Berufsbezeichnung:
Tel./Mobil:

3. Als ständig anwesende **Ersthelfer** auf der Baustelle werden benannt:
Name/Unterschrift:
Geburtsdatum:
Berufsbezeichnung:
Tel./Mobil:

Vertreter:
Name/Unterschrift:
Geburtsdatum:
Berufsbezeichnung:
Tel./Mobil:

Die benannten Mitarbeiter des Auftragnehmers erklären durch Unterschrift, dass sie die unmittelbare Verantwortung für die Ausführung an Ort und Stelle übernehmen. Der als Bauleiter/Fachbauleiter Benannte besitzt die für eine sichere Ausführung erforderliche Kenntnisse und Verlässlichkeit. Ihm ist bekannt, dass er für die Sicherheit der Baustelle sowie für die Einhaltung der gesetzlichen, behördlichen und berufsgenossenschaftlichen Vorschriften verantwortlich ist.
Der Auftragnehmer sowie der Bauleiter/Fachbauleiter erklären, dass ihnen die die Bauordnung, Unfallverhütungsvorschriften sowie die Vorschriften des Sozialgesetzbuches bekannt sind.
Vorstehende Personen verfügen aufgrund entsprechender Schulungen über das notwendige Wissen zum Unfall-/Arbeits-/vorbeugenden Brandschutz und bei der Brandschutzbekämpfung gemäß den Bestimmungen der Berufsgenossenschaft, der UVV, insbesondere nach DGUV und der Arbeitsstättenrichtlinien. Weiterhin haben sie an Erste-Hilfe-Kursen erfolgreich teilgenommen. Auf ihre Aufgaben und Verantwortlichkeiten im Baustellenbereich o. g. Objektes wurden die vorstehenden Personen eingewiesen.

Ort, Datum

....
Name, rechtsverbindliche Unterschriften

A.7.1.9 Hinweis zu BaustellV und DGUV Vorschrift 1

Baustellenverordnung (BaustellV)
§ 5 Pflichten der Arbeitgeber (Absatz: 3, 4, 5)
(3) Anpassung der Ausführungszeiten für die Arbeiten unter Berücksichtigung der Gegebenheiten auf der Baustelle,

(4) Zusammenarbeit zwischen Arbeitgebern und Unternehmern ohne Beschäftigte,

(5) Wechselwirkungen zwischen den Arbeiten auf der Baustelle und anderen betrieblichen Tätigkeiten auf dem Gelände, auf dem oder in dessen Nähe die erstgenannten Arbeiten ausgeführt werden, zu treffen sowie die Hinweise des Koordinators und den Sicherheits- und Gesundheitsschutzplan zu berücksichtigen.

Unfallverhütungsvorschriften (DGUV V 1/BGV 1) – Grundsätze der Prävention
§ 6 Zusammenarbeit mehrerer Unternehmer (Absatz: 1, 2)
(1) Werden Beschäftigte mehrerer Unternehmer oder selbstständige Einzelunternehmer an einem Arbeitsplatz tätig, haben die Unternehmer hinsichtlich der Sicherheit und des Gesundheitsschutzes der Beschäftigten, insbesondere hinsichtlich der Maßnahmen nach § 2 Abs. 1, entsprechend § 8 Abs. 1 Arbeitsschutzgesetz zusammenzuarbeiten. Insbesondere haben sie, soweit es zur Vermeidung einer möglichen gegenseitigen Gefährdung erforderlich ist, eine Person zu bestimmen, die die Arbeiten aufeinander abstimmt; zur Abwehr besonderer Gefahren ist sie mit entsprechender Weisungsbefugnis auszustatten.

(2) Der Unternehmer hat sich je nach Art der Tätigkeit zu vergewissern, dass Personen, die in seinem Betrieb tätig werden, hinsichtlich der Gefahren für ihre Sicherheit und Gesundheit während ihrer Tätigkeit in seinem Betrieb angemessene Anweisungen erhalten haben.

Arbeit Schutzgesetz (ArbSchG)
§ 8 Zusammenarbeit mehrerer Arbeitgeber
(1) Werden Beschäftigte mehrerer Arbeitgeber an einem Arbeitsplatz tätig, sind die Arbeitgeber verpflichtet, bei der Durchführung der Sicherheits- und Gesundheitsschutzbestimmungen zusammenzuarbeiten. Soweit dies für die Sicherheit und den Gesundheitsschutz der Beschäftigten bei der Arbeit erforderlich ist, haben die Arbeitgeber je nach Art der Tätigkeiten insbesondere sich gegenseitig und ihre Beschäftigten über die mit den Arbeiten verbundenen Gefahren für Sicherheit und Gesundheit der Beschäftigten zu unterrichten und Maßnahmen zur Verhütung dieser Gefahren abzustimmen.

(2) Der Arbeitgeber muss sich je nach Art der Tätigkeit vergewissern, dass die Beschäftigten anderer Arbeitgeber, die in seinem Betrieb tätig werden, hinsichtlich der Gefahren für ihre Sicherheit und Gesundheit während ihrer Tätigkeit in seinem Betrieb angemessene Anweisungen erhalten haben.

Insbesondere des Weiteren zu beachten:
DGUV 101-601: Branche Rohbau
DGUV 101-602: Branche Ausbau
DGUV 101-603: Branche Abbruch und Rückbau
DGUV 201-057: Maßnahmen zum Schutz gegen Absturz bei Bauarbeiten
DGUV 201-011: Handlungsanleitung für den Umgang mit Arbeits- und Schutzgerüsten

Übernimmt der Unternehmer einen Auftrag, dessen Durchführung zeitlich und örtlich mit Aufträgen anderer Unternehmer zusammenfällt, ist er verpflichtet, sich mit den anderen Unternehmern abzustimmen, soweit dies zur Vermeidung gegenseitiger Gefährdungen erforderlich ist.

DGUV V 38 UVV Bauarbeiten
§ 4 Leitung, Aufsicht und Mängelmeldung
(1) Bauarbeiten müssen von fachlich geeigneten Vorgesetzten geleitet werden. Diese müssen die vorschriftsmäßige Durchführung der Bauarbeiten gewährleisten ...

A.7.1.10 Baubüro

In der Regel wird gemäß Ausschreibung und Vertragsbedingungen ein in Größe und Funktion definiertes Bau-Büro durch den Auftraggeber mittels Bestellung beim Auftragnehmer der Rohbauarbeiten zur kostenfreien Nutzung zur Verfügung gestellt.

Dieses beinhaltet üblicherweise die notwendigen Büromöbel, Beleuchtung, Beheizung, Sanitäranlagen (WC, Teeküche), Telefon-/Datenanschluss inkl. Energie-/Medienanschlüsse, Energiever- und -entsorgung, Grundausstattung und tägliche Reinigung (ca.100–250 m² NF)

Auftraggeber Beschaffung

Geräte und Verbrauchsmaterial
- WLAN-/Internet-Zugang für alle fachlich Beteiligten
- Kopiergerät SW und Color/DIN A3 Scanner
- PC und AP-Bildschirme
- im Besprechungsraum mind. 65 Zoll Flat mit Desk-Verbindung, Ordner, Kopierpapier A4/A3, Schreibblöcke, Skizzierpapier, Farb-/Bleistifte, Kugelschreiber, Farbmarkierungsstifte, Radiergummis, Locher, Hefter mit Klammern, Büroklammern, Postmappen, Postumschläge, Klarsichthüllen etc.
- Kaffee-/Teemaschine, Geschirr, Besteck, Spülmittel, Seife
- Küchen-, Handtrocken- und WC-Papier, Abfallkörbe
- Erste-Hilfe-Kasten, Kleinwerkzeugkasten, Schuhputzgerät

Nutzerbeschaffungen
Büro- und Besprechungsräume
Geräte- und Verbrauchsmaterial:

- Laptop
- Tischrechner mit Kontrollstreifen
- Bürokasse
- Messgeräte

Allgemeines Büromaterial
- Mobiltelefon
- Vordrucke gemäß Büroorganisation z. B. Stundenberichte, Reisekostenabrechnungen, Urlaubsanträge, Protokolle, Prüfberichte, Firmenbögen, Formschreiben etc.
- Stempel und Stempelkissen (schwarz, rot, grün) Firmenstempel, Posteingangs-/Postverteilungsstempel, Prüf- und Freigabestempel

Fachliteratur
- VOB, VOB-Kommentare, HOAI
- Betonkalender, Tabellenwerke
- Kosten-/Kalkulationsbücher
- Duden
- Bürohandbücher
- gültige Landesbauordnung
- BGB etc.

Projektunterlagen
- Planunterlagen
- Ausschreibungsunterlagen
- Terminpläne
- Kostenschätzungen/-berechnungen
- Vertragsunterlagen
- Baugenehmigung
- Schriftverkehr, Aktennotizen etc.

A.7.1.11 Erlaubnisschein Schweißen

Erlaubnisschein Nr.

Arbeitsort:	Haus
Arbeitsauftrag:	Anschweißen der Konsole
Arbeitstechnik:* * Nichtzutreffendes löschen	Schweißen, Löten, Trennschleifen, Sonstiges

Erforderliche Sicherheitsvorkehrungen vor Arbeitsbeginn

Entfernen aller brennbaren Gegenstände und Stoffe, konzentrierte Staub/Spanablagerungen im Umkreis von 5,00 m und, falls erforderlich, auch in angrenzenden Räumen inkl. ordnungsgemäßer Zwangsbelüftung, besonders in geschlossenen Räumen.

Schließen von Durchbrüchen, Fugen, Öffnungen in angrenzenden Räumen, Etagen etc. mit nicht brennbaren Materialien. Kontrolle der angrenzenden Räume nach Arbeitsdurchführung auf evtl. Brandherde.

Entfernen von Isolierungen und Verkleidungen z. B. an Rohrleitungen.

Beseitigen der Explosionsgefahr in Behältern und Rohrleitungen (z. B. Heizöltanks etc.)

Bereitstellen einer Brandwache mit gefüllten Löschwasser-Eimern, betriebsfähigem Wasserschlauch, oder besser, geprüften Handfeuerlöschern.

Beauftragte Brandwache

Während der Durchführung:	....	Dauer ca.
Nach der Durchführung:	....	Dauer ca.

Brandmeldung

Sicherheits-/Hausmeisterdienst AG:	....
Objektüberwachung:	....
Feuerwehr:	....

Bereitgestellte Löschmittel

- Feuerlöscher CO, Pulver, Halon
- Gefüllte Wasser- und Sandeimer
- Betriebsfertiger Wasserschlauch

Erlaubnis

Unter den vorbeschriebenen Sicherheitsvorkehrungen und Beachtung der Unfallverhütungsvorschriften der Berufsgenossenschaft (DGUV-R 100-500) sowie sonstiger Länderverordnungen zur Verhütung von Bränden und einschlägiger Versicherungsvorschriften wird hiermit einmalig für den angegebenen Arbeitsauftrag die Ausführungserlaubnis erteilt.

....	....
Auftragnehmer (AN)	Vertreter Auftraggeber (AG)

A.7.1.12 Inhaltsverzeichnis Baustellen Einführungsgespräch

1. Bauvertrag
Grundlagen der Ausführung ist der Bauvertrag vom ... mit den entsprechenden Anlagen.

2. Ansprechpartner
Auftraggeber: ....
Architekt: ....
Verantwortlicher Projektleiter des Auftragnehmers: ....
Weitere am Bau Beteiligte: ....

3. Erklärung zur DGUV Vorschrift 1 und SiGe
Die Bauleitererklärung liegt vor bis: ....
Gefärdungsabschätzung/Montagekonzept bis: ....

Sicherheitsdatenblätter – Zulassungen – Gerätebeschreibung
Die Sicherheitsdatenblätter sowie Zulassungen sind dem Architekten vor Beginn der Ausführung der Arbeiten unaufgefordert zu übergeben.

Merkblatt Brandschutz – Baustellenverordnung
Das Merkblatt Brandschutz bei Bauarbeiten der Bau-Berufsgenossenschaft wurde mit dem Hinweis der genauen Beachtung übergeben. Die Baustellenordnung ist unterschrieben an den Architekten zurückzusenden bis zum: ....

Brandschutzgutachten/SiGeKo
Brandschutzgutachten während der Bauausführung. Es wird nochmals darauf hingewiesen, dass das Einhalten/Schützen der Sicherheitseinrichtungen (Brandschutz, Feuerlöschleitung, Fluchtweg, Erste-Hilfe-Einrichtungen etc.), die vorgehalten werden, den Schutz und die Sicherheit der am Bau Tätigen zugutekommt.

Hilfe/Notruf
Durch jeden Bau-Auftragnehmer ist sicherzustellen, dass seine Montagekolonne mit einem funktionsfähigen Mobiltelefon ausgestattet ist, damit im Notfall entsprechende Hilferufe abgesetzt oder Hilfsmaßnahmen eingeleitet werden können.

4. Baustelle
Baustelleneinrichtungsfläche
Der Baustelleneinrichtungsplan liegt vor.

Hebezeuge
Der Einsatz der Hebezeuge erfolgt eigenverantwortlich durch jeden Auftragnehmer. Wenn der Hochbaukran benötigt wird, erfolgt dies in direkter Abstimmung mit ....

Baustellenanlieferungen
Aufgrund der gegebenen Situation muss dies in enger Abstimmung mit dem Architekten erfolgen (Verwendung des Anmeldeformulars).

Verbot des Rauchen im Gebäude
Zur Sicherstellung des Brandschutzes ist das Rauchen im Gebäude nicht gestattet.

WC-Einrichtungen
Im 2., 6., 10. und 14. OG wird ein Bau-WC vorgehalten und gereinigt. Darüber hinaus stehen ebenerdig WC- und Waschcontainer zur Verfügung.

Reinigung der WC-Räume
Entsprechend den VB wird diese durch den Auftraggeber/Rohbauunternehmer durchgeführt.

5. Projektorganisation
E-Mailzuordnung
Alle Auftragnehmer haben zur Sicherstellung der einfacheren Handhabung den Dokumentennamen und in der E-Mail den **Betreff** eindeutig zu bezeichnen.

Dokumenten-Dateiname, Betreffzeile E-Mail

abc	**VE 240 Bautagesbericht.docx**
abc	Kurzbezeichnung des Projekts
VE 240	Exporteur
Betreff	Prägnante Kurzbezeichnung der Info

- Protokoll oder Schreiben an Auftraggeber
- Kostenberechnung oder Terminplan
- Mangelbericht oder Rechnung an Auftragnehmer

Verantwortlicher Ansprechpartner für das Projekt/E-Mailverkehr
Sämtlicher Schriftverkehr, ggf. ausgenommen vertragsrelevanter, wird zwischen Architekt und Auftragnehmer per E-Mail abgewickelt. Damit sichergestellt ist, dass eine zugestellte E-Mail auch bei Abwesenheit des Auftragnehmers/Projektleiters bearbeitet wird, ist es erforderlich, eine Projekt-E-Mailadresse einzurichten, auf die alle Beteiligten des Auftragnehmers zugreifen können.

6. Baustellengespräch
Es findet alle zwei Wochen eine Baustellenbesprechung statt. Die Teilnahme des Projektverantwortlichen ist erforderlich.

7. Benennung der Subunternehmer
Entsprechend VBs ist für die Beauftragung von Nachunternehmern die Zustimmung des Auftraggebers vorher und rechtzeitig einzuholen.

8. Bautagesbericht
Der entsprechende Vordruck des Auftragnehmers ist täglich zu führen und wöchentlich dem Architekten elektronisch zu übergeben.Der Architekt wird Einsprüche innerhalb einer Woche anmelden, ansonsten gilt Zustimmung.

9. Vermessungsleistungen
Aufgrund der Geometrie des Gebäudes ist es erforderlich, die innere Holzfassade und die äußere Metallfassade nach theoretischen Maßen anhand eines grafischen 3D-Modells in der Werkstatt anzufertigen.

Die Montage der Fassaden und die sonstigen Installations- und Ausbauarbeiten richten sich in jedem Geschoss an den markierten Achsen D, G und 4.

10. Werk- und Montageplanung
Planlieferung/Detailerklärung
Der Architekt übergibt nachstehende Planunterlagen:

- Grundrisse
- Detailpläne etc.

Die Vorlage der Werkstatt- und Montagepläne erfolgt ab: ....

Freigabe der Bau Auftragnehmer Planung
Entsprechend den Vertragsbedingungen sind alle Montage- und Werkstattplanungen der Bau-Auftragnehmer durch den Architekten und/oder Sonder-/Fachingenieur zur Ausführung freizugeben (Unterlagen werden zwischen den Beteiligten über Outlook ausgetauscht).

Ab dem Status „Freigabe durch ... am ..." werden diese freigegebenen Pläne durch den Bau-Auftragnehmer im Conject mit den entsprechenden Kennungen in der Planbezeichnung eingestellt und sind – **erst dann** – für alle sonstigen fachlich Beteiligten einzusehen und für die Ausführung gültig.

Die Daten „Freigabe und Datum" hat jeder Bau-Auftragnehmer, einschließlich deren Nachunternehmer, auf seinem Werk- oder Montageplan eindeutig auszuweisen. Es wird nochmals darauf hingewiesen, dass es ausschließlich im Verantwortungsbereich des Auftragnehmers liegt, die Freigaben durch den Auftraggeber/fachlich Beteiligten rechtzeitig einzuholen.

Zur Bau-Ausführung dürfen nur Pläne verwendet werden, die diesen Freigabevermerk ausweisen.

11. Detaillierter Ablauf- und Terminplan
Der Auftragnehmer erstellt einen detaillierten Ablaufterminplan mit folgenden Haupt-Eckdaten bis zum: ....

Beginn Montage je Einheit/Geschoss oder gleichwertige Fertigstellung ....

12. Zertifizierung
Materialdeklaration gemäß Vordruck in direkter Abwicklung mit dem Sonderingenieur: ....

13. Vorweggezogene Erstellung/Prüfung Aufmaß/Pauschalierung
Als zuständiger Mitarbeiter des Auftragnehmers wird benannt: ....
Es wird angestrebt, die Pauschalierung abzuschließen bis zum: ....

14. Abschlagsforderungen – Abrechnung nach Aufmaß
Entsprechend den Vertragsbedingungen ist in Abstimmung mit den Objektüberwachungen das Aufmaß zur Abschlagsforderung vorab einzureichen. Erst nach Anerkennung der Prüfung der Aufmaßunterlagen ist die Abschlagsrechnung einzureichen.

15. Sonstiges
Ort, den.......... *Signatur*

Anlage:
Baustelleneinrichtungsplan
Baustellenverordnung siehe VB des Auftrags
Brandschutzgutachten Bauausführung
Projektraum Conject, Merkmale zu Projekt und
Plan-Dokumentenbezeichnung

A.7.1.13 Plan-Eingangsliste

Plan-Eingangsliste

Projekt:				Projekt-Nr.		Datum:			
Bauherr:									
Betrifft: Plan-Eingangsliste									
Zeichnungsnummer	**Zeichnungsart**	**Index**	**Datum**	**LPH**	**Maßstab**	**Geprüft**	**Datum**	**Freigabe**	**Datum**
aaa.aaaa	Grundriss	a	...	2	0,11111	Name	...	Name	...

A.7.1.14 Bauangabe Mangelfrei

Wenn Planlösungen nicht dem Vertrag entsprechen
Die Auftragnehmer haben Anspruch gegenüber dem Auftraggeber auf Angabe des Bausolls, und dies technisch richtig – der Beschaffenheit entsprechend mangelfrei – nach den anerkannten Regeln des Handwerks, der Technik, der DIN etc.

Dies sieht inhaltlich unterschiedlich aus bei einer Funktionalbeschreibung (Beschreibung des Projektziels hinsichtlich Q-K-T) im Gegensatz zur Leistungsbeschreibung (Beschreibung des Weges – Art der Herstellung – zum Erreichen der Projektziele).

Werden von den Planenden Lösungen vorgegeben, die nicht den vorgenannten Ansprüchen genügen, entsteht dadurch ein nicht unerheblicher zusätzlicher Aufwand für alle Beteiligten.

Um Verursacher klar und eindeutig zu bestimmen, sind die Bauangaben des Bausolls (Pläne, Berechnungen, Gutachten etc.) zuerst von dem Architekten und dann von dem objektüberwachenden Architekten/fachlich Beteiligten zur Ausführung ausdrücklich freizugeben.

Nach Übergabe der vorgenannten Bauangaben an den Auftragnehmer zur Ausführung muss dieser wiederum die Angaben prüfen und ggf. Bedenken anmelden. Unterlässt er dies und es verwirklicht sich später ein Baumangel im Bauwerk, so haftet der Auftragnehmer für die Beseitigung dem Auftraggeber; die „Erfüllungsgehilfen" sind erst mal außen vor.

Beinhalten die Bauangaben Leistungen, die nicht beauftragt sind, also nicht Bestandteil der geschuldeten Auftragnehmer-Leistung, kommt es immer wieder zu zeitraubenden Umständen, die einer Klärung bedürfen,

- ob es sich bei diesen Leistungen um eine vertraglich geschuldete Leistungserbringung des Auftragnehmers handelt im Sinne der „Sowieso"-Leistungen

oder

- ob der Preis hierfür angemessen ist oder nicht.

Diese oft umfangreichen zusätzlichen Leistungen können vermieden werden, wenn Planlösungen einerseits rechtzeitig – damit ggf. nachgeändert werden kann – erstellt werden und andererseits fachlich dem Vertrag entsprechen.

A.7.1.15 Anordnung zur vertragsgemäßen Leistungserbringung gem. VOB/B § 4 (1) ff.

Projekt: ……….

Auftragnehmer: ……….

Projekt Nr.: ……….

Betreff: Anordnung Nr. 01 zur vertragsgemäßen Leistungserbringung gem. VOB/B § 4 (1) 3

Sehr geehrte Damen und Herren,

aufgrund Ihres Leistungstandes für o. a. Bauvorhaben ergeht folgende Anordnung im Auftrag des Auftraggebers zur Leistungserbringung:

Baufrei-Termine Bereich Flachbau für Abdichtungsarbeiten oder Leistungsstand oder Einsatz von Arbeitskräften/Materialien

Letztmalig mit EP B 048, Pkt.: 2.1.3.2, Baufrei-Termine Bereich Flachbau, wurden Sie aufgefordert, vorgenannte Bereiche baufrei herzurichten.

Baufrei herzurichten bedeutet: Die Fläche ist frei von allen lagernden Teilen. Sie haben zum wiederholten Male diese Frist nicht eingehalten (siehe EP B 044 ff.).

Frist

Die Frist zur Fertigstellung der Leistung endet letztmalig am: ………., um 18:00 Uhr

Hinweis

Rein vorsorglich weise ich darauf hin, dass ich beim Auftraggeber geltend gemachten Schadenersatz des betroffenen Auftragnehmers von Ihrer nächsten Abschlagsforderung zu Ihren Lasten in Abzug bringe.

Ort/Datum: ……………………………………………………

………………………………………………………………………

Unterschrift Architekt/Ingenieur

A.7.1.16 Anordnung für eine Ausführung zulasten AN gem. VOB/B § 4

Projekt: ....

Auftragnehmer: ....

Projekt Nr.: ....

Betreff: Anordnung Nr. 01 zur Leistungserbringung gem. VOB/B § 4

Anordnung Nr. 01 für eine Ausführung gem. VOB/B § 4 (3)

Betreff: Baufrei-Termine Bereich Flachbau für Abdichtungsarbeiten

Letztmalig mit EP B 048, Pkt: 2.1.3.2, Baufrei-Termine Bereich Flachbau, wurde der Auftragnehmer aufgefordert, vorgenannte Bereiche baufrei herzurichten.

Baufrei herzurichten bedeutet: Die Fläche ist frei von allen lagernden Teilen. Der Auftragnehmer hat zum wiederholten Male diese Frist nicht eingehalten (siehe EP B 044 ff).

Der Auftragnehmer meldet Behinderung an.

Frist

Sie werden hiermit aufgefordert, diese Leistung im Namen und auf Rechnung des Auftraggebers zu erbringen.

Die erforderliche Leistung wird mit ca. 60 Std. a 55 €/Std. zzgl. MwSt. abgerechnet.

Die Leistung ist zum .... fertigzustellen.

Hinweis

Der Auftragnehmer .... wurde bereits darauf hingewiesen, dass die Kosten für die Beseitigung seiner Materialien etc. zu seinen Lasten durch einen Dritten erfolgen wird.

Ort/Datum: ....

....

Für den Auftraggeber

Kopie:

1 x belastender Auftragnehmer

1 x Auftraggeber

A.7.1.17 Abnahmeantrag Bauherr durch Behörde mit geforderten Nachweisen (Beispiel Stand: 2014)

Bauherr:	....
Grundstück:	**Stadt ...., Straße Nr. ....**
	Gemarkung ...., Flur ...., Flurstück ....
Vorhaben:	....
Register Nr.:	....
Betreff:	**Bautechnische Nachweise**

Sehr geehrte Damen und Herren,

bezugnehmend auf das o. a. Bauvorhaben und der Baugenehmigung vom ...., Pkt. .... bautechnische Nachweise, beantrage ich als Entwurfsverfasser im Namen des Bauherren .... die behördliche Abnahme.

Als geforderte Nachweise erhalten Sie:

1. Nachweis Standsicherheitsnachweis gem. § 12 (1) der SV-VO
   - Büro ....: 1. Prüfbericht Nr. 2014/290 liegt vor
   - Bescheinigung stichprobenhafter Prüfung vom ....
2. Nachweis des konstruktiven Brandschutzes gem. § 12 (1) der SV-VO
   - Büro ....: Konstruktiver Brandschutz siehe Anlage zum Bauantrag siehe auch Bescheinigung BAA nach abschließender Fertigstellung vom .... und Schreiben .... vom .... betreffend Brandschutz
3. Energieausweis für Nichtwohngebäude gemäß den §§ 16 ff. Energieeinsparungsverordnung (EnEV)
   - Büro ....: Energieausweis nach Energieeinsparungsverordnung (EnEV)
4. Bescheinigung nach § 23 Abs. 2 SV-VO über die stichprobenhaften Kontrollen des Schallschutzes während der Bauausführung
   - Büro ....: 1.–5. Prüfbericht über stichprobenhafte Kontrollen der Bauausführung hinsichtlich des Schallschutzes
5. Bescheinigung über die stichprobenhaften Kontrollen der Ausführung energiesparender Maßnahmen auf der Baustelle (§ 2 Abs. 2 EnEV-UVO i. V. m. § 23 Abs. 2 SV-VO) des Schallschutzes während der Bauausführung
   - Büro ....: 1.–5. Prüfbericht über stichprobenhafte Kontrollen der Bauausführung hinsichtlich energiesparender Maßnahmen
6. Sockelbescheinigung gem. § 81 (2) BauO NRW
   - Büro ....: 1.–5. Bescheinigung der Sockeleinmessung
7. Entsorgungsnachweise Abbruchmaterial
   - Fa. ....: Wiegescheine, Lieferscheine, Bauschuttrecycling und Entsorgung entsprechend des Schreibens der Fa. .... vom ....
8. Fachunternehmererklärung nach § 26 a Energieeinsparungsverordnung (EnEV)
   - Fa. ....: Fenster
   - Fa. ....: Dämmmaterial Dach
   - Fa. ....: Wärmedämmmaterial Fassade
9. Unternehmererklärung zur Änderung von Außenbauteilen im Bereich von Dach und Wand, gem. EnEV 2009 § 26 a
   - Fa. ....: Steildach

10. Fachunternehmererklärung Schallschutz
    - Fa. ....: Fenster
11. Bescheinigung nach § 66 BauO NRW über Errichtung oder Änderung von Abwasseranlagen
    - Fa. ....: Abwasseranlagen
12. Unternehmererklärung zur Energieeinsparverordnung 2009 über die Technische Gebäudeausrüstung (TGA Anlage 2 zur EnEV-UVO § 2 Abs. 3)
    - Fa. ....: Lüftung
13. Unternehmererklärung zur Energieeinsparverordnung 2009 über die Technische Gebäudeausrüstung (TGA Anlage 2 zur EnEV-UVO § 2 Abs. 3)
    - Fa. ....: Heizung
14. Bescheinigung über die Prüfung der RLT-Anlagen gem. § 3a ArbSrättV i.V.m. Ziffer 3.6 sowie BG Regel BGR 121
    - Fa. ....: wird nach Inbetriebnahme nachgereicht
15. Errichtererklärung RLT Anlage
    - Fa. ...., NU von Fa. ....
16. Fachunternehmerbescheinigung gem. § 60 Abs. 2 BauO NRW zur Ausführung von Isolierungs- und Brandschutzarbeiten
    - Fa. ...., NU von Fa. ....
17. Erklärung Entwurfsverfasser bzgl. Planungs- und Bearbeitungsstand vom ....

Mit freundlichen Grüßen

....

Anlagen wie erwähnt
Schreiben an Bauaufsichtsamt Herrn/Frau .... vom ...., Register Nr.: ....

2-fach, Bestandszeichnungen entsprechend Erklärung Entwurfsverfasser

A.7.2 Bieteranfrage – Submission – Schriftverkehr

A.7.2.1 Schreiben Anfrage an Bauunternehmen zur Teilnahme Bieterwettbewerb

Leistung/VE: VE 240 Erweiterter Rohbau
Anfrage zur Angebotsabgabe

Sehr geehrte Damen und Herren,

der .... beabsichtigt in .... die Bauleistungen „VE 240 Erweiterter Rohbau" im Rahmen einer Freihändigen Vergabe zu vergeben.

Die Hauptbauleistungen sind voraussichtlich in der Zeit von Juni .... bis September .... auszuführen. Nachlaufende Arbeiten bis Mai .... Der Auftraggeber beabsichtigt, ggf. wesentliche Teilleistungen zu pauschalieren.

Den Zuschlag erteilt der .... Die Vergabe wird im Wege einer Freihändigen Vergabe durchgeführt.

Die Vergabe erfolgt im Verhandlungsverfahren voraussichtlich bis Ende April ....

Das Baugrundstück ist an einer öffentlichen Straße gelegen und frei zugänglich. Die Örtlichkeit kann, auch ohne Rücksprache mit mir, jederzeit in Augenschein genommen werden.

Der Versand der Verdingungsunterlagen erfolgt elektronisch (Verdingungsunterlage auf einer DVD) am .... durch den Architekten.

Sofern Sie beabsichtigen, ein Angebot abzugeben, werden Sie gebeten, das anliegende Angebotsschreiben ausgefüllt und rechtsverbindlich unterschrieben bis zum .... an mich zurückzusenden.

Die Erteilung des Zuschlags ist bis zum .... geplant. Bis zum Ablauf dieser Zuschlagsfrist und darüber hinaus zwei Monate ist der Bieter an sein Angebot gebunden.

Bestandteile des Angebots sind alle Bestandteile der Verdingungsunterlagen. Die Angebote sind in deutscher Sprache abzufassen, die Preise sind in Euro (€) anzugeben.

Die Angebote haben den Anforderungen lt. § 13 Nr. (1)–(4) VOB/A zu entsprechen.

Antwort/Bestätigung per E-Mail ....@..................

Wir/Ich können an der angefragten Angebotsabgabe leider nicht teilnehmen.

Wir/Ich sind an der Angebotsanfrage interessiert und bitten um Zusendung der Verdingungsunterlagen.

Die Angebotsbearbeitung wird voraussichtlich betreut von
Herrn/Frau ...., Tel.: ...., E-Mail: ....

Ort/Datum ....

....
Rechtsverbindliche Unterschrift

A.7.2.2 Kurzbeschreibung Projekt und Leistung/Bewerbungsangaben Bieter

1.	**Die Fa.**	....		
	auf dem Grundstück	.... beabsichtigt, ein Bürogebäude mit Tiefgarage neu zu errichten		
1.1	**Planungsteam:**	**Entwurf**	....	
		Objektplanung	....	
		Objektüberwachung	....	
		Tragwerksplanung	....	
		Technische Anlagen	....	
		Baugrund	....	
		Nachhaltigkeit, Zertifizierung nach DGNB		
1.2	**Ausschreibung:**	VE 240 Erweiterter Rohbau, Leistungsverzeichnis mit Massen		
		Planungsphase Entwurf Architekt und Tragwerksplaner, Typendetails		
1.3	**Technische Daten:**	Gebäudegrundfläche gesamt:		2.100 m²
		Bruttorauminhalt gesamt		69.000 m³
		Bruttogeschossfläche gesamt:		19.700 m²
1.4	**Geschosse**	3 unterirdisch		6.300 m²
		17 oberirdisch		13.400 m²
1.5	**Zur Ausführung kommen:**	Los I:	Baugrubenumschließung	
			Schlitzwand Berliner Verbau	3.000 m³ 800 m²
		Los II:	Baugrubenaushub	25.000 m³
			Wasserhaltung 14 Monate	
		Los III:	Geothermiebohrungen ab Planum	70 Stk.
			à 120 m einschl. Verrohrung bis zum Verteiler	
		Los IV:	Rohbauabeiten	69.000 m³
			Sichtbetonflächen, Stahlverbundstützen	
		Los VI:	diverse Arbeiten Abdichtung, Anstrich etc.	
1.6	**Gesamtbauzeit:**	.... bis		
	Fassadenarbeiten	.... bis		
		(Einmessen Anker–Hülle dicht)		
1.7	**Ausführungszeit für VE:**	.... bis .... (Kernbauzeit Baugrube, Geothermie, Rohbau von 3. UG–17. OG)		

2. Bewerbungsunterlagen: Folgende Unterlagen sind der Bewerbung beizufügen:

1. Unterlagen über die in den letzten fünf Jahren ausgeführten Objekte mit Angabe der Auftragshöhe.

1.1 Die Unterlagen über die vom Unternehmen in der BRD ausgeführten Leistungen in den letzten drei Geschäftsjahren, die der zu vergebenden Leistung vergleichbar sind.

2. Eignungsnachweis für:

2.2 Fach- und Sachkunde der Bautechnik in Deutschland.

2.3 Nachweise der Leistungsfähigkeit bezüglich

- Technische Gerätschaften, Quantitäten und Qualitäten
- Personalstruktur kaufmännisch, TB, Werkstatt und Montage
- Organisatorischer Bauablauf bezüglich Termintreue und Qualitätssicherung (ISO 9000)

3. Anzahl der durchschnittlich Beschäftigten in den letzten drei abgeschlossenen Geschäftsjahren, gegliedert nach Berufsgruppen.

4. Eintragung in die Handwerksrolle, Berufsregister, das Register der Industrie- und Handelskammer seines Sitzes.

5. Werden Leistungen mittels Werkvertrag weitervergeben, wenn ja, welche?

6. Nachweis der Mitgliedschaft einer Berufsgenossenschaft

7. Nachweis der Beitragszahlen an die Krankenkasse.

8. Nachweis zur Bereitschaft und Erfahrung im Einsatz von umweltfreundlichen und gesundheitlich unbedenklichen Baustoffen, Bauteilen, Bauarten nach deutschen Standards, insbesondere der Nichtverwendung von Stoffen und Bauteilen, die in der MAK-Liste aufgeführt sind (siehe Anforderung Zertifizierung).

3. Termine:

Meldeschluss Bieter: ....

Versand LV: ....

Angebotsabgabe bis: ....

Prüfen/Verhandlung bis: ....

Beauftragung (geplant): ....

4. Weitere Regelungen: Der Bieter hat keinen Anspruch auf die Anwendung der Regeln in VOB/A.

Arbeitsgemeinschaften und Bietergemeinschaften sind dann zugelassen, wenn der Bieter zuvor die Zustimmung des Auftraggebers schriftlich einholt.

5. Der AG behält sich eine Auswahl unter den Bewerbern vor. Der Bewerber hat keinen Anspruch auf Berücksichtigung. Die Vertragssprache ist deutsch. Nicht in allen Punkten vollständige und nicht termingerecht eingereichte Meldungen werden nicht berücksichtigt.

Ort/Datum ....

....

rechtsverbindliche Unterschrift

A.7.2.3 Schreiben an Auftraggeber, Bieterliste

Anfrage zur Angebotsabgabe VE 240 Erweiterter Rohbau vom ……….

Sehr geehrte/r Frau/Herr ……….,

nachstehend erhalten Sie die Liste der mir vorliegenden Zusagen über die Teilnahme zur Angebotsabgabe VE 240 Erweiterter Rohbau für o. a. Bauvorhaben.

Angefragt wurden 14 Rohbaufirmen, von denen die ………. abgesagt hat. Von den Firmen ………. und ………. erhielten wir keine Antwort, sodass wir empfehlen, mit diesen ggf. telefonisch Kontakt aufzunehmen.

Zugesagt zur Angebotsabgabe haben die Firmen:

………………………………………………………………………………………

………………………………………………………………………………………

………………………………………………………………………………………

………………………………………………………………………………………

………………………………………………………………………………………

………………………………………………………………………………………

………………………………………………………………………………………

………………………………………………………………………………………

………………………………………………………………………………………

………………………………………………………………………………………

………………………………………………………………………………………

………………………………………………………………………………………

………………………………………………………………………………………

………………………………………………………………………………………

Ich bitte um Kenntnisnahme bzw. Rücksprache bei Ergänzungen.

A.7.2.4 Schreiben an Bieter betreffend Ankündigung VE-Versand bzw. Versand VE

Leistung/VE: **VE 240 Erweiterter Rohbau**
Schreiben vom ……….

Projekt-Nr.: ……….

Sehr geehrte Damen und Herren,

bezugnehmend auf das o. a. Schreiben teile ich Ihnen mit, dass der Versand der Unterlagen am ………. erfolgen wird und der Abgabetermin auf den ………. festgelegt wurde.

Leistung/VE: **VE 240 Erweiterter Rohbau Verdingungsunterlagen**

Projekt-Nr.: ……….

Sehr geehrte Damen und Herren,

als Anlage (CD mit PDF-Files und das LV als DA 83 Format) erhalten Sie für o. a. Bauvorhaben des ………. die Verdingungsunterlage Bauleistungen „VE 240 Erweiterter Rohbau" entsprechend unserem Schreiben vom ………..

Auf Basis der VOB/B bitte ich um eine für den Bauherrn kostenfreie Angebotsunterbreitung bis zum ………. per E-Mail an

Bauherr@………..de und cc info@ama-auer.de

Die Auftragsvergabe erfolgt voraussichtlich im Mai ………..

Ich bitte, das Angebot bis zum ………. um 12.00 Uhr, in einem verschlossenen Umschlag im Hause ………. am Empfang im EG, entsprechend den Vertragsbedingungen abzugeben.

A.7.2.5 Angebotsöffnung VE

12 Angebote sind bis zum .... um 10:00 Uhr eingegangen.

Die vorbezeichneten .... Angebote waren ordnungsgemäß verschlossen und adressiert und sind rechtzeitig vor Eröffnung des ersten Angebots dem Verhandlungsleiter Frau/Herrn .... vorgelegt worden.

Die Eröffnung des ersten Angebots erfolgte am .... um ....

Die zur Eröffnung zugelassenen Angebote Nr. .... bis Nr. .... wurden in der Nummernfolge eröffnet und wie folgt gekennzeichnet:

.........., Paraphe des Auftraggebers, Angebote verlesen und in die angefügte Zusammenstellung eingetragen.

Es sind .... Änderungsvorschläge und .... Nebenangebote eingegangen, die von den Bietern gemäß beigefügter Aufstellung abgegeben wurden.

...................., den ....

....

Unterschrift Auftraggeber Unterschrift Architekt

Nachtrag zur Niederschrift

Folgende Angebote gingen nach der Eröffnung des ersten Angebots/Schluss der Verhandlung ein:

....

Diese Angebote wurden nicht zugelassen, weil sie bei der Eröffnung des ersten Angebots nicht vorlagen.

Folgende Gründe, aus denen die Angebote nicht rechtzeitig vorgelegt haben, wurden bekannt: ....

Zusammenstellung Angebotsöffnung vom: ....

Ort: ...., Besprechungsraum 7. OG

Datum: ....,

Beginn: 10:00 Uhr

Ende: .... Uhr

Nr. Bieter/Firma	Angebotssumme ungeprüft in Euro netto/brutto	Bemerkungen
1		
2		
3		
4		

....

Unterschrift Auftraggeber Unterschrift Architekt

A.7.2.6 Angebotsbewertung – Empfehlung zu Bieter-Aufklärungsgesprächen

Schreiben an den Auftraggeber

Sehr geehrte/r Frau/Herr ....,

nach Durchführung des Ausschreibungsverfahrens und einer rechnerischen sowie fachlichen Prüfung einschl. der Wertung von Nebenangeboten der eingegangenen Angebote übergebe ich Ihnen als Anlage:

Preisspiegel, Teil 1: Vergleich der Gesamtangebots-Summen

Preisspiegel, Teil 2: Vergleich der Einzelgewerke-Summen

Preisspiegel, Teil 3: Vergleich der Einheitspreise

Hiernach liegt die Bieterfirma: .... auf Rang 1 als preisgünstigster Bieter mit einer Angebotssumme von: .... € ohne MwSt.

In der genehmigten Kostenberechnung sind enthalten: KGR 300, ... € ohne MwSt.

Unabhängig hiervon empfehle ich Ihnen neben der o. a. Bieterfirma auch mit den Bietern auf

Rang 2, Firma ....

Rang 3, Firma ....

Rang 4, Firma ....

Aufklärungsgespräche zu führen. Ab Bieter Nr. 5 ist der Gebotsabstand größer als 15 % über dem Mindestbietenden.

Mit Rücksicht auf die Terminsituation schlage ich vor, die Aufklärungsgespräche am .... ab .... Uhr in der Reihenfolge Rang 4/3/2/1 in Ihrem Haus zu führen.

Ich bitte um Ihre Zustimmung bis zum ...., damit die Bietereinladungen rechtzeitig durch mein Büro erfolgen können.

A.7.2.7 Angebotsbewertung nach Prüfung und Bewertung nach VOB/A, § 23, 25, 25b

1. Auftragsdaten
VE/Kurzbeschreibung: ....
Projekt Nr.: ....

2. Angebotsprüfung

2.1 Durchsicht und rechnerische Prüfung der Angebote

.... Angebote wurden rechnerisch und inhaltlich geprüft. Für die Wertung wurden die gemäß Niederschrift der Angebotseröffnung vorliegenden Angebote herangezogen.

Bieter Nr. 1: ....
Angebotspreis: Datum in €

		ja	nein
1	Rechtskräftig unterschrieben?		
2	Alle Positionen verpreist?		
3	Alle Fabrikatsangaben ausgefüllt?		
4	Keine Streichungen im LV?		
5	Subunternehmer benannt?		
6	Keine Änderungsvorschläge/Nebenangebote?		
7	Gründe VOB/A, § 25, Nr. 1 liegen nicht vor?		

Die rechnerische Prüfung der Einzel- und Gesamtpreise ergab: .... €

Bemerkung: z. B.

- EVM Erg Ang Tarif NU liegt dem Angebot nicht bei.
- EFB-Preis 1a, 1b und 1c sowie EFB-Preis 2 sind nicht ausgefüllt.

Bieter Nr. 2: ....
Angebotspreis: .... in €

		ja	nein
1	Rechtskräftig unterschrieben?		
2	Alle Positionen verpreist?		
3	Alle Fabrikatsangaben ausgefüllt?		
4	Keine Streichungen im LV?		
5	Subunternehmer benannt?		
6	Keine Änderungsvorschläge/Nebenangebote?		
7	Gründe VOB/A, § 25, Nr. 1 liegen nicht vor?		

Die rechnerische Prüfung der Einzel- und Gesamtpreise ergab: .... €
Prüfkriterien wie vorstehend.
Die rechnerische Prüfung der Einzel- und Gesamtpreise ergab: .... in €
Bemerkung: z. B. keine Fehler
etc.

2.2 Technische Prüfung

.... Angebote wurden technisch geprüft, insbesondere auf ihre Vollständigkeit und Übereinstimmung mit den geforderten technischen Leistungsanforderungen.

Bieter Nr. 1: Firmenname ....

Fazit:

- Das Angebot ist vollständig.
- Das Angebot steht in Übereinstimmung mit den geforderten Leistungen.
- Bemerkung: z. B in Pos. 01.03.04 wurde eine technische Alternative angeboten, die nach Prüfung als gleichwertig zu der geforderten anzusehen ist.

Bieter Nr. 2: Firmenname ....

Fazit:

- Das Angebot ist vollständig.
- Das Angebot steht in Übereinstimmung mit den geforderten Leistungen
- Bemerkung: keine

Die Angebote der: Bieter .... und Bieter ....

sind als technisch gleichwertig zu betrachten und stehen in Übereinstimmung mit den geforderten technischen Leistungen der Angebotsanfrage/des Leistungsverzeichnisses.

etc.

2.3 Wirtschaftliche Prüfung

.... Angebote wurden auf ihre Wirtschaftlichkeit hin geprüft, insbesondere wurden die Einheitspreise als auch das gesamte Preisniveau des Angebots geprüft, als Maßstab werden sowohl marktübliche Preise als auch die Preisverhältnisse der verschiedenen Angebote untereinander herangezogen.

Bieter Nr. 1: Firmenname ....
Angebotspreis: .... in € (rechnerisch geprüft)

Fazit:

Einheitspreise als auch das gesamte Preisniveau des Angebots sind marktüblich. Der Angebotspreis befindet sich im Rahmen der im Vorfeld durchgeführten Kostenschätzung/-berechnung.

Bemerkung: keine

Bieter Nr. 2: Firmenname ....
Angebotspreis: .... in € (rechnerisch geprüft)
Vorgang wie vorstehend.
etc.

2.4. Feststellung der Eignung der Bieter
Die Fachkunde, Leistungsfähigkeit und Zuverlässigkeit der .... Bieter für die geforderten Leistungen wurde festgestellt.

Zur Feststellung der Eignung lagen folgende Unterlagen/Informationen vor:

Bieter Nr. 1: ....

		ja	**nein**
1	Nachweise der Mitgliedschaft in Berufsgenossenschaft?		
2	Nachweise über Zahlungen an Berufsgenossenschaft und Versicherungsträger?		
3	Nachweise der Fachkunde, Leistungsfähigkeit und Zuverlässigkeit nach VOB/A § 8 Nr. 3?		
	a)		
	b)		
4	Andere geeignete Nachweise der wirtschaftlichen und finanziellen Leistungsfähigkeit des Bieters		
5	Qualifikationsnachweise des Personals		
6	Freistellungsbescheinigung des Finanzamts		

Fazit:

Die Firma .... kann die notwendigen technischen Kenntnisse sowie geeignetes Personal und Geräte nachweisen

oder

Die Firma .... hat bereits für den AG vergleichbare Leistungen erbracht und hat diese termingerecht, zuverlässig und technisch einwandfrei durchgeführt .... bzw. nicht erbracht

oder

Die Firma .... kann über entsprechende Nachweise (siehe Matrix) ihre wirtschaftliche und finanzielle Leistungsfähigkeit nachweisen.

Bieter Nr. 2: ....
Vorgang wie vorstehend

Die Firma .... kann über entsprechende Nachweise (siehe Matrix) ihre wirtschaftliche und finanzielle Leistungsfähigkeit nicht nachweisen.

etc.

2.5 Angebotswertung
Die Angebote der folgenden Bieter sind aufgrund der Durchsicht, rechnerischen, technischen und wirtschaftlichen Prüfung für die Wertung zugelassen.

Bieter 1–n

Die Angebote sind als technisch gleichwertig zu bewerten, sie stehen in Übereinstimmung mit den geforderten technischen Leistungen der Angebotsanfrage/des Leistungsverzeichnisses. Das Preisniveau der Einheitspreise als auch der Gesamtangebote sind marküblich und bewegt sich ebenfalls im Rahmen der im Vorfeld durchgeführten Kostenberechnungen. Die Angebote sind vollständig und mit einer rechtsgültigen Unterschrift versehen.

Die folgenden Bieter konnten Ihre Eignung nachweisen:

Bieter 1–n

3.1 Aufklärungsgespräch
Wir empfehlen, mit den Bietern
Nr. 1
Nr. 2 etc.
ein Aufklärungsgespräch zu führen. Insbesondere ist dabei zu klären:
Nr. 1
Nr. 2
Nr. 3
etc.

Anlage
Preisspiegel, Teil 1: Vergleich der Gesamtangebots-Summen
Preisspiegel, Teil 2: Vergleich der Einzelgewerke-Summen
Preisspiegel, Teil 3: Vergleich der Einheitspreise

A.7.3 Aufklärungsgespräch – Vergabevorschlag – Schriftverkehr

A.7.3.1 Schreiben an Bieter Einladung Aufklärungs-/Vergabegespräch

Aufklärungsgespräch am: ....

Sehr geehrte Damen und Herren,

im Namen des .... lade ich Sie hiermit zu einem Aufklärungsgespräch ein. Es ist notwendig, dass Sie ergänzend fachliche Angaben zu Ihrem Angebot machen.

Termin: ....

Uhrzeit: ....

Ort: ....

Agenda

1. Angebot vom ....
2. Angebotsunterlagen
3. Anschreiben
4. Einsatz von Nachunternehmer
5. Einheitspreise
6. Angebotsüberarbeitung
7. Angebotspauschalierung
8. Vorauszahlung
9. Vertragsbedingungen
10. Weitere/fehlende Leistungen/Angaben
11. Weitere Verdingungsunterlagen
12. Sonstiges

Ich bitte um schriftliche Terminbestätigung bis zum ....

Die Teilnahme eines mit der Ausarbeitung Ihres Angebots betrauten Mitarbeiters ist erforderlich.

Antwort/Bestätigung per E-Mail an ....@.............

An dem Termin .... wird Frau/Herr .... teilnehmen.

....

Ort, Datum rechtsverbindliche Unterschrift

A.7.3.2 Aufklärungs-/Vergabegespräch

Agenda Aufklärungsgespräch

1. Bieter NN
2. Angebot vom .....
3. Angebotsunterlagen
4. Anschreiben
5. Einsatz von Nachunternehmer
6. Einheitspreise
7. Angebotsüberarbeitung
8. Angebotspauschalierung
9. Vorauszahlung
10. Vertragsbedingungen
11. Weitere/fehlende Leistungen
12. Weitere Verdingungsunterlagen
13. Sonstiges

Hinweis

1. Durchsprache der Leistungspositionen mit zugehörigen Planunterlagen und der Angabe in den Vertragsbedingungen.
2. Feststellung, ob Beschreibung und Text richtig verstanden wurden.
3. Mögliche Fabrikate hinterfragen.
4. Technische Machbarkeit in Abhängigkeit zu den Terminen behandeln.
5. Besondere erforderliche Schutzmaßnahmen
   - für Sichtbetonflächen, Schutz Anschlussbewehrungen,
   - fertig lackierte Einbauteile,
   - Schutz der Einbauteile im Beton vor Rostfahnen etc.
6. Hat der Bieter sich die örtlichen Gegebenheiten angeschaut? Anlieferung, Engpässe, Baustelleneinrichtung
7. Sondervorschläge besprechen. Kosten, Termine, Vorteil/Nachteil?
8. Koordinierung mit anderen Gewerken, Überprüfen Schnittstellenliste
9. Vollständigkeit der Vorleistungen prüfen
   Stand der Vorleistungen anderer Gewerke prüfen
   - Maßtoleranzen, Ebenheitstoleranzen, eingehalten?
   - Schutz/Fixierung von Einbauteilen vollständig dauerhaft
   - besondere Schutzmaßnahmen abfordern
   Zustand und Eignung der Bauteile
   - Feuchte, Schmutz, Beschädigungen?
   Befestigung/Verankerung
   - vollständig, lagerichtig?
   - Festigkeit der Untergründe und zu bearbeitenden Oberflächen
   Ausbildung/Eignung der Anschlüsse
   - Brandschutz, Schallschutz, Wärmedämmung?
   Qualität und Güte der angrenzenden Bauteile
   Dämm- und Trennschichten
   - Brandschutzklasse, Toxische Eigenschaften, Alterungsbeständigkeit
   Schutz und Fixierung von Einbauteilen
10. Besonderheiten bei der Vergütung
   - Besondere Schutzmaßnahmen
   - Besondere Leistungen wegen Vorleistungsmängeln
   - Zusätzliche Leistungen zu Lasten des Vorgewerks
   - Unzumutbare Wetterverhältnisse
   - Anrechnung von Vorauszahlungen
   - Einreichen der Aufmaßunterlagen vor dem Einreichen von Rechnungen

Aufklärungs-/Vergabegespräch

1.	**VE 240 Erweiterter Rohbau**
1.1	**Bieter** ……… Herr/Frau ……… Herr/Frau ………
1.2	**Feststellungen der Prüfstelle zum vorliegenden Angebot** (Vollständigkeit, fehlende Unterlagen/Angaben etc.) Angebotspreis: ……… €, Geprüfter A-Preis: ……… €
1.3	**Angebotsunterlagen** Nachgesandte Verdingungsunterlagen (siehe Aufstellung beigefügte Unterlagen) Alle Angaben sind nach Aussage Bieter in der Preisgestaltung berücksichtigt worden.
1.4	**Anschreiben Bieter** Geforderte Anlagen zum Angebot sind nicht vollständig und werden vor einer möglichen Beauftragung eingereicht.
1.5	**Einsatz von Nachunternehmer** Die Leitungsmannschaft bis zum Polier wird durch eigenes Personal gestellt. Es ist nicht auszuschließen, dass osteuropäische Nachunternehmer eingebunden werden.
1.6	**Einheitspreise** Dem Bieter wurden die gravierenden Abweichungen der Titel- und Hauptpositionssummen seines Angebots aufgezeigt.
1.7	**Einkaufspreise** Tagesaktuell – Klärungsbedarf Der Angebotspreis für Baustahl ist tagesaktuell und wird erst zum Zeitpunkt der ……… festgeschrieben.
1.8	**Angebotspauschalierung** Fragen und Antworten zum Bieterangebot (Bauablauf, Leistung, Materialien, Personaleinsatz etc.) Hinweis zur Pauschalierung
1.9	**Vorauszahlung** Vorauszahlung bei entsprechendem Angebot. Seitens des Auftraggebers erfolgte der Hinweis zur Pauschalierung und zu einer Vorauszahlung bei entsprechendem Angebot.
1.10	**Vertragsbedingungen** Es erfolgte nochmals der Hinweis auf die ZTV für die Anforderungen an die Baustelleneinrichtung/Arbeitszeit etc. im Hinblick auf die Wohnbebauung
1.11	**Weitere/fehlende Leistungen**
1.12	**Weitere Verdingungsunterlagen** Termine Arbeitsvorbereitung Mustervorlage Planvorlage zur Freigabe Fristen für die Freigabe Produktionsvorbereitung Baubeginn
1.13	**Sonstiges**
1.13.1	**Energieversorgung/Verbräuche** Sind mit den EPs abgegolten
1.13.2	**Einkaufspreise** Der Angebotspreis für Baustahl ist tagesaktuell?
1.13.3	**EP Schalung (Wände)** Gemäß LV 1 m² Betonwand beinhaltet 2 m² Schalung Alle Angaben sind nach Bieteraussage in der Preisgestaltung berücksichtigt worden.
2.	**Termine** Arbeitszeiten, Nachbar, Lärm Zeiten Anlieferung, exakt geplant, Lagerort, Entsorgung? Transportwege/Kapazitäten abgestimmt? Abstand des Arbeitsbeginns zur Fertigstellung der Vorleistung Einhaltung des Arbeitsablauf der Vor- und Folgegewerke? Vorlauf für Übergabe der Bewehrungspläne

3. **Beigefügte/geforderte Unterlagen**

	Bieter 1	Bieter 2	Bieter 3	Bieter 4
Orig. Angebotsschreiben	nein	ja	nein	nein
Anlagenliste	nein	ja	nein	nein
Unterschriebenes Kurz-LV	ja	ja	ja	ja
Angabe zur Kalkulation mit vorbestimmten Zuschlägen	nein	nein	nein	nein
Angabe zur Kalkulation über Endsummen	nein	nein	nein	nein
Aufgliederung wichtiger EP	nein	nein	nein	nein
Nachunternehmer Liste	ja	nein	nein	nein
Nebenangebot	nein	nein	nein	nein
Angabe zur Tariftreue	nein	nein	nein	nein
Baustellenordnung	nein	nein	nein	nein
Unfallverhütungsvorschrift	nein	nein	nein	nein
B II Baustelle	nein	nein	nein	nein
DA 84	nachgeliefert	ja	ja	nachgeliefert
Insolvenzgerichtsbescheinigung	ja	nein	nein	nein
Unbedenklichkeitsbescheinigung Krankenkasse	ja	nein	nein	nein
Unbedenklichkeitsbescheinigung Berufsgenossenschaft	ja	nein	nein	nein
Auskunft Gewerbezentralregister	ja	nein	nein	nein
Bonitätserklärung Banken	3 x ja	nein	nein	nein
Freistellungsbescheinigung Finanzamt	ja	nein	nein	nein
Handwerkskammer	ja	nein	nein	nein
Handelsregisterauszug	2 x ja	nein	nein	nein
Eintrag Handelsregister	ja	nein	nein	nein
Unbedenklichkeitsbescheinigung IKK	ja	nein	nein	nein
Bestätigung Urlaubs- und Lohnausgleichsklausel	ja	nein	nein	nein

Unbedenklichkeitsbescheinigung Finanzamt	ja	nein	nein	nein
Unbedenklichkeitsbescheinigung Kath. Steueramt	ja	nein	nein	nein
ISO 9001	ja	nein	nein	nein
Bieterangaben	nicht lesbar	keine	keine	keine
Nachlieferung zum LV				
24.1 Mitteilung Versand – Abgabetermin	ja	ja	ja	ja
13.2 LV T 12 Bauteilkühlung	ja	ja	ja	ja
Bemessung Rückverankerung				
14.2 Endgültiges Baugrundgutachten				
25.2 Titel 9 entfällt (Abdichtung)	ja	ja	ja	ja
Zugversuche Anker	ja	nein	nein	ja
1.3 Konstruktive Details sbp				
1.3 Klarstellung Wandschalung 2 Erg.				
3.3 Magerbeton, Klebelamellen, Verbundstützen 3 Erg.				
14.3 Neuer Abgabetermin 4 Erg.	ja	ja	ja	ja

4. Angebotsüberarbeitung

Der Bieter wurde gebeten, die Überarbeitung des Angebots mit Rückgabe der Unterlagen bis zum .... vorzunehmen.

.... rechtsverbindliche Unterschrift Bieter

.... rechtsverbindliche Unterschrift AG/AG-Vertreter

A.7.3.3 Schreiben an Bieter Einladung Auftragsverhandlung

VE ………. Auftragsverhandlung
Ihr Angebot vom ……….

Sehr geehrte Damen und Herren,
hiermit lade ich Sie im Namen des ………. zu einer Auftragsverhandlung ein.

Termin: ……….
Uhrzeit: ……….
Ort: ……….

Agenda

1. Angaben Projekt/Auftraggeber
2. Vertragsgegenstand
3. Ausführungsunterlagen
4. Ausführungsfristen
5. Vertragsstrafe
6. Versicherungen
7. Abnahme
8. Gewährleistung
9. Zahlung
10. Bürgschaften/Sicherheiten
11. Sonstige Vereinbarungen
12. Vertragspreis
13. Prüfung der Unterlagen
14. Fachbauleiter/UVV-Verantwortlicher/SiGe Koordinator
15. Nachunternehmer
16. Bestandsdokumentation
17. Vertragsbestandteile insbesondere

Bitte beim Empfang ………. anmelden.

Ich bitte um schriftliche Terminbestätigung bis zum ………..

Die Teilnahme eines mit allen Befugnissen bevollmächtigen Mitarbeiters ist erforderlich, da es keine weitere Möglichkeit geben wird, Angaben zur Kalkulation und Preisgestaltung zu machen.

Antwort/Bestätigung an …………..@……………

An dem Termin ………. wird/werden teilnehmen: Frau/Herr ……….

……………………………………………………………………………………

Ort, Datum Stempel/Unterschrift

Protokoll Auftragsverhandlung

Protokoll

Inhaltsverzeichnis

1. Angaben Projekt/Auftraggeber
2. Vertragsgegenstand
3. Ausführungsunterlagen
4. Ausführungsfristen
5. Vertragsstrafe
6. Versicherungen
7. Abnahme
8. Gewährleistung
9. Zahlung
10. Bürgschaften/Sicherheiten
11. Sonstige Vereinbarungen
12. Vertragspreis
13. Prüfung der Unterlagen
14. Fachbauleiter/UVV-Verantwortlicher/SiGe Koordinator
15. Nachunternehmer
16. Bestandsdokumentation
17. Vertragsbestandteile insbesondere

1. **Auftraggeber:** ……….

Projekt-Nr.: ……….

Bieter (AN): ……….

Leistung: ……….

Angebot vom: ……….

2. **Vertragsgegenstand**

Gegenstand der Verhandlung sind:

- Das Angebot vom ………. und den 1.–3. Überarbeitungen, letztes vom ………. mit Ausnahme der Geschäftsbedingungen (Angebot ………. 110520.pdf 3. Überarbeitung)
- die Verdingungsunterlage vom ………./Angebotsunterlage vom ………. (Anlage 110323 ………. Angebot ……….)
- Aufklärungsgespräch vom ………. (Anlage Protokoll 110418…)
- Verhandlungsgespräch vom ………. (Anlage Protokoll 110502….)
- Verhandlungsgespräch vom ………. (Anlage Protokoll 110517……)
- Technische Spezifikation Tragwerksplanung von ………. (110427_2808…..)
- Technische Skizzen Außenstütze (110426_ ………. _….)
- E-Mail vom ………. Protokoll und Ergänzende Angaben ZTV (210028_1001….)
- Nachrichtlich aus Gestattungsvertrag: E-Mail vom ………. an ………. 210028 Gestattungsvertrag)
- Schreiben ………. 1. Überarbeitung (11-04-15 Angebot ………. …)
- Schreiben ………. 2. Überarbeitung (11-05-11 ………. 2. Überarbeitung….)

2.1 Vertragsbestandteile sind (Rangfolge):

2.1.1 Schreiben ………. vom ………. (Anlage)

2.1.2 Ergebnisprotokoll B 001 vom ………. (Anlage)

2.1.3 Bauvertrag 002 vom ………. (Anlage)

2.1.4 die Leistungsbeschreibung VE 240

2.1.5 die Pläne, Zeichnungen und Gutachten (sieh VE 240)

2.1.6 die Zusätzlichen Vertragsbedingungen

2.1.7 die Besonderen Vertragsbedingungen

2.1.8 die Technischen Vertragsbedingungen

2.1.9 das Angebot des Auftragnehmers vom .... nebst Anlagen

2.1.10 die Allgemeinen Technischen Vertragsbedingungen (VOB/B)

2.1.11 die Allgemeinen Technischen Vertragsbedingungen für Bauleistungen

2.1.12 Auszug Amtsblatt 12 vom 3.6.2011 (110610 .... Auszug Amtsblatt 12 001 und 002)

2.1.13 .... BW Versicherung Auftragnehmer vom .... (110610 .... VE 240 ....

2.2 Hierzu werden folgende Ergänzungen und Änderungen vereinbart:
– ohne –

3. Ausführungsunterlagen

3.1 Die zur Durchführung seiner Arbeiten notwendigen und noch nicht übergebenen Unterlagen hat der Auftragnehmer in eigener Verantwortung fristgerecht abzurufen, sodass die termingerechte Erfüllung seiner Leistung sichergestellt ist.

3.2 Der Auftragnehmer hat folgende Unterlagen beim Auftraggeber einzureichen:

- Baustelleneinrichtungsplan
- Terminplan

3.3 Dem Auftragnehmer wurden vom Auftraggeber folgende zusätzliche Unterlagen zur Verfügung gestellt:

- Durchführungsverträge Nachbar und Stadt .... (wird nach Erstellung nachgereicht)
- Beweissicherungsgutachten angrenzende Wohnhäuser (wird nachgereicht)
- SiGeKo Plan Büro .... (wird nachgereicht)
- Planungsterminplan Stand ....

3.4 Auf die Prüfungs- und Hinweispflicht des Auftragnehmers aus § 3 Nr. 3 Satz 2 VOB/B wurde ausdrücklich hingewiesen. Etwaige Mängel oder sonstige Unstimmigkeiten der Unterlagen sind dem Architekten schriftlich mitzuteilen.

3.5 Weitere Ausführungsunterlagen werden dem Auftragnehmer nach Erstellen durch den Architekten separat zur Verfügung gestellt.

4. Ausführungsfristen

4.1 Mit der Ausführung ist am .... zu beginnen.

4.2 Die Leistungen sind entsprechend Terminplan V 4 fertigzustellen (siehe hierzu EP B 001).

4.3 Die festgelegten Termine und Zwischentermine gelten als Vertragstermine.

4.4 Folgende Einzelfristen sind Vertragsfristen:

I.
Einzelfrist für Fertigstellung der Baugrube bis zum siehe V 4

II.
Einzelfrist für Fertigstellung Decke über 2. OG bis zum siehe V 4

III.
Einzelfrist für Fertigstellung Decke über 17. OG bis zum siehe V 4

4.5 Der Auftragnehmer hat die damit verbundenen Umstände, mit denen üblicherweise bei Gebäuden dieser Art zu rechnen ist, insbesondere:

- Koordinationsverpflichtung mit den anderen Auftragnehmer entsprechend VOB/B 4 (2)
- Witterungseinflüsse, mit denen bei dieser zeitlichen Durchführung des Projekts zu rechnen ist (2 Wochen sog. Winterzeit sind berücksichtigt)
- Kurzfristige Störungen im vorgesehenen Bauablauf
- Terminanpassung durch Terminkontrolle der Architekten
- Verpflichtung der Schadensminderung bei der Bildung der EP

Umfänglich kalkuliert und in seinem Angebot berücksichtigt.

5. Vertragsstrafe

Bei Überschreitung der Vertragsfristen, soweit nachfolgende Gewerke zum vorgesehenen Starttermin nicht anfangen können und Schadenersatz gegen den Auftraggeber anmelden, hat der Auftragnehmer für jeden Werktag der Überschreitung folgende Vertragsstrafe zu zahlen:

5.1 Bei Überschreitung der Fertigstellungsfrist € ....

5.2 Bei Überschreitung der Einzelfrist I–III € ....

Die Vertragsstrafe wird auf insgesamt 3 % der nach der Schlussrechnung maßgeblichen Bruttovertragssumme einschließlich Mehrwertsteuer beschränkt.

Wird unter Berücksichtigung von Satz 1 der Endtermin eingehalten, entfällt die Vertragsstrafe für Einzelfristen. Die Vertragsstrafe kann noch im Zusammenhang mit der Schlussrechnung vorbehalten und von der sich aus der Schlussrechnung ergebenden Werklohnforderung des Auftragnehmers in Abzug gebracht werden.

6. Versicherungen

6.1 Es wird eine Bauleistungsversicherung abgeschlossen, in die der Leistungsumfang des Auftragnehmers nicht eingeschlossen ist.

6.2 Die vom Auftragnehmer vorgelegte Police der Konzernversicherung .... wird Vertragsbestandteil.

6.3 Der Auftragnehmer weist dem Auftraggeber mit Abschluss des Vertrages eine nach Umfang und Höhe ausreichende Betriebshaftpflichtversicherung nach. Auf Verlangen ist die entsprechende Police vorzulegen.

7. Abnahme

7.1 Zur Vorbereitung der rechtsgeschäftlichen Abnahme durch den Auftraggeber werden von dem Architekten Leistungsfeststellungen durchgeführt, an dem der Projektleiter des Auftragnehmers teilzunehmen hat.

8. Gewährleistung

8.1 Die Gewährleistungsverpflichtung richtet sich nach der VOB/B. Die Verjährungsfrist beträgt nach BGB § 634a fünf Jahre. Sie beginnt mit der Abnahme der Gesamtbauleistung.

8.2 Leer

9. Zahlungen

9.1 Es werden Abschlagszahlungen entsprechend dem noch zu vereinbarenden Zahlungsplan vereinbart.

9.2 Von der Schlusszahlung werden als Sicherheit für die Erfüllung der Gewährleistungspflichten 5 % des Brutto-Rechnungsbetrags einbehalten. Der Auftragnehmer kann diesen Sicherheitseinbehalt durch eine unbefristete Bankbürgschaft nach dem anliegenden Muster des Auftraggebers ablösen.

9.3 Die Abtretung von Ansprüchen des Auftragnehmers ist nur mit Zustimmung des Auftraggebers möglich.

10. Bürgschaften/Sicherheiten

10.1 Der Auftragnehmer hat als Sicherheit für die Erfüllung sämtlicher Verpflichtungen aus diesem Vertrag, insbesondere für die vertragsgemäße Ausführung seiner Leistungen, eine Vertragserfüllungsbürgschaft in Höhe von 5 % der Auftragssumme (einschließlich der Nachträge) zu stellen (gemäß anliegendem Muster des Auftraggebers). Nach Fertigstellung seiner gesamten Leistungen – hier: Anerkennung der geprüften Schlussrechnung nach VOB – kann die Vertragserfüllungsbürgschaft in eine Gewährleistungsbürgschaft umgewandelt werden.

10.2 Der Auftragnehmer hat eine Bürgschaft für Vorauszahlungen zu leisten (gemäß anliegendem Muster des Auftraggebers).

11. Sonstige Vereinbarungen

11.1 **Vorbehalt zur Beauftragung**

Der Bauauftrag VE 240 erweiterter Rohbau wird unter Vorbehalt erteilt.

Der Vorbehalt umfasst einen möglichen Einspruch gegen die baurechtliche Zulässigkeit der Baumaßnahme.

Sollte gegen den vorhabenbezogenen Bebauungsplan Nr. 534, der mit Datum der Veröffentlichung im Amtsblatt Rechtskraft erhält (voraussichtlich am ....) oder/und gegen die erteilte Baugenehmigung ein Einwand erhoben werden mit dem Ergebnis, dass dem Auftraggeber die Durchführung/Fortführung der geplanten Baumaßnahme untersagt (Baustopp) ist, wird der Bauauftrag zurückgezogen und beendet.

Hierzu vereinbaren die Vertragsparteien, dass dem Auftragnehmer nur die Kosten erstattet werden, die ab dem Zeitpunkt der Beauftragung bis zum Zeitpunkt der Unterbrechung/Aufhebung einschließlich nachlaufender Maßnahmen anfallen werden.

Hierzu gehören Teile der nachstehenden Lieferungen/Leistungen gem. Bauvertrag:

1. Einrichten, vorhalten und Abbauen der Baustelleneinrichtung des

   Auftragnehmers und des Auftraggebers

2. Erbrachte Leistungen nach dem Vertrag

3. Herrichten der Flächen / Sichern der Baustelle / Sichern von Gebäudeteilen

Damit die Positionen der anfallenden Kosten den Beteiligten klar sind, wird zusammen mit dem Architekten nach der Auftragsvergabe eine Aufstellung erarbeitet, die die Art und die Höhe der anfallenden Kosten je Tag/Woche/Monat aufzeigt (ausgenommen Bauleistungen, die durch Aufmaße bestimmt werden).

Sollte der Einwand hingegen nur zu einer übersehbaren, befristeten Unterbrechung führen, so ist eine Regelung über Stillstandskosten analog im vorgenannten Sinne zu treffen.

11.2 **Mietminderungskosten**

Die Bauarbeiten sind entsprechend der TA Lärm (technische Anleitung zum Schutz gegen Lärm entsprechend § 48 BImSchG) durchzuführen. Schadenersatzansprüche seitens angrenzenden Wohnungseigentümern gegen den .... aufgrund von Mietminderung betroffener Mieter sind dann durch den Auftragnehmer zu vertreten, wenn gutachterlich eine Verschuldensabhängiges Verhalten vorliegt. Insofern ersetzt der Auftragnehmer dem Auftraggeber den Schaden.

Dem Auftraggeber ist bewusst, dass ohne zusätzliche Lärmschutzmaßnahmen die Einhaltung der TA Lärm nicht möglich ist. Somit ist hier schon eher „Vorsatz“ des Auftraggebers zu sehen, weil er die Arbeiten unter bewusster Inkaufnahme des unvermeidbaren Lärmpegels bzw. einzelner Spitzenbelastungen in Kauf nimmt. Auf zusätzliche Lärmschutz-Maßnahmen wird vorerst verzichtet.

12. Vertragspreis

Die Vergütung beträgt: Siehe Bauvertrag 002

12.1 Es wird ein Preisnachlass von .... % vereinbart.

12.2 Es wird ein Skonto von .... % vereinbart.

12.3 Der Vertragspreis enthält nicht die gesetzlich vorgeschriebene Umsatzsteuer. Sie ist zusätzlich zu vergüten, und zwar in der jeweils geltenden gesetzlichen Höhe.

12.4 Die Vertragspreise gelten drei Monate über die Bauzeit hinaus, dies gilt auch für den Mittellohn und nicht gewerteten Bedarfspositionen.

13. Prüfung der Unterlagen

Der Auftragnehmer erklärt, dass die ihm zur Verfügung gestellten Unterlagen und Pläne zur Abgabe seines Angebots vom .... und zum Abschluss des Vertrages (einschließlich der Preiskalkulation) ausreichend waren und von ihm in dieser Hinsicht überprüft wurden und zu keinen Bedenkenanmeldungen geführt haben (VOB/B § 4, Abs. 3).

14. Fachbauleiter/UVV-Verantwortlicher/SiGe Koordinator

Benennung des verantwortlichen Bauleiters/Anlage Formblätter

15. Nachunternehmer

Anerkennung der Abtretung der Gewährleistungsansprüche/Anlage Formblatt

16. Bestandsdokumentation

Fortschreibung der Ausführungsplanung; Herstellen der Bestandsunterlage

17. Vertragsbestandteile sind insbesondere:

17.1 Inhaltsverzeichnis Verdingungsunterlage VE 240 vom ....

Die Allgemeinen Vertragsbedingungen und die sonstigen vom Auftragnehmer gestellten Bedingungen werden nicht Vertragsbestandteil.

.........., den ....

....	....
Rechtsverbindliche Unterschrift AG	Rechtsverbindliche Unterschrift Bieter

Protokoll Auftragsvergabe

Protokoll

1. Vergabe

1.1 Auftragsschreiben

Die .... hat der Fa. .... auf Basis des Angebots vom .... und des Vergabevorschlages der Architekten den Zuschlag zur Errichtung des Rohbau .... erteilt.

2. Durchsprache Vertragsbedingungen

Zu den Vertragsbedingungen der Verdingungsunterlage VE 240 (AVB, BVB, ZVB etc.) besteht seitens des Auftragnehmers kein Klärungsbedarf. Die Vertragsbedingung wurden verlesen und ggf. erläutert.

2.1 Bauwesenversicherung

Der Auftragnehmer übergibt eine Bescheinigung über den Abschluss einer Bauversicherung.

2.2 SiGeKo Plan

Die Architekten wird dem Auftragnehmer den SiGeKo Plan übergeben.

2.3 Termine

Mit den örtlichen Arbeiten wird nach Beendigung der Abbrucharbeiten begonnen. Bis dahin sind alle vorbereitenden Maßnahmen durchzuführen:

.... Aufstellen Bauzaun

.... Sperrung ....

.... Genehmigung Statik Schlitzwand

.... Baufreiheit/erstellen Leitwand

.... Beginn Schlitzwand

Dieser spätere Beginn wird in dem noch aufzustellenden Terminplan Rohbauarbeiten entsprechend berücksichtigt.

2.4 Planunterlagen

Positionspläne Keller/Schlitzwand sind vom Büro .... am .... per E-Mail übergeben worden.

Zur weiteren Abstimmung der Planliefertermine für Schal- und Bewehrungspläne erhält der Auftragnehmer den Planungsterminplan

Abgedichtete Deckenflächen können auch aus „Sperrbeton“ hergestellt werden. Hierzu erfolgt eine preisliche Gegenüberstellung.

2.4.1 **Höhenlage Leitwand**

Die Leitwand am .... kann bis Ok Straße erstellt werden.

2.5 Wichtige Qualitätsvorgaben der ZTV 013

- Schalhaut Wand e = 1,5 m oder ein Vielfaches, Geschoss hoch
- Schalhaut Decke e = 1,5 m oder ein Vielfaches, Länge 6,0 m
- Der Architekt wird in der Afu-Planung die Bereich Sichtbeton SB3 und „scharfkantigen Ecken“ kennzeichnen

- Der Schalungsstoß „scharfkantige Ecken“ kann mit einer 3–4 mm Silicon-Fuge ausgebildet werden (Muster vorlegen)
- Farbunterschiede im Beton sind je nach Jahreszeit (Sommer/Winter) möglich. Unterschiedliche Farben dürfen jedoch nicht innerhalb eines Geschosses vorkommen
- Zur Vermeidung von Rostfahnen sind freiliegende Bewehrung auch über kürzere Zeiträume abzudecken
- Die Treppenläufe sind als Fertigteile „stehend auf der Treppenaugenseite“ in der Stahlschalung zu betonieren. Wie der Schutz der Treppe während der Bauzeit erfolgen soll (Kantenschutz) ist festzulegen
- Die Stahlbetonstützen sind ohne Vertikal-Fugenstoß herzustellen

2.6 Weitere Qualitätsmerkmale

- Die Farbe und Qualität des Rostschutzanstriches der Stahlstützen im Fassadenbereich ist festzulegen
- Die Oberfläche der Schlitzwand wird wie in Pos. 3.1.1.8 bearbeitet. Etwaige Undichtigkeiten der Schlitzwand werden durch nachträgliches Verpressen beseitigt.

2.7 Baustelleneinrichtung

2.7.1 **Genehmigung**

Der Auftragnehmer stimmt einen Termin mit dem Ordnungs- und Straßenbauamt, Feuerwehr etc. zur Sperrung der .... ab, ebenso die Bauart, Lage etc. des Fuß- und Fahrradtunnels am ....

Das Aufstellen des Bauzauns ist bis zum .... abzuschließen.

Der Auftragnehmer stimmt einen Termin mit dem örtl. Energieversorgen betreffend Stromversorgung (Trafo), Wasser, Abwasser etc.

2.7.2 **Baustelleneinrichtungsplan Auftragnehmer**

Der Auftragnehmer legt den Entwurf des Baustelleneinrichtungsplanes vor. Die Lage der geplanten beiden Turmdrehkrane ist mit dem Architekten betreffend Deckendurchbrüche abzustimmen.

Der Architekt wird den Vermesser des Auftraggebers veranlassen, den höchsten Punkt am Haus 1 zu ermitteln (Überstreichen durch den Turmdrehkran) und eine Grobabsteckung durchzuführen. Termine und Einzelheiten werden direkt mit dem Auftragnehmer abgesprochen.

2.7.3 **Beweissicherungsverfahren**

Die Beweissicherung für die öffentlichen Bereiche und den .... Gebäuden soll vom selben Gutachter durchgeführt werden, der auch schon das Beweissicherungsverfahren für die Nachbarbebauung durchgeführt hat. Das Gutachten wird übergeben.

2.7.4 **Oberflächen öffentliche Bereiche**

Der Auftraggeber plant, die außerhalb des Baufeldes bestehenden Oberflächen entsprechend einer noch zu erarbeitenden Planung „Forum ....“ neu zu gestalten.

2.7.5 **Außenaufzug**

Aus technischen Gründen kann ein Außenaufzug nicht aufgebaut werden. Es erfolgt ausschließlich der Einbau des Aufzuges im Schacht der Personenaufzüge. In dem Feuerwehraufzugsschacht wird frühestmöglich der endgültige Aufzug eingebaut und als Bauaufzug genutzt (Transporthöhe bis 2,80 m).

2.7.6 **Feuerlöschleitung**

Während der Bauzeit wird diese im Treppenauge geführt. Der Auftragnehmer klärt mit der Feuerwehr, ob die Leitung auch als Bauwasserleitung genutzt werden kann (Beachte Frostschutz).

2.7.7 **Elektro-Bauverteiler**

Die Bauverteiler werden im Bereich des Kerns in einem Steigeschacht aufgehängt.

2.7.8 Überdruck Treppenraum
Die Bautüren Treppenhaus werden bezogen auf ok-fertigen Fußboden eingebaut.

2.7.9 Musterfassade

Der Auftragnehmer wird ein Angebot zur Lieferung, Aufstellung und Beseitigung von zwei Containern zur Montage einer Musterfassade einreichen.

Größe 6,0 x 2,5 x 2,5 m, 2-seitig offen, mit einer Treppe zum oberen Container, Vorhaltezeit ca. sechs Monate.

2.8 Gestattungsverträge Schlitzwandanker

Der Auftraggeber wird den Vertrag mit den Nachbarn betreffend Stellung Bauzaun und Verankerung der Schlitzwand an die Architekten weiterleiten.

Sobald der Gestattungsvertrag mit der Stadt geschlossen ist, wird dieser ebenfalls an die Architekten weitergeleitet.

2.9 Wasserrechtliche Genehmigung

Die wasserrechtliche Genehmigung zur Einleitung von Grundwasser wird vom Auftragnehmer beantragt.

2.10 Kampfmittelräumdienst

Der Architekt wird die Freigabe des Kampfmittelräumdienstes beantragen.

2.11 Vorweggezogenes Aufmaß

Das Aufmaß für die Pauschalierung wir nach Schalplänen erstellt und ist in ca. drei Monaten vorzulegen.

3. Abrechnung

Der Nachlass von .... % wird von der Gesamtsumme abgezogen. Die EPs werden nicht geändert. Der Nachlass gilt auch für alle Nachtragsbeauftragungen.

4. Vergabeunterlagen

4.1 Rechtskraft B-Plan

Der als Satzung am .... beschlossene vorhabenbezogene B-Plan Nr. 534 wurde durch Veröffentlichung im Amtsblatt Nr. 12 der Stadt .... am .... rechtskräftig.

4.2 Bauvertrag und Vergabeprotokoll

Der Bauvertrag und das Vergabeprotokoll wurden vorgelesen und werden entsprechend ergänzt.

4.3 Zusätzliche vertragliche Vereinbarungen

Hinsichtlich des Vorbehalts zur Vergabe (Einspruch gegen den B-Plan oder Baugenehmigung) und des Mietminderungs-/ Schadenersatzanspruchs seitens des Auftraggebers wurde der Text vorgelesen und zugestimmt.

4.4 Baugenehmigung

Die Erteilung der Baugenehmigung wird nach Aussage des Bauordnungsamtes kurzfristig erfolgen.

………………………….., den ……………….

……………………………………… ………………………………………………………

Rechtsverbindliche Unterschrift AG Rechtsverbindliche Unterschrift Bieter

Anlagen:

Auftragsschreiben vom ……….

Bauwesenversicherung ………. vom ……….

Auszug Amtsblatt vom 3 ……….

Protokoll zur Vergabe EP B 001

Bauvertrag Nr. 002

Angebotsprüfung und Vergabevorschlag

Festlegen des Bieterkreises

Aufgrund der besonderen Anforderung an die Herstellung des Tisches wurden drei Firmen zur Angebotsabgabe angefragt:

....

....

....

1. Angebote

.... €

.... €

.... €

2. Durchsicht und rechnerische Prüfung der Angebote

Die eingegangenen Angebote wurden rechnerisch und inhaltlich geprüft. Für die Wertung wurden bei der Angebotseröffnung die vorliegenden Angebote herangezogen.

Die Angebote waren alle rechtskräftig unterschrieben.

3. Aufklärungs-/Vergabegespräch vom .... (Vermerke siehe Angebote)

Zur Klarstellung der Angebote wurde ein Aufklärungs- und Vergabegespräch mit den Bietern durchgeführt:

- Angebotene Leistungen/Abweichungen
- Tragrahmen in Stahl oder Holz
- Erfüllen der Qualitäten
- LED/RGB Beleuchtung oder nur LED weiß
- Medienklappe/Einbaurahmen
- Zusätzliche Leistung Anheben des Unterbodenplatte für Endgeräte
- Liefertermin nach technischer Klärung
- kaufmännische Belange (Nachlass, Skonto, Vorauszahlung etc.)

Stellungnahme zum .... per E-Mail an ...., Herrn/Frau .... und ....

4. Überarbeitung, Angebot

...., Nachlass .... %

...., Skonto .... %

...., Skonto .... %

5. Technische Prüfung

Alle Angebote wurden technisch geprüft, insbesondere auf ihre Vollständigkeit und Übereinstimmung mit den geforderten technischen Leistungsanforderungen. Teilweise wurden hierzu aufgrund der Planungsfortschreibung Leistungen fortgeschrieben.

6. Wirtschaftliche Prüfung

Vorgenannte Angebote wurden auf ihre Wirtschaftlichkeit hin geprüft, insbesondere wurden die Einheitspreise als auch das gesamte Preisniveau des Angebots geprüft. Als Maßstab werden sowohl marktübliche Preise als auch die Preisverhältnisse der verschiedenen Angebote untereinander herangezogen.

7. Vergabeempfehlung

Aufgrund der technischen und wirtschaftlichen Aufklärung sowie des Angebotspreises und des Liefertermins empfehlen wir, der ……… den Auftrag zu übertragen.

8. Kostenberechnung

Die Herstellkosten sind in dem Budget für loses Mobiliar von ……… € berücksichtigt.

Bauvertrag im Original zu Ihrer weiteren Verwendung zurück.

A.7.4 Vergabe, Bauvertrag – Schriftverkehr

A.7.4.1 Protokoll Auftragsverhandlung – Vorschlag 2

Protokoll Auftragsverhandlung

Inhaltsverzeichnis

1. Angaben Projekt/Bauherr

Auftraggeber: ....

Bauvorhaben: ....

Leistung: ....

Angebot vom: ....

2. Vertragsgegenstand

Gegenstand der Verhandlung sind:

- das Angebot vom .... mit Annahme der Geschäftsbedingungen*)
- das Leistungsverzeichnis
- die Ausschreibungsunterlagen (komplett einschließlich aller Pläne), gemäß Anlage zum LV
- die Pläne Nr. ....
- technisches Aufklärungsgespräch vom ....
- Schreiben des Auftragnehmers, gemäß ...., jedoch ohne Punkt ....

Vertragsbestandteile sind (Rangfolge):

- diese Auftragsverhandlung
- die Leistungsbeschreibung
- die Pläne, Zeichnungen und Gutachten (vgl. Anlage)
- die Zusätzlichen Vertragsbedingungen
- die Besonderen Vertragsbedingungen
- die Technischen Vertragsbedingungen
- das Angebot des Auftragnehmers vom .... nebst Anlagen (mit Ausschluss der Allgemeinen Vertragsbedingungen VOB/A)
- die Allgemeinen Technischen Vertragsbedingungen (VOB/B)
- die Allgemeinen Technischen Vertragsbedingungen für Bauleistungen (VOB/C)

Hierzu werden folgende Ergänzungen und Änderungen vereinbart:

……………………………………….

Die angebotenen Einheitspreise sind Festpreise und gelten drei Montage über Fertigstellung hinaus.

Die Abrechnung erfolgt nach gemeinsamem Aufmaß

Sicherheitsdatenblätter

3. Ausführungsunterlagen

Die zur Durchführung seiner Arbeiten notwendigen und noch nicht übergebenen Unterlagen hat der Auftragnehmer in eigener Verantwortung fristgerecht abzurufen, sodass die termingerechte Erfüllung seiner Leistung sichergestellt ist.

Der Auftragnehmer hat folgende Unterlagen beim Auftraggeber einzureichen:

- ……….
- ……….
- ……….

Dem Auftragnehmer wurden vom Auftraggeber folgende zusätzliche Unterlagen in der Verhandlung zur Verfügung gestellt:

- ……….

Auf die Prüfungs- und Hinweispflicht des Auftragnehmers aus § 3 Nr. 3 Satz 2 VOB/B wurde ausdrücklich hingewiesen. Etwaige Mängel oder sonstige Unstimmigkeiten der Unterlagen sind bis zum ………. (ca. 2–4 Wochen) schriftlich dem Architekten mitzuteilen.

Weitere Ausführungsunterlagen werden dem Auftragnehmer nach Erstellen durch den Architekten/dem Fachingenieur separat zur Verfügung gestellt.

4. Ausführungsfristen

Mit der Ausführung ist

- unverzüglich nach Erteilung des Auftrages zu beginnen oder
- nach besonderer schriftlicher Aufforderung durch den Auftraggeber, oder
- spätestens jedoch innerhalb von ………. Werktagen nach Auftragserteilung zu beginnen.

Die Leistungen sind wie folgt fertigzustellen:

- bis zum ………. oder
- innerhalb von ………. Werktagen nach Beginn der Ausführung.

Die festgelegten Termine und Zwischentermine gelten als Vertragstermine

Folgende Einzelfristen sind Vertragsfristen:

- Einzelfrist für ………. Werktage
- Einzelfrist für ………. Werktage/bis zum ……….
- Einzelfrist für ………. Werktage/bis zum ……….

Die Ausführung des Bauvorhabens und damit auch die Bauleitung des Auftragnehmers muss im vorgesehenen Gesamtterminrahmen vom ………. bis zum ………. sichergestellt werden.

Der Auftragnehmer hat die damit verbundenen Umstände, mit denen üblicherweise bei Gebäuden dieser Art zu rechnen ist, insbesondere:

- Erbringen von Leistungen auch bei Behinderung in der Vorleistung anderer Auftragnehmer,
- Koordinationsverpflichtung mit den anderen Auftragnehmern,
- mehrmaliges Unterbrechen in Einzelbereichen für die mögliche fehlende Leistungserbringung anderer Auftragnehmer,

- Witterungseinflüsse mit denen bei dieser zeitlichen Durchführung des Projekts zu rechnen ist,
- kurzfristige Störungen im vorgesehenen Bauablauf,
- Terminanpassung durch Terminkontrolle des Architekten und
- Verpflichtung der Schadensminderung bei der Bildung der EP

umfänglich kalkuliert und in seinem Angebot berücksichtigt.

5. Vertragsstrafe

Bei Überschreitung der Vertragsfristen (Fertigstellungsfrist gemäß Ziffer 3.2 und/oder Einzelfristen gemäß Ziffer 3.3) hat der Auftragnehmer für jeden Werktag der Überschreitung folgende Vertragsstrafe zu zahlen:

Bei Überschreitung der Fertigstellungsfrist € ……….

Bei Überschreitung der Einzelfrist I € ……….

Bei Überschreitung der Einzelfrist II € ……….

Die Vertragsstrafe wird auf insgesamt ………. % der nach der Schlussrechnung maßgeblichen Bruttovertragssumme einschließlich Mehrwertsteuer beschränkt.

Die Vertragsstrafe kann noch im Zusammenhang mit der Schlussrechnung vorbehalten und von der sich aus der Schlussrechnung ergebenden Werklohnforderung des Auftragnehmers in Abzug gebracht werden.

6. Versicherungen

Es wurde eine Bauleistungsversicherung abgeschlossen, in die der Leistungsumfang des Auftragnehmers eingeschlossen ist.

Die Selbstbeteiligung des Auftragnehmers beträgt je Schadensfall ……….

Der Auftragnehmer hat sich mit ………. €/v. H. ………. an der Gesamtprämie zu beteiligen. Ihm wurde eine Kopie der Bauleistungsversicherungspolice ausgehändigt.

Der Auftragnehmer weist dem Auftraggeber mit Abschluss des Vertrages eine nach Umfang und Höhe ausreichende Betriebshaftpflichtversicherung nach. Auf Verlangen ist die entsprechende Police vorzulegen

7. Abnahme

Zur Vorbereitung der rechtsgeschäftlichen Abnahme durch den Auftraggeber werden von der Objektüberwachung Leistungsfeststellungen durchgeführt, an denen der Projektleiter des Auftragnehmers teilzunehmen hat. Die hierbei festgestellten vertragswidrigen Leistungen sind gemäß Festlegung im Protokoll vom Auftragnehmer durch vertragsgerechte Leistungen zu ersetzen.

Es findet eine förmliche Abnahme statt.

8. Mängelanspruch

Der Mängelanspruch richtet sich nach der VOB/B. Die Verjährungsfrist richtet sich nach BGB und beträgt jedoch fünf Jahre und einen Monat. Sie beginnt mit der Abnahme der Gesamtbauleistung. Für Dächer, Fassaden und sonstige Abdichtungskonstruktionen gilt eine Gewährleistung von zehn Jahren und einen Monat.

Nach § 13 VOB/B, hiervon jedoch abweichend folgende Fristen: ……….

9. Zahlungen

Es werden Abschlagszahlungen in Höhe von .... % der erbrachten Leistungen vereinbart, die innerhalb von .... Werktagen erst nach vorhergehender Prüfung der Aufmaßunterlagen zahlbar sind. Der Mindestwert der fertiggestellten Leistungen muß jedoch € .... betragen.

Von der Schlusszahlung werden als Sicherheit für die Erfüllung der Mängelansprüche 5 % des Brutto-Rechnungsbetrages einbehalten. Der Auftragnehmer kann diesen Sicherheitseinbehalt durch eine unbefristete Bankbürgschaft nach dem anliegenden Muster des Auftraggebers ablösen.

Die Abtretung von Ansprüchen des Auftragnehmers ist nur mit Zustimmung des Auftraggebers möglich.

Möglicher Text: .... % auf Abschlagszahlungen bezogen auf erbrachte Leistungen:

Zahlungstermin wird bis zum .... vereinbart.

10. Vertragserfüllungsbürgschaft

Der Auftragnehmer hat als Sicherheit für die Erfüllung sämtlicher Verpflichtungen aus diesem Vertrag, insbesondere für die vertragsgemäße Ausführung seiner Leistungen, eine Vertragserfüllungsbürgschaft in Höhe von .... % der Auftragssumme (einschließlich der Nachträge) zu stellen, und zwar gemäß anliegendem Muster des Auftraggebers.

Der Auftragnehmer hat eine Bürgschaft für Vorauszahlungen zu leisten (ggf. gemäß anliegendem Muster des Auftraggebers).

5 % Vertragserfüllungsbürgschaft und

5 % Vertragserfüllungsbürgschaft und Gewährleistungsbürgschaft

Möglicher Text: Die Zahlung der Bürgschaft auf erstes schriftliches Anfordern des Auftraggebers wurde ausdrücklich vereinbart.

11. Sonstige Vereinbarungen

....

Möglicher Text: Projektübliche Beschleunigungsmaßnahme durch zusätzliche Kolonnen auf Anforderung des Architekten.

12. Vertragspreis

Die Vergütung beträgt gemäß Angebot vom .... € ....

Es wird ein Preisnachlass von € .... % vereinbart, sodass der Vertragspreis € .... beträgt. Der Vertragspreis enthält nicht die gesetzlich vorgeschriebene Umsatzsteuer. Sie ist zusätzlich zu vergüten, und zwar in der jeweils geltenden gesetzlichen Höhe.

Die Einheitspreise sind Festpreise bis zum: ....

Möglicher Text: und gelten drei Monate über die Bauzeit hinaus.

Geprüfte Angebotssumme	0,00 €
Änderungen, sonstige Leistungen	0,00 €
Zwischensumme:	0,00 €
Nachlass .... %	0,00 €
Zwischensumme:	0,00 €
gesetzliche Mehrwertsteuer .... %	0,00 €
Brutto-Auftragssumme/Pauschalpreis	**0,00 €**

Skonto:

Zahlungsziel:

Sonstiges: Die Vertragspreise gelten drei Monate über die Bauzeit hinaus, dies gilt auch für den Mittellohn und nicht gewerteten Bedarfspositionen.

Bauleistungsversicherung	.... %
Baustellenversorgung Baustrom	.... %
Baustellenversorgung Bauwasser	.... %
Baureinigung, Schuttbeseitigung (Container)	.... %
Bautafel, pauschal, netto	.... €
Sonstige	....

13. Prüfung der Unterlagen

Der Auftragnehmer erklärt, dass die ihm zur Verfügung gestellten Unterlagen und Pläne zur Abgabe seines Angebots vom .... und zum Abschluss des Vertrages (einschließlich der Preiskalkulation) ausreichend waren und von ihm in dieser Hinsicht überprüft wurden und zu keinen Bedenkenanmeldungen geführt haben (VOB/B § 4, Abs. 3).

14. Fachbauleiter/UVV-Verantwortlicher/SiGe-Koordinator

15. Nachunternehmer

16. Bestandsdokumentation

17. Vertragsbestandteile sind insbesondere

die Pläne und Zeichnungen (genaue Bezeichnung) ....das Angebot des Auftragnehmers vom .... nebst Anlagen,

- das Gutachten des .... vom ....
- das Bodengutachten vom ....*) ....

Die Allgemeinen Vertragsbedingungen und die sonstigen vom Auftragnehmer gestellten Bedingungen werden nicht Vertragsbestandteil.

Ort/Datum

....

Rechtsverbindliche Unterschrift AN   Rechtsverbindliche Unterschrift AG

A.7.4.2 Bauvertrag 1

Bauvertrag Nr.: ……….

Zeichen / Datum

Bauvorhaben:	……….
Leistung:	……….
Angebot vom:	……….
Abrechnungsart:	……….
Zahlungsvereinbarungen:	Aufmaß und EP oder keine/Pauschalpreis *)
Nachlass:	Auf Auftragssumme und Nachträge ………. %
Vertragssumme:	geprüfte Angebotssumme 0,00 € Änderungen, sonstige Leistungen 0,00 € Zwischensumme: 0,00 € Nachlass ………. % 0,00 € Zwischensumme: 0,00 € gesetzliche Mehrwertsteuer ………. % 0,00 € **Brutto-Auftragssumme/ Pauschalauftrag *)** **0,00 €**
In Worten:	……….
Preise gültig bis:	gemäß Auftragsprotokoll drei Monate über die Bauzeit hinaus, das gilt auch für nicht gewertete Bedarfspositionen und Mittellohn, maximal bis ……….
Skonto:	bei allen Zahlungen innerhalb von ………. Tagen ………. % ………. Tagen ………. %
Zahlungsvereinbarungen:	Abschlagszahlungen erfolgen nach Baufortschritt; abweichend von der VOB sind dabei Bemessungsgrundlage die tatsächlich an der Baustelle erbrachten Leistungen, einschließlich Mehrwertsteuer.
Bürgschaften und Sicherheitsleistungen:	Der Auftragnehmer erbringt bei Vertragsabschluss unbefristete und selbstschuldnerische Bürgschaften eines deutschen Kreditinstituts oder Kreditversicherers in Höhe von 10 % der Brutto-Auftragssumme, aufgegliedert in 5 % = ... € als Vertragserfüllungsbürgschaft 5 % = ... € als in einer Urkunde zusammengefasste Vertragserfüllungs- und Mängelbürgschaft
Versicherungen/Abzüge:	Bauleistungsversicherung ………. Baustellenversorgung Baustrom ………. Baustellenversorgung Bauwasser ………. Baureinigung, Schuttbeseitigung (Container)………. Bautafel, pauschal, netto ………. Sonstige
Bauleistungsversicherung:	Für die Baumaßnahme wird vom Auftraggeber eine Bauleistungsversicherung abgeschlossen. Die Versicherungsprämie beträgt ………. % der Brutto-Abrechnungssumme; sie wird anteilig auf alle Gewerke umgelegt.

Vertragsstrafe:	für Ecktermine je Werktag .... % der Bruttoauftragssumme, das sind ca. .... € für Zwischentermine je Werktag .... % der Bruttoauftragssumme, das sind ca. .... € zusammen höchstens 10 % der Brutto-Auftragssumme
Mängelanspruch:	Nach BGB § 634a fünf Jahre; abweichend davon wird hier eine Gewährleistungsfrist von zehn Jahren für die .... vereinbart
Weitere Vereinbarungen:	siehe Anlage *Möglicher Text: siehe Vordruck* Der Auftragnehmer erhält eine Vorauszahlung in Höhe von .... €, zzgl. MwSt., die bis zum Ende der Bauzeit bestehen bleibt und erst anteilig abgebaut wird, wenn die Differenz zwischen der Brutto-Auftragssumme und den geleisteten Brutto-Zahlungen des Auftraggebers kleiner ist, als die Höhe der Vorauszahlung. Der Auftragnehmer erbringt bei Vertragsabschluss mehrere unbefristete und selbstschuldnerische Bürgschaften eines europäischen Kreditinstituts oder Kreditversicherers in fünf gleichen Werten à .... € zzgl. MwSt., die in den letzten fünf Monaten anteilig zurückgegeben werden.

Besondere Vereinbarung:

Der Bauvertrag besteht aus:	2 Seite(n) und dem o. a. Angebot.
Objektüberwachung:	....
Übergeordnete Belange:	Herr /Frau ...., Tel. ....
Örtlicher Vertreter/SiGeKo:	....
Schriftverkehr per E-Mail:	.... @...
Anlagen zum Bauvertrag:	Der Bauvertrag besteht aus zwei Seiten und .... Anlage(n). Das Leistungsverzeichnis ist Bestandteil dieses Vertrages sowie die Festlegung im Vergabegespräch vom ....

Die auf den Seiten 1 und 2 getroffenen Vereinbarungen gelten vorrangig vor der Anlage zum Bauvertrag sowie vor dem Leistungsverzeichnis.

........................., den ...., den ....

....

Rechtsverbindliche Unterschrift AG Rechtsverbindliche Unterschrift AN

A.7.4.3 Bauvertrag 2

BAUVERTRAG

---

zwischen

....

Auftraggeber (AG)

Anschrift ....

und

....

Auftragnehmer (AN)

Anschrift ....

über

....

§ 1 Vertragsgegenstand

1.1 Der Auftragnehmer übernimmt die Ausführung **VE** .... (Bauvorhaben)

1.2 Vertragsbestandteile sind (Rangfolge):

1. Auftragsschreiben
2. Schriftliche Erklärung des Bieters zum Angebot, die im Auftragsschreiben ausdrücklich als Vertragsbestandteile genannt sind
3. Das Auftragsverhandlungsprotkoll
4. Leistungsbeschreibung (bestehend aus Baubeschreibung, Leistungsverzeichnis – Langtext, Zusammenstellung der Angebotssummen, Ergänzungen des Leistungsverzeichnisses und sonstigen Anlagen)
5. Besondere Vertragsbedingungen (BVB)
6. Zusätzliche Vertragsbedingungen (ZVB)
7. Zusätzliche Technische Vorschriften (ZTV)
8. Allgemeine Technische Vertragsbedingungen (VOB/C)
9. Allgemeine Vertragsbedingungen für die Bauausführung von Bauleistungen (VOB/B)
10. Die Ausschreibungsunterlagen, Pläne und Zeichnungen, soweit sie nicht ausdrücklich als verbindlich bezeichnet sind.
11. ....

§ 2 Vergütung

2.1 Die Vergütung wird vorläufig *) wie folgt vereinbart:

....

Auftragssumme in Worten, ohne Mehrwertsteuer

2.2 Die Einheitspreise sind Festpreise zuzüglich/einschließlich*) der jeweils geltenden gesetzlichen Mehrwertsteuer. Sie schließen sämtliche Lohn- und Gehaltsnebenkosten ein.

2.3 Lohn- und Materialgleitklauseln sind – nicht –*) vereinbart. Es sind folgende Gleitklauseln vereinbart*)

2.3.1 Lohngleitklausel (Anlage ……….)

2.3.2 Materialgleitklausel für ………. (Anlage ……….)

2.4 Als Vergütung wird ein Pauschalpreis von ………. zuzüglich Mehrwertsteuer vereinbart. Die Massenangaben des Leistungsverzeichnisses sind verbindlich, die Abrechnung erfolgt jedoch ohne Aufmaß der tatsächlich aufgeführten Massen.

2.5 Von den vereinbarten Preisen wird alles erfasst, was zur vollständigen und ordnungsgemäßen Durchführung der Leistungen des Auftragnehmers notwendig ist.

Hinweis:

Sie schließen insbesondere die Nebenleistungen ein, die nach den Vorschriften der VOB/C als Nebenleistungen ohne besondere Vergütung zu erbringen sind.

2.6 Mehr- und/oder Minderleistungen sowie Zusatzleistungen werden nur insoweit berücksichtigt, als sie auf ausdrücklichen Anordnungen des Auftraggebers, Plan- und Ausführungsänderungen beruhen. Kosten sind, soweit dies möglich ist, auf der Grundlage der Vertragspreise zu ermitteln und dem Auftraggeber vor Ausführung schriftlich mitzuteilen.

2.7 Der Auftragnehmer hat die ihm vom Auftraggeber übergebenen bzw. zur Verfügung gestellten Unterlagen geprüft und bei Vertragsabschluss als vollständig anerkannt. Vorbehalte, Bedenken und sonstige Hinweise sind spätestens mit Abschluss dieses Vertrages schriftlich dem Auftraggeber mitzuteilen. Dies gilt insbesondere auch für die örtlichen Verhältnisse und insbesondere den Zustand des Baugrundstückes bzw. der Baustelle, auf denen der Auftragnehmer seine Leistungen aufzubauen bzw. zu erbringen hat. Einwendungen sind insoweit spätestens vor Beginn der Ausführung der Vertragsleistungen schriftlich zu erheben. Eine Verletzung dieser Verpflichtung führt zum Schadenersatz.

§ 3 Ausführungsfristen und Haftung

Für die Erfüllung der vertraglichen Verpflichtungen des Auftragnehmers gelten folgende Vertragsfristen:

……….

Die Nichteinhaltung dieser Termine und Fristen berechtigt den Auftraggeber, für jeden Arbeitstag/Werktag*) der Überschreitung eine **Vertragsstrafe** zu fordern, ohne dass es des Nachweises eines Schadens bedarf.

Im Einzelnen gilt Folgendes:

Bei Überschreitung des/der

……….

ist eine Vertragsstrafe in Höhe von € ………. je Arbeitstag/Werktag*) verwirkt. Die Vertragsstrafe wird auf maximal 10 % der Auftragssumme begrenzt. Sie ist nur dann verwirkt, wenn der Auftraggeber sie sich bei der Abnahme der Leistungen des Auftragnehmers schriftlich vorbehält. Der Auftragnehmer bleibt unabhängig davon zur Zahlung eines höheren Schadenersatzes verpflichtet. Der Auftragnehmer erklärt, zur ordnungsgemäßen, mängelfreien und rechtzeitigen Erfüllung seiner vertraglichen Verpflichtungen in der Lage zu sein.

§ 4 Zahlungen

4.1 Auf Antrag des Auftragnehmers werden bei ordnungs- und fristgemäßer Ausführung der Arbeiten Abschlagszahlungen in Höhe von ……….(90 %) der jeweils nachgewiesenen Leistungen erbracht, und zwar zuzüglich der darauf enthaltenen Mehrwertsteuer.

4.2 Zahlungen werden entsprechend dem beigefügten Zahlungsplan erbracht.

4.3 Die Restzahlung erfolgt nach Abnahme der Leistungen des Auftragnehmers durch den Auftraggeber, insoweit gilt die Regelung § 16 Nr. 3 VOB/B.

§ 5 Sicherheit

Es wird die Leistung folgender Sicherheiten vereinbart:

Der Auftragnehmer stellt vor Beginn der Ausführungen der Bauleistungen eine Ausführungsbürgschaft in Höhe von ………. % der Auftragssumme zuzüglich Mehrwertsteuer nach dem Muster und der Vorschrift des Auftraggebers. Es gilt § 17 VOB/B.

Der Auftraggeber ist berechtigt, von der Restzahlung als Sicherheit für die Erfüllung der Mängelansprüche des Auftragnehmers ………./5 % der Netto-Rechnungssumme einzubehalten. Der Auftragnehmer ist berechtigt, den Einbehalt durch Hergabe einer unbefristeten selbstschuldnerischen Bürgschaft entsprechend den Regelungen in § 17 VOB/B abzulösen.

§ 6 Abnahme und Mängelansprüche

6.1 Unter Ausschluss von § 12 Nr. 5 VOB/B wird eine förmliche Abnahme vereinbart. Findet diese förmliche Abnahme nicht statt, gelten die Leistungen des Auftragnehmers zwei Monate nach Erteilung der Schlussrechnung als abgenommen, spätestens jedoch mit Abnahme der Leistungen des Auftragnehmers durch den Bauherrn.

6.2 Der Mängelanspruch wird entsprechend BGB mit 5, jedoch hiervon abweichend für die Bauteile

- Fassade
- Dachabdichtung etc.

mit zehn Jahren vereinbart. Sie beginnt mit der Abnahme der Leistungen des Auftragnehmers.

Der Mängelanspruch bestimmt sich im Übrigen nach den Vorschriften der VOB/B. Der Auftragnehmer haftet insbesondere dafür, dass seine Leistungen zum Zeitpunkt der Abnahme die vertraglich zugesicherten Beschaffenheit haben, nach dem neuesten Stand der Technik ausgeführt und nicht mit Fehlern behaftet sind, die ihren Wert oder Tauglichkeit zu dem gewöhnlichen oder nach dem Vertrag vorausgesetzten Gebrauch aufheben oder vermindern.

6.3 Während der Gewährleistungsfrist auftretende Mängel hat der Auftragnehmer unverzüglich auf seine Kosten zu beseitigen. Kommt der Auftragnehmer dieser Verpflichtung nicht nach, ist der Auftraggeber nach Mahnung und Fristsetzung berechtigt, die Mängelbeseitigung auf Kosten des Auftragnehmers durch Dritte ausführen zu lassen.

6.4 Die Beachtung gesetzlicher, bauordnungsrechtlicher und sonstiger behördlicher Vorschriften und Auflagen ist Sache des Auftragnehmers, soweit seine Leistungen davon betroffen sind.

§ 7 Abtretung

Der Auftragnehmer kann ihm aus diesem Vertrag zustehende Forderungen gegen den Auftraggeber nur mit dessen schriftlicher Zustimmung abtreten. Dies gilt auch für Leistungen aus diesem Vertrag.

§ 8 **Kündigung**

Es gelten die Bestimmungen der VOB/B und hilfsweise die des Werkvertragsrechts des BGB.

§ 9 **Sonstiges**

....

§ 10 **Streitigkeiten**

10.1 Alle Streitigkeiten aus diesem Vertrag werden unter Ausschluss des ordentlichen Rechtswegs durch ein Schiedsgericht nach der Schiedsgerichtsordnung der Deutschen Gesellschaft für Baurecht und des Deutschen Beton-Vereins e. V. in der jeweils neuesten Fassung entschieden. Der von den Parteien abgeschlossene Schiedsvertrag, der in einer gesonderten Urkunde niedergelegt ist, ist Gegenstand dieses Bauvertrags. Das Schiedsgericht ist insbesondere befugt, über die Gültigkeit der Schiedsvereinbarung und ihren Umfang zu entscheiden.

§ 11 **Allgemeine Bestimmungen**

11.1 Der Auftragnehmer hat auf Verlangen des Auftraggebers seine Mitgliedschaft in der Bauberufsgenossenschaft etc., die Erfüllung der Beitragsverpflichtungen und Unbedenklichkeitsbescheinigungen des zuständigen Finanzamts und der zuständigen gesetzlichen Krankenversicherungsanstalten nachzuweisen.

11.2 Lage und Umfang von Versorgungsleitungen hat der Auftragnehmer vor Aufnahme der vertraglichen Arbeiten und Leistungen auf eigene Kosten zu ermitteln und nach Rücksprache mit den Versorgungsträgern Schutzmaßnahmen vorzusehen. Für Leitungsschäden haftet der Auftragnehmer insoweit allein, als diese im Zusammenhang mit den von ihm ausgeführten Arbeiten entstanden sind. Der Auftraggeber ist von Ansprüchen Dritter freizustellen.

11.3 Der Auftragnehmer weist den Abschluss einer ausreichenden Betriebshaftpflichtversicherung nach.

11.4 Sollten einzelne Bestimmungen dieses Vertrages unwirksam oder nichtig sein, wird davon die Wirksamkeit der übrigen Regelungen nicht berührt. An die Stelle der unwirksamen oder nichtigen Bestimmungen tritt das Gesetz.

............., den	..............., den ....
....	....
Rechtsverbindliche Unterschrift des AG	Rechtsverbindliche Unterschrift des AN

A.7.4.4 Bauvertrag 3 – GU-Leistung

1. Vertragsgegenstand

Der Auftraggeber beabsichtigt, auf dem Grundstück .... eine .... in .... zu errichten. Diese Baumaßnahme wird in diesem Vertrag und seinen Anlagen

auch als Projekt „.........." bezeichnet.

2. Auftrag

Der Auftraggeber beauftragt den Auftragnehmer nach Maßgabe dieses GU Bauvertrages mit der Durchführung der Baumaßnahme zu dem im Vertrag genannten Festpreis.

3. Vertragsbestandteile

4. Leistungen und Pflichten des Auftraggebers
4.1 Allgemeines
Dem Auftragnehmer ist bewusst, dass in diesem Generalunternehmer-Bauvertrag und den Vertragsbestandteilen nicht alle erforderlichen Leistungen im Einzelnen beschrieben sind, die für die Herstellung des Vertrages gegenständlichen Objektes erforderlich sind. Der Auftragnehmer verpflichtet sich daher, alle Liefer- und Bauleistungen – hier auch Nebenleistungen und besondere Leistungen i. S. d. VOB/C sowie (darüber hinaus) im Sinne der unter Ziff. 3. genannten Vertragsbedingungen – zu erbringen, die erforderlich sind, um das vertragsgegenständliche Objekt mängelfrei und vollständig zur vertraglich vorgesehenen Nutzung betriebsbereit und funktionstüchtig herzustellen.

4.2 Der Leistungsumfang der Auftragnehmer umfasst insbesondere
.... die Herbeiführung aller für die Bauausführung und die Inbetriebnahme des Objektes erforderlichen Genehmigungen ....

.... die Herbeiführung aller Abnahmen, Gutachten und Prüfungen Aufbau, Vorhalten und Unterhalten, Abbau und Transport der erforderlichen Baustelleneinrichtung ....

.... die Beschaffung der benötigten Flächen und die Übernahme der hieraus entstehenden Kosten ist Sache der Auftragnehmer ....

.... die Auftraggeber oder von ihnen beauftragte Personen haben das Recht, die Baustelle jederzeit zu betreten ....

4.3 Der Leistungsumfang der Auftragnehmer erfasst darüber hinaus insbesondere
.... erforderliche Vermessungs- und Einmessarbeiten, ausgenommen die Kataster Einmessung ....
.... die Durchführung einer Beweissicherung in Bezug auf die Nachbarbebauung ....
.... den Schutz der angrenzenden umliegenden Bauteile sowie der Nachbar- und

öffentlichen Grundstücke ....
.... die Übernahme der Bauleitung gem. Landesbauordnung ....
.... die Übernahme sämtlicher Verpflichtungen aus der am 01.07.1998 in Kraft getretenen Baustellenverordnung ....

4.4 Der Leistungsumfang der Auftragnehmer umfasst des Weiteren insbesondere:
.... die Erbringung aller Planungsleistungen, die für die Bauausführung erforderlich sind, insbesondere
.... die Erstellung aller für den Betrieb und die Verwaltung des Vertragsgegenstandes erforderlichen Planungs- und Detailunterlagen sowie der Bestands- und Revisionspläne.

4.5 Ausführungsfristen:
Baubeginn ist der .... Fertigstellungstermin für sämtliche nach diesem Vertrag von den Auftragnehmern zu erbringenden Leistungen ist der ....

4.6 Im Rahmen der Ausführung der Leistung gilt zulasten des Auftragnehmers Folgendes:
Der Auftragnehmer ist verpflichtet, für die gesamte Dauer seiner Tätigkeit auf der Baustelle eine der Art und dem Umfang des Bauvorhabens entsprechende sachverständige technische Aufsicht aufzustellen.

Der verantwortliche Bauleiter bzw. sein Vertreter haben während der normalen Arbeitszeit ständig auf der Baustelle anwesend zu sein.

Der Auftragnehmer ist verpflichtet, alle für die Erbringung seiner Leistungen erforderlichen Abstimmungen mit dem Auftraggeber abzusprechen.

Der Auftragnehmer ist verpflichtet, Bautagesberichte zu erstellen und diese wöchentlich dem Auftraggeber vorzulegen.

Durch den Auftraggeber werden an regelmäßigen Terminen (jour fixe) Baubesprechungen durchgeführt.

Ändern sich während der Bauausführung die der Beauftragung zugrunde liegende DIN-Vorschriften, Technischen Vorschriften, Hersteller- und/oder Verbandsrichtlinien, ...

4.7 Ergänzend geltend die Regelungen: Beseitigung von Bauschutt, Unrat etc.:
Der Auftragnehmer hat während und nach Beendigung der Arbeiten alle entstehenden Schuttmengen, Baustoffreste zu beseitigen.

4.8 Vermessungsarbeiten zur Baudurchführung durch die Auftragnehmer:
Die erforderlichen Vermessungsarbeiten erfolgen eigenverantwortlich durch die Auftragnehmer

4.9 Freistellung gemäß § 48 (2) EstG

4.10 Berufsgenossenschaft

5. Abnahme der Leistungen der Auftragnehmer
Sämtliche Kosten, die dem Auftraggeber durch mehrmalige Abnahmetermine entstehen, gehen zu lasten der Auftragnehmer.

Mängelbeseitigungsarbeiten sind unter Berücksichtigung der Bedürfnisse des Nutzers des Bauwerks auszuführen.

6. Kündigung

Nachstehendes ist mindestens zu regeln:

- VOB/B §§ 8 und 9 gelten ...
- Kündigung aus wichtigem Grund
- Regelung zur Weiterführung der Arbeiten durch den Auftraggeber
- Vertragsstrafe
- Sicherheiten
- Abtretung von Ansprüchen gegen Nachunternehmer
- etc.

7. Pflichten und Obliegenheiten der Auftraggeber

- Für Rechnungen und Zahlungen gilt Folgendes: ....

8. Vertretung der Auftraggeber

9. Leistungsänderungen

10. Nachunternehmereinsatz

12. Zurückbehaltungsrechte

13. Haftungsbeschränkung

14. Urheberrecht

16. Salvatorische Klausel Vertragsänderungen und -ergänzungen, sonstige Bestimmungen

A.7.4.5 Vertragserfüllungsbürgschaft

VERTRAGSERFÜLLUNGSBÜRGSCHAFT

Die Firma

……….

(Name und Anschrift des AN)

hat am ………. mit

……….

(Name und Anschrift des AG)

einen Vertrag für das Bauvorhaben

……….

(Ort)

zur Ausführung der dort näher bezeichneten Bauleistungen abgeschlossen. Aufgrund der Vereinbarungen im Bauvertrag ist der Auftragnehmer verpflichtet, für die vertragsgemäße Ausführung der ihm übertragenen Leistungen einschließlich der Abrechnung dem Auftraggeber eine Bürgschaft in Höhe von ………. % der Auftragssumme zzgl. Mehrwertsteuer zu stellen.

Dieses vorausgeschickt übernehmen wir

……….

(Name und Anschrift des Bürgen)

für den Auftragnehmer gegenüber dem Auftraggeber die selbstschuldnerische Bürgschaft und verpflichten uns, jeden Betrag bis zu einer Gesamthöhe von

………. €

an den Auftraggeber zu zahlen, sofern der Auftragnehmer seine Verpflichtungen aus dem Bauvertrag nicht oder nicht vollständig erfüllt. Auf Einreden der Anfechtung und der Aufrechnung sowie der Vorausklage wird verzichtet (§§ 770, 771 BGB). Wir können nur auf Geld in Anspruch genommen werden. Unsere Verpflichtung erlischt mit Rückgabe dieser Urkunde. Eine Hinterlegung ist ausgeschlossen.

………., den ……….

……………………………………………………………………

Rechtsverbindliche Unterschrift des Bürgen

A.7.4.6 Abschlags- und Vorauszahlungsbürgschaft

ABSCHLAGSZAHLUNGS- UND VORAUSZAHLUNGSBÜRGSCHAFT

Die Firma

……….

(Name und Anschrift des AN)

hat am ………. mit

……….

(Name und Anschrift des AG)

einen Vertrag für die Ausführung von Bauleistungen geschlossen. Gemäß den vertraglichen Vereinbarungen hat der Auftragnehmer für die Abschlagszahlungen*) /Vorauszahlungen*) für die Beschaffung von Stoffen und Bauteilen oder die Herstellung vorgefertigter Bauteile dem Auftraggeber eine Bürgschaft in Höhe von € ………. (Höhe als Vorauszahlung) einschl. Mehrwertsteuer zu stellen.

Dieses vorausgeschickt, übernehmen wir

……….

(Name und Anschrift des Bürgen)

an den Auftraggeber zu zahlen, sofern der Auftragnehmer seiner Verpflichtung zum Einbau der Stoffe oder Bauteile oder der Haftung der vorgefertigten Bauteile, für die Abschlagszahlung/Vorauszahlung gewährt worden ist, nicht oder nicht vollständig nachkommt. Unsere Verpflichtung erstreckt sich auf etwaige Überzahlungen des Auftraggebers bzw. entsprechende Rückzahlungsverpflichtungen des Auftragnehmers.

Auf die Einreden der Anfechtung, Aufrechnung sowie der Vorausklage wird verzichtet (§§ 770, 771 BGB). Wir können nur auf Geld in Anspruch genommen werden. Unsere Verpflichtung erlischt mit Rückgabe dieser Urkunden. Eine Hinterlegung ist ausgeschlossen.

………., den ……….

……………………………………………………………

Rechtsverbindliche Unterschrift des Bürgen

A.7.4.7 Schiedsgerichtsvereinbarung

SCHIEDSGERICHTSVEREINBARUNG

Zwischen

AN ……….

und

AG ……….

wird hiermit vereinbart, dass alle Streitigkeiten aus dem Vertrag vom ………. betreffend ………., unter Ausschluss des ordentlichen Rechtswegs durch ein Schiedsgericht nach der „Schiedsgerichtsordnung für das Bauwesen (einschließlich Anlagenbau)" (SGO Bau), in der jeweils gültigen Fassung erledigt werden.

Das Schiedsgericht entscheidet auch über die Rechtswirksamkeit und den Geltungsbereich der Schiedsgerichtsvereinbarung.

Sollte ein ordentliches Gericht den Schiedsspruch aufheben oder einen Schiedsvergleich für unwirksam erklären, so kann der Partner, der einen Anspruch gegen den anderen Partner auch weiterhin geltend machen will, dies nur dadurch tun, dass dieser von neuem das Schiedsgerichtsverfahren einleitet. Für das neue Schiedsgericht gelten die Absätze 1 und 2 dieser Schiedsgerichtsvereinbarung entsprechend.

Als Gerichtsstand für die Niederlegung des Schiedsspruchs oder Schiedsgerichtsvergleichs und für die Vornahme gerichtlicher Handlungen wird die Zuständigkeit des ………. Gerichts ………. vereinbart.

………., den ……….

………………………………………………………………

Rechtsverbindliche Unterschrift des AN

………………………………………………………………

Rechtsverbindliche Unterschrift des AG

A.7.4.8 Schreiben an Bieter Protokoll Auftragsverhandlung

Betreff: Protokoll zur Auftragsverhandlung VE ....

Sehr geehrte Damen und Herren,

als Anlage erhalten Sie das Protokoll zur Auftragsverhandlung VE .... mdB zur Kenntnisnahme und Ihrer weiteren Verwendung.

Der entsprechende Bauvertrag wird aufgestellt und wird Ihnen zur Anerkennung zugesandt.

A.7.4.9 Schreiben an Auftragnehmer zur Anerkennung Bauvertrag

Betreff: Bauvertrag VE ....

Sehr geehrte Damen und Herren,

als Anhang erhalten Sie den Bauvertrag für o. a. Leistung. Sie werden gebeten, die drei Fertigungen dieses Bauvertrages rechtsverbindlich zu unterschreiben.

Die Ausfertigung f sind nach Ihrer Unterschrift umgehend, spätestens innerhalb drei Tagen, an mein Büro zurückzuleiten.

Ich kläre Sie hiermit darüber auf, dass für den Bauvertrag, sofern nichts anderes vereinbart ist, die Vertragsbedingungen der Verdingungsunterlage gelten, die weitgehend üblich sind. Im Zuge der Vergabeverhandlungen wurden die Vertragsbedingungen durchgesprochen und ggf. ergänzt (siehe Vergabeprotokoll).

Ich muss aber darauf hinweisen, dass hierdurch auf gewisse Rechte nach dem Werkvertragsrecht des BGB verzichtet wird. Andere Abweichungen vom BGB sind jedoch wieder günstig für den Auftragnehmer.

Sobald der Auftraggeber den Bauvertrag ebenfalls rechtsverbindlich anerkannt hat, erhalten Sie ein entsprechendes Exemplar zu Ihrer weiteren Verwendung.

A.7.4.10 Schreiben an Auftraggeber zur Anerkennung Bauvertrag

Betreff: Bauvertrag VE ....

Sehr geehrter Herr ....,

als Anhang erhalten Sie in 3-facher Ausfertigung für o. a. Bauvorhaben den entsprechenden Bauvertrag für die VE .... Ich bitte um rechtsverbindliche Anerkennung aller drei Ausfertigungen und Rücksendung an mein Büro. Sie erhalten Ihre Vertragsausfertigung nach Anerkennung durch den Auftragnehmer.

Alle Rechnungen aus dem beiliegenden Bauvertrag, die Ihnen direkt zugehen sollten, bitte ich zur Prüfung an mein Büro weiterzuleiten. Ich werde alle diese Forderungen fachtechnisch und rechnerisch überprüfen und mit entsprechenden Zahlungsfreigaben an Sie weiterreichen. Bitte informieren Sie mich jeweils über Art und Höhe der von Ihnen an den Auftragnehmer geleisteten Zahlungen sowie über den Zeitpunkt der Zahlung. Ein Gegenkonto der geprüften Ansprüche des Auftragnehmers und Ihrer Zahlungen zu führen, würde ich Ihnen zur Kontrolle empfehlen.

Sollten Ihnen „Allgemeine Geschäftsbedingungen" (Angebots- oder Lieferungs- oder Zahlungsbedingungen) des Auftragnehmers zugehen, müssen Sie per Übergabe-Einschreiben widersprechen und darauf hinweisen, dass nur dieser Bauvertrag mit seinen Grundlagen und Anlagen gilt.

A.7.4.11 Schreiben an Auftragnehmer anerkannter Bauvertrag

Betreff: Bauvertrag VE ....

Sehr geehrte Damen und Herren,

als Anlage erhalten Sie die vom Auftraggeber unterschriebene Vertagsunterlage zu Ihrer weiteren Verwendung.

A.7.5 Bauvertrag – Schriftverkehr

A.7.5.1 Schreiben Absage an Bieter-Wettbewerber

Sehr geehrte Damen und Herren,

bezugnehmend auf Ihr Angebot für o. a. Bauvorhaben, für das ich mich auch im Namen von Herrn .... bedanke, teile ich Ihnen mit, dass nach Auswertung der vorliegenden Angebote der Zuschlag an einen Mitwettbewerber erfolgt ist.

Ich hoffe, dass Sie bei anderer Gelegenheit wieder ein Angebot unterbreiten werden und sich daraus ein Auftrag ergeben kann.

Es erfolgt der Hinweis, dass eine Mitteilung des Submissions-Ergebnisses nicht erfolgt.

A.7.6 Nachtragsmanagement – CM Claim Management

A.7.6.1 Risiken Bau-Auftragnehmer innerhalb der Projektabwicklung

1. Risikobereich

• Kalkulationsfehler:	0,5–1,0 % des Angebots
• Ausfall Subunternehmer/Ersatz	Insolvenzrisiko
• Vorzugsunternehmer steigt aus -> teurerer Unternehmer	1–2 % des Angebots
• Nichterreichen Nachunternehmer-Vergabeziele:	ca. 5 %

2. Terminliche Risiken

• Kosten für Termineinhaltung	
• (Überstunden, Zusatzpersonal, Beschleunigungsmaßnahmen)	0,5 % des Angebots
• Betriebsaufnahme im unfertigen Bau: Arbeitserschwernisse etc.	Provisorien, Umhängen,

3. Schwer kalkulierbare Risiken

• z. B. Tiefbau: Baugrund generell	
• (Baugrubensicherung, Wasser in der Baugrube, Werkleitungen in Umgebung etc.)	0–X %

- Schallschutz Baugebiet 0–X %
- Witterungseinflüsse (Regie, Termine, Schäden): 0,5 % des Angebots
- Bau-Unfälle wer war Schuld ?
- Krankheitsbedingte Ausfälle z. B. Bauleiter, Projektleiter

4. Technische Risiken

- Qualitätsprobleme (Fassaden, Dächer, Böden, Innenausbau) Wer ist Verursacher? 0,5 % des Angebots
- Funktion haustechnische Anlagen, wer ist Verursacher? 0–X %
- z. B. Nachrüstung Bauphysik, Akustik 0–X %

5. Leistungs-/Funktionsrisiken

- Haustechnik Raumkonditionen und Anlagenversorgung, Wirtschaftlichkeit
- Bauwerk Stützenstellung/Möblierung, Park-/Konferenzzonen

6. Risiken aufgrund Planungsstand

- Systemplanung zum Zeitpunkt des Vertragsschlusses lag noch nicht vor
- Kostenermittlung nicht mit Richtangeboten abgesichert

7. Planungs- und Bauleitungsfehler

- Planer Technische Fehler, Vergessen, Gesetze, Vorschriften etc.
  hier insbesondere: Wer von den zahlreichen Beteiligten ist verantwortlich?
- Bauleitung – Regie, Termine, Qualität, Schäden, Folgekosten 0,5 % des Angebots
- Mangelbehebung/Garantie 3–5 %
- Verantwortlicher Unternehmer kann oder will nicht mehr erfüllen Ersatzunternehmer
- Kulanzregelungen 0–X %

A.7.6.2 Grundsätzliches zu Nachtragsforderungen – Was ist CM?

Claim Management bedeutet Anspruch/Behauptung durch den Auftragnehmer erheben.

Dementsprechend erfordert Claim Management vom Architekten zu unterscheiden in ein

- agierendes, vorausschauendes CM und ein
- reagierendes, ereignisorientiertes CM.

Letzteres sollte der Einfachheit halber auch nur Kostenfortschreibung genannt werden und kann ggf. von der Auftraggeber-Buchhaltung durchgeführt werden. Zielorientiert ist nur das vorausschauende CM und basiert auch auf buchhalterischem Denken, nämlich jederzeit das Soll und Haben zu kennen.

1. Nachtragsbewertung

Nachträge können aufgrund unterschiedlicher Anlässe entstehen

- neue Leistungen VOB/B § 1.3
- Änderung der Planung VOB/B § 2.5
- zusätzliche Leistungen VOB/B § 2.6
- unzureichende Bauangabe (in qualitativer oder in terminlicher Hinsicht)
- aus Behinderung wegen fehlender Baufreiheit VOB/B § 6 und aufgrund
- entfallener Leistungen VOB/B §§ div.

2. Leistungshandlungen des CM

Vorausschauendes CM setzt ein, sobald die Projektziele (Q – K – T) durch den Auftraggeber bestimmt sind und endet mit der Verjährung der Gewährleistungsfristen.

Die Projektphasen, in denen das CM tätig ist, sind:

- die Entwurfsangaben aller fachlich Beteiligten auch im Hinblick auf Form (Bauweise) und Funktionen (Raumprogramm)
- die Bauangaben aller fachlich Beteiligten auch im Hinblick auf die Vergabe und eine transparente, eindeutige Abrechnung
- Zusammenfassen LB zu VEs
- Festlegen des Bieterkreises
- Zulassung von Sondervorschlägen
- die Bauausführung vor allem im Hinblick auf das vertraglich geschuldete Bausoll

3. Einsatzmittel

Für die Durchführung des CM sind zwei Festlegungen erforderlich. Diese sind:

- der Projekt-Ablaufplan, zu dem in jedem Fall eine Überprüfung der Projektergebnisse durchzuführen ist (Abschluss von LPH) und
- der Änderungsstandard-Ablauf in Form eines Formulars und der Liste für die Fortschreibung (Soll–Haben).

4. Ergebnis

Nach Prüfung der vertraglich geforderten Leistung ist festzustellen:

- Nachtrag ist berechtigt
- Nachtrag ist abzulehnen mit Nennung des Ablehnungsgrundes

A.7.6.3 Ergänzung Hauptvertrag durch Nachtrag

Auftraggeber: ....

Nachtragsangebot Nr. ....

Auftragnehmer: ....

zu Hauptauftrag Nr. ....

Leistung VE ....

Bezeichnung Nachtrag: ....

Anspruch dem Grunde nach*

- Anordnung durch den Auftraggeber
- Nachträglich geänderte Leistung
- Zusätzliche Leistung
- Vertragsleistung technisch nicht ausführbar
- Forderung Bauaufsicht/öffentlich-rechtliche Auflagen
- Behinderung/Bauzeitverlängerung

Mehr-/Minderkosten

Summe Mehrleistung	..... € netto
Summe entfallene Leistung	..... € netto
./. Nachlass	..... € netto
Summe Mehr-/Minderkosten (ohne MwSt.)	..... € netto

Termine

Die Arbeiten werden nach Beauftragung unverzüglich ausgeführt.

Prüfung des Nachtragsangebots

Die Einheitspreise sind marktüblich.

.........., ...

Rechtsverbindliche Unterschrift

Entscheidung*:

- Freigabe
- Ablehnung
- Varianten-Untersuchung
- Zurückstellung bis: ....

.........., ...

....

Rechtsverbindliche Unterschrift AG   Rechtsverbindliche Unterschrift AN

* Nichtzutreffendes löschen

A.7.6.4 Schreiben an Auftraggeber zur Anerkennung Nachtrag

Betreff: ...., Nachtrag Nr. ...., geprüft

Sehr geehrte Damen und Herren,

als Anlage erhalten Sie den geprüften Nachtrag für o. a. Bauvorhaben mdB um Zustimmung sowie Freigabe zur Beauftragung und Rücksendung des anerkannten Nachtrags in 2-facher Ausfertigung.

A.7.6.5 Schreiben an Auftragnehmer mit anerkanntem Nachtrag

Betreff: ...., Nachtrag Nr. ...., geprüft, Anerkennung durch AN

Sehr geehrte .... AN,

als Anlage erhalten Sie 2-fach den geprüften und von dem Auftraggeber zur Ausführung freigegebenen Nachtrag für o. a. Bauvorhaben mdB um Anerkennung und Rücksendung im Original in 1-facher Ausfertigung an mein Büro.

A.7.6.6 Schreiben an alle fachlich Beteiligten zur Fortschreiben Nachtragsliste

Sehr geehrte Kolleginnen und Kollegen,

in der Anlage übermittle ich Ihnen das Formular Nachtragserfassung Laufzettel mit der Bitte, dieses Formular ab sofort zu verwenden.

Die fortlaufende Nummer ist bei Eingang eines Nachtrags in ihrem Büro, in meinem Sekretariat zu erfragen und einzutragen.

Anlage

Nr.	VE	AN	Eingang:	an AG:	von AG:	an AN:

Bemerkung:

Datum/Unterschrift:

A.7.7 Abnahme – Schriftverkehr

A.7.7.1 Abnahmen – Merkmal und Maßnahme

Entsprechend Abschnitt 5.8 sind nachstehend möglich:

- Teilleistungsfeststellung
  (keine konkludente Abnahme; Gewährleistungsfrist beginnt nicht)
- Leistungsfeststellung mit Abnahme
  (Voraussetzung ist die Teilnahme des Auftraggebers)
  oder
- Abnahmebegehung als Vorbereitung der rechtsgeschäftlichen Abnahme
  (Abnahme durch den Auftraggeber erfolgt auf Empfehlung des Architekten)

Fertigstellungsmerkmale

- Förmliche Annahme und Bestätigung der Bau-AN Fertigstellungsanzeige und Forderung der Abnahme gem. Vertrag
- Gütenachweise etc. (abhängig von der Auftragnehmer-Leistung)
- Vorlage etwaiger Revisionsunterlagen, Wartungs- und Betriebsanweisungen, Ersatzteillisten etc.
- Gesamtfertigstellung der vereinbarten Leistungen
  (nach Umfang, Qualität und Erscheinungsbild in Übereinstimmung mit den behördlichen Genehmigungen, den Ausführungsplänen, den Leistungsbeschreibungen, Regeln der Technik und Baukunst, einschlägigen DIN-Bestimmungen und etwaigen im Laufe der Bauzeit zusätzlich vereinbarten Leistungsänderungen)

Maßnahmen

- Einladung der erforderlichen Beteiligten
- Protokollierung über den Status der Fertigstellungsmerkmale (unfertige Leistung) inkl. Auflistung und Beschreibung der Restleistungen und Ausführungsmängel
  oder
- Protokollierung über den Status der Fertigstellungsmerkmale (fertige Leistung) inkl. Auflistung und Beschreibung etwaiger Restleistungen und Ausführungsmängel
- Fristsetzung für die Beseitigung der mangelhaften Leistungen

A.7.7.2 Schreiben an Auftragnehmer betreffend Terminfestlegung der Abnahme

Sehr geehrte Damen und Herren,

Sie haben uns mitgeteilt, dass vertraglich unvollständige Leistungsteile fertiggestellt worden seien. Gemäß § 4 Nr. 10 VOB/B werden wir den Zustand dieser Leistungen feststellen.

Für die technische Vorprüfung durch ama Architekten bestimmen wir hierfür folgende Termine an der Baustelle:

……….

Oder:

Sie haben uns mitgeteilt, dass Ihre vertraglich geforderte Leistung fertig gestellt sei und Sie die förmliche Abnahme wünschen.

Zur Abnahme sind dem Auftraggeber Prüfatteste, Abnahmebescheinigungen von staatlichen und hierfür besonders bestimmten Stellen, für diejenigen Anlagen, die einer solchen Abnahme bedürfen, alle vertraglich vereinbarten Nachweise über bestimmte Eigenschaften von Baustoffen, Ersatzteillisten, Bestandspläne, Prüfzeugnisse etc. zu übergeben.

Für die gemeinsame Abnahme-Prüfung durch ama Architekten bestimmen wir hierfür folgende Termine an der Baustelle:

……….

Für die rechtsgeschäftliche Abnahme, die sich anschließt, haben wir folgenden Termin vorgesehen:

……….

Wir gehen davon aus, dass Sie an diesen Terminen teilnehmen können, wenn Sie uns nicht innerhalb von drei Tagen nach Erhalt der Aufforderung einen anderen Termin nennen.

Bitte bestätigen Sie den Empfang dieses Schreiben bis ……….

Empfangsbestätigung

Bestätigung per-E-Mail

Hiermit bestätigen wir den Eingang Ihres Schreibens betreffend Abnahmetermin und bestätigen unsere Teilnahme.

An dem Abnahmetermin nehmen teil: Herr/Frau ……….

Tel. ……….

E-Mail: ……….

………………………………………………………………………………………

Ort/Datum rechtsverbindliche Unterschrift

A.7.7.3 Erklärungen des Entwurfsverfassers

Register Nr.: ....

Erklärung des Entwurfsverfassers

Sehr geehrte Damen und Herren,

hiermit erkläre ich gegenüber der Bauaufsichtsbehörde, dass die nachträglich eingereichten Bauvorlagen vom .... bezüglich ihres Planungs- und Bearbeitungsstandes bis auf die deutlich kenntlich gemachten Änderungen mit den bereits vorgelegten Bauvorlagen übereinstimmen.

Sämtliche sich daraus ergebenden Auswirkungen auf andere Bauvorlagen sind berücksichtigt, in diese eingearbeitet und ebenfalls eingereicht. Die Änderungen sind vollständig erfasst. Die bautechnischen Nachweise:

1. Standsicherheitsnachweis vom ....

2. Wärmeschutznachweis vom ....

3. Schallschutznachweis vom ....

stimmen mit den genehmigten Bauvorlagen überein.

Register Nr.: ....

Übereinstimmungserklärung des Entwurfsverfassers Planung

Sehr geehrte Damen und Herren,

hiermit bestätige ich, dass die Bauvorlagen bezüglich ihres Planungs- und Bearbeitungsstandes übereinstimmen bis auf die geänderte Anordnung der Nebenräume Sanitär und Teeküchen. Hierzu siehe die Planungsunterlagen gem. Anlage.

Register Nr.: ....

Übereinstimmungserklärung des Entwurfsverfassers Bauvorlagen

Sehr geehrte Damen und Herren,

hiermit erkläre ich gegenüber der Bauaufsichtsbehörde, dass die eingereichten Bauvorlagen vom .... bezüglich ihres Planungs- und Bearbeitungsstandes bis auf die geänderte Anordnung

- der Nebenräume Sanitär/Teeküchen in den Geschossen 1. OG bis DG
- sowie
- der Nutzung als Büroarbeitsplatz anstelle eines Besprechungsraumes der Umnutzung des Speichers 3. OG Hinterhaus

mit den vorgelegten Bauvorlagen übereinstimmen.

Die bautechnischen Nachweise:

- Standsicherheitsnachweis und Brandschutz vom ....
- Wärmeschutznachweis Umnutzung ehem. Speicher vom ....

stimmen mit den genehmigten Bauvorlagen überein.

Ein Schallschutznachweis wurde nicht aufgestellt, da keine Änderung am Bestandsgebäude erfolgt ist. Für die neuen Fenster (3 Stk. des ehem. Speichers) wurde eine Fachunternehmererklärung der Fa. .... eingereicht.

A.7.7.4 Abnahmeprotokoll Teilleistungsfeststellung/Leistungsfeststellung

Abnahmeprotokoll

gemäß VOB/B § 12 (1), (2), (3), (4) und BGB § 640

über die Gesamtleistung/Teilleistung* VE .... für o. a. Bauvorhaben

Werkvertrag vom:	....
Auftragnehmer (AN):	....
	vertreten durch Herrn/Frau ....
Auftraggeber (AG):	....
	vertreten durch Herrn/Frau ....
Vertreter des AG:	....
	Vertreten durch Herrn/Frau ....

Vorbemerkung:

Diese Abnahme*/Teilleistungsfeststellung*/Leistungsfeststellung* ersetzt nicht eventuell erforderliche behördliche oder andere vorgeschriebene Abnahmen technischer oder verwaltungstechnischer Art. Sie ist auch keine Güteprüfung im bauaufsichtlichen Sinn. Solche hat der AN, sofern erforderlich, selbst zu veranlassen und deren Ergebnisse den nachfolgend genannten Unterlagen beizufügen.

Nach erfolgter Beseitigung der Mängel wird seitens des AGs die rechtsgeschäftliche Abnahme erteilt. Hierzu erfolgt eine gesonderte Nachricht.

Vorbemerkung Teilleistungsfeststellung*

Aus Gründen äußerster Vorsorge erfolgt der Hinweis, dass entsprechend VOB/B die Teilleistungsfeststellung keine „Auftraggeber-Teilabnahme“ darstellt und der Auftraggeber sich deshalb diesbezüglich sämtliche daraus resultierenden Rechte vorbehält. Ebenso geht entgegen VOB/B § 12 (6) die Gefahr nicht auf den Auftraggeber über.

Teilnehmer:

Siehe rechtsverbindliche Unterschrift Protokoll

1. Abnahme*:

- Erfolgt ohne Vorbehalte
- Erfolgt mit den nachfolgend genannten Mängeln. Diese sind unverzüglich, spätestens jedoch bis zum .... zu beseitigen. Sofern dies nicht erfolgt, ist der AG berechtigt, auf Kosten des AN die Mängelbeseitigung vornehmen zu lassen. Alle Ansprüche des AGs auf Gewährleistung und Schadenersatz bleiben unberührt
- Kann nicht erfolgen aus den nachfolgend genannten Gründen: Leistungsstand hat wesentliche Mängel (VOB/B § 12 Nr.3)
- Wird zurückgestellt aus den nachfolgend genannten Gründen: Wichtige Nachweise liegen nicht vor
- Neuer Termin findet am .... statt.

* Nichtzutreffendes löschen

2. Vorbehalt:

.... (Verzugsstrafe, Material etc.)

3. Minderung/Schadenersatz:

.... (Qualität, Behinderung etc.)

4. Mängelansprüche/Gewährleistungsfrist gem. VOB/BGB:

Beginn lt. Vertrag bzw. gemäß Vereinbarung*.

- Mit dem heutigen Tag: ....
- Am ....
- Am .... unter dem Vorbehalt der Mängelbeseitigung

Sie endet lt. Vertrag*:

- Nach Ablauf von fünf Jahren
- Nach Ablauf von .... Jahr(en)
- Am ...., auf elektrische Teile .... (Datum)

5. Unterlagen (siehe Schreiben/Liste AN):

Folgende Unterlagen wurden/werden dem AG übergeben *:

- Gewährleistungsbürgschaft
- Fachunternehmererklärungen
- Übereinstimmungserklärungen
- Nachweise entsprechend DGNB
- Revisionspläne etc. werden nachgereicht bis ....
- Glaslisten etc. als Bestandteil der Revisionsunterlage
- Pflegeanweisung
- Betriebsanleitungen
- Abtretungserklärung

Folgende Unterlagen werden dem AN zurückgegeben*

- Kalkulationsunterlagen
- Vertragserfüllungsbürgschaft, nach schriftlich anerkannter Prüfung der Schlussrechnung

* Nichtzutreffendes löschen

6. Sonstiges

7. Mängelliste entsprechend VOB/B § 12 ff

....

....

....

....

....

....

....

....

....

8. Rechtsverbindliche Unterschriften der Teilnehmer

....	....
Auftragnehmer (AN)	Auftraggeber (AG)
....	....
Vertreter des AG	Beteiligter
....	....
Beteiligter	Beteiligter

A.7.7.5 Abnahmeprotokoll an Auftragnehmer zur Bestätigung der Mängelbeseitigung

Betreff: .... Abnahmeprotokoll gem. § 12 ff. VOB/B, § 640 BGB

Sehr geehrte Damen und Herren,

für die von Ihnen ausgeführten Leistungen für o. a. Bauvorhaben erhalten Sie als Anlage das Abnahmeprotokoll mit Mängelliste.

Die darin aufgeführten Mängel sind bis zum - Datum siehe Abnahmeprotokoll - zu beseitigen. Die Beseitigung der Mängel ist mir schriftlich anzuzeigen.

A.7.7.6 Abnahmeprotokoll an Auftragnehmer zur Anerkennung

Betreff: .... gemäß Bauvertrag vom ....

Abnahme gem. § 12 Nr. 2 und 4 VOB/B und gem. § 640 BGB

Sehr geehrte Damen und Herren,

für die von Ihnen ausgeführten Leistungen wird die rechtsgeschäftliche Abnahme durch den AG vorbereitet. Hierzu erhalten Sie o. a. Abnahmeprotokoll gemäß § 12 Nr. 2 und 4 VOB/B und gem. § 640 BGB.

Ich bitte um entsprechende Anerkennung und Rücksendung in zweifacher Ausfertigung im Original an mein Büro.

Entsprechend den BVB § 9.4 und dem Abnahmeprotokoll sind die fehlenden Projektunterlagen bis spätestens .... zu übergeben.

A.7.7.7 Abnahmeprotokoll an Auftraggeber zur Anerkennung

Betreff: .... Zustimmung AG zur rechtsgeschäftlichen Abnahme

Sehr geehrter Damen und Herren,

nach Abschluss der Mängelbeseitigung durch den AN für o. a. Bauvorhaben (Anlage Schreiben AN Fertigstellungsmeldung) empfehle ich Ihnen, dem AN die rechtsgeschäftliche Abnahme zu erteilen.

Als Anlage erhalten Sie im Original das vom AN rechtsverbindlich anerkannte Abnahmeprotokoll in zweifacher Ausfertigung.

Ich bitte um entsprechende Anerkennung und Rücksendung in zweifacher Ausfertigung im Original.

Mit der Erteilung der rechtsgeschäftlichen Abnahme fordere ich den AN auf, die Schlussrechnung einzureichen und - soweit noch nicht erfolgt - die Vorlage der vertraglich geforderten Nachweise.

Über die erfolgte Prüfung der Schlussrechnung erhalten Sie entsprechende Informationen.

A.7.7.8 Abnahmeprotokoll anerkannt durch Auftraggeber an Auftragnehmer

Betreff: .... Erteilung der rechtsgeschäftlichen Abnahme

Abnahme gem. § 12 Nr. 2 und 4 VOB/B und gem. § 640 BGB

Sehr geehrte Damen und Herren,

für die von Ihnen ausgeführten Leistungen für o. a. Bauvorhaben wird Ihnen nach der Mängelbeseitigung die rechtsgeschäftliche Abnahme durch den AG erteilt.

Hierzu erhalten Sie nachstehende das von dem AG rechtsverbindlich anerkannte Abnahmeprotokoll

....

gemäß § 12 Nr. 4 VOB/B und gem. § 640 BGB im Original zu Ihrer weiteren Verwendung.

Ich fordere Sie hiermit auf, Ihre Schlussrechnung mit allen Nachweisen aufzustellen und per E-Mail einzureichen.

Rein vorsorglich weise ich darauf hin, dass die vertragliche Verpflichtung des AGs zur Rückgabe der Vertragserfüllungsbürgschaft erst nach vorbehaltloser Anerkennung der geprüften Schlussrechnung erfolgt.

A.7.8 Rechnungsprüfung Bau-AN – Schriftverkehr

Gemeinsames Aufmaß mit den ausführenden Unternehmen
Sofern die Auftragnehmerleistungen nicht pauschaliert sind, ist die beauftragte und tatsächlich fertiggestellte Leistung am Objekt gemeinsam durch Auftragnehmer und Architekten/fachlich Beteiligte festzustellen.

Die Aufstellung der Mengenansätze erfolgt durch den Auftragnehmer. Die Prüfung erfolgt durch den Architekten. Bei Unstimmigkeiten ist der Auftragnehmer hinzuzuziehen.

Die Rechnungsprüfung erstreckt sich auf alle im Zusammenhang mit der Planung, Genehmigung und Ausführung des Objektes anfallenden Teil-, Teilschluss- und Schlussrechnungen.

In den VB ist festgelegt, dass der Auftragnehmer erst nach dem von dem Architekten festgestellten Aufmaß seine Abschlags-, Teilschluss- oder Schlussrechnung bei dem Auftraggeber einreichen darf.

Sämtliche Rechnungen sind nachvollziehbar zu prüfen. Die Prüfvermerke sind leserlich in grün einzutragen. Der Prüfvorgang ist mit Firmenstempel, Datum und Unterschrift zu dokumentieren.

Mit Bezug auf die Prüfung von Rechnungen der ausführenden Firmen gelten die VB als Grundlagen, hier insbesondere das Auftragsprotokoll und die sonstigen vertraglichen Regelungen.

Abgesehen von möglichen Vorauszahlungen gegen entsprechende Bürgschaften oder für Materialsicherungen gelten als weitere Voraussetzungen:

- die ordnungsgemäße Leistungserfüllung
- die rechtzeitige Vorlage, Anerkennung und Prüfung der Aufmaßunterlagen

- prüffähige Rechnungsunterlagen und sonstige, aus den Vertragsunterlagen relevanten Bestimmungen bezüglich anteiliger Kostentragung für Energieverbrauch, Reinigung, Schuttbeseitigung etc.
- mögliche Belastungen durch zusätzliche Leistungen anderer Auftragnehmer

Soll das Aufmaß und damit die Rechnungsprüfung nach REB aufgestellt und geprüft werden, so ist dies in den VB festzulegen. Die geprüften Rechnungen sind danach in den vom Auftraggeber festgelegten Rechnungsumlauf zu geben. Der Rechnungssteller erhält eine Kopie.

Nicht prüffähige Rechnungen sind umgehend an den Rechnungssteller bzw. an den Auftraggeber zur Entlastung zurückzugeben, damit die VOB-Prüffristen unterbrochen werden. Das Gleiche ist zu veranlassen, wenn Rechnung und Aufmaß zeitgleich vom Auftragnehmer eingereicht werden.

Die für die Rechnungsprüfung vorgesehenen Fristen gemäß VOB, Teil B, § 14 sind unbedingt einzuhalten. Gleiches gilt für die vom Auftraggeber zu veranlassenden Zahlungen, siehe auch VOB, Teil B, § 16. Deshalb ist in den VB bei Erfordernis geregelt, dass erst nach erfolgter Anerkennung der Aufmaßunterlagen der Auftragnehmer die Rechnung einreichen kann.

Diese Rechnungsprüfung ist eine Pflicht gegenüber dem Auftraggeber. Rechenfehler des Auftragnehmers zugunsten des Auftraggebers dürfen nicht korrigiert werden. Die Rechnungsprüfung durch den Architekten stellt keine vertragsrechtliche Anerkenntnis dar. Diese wird erst mit der Akzeptierung durch den Auftraggeber und der Zahlung durch den Auftraggeber hergestellt.

Wenn im Verlauf des Einführungsgespräches oder im Verlauf der Bauzeit der Architekt oder ein Auftragnehmer feststellt, dass Leistungen hinzukommen oder entfallen, so hat dieser seinen Nachtrag dem Auftraggeber vorzulegen. Die Prüfung und Beauftragung ist dann durch den Architekten vorzunehmen.

Rechnungsbearbeitungsblatt
VE/AN ....
Bauvertrag Nr. 002
Fortlaufende Nr. 001

Re Nr.	Eingang ama:	an AG:	von AG:	Betrag angewiesen:

Bemerkung:

Datum/Unterschrift: ....

Schreiben an Auftraggeber

Betreff: VE 460.30 – Konferenztisch

Abschlagrechnung AN ...., geprüft

Sehr geehrter Herr ....,

als Anlage erhalten Sie die von mir rechnerisch und fachtechnisch geprüfte Abschlagrechnung der Fa. .... vom 10. .... mit der Rechnungsnummer ...., zur weiteren Bearbeitung und Anweisung. Beachten Sie bitte, dass ein Zahlungsziel mit Skonto vereinbart ist.

Der geprüfte Zahlungsbetrag beträgt netto .... €, zzgl. MwSt.

Schreiben an Auftragnehmer

Betreff: VE 460.20 Schlussrechnung vom 25.11.2014

Sehr geehrte Damen und Herren,

bezugnehmend auf Ihre eingereichte Schlussrechnung habe ich dieselbe geprüft und das Ergebnis mit 52.847,91 € inkl. MwSt. festgestellt (siehe Anhang).

Entsprechend § 16 (3) VOB/B werden Sie zur Anerkennung der geprüften Schlussrechnung gebeten. Die vorbehaltlose Annahme der Schlusszahlung schließt Nachforderungen aus, wenn der Auftragnehmer über die Schlusszahlung schriftlich unterrichtet und auf die Ausschlusswirkung hingewiesen wurde.

Der Betrag wird Ihnen als Schlusszahlung überwiesen, sobald Sie die gem. Vertragsvereinbarung geforderte Gewährleistungsbürgschaft über 5 % der Bruttoauftragssumme, somit in Höhe von .... €, eingereicht haben.

Der Auftragnehmer wird gebeten, Ihnen die Vertragserfüllungsbürgschaft mit der Schlusszahlung zurückzusenden.

Schreiben an Auftraggeber

Betreff: Schlussrechnung Auftragnehmer ...., geprüft

Sehr geehrter Herr ....,

als Anlage erhalten Sie für o. a. Bauvorhaben die von mir rechnerisch und fachtechnisch geprüfte Schlussrechnung der Fa. .... vom ...., mit der Rechnungsnummer ...., zur weiteren Bearbeitung und Anweisung. Der Schlussrechnungsbetrag wurde vom Auftragnehmer anerkannt und alle Nachweise etc. liegen ebenfalls vor.

Ebenso erhalten Sie die erforderliche Gewährleistungsbürgschaft.

Der geprüfte Zahlungsbetrag beträgt netto .... €, zzgl. MwSt. Ich möchte Sie bitten, mit der Anweisung des Schlussrechnungsbetrages dem Auftragnehmer die Vertragserfüllungsbürgschaft zurückzugeben.

Von dem Schriftsatz informieren Sie mich bitte durch Cc.

A.7.8.1 Stundenlohnarbeiten

Anwendungsbereich
Eine Ausnahme vom Leistungsvertrag ist der Stundenlohnvertrag; grundsätzlich sollen alle Leistungen nach Auftrags-LV bzw. über verhandelte Nachtragspositionen ausgeführt und abgerechnet werden.

Wirksamkeitsvoraussetzung/Widerspruch in VOB
Im Gegensatz zu VOB/B § 2 Nr. 10 (keine Vergütung, wenn sie als solche vor ihrem Beginn nicht ausdrücklich vereinbart worden sind) gilt nach VOB/B § 15 2 die „ortsübliche" Vergütung.

Was sind Stundenlohnarbeiten?
Es ist der Aufwand an Arbeitsentgelt und Material (es wird hier der Lohn- und Materialaufwand in den Vordergrund gesetzt), der für die Erbringung der Bauleistung erforderlich ist.

Rechtliche Voraussetzungen für die Vergütung von Stundenlohnarbeiten
Die rechtlichen Voraussetzungen betreffen ausschließlich den VOB/B-Bauvertrag und nicht den BGB-Bauvertrag.

Anzeige vor Ausführung
Entsprechend § 15 Nr. 3 Satz 1 VOB/B hat der Auftragnehmer vor der Ausführung von Arbeiten nach Stundensätzen diese dem Auftraggeber vorher anzuzeigen.

Aber, wenn die Anzeige unterlassen wird – was häufig vorkommt –, hat dies nicht zur Folge, dass der Auftraggeber seinen Vergütungsanspruch verliert.

Vorlage von Stundenlohnarbeiten und Einwendungen
Nach § 15 Nr. 3 Satz 2 VOB/B hat der Auftragnehmer Nachweise in Form von Stundenlohnzetteln an den Auftraggeber zu übermitteln. Hierbei reicht die Übermittlung an den Architekten.

Entsprechend § 15 Nr. 3 Satz 2 VOB/B müssen Stundenlohnzettel bestimmte Angaben enthalten; der Auftraggeber hat die vertragliche Verpflichtung, die bei ihm eingereichten Stundenlohnzettel abzuzeichnen.

Die Angaben auf dem Stundenzettel sind aber vor Anerkennung (Paraphe genügt) zu prüfen.

Bestehen Einwendungen gegen die vorgelegten Stundenlohnzettel (§ 15 Nr. 3 Satz 4 VOB/B) besteht die Möglichkeit, diese Einwendungen unmittelbar auf den Stundenlohnzetteln oder separat schriftlich zu erheben.

Rechtzeitige Stundenlohnabrechnung
Der Auftragnehmer ist verpflichtet, nach § 15 Nr. 4 VOB/B Stundenlohnabrechnungen alsbald nach Abschluss der Stundenlohnarbeiten, längstens jedoch in Abständen von 4 Wochen einzureichen.

A.7.9 Mängelanzeige – Schriftverkehr

Prof. *Rainer Oswald* und *Ruth Abel* beschreiben in ihrem Buch „Hinzunehmende Unregelmäßigkeiten bei Gebäuden" [16] die Zusammenhänge:

Der Auftraggeber kann von seinen Vertragspartnern eine mangelfreie Bauleistung erwarten, dies bedeutet: Der Auftraggeber kann die Mangelbeseitigung fordern.

Aber, zu bedenken ist bei der Beurteilung eines Mangels, ob sich die Unregelmäßigkeiten, z. B. Kratzer, Farbabweichungen, Unebenheiten oder Verschmutzungen, in der „objektiven" Bewertung nicht doch als unvermeidbar und somit hinnehmbar herausstellen.

Wann liegt ein Mangel vor?

Wenn der Ist-Zustand der ausgeführten Bauleistung vom vertraglich vereinbarten Soll-Zustand abweicht, spricht man von einem Mangel. Der wesentliche Maßstab für die Beurteilung sind die vertraglichen Vereinbarungen, insbesondere dann, wenn „sehr hohe" Qualitätsanforderungen vereinbart sind.

Entsprechend dem Bürgerlichen Gesetzbuch (BGB) und der Vergabe- und Vertragsordnung für Bauleistungen (VOB) hat der Auftraggeber eines Gebäudes einen Anspruch auf ein mangelfreies Werk.

Beurteilung von Unregelmäßigkeiten

Oswald und Abel unterscheiden drei Arten des Mangels:

Hinnehmbare Unregelmäßigkeiten

Die Beurteilung kann ergeben, dass die kritisierten Unregelmäßigkeiten die vertraglich festgelegten Grenzwerte bzw. die in den allgemein anerkannten Regeln der Bautechnik definierten Grenzwerte nicht überschreiten, dass der kritisierte Sachverhalt noch im Rahmen des vertraglich zu Erwartenden bzw. des allgemein Üblichen liegt. Es liegt dann kein Mangel vor; die Unregelmäßigkeiten müssen als unvermeidbar und üblich hingenommen werden.

Nachzubessernde Mängel

Ist die Nachbesserung einer als Mangel beurteilten Unregelmäßigkeit möglich, zumutbar und nicht unverhältnismäßig aufwendig, so hat der Bauherr bzw. Käufer einen Anspruch auf die Beseitigung des Mangels und auch der Unternehmer ein Recht auf Nachbesserung. Dies gilt grundsätzlich auch für rein optische Beeinträchtigungen.

Hinnehmbare Mängel – Minderwerte

Sind die vorliegenden Unregelmäßigkeiten als „Mangel" zu bezeichnen, so hat zwar der Bauherr bzw. Käufer grundsätzlich das Recht, dass der Mangel beseitigt wird; gerade bei dem hier diskutierten Problemkreis ist es jedoch häufig der Fall, dass der Aufwand zur Beseitigung unverhältnismäßig hoch ist im Vergleich zum „erzielbaren Erfolg", d. h. zum Grad der Abweichung vom vertragsgemäßen Zustand. In solchen Fällen kann nämlich der Bauherr bzw. Käufer nicht auf einer Mangelbeseitigung bestehen, sondern die Abweichungen werden durch einen sog. Minderwert „in Geld" abgegolten.

A.7.9.1 Mängelbeschreibung während der Ausführung

Sach- und Rechtsmängel nach VOB/B § 5 Nr. 3 oder 4, BGB § 633 ff.

Betreff: **Mangelanzeige Nr.: 001**

Auftragnehmer: **..........**

Betreff: Mängelanzeige Nr. ....

Sach- und Rechtsmängel nach VOB/B § 4 (7) und BGB § 633 ff.

oder

Einsatz Arbeitskräfte nach VOB/B § 5 (3) und BGB § 633 ff.

oder

Beginnverzögerung nach VOB/B § 5 (4) und BGB § 633 ff.

Sehr geehrte Damen und Herren,

als Anlage erhalten Sie die Mängelanzeige Nr. .... für o. a. Bauvorhaben mdB zur Kenntnisnahme und weiteren Veranlassung.

Bei meiner Qualitätsüberwachung habe ich festgestellt, dass entsprechend der Mängelaufnahme Ihre Leistungen schon während der Ausführung – also vor der Fertigstellung der Gesamtleistung – als mangelhaft oder vertragswidrig erkannt wurden. Sie sind verpflichtet, diese auf eigene Kosten durch mangelfreie zu ersetzen.

oder

Bei meiner Baustellenbegehung habe ich festgestellt, dass entsprechend der Mangelaufnahme – siehe EP Nr. .... – Arbeitskräfte so unzureichend sind, dass die Ausführungsfristen nicht eingehalten werden können.

oder

Bei meiner Baustellenbegehung habe ich festgestellt, dass entsprechend der Mangelaufnahme – siehe EP Nr. .... – sie den Beginn der Ausführung verzögern, sodass sie mit der Vollendung in Verzug geraten.

Die aufgeführten Mängel sind bis zum – siehe Mängelprotokoll – zu beseitigen. Die Beseitigung der Mängel ist mir schriftlich anzuzeigen.

Ihre Verpflichtung, die angezeigten Mängel unverzüglich zu beseitigen, entsteht sofort mit Bekanntwerden der Mängel. Ich mache Sie außerdem darauf aufmerksam, dass Sie vor der Abnahme grundsätzlich zur Beseitigung der Mängel durch Neuerstellung verpflichtet sind.

A.7.9.2 Mängelbeschreibung während der Ausführung

Sach- und Rechtsmängel nach VOB/B § 5 Nr. 3 oder 4, BGB § 633 ff.

Betreff: Mangelanzeige Nr.: 001

Auftragnehmer: ....

Entsprechend VOB/B § 5 (3) oder (4) ist erkennbar, dass die Ausführungsfristen offenbar nicht eingehalten werden.

Ich erteile Ihnen unter Bezug auf die im Betreff genannten Bestimmungen eine Mängelrüge und fordere Sie auf, unverzüglich Abhilfe zu schaffen durch entsprechende Veranlassung bis

.... (verbindliche Frist).

Für den Fall, dass Sie der Verpflichtung zur Beseitigung der Mängel in der vorgenannten Frist nicht nachkommen, befinden Sie sich im Verzug, sodass der Auftraggeber berechtigt ist, Ihnen den Auftrag entsprechend VOB/B § 8 (3) in Teilen zu kündigen und zu entziehen und die Mängel auf Ihre Kosten beseitigen zu lassen.

Im Einzelnen werden folgende Mängel gerügt:

- Unzureichende Arbeitskräfte etc. entsprechend VOB/B § 5 (3)
- Verzögerter Beginn der Ausführung oder Vollendung gem. VOB/B § 5 (4)

Die Beseitigung der Mängel ist mir schriftlich anzuzeigen.

Verteiler

Firma ....

Firma ....

Herr .... @...........

Herr .... @............

Projektablage .... @............

Anlagen wie erwähnt

A.7.9.3 Mängelbeschreibung nach der Abnahme

Mängelrüge Nr. .... gemäß VOB/B § 13 Nr. (5), 1 und 2, und BGB § 633

Betreff: **Gewährleistungs-Mängelanzeige Nr.: 001**
Auftragnehmer: ....

Sehr geehrte ....,

an Ihrer Leistung für das o. a. Bauvorhaben sind Mängel festgestellt worden. Wir erteilen Ihnen daher unter Bezug auf die im Betreff genannten Bestimmungen eine

Mängelrüge

und fordern Sie auf, die nachfolgend spezifizierten Mängel zu beseitigen bis

....

Für den Fall, dass Sie der Verpflichtung zur Beseitigung der Mängel in der vorgenannten Frist nicht nachkommen, befinden Sie sich im Verzug, sodass wir berechtigt sind, die Mängel auf Ihre Kosten beseitigen zu lassen (§ 13 Nr. 5 Abs. 2 VOB/B, § 633 BGB).

Im Einzelnen wird folgende Mangel gerügt:

Genaue Beschreibung des Mangels mit Fotoaufnahmen

Der Termin für die Mängelbeseitigung ist vorher schriftlich (Datum und Uhrzeit per E-Mail) mit dem Unterzeichner abzustimmen.

Ich bitte Sie, diese Mängel unverzüglich, spätestens jedoch bis zum .... zu beseitigen. Bitte stimmen Sie den Termin für die Mängelbeseitigungen mit dem Auftraggeber Herrn .... (Abstimmung mit dem Nutzer, Tel.: ....) oder Herrn .... (Tel.: ....*)* und dem Unterzeichner ab. Die Beseitigung des Mangels ist mir schriftlich anzuzeigen.

Ich weise Sie rein vorsorglich darauf hin, dass der Auftraggeber entsprechend VOB/B § 13 (5) Nr. 2 berechtigt ist, den Mangel auf Ihre Kosten zu beseitigen, wenn Sie dieser Aufforderung zur Mangelbeseitigung innerhalb der gesetzten, angemessenen Frist nicht nachgekommen sind.

Verteiler
Herr ....@...........
Herr ....@...........
Projektablage Gew.-Liste ....@...........

Anlagen wie erwähnt

A.7.10 Zeremonien, Spatenstich

1. Veranstaltungen bei der Errichtung von Bauprojekten
Es ist Brauch, dass sich Bauherr und Familie/Verwandte/Vertreter öffentlicher Belange/Mitarbeiter und die „Bauleute" auf der Baustelle treffen und mit einer Zeremonie bestimmte Bau-Zustände des Bauprojekts feiern.

Spatenstich
Das Baufeld ist frei geräumt, der erste Spatenstich zum Ausheben der Baugrube oder des Fundamentes durch den Bauherrn erfolgt; dabei Unterstützung durch einige ausgewählte Gäste.

Grundsteinlegung
Im Zuge der Rohbauarbeiten wird ein Grundstein gelegt – meist symbolisch in einem eigenen Mauerwerk-Postament, da der Grundstein später an einer anderen Stelle im Objekt platziert wird.

Richtfest
Hat der Zimmermann den Dachstuhl gerichtet – oder wurde die letzte Betondecke fertiggestellt – , wird dies zum Anlass genommen, dass sich der Bauherr bei allen Beteiligten für die Unterstützung zur bisherigen Realisierung des Bauprojekts bedankt. Der Zimmermann bedankt sich beim Bauherrn für den Auftrag und wünscht ihm alles Gute durch Abhalten des Richtspruches und fordert weiterhin Gottes Segen für den weiteren unfallfreien Bauablauf.

Einweihung
Sind alle Bauarbeiten abgeschlossen, das Haus gereinigt und einige Möbel aufgestellt, kann die Einweihung – meist mit einem Vertreter ggf. jeder Kirche – erfolgen. Es wird um den Segen Gottes gebeten, dass dem Haus und seinen Bewohnern nichts Böses widerfährt oder Unheil ereilt.

2. Utensilien für die Feierlichkeiten
Spatenstich
Neue Spaten, Anzahl wie Teilnehmer, die den Spatenstich durchführen, ggf. den vorgesehenen Grabbereich „vorgraben".

Grundsteinlegung
- Grundsteinhammer, ungebraucht, zum „Einschlagen" des Grundsteins
- Zeitkapsel (verlötetes Blechgefäß) mit:
  - Urkunde mit Angaben zum Bauprojekt
  - Zeitzeugnissen (aktuelle Tageszeitung)
  - Geldmünzen
  - anderen symbolischen Gegenständen
- Grundsteinplatte mit Inschrift (Bezeichnung Bauprojekt, Datum)
- Mauerwerk-Postament zum Einlegen des Grundsteins

Richtfest
- Lange Nägel (10"), die der Bauherr/Bauherrin in den Dachsparren schlagen muss
- Neue Hammer
- Schnapsflasche und drei Gläser (Richtspruch des Zimmermanns)

Einweihung
Symbolischer Schlüssel (i. d. R. aus Holz/Styropor), den der Architekt dem Bauherrn/der Bauherrin nach der Ansprache übergibt

3. Organisatorisches für alle Zeremonien

Aufwand der Zeremonie

Der Aufwand und damit der Umfang der „Events" je Zeremonie ist abhängig von der Anzahl der Beteiligten und Gäste.

Einladungen

Vor allem, wenn Bürgermeister, Vertreter des Klerus, Politiker etc. eingeladen werden sollen, muss der Termin bis zu einem Jahr im Voraus abgestimmt werden.

Die Einladungsmitteilung sollte zwei bis drei Monate vor dem Termin erfolgen, ggf. telefonische Rückfrage kurz vor dem Termin. Wenn Wahltermine anstehen, kann eine „leere Zeit" von bis zu sechs Monaten entstehen.

Nach Möglichkeit sollte die Ramadan-Zeit Berücksichtigung finden.

Presse, Fernsehen etc.

Ggf. eine Pressemappe mit Geschichte und Daten des Bauvorhabens und mit Selbstdarstellung des Auftraggebers und der fachlich Beteiligten vorhalten.

Festredner

Der Bauherr/die Bauherrin ist der „Zeremonienmeister" und führt die geladenen Gäste durch die Zeremonie.

Er bestimmt, wer Festreden hält, i. d. R.:

1. Bauherr zur allgemeinen Begrüßung
2. Bürgermeister oder/und MDL etc.
3. Geschäftsführer/Vorstand/Aufsichtsratsmitglied
4. Bauhauptunternehmer (i. d. R. Rohbau Auftragnehmer)
5. Architekt als Vertreter aller fachlich Beteiligten
6. Gemeinsame Grundsteinlegung
7. Bauherr lädt zum Festschmaus

Redezeit i. d. R. 10 Minuten.

Utensilien

Gibt es eine Symbolfigur – z. B. in Münster der Kiepenkerl – könnte diese während der Zeremonie sich um die Gäste kümmern und einen „einschenken".

Als Geschenk/Erinnerung an die Zeremonie kann ein Wein-/Bierkrug, Geldtaler oder ein 3D-Hologrammdruck etc. mit entsprechender Prägung an die Gäste verteilt werden.

Die gewerblichen Bauleute erhalten ein Handgeld – Höhe freibleibend (Gewerbliche 50 Euro; Vorarbeiter/Leitung 100 Euro).

Kleidung

Hierzu gibt es keine Vorgaben, ist wetterabhängig. Für Spatenstich, Grundstein und Richtfest tragen zumindest der Bauherr/die Bauherrin und die unmittelbaren Begleiter einen Bauhelm. Schuhreinigung siehe Festplatz.

Örtlichkeit
Die Örtlichkeit sollte im Freien sein; alternativ ist für sehr schlechtes Wetter eine Gaststätte, Zelt oder bei Nutzgebäuden eine innenliegende Räumlichkeit parallel vorzubereiten.

Meeting Point
Zur Teilnehmerfeststellung einen Meeting Point einrichten. Hier sind ggf. Namensschilder, Pressemappe aber auch Ansprechpartner für Rückfragen der geladenen Gäste bereitzustellen. Es ist auch als Erste Hilfe und Fundbüro zu kennzeichnen.

Witterung
Entsprechend der zu erwartenden Witterung sind bereitzustellen:

- Sonnenschutz
- Regenschutz/Schirme
- Heizstrahler

Schmuck des Festplatzes
Minimum Flaggen der Stadt, des Bundeslandes und des Einladenden. Es sind entweder drei oder fünf Flaggen zu hissen. Es ist darauf zu achten, dass der Festplatz von der sonstigen Baustelle abgetrennt ist.

Ankunftszeit
Die Zeit bis zur ersten Ansprache kann mit Live-Musik oder aus der „Konserve" begleitet werden.

Festreden
Die Festredner sollten auf einem mindestens dreistufigen Podest erhöht ihre Ansprache halten. Das Rednerpult kann mit entsprechendem Schmuck verkleidet sein, begleitendes Grün daneben. Am Rednerplatz Getränke/Gläser vorhalten.

Audio/Video
Im Vorfeld ist zu entscheiden, ob alle Festreden mitgeschnitten werden sollen; Standort festlegen (Micro und mehrere Lautsprecherstandorte).

W-LAN
Es sind W-LAN-Router zu platzieren.

Besichtigung des Bauprojekts
Wenn die Besichtigung/Begehung des Bauprojekts erfolgen kann, sind entsprechende Führungspersonen für Gruppen von bis zu 15 Gästen vorzusehen.

Beachte: Die Baustelle muss verkehrssicher sein (aufgeräumt, keine umherliegenden Bretter mit Nägeln, alle Durchbrüche gesichert, Absturzsicherungen, Beleuchtung, Fluchtwege ausgeschildert etc.)

Bewirtung
Entweder erfolgt die Bewirtung mit Getränken und Speisen in Eigenregie oder durch ein Serviceunternehmen. Dabei ist zu bedenken:

- Fingerfood und Getränke vorweg in der Ankunftszeit oder/und Snacks auf den Stehtischen, Wasserflaschen/Gläser auf den Stehtischen
- deftige Speisen (Ramadan-Zeit, nicht nur Schweinefleisch, koscheres Fleisch)
- Getränke mit/ohne Alkohol/Kühlwagen

Aus Gründen des Umweltschutzes ist Porzellan zu verwenden.

Festplatz
- der Festplatz sollte mit RCA-Material so hergerichtet sein, dass durch möglichen Regen kein Schlammfeld entsteht
- der Rednerbereich sollte ggf. mit einem Partyzelt überdacht sein (Sonne, Regen)
- für die Gäste Stehtische und Sitzgelegenheit (50:50) bereitstellen
- Aschenbecher, ausreichend Mülleimer aufstellen
- Dekoration auf den Tischen (Blumen, Windlichter, Snacks)
- Abendbeleuchtung (Lichterketten, Fackeln)
- Service (Leerung der Aschenbecher), neue Gläser, umgekippte Getränke
- Notstromdieselgerät für den Fall des Stromausfalls
- Präsent-Tisch aufstellen im Bereich Meeting Point
- Präsentgeber auf den Präsenten vermerken

Ausrüstung Festplatz
- neue, ungebrauchte Dixi-Toiletten Damen/Herren aufstellen
- ausreichend Parkplätze oder Shuttleservice zum/vom Bahnhof/Flughafen
- zum geplanten Ende ggf. Taxen vorbestellen
- Rettungsdienst mit Fahrzeug (Defi, Sauerstoff etc.) – Erste-Hilfe-Kästen platzieren
- Hauselektriker stand by/Notstrom
- Info an Polizei und Feuerwehr über Zeit und Teilnehmerzahl, ggf. who is who
- Schuhputz-Maschine
- Meeting Point

Übernachtungsmöglichkeit
Zur Sicherheit sollten in einem nahegelegenen Hotel einige Zimmer reserviert werden, falls ein Gast den Heimweg nicht mehr antreten kann.

Ende der Veranstaltung
Das Ende des Festes ist allen zweifelsfrei mitzuteilen und alle Gäste sind beim Verlassen des Festplatzes zu begleiten. Danach erfolgt Sichtkontrolle; liegengelassene Utensilien einsammeln.

Danksagung
Im Nachgang zur Zeremonie kann eine Danksagung des Bauherrn/der Bauherrin für die Teilnahme und Aufmerksamkeit erfolgen.

A.7.11 OBÜ Petschnigg-Grundsatz und Fragen der Bauabwicklung

Nachstehende Ausführungen wurden von Herrn *Hubert Petschnigg* Mitte der 1960er-Jahre angefertigt [17]. Anlass war der Beginn der „Standardisierung" von Abläufen sowie von Planungs- und Ausschreibungsunterlagen bei HPP.

Mitte der 1970er-Jahre standen allen Mitarbeitern zur Verfügung:

- Standarddetails, abgestimmt mit TWP und Bauphysiker
- Standard-Vertragsbedingungen (nicht nach VOB)
- Standard-Leistungsverzeichnisse (nicht alle nach VOB/A)

Mitte der 1980er-Jahre kam dann nach einer Evaluierungsphase das Intergraph-CAD-System zum Einsatz und grafische und beschreibende Daten wurden implementiert.

Grundsatz und allgemein Gedanken und Fragen der Bauabwicklung
Wer die Statik, Schalpläne, Bewehrungspläne anfertigt, ist bereits von Anfang an in Erfahrung zu bringen, da schon zu Beginn der Bauarbeiten (Baugrubenaushub, Baugrubenumschließung, Unterfangungen) zusätzlich statische Berechnungen angefertigt werden müssen, die möglichst vom gleichen statischen Büro, das die Hauptstatik erstellt hat, aufgestellt werden sollen. Das ist keine Kompetenzfrage, kann aber bei Haftungsfragen eine große Rolle spielen.

Konventionalstrafe und Prämie bestimmen sehr intensiv den zu planenden Ablauf (Arbeitsvorbereitung) der Baustelle. Der Terminplan ist deshalb sowohl für die Arbeitsvorbereitung als auch für den Bauleiter eine wichtige Arbeitsgrundlage.

Wer die Vermessungskosten, Wasseranschluss- und Stromanschlussgebühren sowie die Kosten für Fremdgrundbenutzung (Nachbargrundstücke, Straße, Gehwege etc.) zahlt, sind Fragen, die den Bauleiter sofort beschäftigen. Besonders teuer kann das Heranschaffen von Strom- und Wasseranschlüssen an eine abseits gelegene Baustelle werden (Kläranlagen, Wasserspeicher etc.). Andererseits kann es einer Baustelle teuer zu stehen kommen, Fremdgrund anmieten zu müssen.

Bei vorgesehenen Winterschutzmaßnahmen muss die Baustelleneinrichtung entsprechend geplant werden (Fundamente für Schutzhallen, frostsichere Verlegung von Bauwasser, Aufstellen heizbarer Waschbaracken, Verlegung von Heizschlangen bei Beton- und Mörtelmischanlagen etc.).

Gewährleistung, Rohbauabnahme und Sicherheitsleistung sind Vertragspunkte, über die ein Bauleiter Bescheid wissen muss.

Bauwesenversicherungen schützen den Bauherrn und oft auch den Unternehmer vor Kosten, die bei Beschädigungen bzw. Zerstörungen der bisher erstellten Bauleistung (Bauwerk) entstehen können. Deshalb werden die Versicherungsprämien oft anteilig auf die am Bau beteiligten Unternehmer umgelegt.

Sonstige Versicherungen gibt es speziell für Glasschäden, Feuerschäden, extreme Haftpflichtversicherungen etc. Diese können speziell bei Baustellen notwendig werden, die innerhalb von Industriegebieten errichtet werden.

Planung der Arbeiten im Gesamtablauf
Für den Beginn einer Baustelle ist es vorteilhaft, die wichtigsten Fragen und Planungsschritte, vor allem aber jene, die sich bei jeder Baustelle wiederholen, vorbereitet zu haben.

Auswertung des Leistungsverzeichnisses
Das Leistungsverzeichnis und dessen Durcharbeitung dienen dazu, dass sich der Bauleiter eine lebendige Vorstellung des Bauvorhabenbildes und sich dabei eingehende Gedanken macht, wie er den Arbeitsablauf gestalten will.

Auf innerhalb der Position angegebene, eventuell einzubetonierende Teile, wie Ankerschienen, Stahlplatten etc. ist zu achten. Gerade das Fehlen solcher nicht in einer gesonderten Position aufgeführten Bauteile, Konstruktionen u. ä. bedingen entweder Stillstandstunden auf der Baustelle oder übermäßige Kosten für eine noch rechtzeitige Beschaffung.

Baugrubenumschließung

Für Baugrubenumschließungen fast aller Art werden von der Bauaufsichtsbehörde statische Berechnungen gefordert. Schon allein aus Sicherheitsgründen darf bei derartigen Baukonstruktionen der Bauleiter nicht „gefühlsmäßig" dimensionieren und bemessen. Die statische Berechnung für den sog. „Berliner Verbau" für Spundwände, Bohrpfähle, Schlitzwände etc. wird vom statischen Büro der Baufirma oder von dem vom Auftraggeber mit der übrigen Statik beauftragten Büro angefertigt.

Dabei interessieren alle Einflüsse auf die Berechnung, wie z. B. Angaben über

- Auflast (Lkw-Verkehr, Kranbahn, Materiallagerungen)
- Möglichkeiten für Rückverankerungen (Injektionsanker), verbunden mit Angaben über Lage und Tiefe von Nachbarfundamenten, evtl. vorhandene Erdöltanks, Kanalleitungen und sonstige Versorgungsleitungen, U-Bahn, S-Bahn und andere Einbauten
- Bodenbeschaffenheit

Gewissenhafte Untersuchungen schützen den Bauleiter vor strafrechtlichen Folgen bei Nachweis von Fahrlässigkeit.

Ist die Art der Baugrubenumschließung vom Bauherrn vor bzw. im Leistungsverzeichnis ausgeschrieben, ist weder die Bauunternehmung noch der Bauleiter von der Verpflichtung entbunden zu prüfen, ob die ausgeschriebene Art auch technisch möglich ist.

Unterfangungsarbeiten

Angaben über die zu unterfangenden Baukörper (Hausfundamente, Stützmauern, Gartenmauern etc.) sind notwendig zur Erstellung der statischen Berechnung.

Bei Gebäudeunterfangungen, Giebelwandunterfangungen etc. möglichst die statische Berechnung dieses Gebäudes, zumindest aber die Art der Konstruktion (Spannrichtung der Decken, evtl. Holzbalkendecken bei älteren Gebäuden, evtl. Kellergewölbe etc.) untersuchen.

Mauern, die von außen sehr massiv erscheinen, können innen hohl oder zweischalig hergestellt sein mit innerer Auffüllung. Ein Anbohren solcher Mauern mit nicht einwandfrei erkennbarer Mauerdicke ist dringend zu empfehlen. Oft ist die Auflast viel zu gering, um den gewaltigen Erddruck, der sich unterhalb der Sohle des Altgebäudes auf die Unterfangung auswirkt, abfangen zu können.

Auch bei Unterfangungen Bodenuntersuchungsergebnisse einsehen oder im Zweifelsfall anfertigen lassen.

Wasserhaltungsarbeiten

Meist werden zu Beginn eines Bauvorhabens, also schon im Stadium der Planung, vom Bauherrn Bohrbrunnen angesetzt, um den Grundwasserstand beobachten und feststellen zu können. Außerdem können dabei entsprechende Bodenproben entnommen werden, die zur Begutachtung einer Wasserhaltung unbedingt erforderlich sind.

Wenn Wasserhaltungsarbeiten notwendig werden, entsprechende Unterlagen vom Bauherrn bzw. seinem Vertreter anfordern, um die Art der Wasserhaltung festzulegen (offene, geschlossene, Anzahl Brunnen, welche Ableitungsmöglichkeiten etc.).

Folgende Unterlagen sind notwendig:

- Oberkante Grundwasserspiegel (normal)
- tiefste Höhenlage der Baugrubensohle, daraus ergibt sich
- Wasserhöhe über oder unter der Baugrubensohle
- Ableitungsmöglichkeit des Pumpwassers

Die Ableitung des Pumpwassers, wenn über Kanal notwendig, bei den entsprechenden Dienststellen (Abwasser, Kanal) beantragen, um die Auflagen für eine Genehmigung rechtzeitig einplanen zu können. Bei 24-Stundenbetrieb der Pumpenanlagen für entsprechende Wachen (nachts) sorgen. (Aufenthaltsraum innerhalb der Baustelleneinrichtung).

Bei Einleitung in ein städtisches Kanalnetz sind z. B. Vorklärbecken dringend vorgeschrieben, um eine Versandung oder Verschmutzung des Kanals zu verhindern. Bei Stromausfall ist Vorsorge zu treffen (Vorfall Thyssenhaus), damit Pumpen nicht ausfallen. Auch Genehmigung für die Wasserentnahme veranlassen (siehe OPD, Köln).

Abbrucharbeiten
Die Angaben über die Positionen des Leistungsverzeichnisses erleichtern die Arbeit. Außerdem verhindern sie das Zusammensuchen entsprechender Leistungspositionen.

Trennen der Anschlüsse für Wasser, Strom, Telefon, Gas, Kanal etc. gehört zu den ersten Arbeiten. Einzelne Leistungen werden durch amtliche Stellen durchgeführt, allerdings nach einer entsprechenden Anlaufzeit. Anträge stellt der Bauleiter der Rohbaufirma.

Aus der Abbruchgenehmigung geht hervor, welche besonderen Auflagen die Genehmigungsbehörde erlassen hat. Deshalb ist vor Beginn der Abbrucharbeiten die Abbruchgenehmigung von den Bauherren aushändigen zu lassen und sie auch der ausführenden Firma weiterzuleiten. Der verantwortliche Bauleiter ist der juristische Vertreter der Bauaufsichtsbehörde. Damit haftet er für Unfälle oder sonstige Schäden, die auch durch Nichtbeachtung der Auflagen entstehen.

Besondere Sorgfalt ist geboten, wenn die Abbrucharbeiten schon bauseits durchgeführt wurden. Meistens geht nach Auftreten der Bauunternehmung die Verantwortung für alle weiteren Arbeiten und auch für den „vorgefundenen Zustand" der Baustelle auf den Bauleiter über (Vorbemerkung zum Leistungsverzeichnis beachten!). Überzeugen Sie sich, ob die Giebelwand des Nachbargebäudes auch zum abgebrochenen Haus gehörte und sowie ohne Verankerung frei steht. Die stehengebliebenen Bauteile auf ihre Standfestigkeit überprüfen.

Rodung und Humusabtrag
Der Bauleiter muss sich von den Eigentumsverhältnissen überzeugen. Überflüssiger Humus oder Mutterboden, auch Kies können evtl. verkauft werden.

Der „Katastrophenschutz" der Polizei untersucht mit sogenannten Sonden kostenlos das Gelände auf Überreste vom zweiten Weltkrieg in Form von Bomben und sonstiger Munition oder Sprengkörpern.

Bei Aufmaß-Abrechnungen ist die Terminvereinbarung mit dem Vertreter des Bauherrn notwendig, um das Höhen-Nivellement gemeinsam durchzuführen.

Die Feststellung des Urzustandes vor Beginn der Arbeiten durch Bestandsaufnahme des Baugeländes, der Umzäunungen, Nachbarbäume, Gehwege, Randsteine, Straßen, Pflasterungen, Fassaden etc. schützt vor später oft schwer abwehrbaren Regressansprüchen der jeweiligen Eigentümer. Fotografieren ist dabei wesentlich billiger als später stundenlang zu verhandeln und vielleicht sogar prozessieren zu müssen. Zu den Bestandsaufnahmen soll der Bauleiter möglichst einen Vertreter des Eigentümers oder den Besitzer hinzuziehen, schriftlich und gegenseitig unterschriebene Protokolle schalten zusätzlich jeden Zweifel aus.

Baugrubenaushub
Zur Beurteilung der Arbeiten ist nach dem Leistungsverzeichnis festzustellen, ob Aushub abgefahren werden muss, ob Lagerung möglich oder notwendig ist (spätere Hinterfüllung) und welche Grube (Kippe) sich am nächsten der Baustelle befindet.

Ist im Leistungsverzeichnis erwähnt, dass Aushub zu späteren Hinterfüllung verwendet werden muss, ist damit noch nicht gesagt, dass sich das Material dazu eignet. Bodenuntersuchungsergebnisse sind daraufhin zu untersuchen.

Bauschutt und alte Fundamente (sind zu erwarten, wenn vorher Abbrucharbeiten auf dem Gelände stattgefunden haben) können starke Verzögerungen beim Aushub bedeuten.

Unterbrechungen und Ausweicharbeiten müssen vorbereitet werden, wenn eine Baugrubenumschließung rückverankert werden muss.

Eventuell einen Aushubplan entsprechend erstellen lassen.

Angaben über die Bodenklassen geben Anhaltspunkte für die tägliche Leistungsmöglichkeit. Bei wasserhaltigem Aushubmaterial oder auch bei Regen sind Maßnahmen für die Reinigung von öffentlichen Verkehrswegen besonders umfangreich.

Nachunternehmer-/Subunternehmervergabe
Manche Leistungen werden von Nachunternehmern durchgeführt. Das können Spezialfirmen sein für Arbeiten, die die eigene Bauunternehmung nicht ausführt, da sie dafür nicht eingerichtet ist.

Gemäß VOB/B § 4.8 ist vor Beauftragung eines Nachunternehmers oder Subunternehmers die Genehmigung des Bauherrn erforderlich.

Art des Nachunternehmers ist es, nur mit der Bauunternehmung, also mit dem Hauptunternehmer, in Rechnungsbeziehungen zu treten. Es ist sinnvoll, in Angebotsunterlagen auch die voraussichtliche Ausführungszeit mit anzugeben und vorher die einzuladenden Firmen zu befragen, ob die zu vergebenden Arbeiten während dieser Zeit ausgeführt werden können. Dadurch werden unausgefüllte Angebote vermieden.

Wenn für die Gesamtbaustelle ein Terminplan erstellt wird, genügt für die erste Überlegung eine überschlägige Ermittlung. Außerdem besteht die Notwendigkeit, Arbeiten aus Termingründen oder technischen Gründen ineinander greifen zu lassen.

Balkendiagramme stellen die einfachste Art einer Terminplanung dar. Sie können auch für Detailplanung einzelner Arbeiten verwendet werden. Durch Umfang und Schwierigkeiten der Bauarbeiten könnten auch Zyklopen- oder Netzpläne erforderlich werden.

Die Baustelleneinrichtung
Die Planung der Baustelleneinrichtung soll unter wirtschaftlichen und praktikablen Gesichtspunkten erfolgen. Dabei ist das Erfassen aller Kriterien, die Einfluss auf die Einrichtung und Ausstattung haben, von großer Wichtigkeit.

Gelände der Baustelle
Es ist von Bedeutung, ob vor dem Aufstellen der Baubaracken das Gelände abgeräumt werden muss. Ein unebenes Baugelände muss speziell für das Aufstellen der Baukräne vorbereitet werden. Hohe Bäume, Maste etc. können Erschwernisse bei der Kranmontage oder für Entlademöglichkeiten bringen.

Transportwege
Unbefestigte Straßen können bei Regenwetter zu Schlammstraßen werden.

Eventuell müssen Baustraßen innerhalb des Baugeländes angelegt werden.

Kanalanschlüsse oder Straßeneinläufe müssen gesichert werden. Kanalanschlüsse können sich für das Anschließen von Bau-Toiletten oder Waschbaracken, Straßeneinläufe in unmittelbarer Nähe von Betonmischanlagen anbieten, können aber durch auslaufende Zementmilch leicht „zuwachsen".

Stromversorgung
Der Anschlusswert für die Gesamtbaustelle setzt sich aus den anzuschließenden Elektrogeräten unter Berücksichtigung eines Gleichzeitigkeitsfaktors zusammen.

Wasserversorgung
Hier gelten ähnliche Gesichtspunkte wie bei der Stromversorgung. Besonders zu beachten ist die Notwendigkeit, die Leitungen frostsicher zu verlegen.

Krananforderungen
Die richtige Auswahl und Bestimmung des Baukrans, auch der richtige Standort, sind maßgebend für den einwandfreien Arbeitsablauf auf der Baustelle.

Stehenbleibende Bäume auf dem Baugrundstück oder Nachbargrundstück können die Turmhöhe eines Krans mitbestimmen.

Die Benutzung öffentlichen Verkehrsgrundes u. ä. ist oft, je nach Stadt, mit verhältnismäßig hohen Kosten verbunden.

Die entsprechenden Dienststellen so bald wie möglich um Genehmigung fragen und sich über die gegebenen Möglichkeiten informieren.

Die Übernahme und Sicherung von Höhen-Fixpunkten gehört ebenfalls zu den ersten Aufgaben eines Bauleiters.

Die Einrichtung eines Baustellentelefons (Anschluss auf beschränkte Dauer) dauert oft sehr lange. Zum Auftrag gehört die Grundstückseigentümererklärung. Diese sollte so bald wie möglich vom Bauherrn unterschrieben werden, um Zeit zu gewinnen.

Schwierigkeiten gibt es bei Verhandlungen mit Nachbarn, wenn vor Beginn der Arbeiten keine Rücksprache mit den betroffenen Nachbarn geführt wird. Erleichtert werden diese Verhandlungen über entsprechende Grundstücksbenutzungen, wenn sie mit gegenseitiger Unterschrift schriftlich bestätigt werden.

Der Bauherr kann bereits im Rahmen des Genehmigungsverfahrens (Nachbarschaftsunterschrift) entsprechende Vereinbarungen mit dem Namen festgelegt haben.

Baustoff-Disposition
Entsprechend dem Baustoffbedarf ist auch bei der Baustelleneinrichtung die notwendige Lagerfläche bereitzustellen. Unordnung auf der Baustelle hat Unkosten zur Folge, die die Wirtschaftlichkeit einer Baustelle beeinflussen.

Spartenuntersuchungen
Äußerst wichtig vor Beginn der Erdarbeiten ist die Kenntnis über das Vorhandensein von Leitungen aller Art im Gelände der Baustelle. Unvorstellbare Schäden und Regressansprüche, abgesehen von Personenschaden, können bei unvorhergesehenem Antreffen oder Zerstören von Erdleitungen entstehen, die von keiner Versicherung gedeckt sind, wenn sie infolge Unachtsamkeit oder Pflichtverletzung des Bauleiters entstehen.

Notwendige Eintragungen bzw. Bemerkungen dienen für die Versicherung, dass entsprechende Planeinsicht bei den zuständigen Behörden, Ämtern und dergleichen erfolgt ist.

Folgende Erkundigungen sind notwendig:

Grundwasserhöhe	Bauaufsichtsbehörde
Stromleitungen	Elektrizitätswerk
Wasserversorgungsleitungen	Wasserwerk
Gasleitungen (Stadtgas, Ferngas)	Gaswerk
Fernheizungsleitungen	Fernheizwerk
Erdölleitungen	Raffinerien
Starkstromleitungen	Elektrizitätswerk
Freileitungen	Post, Verkehrsbetriebe
Straßenbeleuchtung	Stadt, Gemeinde
Feuerwehrmeldeleitungen	Feuerwehr
Straßenbahn	Verkehrsbetriebe
U-Bahn	Stadtbahn, Bundesbahn
S-Bahn	Katasteramt Stadt
Planeinsichtstelle	Post
Fernmeldeleitungen	Autobahn

Beim Antreffen von Schachtabdeckungen im Gehsteig oder auf dem Grundstück ist besondere Vorsicht walten zu lassen. Oft liegen an der Grundstücksgrenze mehrere Fernmeldeleitungen, auch Überlandleitungen, die nur selten verlegt werden können. Die genaue Lage ist zu erkunden, damit bei eventuell zu erstellender Baugrubenumschließung sowohl die Lage dieser Umschließung entsprechend geplant wird als auch rechtzeitig Sicherungsmaßnahmen für die Kabelstränge getroffen werden können.

Alle bei den entsprechenden Dienststellen in Erfahrung gebrachten Kabel, Leitungen etc. sind möglichst in einen Lageplan mit entsprechendem Maßstab einzutragen, unter genauer Angabe über voraussichtliche Tiefe und Lage.

Bereits beim Eingraben der Schnurgerüstpflöcke oder beim Ausgraben der Grube für den Beschickerkübel des Betonmischers oder der Toilettengrube können Kabel vorgefunden werden. Die Industrie hat im übrigen Kabelsuchgeräte entwickelt, die sehr genau auf unter Spannung stehende Kabel ansprechen.

Dieser Kabel- und Leistungsplan soll möglichst allen auf der Baustelle beschäftigten Firmen ausgehändigt werden, und zwar gegen Empfangsbestätigung.

Beeinflussungskriterien während der Bauzeit – Witterungseinflüsse
Es ist zu ermitteln, in welcher Jahreszeit und unter welchen äußeren Witterungsbedingungen die Arbeiten eventuell ausgeführt werden müssen.

Die Klimakarten geben über lange Jahre hinweg gemessene Mittelwerte an. Es ist darum bei Ausschreibungen und in Bauverträgen wichtig, Klauseln einzubauen, die eine Regelung für Abweichungen von dem langjährigen Mitteln vorsehen.

Witterungseinflüsse während der Ausführungszeit, mit denen bei Abgabe des Angebots normalerweise gerechnet werden muss, gelten nicht als Behinderung. Folgende Formulierung in Ausschreibungen ist zu empfehlen:

Die Ausführung der (z. B. Rohbau-)Arbeiten wird im Bereich der Stahlbetonarbeiten in die winterliche Jahreszeit fallen. Für die Zeit- und Kostenkalkulation ist deshalb der sogenannte Normalwinter mit folgenden Daten zu berücksichtigen:

- Anzahl der Frosttage
- Anzahl der Eistage
- Anzahl der Tage mit einer geschlossenen Schneedecke von mehr als ..... cm während maximal .....Tagen

Um derartige Werte zu ermitteln, ist ein entsprechend exaktes Bautagebuch auf der Baustelle zu führen. Die höchsten und tiefsten Tagestemperaturen sind mit einem sogenannten Minimum-Maximum-Thermometer zu erfassen.

Vom Deutschen Wetterdienst wird die Bauindustrie zu diesem Zwecke durch die jeweiligen Dezernate „Wirtschaftswetterdienst“ betreut.

Winter
Die winterliche Witterung ist auch heute noch der Faktor mit dem größten Einfluss auf den Produktionsablauf an der Baustelle.

Nicht nur Minderleistungen der Arbeiten bei Regen, Schnee und Kälte, sondern auch die durch die Witterung bedingten Mehrarbeiten wie z. B. Schneeräumen, Auf- und Abdecken der Baustoffe und Bauteile, Anwärmen von Mörtel, Beseitigung von Arbeitsstörungen etc. sind zu berücksichtigen. Die Durchführung von Bauarbeiten im Winter erfordert außerdem hohe Zusatzkosten für die Schaffung der notwendigen Arbeitsbedingungen.

Bauzeitbeeinflussung durch Schulferien
Bis zu einem Monat sind insgesamt für Verzögerungen, verursacht durch Schulferien und Urlaub der Arbeitskräfte, einzukalkulieren. Unter Berücksichtigung dieser Gegebenheiten kann man damit rechnen, dass insgesamt eine Minderleistung während der Ferienmonate auf den Baustellen von ca. 40–50 % eintreten kann.

Balkenterminplan
Man kann ein solches Balkentermindiagramm sehr grob oder stark verfeinert ausarbeiten, ist aber in jedem Fall zu einer gewissen Pauschalierung innerhalb eines Arbeitsbereiches gezwungen.

Regelung
Eine Regelung wird erforderlich, wenn die Kontrolle ein negatives Ergebnis hat. Unter dem Zwang, dass der Endtermin weder verändert noch gefährdet werden darf, sind Maßnahmen zu treffen, die dies sicherstellen. Dies kann entweder durch Beschleunigen oder Verändern erreicht werden.

Regelung durch Beschleunigen
Kapazitätserhöhung: Es sind entweder mehr und leistungsfähigere Maschinen oder mehr Personal einzusetzen.

Zusätzliche Leistungen: Wenn eine Kapazitätserhöhung nicht infrage kommt, so sind zusätzliche Leistungen denkbar, wie Schichtarbeit, Überstunden und Feiertagsarbeit oder die Überwindung von Behinderungen, wie z. B. Witterungseinflüsse.

Regelung durch Verändern
Wenn Kapazitätserhöhungen und zusätzliche Leistungen nicht möglich sind, kann man Ablauffolgen grundsätzlich ändern, indem man nicht behinderte Vorgänge – soweit dies technisch möglich ist – zeitlich eher beginnt und beendigt oder mehrere Vorgänge gleichzeitig ablaufen lässt.

Eine weitere Möglichkeit bietet in manchen Fällen eine Veränderung der Konstruktion bzw. der Ausführung, sofern dies in konstruktiver, architektonischer und wirtschaftlicher Hinsicht vorteilhaft ist und die Zustimmung des Bauherrn findet.

Durchführung der Regelung
Eine notwendige Regelung bzw. Anpassung des Bauablaufs an den vorgesehenen Zeitplan lässt sich nicht durch Befehlen erreichen, sondern wegen der komplexen Zusammenhänge nur unter Einschaltung aller an der Planung und Ausführung Beteiligten.

Es ist darum anzuraten, die Kontrollen rechtzeitig vor turnusmäßigen Baubesprechungen anzusetzen. Es ist sinnvoll, dass sich alle an einen Tisch setzen, um die anstehenden Fragen zu diskutieren und soweit wie möglich zu entscheiden. Dies ist umso wichtiger, als Regelungsvorgänge zumeist mit finanziellen Konsequenzen für die Ausführenden oder den Bauherrn verbunden sind.

Vertragsvereinbarungen
Angaben über Termine und Ausführungsdauer müssen bereits vor Angebotsabgabe in der Ausschreibung enthalten sein. Die Start- und Endtermine sollten in Kalendertagen ausgedrückt und die Dauer in Arbeitstagen angegeben werden.

Die Vertragstreue lässt sich rechtzeitig durch Vertragsstrafen sichern, denen jedoch im Auftragsfall eine entsprechende Prämie gegenüberstehen sollte.

Anmerkung des Autors: Vieles – wenn nicht alles –, was H. Petschnigg bereits Mitte der 1960er-Jahre beschrieb, hat auch heute noch Gültigkeit.

A.8 Qualität – Baubeschreibung

A.8.1 Raumbuch Gliederung – Objektbeschreibung

Die Aufstellung eines Raumbuches gehört nicht zu den Grundleistungen des Architekten. Für die Festlegungen der Projektziele ist es jedoch ein sehr hilfreiches Arbeitsmittel und trägt zur Schaffung von Planungssicherheit bei.

Umfang und Inhalt eines Raumbuches sind u. a. abhängig vom Objekttyp, der Objektgröße, der Objektnutzung und den Forderungen des Auftraggebers.

Die nachfolgende Stichwortauflistung ist als in jeder Weise erweiterbare Mindestinformation anzusehen.

1. Allgemeine Angaben
Raumnummer
Lage im Objekt
Raumbezeichnung
Raumnutzung
Anzahl der Arbeitsplätze
Rasterabmessung
Netto-Raumabmessungen
Lichte Raumhöhe
Netto-Raumfläche
Netto-Rauminhalt
max. Fußbodenbelastung
Fassadenausrichtung

2. Bauliche Ausführung

2.1 Fußboden

Rohdecke aus Stahlbeton	D =
Rohdecke aus ...	
Schwimmender Estrich (Zement/Anhydrit)	
mit/ohne Fußbodenkanäle	H =
Hohlraumboden	H =
Doppelboden	H =
Elt. statische Ableitung gefordert/nicht gefordert	
Bodenbelag	
Fußleisten	

2.2 Wandausführungen

Flurwände	F 30/F 60/F 90
Wandoberflächen	
mit/ohne Glasoberlichtband	
erforderliches Schalldämm-Maß	
Raumtrennwände	
mit/ohne Glasoberlichtband	
erforderliches Schalldämm-Maß	

2.3 Türausführungen

Zugangstür:
Rohbaumaße
Lichte Durchgangsmaße
Türzarge
Türblatt
Beschlag
Schloss/Schließung
mit/ohne Oberlicht
erforderliches Schalldämm-Maß
Brandschutz

Zwischentüren:
Rohbaumaße
Lichte Durchgangsmaße
Türzarge
Türblatt
Beschlag
Schloss/Schließung
mit/ohne Oberlicht
erforderliches Schalldämm-Maß
Brandschutz

2.4 Innenfassade

Innenraum ohne Fassadenanschluss
Lochfassade mit Einzelfenstern aus ...
Vorhangfassade mit Massivbrüstung aus ...
Wandoberfläche
Vorgehängte raumhohe Fassade aus ...
Wandoberfläche
Fenstertyp
Fenstergröße/Anzahl
Beschlag mit/ohne Schließung
Isolierverglasung als/ohne Sonnenschutzverglasung/K-Wert
Innerer Blendschutz mit Handbetrieb
Äußerer elektrischer/mechanischer Sonnenschutz
Fensterbank innen
Fensterbank außen

2.5 Deckenausführung

Stahlbeton mit Putz und Anstrich
Stahlbeton mit abgehängter Deckenkonstruktion
Höhe der Abhängung
Abgehängte Decke (Rastermaß/Material)
Deckenoberfläche
mit/ohne Fenstersturz

2.6 Bauliche Einbauten

3. Technische Einbauten

3.1 Elektrotechnik

Beleuchtung
Deckeneinbau- bzw. -aufbauleuchten
Abgependelte Deckenleuchten (direkt/indirekt, BAP)
Mobile Standleuchten
Wandleuchten
Mittlere Beleuchtungsstärke am Arbeitsplatz
Telekommunikation, Nachrichtentechnik
ISDN
Telefon (ISDN)
Telefax (ISDN)
Sonstiges
EDV-Vernetzung/Anlagen
Keine Anforderungen
Netz/Verteilung
Verkabelung, Schalter, Steckdosen
Brüstungskanäle
Bodenkanäle im Estrich mit Einbau-Elektranten
Kabelführung im Hohlraum- und Doppelboden mit Einbau-Elektranten
Anzahl/Art der Anschlüsse je Arbeitsplatz

3.2 Heizung, Klimatisierung, Lüftung, Sanitär, Sonstiges

Statische Heizung
Keine Anforderungen
Radiatoren mit Thermostat
Konvektoren mit Thermostat
Fußbodenheizung
Sonstige Beheizung
Rohrleitungsführung offen/verdeckt in ...
Klima, Lüftung
Keine Anforderungen
Zusätzliche mechanische Be- und Entlüftung wegen ...
Lage der Kanalführung und Auslässe
Zusätzliche Klimatisierung wegen ...
Lage der Kanalführung und Auslässe:

3.3 Sanitär

Keine Anforderungen
Sanitärobjekte mit Anschluss
Bodeneinläufe inkl. Anschluss
WW-Bereitung zentral/dezentral
Brand- und/oder Rauchschutzmelder
Raumsprinkler
Sonstige Anlagen/Einrichtungen
Rohrleitungsführung offen/verdeckt in ...
Sonstige Medienversorgung

3.4 Förderanlagen
Keine Anforderungen
Rohrpostanlage
Personen-/Lastenaufzug
Sonstiges

4. Betriebliche Einbauten

5. Sonstige Einbauten (Einbaumöbel)

6. Lose Möblierung

A.8.2 Forderungen des AG zu Raumgruppen und Räumen

Kopfzeilen

Nr.	Merkmal / Beschreibung		Erfordernis		Anforderung
Legende			ja	unklar	Text, Code, Maß, Erläuterung
1		2	3	4	5
1.0	**Beschreibung der Nutzung (Aktivitäten)**				
1.1	Prozessbedingungen				
1.1.1		Arbeitsgegenstand			
1.1.2		Techn. Betriebsmittel			
1.1.3		Arbeitsgegenstand			
1.1.4		Techn. Betriebsmittel			
1.1.5		Beschr. der Prozessbedingungen			
1.2	Immissionen				
1.2.1		Luftverunreinigungen			
1.2.1.1		Raum/Dämpfe			
1.2.1.2		Staub			
1.2.1.3		Gase			
1.2.1.4		Aerosole			
1.2.1.5		Geruchsstoffe			
1.2.2	Geräusche				
1.2.3	Erschütterungen				
1.2.4	Licht				
1.2.5	Wärme/Kälte				
1.2.6	Strahlung				
1.2.7	Sonstiges				
1.2.8	Beschreibung der Immissionen				

1		2	3	4	5
1.3	Prozessbedingte Emissionen				
1.3.1		Luftverunreinigungen			
1.3.1.1		Rauch/Dämpfe			
1.3.1.2		Staub			
1.3.1.3		Gase			
1.3.1.4		Aerosole			
1.3.1.5		Geruchsstoffe			
1.3.2	Geräusche				
1.3.3	Erschütterungen				
1.3.4	Licht				
1.3.5	Wärme/Kälte				
1.3.6	Strahlung				
1.3.7	Fest Abfälle				
1.3.8	Sonstiges				
1.3.9	Beschreibung der Emission				
2.0	**Forderungen an den Raum**				
2.1	Räumliche Veränderbarkeit (Beschreibung)				
2.2	Raumhöhe/Licht				
2.3	Beleuchtung				
2.3.1		mit Tageslicht			
2.3.2		mit Kunstlicht			
2.3.2.1		allgemeine Beleuchtung			
2.3.2.2		besondere Beleuchtung			
2.3.2.3		Sicherheitsbeleuchtung			
2.3.3	Sonstiges				
2.3.4	Beleuchtungsstärke				
2.3.5	Beleuchtungsfarbe				
24.	Raumakustik				
2.5	Raumklima				
2.5.1		Lufttemperatur			
2.5.2		Luftfeuchte			
2.5.3		Kühllast			
2.6	Luftwechsel				
2.6.1		Natürlicher Luftwechsel			
2.6.2		Künstlicher Luftwechsel			

1		2	3	4	5
2.12.6	Gefahren- und Alarmanlagen				
2.12.6.1		Brandmeldeanlagen			
2.12.6.2		Überfallmeldeanlagen			
2.12.6.3		Einbruchmeldeanlagen			
2.12.6.4		Wächterkontrollanlagen			
2.12.6.5		Zugangskontrollanlagen			
2.12.6.6		Sonstiges			
2.12.7	Datenübertragungsnetze				
2.13	Nutzungsspezifische Anlagen				
2.13.1		Küchentechnische Anlagen			
2.13.2		Wäscherei- und Reinigungsanlagen			
2.13.3		Medienversorgungsanlage			
2.13.4		Medizinische Anlagen			
2.13.5		Labortechnische Anlagen			
2.13.6		Badetechnische Anlagen			
2.13.7		Kälteanlagen			
2.13.8		Abfallentsorgungsanlagen			
2.13.9		Bühnentechnische Anlagen			
2.13.10		Sonstiges			
2.14	Förderanlagen				
2.14.1	Aufzugsanlagen				
2.14.2	Fahrtreppen				
2.14.3	Fahrsteige				
2.14.4	Transportanlagen				
2.14.4.1		Warentransportanlagen			
2.14.4.2		Aktentransportanlagen			
2.14.4.3		Rohrpostanlagen			
2.14.5	Sonstiges				
2.15	Nutzungsspezifische Einbauten				
2.15.1		Gestühle			
2.15.2		Schränke			
2.15.3		Regale			
2.15.4		Schaukästen			
2.15.5		Einbauküchen			
2.15.6		Werkbänke			
2.15.7		Arbeitstische			
2.15.8		Projektionswände			
2.15.9		Verdunklungsanlagen			
2.15.10		Sonstiges			

1		2	3	4	5
3.0	**Anforderung an Ausstattung**				
3.1	Textilien				
3.1.1		Vorhänge			
3.1.2		Wandbehänge			
3.1.3		Sonstiges			
3.2	Geräte				
3.2.1		Wirtschaftsgeräte			
3.2.2		Reinigungsgeräte			
3.2.3		Technische Geräte			
3.2.4		Medizinische Geräte			
3.2.5		Sportgeräte			
3.2.6		Spielgeräte			
3.2.7		Sonstiges			
3.3	Sonstiges				
3.3.1		Wegweiser			
3.3.2		Orientierungstafeln			
3.3.3		Raumbezeichnungen			
3.3.4		Farbleitsysteme			
3.3.5		Werbeanlagen			
3.3.6		Sonstiges			
3.4	Kunstwerke				

A.8.3 Baubeschreibungen (Beispiel)

Baubeschreibungen sind Zusammenfassungen von Planungs-Ergebnissen.
Bei einer Baubeschreibung handelt es sich um eine detaillierte Beschreibung des zu errichtenden Bauwerkes, der technischen Anlagen, der Freianlagen und der Einrichtung. Dabei werden, neben der Art der Bauausführung, die zum Einbau gelangenden Materialien beschrieben und aufgelistet.

Grundsätzlich sind Erläuterungen, Beschreibungen und Berichte in der Systematik der Kostengliederung aufzustellen und auch Aussagen zur organisatorischen und terminlichen Abwicklung des Bauprojektes geben.

Im Verlauf der Projektbearbeitung sind nachstehende Beschreibungen gefordert:

- LPH 1 Projekt-Zielkatalog
- LPH 2 Erläuterungsbericht
- LPH 3 Objektbeschreibung
- LPH 4 (Bau-) Objektbeschreibung
- LPH 5/6 detaillierte Objektbeschreibung

und als Besondere Leistung

- LPH1/6 Raum- oder Bau-Buch

Ausgangspunkt aller Beschreibungen ist die sog. allgemeine Verständniserklärung als Bestandteil bzw. Grundlage für den Projekt-Zielkatalog der LPH 1.

1. **Sichten von Unterlagen**
   - Vorliegende Unterlagen
   - Raumprogramm, Funktionsprogramm, Betriebsbeschreibung
   - Objektbereich (Einschätzung zu Lage und Größe)
   - Ergänzungen für Sonderbauten
2. **Beschreibungen nach KG, Materialien oder Räumen**
3. **Städtebauliche und architektonische Aspekte**
   - Städtebauliche Einordnung
   - Architektur
   - Alternative Lösungen
4. **Vorgaben zu den Qualitäten**
5. **Vorgaben zu den Kosten**
6. **Vorgaben zu den Terminen**
7. **Weitere Klärungen**
   - Allgemeine Angaben
   - Vorgaben für Ausschreibung und Vergabe
   - Vorgaben für den Datenraum
   - Genehmigungsfähigkeit, Bauvoranfrage
   - Die Auftraggeber-Projektleitung
   - Architekten- und Ingenieurvertrag
   - Sonstiges, offene Punkte

Die Beschreibungen sollten stimmig sein, damit diese vertraglich wie Zeichnungen oder Leistungsbeschreibungen verpflichtend geschuldet werden – zuerst vom Bau-Unternehmer in der

Herstellung und dann gegenüber einem Käufer. Somit ist auf sehr viel Sorgfalt in der Beschreibung zu achten; ggf. ist eine Baubeschreibung im Zuge der Projektabwicklung fortzuschreiben.

Nachfolgende Baubeschreibungen sind beispielhaft von ausgeführten Projekten übernommen.

A.8.3.1 Präambel - Grundlagen

Das Bauvorhaben entspricht den gesetzlichen und behördlichen Regelungen und Auflagen und ist somit in Bezug auf die festgelegten Nutzungen aus dem Bebauungsplan geeignet.

Dies gilt im selben Umfang für sämtliche hierauf anwendbaren aktuellen DIN-Normen, anerkannten Standards und Regelwerke, für den jeweiligen Stand der anerkannten Regeln der Technik und für die Nordrhein-Westfälische Bauordnung mit den entsprechenden Richtlinien, die zum Zeitpunkt der Baugenehmigung gültig sind. Das Bauvorhaben ist darüber hinaus behindertenfreundlich auszuführen.

Sämtliche Vorrüstungen wie Leerrohre, Verkabelungen (ohne Mieterverkabelungen und -einbauten), Anschlüsse, brandschutztechnische Verschlüsse etc. sind bereits in der fertigen Leistung enthalten, siehe auch Beschreibung ab Punkt 3 der Bau- und Ausstattungsbeschreibung. Der Lieferant des mieterseitigen Endgerätes legt die Kabel am Endgerät bzw. an seinem Produkt auf.

Die Ausstattung des Gebäudes entspricht einem gehobenen Standard. Wo Beschreibungen von Ausstattungsmerkmalen nicht vorhanden sind, ist die Ausführung als Standard gehobener Art und Güte anzunehmen.

Die gesamte Ausführung sämtlicher Arbeiten erfolgt nach den zum Zeitpunkt der Baugenehmigung allgemein anerkannten Regeln der Technik. Weiterhin gelten die für das Bauvorhaben relevanten Richtlinien.

Grundlagen
Grundlagen für diese Bau- und Qualitätsbeschreibung sind die Planung und Berechnungen. Hier ist eine entsprechende Auflistung als Anhang zu erstellen.

Normen und Richtlinien
Die gesamte Ausführung sämtlicher Arbeiten erfolgt nach den zum Zeitpunkt der Baugenehmigung allgemein anerkannten Regeln der Technik. Weiterhin gelten die für das Bauvorhaben relevanten Richtlinien. Ferner gelten die amtlichen Zulassungen sowie die Empfehlungen der jeweiligen Fachverbände und/oder Arbeitskreise.

Maßordnung
Für die Tragkonstruktion gilt die DIN 18201 bzw. 18202, Zeile 2 bzw. 18203 – Maßtoleranzen im Bauwesen.

Dem Gebäude liegt ein Achsraster zugrunde.
Die lichten Höhen sind wie folgt festgelegt:

- lichte Höhe Wohngeschosse ca. .... m
- lichte Höhe Läden EG ca. .... m
- lichte Höhe Tiefgarage und UG ca. .... m,
  unter Haustechnik mind. .... m

Konzept
Bei dem beschriebenen Objekt ... handelt es sich um ein Bürohaus mit vier oberirdischen Geschossen und einem Untergeschoss. Das ... Palais liegt dem natürlichen Gefälle des Geländes angepasst umgeben von einer hochwertig gestalteten Freianlage und ebenerdig erschlossen mit dem zentralen Eingang an der .... Parken, Technik- und sonstige Nebenflächen im Untergeschoss sind durch Personenaufzüge mit den Bürogeschossen verbunden.

Das Gebäude wird als Stahlbeton-Skelett- und Mauerwerksbau ausgeführt. Stahlbetondecken liegen auf Stahlbetonstützen und Massivwänden und werden über das Treppenhaus und den Aufzugsschächte ausgesteift. Die Aufteilung der Bürogrundrisse können den Anforderungen der Nutzer angepasst werden. Für die Außenhaut ist eine Natursteinverkleidung vorgesehen. Großzüge Fensterfronten lassen für den Blick ungehindert Raum.

Die Terrassenflächen können von den Mietern genutzt werden.

Diese Baubeschreibung gilt für die Mietflächen des Bürogebäudes ... für die Geschosse UG – 3. OG.

Nutzungen
Die Liegenschaft besteht aus einem Gebäude mit folgenden Nutzungen:

UG: Tiefgarage mit PKW-Stellplätzen, Technik- und Lagerräumen
EG: Zentraler Zugang mit Erschließung, Büroflächen, Terrassenfläche im Außenbereich
1. OG: Büroflächen
2. - 3. OG: Büroflächen, Terrassenflächen
Dachflächen: Technische Anlagen

Durch die Anordnung einer mittigen Erschließung der Büroetagen kann auf notwendige Flure verzichtet werden. Somit können innovative Büroraumkonzepte ebenso umgesetzt werden wie klassische Einzel-, Kombi- und Teamraumstrukturen.

Wärmeschutz
Für die Planung und Bauausführung liegen die aktuellen Energiesparverordnung EnEV sowie die DIN 4108 (Wärmeschutz im Hochbau) in der zum Zeitpunkt der Planung gültigen Fassung zugrunde. Nach Abschluss der entsprechenden Montagearbeiten wird ein Blower-Door-Test durchgeführt.

Schallschutz
Für die Planung und Bauausführung liegen die Mindestanforderungen der DIN 4109 in der aktuellen Fassung „Schallschutz im Hochbau" mit erhöhten Anforderungen zum Luft- und Trittschallschutz gemäß Beiblatt 2 und der für die Baumaßnahme erstellte Schallschutznachweis zugrunde. Bezüglich der Büro- und Flurtrennwände siehe Optionen 1 und 2 zu Pkt 2.2.1 und 2.2.2 der Bau- und Ausstattungsbeschreibung.

Brandschutz
Der vorbeugende bauliche Brandschutz wird entsprechend den geltenden Gesetzen, DIN 4102, Verwaltungsvorschriften, Verordnungen, Richtlinien und Normen bzw. nach einem durch die zuständige Behörde genehmigten Brandschutzgutachten sowie nach den Anforderungen aus der Baugenehmigung ausgeführt.

Bauphysik
Der Wärmehaushalt der Gebäude wird entsprechend den einschlägigen Richtlinien bemessen. Die bauphysikalische und akustische Bearbeitung erfolgt unter Berücksichtigung der anerkannten Regeln der Technik der EnEV, der Schallschutznorm DIN 4109, der VDI-Richtlinie 2719, der VDI 4100 (mit Ausnahme der elektrisch betriebenen Rollläden) und den einschlägigen DIN-Normen und Richtlinien zum Zeitpunkt der Baugenehmigung, nach den Vorgaben dieser Baubeschreibung.

Darüber hinaus wird ein Ingenieurbüro für Bauphysik als Berater hinzugezogen. Dieses wird die gesamte Planung und Ausführung begleiten und die nötigen Nachweise führen. Bauteilkatalog und Nachweise werden auf Wunsch vorgelegt.

A.8.3.2 Allgemeine Beschreibung des Objekts

Lage
Das Bauvorhaben ... ist in ..., zwischen ... und ... in ruhiger Lage am östlichen ... situiert. Es liegt im Stadtteil ..., auch „..." genannt und ist somit in einem von hoher Wohnqualität geprägten Wohngebiet angesiedelt.

Von hier aus ist der ... Wald mit all seinen Naherholungsangeboten fußläufig erreichbar. Der Hauptbahnhof, der Flughafen und die City sind in 10 Minuten mit Bahn oder Auto erreichbar. Die Einkaufsstraße ... kann mit dem Fahrrad in 3 - 5 Minuten erreicht werden.

Die Ausrichtung der Gebäude nimmt überwiegend die Südost - Nordwestrichtung auf.

Bebauung
Der Gebäudekomplex besteht aus 2 Einzelbaukörpern und ist um einen großzügig gestalteten Innenhof platziert. Er umfasst 82 Wohnungen und eine Büroeinheit mit Stellplätzen im Untergeschoss. Das Erdgeschoss wird abgesenkt und über die zentralen Eingänge von der ...-Straße und über den Innenhof erschlossen. Die PKW-Einstellplätze und die Abstellplätze für Fahrräder sowie sonstige Nebenflächen sind durch Aufzüge mit den Wohnetagen stufenlos verbunden.

Die Gebäude werden als Stahlbeton-Skelett- und Mauerwerksbau als Schottenbauweise ausgeführt. Zum Teil werden die tragenden Schotten im Bereich der Wohnungstrennwände in Stützen aufgelöst, um eine größere Flexibilität zu erzielen. (Aussteifung des Gebäudes: siehe TWP) Stahlbetondecken liegen auf Stahlbetonstützen und Massivwänden und werden über die Treppenhäuser und Aufzugsschächte ausgesteift. Die Außenhaut wird als Wärmedämm-Verbundsystem mit mineralischem bzw. Siliconputz ausgeführt. Großzügige Fensterfronten und Balkongeländer mit Glasfüllungen lassen für den Blick ungehindert Raum. Der gesamte Gebäudekomplex ist unterkellert und beinhaltet eine Tiefgarage sowie Keller- und Technikflächen.

Technische Anlagen
Die technische Ausstattung entspricht dem Komfortanspruch. Darüber hinaus wird die Energieeffizienz durch den Anschluss an das ...Fernwärmenetz zukunftssicher erreicht. Die Fernwärme versorgt die Fußbodenheizung und dient auch der zentralen Warmwasserbereitung.

Außenanlagen
Die nicht bebauten Freiflächen werden der Natur nachempfunden gärtnerisch gestaltet mit Rasen, Buschwerk und Bäumen. Im Innenhof werden eine Kleinkinderspielfläche mit Geräten

und eine Spielwiese vorgesehen. Weitere Spielplätze, Bolzplatz usw. sind in den Parkanlagen Zoo vorhanden und fußläufig erreichbar.

Städtebauliche und architektonische Aspekte

Städtebauliche Einordnung

Anforderung der Einbindung- und Gestaltung aus Objektlage, Nachbarbebauung, Verkehrsanbindung, Auflagen des Bebauungsplanes usw.

Architektur

Beschreiben der wesentlichen gestalterischen Aspekte, der Material- und Farbvorschläge mit Hinweis auf Anforderungen aus den städtebaulichen Gesichtspunkten, Umsetzung des Raum- und Funktionsprogramms, der betrieblichen Abläufe, Erweiterungsmöglichkeiten, Umweltbedingungen, Bedeutung des Objektes in der Darstellung des Auftraggebers u. a. m.

Alternative Lösungen

Erarbeiten von verschiedenen (Architektur-)-Lösungen und Erläuterung der untersuchten verschiedenen Varianten mit Bewertung der Vor- und Nachteile.

Hinweis auf untersuchte alternative Lösungen und gewählte vorteilhafteste Lösung mit:

- Baugrube, Gründung, aufgehende Konstruktion (Angabe Tragwerksplaner)
- Fassadengestaltung, Dachform und Konstruktion
- allgemeiner Ausbau, Erläuterung der wesentlichen Gewerke
- Materialvorschläge, Nennung der Vor- und Nachteile (Kosten, Aufwand der Instandhaltung)
- Hinweise auf Einhaltung aller wesentlichen Forderungen der Landesbauordnung, vorliegender Gutachten usw. zum Wärmeschutz, Schallschutz, Schutz gegen Feuchte/Wasser, Winddruck, energiesparende Vorkehrungen, Konstruktionen durch Maßnahmen
- Geschosshöhen
- Außenwände bis OK Terrain, weiße Wanne, schwarze Wanne
- Außenwände über OK Terrain, EnEV

Vorgaben zu den Qualitäten

Für die festzulegenden Qualitäten muss die Anforderung spezifiziert werden; angesprochen sind die Begriffe

- Einfach
- Standard
- Gehoben
- Exzellent

Vorgaben zu den Kosten

Die Gesamt-Herstellkosten KG 100 – 800 sind nach KG, 1. Ebene, zu nennen. Ebenso Erläuterungen zu „nicht erkennbare Leistungen (Budget-Ausweisung)", Kosten-Index, mit/ohne Umsatzsteuer.

Die Kostenermittlung ist als Anhang auszuweisen.

Vorgaben zu den Terminen

Erläuterung zur vorläufigen Termineinschätzung auf Basis der Terminliste mit Benennung der erforderlichen Auftraggeber Entscheidungen zur Vorplanung und sonstigen offenen Fragen. Aufstellen des Ablauf-Terminplans mit den Einzelvorgängen logischer Folgen von Aktivitäten, ohne Datumsangabe.

Weitere Klärungen

Allgemeine Angaben

- Bezeichnung des Vorhabens
- Firmierung des Auftraggebers (Signatur)
- Ansprechpartner und Entscheidungsbevollmächtigter beim AG (Signatur)
- Ist das Bauland bereits im Auftraggeberbesitz?
- Gibt es bereits Vorleistungen anderer Planer, Berater, Gutachter? Können diese eingesehen oder übergeben werden?
- Sind vom Auftraggeber bereits informative Vorgespräche mit Behörden geführt worden? Mit wem? Welche Aussagen wurden gemacht?
- Übergabe vorhandener objektbezogener Unterlagen durch Auftraggeber bis ...
- gemeinsame Besichtigungen bestimmter Objekte am ...; Teilnehmerkreis ...
- Terminierung von Routine-Projektbeschreibungen (Wochentag, Uhrzeit, Ort, Teilnehmer – Montag gesperrt)
- Vorschläge des planenden Architekten für die weitere Vorgehensweise zur weiteren Erarbeitung der Grundlagenermittlung bis ...

Vorgaben für Ausschreibung und Vergabe

Bestimmen der Bau-Unternehmereinsatzform als:

- Bauvertrag auf Basis der Einzelgewerke/eG-Leistungsverzeichnisbeschreibung oder
- Bauvertrag auf Basis eines Generalunternehmers/GU-Funktionalausschreibung.

Vorgaben für den Datenraum

Darlegung der Vorteile eines virtuellen Projektraumes, der die Plan-Dokumente für zugriffsberechtigte Projektbeteiligte rund um die Uhr von jedem internetfähigen Rechner der Welt aus bereitstellt.

Genehmigungsfähigkeit, Bauvoranfrage

Erläuterung der Genehmigungskriterien, Einschätzung der Genehmigungsfähigkeit mit und ohne Dispensanträge.

- Empfehlung zur Einreichung einer Bauvoranfrage zwecks Abklärung aller Eventualitäten und Absicherung der weiteren Planungsschritte.
- Hinweis zu einem vorhabenbezogenen B-Plan Verfahren

Die Auftraggeber-Projektleitung

Auf der Auftraggeber-Seite liegt die verantwortliche Leitung des gesamten Projektgeschehen. Die Projektleitung des Auftraggebers ist zu benennen.

Architekten- und Ingenieurvertrag

Aufgrund der vorgenannten Bestimmungen sind die Teilleistungen der Architekten- und Ingenieurverträge der fachl. Beteiligten festzulegen.

- Vorlage Architekten-/Ingenieurvertrag bzw. Vorvertrag
  - durch den Auftraggeber bis ...
  - oder durch den Architekten bis ...
  - oder durch die Ingenieure bis ...

Sonstiges, offene Punkte

Kenndaten (Stand Bauantragsplanung ...)

BGF unterirdisch: ... m^2
BGF oberirdisch: ... m^2
BGF gesamt: ... m^2

Wohnflächen von - bis: ... m^2 - ... m^2
Wohnfläche gesamt: ... m^2
Abstellräume: ... m^2
Bürobereich: ... m^2
Nutzfläche gesamt: ... m^2
PKW-Stellplätze TG: ... Stück
Fahrrad-Stellplätze TG: ... Stück

Lichte Raumhöhen der Wohnungen (von Oberkante Parkett bis Unterkante Spachtelung und bei tatsächlicher Deckendurchbiegung von 2 cm) :

EG Winkel mind. 2,72 m, Decke geputzt 2,70 m
EG Riegel mind. 2,70 m, Decke geputzt 2,68 m
1. OG mind. 2,70 m, Decke geputzt 2,68 m
2. OG mind. 2,70 m, Decke geputzt 2,68 m
3. OG mind. 2,70 m, Decke geputzt 2,68 m
4. OG mind. 2,70 m, Decke geputzt 2,68 m
5. OG mind. 2,75 m, Decke geputzt 2,73 m

Lastannahmen für Geschossdecken

- Wohn- und Aufenthaltsräume: ... kN/m^2
- Balkone und Dachterrassen: ... kN/m^2
- Treppenläufe, Podeste: ... kN/m^2
- Tiefgaragen: Fahrstraße ... kN/m^2
- Parkstand ... kN/m^2
- Rampe ... kN/m^2
- Handel EG.: ... kN/m^2

Alle Angaben reine Nutzlast einschließlich Gewicht der Trennwände.

Fassaden

Um ein möglichst natürliches, angenehmes Innenraumklima zu erzielen, ist jeder Büroraum mit öffenbaren, bodentiefen Dreh- und Dreh-/Kippfenstern ausgestattet. Eine Absturzsicherung erfolgt über außenliegende Glasbrüstungen. Die Verglasung der Glasbrüstung ist ausgelegt nach TRAV (Techn. Regeln für absturzsichernde Verglasungen). Durch den außenliegenden Screenstoff als Sonnenschutz (elektrisch betrieben, raumweise und seitenweise, zentral steuerbar, über Bussteuerung inkl. 4 Windwächter – je Seite einer, ab Windgeschwindigkeit 4 autom. Einzug – und Sonnenwächter) kann die Umgebung trotzdem wahrgenommen werden und wirkt damit dem „Abschotten" des Arbeitsbereiches positiv entgegen. Alternativ können Aluminiumlamellen, 80 mm Breite, mit gleichen Einstellmöglichkeiten wie oben beschrieben, zur Verwendung kommen, soweit technisch möglich. Beide Systeme werden durch eine seitliche Führung oder im Falle des Screens eine eingenähte Verstärkung bis Windstärke 4 gesichert. Ein innenliegender Blendschutz kann durch den Nutzer zusätzlich eingebaut werden. Die Fensteranlagen bestehen aus thermisch getrennten und gedämmten Metall-Holzprofilen mit einer Wärmeschutz-Isolierverglasung (Ug ≤ 1,1 W/m²K). Die Fenster und Türen im Erdgeschoss erhalten zusätzliche Einbauten entsprechend Einbruchschutz RC 2.

Technische Anlagen
Die technische Ausstattung erfolgt in einem hohen Standard und entspricht einem gestiegenen Komfortanspruch. Durch die ganzheitliche Betrachtung der Gebäudeparameter und deren Berücksichtigung bei der Planung sowie unter Einbezug der Nutzung des Tageslichtes, eines hyg. erforderlichen Luftwechsels mit unterstützender Kühlung, der energetisch hochwirksamen Fassade und der sonstigen effizienten bauphysikalischen Parameter wird ein minimaler Energieaufwand mit reduzierter Schadstoffemission bei maximalem Komfort erzielt. Die Überprüfung der thermischen Situation wird, ggf. bei Bedarf, mittels thermischer Gebäudesimulation durch einen Fachplaner ermittelt und im Zuge der Planung durch Abstimmen der Komponenten aufeinander optimiert. Die Kostenübernahme für die thermische Gebäudesimulation wird zu je 50 % zwischen Käufer und Verkäufer aufgeteilt.

Außenanlagen
Die nicht bebauten Freiflächen werden der Natur nachempfunden gärtnerisch gestaltet mit Rasen, Buschwerk und Bäumen. Die Geh- und Fahrflächen sowie die Differenztreppen werden aus Naturstein erstellt. Im Bereich zwischen Gebäude und der ...-Allee werden eine Terrassenfläche und eine Rasenfläche vorgesehen. Das Grundstück wird durch einen 1,80 m hohen Metallgitterzaun eingefriedet. Der Zugang zum Gebäude und die Garagenein- und ausfahrt werden auf der Grundstücksgrenze über Drehtore erschlossen (tagsüber aufstehend). Das Gebäude wird durch eine Rollstuhlrampe behindertengerecht für Rollstuhlfahrer zugänglich gemacht. Das Gebäude erhält im Erdgeschoss eine Behinderten-WC-Einheit.

Firmenschilder, Klingelanlage und Briefkasten werden an einer exponierten Stelle mit der Einfriedung geplant. Im Bereich des Haupteinganges werden 3 Fahnenmaste mit Innenzügen vorgesehen. Für die Außenanlagen sind Kosten in Höhe von ... €, KGR 500, zuzüglich MwSt., siehe Außenanlageplan, vorgesehen. Die Kosten beinhaltet die Bearbeitung von Geländeflächen: Geländemodellierung und Rasen;

Befestigte Flächen: Pflaster Eingang ... Straße und Plattenbelag

Garten; Baukonstruktion in Außenanl.: Treppen (Haupteingang), Rampenanlage (Haupteingang) Winkelsteine, Sitzmauer (Wasserbecken);

Techn. Anlagen in Außenanl.: Entwässerung und Beleuchtung;

Einbauten in Außenanl.: Wasserbecken und Zaunanlage, Begrünung unterbauter Flächen: Extensive Dachbegrünung;

Pflanzen: Pflanzung (Eingang), Strauchpflanzung (Garten) und Bäume gemäß Außenanlageplan.

Tiefgarage
Im Bereich der Tiefgarage stehen den Mietern Stellplätze zur Verfügung, davon eine gegebenenfalls noch festzulegende Anzahl von Besucherparkplätzen sowie Behinderten-Stellplätze gemäß behördlichen Auflagen.

Der Verschluss der ampelgeregelten Ein- und Ausfahrt zur Tiefgarage erfolgt über ein elektrisch betriebenes Sektionaltor/Rollgitter am unteren Ende der Rampe. Die Öffnung des Tores erfolgt über ein Codekartensystem (z. B. Säule im Einfahrtsbereich). In der Schaltersäule befinden sich eine Videogegensprechstelle sowie eine Zutrittskontrolle zur Ansteuerung des Tores.

Die Planung der Tiefgarage erfolgt gemäß der Garagenverordnung. Es wird von einer nicht öffentlichen Garage ausgegangen. Eine Nutzung durch Dritte (Vermietung) kann erfolgen. Die Zugänglichkeit erfolgt für diese Nutzer über die Fläche der Ein-/Ausfahrtsrampe.

Von dem Tiefgaragengeschoss führen Aufzüge und Treppenanlagen unmittelbar in das Bürogebäude. Eine Zugangskontrolle regelt, dass bei Vermietung der TG an Dritte diese Bereiche nicht für Dritte zugänglich sind (jedoch keine Vereinzelungsschleuse).

Kenndaten
Für die Tragkonstruktion gilt die DIN 18201, 18202, Zeile 2, 18203 - Maßtoleranzen im Bauwesen.

Berechnung der Flächen (MF-G 1 und 2, Nutzung bei nur einem Mieter), Stand Planung Entwurf ... (Abweichungen können konstruktionsbedingt in weiteren Bearbeitungsphasen 2 - 4% betragen):

BGF a oberirdisch:	3.144 m²	BGF a = allseitig umschlossen
BGF d Terrassen, EG	*300 m²*	*BGF d = nicht umschlossen + überdeckt (nicht addiert)*
BGF c Terrassen, ohne EG	*212 m²*	*BGF c = umschlossen, nicht überdeckt (nicht addiert)*
BGF a unterirdisch:	2.206 m²	
BGF a gesamt:	5.340 m²	
Mietflächen (HNF) nach gif, EG - 3.OG	2.625 m²	Büro- und Verkehrsflächen in der Geschossmietfläche
Mietflächen (NNF) nach gif, EG - 3.OG	60 m²	WC-Flächen
Mietflächen (VF) nach gif, EG	90 m²	Treppen- bzw. Aufzugvorraum und Eingangshalle
Mietflächen (VF) nach gif, 1. OG - 3.OG	26 m²	Treppen- bzw. Aufzugvorraum
gif - Summe EG - 3.OG	2.801 m²	
Mietflächen nach gif, EG	300 m²	Terrassenfläche im Außenbereich
Mietflächen nach gif, 2. OG	61 m²	Terrassenflächen
Mietflächen nach gif, 3. OG	134 m²	Terrassenflächen Staffelgeschoss
Mietflächen nach gif, UG	350 m²	Lagerraumflächen
Mietflächen nach gif, UG	7 m²	Lager Flur- Verkehrsflächen
PKW Stellplätze TG:	60 Stück	
Fahrrad Stellplätze TG:	20 Stück	

Raumtiefen, Fassade - Kernwand ca. 9,70/10,00/11,70 und 7,30 m
Raumbreiten, Achsraster in der Breite 1,35 m
Raumhöhen EG bis 3.OG ca. 2,90 m (von OK Doppelboden bis UK Rohdecke);

lichte Raumhöhen :

- der Büros ca. 2,75m bei ca.15 cm abg. GK Akustik- und Kühldecke
- Flurbereiche und Nebenräume ca. 2,50 m bedingt durch haustechnische Installationen in den Deckenhohlräumen

Zulässige Verkehrslast: Deckenbelastung 5,0 kN/m²
Höhere Lasten nach Anforderung und Abstimmung bis 8,0 kN/m² möglich.
Untergeschoss: 5,0 kN/m² (Keller)

Bemerkung: Gemäß Arbeitsstättenverordnung können Büroräume, in denen überwiegend leichte oder sitzende Tätigkeit ausgeübt wird, notwendige lichte Raumhöhen um 0,25 m herabgesetzt werden, wenn hiergegen keine gesundheitlichen Bedenken bestehen. Raumgrößen über 100 m² bis 2000 m² benötigen demnach mind. eine lichte Raumhöhe von 2,75m.

Abnahmen
Bei den Abnahmen der mieterseitigen Ausbauten und Installationen kann der Mieter teilnehmen. Der Mieter erhält von den Abnahmen ein Abnahme- und soweit durchgeführt die Funktions-/ TÜV usw. -protokolle.

Bauschild
Während der Bauausführung wird auf dem Grundstück ein hochwertiges, beleuchtetes Bauschild mind. 4 x 6 m i aufgestellt. Das Bauschild enthält eine ca. 2,0 x 1,5 m großes Perspektivbild des geplanten Bauvorhabens.

Änderungsrecht des Verkäufer
Änderungen in der Planung, den vorgesehenen Materialien und Einrichtungsgegenständen sind vorbehalten, soweit sie aus technischen Gründen oder aus Gründen der Materialbeschaffung zweckmäßig sind und durch mindestens gleichwertige Leistungen bzw. Materialien ersetzt werden und die wirtschaftlichen Rahmeneckdaten (Mietfläche) unverändert bleiben.

Ebenso bleiben Änderungen aufgrund von behördlichen Auflagen vorbehalten. Änderungswünsche, die nicht die Gesamtgestaltung oder das statische Gefüge des Gebäudes verändern oder sonstige bautechnische Nachteile verursachen, sind möglich. Dargestellte Farben sind nicht verbindlich und können im Zuge der Planung geändert werden.

Die in den Grundrissen eingezeichneten Möblierungen sowie sonstige Ausstattungen, die nicht ausdrücklich in dieser Baubeschreibung genannt sind, sind nicht Bestandteil der Leistung und sind nicht im Kaufpreis/Mietpreis enthalten.

Die Änderungen/Sonderwünsche sind mit dem Vermieter/Verkäufer rechtzeitig abzustimmen und über diesen für die Bauausführung zu beauftragen.

Alle Maße sind ca.-Werte. Abweichungen und Änderungen bleiben vorbehalten. Maßgebend ist der Text der Vertragsbaubeschreibung und nicht die zeichnerische Darstellung in den Grundrissen. Die zeichnerischen Darstellungen in den Ansichten und der Isometrie entsprechen den Vorstellungen des Illustrators. Abweichungen, insbesondere in der Farbgestaltung, sind möglich.

A.8.3.3 Qualitäten

1. Qualitäten, Leitfabrikate (Angaben der Fabrikate oder gleichwertig)

Für die Festlegung der vom Architekten vorgeschlagenen Materialien werden Bemusterungen durch den Vermieter/Verkäufer durchgeführt. Zu diesen Bemusterungsterminen erhält der Mieter/ Käufer eine Einladung zur Teilnahme. Die Teilnahme ist freigestellt.

Bauwerk – Baukonstruktion

Rohbau	Stahlbeton und Mauerwerk	nach Vorgaben TWP
Fassade	Naturstein in den geschlossenen Bereichen	Altenbürger Naturstein
	Wärmedämmung	Rockwool
	Holzfenster Red Meranti	Garnier
	Verglasung	Flachglas, Calorex
	Sonnenschutz	Hüppe
	Beschläge Edelstahl	FSB, Schlechtendahl
Schlosser	Treppengeländer Stahl beschichtet mit Füllstäben	
	Handlauf, rund, aus Hartholz	Buche
	Dachausstieg mit Einschubtreppe	Trimme
	Balkongeländer wie Treppengeländer	
	Feuerschutztüren	Hörmann
	RD Mietbereichstüren	Jackson
	Obentürschließer	Dorma
	Beschläge, Edelstahl	FSB
	Toranlage für Tiefgarage	Efaflex Schnelllauftor
	Fahrradständer	
Dachabdichtung	Abdichtungsbahnen	Alpha
	Wärmedämmung	Styrodur
	Belag Holzdielen	Hartholz
	extensive Begrünung	System
Putzarbeiten	Einlagig mineralisch gebundener Gipsputz	Knauf
	erhöhter Oberflächengenauigkeit	DIN 18202/3, T 3, Z 7.
	Eckschutzschienen aus verzinktem Stahlblech	
Estricharbeiten	Trennschicht	PE-Folie, 0,2 mm dick
	Trittschalldämmung	
	Wärmedämmschicht	
	Zementestrich, einschl. Estrichmatte	DIN 18560 ZE 30
	Sauberlaufzone	

Hohlraumboden	Schalungselemente	18 mm Gipsplatten
	Estrich	Kalziumsulfat-Estrich
	Leitfabrikat	Knauf FE 80/AE 30
Trockenbau-arbeiten	Gipskarton-Ständerwerkswände	Knauf System
	Gipskarton Abhangdecken	Armstrong Akustik
	Systemtrennwand	Fa. Intek, KEY-Objekt
	mehrschichtiges Vollholz-Türblatt	Wirus, KTM
	Glastüren mit Diskretionsstreifen	Conzen, K&N
	3 -5-fach verleimte Türblätter	Wirus, KTM
	Beschläge, Edelstahl	FSB
	Stahlzargen als Umfassungszargen	Hörmann
	Holzzargen, weiß beschichtet	BOS, KTM
Anstricharbeiten	Tapeten/Glasfaserflies	Erfurt
	Anstrich und Lackierung	Brillux
	Bodenbeschichtung	Sikka
Bodenbelags-arbeiten	Stabparkett, Roteiche massiv 22mm	Bembe - Parkett
	Kautschuk verklebt	Noraplan Stone
	Teppich verklebt, Flächeng. 2.400g/m²	Toucan-T/Aeras
	Fußleisten	Küffner
	Türstopper	FSB, Ogro
Fliesenarbeiten	Wandfliesen	Villeroy & Boch
	Bodenfliesen	Villeroy & Boch
	Bodenfliesen (Foyerbereich)	Marmi e Graniti, Italien
Betonwerkstein-arbeiten	Betonwerkstein	Quarella
Teeküchen	Küchenzeile, Flächen HPL Belegt	Nolte
	Beschläge	Häfele
	Spüle, Armaturen	Blanco, Vola
	Abfallsystem	Blanco
	Elektrogeräte	Neff
Schließanlage	Profilzylinder	Winkhaus X-tra (xt)

Bauwerk – Technische Anlagen

Objekt	Qualität	Leitfabrikat	EP
Sanitär			
WC Keramik		Villeroy und Boch	
Drückerplatte	Edelstahl	Viega, Geberit	
WC Halter, -Ersatzhalter,-Bürste	Edelstahl		
Urinalkeramik		Keramag, Duravit	
Waschtisch	Edelstahl	Villeroy und Boch	
Auslaufarmatur WT		Vola	
Ausgussbecken		Keramag, Alape	
Auslaufarmatur Ausg.		Grohe, Hansgrohe	
Beh. WC Anlage		Villeroy und Boch	
Kaltererzeuger		Trane, York, Carrier	
Rückkühlwerk		Güntner, Gohl	
Heizung			
Bodenkonvektor	Unterflurkonvektor mit Rollrost	Kampmann	
Fußbodenheizung	Kupfer,- oder Kunst-stoffrohr	Cufix, Roth, rehau	
Fernwärmestation	i. d. R. Beistellung durch STW		
Lüftung			
Lüftungszentralgerät		Robatherm, Howatherm	
Luftauslässe Besprechung		Trox, Wildeboer, Schako	
Luftauslässe Büro		Trox, Wildeboer, Schako	
Luftauslässe WC, Lager usw.		Trox, Wildeboer, Schako	
Lüftungskomponenten, wie BSK, Luftauslässe usw.		Trox, Wildeboer, Schako	

Objekt	Qualität	Leitfabrikat	EP
Elektrotechnik			
Schalter, Steckdosen Aufputz	Standard Kunststoff , weiß/grau	Berker, Gira, Merten, Jung	
Schalter	Standard Kunststoff , Farbe nach Wahl der Architektur	Berker, Gira, Merten, Jung	
Steckdosen	Standard Kunststoff , Farbe nach Wahl der Architektur	Berker, Gira, Merten, Jung	
Bodentanks	Für 9 Einbaugeräte, Kunststoff mit Boden-belagabdeckung	Ackermann	
Sicherheitsleuchten	Piktogrammschei-ben-leuchten Kunststoff	Inotec, Ceag	
Beleuchtung Tiefgarage/Technik	Feuchtraumwan-nen-leuchten	Trilux, Zumtobel, Philips AEG, Siteco	
Flurbeleuchtung/Treppenhäuser	Wand-/Deckenleuchten mit lOpalabdeckung	Trilux, Zumtobel, Philips AEG, Siteco	
Deckendownlights	Deckendownlight mit EVG und Reflektor	Trilux, Zumtobel, Philips AEG, Siteco	
Bürobeleuchtung	Büroleuchten mit BAP Raster, abgependelt	Zumtobel, Philips AEG, Siteco, Fluora	
Gegensprechanlage/Sprechstelle	Innen und Au-ßensprechstellen in Kunststoffausführung, Farbe nach Wahl der Architektur	Siedle, Ritto	
Brandmeldeanlage/Rauchmelder	Rauchmelder , Farbe weiss	Honeywell/Esser	
Zutrittskontrollanlage/Lesegerät	Kartenlesegerät passend in Sprechstellen	Honeywell/Esser	
Aufzugsanlage			
Aufzug	Ausstattung Edelstahl/ Glas	Otis, Schindler, Osma	

Einrichtung (Büro)

Küchenzeile	Küchenzeile, Flächen HPL Belegt	Nolte
	Beschläge	Häfele
	Spüle, Armaturen	Blanco, Vola
	Abfallsystem	Blanco
	Elektrogeräte	Neff

Außenanlagen

Einfriedung	Stahlstabgeländer, verzinkt. Anstrich	
	Gestalteter Briefkasten mit Klingelanlage, Briefeinwurfbereich DIN A3, Firmenschild und Firmenlogo	Edelstahl
Tore	elektr. Drehtor Ein-/Ausfahrtsrampe	Harper
	manuelle doppelflügelige Eingangstor	
Gartenanlagen	entsprechend Planung Gartenarchitekt	Rasen, Büsche, Bäume
Befestigte Flächen	Naturstein im Sandbett, Randstreifen	
	Bodenhülsen für Sonnenschirme	
Beleuchtung	Bodeneinbaustrahler	Begaleuchten
Sanitär/Elektro	Anschlusspunkte innerhalb der Terrassenfläche	
Fahnenmaste	Innenliegende Züge	Sailer
Bodeneinläufe	Ferneinläufe, frostsicher	Passavant

Außenanlagen (Material und Ausstattung)

Befestigte Flächen	
Wege und Zufahrt	- Betonwerksteinplatten, Oberfläche gestrahlt, anthrazit, - Betonpflasterstein, beige - sandfarben, mit versickerungsfähiger Splittfuge ca. 20 x 30 cm
Patio- und Terassenflächen	- Betonwerksteinplatten, anthrazit
Mauern	
Mauern Innenhof	- Sichtbeton, mit eingelassenem Lichtband aus Einzelleuchten und teilweisen mit aufgelegter Holzsitzbank, Banghkirai
Mauern Patios und Hochgärten	- Sichtbeton und/oder Betonwinkelsteine

Spielflächen mit Richter-Spielgeräten	
Sandspielfläche	- 2 Sandspielflächen, mit Spielgeräten, 2-seitig eingefasst mit einer Holzsitzbank - Spielgeräte: Schaukeltier, Kleinkindschaukel, Spielhaus, Doppelschaukel und Spielturm nach Abstimmung
Rasenspielfläche	- Rasenspielfläche mit Solitärbäumen und Holzsitzbank
Pflanzen	
Innenhof	- Rasenfläche - Amberbaum
Pationgärten Riegelgebäude	- Rasenfläche - Solitärbaum, z.B. Ahorn oder Säuleneiche - Hecke, z.B. Hainbuche oder Kirschlorbeer, geschnitten
Hochgärten Riegelgebäude	- Rasenfläche - Solitärbaum, z.B. Ahorn oder Säuleneiche - Hecke, z.B. Hainbuche oder Kirschlorbeer, geschnitten
Pationgärten Winkelgebäude	- Hecke, z.B. Hainbuche oder Kirschlorbeer, geschnitten
Zufahrt	- Hecke, z.B. Hainbuche oder Kirschlorbeer, geschnitten - Pflanzpolster, z.B. Heckenmyrthe, Kirschlorbeer oder gleichwertig, geschitten
Beleuchtung multiline-licht	
Rasenspielfläche	- umlaufendes Lichtband
Wege	- Stableuchten
Bäume	- punktuelle Akzentbeleuchtung mit Bodeneinbaustrahlern

Der Umfang der Pflanzungen ist entsprechend der Freianlagenplanung Büro ... vorgesehen. Für die Neuanplanzungen der gefällten Bäume (siehe Bauantrag) wird als Ausgleich gemäß nachstehender Tabelle ausgeführt:

....

....

....

A.8.3.4 Bemusterung

Bemusterung
Im Rahmen der in dieser Baubeschreibung benannten Artikelbezeichnungen wird festgehalten, dass die Angaben in dieser Baubeschreibung als Leitfabrikate dienen und durch gleichwertige Artikel ohne Zustimmung des Käufers/Mieters vom Vermieter ausgetauscht werden können.

Für das weitere Verfahren der Bemusterung der einzelnen Büroräume durch den Mieter ist vorgesehen, dass zum Mietvertragsabschluss ein Raumbuch auf Basis der Baubeschreibung vom Vermieter erstellt wird.

Nach Fertigstellung der Leistungsphase 5 (Ausführungsplanung) durch das Architekturbüro ..., wird der Mieter zu einem Bemusterungstermin eingeladen. Bei diesem Termin werden in enger Zusammenarbeit mit dem Mieter final die Materialien für den Innenausbau festgelegt. Die final bemusterten Materialien werden in der Folge in das Raumbuch aufgenommen. Das Raumbuch wird zusammen vom Vermieter und Mieter verabschiedet und gegengezeichnet.

Bemusterungsliste, Stand ...

Bauteil/Gewerk:	Bemusterungsgegenstand	Bemusterung durch			Termin
		Bau-stelle	Pro-spekt	Hand-muster	
Rohbau/Ausbau					
Balkone / Dachterrassen	Bodenbeläge, Entwässerungsrinnen, Geländer			x	
Fassaden	Oberfläche, Farbe	x			
Wand- und Deckenoberfläche	Anstrich, Farbe	x			
Fenster- und Fensterelemente	Holzfenster, Verglasung, Beschläge (inkl. Fensterbank, Sonnenschutz u. allen Anschlüssen), Glaspaneele, Aludeckleisten	x			
Fenster- und Fensterelemente	Treppenhausfensterkonstruktion, Verglasung, Beschläge	x			
Fenster- und Fensterelemente	Kellerfenster, Verglasung, Beschläge	-	x	x	-
Rollläden; Sonnenschutz	Rollläden, Raffstore			x	
Klempnerarbeiten	Fallrohre, Fensterbänke, Attikaabdeckungen, Speier		x	x	
Türen	Türblätter, Zargen, Beschläge, Bänder, etc.			x	
Tiefgaragentor	Tiefgaragentor		x		
Bodenbeläge	Parkett			x	
	Sockelleisten			x	
	Betonwerkstein			x	
	Bodenfliesen			x	
	Sauberlaufzone / Fußmatte			x	
	Bodenanstriche			x	
	Parkplatzmarkierung		x		
Fliesenarbeiten	Wandfliesen inkl. Fugen			x	
Fensterbänke	Fensterbänke, Fenstertürschwellen, etc.			x	
Schlosserarbeiten	Treppengeländer, Brüstungsgeländer, Fahrradständer, Metallgitterkonstruktion Mieterkeller, Handlauf über Geländer (4. und 5. OG)			x	
Briefkastenanlage	Briefkastenanlage		x		
	Klingel-Tableau		x		
	Gegensprechanlage			x	
	Beleuchtete Hausnummerierung		x		
Haustechnik					
Medienerschließung	Hausanschlusskasten		x		
	Telefonanlage		x		
	TV-/Satellitenanlage		x		
Abwasser-, Wasser und Gasanlagen	Hebeanlage		x		
	Speicher-Warmwasserbereiter		x		
	Zirkulationspumpe		x		
	Rohrisolierungen			x	
Sanitärobjekt	Badewannen			x	
	Duschtasse			x	
	Badspiegel			x	
	Waschbecken/-tische			x	
	WC inkl. Sitz und Deckel			x	
	Spülkästen			x	
	Sämtliche Armaturen			x	
	Mischbatterien			x	
Wärmeversorgung	Fernwärmeübergabe		x		
	Fußbodenheizung (Rohre, Verlegung etc.)		x		
	Verteiler		x		
	Raumthermostat			x	

Lufttechnische Anlagen	Lüfter in innenliegendem WC/Bad			x	
	Raumthermostat			x	
	Zu- / Abluftgitter		x		
Starkstromanlagen	Hausanschluss-/Sicherungskasten		x		
Niederspannungsinstallation	Schalter-/Steckdosen			x	
Beleuchtung	Innen- und Außenleuchten			x	
Telekommunikation	Telefonsteckdosen			x	
Gegensprechanlage	Türtelefon			x	
Breitbandverkabelung	TV-/Radioanschlussdosen			x	
BMA	Fluchttürterminal, Rauchmelder			x	
	Brandmelder			x	
Fahranlagen					
Aufzug Tableau	innen und außen (Fahrtrichtungsanzeige, Gong)			x	
Aufzugswände	Spiegel, Glas			x	
Handlauf	Holz			x	
Decke inkl. Beleuchtung				x	
Außenanlagen					
	Bodenbeläge			x	
	Fahrradstellplätze		x		
	Ausbau Parkplätze		x		
Bepflanzung	Bäume		x		
Bepflanzung	Sträucher; Bodendecker		x		
Bepflanzung	Hecken		x		
Spielplatz	Spielgeräte		x		
Spielplatz	Bänke		x		
Musterbad inkl. Badewanne und Dusche		x			
Aufzugskern		x			
Mustergeländer 2-3 Achsen 1:1		x			

Planlisten
Den Vorentwurfsplanungen der fachlich beteiligten Büros der Technischen Anlagen, des Tragwerkes und des Wärmeschutzes liegen die Grundrisse des Architekturbüros ... zugrunde. In diesen Vorplanungen sind einige Festlegungen nicht mehr gültig.

Dies sind im Wesentlichen

- der Bereich der Kühlung (Summe gekühlte Fläche 2.400 m^2 Decke)
- der Bereich der Steigeschachtanordnung (Verlegung an die Schotten)
- die Frischluftzuführung (durch Kippstellung der Fenster) für die Küchenabluft.

Ebenso nicht berücksichtigt ist die erhöhte lichte Raumhöhe (2,70 m) und einige Änderungen in den Grundrissen. Diese Änderungen werden in der nächsten Planungsphase Entwurf von den fachlich Beteiligten übernommen. Als Grundlage der weiteren Planungen der fachlich Beteiligten ist die Baueingabeplanung des OPL maßgebend.

Objektplanung (Stand Bauantrag)

Tragwerksplanung (Vorentwurf)

Technische Anlagen (Vorentwurf)

Freianlagen (Vorentwurf/Bauvoranfrage)

Vermesser (siehe Bauantrag OPL)

A.8.3.5 Anlagen

Büro NN
Untersuchungsbericht mit Erstbewertung im Sinne der Bundes-Bodenschutz-Verordnung vom ...
Gutachterliche Stellungnahme zur Gründung von 2 Mehrfamilienhäusern mit Tiefgarage vom ...

Büro NN
Brandschutzkonzept gemäß § 9 BauPrüfVO NRW, Konzept Nr. 2 vom ...

Büro NN
Schallschutznachweis zum Bauantrag Bericht G 6080-4.2 vom ...
Verkehrslärmmessung am ..., Bericht G 6080-2 vom ....

Büro NN
Wärmeschutznachweis gemäß EnEV 2007, Bericht G 6080-5.3 vom ....
Wärmeschutznachweis Solareinstrahlung gemäß EnEV 2007, Bericht G 6080-5.2 vom ...

Nachweis Müllentsorgung
Nach Rückfrage mit dem ... Abfallentsorger ...
und entsprechend Abfallentsorgungssatzung AES errechnet sich die Anzahl der Müllbehälter:

Erläuterungen Bewohnerzahl:
- maximale Bewohnerzahl: 225 Personen
- (Berechnungsgrundlage: 1. Schlafzimmer mit 2 P., jedes weitere Schlafzimmer mit 1 P.)
- minimale Bewohnerzahl: 150 Personen
- (Berechnungsgrundlage: 2-Zi.-Whg. mit 2 P., 3-Zi.-Whg. mit 2 P., 4-Zi.-Whg. mit 3 P.)

Anzurechnende Restmüllmengen:

- ohne Mülltrennung: min. 50l/P. + Woche
- mit Mülltrennung: ca. 20l/P. +Woche

Der Berechnungsschlüssel beruht auf Erfahrungswerten der AWISTA:

- Gelbe Tonne: Hälfte der anzurechnenden Restmüllmenge/Bewohner/Woche
- Papier:10 l pro Bewohner/Woche
- Bio: ca. 40 % des anfallenden Restmülls/Bewohner/Woche

Variante	Bewohner	Restmüll	Gelbe Tonne	Papier	Bio	Sum. Tonnen
V 1.1 (ohne Mülltr.)	225	10 x ,1 m³	0	0	0	10 x 1,1 m³
V 1.2 (mit Mülltr.)	225	4 x 1,1 m³	2 x 1,1 m³	2 x 1,1 m³	3 x 0,24 m³	3 x 0,24 m³ 8 x 1,1 m³
V 2.1 (ohne Mülltr.)	150	7 x 1,1 m³	0	0	0	7 x 1,1 m³
V 2.2 (mit Mülltr.)	150	3 x 1,1 m³	1 x 1,1 m³ 2 x 0,24 m³	1 x 1,1m³ 2 x 240 l	1 x 1,1 m³ 2 x 0,24 m³	6 x 0,24 m³ 6 x 1,1 m³

Aufgrund der anfallenden Müllmenge ist eine 1/2-wöchige Leerung erforderlich

A.8.3.6 Beschreibungen

1. Beschreibungen der Materialien nach KG
KG 100 und 200 Grundstück und vorbereitende Maßnahmen
Grundstückslage

- Stadt, Gemeinde
- Ortsteil, Gemarkung, Flur, Flurstück
- Straßenbegrenzung
- Postalische Adresse

Aktuelle Situation, derzeitige Nutzung

- bebaut, teilbebaut, unbebaut
- Abstandsflächen
- Abbrucharbeiten, Rodungsarbeiten erforderlich
- Nachbarbebauung, Grenzbebauung, Einzäunung vorhanden, frei zugänglich
- Erhaltung vorhandenen Bewuchses, Biotope
- Boden-Kontamination, Kampfmittel-Beseitigungs-Dienst KBD
- ebene Lage, Hanglage, Muldenlage
- höchster Grundwasserstand (HGW), Mittlere Höhe über NN
- Tragfähigkeit des Bodens/Bodenklassen
- Forderungen aus dem maßgeblichen Bebauungsplan, Bezeichnung/Datum
- Nutzungsart (Wohn-, Industrie- oder Mischgebiet)
- Erläuterungen der Auswirkungen auf die beabsichtigte Umsetzung der Wünsche und Ziele des Auftraggebers im groben Rahmen.

Umweltbedingungen

- Innenstadtlage, Ortsrandlage
- Wohngebiet, Gewerbegebiet, Mischgebiet
- ruhige Lage, laute Lage wegen ...
- Staub- und Abgasbelästigung vorhanden, erwartet wegen ...
- Ökotop, Tierschutz

Grundstücksgröße

- größte Länge
- größte Breite
- Umfang
- Flächeninhalte

Zulässige bauliche Nutzung

- B-Plan, Durchführungsplan, Flächennutzungsplan, Fluchtlinienplan
- Ohne, Beurteilung nach § 34 BauGB
- Zulässige GFZ, GRZ, BMZ, Geschossanzahl etc.
- Zulässige max. Gebäudehöhe m
- Baufluchten/Baulinien (unter/über Gelände)
- Sonstige Festlegungen/Ortssatzungen
- Vorhandene Einschränkungen: Baulasten, Wegerecht, Nachbarrechte, Funkstrecken
- Sanierung und Mitnutzung vorhandener Bausubstanz, besondere Forderungen zur Altbausubstanz
- (Denkmalschutz u. a. m.)
- Abbruch vorhandener Bausubstanz mit Abbruchantrag,
- Lage und Erschließung Gesamtprojekt,
- Raum- und Funktionsprogramm,
- Bebauungsvorschlag, Alternative Lösungen, vorhandenen Einschränkungen
- Geschosse und deren Nutzung
- Sonderbauwerke

KG 300 Bauwerk - Konstruktion
Ergebnis der baulichen Nutzung

- bebaute Fläche
- Verkehrs- und Parkfläche, Vegetationsflächen, Sonstige Flächen
- GFZ/GRZ/BMZ/Gebäudehöhe
- Anzahl der unterirdischen/oberirdischen Geschosse und deren Nutzung
- Behindertenfreundlich, behindertengerecht

Bauwerk (Neubau)

- Lage, Anzahl Baukörper, Oberirdische-, Unterirdische Bereiche
- Sonderbauwerke z. B. Heizzentrale.
- Fassadenausführung mit/ohne Sonnenschutz, Befahranlage
- Dachausführung/Form, Konstruktion
- Ausbau/Ausstattung
- Wesentliche Gestaltungsvorgaben/Materialien
- Ausstattung und Kunstwerke

Bauwerk (Altbausubstanz)
- Denkmalschutzauflagen
- Teilabbruch, Umbau, Sanierung, Herrichten

KG 400 Bauwerk – Technische Anlagen
- Betriebsbeschreibung
- Energiebedarf, Erzeugung, Einsatz Solarenergie, Photovoltaik, Wärmepumpen
- Abwasser-, Wasser- und Gasanlagen
- Wärmeversorgungsanlagen
- Raumlufttechnik
- Starkstromanlagen, Fernmelde- und informationstechnische Anlagen
- Förderanlagen
- Nutzungsspezifische Anlagen
- Gebäudeautomation
- Sonstige technische Ausstattung für Produktion

KG 500 Außenanlagen und Freiflächen
- Geländemodulation
- Befestigte Flächen (Straßen, Wege, Parkplätze), Einzäunung
- Baukonstruktionen in Außenanlagen, Technische Anlagen in Außenanlagen
- Einbauten in Außenanlagen
- Vegetationsbereiche
- Ausstattung
- Löschwasserbecken
- Rigolen

Erläuterung zu folgenden Maßnahmen:
- Leitgedanke der Gesamtplanung
- notwendige Verkehrsflächen (Führung, Gestaltung)
- notwendige Parkflächen
- Vegetationsflächen von Gründächern usw.

KG 600 Ausstattung und Kunstwerke
- Arbeitsplatz Mobiliar
- Mobiliar Besprechung, Chillzone, Empfang usw.
- Information-Leitsystem Haus/Raum

2. Beschreibung Materialien nach Räumen
Wohnräume

KG 350 Boden
Stahlbetondecken, Estrich

KG 353 Bodenbelag
Fertigparkett vollflächig verklebt

KG 330 Außenwände
Außenwände sowie notwendige Innenwände in Stahlbeton bzw. Mauerwerk nach statischer Berechnung,

KG 335 Wandbelag
Außenwände und sonst. Wände Mauerwerk oder Stahlbeton erhalten Maschinenputz, Putzdicke min. 15 mm, Außenecken mit Eckschutzschienen, Malervlies sowie Dispersionsanstrich nach DIN 53778, Farbe nach Wahl des Architekten.

KG 340 Innenwände
Nicht tragende Innenwände aus Gipskarton-Ständerwänden, z.B. System Knauf W112 oder glw., Stärke 100 mm, mit einer Dämmschicht aus Mineralfaserdämmplatten, beidseitiger doppelter Beplankung mit Gipsbauplatte oberflächenfertig gespachtelt. Bewertetes Schalldämmmaß von Raum zu Raum (innerhalb der Wohnungen) R'w ca. 44–45dB.

Schachtwände der Wohnungen werden als nicht tragende Innenwände aus Gipskarton-Ständerwänden hergestellt, gegebenenfalls in der erforderlichen Brandschutzqualität nach Vorgaben durch die Behörden und mit erforderlichen Rev.-Klappen nach Angabe der TGA. Die Ausführung der Schächte erfolgt nach den anerkannten Regeln der Technik unter Einhaltung aller vorgeschriebenen DIN Normen, insbesondere hinsichtlich Schall- und Brandschutz. Jede Wohneinheit erhält einen eigenen Schacht.

KG 345 Wandbelag
Die Oberfläche der GK-Wände mit Teilspachtelung, Anstrich mit Dispersionsfarbe nach Wahl des Architekten und Bemusterung.

KG 350 Decken
Stahlbeton

KG 353 Deckenoberflächen
Betongrate abgestoßen, Fugen und Fehlstellen in der Betonfläche gespachtelt, Dispersionsanstrich nach DIN 53778. Farbe nach Wahl des Architekten.

KG 344 Türen
Holztür mit Holzumfassungszarge, Oberfläche mit Schichtstoffoberfläche (CPL) bzw. nach Wahl des Architekten und Bemusterung. Türen teilweise mit Glasausschnitt in abhängig von der jeweiligen Wohnungsgröße und Grundrisssituation. Notwendige Unterschneidung nach Lüftungskonzept.

KG 610 Einrichtungen
...

KG 445 Beleuchtung
1 Deckenauslass mit Ein-/Ausschaltung, bei separatem Essplatz 1 zusätzlicher, separat zu schaltender Deckenauslass; Sonst. s. Punkt „Haustechnische Einrichtungen"

KG 444 Anschlüsse
5 doppelte sowie 3 Einfachsteckdosen (davon 2 schaltbare Steckdosen), 1 Anschlussdose für TV- und Radioantenne, 1 Dreifach Steckdose für Fernseher, 1 Anschlussdose für Telekommunikation mit einer Steckdose.

Die Balkone erhalten eine Wechseltastenschaltung.

KG 400 Raumkonditionen
siehe unter Punkt „Haustechnische Einrichtungen"

Sonstiges
Alle Wohnungen mit Balkon, zum Boulevard teilweise zusätzlich mit französischem Balkon.

Bäder
Alle Bäder innenliegend

KG 350 Boden
Stahlbetondecken, Estrich

Die Abdichtung der zu fliesenden Bodenflächen erfolgt mit elastischer Abdichtung auf Dispersionsbasis mit Fugenbändern zu den aufgehenden Bauteilen, Fabrikat z.B. PCI Gieso-Grund oder glw.

Bodenfliesen werden im Klebemörtel verlegt, Fabrikat Fliesen: z.B. Villeroy & Boch oder glw. Format ca. 15 x 15 cm, Farbe gem. Angabe des Architekten, Verlegung nach Fliesenspiegel.

Bei Türen und Übergängen zu anderen Bodenbelägen werden Aluminiumtrennschienen, d = 2 mm, eingebaut. Oberkante der Trennschienen ist höhengleich mit den Belägen.

KG 353 Bodenbelag

KG 340 Innenwände
Nicht tragende Innenwände aus Gipskarton-Ständerwänden, z.B. System Knauf W112 oder glw., Stärke 100 mm, mit einer Dämmschicht aus Mineralfaserdämmplatten, beidseitiger doppelter Beplankung mit Gipsbauplatte oberflächenfertig gespachtelt. Bewertetes Schalldämmmaß von Raum zu Raum (innerhalb der Wohnungen) R'w ca. 44–45 dB.

Schachtwände der Wohnungen werden als nicht tragende Innenwände aus Gipskarton-Ständerwänden hergestellt, gegebenenfalls in der erforderlichen Brandschutzqualität nach Vorgaben durch die Behörden und mit erforderlichen Rev.-Klappen nach Angabe der TGA. Die Ausführung der Schächte erfolgt nach den anerkannten Regeln der Technik unter Einhaltung aller vorgeschriebenen DIN-Normen, insbesondere hinsichtlich Schall- und Brandschutz. Jede Wohneinheit erhält einen eigenen Schacht.

KG 345 Wandbelag
Außenwände erhalten im Innenbereich einen Kalk-Zementputz.

Wände in Nassräumen mit Fliesenbelag erhalten eine Flüssigfolienabdichtung, ca. 15 cm hoch, in den Duschen raumhoch und bei Badewannen in den spritzwassergefährdeten Bereichen, Fabrikat z.B. PCI Lastogum oder glw.

Wandfliesen in Bädern (Verlegebereiche entsprechend Architektenplanung türhoch): Steinzeugfliesen, im Klebemörtel verlegt, Fabrikat Fliesen: z.B. Fa. V+B oder glw., Abmessung ca. 15 x 15 cm, Verlegung mit Fries Farbe gem. Angabe des Architekten, Verlegung nach Fliesenspiegel.

In den Raumecken, bei Übergängen von Wand- und Bodenfliesen, bei Anschlüssen an Objekte, bei Armaturen und Türen sind die Fugen elastisch auszubilden. Farbton entsprechend der Verfugung in den angrenzenden Fliesenflächen, bzw. nach Bemusterung.

Außenecken erhalten ein Abschlussprofil Fabrikat Schlüter oder glw. nach Wahl des Architekten. Sonst. Wandbeläge wie Flur.

KG 350 Decken
Stahlbeton

KG 353 Deckenoberflächen
siehe Flur

KG 344 Türen
1-flg. Holztür mit Holzumfassungszarge, Feuchtraum geeignete Ausführung, Oberfläche mit Schichtstoffoberfläche nach Wahl des Architekten und Bemusterung, Türunterschnitt soweit für Entlüftung erforderlich, Badezimmergarnitur.

KG 610 Einrichtungen
...

...

KG 445 Beleuchtung
1 Deckenauslass mit Ein-/Ausschaltung, im Spiegelbereich ein Stromauslass,

Sonst. siehe unter Punkt „Haustechnische Einrichtungen"

KG 444 Anschlüsse
3 Schukosteckdosen je Waschbecken sowie einen Waschmaschinen- und Wäschetrockneranschluss. Lüfteranschluss mit Nachlaufrelais

Sonst. siehe unter Punkt „Haustechnische Einrichtungen"

KG 400 Raumkonditionen
siehe unter Punkt „Haustechnische Einrichtungen"

3. Beschreibung nach Gebäudebestandteilen

Produktdefinitionen

Für die folgenden Beschreibungen der Gebäudebestandteile werden nachfolgend die häufig wiederkehrenden Produkte und Ausstattungselemente definiert. Im weiteren Text der Bau- und Ausstattungsbeschreibung werden diese Beschreibungen zum Teil ergänzt.

Sichtbeton ohne besondere Anforderungen

Die Kanten aller unverputzt bleibenden Bauteile im sichtbaren Bereich sind durch den Einbau von 3-Kant-Leisten zu brechen.

Sichtbar bleibende Betonwandoberflächen ohne besondere Anforderungen werden mit glatter Großflächensystemschalung (z. B. PERI Trio) mit geschosshohen Elementen ausgeführt, die Anzahl der vertikalen Stöße ist so gering wie möglich zu halten. Die Wandflächen sind regelmäßig durch die Fugen der Schalungsplatten unterteilt auszuführen. Erkennbare Vorsprünge und Absätze in Betonoberflächen sind zu vermeiden.

Stützen werden mit glatten Systemschalungen ohne sichtbare Fugen ausgeführt.

Decken werden mit glatter Systemschalung (z. B. PERI Skydeck) oder als Fertigelementdecken ausgeführt, mit regelmäßigen Stößen und gefasten Längskanten. Erkennbare Vorsprünge und Absätze in Betonoberflächen sind zu vermeiden, andernfalls großflächig beizuspachteln.

Die fertigen Betonansichten müssen eine weitgehend einheitliche Porenstruktur (Porengröße und Verteilung) aufweisen.

Sichtmauerwerk
Sichtbar bleibendes Mauerwerk wird als Industriemauerwerk aus KSV-Steinen gemäß DIN, Steinformat maximal 2 DF, vollfugig, mit beidseitigem Fugenglattstrich, ausgeführt.

Grundierung, Anstrich Dispersionsfarbe.

Aufzugschacht
Die Schachtwände werden, wenn diese direkt an Wohnungen angrenzen als schallentkoppelte, doppelschalige Stahlbetonkonstruktion gem. den Anforderungen des Schallschutzes und der Statik hergestellt. Liegt der Aufzugschacht in der Mitte des Treppenhauses, werden die Schachtwände einschalig gem. den Anforderungen des Schallschutzes und der Statik hergestellt.

Estriche
Grundlage für die Ausführung der schwimmenden Estriche sind die Vorschriften der DIN 18560 und 18156 für, Trittschall- und Wärmedämmung nach DIN 4108 und 4109.

Estrich Wohnungen
In den Wohnräumen EG - ... OG ist schwimmender Zementestrich oder Anhydritestrich, d = ca. ..... mm vorgesehen. Die Oberfläche ist zur Aufnahme von Fliesen- bzw. Parkettbelag geeignet. Für Bad- und WC- Bereich kommt ausschließlich Zementestrich zum Einsatz. Dämmstärken gem. EnEV 2002 und Schallschutzerfordernis.

Gesamtaufbauhöhe d = ca. .... mm einschl. Oberbelag/Nutzschicht.

Zementestrich Treppenhäuser
Auf den Treppenpodesten ist schwimmender Zementestrich, d = ca. ... mm vorgesehen.

Oberfläche Estrich geeignet zur Aufnahme von Betonwerksteinbelag oder Naturstein.

Dämmstärken gem. Schallschutzerfordernis. Gesamtaufbauhöhe d = ca. ... mm

Zementverbundestrich im Keller
In Teilbereichen im UG, ist Zementverbundestrich d = ca. ... mm, Oberfläche geglättet für späteren Anstrich, vorgesehen. Der Estrich ist ggf. mit Gefälle zu den Bodeneinläufen hergestellt.

Naturstein, Granit
Für den Granit werden die folgenden Produktbeispiele benannt: ...

Das zur Ausführung vorgesehene Material muss von einwandfreier Beschaffenheit (Kernware) sein, fehlerhafte Werkstücke dürfen nicht ausgebessert werden. Es darf nur Material veR'wendet werden, das keine Risse, Brüche, Blätterungen, schieferige Absonderungen, Löcher, Haarrisse und dergl. hat. Das Material muss aus festen, nicht veR'witterten Lagen stammen und darf keine schädigenden Einsprengungen haben.

Bei der Bemusterung werden gemeinsam von Architekt und Verkäufer und Käufer Grenzmuster festgelegt.

Die Ausführung erfolgt in unterschiedlichen Farbmustern, mit mineralischem Fugenmittel verfugt, großflächig, Oberfläche fein geschliffen, mit Versiegelungsmasse versiegelt.

Wand- und Stützensockel aus Naturstein, wie Boden, ... cm hoch, gefast, im Fugenschnitt zum Bodenbelag, sichtbare Stirnseiten wie Oberflächen s.o.

Werkstein
Betonwerkstein nach DIN 18500. Plattendicke ca. x mm, sichtbare Oberfläche y, Farbton z, Plattenformate a x b cm. Wand- und Stützensockel d= h cm,

Sonstige technische Anforderungen wie unter Granit beschrieben.

Naturstein, Kalkstein
Als Kalksandstein der Straßenfassade wird die Farbe x vorgesehen, Plattenformat a x b cm.

Parkett
Fertigparkett/Schiffsboden als Klickparkett, vollflächige Verklebung mit dem Untergrund, Holzart x alternativ Holzart y oder glw., mit Nutzschicht ca. a mm. Wandsockel, a x b mm in Echtholz, zu Bodenbelag passend.

Türen, Schließanlage
Die lichten Türmaße entsprechen den gesetzlichen Bestimmungen, es sei denn, es werden an anderen Stellen dieser Bau- und Ausstattungsbeschreibung hiervon abweichende Maße vorgeschrieben.

Die Regeltürhöhe beträgt ca. 2,13 m in den Untergeschossen 2,01 m, die Regelbreite betragen für: Hauseingangstür: 1.135 m, Wohnungseingangstüren: 1.01 m, Zimmertüren: 0.885 m, Bäder- und WC-Türen: 0.76/0,63 m, Abstellraum-Türen: < 0.635m.

Eine endgültige Festlegung erfolgt mit der Abstimmung der Türlisten.

Jede Tür im allgemeinen Bereich und in den Wohnungen erhält soweit notwendig einen Türstopper: Ogro oder glw. in Aluminium, die Auswahl erfolgt durch den Architekten bzw. gemäß Bemusterung.

Innentüren der Wohnungen:
Türblatt und Umfassungszarge aus Holz, Oberflächen als Laminatoberfläche, CPL, Farbe nach Wahl des Architekten, Bekleidungsbreite ca. 50 mm, Türblatt Röhrenspanplatte und Hartholzanleimer mit 3-teiligen, wartungsfreien Türbändern, Stahl vernickelt, Buntbartschloss. Schalldämmaß R'w ca. 22 dB, Türbeschlag Fabrikat z.B. Ogro oder glw., Aluminium mit Rundrosette.

Innentüren der Nassräume:
Ausführung wie oben beschrieben, jedoch als Feuchtraumtüren, ggf. mit Unterschnitt, Schalldämmaß R'w ca. 20 dB, Türbeschlag wie oben beschrieben, jedoch mit Badgarnitur.

Glasausschnitte:
Zum Teil erhalten die Türen Regelglasausschnitte mit mattiertem VSG-Glas (Folie im Glasverbund) zum Dielenbereich.Glashalteleisten bündig mit dem Türblatt.

Wohnungseingangstüren:
Die Ausführung der Wohnungseingangstüren erfolgt gem. Brandschutzanforderung, Klimaklasse 2 gem. Wärmeschutznachweis und mit erhöhtem Schallschutz (R'w'p 42 dB bzw. gem. Schallschutznachweis) mit einer absenkbaren Bodendichtung und einer Schall-ex-RD2, sowie dreiseitig umlaufender Dichtungslippe.

Das Türblatt ist farbig endbeschichtet nach Wahl des Architekten, doppelt gefälzt, Türblatt mit Spion und ausgestattet, mit PZ-Einsteckschloss (für Schließanlage).

Fabrikat z. B. Fa. Schörghuber oder glw.

Die Wohnungseingangstüren erhalten eine Dreifachverriegelung (einbruchshemmend WK 2 gem. DIN 18103) und Keilsperrung. Das Türblatt wird in eine Stahleckzarge eingebaut und hat 3-teilige Türbänder, kugelgelagert, wartungsfrei aus Edelstahl.

Fabrikat z.B. Simons Werk Variant Objektband 1600 oder glw.

Die Türen haben einen Obentürschließer. Türdrückerwechselgarnitur z. B. Ogro oder glw., in Aluminium.

Türen der Gewerbeeinheiten:
Die Türen werden als LM/Glastüren in Verbindung mit der Pfosten Riegelfassade der Boulevardfassade im EG erstellt, Farbe nach Wahl des Architekten. Fabrikat Schüko, Hueck oder glw., U-Wert Glas 1,1, Sichtbreite der Profile 50 mm, Rahmengruppe 1.0 nach DIN 4108.

Hauseingangstüren:
Geschosshohe Metall- bzw. LM/Glastüren mit feststehenden Seitenteilen. Die Metallkonstruktion ist farbig endbeschichtet, mit integriertem Gleitschienenschließer, 3-teilige Türbänder, kugelgelagert, wartungsfrei aus Edelstahl und ausgestattet mit PZ-Einsteckschloss (für Schließanlage). Die Ausführung erfolgt in WK 3. Die Haustüren erhalten außen Griffstangen d = 40 mm, Fabrikat z.B. Ogro in Edelstahl, innen einen Türgriff mit Sicherheitsrosetten Fabrikat z.B. Ogro oder glw. in Edelstahl.

Zugänge Treppenhaus UG:
Metall- bzw. LM/Glastüren (z. B. auch Feuerschutztüren) (alle Zugangstüren zur Tiefgarage als Rahmentüren mit Glasfüllung oder vollwandige Metalltüren mit Glasausschnitt mind. 60 x 60 cm).

1- und 1 ½-flächenbündige Türen in Blockzargen, Fabrikat Schüco oder glw., Zarge und Türblatt flächenbündig, gegebenenfalls mit großformatigem Glasausschnitt. Ausführung nach Angaben des Architekten bzw. gemäß Bemusterung.

Stahltüren UG:
Ausführung erfolgt in untergeordneten Bereichen der Untergeschosse, Türen zu Technikräumen, Fabrikat Hörmann, Tekla oder glw. Einflügelige flächenbündige Türen in Umfassungszargen. Metallrahmentüren, Fabrikat Hörmann oder glw., Zarge und Türblatt, farbige Beschichtung nach Angabe des Architekten bzw. gemäß Bemusterung. Auch als Brandschutztür, gemäß den Auflagen der Behörden.

Schließanlage:
Es ist eine Zentralhauptschließanlage für alle Türen/Tore vorgesehen mit Ausnahme der Wohnungs- und Gewerbe-Innentüren.

Fassade Gebäuderiegel

Die Fassaden der Gebäuderiegel gliedern sich in folgende Bereiche:

- A Straßenfassade Nordriegel mit erdgeschossiger Ladennutzung
- B Straßenfassade West- bzw. Ostfassade
- C Innenhoffassade

A Das Fassadenraster baut auf dem Achsmaß von 1,875 m bzw. 3,75 m auf. Die Pfeiler- bzw. Öffnungsteilung erfolgt entsprechend der Raumnutzungen. Die Brüstungs- bzw. Sturzhöhe wird durch den behördlich geforderten Brandüberschlag definiert. Die Bereiche der tragenden Stahlbetonpfeiler mit der Natursteinfassade sind 45 cm – 140 cm breit, daraus ergibt sich das Maß für die Fenster mit 1,00 m in der Natursteinfassade. Die Natursteinteilung erfolgt auf der Basis dieser Aufteilung.

B Die blockbildenden Seitenriegel im Osten und Westen erhalten im Sockel eine Natursteinfassade aus Kalksandstein und in den Obergeschossen eine Fassade aus Wärmedämmverbundsystem mit hellem Putz, farblich abgestimmt auf den Naturstein.

C Die Innenhoffassaden sind verputzt und mit großflächigen Fensteröffnungen versehen. Jedes Geschoss erhält eine durchlaufende Balkonplatte, welche entsprechend der Wohnungsaufteilung durch Trennwandsysteme aufgeteilt ist.

Die Fenster der Ladeneinheiten werden in einer Pfosten – Riegelkonstruktion ausgeführt.

Alle kleinen und großflächigen Fenster der Wohnungen haben Holz-Alu Rahmen, außen Alu Verkleidung, innen Holz, die den Räumen einen warmen, lichtvollen Charakter verleihen.

Die Kippflügel der Loft-Einheiten im EG erhalten einen elektrischen Antrieb. Die Fenster und Fenstertüren sind gem. EnEV 2002 mit Isolierglas (U-Wert Glas = 1,1 w/mK), siehe auch unter Fenster, Produktbeschreibung „Fenster, Rollläden Wohnen".

Bis zur genaueren Begutachtung durch einen Bauphysiker wird von der Schallschutzklasse III bzw. IV ausgegangen. Alle Fenster zur Europaallee werden nach den schallschutztechnischen Anforderungen bemessen.

Folgende Parameter werden durch die vorgesehene Verglasung der Fassadenkonstruktion vorgesehen:

- Lichtdurchlässigkeit TL: ca. .. %
- Gesamtenergiedurchlass g: ca. ..%
- U_w-Wert Fenster: ca. ... W/m²K bei RMG 1- Lichtreflektion außen RL: ca. .. % außen, .. % innen

Der Gesamtenergiedurchlassgrad g der Fensterkonstruktion mit außenliegendem Sonnenschutz beträgt g gesamt ca. .....

Die notwendige Feinlüftung unter Einhaltung der geforderten Mindestluftwechselrate sowie Einhaltung der Schallschutzanforderrungen, insbesondere in der Nacht, wird durch eine zweistufige Fensterfalzlüftung gewährleistet.

Weitere Details hierzu im Lüftungskonzept vom .... mit Stellungnahme eines Bauphysikers (...) und des Haustechnikplaners (...).

Sämtliche Aufenthaltsräume des Nordriegels, deren Fensteröffnungen an den lärmbelasteten Straßenseiten (Nord-, West- bzw. Ostfassade) liegen, erhalten jeweils einen ausreichend großen Öffnungsflügel in Verbindung mit einer außenliegenden Prallscheibe (Kastenfenster), die zusätzlich als Drehflügel ausgebildet wird.

Außenliegender Sonnenschutz
Außenliegender Sonnenschutz/Rollläden in allen Aufenthaltsräumen der Wohnungen.

Bei allen Rollläden mit einer Fläche >/= 4 qm erfolgt die Ausstattung mit E-Antrieb.

Innenliegender Blendschutz, Verdunkelung, Rollläden
siehe „Außenliegender Sonnenschutz"

Fenster, Rollläden Wohnen
Holz-Alufenster als 2-flg. Stulp-Fenster bzw. Fenstertür aus Eiche oder Tropenholz, Holz-Oberfläche lasiert mit geeigneter Pigmentierung als UV-und Wetterschutz nach Wahl des Architekten, Aluminium-Außenschale mit Pulverbeschichtung, Farbangabe nach Bemusterung.

Isolierglas mit U-Wert 1.1, Einhand Drehkipp-Drehbeschläge, je Flügel 2 Stck. Pilzkopfverrieglungen, Fenstergriffe in Alu, Fab. Ogro oder glw., umlaufende Dichtungen, davon eine im Flügelüberschlag. Je nach Gebäudeausrichtung Schallschutzklassen 3 und 4 bzw. nach Vorgabe des Bauphysikers.

Rollläden:
Alle Aufenthaltsräume der Wohnungen mit Rollläden aus PVC mit Aufschubsicherung in fertiger Oberfläche nach RAL und Wahl des Architekten.

Fenster größer ... m^2, mit Rohrmotor in der Welle eingebaut, jeweils in wärmegedämmtem Rollokasten mit innenseitiger Revisionsöffnung.

Fensterbänke außen:
Die Außenfensterbänke werden als Aluminiumfensterbänke pulverbeschichtet ausgeführt, Farbangabe nach Bemusterung und mit Antidröhnmasse unterfüttert.

Alle Fensterbänke werden mit ca. ... cm Wandüberstand eingebaut. Alle Fensterbänke werden außenseitig gegen auftreibende Feuchtigkeit (z.B. Schlagregen) mit dauerelastischem Material unterlegt, alle Anschlüsse (unten, seitlich, oben) sind gleitend ausgebildet zur Aufnahme von Längenänderungen der Fensterbank und ebenfalls elastisch abgedichtet.

Die Fensterbänke zum Boulevard auf der Nordseite bzw. die Bereiche mit Natursteinfassade erhalten Natursteinfensterbänke.

Sonst. siehe unter Baubeschreibung der Gebäudebestandteile, Punkt 5./Fassade

Fliesen
Keramikfliesen, 1. Wahl, Villeroy & Boch, Pro Architektura oder glw. aus dem Standardprogramm des Herstellers, Auswahl durch Architekten bzw. gemäß Bemusterung.

Die bei der Ausführung der Fliesenbeläge entstehenden Kopf-, Eck-, und Längskanten sind mit einem Abschlussprofil Fabrikat Schlüter oder glw. auszubilden nach Wahl des Architekten.

Die Fugenfarbe ist gleichfalls durch den Architekten bzw. gemäß Bemusterung auszuwählen.

Die Verlegung erfolgt nach Fliesenspiegel des Architekten. Installationen sind auf Fugenkreuz oder Fugenmitte einzuarbeiten. In der Regel Fliesenspiegel in Höhe nach Notwendigkeit im Spritzwasserbereich der Objekte.

Abgehängte Gipskartondecken
Die innen liegenden WCs erhalten teilweise eine abgehängte Decke aus Gipskartonplatten, oberflächenfertig gespachtelt und einen Anstrich mit Dispersionsfarbe. Der Wandanschluss erfolgt stumpf.

In die abgehängte Decke werden alle Einbauteile, wie Beleuchtung und Entlüftung etc., integriert. Eventuell notwendige Revisionsöffnungen als Alu-Top-Klappe oder glw.

Beleuchtung
Die geplanten Beleuchtungsstärken entsprechen der DIN EN 12664.

Es kommen folgende Leuchten zur Ausführung:

- **Einbaubeleuchtung in abgehängten Decken (Innenliegende WCs)**
  siehe unter Punkt „Haustechnische Einrichtungen"
- **Außenbeleuchtung**
  Leuchten Fabrikate BEGA oder glw. nach Wahl des Architekten bzw. gemäß Bemusterung, siehe unter Punkt „Haustechnische Einrichtungen"
- **Treppenhausbeleuchtung**
  siehe unter Punkt „Haustechnische Einrichtungen"
- **Beleuchtung Tiefgarage**
  siehe unter Punkt „Haustechnische Einrichtungen"
- **Beleuchtung Mieterkeller, sonst. Nebenräume im UG**
  siehe unter Punkt „Haustechnische Einrichtungen"
  Technische Beschreibung der Leuchten

Schalter-, Steckdosenprogramm
Es kommt ein Schalterprogramm Fabrikate z.B. GIRA, Jung, Busch-Jaeger, Siemens oder glw. nach Wahl des Architekten bzw. gemäß Bemusterung zur Ausführung.

Wandsteckdosen passend zum Schalterprogramm.

In den Untergeschossen erfolgt die Installation auf Putz, z. B. Serie:
Wohnungen: GIRA-E2, reinweiß oder glw.
Keller: GIRA a. P., FR - oder glw.
Treppenhäuser: GIRA-E2, reinweiß oder glw.

Die Anzahl der Schalter und Steckdosen ist in der Beschreibung der jeweiligen Räume aufgelistet.

Die Ausstattung der Wohnungen erfolgt in Anlehnung an HEA 2-Sterne Standard. Abhängig von den einzelnen Raumgrößen und Grundrissgestaltungen sind Abweichungen möglich.

4. Haustechnische Installationen
Allgemeines
Die Ausführung der Sanitäranlagen erfolgt nach VOB Teil C DIN 18 381 sowie allen mitgeltenden Ausführungs- und Durchführungsverordnungen, Regel der Technik, DIN-, EN-Normen und VDI –

Richtlinien, DVGW - Arbeitsblättern, der Gewerbeaufsicht und den Anschlussbedingungen der Versorgungsunternehmen.

Die Verbrauchserfassung mittels Zähleinrichtung von Kälte, Heizung, Klima, Strom und Wasser erfolgt mietbereichsweise. Die Zähler werden über BUS-Anbindungen mit fester Verdrahtung in den Zentralen positioniert, so dass ein Betreten der einzelnen Wohneinheiten zum Ablesen der Zähler nicht erforderlich ist.

Sanitärtechnik

Wasserver-/-entsorgung

Trink-, Warmwasser-Versorgung
Das Gebäude erhält einen zentralen Trinkwasserversorgungsanschluss.

Direkt hinter der Gebäudeeinführung wird eine Hauptabsperrung mit Wasserzähleinrichtung installiert. Zur Wasserbehandlung wird ein Wasserfilter gemäß Vorschrift eingesetzt. Weitere Einbauten für eine zusätzliche Wasseraufbereitung, wie Enthärtung o.ä. sind nicht vorgesehen. Danach erfolgt eine Aufteilung des Trinkwasserstranges für die verschiedenen erforderlichen Bereiche. Folgende Abgänge sind vorgesehen:

- Feuerlöscheinrichtung
- Trinkwasser allgemein
- Trinkwasser Gewerbe
- Trinkwasser Wohnungen
- Warmwasserbereitung Wohnungen
- Reserve

In jedem Abgang wird ein separater Zähler eingebaut.

Der Verzug der Trink-, Warmwasser-, Zirkulationsleitungen erfolgt in den offen zugänglichen Bereichen der Tiefgarage. Die einzelnen Abzweigungen in die verschiedenen Steigschächte werden mit Absperrungen versehen. Als Rohrmaterial wird Edelstahl eingesetzt. Durchqueren die Wasserleitungen frostgefährdete Bereiche, werden sie mit einer Rohrbegleitheizung zusätzlich zur erforderlichen Dämmung geschützt.

Die Zirkulationsleitungen enden kurz vor den Wohnungsabsperrungen. Dimensionierung für maximal 5 K Spreizung. Sollte die Warmwasserverbrauchsstellen in den Wohnungen mehr als 3 m Rohrleitungslänge voneinander entfernt sein, sind zusätzliche Wohnungsanschlüsse erforderlich.

Hinter jedem Wohnungsanschluss wird ein Trink- und Warmwasserzähler integriert.

Die Regulierung erfolgt strangweise mittels Kemper-Zirkulations-Regulierventilen „Multi-Therm" nach DVGW-W551 50–60°C.

Die Installation in den Wohnungen wird innerhalb der Vorwand verlegt, um einen guten Schallschutz zu gewährleisten. Das System der Vorwand wird mit der Architektur abgestimmt.

Rückspülender Wasserfilter mit automatischen Saugring- Rückspülsystem ohne Betriebsunterbrechung Fabrikat : RWW AKF oder gleichwertig

Sonstige Angaben:

Gesamthärte 17–21°dH, Karbonathärte 15-16°dH

Warmwasserbereitung durch Speicher-Warmwasserbereiter.

Eine Wartungshäufigkeit von höchstens 1 x pro Jahr für die WWB wird für das geplante System gewährleistet sein.

Abwasserentsorgung
Die Gebäudeentwässerung erfolgt nach DIN EN 12056.

Die Systeme Schmutzwasser/Regenwasser sind bis zum Übergabeschacht zu trennen.

Die Abwasserentsorgung erfolgt ebenfalls in der Vorwand aus besagtem Grund.

Als Rohrleitungsmaterial wird Guss eingesetzt. Bei der Rohrmaterialauswahl und -verlegung sind die brand- und schallschutztechnischen Aspekte des Gebäudes zu berücksichtigen.

Das Abwasser aus den Wohneinheiten wird in Freispiegelleitungen nach außen bis zum öffentlichen Kanal geführt. Das in den Untergeschossen anfallende Schmutzwasser wird über eine Hebeanlage aus dem Gebäude transportiert. Die Betriebssicherheit wird nach DIN über Doppelpumpenanlage oder Störmeldung sichergestellt.

Die Dachentwässerung geschieht über Dacheinläufe und Fallleitungen innerhalb des Gebäudes. Im Untergeschoss werden die Fallleitungen zusammengefasst.

Dachentwässerungs- und Schmutzwasserleitungen werden getrennt geführt.

Die Regenwasserleitungen der Balkone als verzinkte Rohre, Fabr. LORO oder glw.

Sanitärtechnische Einrichtungen
Bäder, WCs
Als Einrichtungsgegenstände werden Sanitärobjekte als 1. Wahl, Geräuschklasse 1, vorgesehen. Porzellan der Objekte in Farbe weiß, Fabrikat Keramag oder glw.

Armaturen als verchromte Einhebel-Einlochbatterie, Fabrikat: Hansgrohe, oder glw., eine Wassersparfunktion ist gegeben.

Folgende Sanitärobjekte werden in den Bädern/WCs installiert:

- WC mit Sitz und Deckel,
- Einzel-Waschbecken mit Einhand-Armatur,
- Dusche mit Einhandarmatur und Brausegarnitur komplett, Duschabtrennung aus Acrylglas
- Badewanne mit Einhandarmatur und Brausegarnitur, Wannenein- und Überlaufgarnitur
- 1 Kristallglasspiegel, Größe abgestimmt auf Fliesenraster, mind. 0,8 qm, Lage und Abmessungen gem. Detailplan Architekt, mit unsichtbarer Befestigung.

Die Auswahl der Objekte (keine Hausserien) erfolgt nach Bemusterung in Absprache mit dem Bauherrn.

Nach Grundrissplanung Architekt erhalten die Bäder einen Waschmaschinenanschluss, alternativ in der Küche, jeweils mit Syphon und separater Absperrung.

Alle Armaturenanschlüsse werden mit Rotguss-Fittingen hergestel lt und die Abdichtung mit Dichtmanschetten zum Bauwerk/Vorwandbeplankung ausgeführt.

Die Unterputzspülkästen sind mit 2-Mengen- oder Spül-Stopp-Technik ausgestattet.

Küche
Die Küche erhält je einen Trink-, Warm- und Abwasseranschluss. Trink- und Warmwasseranschluss werden mit einem Eckventil versehen. Das Eckventil für Trinkwasser ist mit einem zusätzlichen Anschluss für eine Spülmaschine auszurüsten. Der Abwasseranschluss erhält eine Ablaufgarnitur mit Siphon für den Anschluss von einer Doppelspüle und einer Spülmaschine.

Wohnungen ohne Waschmaschinenanschluss im Bad erhalten einen solchen Anschluss in der Küche. Küchenausstattung siehe auch 1.1 „Feste Einbauten und Einrichtungen"

Technikräume
In den Technikräumen sowie Müllräumen werden zur Entwässerung Bodenabläufe vorgesehen. Im Hausanschlussraum sind ein Ausgussbecken mit Warm- und Kaltwasser sowie ein separater Zapfhahn vorgesehen. Im Müllraum wird ebenfalls ein separater Zapfhahn vorgesehen.

Gewerbe im EG
An jedem Versorgungsschacht wird im Bereich der Gewerbeeinheiten ein Trink- und Abwasseranschluss gesetzt als Übergabepunkt. Bei Nutzung durch ein Gewerbe kann somit direkt am Schacht ein Wasserzähler gesetzt werden.

Die Warmwasserbereitung für die Gewerbeeinheiten erfolgt dezentral über Unter-/Übertischspeicher, je nach Erfordernis durch den jeweiligen Nutzer.

Außenanlagen
Es sind Außenzapfstellen im EG, allgemeiner Bereich, und auf den Dachterrassen der Staffelgeschosse nach örtlicher Festlegung vorgesehen, z. T. absperrbar bzw. mit Steckschlüssel. Zapfstellen im frostgefährdeten Bereich sind mit integrierter Frostschutzsicherung ausgestattet.

Im EG sind keine Außenzapfstelle für Sondereigentum vorgesehen.

Brandschutztechnik
Sprinkleranlage
Nach VDS CEA 4001, sowie HBO und Brandschutzvorschriften der Stadt .... ist für Untergeschosse, die mehr als 4 m unter der Geländeoberfläche liegen, eine Sprinkleranlage vorzusehen.

Eine genaue Aussage über die erforderlichen brandschutztechnischen Einrichtungen für die Untergeschosse wird durch ein Brandschutzgutachten in Abstimmung mit den Behörden festgelegt.

Entrauchungsanlagen
Eine Festlegung über die Erfordernis einer Entrauchungsanlage für den Bereich der Tiefgarage ist ebenfalls durch das Brandschutzgutachten zu ermitteln. Die Grundlage hierfür sind die HBO und die gültigen Brandschutzvorschriften.

In Gebäuden der Gebäudeklasse G ist an der obersten Stelle des Treppenraumes eine Rauchabzugsvorrichtung (RWA) mit einer Größe von mind. 5 von Hundert der Grundfläche, mindestens jedoch von 1 m^2 anzubringen, die vom Erdgeschoss und vom obersten Treppenabsatz zu öffnen sein muss.

Brandmeldeanlagen, Rauchmelder

Maßgebend für den Einsatz einer Brandmeldeanlage sind die Auflagen der Brandschutzbehörde der Stadt .... sowie des Bauscheines sowie die Richtlinien des VdS in Bezug auf die Produkt- und Ausführungsqualitäten.

In Teeküchen und Archiven ist in jedem Fall eine Brandmeldeüberwachung erforderlich. Wenn von den Behörden für Teeküchen und Archive T 30 Türen gefordert werden, (Bereich Gewerbe) sind diese mit Offenhaltung und Aufschaltung auf die BMZ vorzusehen.

In den Wohnungen sind autarke, batteriebetriebene Rauchmelder vorgesehen für alle Wohn- und Schlafzimmern, sowie in allen Fluren.

Handlöscheinrichtungen

Hydranten und Handfeuerlöscher sind entsprechend den Forderungen und Auflagen der Baugenehmigung, der Brandschutzbehörden, der BGR 133, etc. vorzusehen.

Heizungstechnik

Allgemein

Das Gebäude wird an das Fernwärmenetz der ... angeschlossen. Hierfür wird eine Übergabestation mit Wärmetauscher und Sicherheitseinrichtungen der ... errichtet, und sekundärseitig das Verteilnetz für das Gebäude aufgebaut.

Auslegungsgrundlagen

Die Auslegung der Heizungsanlage erfolgt nach der EnEV und der Heizlastberechnung nach EN 12831.

Für die Berechnung der Heizlast wird für die gemäß Norm vorgegebene minimale Außentemperatur von −12°C zugrunde gelegt.

Wärmeverteilung

Die sekundärseitige Wärmeverteilung erfolgt in verschiedenen Strängen. Diese werden folgendermaßen aufgeteilt:

- allgemeiner Bereich
- Gewerbe
- Wohnungen
- Warmwasser
- Reserve

Der Verzug der Hauptleitungen erfolgt in den offen zugänglichen Bereichen der Tiefgarage.

Die einzelnen Abzweigungen in die verschiedenen Steigschächte werden mit Absperrungen versehen. Zur Strangregulierung werden differenzdruckgesteuerte Regulierventile eingebaut.

Als Rohrmaterial wird Kupferrohr oder schwarzes Stahlrohr eingesetzt, die Anbindungen erfolgen in schwarzem Stahl oder Kupfer.

Druckhaltung und Entgasungssystem

Fabrikat Reflex Typ Reflex + servitec mag control oder gleichwertig.

Frostgefährdete Leitungen sind mit Begleitheizung und Isolierung zu versehen.

Sämtliche Rohrleitungen erhalten eine Wärmedämmung nach DIN 41040 T1 gemäß Anforderungen der EnEV. Die Dämmschichtdicken basieren auf der Wärmeleitfähigkeit des Dämmstoffes von 0,035 W/(m²K).

Bei der Verlegung der Rohrleitungen und Anordnung der Armaturen ist darauf zu achten, dass die Wärmedämmung entsprechend der Anforderungen der EnEV ordnungsgemäß angebracht werden kann.

Jede Wohnung erhält eine Absperrmöglichkeit im UP-Kasten mit lackiertem Deckel. Hinter dieser Wohnungsabsperrung erfolgt die Verbrauchsmessung mittels mit festverkabeltem M-Bus über zentrale angeordnete Wärmemengenzähler.

Heizkörper und Zubehör

Wohnungen

Die Wohnungen erhalten Plattenheizkörper nach Wärmemengenberechnung mit glatter Front und Abdeckblechen umlaufend. Alle Raumheizkörper sind vorrangig unter den Fenstern angeordnet. In Räumen mit raumhohen Fenstern werden die Heizkörper neben den Fenstern montiert.

In den Bädern wird ein Badheizkörper als Handtuchtrockenheizkörper vorgesehen.

Alle Heizkörper werden mit thermostatische Regelung und absperrbaren Rücklaufverschraubungen ausgestattet. Die Heizkörper sind in RAL-Farbe lackiert.

Treppenräume, Allgemeinbereich

Die Treppenräume erhalten Plattenheizkörper mit planer Front und werden mit Heizkörperventilen mit Thermostatkopf und absperrbaren Rücklaufverschraubungen ausgestattet.

Die Heizkörperventile sind mit einer so genannten „Behördenkappe" versehen und auf 12° Raumtemperatur eingestellt.

Gewerbe EG

Die Beheizung des gesamten Gewerbebereiches erfolgt über Konvektoren entlang der Außenfassade. Die Platzierung erfolgt so, dass eine größtmögliche Variabilität gegeben ist.

Die Konvektoren werden mit Heizkörper-Thermostatventil und Ventilkopf sowie Rücklaufverschraubungen ausgerüstet.

Für die Abrechnung der verbrauchten Wärme werden hier elektronische Heizkostenverteiler eingesetzt.

Lagerräume Gewerbe UG

Die Mindesttemperatur von > +10 °C wird über statische Heizflächen gewährleistet.

Regelung und Steuerung

Witterungsgeführte, digitale Heizungsregelung für die Übergabestation, mit gleitend abgesenkter Wassertemperatur.

Vorlauf-, Außen- und Speichertemperatursensor.

Ein Heizkreis mit Mischer bestehend aus: Mischer-Motor mit Anschlussleitung für Mischer, Vorlauftemperatursensor und Anschlussstecker für Heizkreispumpe.

Raumlufttechnik

Allgemein

Es ist keine mechanische Lüftung für die Wohnungen oder sonstige Bereiche vorgesehen und auch nicht notwendig. In den Wohnungen besteht grundsätzlich die Möglichkeit der natürlichen Lüftung über Fenster durch das Prinzip der „durchgesteckten Wohnung" als Querlüftung. Nur innen liegende Räume oder Nassbereiche mit der Gefahr der Feuchteansammlung erhalten eine mechanische Abluft.

Die Zuluft erfolgt über unterschnittene Türblätter.

Die notwendige Feinlüftung unter Einhaltung der geforderten Mindestluft-Wechselrate sowie Einhaltung der Schallschutzanforderrungen, insbesondere in der Nacht, wird durch eine zweistufiges Fensterfalzlüftung gewährleistet.

Weitere Details hierzu siehe Lüftungskonzept der Wohneinheiten vom .... mit Stellungnahme eines Bauphysikers (...) und eines Haustechnikplaners (...).

Wohnungen

In den Wohnungen werden alle Bäder und WC-Räume an eine permanent betriebene mechanische Abluftanlage gemäß DIN 18 017 über Einzellüfter angeschlossen, die auch die Grundlüftung der Wohnungen mit einem Luftwechsel von 0,3 bis 0,5-fach pro Stunde sicherstellt.

Die Steuerung der Einzelraumlüfter erfolgt zusätzlich in den Bädern und WC-Räumen über Lichtschalter mit Nachlaufrelais. Für diese Räume werden Zeitschaltuhren als Steuereinheit eingesetzt. Die Platzierung der Zeitschaltuhren erfolgt in den Elektro-Unterverteilern der jeweiligen Wohneinheit. Somit hat jeder Nutzer die Möglichkeit der individuellen Laufzeiteinstellung.

Tiefgarage

Für die Tiefgarage ist einen mechanische Be- und Entlüftungsanlage mit einer spezifischen Luftmenge von 8m/h gemäss HBO vorgesehen.

Lagerräume Gewerbeeinheiten

Es ist eine mechanische Be- und Entlüftung mit einem 1-fachen Luftwechsel vorgesehen.

(Grundlüftung mit einer Luftwechselrate von ß ca. ...)

Die Entrauchung der Flächen erfolgt über Schächte.

Mieterkeller

Für die Mieterkeller der Wohneinheiten ist eine natürliche Lüftung über Schächte und öffenbare Kellerfenster vorgesehen über die auch die Entrauchung sichergestellt ist.

Innenliegende Mieterkeller ohne luftdurchlässige Flurwände erhalten eine mechanische Be- und Entlüftung mit einem 0,5-fachem Luftwechsel.

Müllraum

Es ist eine mechanische Be- und Entlüftung mit einer spezifischen Luftmenge von ..... vorgesehen.

Elektrotechnik

Starkstrom

Vorschriften und Normen

Grundlage für die Aus- und Durchführung der Elektro- und Fernmeldeanlagen sind die folgenden Kriterien, die zwingend und bindend sind:

- TAB (Technische Anschlussbedingungen)
- die DIN-VDE-Normen
- die DIN-Normen
- VOB-Teil C, ATV für Nieder- und Mittelspannungsanlagen nach DIN 18382
- die Arbeitsstättenrichtlinien
- die Hessische Bauordnung
- die Baugenehmigung
- die Unfallverhütungsvorschriften
- die VdS-Richtlinien
- die Richtlinien für Brandschutz (LAR)
- sowie die anerkannten Regeln der Technik
- Verlege- und Montagerichtlinien der Hersteller

Niederspannungseinspeisung

Die Versorgung des Objektes erfolgt über ein Niederspannungsringnetz des örtlichen Energieversorgers.

Niederspannungsschaltanlage

Die Niederspannungs-Hauptverteilung muss die Anforderungen an ein TN-S-System erfüllen. Für die Unterbringung der Messeinrichtungen sind Zählerschränke mit Türen, zentralangeordnet, die DIN 43870 und DIN VDE 0603-1 und TAB einhaltend, vorzusehen.

Unterverteilungen

Die einzelnen Bereiche (getrennt nach Wohn-/Gewerbeeinheiten und Allgemeinversorgung) erhalten jeweils eigene Unterverteiler, die mit einem Fernmeldeteil zu bestücken sind. Als Schutzmaßnahme wird die Fehlerstrom-Schutzeinrichtung mit eingebauter Überstromschutzeinrichtung (RCBO) angewendet.

Zählerverteilung

Jede Wohn-/Gewerbeeinheit erhält eine Messeinrichtung des EVU, ebenso der Allgemeinverteiler. Im Allgemeinverteiler sind elektronische, fernablesbare Zwischenzähler für die Heizungsanlage, Aufzugsanlage, Außenbeleuchtung vorzusehen.

Haupt- und Verteilungsleitungen

Für diese Leitungen sind Steigeschächte geplant um zu den Wohnungsverteilern zu gelangen. Vom Wohnungsverteiler erfolgt die Installation unter Putz mittels senkrechter und waagerechter Leitungsführung. Leitungsverlegung in Betonwänden der Wohnungen, Treppenhäuser und Schleusen erfolgen in Leerrohren. In der Tiefgarage und in Nebenräumen der Kellergeschosse erfolgt a. P. Installation.

Trassenführung

Die Installation erfolgt auf bzw. unter Putz mittels senkrechter und waagerechter Leitungsführung. Weitere Installation in den Wand- und Fußbodenbereichen werden mit Installationsrohren und/

oder -kanälen ausgeführt. Im Keller, in den Technikräumen sowie in der Tiefgarage erfolgt die Installation auf Putz in offener Rohrverlegung und mit Kabelkanälen.

Stromversorgung der Wohnungen
Für die Versorgung der Wohnungen werden folgende Stromkreise vorgehalten:

- Herd
- Geschirrspülmaschine
- Waschmaschine
- Wäschetrockner
- Licht und Steckdose Küche
- Licht und Steckdose Wohnen und Essen
- Licht und Steckdose Schlafen und Kind
- Licht und Steckdose Bad/Dusche/WC und Flur
- Kellerabteil

Vorgesehene Elektroauslässe siehe in der Beschreibung der einzelnen Räume ab Punkt 2. „Gliederung der Gebäudebestandteile", jeweils Unterpunkt Beleuchtung.

Beleuchtung
Die Beleuchtungskörper für alle Allgemein- und Außenbereiche sind vorzusehen. Die Beleuchtungsstärken nach DIN EN 12464 werden eingehalten. Die Außenbeleuchtung wird über Bewegungsmelder, die Tiefgarage über Torsteuerung, Zeitschaltuhr und Bewegungsmelder gesteuert.

Vorgesehene Elektroauslässe siehe in der Beschreibung der einzelnen Räume ab Punkt 2. „Gliederung der Gebäudebestandteile", jeweils Unterpunkt Beleuchtung.

Blitzschutz
Blitzschutz ist entsprechend der DIN VDE 0185, Teil 1 und 2, vorzusehen.

Erdung und Potentialausgleich
Das Gebäude erhält einen Fundamenterder nach DIN 18014. Der Potentialausgleich ist nach DIN VDE 0100 vorgesehen.

Überspannungsschutz
Es ist ein Grobschutz in der Hauptverteilung sowie ein Mittelschutz in den Unterverteilern vorzusehen.

Schwachstromtechnik
Allgemein
Die Leitungen sind in Steigeschächte zu verlegen. Die Verkabelung erfolgt sternförmig vom jeweiligen Wohnungsverteiler zu den Enddosen in Leerrohren.

Für den Antennen-, Telefon- und Datenanschluss ist ein Multifunktionskabel einzusetzen.

Türkommunikationsanlage
Die Türstation enthält die Ruftaster mit Namenschilder sowie die Möglichkeit der Videokameranachrüstung. Die Türstationen an der Haus- und Wohnungseingangstüre werden mit einer Gegensprechanlage Fabrikat Rito oder Renz od. glw. ausgestattet. Die Möglichkeit der Einbindung einer Videokameraanlage ist grundsätzlich zu berücksichtigen.

Telekommunikation, Datenversorgung
Im Fernmeldeteil der Wohnungsverteiler sind die für das System Homeway erforderlichen Einbauten vorzunehmen. Die Enddose ist eine multifunktionelle Dose für Anschluss Telefon, Antenne und Daten. Auf die Einhaltung der EN 50173 wird Wert gelegt.

Antennenanlage
Ein Breitbandkabelanschluss ist geplant.

Aufzüge
Allgemein
In jedem Treppenraum wird ein Aufzug vorgesehen. Die Aufzüge fahren vom 2. UG bis ins das oberste Geschoss. Alle Aufzüge werden als Personenaufzüge ausgeführt, die Türbreite ist geeignet zum Durchfahren mit Rollstuhl (behindertenfreundlich).

Die Aufzüge im West- und im Ostflügel (2 x 3 Aufzüge) sind Grundrissbedingt als „Durchlader" konzipiert. Die drei Aufzüge im Nordflügel zum Boulevard benötigen diese Funktion nicht.

Die Entrauchung erfolgt über RWA-Klappe im Aufzugschacht, sowie Rauchmelder nach Notwendigkeit.

Personenaufzüge
Es ist sind Aufzugsanlagen (Selbstfahrer) entsprechend der geltenden DIN- und TÜV-Vorschriften vorgesehen. Die Ausführung erfolgt als Seilaufzugsanlagen, maschinenraumlos, Aufzug Fabr. z. B. OTIS oder glw.

Aufzugskabinenausstattung:
Es kommt Edelstahl für die Innenverkleidung, die Aufzugskabinen- und Schachttüren zur Ausführung. Im Inneren der Kabine werden die Oberflächen als Edelstahlstruktur oder glw. nach Wahl des Architekten ausgeführt, zusätzlich Spiegel, Handläufe etc. eingebaut. Die Decke ist als Lichtdecke aus VSG-Glas mit Siebdruck und integrierter Beleuchtung vorgesehen.

Auf die Einhaltung folgender Vorschriften und Richtlinien wird besonders hingewiesen:
- Technische Regeln für Aufzüge (TRA)
- Richtlinien des VVDE und VDMA
- VDI 2566 „Lärmminderung an Aufzugsanlagen"
- Aufzugsrichtlinie 95/16/EG, EN 81-1
- Aufzugsverordnung der LBO

Aufzugsmerkmale, Technische Daten
Folgende Daten sind zumindest einzuhalten:

- Geschwindigkeit 1 m/s
- LCD- oder ELD-Displays zur Etageninformation
- Gegensprechanlage mit Fernaufschaltung zu einer ständig besetzten Stelle
- Evakuierungssteuerung
- Evakuierungsfahrt durch Netzersatzversorgung.
- Vorrangschaltung über Schlüsselschalter.
- Anzahl der Haltestellen: jede Etage wird angefahren
- Schachttüren: 2-teilig, Teleskop
- Vandalismussicheres Bedientableau, Tasten, Fabrikat Kronenberg oder glw.

Installation innerhalb der Aufzugstechnik, vorbereitet für Störmeldung mit Schleppkabel und Anschluss für telefonisches Störsystem, Notrufleitzentrale des Aufzugslieferanten mit Missbrauchskennung und Ferndiagnostik. Der Notruf wird über die Aufschaltung auf ein Modem zu einer ständig besetzten Stelle weitergeleitet.

Ausführung von Schlüsseltresoren erfolgt nach Erfordernis an der Außenfassade.

Musterwartungsverträge der BVK werden im Zuge der Ausschreibung für die Aufzüge beigelegt.

Gebäudeleittechniksystem (GLT)
Systemanforderungen
Für folgende haustechnische Anlagen werden Steuerungen/Regelungen auf

elektronischer Basis installiert:

- Heizungsanlage
- Aufzugsanlagen
- Sprinkleranlage Tiefgarage
- Entrauchungsanlage Tiefgarage
- Entlüftung Tiefgarage
- Hebeanlage wenn keine Doppelanlage

Von allen in dieser Anlage ist ein potentialfreier Kontakt als Sammelstörmeldung auf eine ständig besetzte Stelle zu schalten. Von dort kann dann zu jedem Zeitpunkt ein entsprechender Bereitschaftsdienst oder das mit der Wartung der jeweiligen Anlage beauftragte Unternehmen benachrichtigt werden.

Es kann auch eine Alarmweiterschaltung über Modem für den Gebäudebetrieb aufgeschaltet werden.

Dächer
Flachdächer
Ausführung gemäß Richtlinien des Zentralverbandes des Dachdeckerhandwerks Flachdachrichtlinien) als bekiestes 2-lagiges Bitumendach mit Gefälle.

Die Dachflächen der Gebäuderiegel an der Europaallee werden mit Kiesstreifen (30cm) im Randbereich zur Attika, gerasterten Wegen aus Plattenbelag.

Sämtliche Dachflächen sind mit Sicherungs-Ösen für eine Anseil-Absturzsicherung für Dachwartungsarbeiten ausgestattet.

Die Attikableche werden im Fassadenraster 1,875 m, im Farbton abgestimmt auf die Fassaden aus gekanteten, pulverbeschichteten Aluminiumblechen mit einer Dicke von ca. 3 mm hergestellt.

Im Bereich der Dachterrasse im 7. Obergeschoss werden zur Aufnahme der Traufkante StB – Stützen im Fassadenraster mit Naturstein verkleidet vorgesehen.

Benachbarte Dachterrassen erhalten einen Sichtschutz, sowie eine Abstellmöglichkeit für Terrassenmöbel.

Den mittleren Wohnungen im Staffelgeschoss ist eine begehbare Dachterrasse zugeordnet. Oberfläche bestehend aus Betonwerksteinplatten d = ca. 50 mm, in Grauton mit Schmutzabweisender Beschichtung (Fab. KANN/DASAG oder glw.).

Die Abgrenzung zur Dachfläche erfolgt durch ein Geländer als feuerverzinkte Schlosserkonstruktion, farbbeschichtet.

Die Regenentwässerung der Dachflächen erfolgt über Flachdacheinläufe im innern des Gebäudes in den Installationsschächten bzw. im Bereich der Natursteinfassade hinter der Verkleidung, innen liegend, jeweils unter Beachtung der Anforderungen des Schall- und Wärmeschutzes.

Notwendige sichtbare Fallrohre vor der Fassade aus Zinkblech, Durchmesser nach Vorschriften und DIN 17441 mit Anschluss an die Standrohre.

Außenanlagen
Allgemeine Beschreibung
Der Innenhof, der sich über der Tiefgarage befindet, gliedert sich in zwei Ebenen:

1. den nördlich gelegene öffentlich repräsentativen Mittelteil.
2. die südliche grüne Rahmung als Grünzone den Terrassen der Wohnungen im Erdgeschoss vorgelagert.

Zwei Treppen sowie Böschungen verbinden die beiden Ebenen, die einen Höhenunterschied von ca. 1,35 m aufweisen.

Vom Außengelände, Ost- und Westseite erreicht man den Hof durch zwei Durchgänge mit Rampen. Diese dienen gleichzeitig als Feuerwehrzufahrt. Der umlaufende Weg ist auch gleichzeitig Feuerwehrumfahrt, um die innen liegenden Wohneinheiten im Notfall zu erreichen.

Die Ausgänge der Ladenräume erhalten eine Terrasse mit Plattenbelag, die, von Mauern geschützt, in flache Rasenböschungen in Richtung obere Ebene der Wohneinheiten übergeht. Hier bietet sich die Möglichkeit einer Cafénutzung mit Raum zur Aufstellung von Kübelpflanzen. Seitlich ist dieser Raum mit Sitzstufen in Rasen gefasst, die in die Böschungen hineinlaufen.

Als Endpunkt der Böschungen befindet sich eine Rasenskulptur mit einer Höhe von 1,35 m. Baumgruppen mit Felsenbirnen gliedern den Raum.

Zwei Austritte schieben sich in den Mittelteil und fungieren als Balkon mit Blick auf die Terrasse. Die Rahmung des Mittelteils wird durch zwei unterschiedliche Wegebeläge unterstrichen, ebenes Pflaster und Pflasterung mit Rasenfugen. Bänke schaffen zusätzliche Aufenthaltssituationen.

Das Nachbargrundstück ist durch eine Mauer abgeschirmt, die mit einer Rasenböschung angeschüttet wird und durch eine Strauchpflanzung den Hof räumlich begrenzt.

Befestigte Flächen
Die Rampe und die Umfahrt wird aus einem speziell geglätteten Asphalt im Grauton hergestellt.

Plattenbeläge aus Betonwerkstein in unterschiedlichen Formaten und Farben auf entsprechendem Unterbau. Die Treppen werden in Sichtbeton aus Fertigteilen ausgeführt.

Grünflachen und Bepflanzungen
Die Überdeckung der Tiefgarageneinfahrt erhält einen Gründachaufbau. Die Bereiche mit intensiver/extensiver Begrünung werden gem. B - Plan und Angaben Fachplaner Außenanlagen ausgeführt. Sie erhalten eine wurzelfeste Oberlage auf der Dachabdichtung, Fabrikat z. B. Bauder, Zinco oder glw.

Die übrigen Flächen erhalten eine Bepflanzung mit Stauden, Sträuchern, Bodendeckern, Rankpflanzen gemäß Pflanzliste und nach Angaben des Freiflächenplaners.

Einfriedung
Die Einfriedung nach Süden erfolgt als Sichtbetonwand.

Entwässerung
Entwässerung Freiflächen
Die Freiflächen erhalten im Bereich der Tiefgarage Entwässerungseinrichtungen nach Erfordernis gem. Angaben der Fachplaner. Soweit möglich erfolgt eine Entwässerung durch natürliche Versickerung.

Entwässerung befestigte Flächen
Entwässerung der befestigten Flächen erfolgt mit dem erforderlichen Gefälle in die angrenzenden Außenanlagenflächen. Soweit erforderlich werden Entwässerungsrinnen und Bodeneinläufe vorgesehen.

Beleuchtung
Die Außenbeleuchtung erfolgt Pollerleuchten einschl. Fundamenten gemäß dem Außenanlagenplan. Die Schaltung erfolgt über Schaltuhr und Dämmerungsschalter.

Für die Beleuchtung in den Außenanlagen ist ein Budget von brutto .... Euro vorgesehen.

Einrichtung
Über der Rasenfläche ist eine Holz-Pergola auf feuerverzinkten Stahlschuhen angeordnet, die den West- und Ostflügel miteinander verbindet. Diese dient auch als Kletterhilfe für Rankgewächse.

Bänke, Sitzgelegenheiten aus Holz/Edelstahl sowie Mülleimer werden gemäß Außenanlagenplan vorgesehen.

Alle Geländer in den Außenbereichen aus feuerverzinkten Stahlbauteilen, Anstrich in Farbton nach Wahl Architekt in Bemusterung.

Notwendige Abdeckungen von Licht- und Belüftungsschächten sind aus verzinkten Gitterrosten mit Abhebesicherung.

Für Einbauten in den Außenanlagen ist ein Budget von brutto .... Euro vorgesehen.

Spielplatz
Soweit im Zuge der Baugenehmigung nicht zwingend die Herstellung eines Kleinkinderspielplatzes auf dem Baugrundstück gefordert wird, wird auf dessen Herstellung verzichtet. Die Spielplatzsatzung der Stadt Frankfurt für das gesamte Areal wird hierbei berücksichtigt.

5. Beschreibungen mit Referenzbildern
01 Eingangshalle, Treppenhaus, Aufzugsanlage
Referenzfotos

Boden
Die Böden in der Eingangshalle, den Aufzugsvorräumen und Treppenhäusern erhalten einen hochwertigen Belag aus Betonwerkstein (Format z.B. 30x60cm) mit Sockelleisten aus Betonwerkstein und Sauberlaufzonen vor den Eingangstüren mit Edelstahlrahmen (z.B. Emco).

Wand
Die Stahlbetonwände und Stahlbetonstützen werden gespachtelt bzw. geputzt, weiß gestrichen (alternativ: Gewebevlies tapeziert und gestrichen).

Tür
Die Zugangstüren werden als Aluminium-Glaskonstruktion mit Anforderung gem. Brandschutzgutachten gefertigt, DB oder RAL-Farbton grau, mit Edelstahlschwelle, integriertem Metallpaneel mit Klingeleinheit und Sprechstelle. Die Türen erhalten Beschläge und Bänder sowie beidseitig Griffstangen aus Edelstahl (z.B. FSB), einen Obentürschließer, Profilzylinder und Rosetten aus Edelstahl und Bodentürpuffer oder Öffnungsberenzer (z.B. FSB).

Treppengeländer
Das Treppengeländer besteht aus Flachstahlrahmen mit Füllstäben aus Stabstahl oder

Flachstahl mit durchlaufendem Handlauf aus Edelstahl.

Decke
Die Eingangshallen bekommen Deckensegel aus gelochtem Gipskarton mit Randfries. Die Treppenhausdecken/Untersichten der Treppenläufe werden gespachtelt und weiß gestrichen.

Beleuchtung
Die Eingangshallen erhalten Einbaudownlights, mind. 500 Lux, mit TCD-Leuchtmittel. Über dem Empfang werden Objektleuchten vorgesehen.

Aufzugsanlage
Die Aufzugsanlagen in behindertenfreundlicher Ausführung erhalten einen Betonwerksteinbelag Die Kabinenwand- und Türoberflächen aus Edelstahlblechen werden glasperlengestrahlt oder geschliffen. Des weiteren werden die Kabinen mit einem Handlauf, einem raumhohen Kristallspiegel und einem Mieterleitsystem ausgestattet. Die Metalldecke erhält umlaufende Schattenfugen und die Beleuchtung erfolgt über eine Lichtdecke mit satinierter Oberfläche.

02 Büro, Besprechung, Büroflure
Referenzfotos

Boden
Die Büros und Besprechungsräume erhalten einen aufgeständerten Hohlraumboden mit einer Konstruktionshöhe von 20cm und einem freien Querschnitt von ca. 13 cm und in Flurbereichen einen Doppelboden mit Belagstrennschienen aus Edelstahl höhenverstellbar. Die Verkehrslast beträgt 5 kN/m^2.

Der Teppichbelag ist eine Velour-Bahnenware, strapazierfähig, stuhlrollengeeignet, antistatisch, und mit einem geketteltenTeppichsockel versehen.

Wand
Alle Trennwände werden als Gipskartonständerwände mit doppelter Beplankung hergestellt, Schalldämmwert ca. 42 dB mit Rauhfasertapete und weißem Dispersionsanstrich. Die Stahlbetonstützen werden glatt gespachtelt und weiß gestrichen.

Tür
Die Oberfläche der Büro- und Besprechungsraumtüren, Schalldämmwert ca. 33 dB, ist farbig beschichtet oder furniert, in Stahlzarge mit Hammerschlaglackierung grau, Edelstahl-Türbeschlägen

und Edelstahlbändern, mit Edelstahlrosetten vorgerichtet für den Einbau von Profilzylindern oder Blindrosetten. (z.B. FSB o.glw.)

Alle Schacht- und Flurtürelemente mit Brandschutzanforderungen T90/T30/RS werden weiß beschichtet und erhalten magnetische Absenkdichtungen mit einer Bodenschiene aus Edelstahl, Edelstahl-Türbeschläge, Edelstahlbänder, Edelstahlrosetten (z.B. FSB) sowie einen Obentürschließer (z.B. Dorma), in Stahlzarge mit Hammerschlaglackierung grau.

Decke
Die Stahlbetondecken werden geputzt oder gespachtelt und erhalten einen weißen Dispersionsfarbanstrich. Die Flurdecken werden als abgehängte Gipskartondecken mit reversiblen Langfeldplatten (z.B. OWA) erstellt.

Die Besprechungsräume bekommen Deckensegel aus gelochtem Gipskarton mit Randfries.

Beleuchtung
Die Büros erhalten Spiegelrasterleuchten mit direkt/indirekter Lichtverteilung, für bildschirmunterstützte Arbeitsplätze (z.B. IDL), Arbeitsplatzbeleuchtungsstärke mind. 500 Lux. Alternativ können seitens des Mieters Stehleuchten als Arbeitsplatzleuchten verwendet werden, sofern diese budgetneutral sind. Mehrkosten durch das Stehleuchtenkonzept sind frühzeitig dem Mieter mitzuteilen und gehen nach Beauftragung zu dessen Lasten. Die Besprechungsräume erhalten Downlights mit BAP-Rasterung.

Die Flurzonen werden mit Einbaudownlights bestückt, mind. 100 Lux.

03 Teeküche, Sanitäranlage, Unterverteilung
Referenzfotos

Boden

Wand

Tür

Decke

Beleuchtung

04 Technik
Referenzfotos

Elektro
Die Verkabelung der Büroräume erfolgt über die Doppelbodentrasse im Flur. Die Fußbodenelektranten der Büros liegen fensterseitig in jedem zweiten Achsraster und werden stichweise angebunden. Die Bestückung kann mit maximal 9 Einbauelementen erfolgen. Jeweils für zwei Arbeitsplätze werden 2 Steckdosen allgemein Strom., 2 Steckdosen EDV-Strom, 3x2 ADV Anschlüsse für Medien (Computer, Telefon, etc) und 2 Leerelemente montiert.

DV-Verkabelung
Verkabelung der Bürobereiche mit KAT 7 Kabeln, kabelabgeschirmt, 3 ADV-Anschlüsse je Büroarbeitsplatz, Führung der Verkabelung in dezentrale etagenbezogene EDV-Räume (strukturierte Verkabelung).

In der Flurwand wird neben jeder Bürotür eine Lichtschalter/Steckdosenkombination vorgesehen, deutsches Markenschalterprogramm reinweiß (z.B. Fabrikat Gira).

Die Büros erhalten Spiegelrasterleuchten mit direkt/indirekter Lichtverteilung, für bildschirmunterstützte Arbeitsplätze (z.B. IDL), Arbeitsplatzbeleuchtungsstärke mind. 500 Lux. Die Besprechungsräume erhalten Downlights mit BAP-Rasterung, alternativ Stehleuchten, siehe 05.05. Die Flurzonen werden mit Einbaudownlights bestückt, mind. 100 Lux.

Kommunikationstechnik: Türöffner, Gegensprechanlage, Video (nur Vorbereitung) und Klingel werden so installiert, dass sie über eine flurseitige Sprechstelle zu bedienen sind. Telefonleitungen, Glasfaser- und Breitbandkabel werden bis in den mietbereichseigenen Elektrounterverteilungsraum gelegt.

Heizung/Lüftung/Kühlung
Vor den massiven Brüstungen stehen in jeder zweiten Fensterachse Ventilheizkörper mit glatter Oberfläche, vor der Pfosten-Riegel-Fassade werden Konvektoren mit glatter Oberfläche aufgestellt, im Heizfall mindestens 21° C, Fabrikat z.B. Jaga strada/Jaga mini).

Die Büroräume werden natürlich über die öffenbaren Fenster belüftet. Alle innenliegenden Räume (WC, Teeküche) werden an ein Abluftsystem angeschlossen. Die Zuluft erfolgt über Nachströmöffnungen durch einen Unterschnitt an den Türen.

Lüftung Besprechungsräume
Es werden ca. 300 m^2 Besprechungsräume geplant. Für 40 % dieser Fläche wird eine mechanische Lüftung Luftwechsel bis zu 6.fach, mit Spitzenkühlung installiert. Diese Räume erhalten zusätzlich abgehängte Trockenbau Akustikdecken.

Kühlung etagenbezogener EDV-Räume
Die etagenbezogenen EDV-Räume sind für den mieterseitigen Anschluß von Umluftkühl- oder Klimasplitgeräten vorgerüstet.

Das vertikale Kälteleitungsnetz und die Abwasseranschlüsse für die Umluftkühlgeräte werden installiert.

Betonkernaktivierung
Zur Verbesserung des Raumklimas wird eine Betonkernaktivierung in den Bürobereichen ausgeführt. Die Betonkernaktivierung stellt eine einfache Variante der Bürokühlung unter Ausnutzung der Speicherfähigkeit der umgebenden Betonmasse dar.

Es wird eine Kühlleistung von ca. 25 – 30 W/m^2 erzeugt, welche erfahrungsgemäß die Temperatur im Raum ungefähr um 3 Grad Celsius verringert. Dies setzt allerdings voraus, dass der äußere Sonnenschutz vor Beginn der Sonneneinstrahlung bedient wird und die Fenster geschlossen werden um die wärmere Luft von außen nicht in den Raum zu lassen. Um die im Raum evtl. entstandene „verbrauchte" Luft auszutauschen sind die Fenster nur gelegentlich zu einer „Schwalllüftung" zu öffnen und danach wieder zu schließen. Durch das System wird zwar die vollständige Wärmelast nicht abgebaut, jedoch steigt das Behaglichkeitsempfinden der Mitarbeiter in ihren Büros.

Küche/Sanitär
Teeküche
Die Teeküchen werden mit Ober-, Unterschränken, einer Arbeitsplatte, einer Spüle mit Einhebelmischbatterie, einer Geschirrspülmaschine, einem Kühl-Gefriergerät und einer Mikrowelle

eingerichtet. Die Warmwasserbereitung erfolgt über ein Klein Untertischgerät (Fabrikat z.B. Clage). Budget je Teeküche 3.500,- €. Insgesamt werden pro Etage zwei Teeküchen vorgesehen.

WC-Anlage

Jede WC-Anlage wird mit einem Waschtisch (z.B. Keramag Preciosa), einer Einhebel-Mischbatterie (Fabrikat z.B. Hansgrohe), einem Kristallspiegel und einem Seifenspender, ausgestattet. Die Warmwasserbereitung erfolgt über ein Klein Untertischgerät (Fabrikat z.B. Clage).

Die WC's werden als wandhängende Tiefspüler in weiß mit Kunstoffdeckel (Fabrikat z.B. Keramag Renova Nr. 1) ausgeführt, mit Bürstenhalter, Papier- und Reserverollenhalter,.

Die Urinale werden als wandhängendes elektronisches Urinal mit Batterie ausgestattet (Fabrikat z.B. Keramag Renova Nr. 1)

Behinderten WC

Putzmittelraum

Werbeanlagen

Schließanlage

Das Gebäude wird standardmäßig mit einer Schließanlage übergeben. Darüber hinausgehende Einrichtungen wie z.B. motorisch unterstützte und/oder zentralgesteuerte Kartenschlösser sollten in einem ganzheitlichen Sicherheitskonzept geplant werden. Die Mehrkosten zur Realisierung erhöhter Sicherheitsanforderungen sind dem Mieter verbindlich mitzuteilen und nach Beauftragung von diesem zu tragen.

Die in dieser Baubeschreibung enthaltenen Bilder haben lediglich Referenzcharakter und entfalten daher keine rechtlich bindende Wirkung. Evtl. gezeigte Einrichtungsgegenstände sind nicht Leistung des Vermieters.

A.9 Kostenermittlung

A.9.1 Kostengliederung, KG Ebene 1 – 3

Für die Kostenermittlungen sind die Kostenebenen 1 – 3 entsprechend DIN 276 zu verwenden:

A	**Kostengruppe** **Kosten-bezeichnung**	**100** Grund-stück	**200** Vorberei-tende Maßnahmen	**300** Bauwerk Baukonstruk-tionen	**400** Bauwerk Techn. Ausstattung	**500** Außenanlagen und Freiflächen	**600** Ausstattung und Kunstwerke	**700/800** Bauneben-kosten, Finanzen
1	1. Kostenebene Gesamtleistung Kostensortierung für Kostenrahmen und Kostenschätzung	100	200	**300**	**400**	500	600	700
2	2. Kostenebene Hauptleistungen Kostensortierung für Kostenschätzung und Kostenberechnung	110 120 130	210 220 230 240 250	**310** **320** **330** **340** **350** **360** **370** **380** **390**	**410** **420** **430** **440** **450** **460** **470** **480** **490**	510 520 530 540 550 560 570 580 590	610 620 630 640	710 720 730 740 750 760 790 810-890
3	3. Kostenebene Teilleistungen Kostensortierung für Kostenberechnung Kostenvoranschlag Kostenanschlag sowie Kostenfeststellung	110 120 129 130 139	210-219 220-229 230 240-249 250-259	**310-319** **320-329** **330-339** **340-349** **350-359** **360-369** **370-379** **380-389** **390-399**	**410-419** **420-429** **430-439** **440-449** **450-459** **460-469** **470-479** **480-489** **490-499**	510-519 520-529 530-539 540-549 550-559 560-569 570-579 580-589 590-599	610 620 630 641-649 690	710-719 720-729 730-739 740-749 750-759 760-769 790 810-840
C		Einzelbenennung der Haupt- und Teilleistungen siehe DIN 276 „Kosten im Hochbau“						

Signatur:

Es erfolgt der Hinweis, dass das Baukosteninformationszentrum Deutsche Architektenkammern GmbH Leistungspositionen gegliedert nach KG ausgearbeitet hat.

A.9.2 Kostenermittlung nach DIN 276:2018-12

Grundlage aller Kostenermittlungen ist die Aufstellung/Ermittlung für den Kostenrahmen in der LPH 1. Es sind - soweit möglich - zwar alle Kostenpositionen auszuweisen, aber nicht alle Positionen können schon verpreist werden, da ggf. Planungsangaben und somit Qualitäten und Mengen noch nicht bestimmt werden können.

Zu beachten ist, eine begleitende Kostenermittlung nach Kostenelementen zu erstellen.

Mit Hinweisen

- auf vergleichbare ausgeführte Objekte und erzielte Kostenergebnisse
- zur Relation zum Nutzungszweck usw.
- zur Erarbeitung und Genauigkeit der Ermittlung
- auf bestehende derzeitige Unwägbarkeiten
- zur Einschätzung des Qualitätsstandards
- zu besonderen kostenrelevanten Leistungen und Ausführungen
- auf durchgeführte Untersuchungen zu Einsparungspotentialen
- auf nicht zu evaluierende Kosten

KG 100 Grundstück

KG 110 Grundstückswert
Kosten Baugrundstück

- Kaufpreis, Verkehrswert, Erbbaurecht o. glw.

KG 120 Grundstücksnebenkosten
Kosten im Zusammenhang mit Erwerb

- Vermessung-, Gerichts-, Notargebühren, Grunderwerbsteuer, Wertermittlung, Genehmigungs-Gebühren, Untersuchungen zu Altlasten, Neuordnung, Umlegung, Maklerprovisionen

KG 130 Rechte Dritter
Kosten für Aufhebung, Abfindungen, Ablösen dinglicher Rechte

KG 200 Vorbereitende Maßnahmen

KG 210 Herrichten
Sicherungs-/Abbruchmaßnahmen, Altlastenbeseitigung, Herrichten, Kampfmittelräumung, Rodung, kulturhistorische Funde

KG 220 Öffentliche Erschließung
Abwasser-, Wasser-, Gas-, Fernwärme-, Stromversorgung, Telekommunikation, Verkehrserschließung, Abfallentsorgung

- Kostenzuschüsse, Erschließungsbeiträge, Medienerschließung temporär/permanent

KG 230 Nichtöffentliche Erschließung
Verkehrsflächen und technische Anlagen die ohne öffentlich-rechtliche Verpflichtung zur späteren Nutzung

KG 240 Ausgleichsmaßnahmen und -abgaben
Ausgleichsbaumaßnahmen, Ausgleichabgaben

- Ablösen von Verpflichtungen, Arten- und Naturschutz,

KG 250 Übergangsmaßnahmen
Bauliche und organisatorische Maßnahmen

- Erstellung, Anpassen, Umlegen von Bauwerken, Auslagerungen (Umzug, Miete)

KG 300 Bauwerk – Baukonstruktionen
Allgemeine Hinweise

- Hinweis auf untersuchte alternative Lösungen und gewählte vorteilhafteste Lösung
- Baugrube, Gründung, aufgehende Konstruktion (Angabe Tragwerksplaner)
- Dachform und Konstruktion, Fassadengestaltung und Konstruktion
- allgemeiner Ausbau/Erläuterung der wesentlichen Gewerke
- Beschreibung der wesentlichen Materialvorschläge, Nennung der Vor- und- - Nachteile
- Hinweise auf Einhaltung aller wesentlichen Forderungen der Landesbauordnung
- Gutachten usw. zum Wärme-, Schallschutz, Schutz gegen Feuchte/Wasser, Winddruck,
- energiesparende Vorkehrungen
- Geschosshöhen/Art der Nutzung (Einzelraum, Gruppenraum etc.)
- Weiße Wanne/schwarze Wanne
- Außenwände bis OK Terrain
- Außenwände über OK Terrain
- Zertifizierung der Nachhaltigkeit

KG 310 Baugrube, Erdbau
Sicherung/Bodenverbesserung, Schlitzwände mit/ohne Rückverankerung, Verbau mit/ohne Rückverankerung

- Kampfmittel-Beseitigung
- Bodenverbesserung
- Grundwasserabsenkung
- Drainagesysteme

KG 320 Gründung, Unterbau
Einzelfundamente/Platte, Pfähle/Verankerung (Höhenkoten)

- Flachgründung
- Pfahlgründung

KG 330 Außenwände, Vertikale Baukonstruktion außen

- Konstruktion: Skelett/Massiv, Beton, Stahl, Holz
- Außenwandbekleidung (Lochfassade, Vorhangfassade u. a. m.) mit Materialbeschreibung, Innenbekleidung Außenwand
- Fensterkonstruktion, Öffnungsfunktion, Konstruktion und Verglasung, Beschläge, Innen- und Außenfensterbänke
- Außensonnenschutz (Material, Steuerung)
- Innenblendschutz (Material, Steuerung)
- Reinigungsmöglichkeiten, Zugangsplanung ja/nein
- Hinweise bzgl. Erbringung des erforderlichen Schall- und Wärmeschutzes, Wohnraumlüftung

KG 340 Innenwände, Vertikale Baukonstruktion innen
- Konstruktion: Skelett/Massiv, Beton, Stahl, Holz
- nicht tragend MW, GK (Ausbauraster), Bekleidungen
- Systemwände, Innentüren
- Innenwände (massive) inkl. Lage, Qualität, Funktion, Feuerschutzklassen, Schallschutzwerte,
- Trennwände (Trockenbau), mit Lage, Funktion, Feuerschutzklassen, Schallschutzwerte
- Konstruktion (fest, demontabel), Oberflächen Q1 - Q3
- Sonstige Öffnungen oder Einbauten

KG 350 Decken, Horizontale Baukonstruktionen
- Konstruktion: Skelett/Massiv, Beton, Stahl, Holz
- Beläge/Höhenkoten
- Treppen (massiv, eingestellt), Treppenbeläge, Schallentkopplung, Steigungsverhältnisse, Treppenbreiten, Treppen- und Brüstungsgeländer
- Deckenflächen (verschiedene Gebäudebereiche) abgehängte Decken, Massivdecken geputzt/gespachtelt, lichte Raumhöhen, Höhe der Abhängung
- Fußboden (verschiedene Gebäudebereiche), Fußbodenausführungen: Hohlraumboden, Doppelboden, sonstige Böden Konstruktionsaufbau und Höhen, Oberbodenbelag

KG 360 Dächer
- Konstruktion: Skelett/Massiv, Beton, Stahl, Holz
- Beläge (Kalt, Warm, Sattel usw.)
- Umwehrung, Sicherung/Aufbauten
- Bekleidung
- Dachform, Zugangsmöglichkeit, Nutzung
- Dämmung und Dichtung, Schutzschicht (Kies, Platten usw.)
- Dachentwässerung
- Dachausstieg, Zutritt, Sicherungssysteme

KG 370 Infrastrukturanlagen
Anlagen für Straßen-, Schienen-, Flugverkehr, Wasser-, Abwasser-, Energieversorgung

KG 380 Baukonstruktive Einbauten
Allgemeine- und besondere Einbauten, Landschaftsgestalterische - und Mechanische Einbauten, Teeküchen, Einbauschränke, feste Möblierung, Maschinen, Geräte, Biosphären, Zooanlagen, Einkaufszentren, Wasserversorgung etc.

KG 390 Sonstige Maßnahmen für Baukonstruktionen
Baustelleneinrichtung/Strom/Wasser, Wege Lagerflächen usw.

- Abbruch

KG 400 Bauwerk – Technische Anlagen
(Angaben der Sonderfachleute, Beschreibung der Notwendigkeit und Ort der Leistungserfüllung)

KG 410 Abwasser-, Wasser-, Gasanlagen
Leitungs- Verteilungsnetz, Sanitärobjekte

KG 420 Wärmeversorgungsanlagen
Leitungs-, Verteilungs-, Steuersysteme, Heizkörper

KG 430 Raumlufttechnische Anlagen
Lüftungsanlagen, Klima, Kälte

KG 440 Elektrische Anlagen
Hoch- und Mittelspannungsanlagen, Eigenstromversorgung, Beleuchtungssystem, Leuchten (direkt, indirekt, BAP), Brandmeldetechnik, BMZ, Fernmeldeanlagen, Telefonzentrale, Gebäudeleittechnik, Blitzschutz

KG 450 Kommunikations-, Sicherheits- und informationstechnische Anlagen
Telekommunikation, Such- und Signal-, Zeitdienst-, elektroakustische-, Audio-, Gefahrenmelde- und Alarmanlagen

KG 460 Förderanlagen
Aufzuganlagen, Fahrtreppen, Fahrsteige, Befahranlagen, Transport-, Kran- und Hydraulikanlagen

KG 470 Nutzungsspezifische und verfahrenstechnische Anlagen
Küchentechnische -, Wäscherei-, Reinigungs- und badetechnische Anlagen, Medienversorgungs-Medizin- und labortechnische Anlagen, Feuerlöschanlagen, Prozesswärme-, kälte- und -luftanlagen

KG 480 Gebäude- und Anlagenautomation
Automationseinrichtungen, Schaltschränke, Datenübertragungsnetze

KG 490 Sonstige Maßnahmen für technische Anlagen
Baustelleneinrichtung, Gerüste, Sicherungs- und Abbruchmaßnahmen

KG 500 Außenanlagen und Freiflächen
Nennung und Beschreibung nach Bedarf

510 Erdbau
520 Gründung, Unterbau
530 Oberbau, Deckschichten
540 Baukonstruktion
550 Technische Anlagen
560 Einbauten in Außenanlagen und Freiflächen
570 Vegetationsflächen
580 Wasserflächen
590 Sonstige Maßnahmen für Außenanlagen und Freiflächen

KG 600 Ausstattung und Kunstwerke
Nennung und Beschreibung nach Bedarf

610 Allgemeine Ausstattung
620 Besondere Ausstattung
630 Informationstechnische Ausstattung
640 Künstlerische Ausstattung
690 Sonstige Ausstattung

KG 700 Baunebenkosten

KG 800 Finanzierung
Nennung und Beschreibung nach Bedarf

A.10 Termine

A.10.1 Terminliste – Rahmenplanung

Nachstehende Terminliste ist den Projektmerkmalen entsprechend anzupassen. Wichtig ist bei der Vorlage und Durchsprache der Terminliste, dass alle fachlich Beteiligten einschl. Auftraggeber und Auftraggeber-Projektleitung die entsprechenden Daten miterarbeiten bzw. bestätigen.

Terminliste Gesamtübersich LPH 1 – 4

Nr.	Gesamtübersicht	LPH 1	LPH 2	LPH 3	LPH 4
1	Abschluss Architektenvertrag	*Datum*			
2	Beauftragung Sonderfachleute	*Datum*			
3	Bestellung Projektleiter-Auftraggeber	*Datum*			
4	Vorlage LPH 1 *Genehmigung AG*	*Datum* *Datum*			
5	Vorlage LPH 2 Genehmigung AG		*Datum* *Datum*		
6	Vorlage LPH 3 Genehmigung AG			*Datum* *Datum*	
7	Vorlage LPH 4 Genehmigung AG Einreichen Bauvorlagen Genehmigung Bauvorlagen				*Datum* *Datum* *Datum* *Datum*

Terminliste Einzelübersicht LPH 1 – 5

Nr.	Einzelübersicht	LPH 1	LPH 2	LPH 3	LPH 4	LPH 5
10	Grundlagenermittlung Architekt Sonderfachleute - Boden- und Gründungsgutachten - Bauphysikalische Gutachten - Sonstige Gutachten Architekt Gesamtvorlage - Bauherrenzustimmung	*Datum*				
11	Vorplanung Architekt Sonderfachleute - Tragwerksplanung - TGA - Außenanlagen Architekt, Gesamtvorlage - Bauherrenzustimmung		*Datum*			
12	Entwurfsplanung Architekt Sonderfachleute - Tragwerksplanung - TGA - Außenanlagen Architekt Gesamtvolage - Bauherrenzustimmung			*Datum*		
13	Genehmigungsplanung Architekt Sonderfachleute - Tragwerksplanung - TGA - Außenanlagen Architekt Gesamtvolage - Bauherrenzustimmung - Einreichen der Unterlagen - Genehmigung der Unterlagen				*Datum*	
14	Bauvoranfrage Sonderfachleute - Tragwerksplanung - TGA - Außenanlagen Architekt Gesamtvolage - Bauherrenzustimmung				*Datum*	
15	Ausführungsplanung Architekt - WP 1 an fachl. Beteiligte - WP 2/WP 3 Fertigstellung Sonderfachleute - Tragwerksplanung - TGA - Außenanlagen					*Datum*

Terminliste Einzelübersicht LPH 6 – 9

Nr.	Einzelübersicht	LPH 6	LPH 7	LPH 8	LPH 9
16	Ausschreibung Rohbau Baugrube Rohbau Baukonstruktion Fassade Allgemeiner Ausbau Elektro, Nachrichtentechnik Heizung, Sanitär etc. Raumlufttechnik, Kälte etc. Außenanlagen	*Datum*			
16.1	Angebotsprüfung/Vergaben Rohbau Baugrube Rohbau Baukonstruktion Fassade Allgemeiner Ausbau Elektro, Nachrichtentechnik Heizung, Sanitär etc. Raumlufttechnik, Kälte etc. Außenanlagen		*Datum*		
16.2	Ausschreibung funkt. LB/GU Fertigstellung Genehmigung AG Versand/Laufzeit		*Datum*		
17	Öffnungstermin Angebote xy Abschluss Angebotsprüfung Abschluss Bieterverhandlungen Abschluss Auftragsvergabe		*Datum*		
18	Bauausführung Freimachen des Grundstücks Gründung Rohbau Richtfest Fassade Dachdeckung Gebäudetechnik – Grobmontage Allgemeiner Ausbau Gebäudetechnik – Feinmontage Allgemeiner Ausbau Funktionsprüfungen Feinausbau Abnahmen Mängelbeseitigung Außenanlagen Voraussichtliche Übergabe Möblierung/Besiedlung Voraussichtlicher Einzug/Umzug Offizielle Einweihung			*Datum*	
19	Objektübergabe Umzug/Einzug Betriebsaufnahme Offizielle Einweihung, Eröffnung			*Datum*	
20	Objektbetreuung				*Datum*

A.10.2 Terminliste – Kontrollbericht Soll-Ist

Soll-Ist, Datum

Nr.	**Vorgangs-beschreibung**	**Geplant (AT)**	**Beginn Soll**	**Ist**	**Ende Soll**	**Ist**	**Stand in %**	**Restdauer (AT)**	**Bemerkungen**
1	Abschluss Arch.-Vertrag	15	15.01.xx	22.01.xx	05.02.xx	**12.02.xx**	50 %	8	Ausfall AG, keine Auswirkung

AT = Arbeitstag

Signatur:

A.11 Vertragsbedingungen Bauvertrag

Nachstehende Ausschreibungs- und Vertragsbedingungen

- Vertragsbedingungen allgemein
- Vertragsbedingungen Ergänzung VOB/B
- Vertragsbedingungen sonstige

sind beispielhaft. Die Texte für die Vertragsbedingungen wurden bei Projekten für eine GU-Vergabe und/oder eine Einzelgewerke-Vergabe verwendet.

Es sind in jedem Einzelfall, ob GU- oder Einzelgewerke-Vergabe, für jedes Projekt immer wieder – angepasst an die Merkmale des Projektes und die Merkmale und Anforderungen des Auftraggebers – die Ausschreibungs- und Vertragsbedingungen neu aufzustellen und abzustimmen.

Für Projekte der Öffentlichen Hand siehe die Bedingungen des VHB.

Vertragsbedingungen allgemein

A.11.1 Deckblatt

Beschreibung

Projekt: ...
...
Bauherr:...

gegebenenfalls Projektfoto einsetzen

Version: V 1 -- (Datum) – Deckblatt VB Rev3
Stand: ...

A.11.2 VB – Inhaltsverzeichnis VE funktionale GU-Beschreibung

1. 1.01 Deckblatt
   1.02 Inhaltsverzeichnis Verdingungsunterlage funktionale GU-Beschreibung
   1.03 CD-Inhaltsverzeichnis Verdingungsunterlage
2. 2.01 **BAB Rev1**
   2.02 Anlage zu § 2 Nebenangebote - Änderungsvorschlag Rev1
   2.03 Anlage zu § 2 Nebenangebote - Änderungsvorschlag Skonto Rev1
   2.04 Anlage zu § 2 Einsatz von Nachunternehmern Rev1
3. 3.01 **BVB Rev1**
   3.02 Anlage 1 BVB, Abtretung Mängelansprüche Rev1
   3.03 Bürgschaftsvordruck Vertragserfüllung
   3.04 Tariftreue Rev1
4. 4.01 **ZVB Rev1**
   4.02 Bürgschein Mängelansprüche Rev1
5. 5.01 **Baustellenordnung Rev1**

Hinweis: Die vorgenannten Vertragsbedingungen sind für diese Bauvorhaben aufgestellt worden und nur hierfür gültig.

6. **Funktionale Leistungsbeschreibungen**
   6.01 VB – Funktionale Leistungsbeschreibung Leistungen des GU, Hinweise DIN EN 18299 ff.
7. **Projektbeschreibung – Qualitätsbestimmungen**
   7.01 VB – Projektbeschreibung - Qualitäten Material
8. **Funktionale Leistungsbeschreibungen**
   8.01 000 Baustelleneinrichtungsarbeiten
   8.01.1 000 Baustelleneinrichtung, Vorschlag
   8.01.2 000 Baustelleneinrichtung Baumschutz auf Baustellen
   8.02 002 Funktionale Beschreibung Erdarbeiten
   8.03 003 Funktionale Beschreibung Bohr-, Ausbau- und Brunnenarbeiten
   8.04 004 Funktionale Beschreibung Verbau-, Ramm- und Einpressarbeiten
   8.05 005 Funktionale Beschreibung Wasserhaltungsarbeiten
   8.06 006 Funktionale Beschreibung Entwässerungskanalarbeiten
   8.07 007 Funktionale Beschreibung Drän- und Versickerungsarbeiten
   8.08 008 Funktionale Beschreibung Verkehrswegebauarbeiten
   8.09 009 Funktionale Beschreibung Landschaftsbauarbeiten
   8.10 010 Funktionale Beschreibung Kampfmittelräumarbeiten
   8.12 012 Funktionale Beschreibung Mauerarbeiten
   8.13 013 Funktionale Beschreibung Betonarbeiten
   8.14 014 Funktionale Beschreibung Natur- und Betonwerksteinarbeiten
   8.16 016 Funktionale Beschreibung Zimmer- und Holzbauarbeiten
   8.17 017 Funktionale Beschreibung Stahlbauarbeiten
   8.18 018 Funktionale Beschreibung Abdichtungsarbeiten
   8.19 019 Funktionale Beschreibung Gerüstbauarbeiten
   8.20 020 Funktionale Beschreibung Dachdeckungsarbeiten
   8.22 022 Funktionale Beschreibung Klempnerarbeiten
   8.21 021 Funktionale Beschreibung Dachabdichtungsarbeiten
   8.23 023 Funktionale Beschreibung Trockenbauarbeiten
   8.24 024 Funktionale Beschreibung WDVS-Fassadenarbeiten
   8.25 025 Funktionale Beschreibung Putz- und Stuckarbeiten
   8.26 026 Funktionale Beschreibung Fliesenarbeiten
   8.27 027 Funktionale Beschreibung Estricharbeiten
   8.28 028 Funktionale Beschreibung Tischlerarbeiten
   8.31 031 Funktionale Beschreibung Metallbauarbeiten
   8.33 033 Funktionale Beschreibung Gebäudereinigungsarbeiten
   8.34 034 Funktionale Beschreibung Maler-, Lackier- und Beschichtungsarbeiten
   8.35 035 Funktionale Beschreibung Korrosionsschutzarbeiten
   8.36 036 Funktionale Beschreibung Bodenbelagsarbeiten
   8.99 099 Einheitspreisliste (ist vom Bieter vor Vergabe auszufüllen)
9. **Leistungsverzeichnisse Bauwerk: Technische Anlagen**
   9.1 Mechanische Gewerke Büro ...
   9.2 Elektrische Gewerke Büro ...
   9.3 Fördertechnik Büro ...
   9.4 Leistungen der technischen Anlagen

10. Planungsunterlagen (siehe Anhängende Planlisten)
B-Plan Unterlagen
Bauantragsunterlagen – vorliegende Genehmigung zur Info –
Bauantragsunterlagen – verifizierte Eingabe
Entwurfsplanung – mit Verbindungsgang (Eventualleistung)
Objektplanungen, Ausführungs- und Detailplanung
- Objektplanung OPL
- Haustechnik Elektro
- Haustechnik HLS
- Fördertechnik – siehe OPL-Afu-Planung

Tragwerksplanung
OPL Freianlagen
Vermessung, amtl. Lageplan

11. Gutachten
Boden-, Erd- und Grundbau
Brandschutz
Wärmeschutz- und Schallschutznachweis

12. Termine

13. Zusammenstellung
13.01 Datum Angebotspreis Teillose 1 bis 5. Excel
13.01 Datum Angebotspreis Teillose 1 bis 5. PDF

Ort, Datum

A.11.3 ATV DIN 18299 ff., Funktionale Leistungsbeschreibung Leistungen des GU

Zur Beachtung:
Nachstehende Erläuterungen zu

- A.11.3.1 Hinweise für das Aufstellen der Leistungsbeschreibung ATV DIN 18299 ff. und
- A.11.4 VB – Projektbeschreibung – Qualität Materialien

sind projektbezogen aufgestellt worden für einen Bau-Auftragnehmer zur (alleinigen) Abgabe eines Angebotspreises, welcher bereits für den Auftraggeber mit einem vergleichbaren Bauvorhaben beauftragt und als GU errichtet hatte.

A.11.3.1 Hinweise für das Aufstellen der Leistungsbeschreibung ATV DIN 18299 ff.

0.1 Angaben zur Baustelle
0.1.1 Lage der Baustelle
Das Baugebiet liegt im nördlichen Stadtgebiet von ...

Foto des Baugebietes

Die postalische Adresse ist ...

Grundstücksabmessungen:
größte Länge: 190 m
Größte Breite: i. M. 45 m
Fläche Grundstück: ca. 8.400 m^2

Bauliche Anlage, Beweissicherung
Vor Baubeginn ist der Zustand des gesamten Geländes und der Gebäude, welche im Einflussbereich der Baumaßnahme liegen, vom Auftragnehmer gutachterlich zum Zwecke des Beweises gemeinsam mit dem Auftraggeber aufzunehmen.

Betrieb der Baustelle
Für den Betrieb der Baustelle sind folgende Anforderungen zu erheben und nachzuweisen:

Lärmarme Baustelle
Im Bundes-Immissionsschutzgesetz ist festgelegt, dass jede Baustelle so geplant, eingerichtet und betrieben wird, dass Geräusche – die nach dem Stand der Technik vermeidbar sind – wirksam verhindert werden. Hierzu sind vorkehrende Maßnahmen zu treffen, die das Ausbreiten von unvermeidbaren Geräuschen von Baustellen auf ein Mindestmaß reduzieren. Insbesondere der Einsatz lärmarmer Baumaschinen (gemäß RAL-UZ 53) und ein verträglicher Einsatz relevanter Maschinen (Zeitplanung des Einsatzes) ist zu berücksichtigen. Sind Arbeiten geplant, bei denen der voraussichtliche Beurteilungspegel 85 dB(A) überschritten wird, muss dies dem Architekten gemeldet werden. Im Interesse des Auftraggebers und der nachbarschaftlichen Situation ist eine Abstimmung durchzuführen. Eine Überprüfung wird durch den Architekten des Auftraggebers stichprobenartig durchgeführt. Außerdem führt der Architekt des Auftraggebers regelmäßig Messungen durch und führt darüber eine entsprechende Dokumentation.

Staubarme Baustelle
Ein wichtiger Anteil zum Schutz von Beschäftigten auf der Baustelle und zum Schutz der unmittelbaren Umgebung ist die Vermeidung von Staub. Aufgrund der innerstädtischen Lage des Baugrundstücks ist vor Beginn der Arbeiten ein Staubschutzkonzept vom Auftragnehmer vorzulegen. Dabei sollten insbesondere die Bereiche Baustellenanlieferung und die Ausführung der notwendigen Staubfilter für die Absaugung an Gerätschaften (Deckelbauweise) berücksichtigt werden. Die gesetzlichen Bestimmungen müssen bei Maschinen und Geräten eingehalten werden und dem aktuellen Stand der Technik entsprechen. Eine regelmäßige Wartung und eine sachdienliche Pflege der Gerätschaften wird vorausgesetzt.

Vor jeglicher Verlegung von Fußbodenaufbauten (Dämmungen/Trennlagen unter Estrich und Montage von Hohlbodenkonstruktionen, etc.) ist der Rohbau gründlich zu säubern. Gleiches gilt für I-Schächte. Alle Oberflächen sind vorher mit leistungsfähigen Staubsaugern abzusaugen.

Abfallarme Baustelle
Die gesetzlichen Mindestvorschriften des Kreislaufwirtschafts- und Abfallgesetzes müssen erfüllt werden. Darüber hinaus werden die am Bauprozess Beteiligten bezüglich der Abfallvermeidung gezielt geschult. Der Architekt des Auftraggebers kontrolliert die Materialtrennung und die korrekte Benutzung der Sammelstellen. Die Baustoffe werden in mineralische Abfälle, Wertstoffe, gemischte Baustellenabfälle, Problemabfälle und gefahrstoffhaltige Abfälle getrennt. Hierfür sind Dokumentationsunterlagen, die die Durchführung von sachgerechten Maßnahmen nachprüfbar darlegen, erforderlich und vom Auftragnehmer vorzulegen. Verschmutzungen, Abfälle, Bauschutt, Verpackungsmaterialien, Baustoffreste, etc. sind ständig und unverzüglich zu entfernen und ordnungsgemäß zu entsorgen. Innerhalb des Gebäudes sind während der Bauphase Staubsauger zur Reinigung einzusetzen.

Umweltschutz auf der Baustelle

Es muss sichergestellt werden, dass der Boden nicht durch chemische Verunreinigungen kontaminiert wird. Es wird somit sichergestellt, dass kein umweltgefährdender Stoff oder Zubereitung in Kontakt mit der Umwelt kommt. Solche Stoffe sind durch entsprechende Kennzeichnungen mit den R-Sätzen R50 - R59 (bzw. GHS H- Sätzen nach CLP-Verordnung (EG) Nr. 1272/2008) und durch Einträge im Sicherheitsdatenblatt zu erkennen. Der Auftragnehmer hat für den Bodenschutz während der Bauphase zu sorgen und die getroffenen Maßnahmen zu dokumentieren. Über den Schutz vor chemischen Verunreinigungen hinaus wird der Boden auch vor schädlichen mechanischen Einflüssen geschützt. Schädliche mechanische Einflüsse sind z. B. unnötige Verdichtungen oder eine Vermischung von unterschiedlichen Bodenschichten. Hierfür sind prüfbare Dokumentationen oder Meßprotokolle zur Einhaltung dieser Kriterien vom Auftragnehmer vorzulegen.

Sollte es während der Bauphase zu Feuchteschäden und/oder einem mikrobiellen Befall von Baumaterialien durch z. B. Schimmelpilze kommen, ist eine schriftliche Meldung an den Architekten des Auftraggebers in jedem Falle erforderlich. Durch Schimmelpilze und Bakterien belastete Produkte dürfen nicht verbaut werden.

0.1.2 Besondere Belastung aus Immissionen ....

Sind nicht bekannt.

0.1.3 Art und Lage der baulichen Anlage

Siehe Baubeschreibung ... 06.01 Leistungen GU.

0.1.4 Verkehrsverhältnisse auf der Baustelle

Die Baustelle darf nur für Materialtransporte o. glw. befahren werden. Parken auf der Baustelle ist nur in den dafür vorgesehenen Flächen gestattet. Die Zufahrtsmöglichkeit zur Baustelle besteht hauptsächlich über die öffentliche Straße

(Beachte Beschränkung ...).

Die Zu- und Abfahrten zu den Baustelleneinrichtungen sind mit den zuständigen Behörden abzustimmen, ggf. erforderliche Zustimmungen für Überfahrten etc. sind zu Lasten des Auftragnehmer einzuholen. Die Aufrechterhaltung des öffentlichen Verkehrs ist sicherzustellen.
Die Verkehrssicherungspflicht im Baustellenbereich und in den unmittelbar angrenzenden Flächen des öffentlichen Verkehrs ist Sache des Auftragnehmer (Anliegerpflicht). Der Auftragnehmer stellt den Auftraggeber von jeglichen hieraus resultierenden Schadenersatzansprüchen frei.

Von den zuständigen Stellen sowie vom Auftraggeber gestellte Aufgaben zur Sicherung des öffentlichen Verkehrs sind vom Auftragnehmer unverzüglich durchzuführen. Er hat durch entsprechende Vorkehrungen dafür zu sorgen, dass Verschmutzungen der öffentlichen Straßen vermieden werden, desgleichen Staubentwicklung durch Baufahrzeuge.

Trotz aller Vorkehrungen auftretende Verschmutzungen von nichtöffentlichen und öffentlichen Straßen sind umgehend mit geeigneten Maßnahmen zu beseitigen. Dies gilt insbesondere für die im Straßenbereich vorhandenen Entwässerungseinrichtungen. Eine besondere Vergütung erfolgt nicht.

0.1.5 Für den Verkehr freizuhaltende Flächen
Auf dem Baufeld ist ein Lagern von Materialien gestattet. Aufstellflächen für die Hilfs-/Einsatzkräfte sind abzustimmen, zu kennzeichen und ständig frei zu halten.

0.1.6 Art, Maße und Nutzbarkeit von Transporteinrichtungen
An dem Bauvorhaben steht ein Baustellenaußenaufzug nicht zur Verfügung steht. Für den Transport von Materialien und Personen im Gebäude steht ein selbstfahrender Innenaufzug nicht zur Verfügung.

Besondere Montagewege - soweit nicht geplant - und Öffnungen sind mit der Architekt abzustimmen.

0.1.7 Lage, Art, Anschlusswert ... überlassene Energien

Durch den GU sind in jedem Geschoss ein Bauverteiler vorzuhalten; ebenso

Bauwasser. Weitere Angaben siehe ZBV.

0.1.8 Lage und Ausmaß ... überlassene Flächen
Es werden Flächen für Auftragnehmer-Baustellencontainer etc. zur Verfügung gestellt werden (siehe Baustellein-richtungsplan). Das Aufstellen von Firmenschildern ist nach Zustimmung durch den Architekten des Auftraggebers zugelassen.

0.1.9 Bodenverhältnisse, Baugrund....
Das Grundstück ist weitestgehend eben und hat die Höhenkoten am Gebäude von ca. +164 und +165 m ü. NN. Angaben zur Tragfähigkeit usw. siehe Erläuterungsbericht Tragwerksplaner Büro ... und Bodengutachten Büro ....

0.1.10 Hydrologische Werte
Der höchste Grundwasserstand ist nach Gutachten bei -4,00 bis -5,80 m. Während der Bauausführung ist mit zulaufenden Schichtenwasser in die Baugrube zu rechen. Empfohlen wird eine offende Wasserhaltung mit einem Pumpensumpf.

0.1.11 Besondere umweltrechtliche Vorschriften
Das Grundstück liegt am nördlichen Rande von ... westlich gegenüber angrenzenden Wohnhäusern. Hieraus erwachsen dem Auftragnehmer besondere Verpflichtungen zum Einhalten der TA Lärm, der Arbeitszeiten und der Baustellenlogistik.

Die Einschränkungen zur Arbeitszeit ist an Samstagen, frühester Arbeitsbeginn 9.00 Uhr, an Sonn- und Feiertagen kein Arbeitszeiten, sowie an den sonstigen Werktagen Beginn 7.00 Uhr und Ende 20.00 Uhr.

Alle Lärmemittenten sind einzuhausen; d. h. z. B., die Kreissäge ist in einem schallschluckenden Container zu installieren, die Bereiche der Stemmarbeiten am Beton sind ebenfalls schallschluckend einzuhausen.

Ortsfeste Maschinen und Geräte, auch temporäre, sind in Wannen aufzustellen. Sollte an mobilen Maschinen (Fahrzeuge) und Geräten eine Leckage eintreten und zu einer Kontaminierung führen können, so ist der kontaminierte Bereich sofort zu sichern. Entsprechende Geräte und Materialien sind ausreichend vorzuhalten. Die Entsorgungsnachweise sind der Architekt vorzulegen.

0.1.12 Besondere Vorgaben für die Entsorgung
siehe Baustellenordnung

0.1.13 Schutzgebiete
Erkenntnisse hierzu liegen nicht vor.

0.1.14 Art und Umfang des Schutzes von Bäumen, Pflanzenbeständen, Vegetationsflächen:
Die besonders gekennzeichneten Bäume sind dauerhaft zu schützen. Das Wässern der Vegetation liegt im Verantwortungsbereich des Auftragnehmer. Gem. Baumschutzsatzung ist für das Entfernen der Bäume, Hecken bzw. sonstige Anpflanzungen durch den GU-Auftragnehmer ein Antrag zu stellen.

0.1.14 Verkehrsflächen, Bauteilen, Bauwerken, Grenzsteinen und dergleichen im Bereich der Baustelle:

Entsprechend dem vom Auftragnehmer zu veranlassenden Beweissicherungsgutachten sind die vorgenannten Anlagen wieder in den Ursprungszustand herzustellen.

0.1.15 Im Bereich der Baustelle vorhandenen Anlagen ...
Der Auftragnehmer ist verpflichtet, sich anhand von Unterlagen darüber Kenntniss zu beschaffen.

0.1.16 Bekannte oder vermutete Hindernisse im Bereich der Baustelle
Siehe Baugrundgutachten

0.1.17 Kampfmittel
Siehe Baugenehmigung etc.

Kampfmittelfunde
Beim Auffinden von kampfmittelverdächtigen Gegenständen sind die Bauarbeiten sofort zu unterbrechen, der Auftraggeber und die zuständigen Behörden (Kampfmittelbeseitigungsdienst) zu verständigen sowie in Abstimmung mit diesen den Boden erneut zu untersuchen bzw. die entsprechenden Maßnahmen zur Untersuchung (ggf. Dokumentation) und Beseitigung zu ergreifen.

0.1.18 Getroffene Maßnahmen gem. Baustellenverordnung
Siehe Vertragsbedingung

0.1.19 Besondere Anordnungen, Vorschriften und Maßnahmen der Eigentümer
Bei der Durchführung der Arbeiten ist besonders darauf zu achten, dass Einrichtungen, Bauwerke etc. der Nachbarn besonders zu schützen sind.

0.1.20 Art und Umfang von Schadstoffbelastung
Erkenntnisse liegen nicht vor.

0.1.21 Art und Zeit der vom Auftraggeber veranlassten Vorarbeiten
Liegen nicht vor.

0.1.22 Arbeiten anderer Unternehmer auf der Baustelle
Siehe Terminplan BVB

0.2 Angaben zur Ausführung
0.2.1 Arbeitsabschnitte usw.
Liegen nicht vor.

0.2.2 Besondere Erschwernisse
Erkenntnisse liegen nicht vor.

0.2.3 Besondere Anforderungen für Arbeiten in kontaminierten Bereichen
Entsprechend den einschlägigen Vorschriften

0.2.4 Besondere Anforderungen an die Baustelleneinrichtung und Entsorgungseinrichtung
Siehe Baustelleneinrichtungsplan, Vorschlag. Das Ableiten von Tageswasser und Regenwasser während der Bauzeit ist in Abstimmung mit dem Amt für NN der Stadt NN möglich. Alle hiermit verbundenen Leistungen und Kosten sind mit dem Angebotspreis abgegolten.

0.2.5 Besonderheiten der Regelungen und Sicherung des Verkehrs
Liegen nicht vor

0.2.6 Besondere Anforderungen an Gerüsten
Liegen nicht vor.

0.2.7 Mitbenutzung fremder Gerüste
Siehe BVB

0.2.8 Vorhaltung Gerüste, Hebezeuge etc.für andere Auftragnehmer
Entsprechend Leistungsbeschreibung und -verzeichnis sowie Vertragsbedingung

0.2.9 Verwendung wiederaufbereiteten Recyclingstoffe entsprechend Vorschriften
Entsprechend den einschlägigen Vorschriften

0.2.10 Anforderung an wiederaufbereitete Recyclingstoffe
Entsprechend den einschlägigen Vorschriften

0.2.11 Besondere Anforderungen an Art, Güte usw.
Es gelten verbindliche Grenzwerte für die Innenraumhygiene. Zur Abnahme des Bauwerks sind durch den Auftragnehmer durch Fachlabors gezielte Prüfungen und Messungen durchzuführen (Messungen der Luft und Blower-Door-Test), um die Einhaltung dieser Schadstoff- und Komfortkriterien nachzuweisen (entsprechend DGNB). Es ist folgende Güte der Lufthygiene bei normaler Raumlufttemperatur (21°C) bzw. üblicher Nutzungstemperatur von Räumen zwingend einzuhalten:

0.2.12 Eignungs- und Gütenachweise
Alle eingesetzten Bauprodukte müssen sehr schadstoffarm, geruchsarm und emissionsarm sein. Gefährliche Stoffe dürfen nicht in den Bauprodukten enthalten sein.

0.2.13 Bedingungen Verwendung gewonnene Stoffe
Entsprechend den einschlägigen Vorschriften

0.2.14 Zu entsorgende Böden, Stoffe und Bauteile
Entsprechend den einschlägigen Vorschriften

0.2.15 Art, Anzahl und Menge vom Auftraggeber beigestellt
Nach Erforderniss und besondere Vereinbarung

0.16 Logistikhilfen des Auftraggeber
Ist nicht vorgesehen.

0.2.17 Leistungen für andere Auftragnehmer
Ist nicht vorgesehen

0.2.18 Mitwirken bei der Inbetriebnahme
Soweit zutreffend siehe Vertragsbedingung

0.2.19 Benutzung von Teilen der Leistung vor Abnahme
Siehe Leistungsverzeichnis und nach Erforderniss und besondere Vereinbarung

0.2.20 Übertragung der Wartung
Siehe Leistungsverzeichnis und nach Erforderniss und besondere Vereinbarung

0.2.21 Abrechnen nach bestimmten Zeichnungen oder Tabellen
Siehe Leistungsverzeichnis und nach Erforderniss und besondere Vereinbarung

0.3 Einzelangaben bei Abweichung von den ATV
Siehe Leistungsverzeichnis und nach Erforderniss und besondere Vereinbarung

0.4 Einzelangaben zu Nebenleistungen und Besonderen Leistungen
Nebenleistungen
Auch von erheblicher Bedeutung sind diese entsprechend Vertragsbedingung entgegen VOB/C vertragliche Leistung des GU-Auftragnehmer und sind im Angebotspreis zu berücksichtigen.

Besondere Nebenleistungen
sind entsprechend Vertragsbedingung entgegen VOB/C vertragliche Leistung des GU-Auftragnehmers und sind im Angebotspreis zu berücksichtigen.

Abrechnungseinheiten
Siehe Leistungsverzeichnis und nach Erforderniss und besondere Vereinbarung

1 Geltungsbereich
Entsprechend VOB/C DIN 18299 ff.

2 Stoffe, Bauteile
- 2.1 Allgemeines
- 2.2 Vorhalten
- 2.3 Liefern

Entsprechend VOB/C DIN 18299 ff.

Wird im Leistungsverzeichnis vom Bieter die Eintragung des „angebotenen Fabrikats" (gleichbedeutend: Hersteller, Typ, Erzeugnis) verlangt/benannt, ist der Bieter grundsätzlich zur Angabe verpflichtet. Die Verpflichtung entfällt, wenn nur ein einziges Fabrikat die Bedingungen der Leistungsbeschreibung erfüllt oder wenn das angebotene Fabrikat bereits in einer anderen Position des Leistungsverzeichnisses angegeben wurde.

Wird in der Leistungsbeschreibung ein Fabrikat mit dem Zusatz „oder gleichwertiger Art" vorgegeben, so muss ein Fabrikat gleichwertiger Art nicht zwingend angeboten werden; die Gleichwertigkeit ist als Mindestforderung zu verstehen.

Gleichwertigkeit der Art im Sinne der Leistungsbeschreibung bedeutet, dass Unterschreitungen der geforderten technischen Parameter (z B. Maße, Leistung, physikalische, chemische und biologische Eigenschaften), der Schadensbeständigkeit und der Nutzungsdauer praktisch vernachlässigt werden können.

Kriterien der Prüfung und Zulassung müssen in ihrer Gesamtheit erfüllt sein. Vorgeschriebene Prüfungen durch Rechts- oder Verwaltungsvorschriften oder nach DIN- oder EN-Normen müssen nachweisbar sein.

Ist ein Fabrikat nach dem Zusatz „oder gleichwertiger Art" in den vorgesehenen Freiraum für „Angebotenes Fabrikat: ....." vom Bieter nicht eingetragen, so gilt im Falle der Auftragserteilung das vom Auftraggeber eingetragene Fabrikat als vereinbart. Die Gleichwertigkeit ist auf Verlangen durch Prüfzeugnisse, Prospekte, Muster oder anderweitig darzulegen.

Schlägt der Bieter andere geeignete, aber im Sinne dieser Leistungsbeschreibung nicht gleichwertige Fabrikate vor, so ist der Leistungstext dennoch verbindlich; das nicht gleichwertige Fabrikat kann nur als Nebenangebot gewertet werden.

Werden für nicht genormte Erzeugnisse Gebrauchstauglichkeitsnachweise verlangt und kann für eingebaute Erzeugnisse ein solcher Nachweis nicht erbracht werden, gilt das als Fehler der Werkleistung. Referenzen können in diesem Fall den Nachweis nicht ersetzen.

Sind Zulassungsbescheide nachzuweisen, so sind sie als Ganzes mit den dazugehörigen Anlagen – jedoch ohne Prüfprotokolle – vorzulegen. Teilkopien genügen den Anforderungen nicht. Einzelzulassungen müssen auf den Namen des Herstellers ausgestellt sein.

Die Nachweise der Prüfungen sind entsprechend dem Baufortschritt zu übergeben.

Werden für einzubauendes Material Gütenachweise gemäß den Rechtsvorschriften, DIN-Bestimmungen oder Vertragsunterlagen gefordert, so gelten diese auch dann als erbracht, wenn ein Überwachungsvermerk eines zugelassenen Instituts oder einer amtlichen Einrichtung auf den Baustoffen oder der Verpackung oder dem Lieferschein angebracht ist.

Die ggf. in eingeführten technischen Baubestimmungen geforderten Kennzeichnungen werden davon nicht berührt.

Eventual- oder Bedarfspositionen dürfen grundsätzlich nur mit Zustimmung oder Genehmigung des Auftraggeber bzw. dessen Architekt ausgeführt werden. Die gesetzlichen Regeln der Geschäftsführung ohne Auftrag werden davon nicht berührt.

3 Ausführung
Darüber hinaus ist zu beachten:

Bei der Ausführung sind insbesondere die Auflagen/Nachweise der erteilten Baugenehmigung zu erfüllen. Sind noch Nachweise gefordert oder ist eine Abstimmung mit einer Genehmigungsbehörde erforderlich, z. B. für eine Zustimmung zur Ausführung, so ist diese eigenverantwortlich durch den GU-Auftragnehmer zu erbringen; diese Abstimmung und Koordination gehört zur vertraglich geschuldetenLeistung des GU-Auftragnehmer.

4 Nebenleistungen, Besondere Leistungen
Leistungen nach Abschnitt 4, Nebenleistungen und Besondere Leistungen, werden – soweit nicht eine andere vertragliche Regelung vereinbart ist - nicht gesondert vergütet und gehören ohne Erwähnung zur vertragliche geschuldeten Leistung des GU-Auftragnehmer.

A.11.3.2 Besondere vertragliche Leistungen und Hinweise, welche mit dem Angebotspreis angeboten und abgegolten sind

1. Baulose
Die Verdingungsunterlage umfasst die beiden Bauvorhaben

Baulos 1
Projekt: ...

und

Baulos 2
Projekt: ...

Die Bestandteile der Verdingungsunterlage (Vertragsbedingungen, Qualitätsbeschreibungen, Funktionale Beschreibungen etc.) gelten für beide Baulose.

2. Allgemeine Technische Vertragsbedingungen der VOB/C (DIN 18299 ff.)

Werden Allgemeine Technische Vertragsbedingungen der VOB/C (DIN 18299 ff.) genannt, so gelten die in diesen aufgeführten DIN bzw. DIN EN ohne besondere Erwähnung als Ausführungsgrundlage, Leistungs- und Gütebestimmung.

Soweit in den funktionalen Leistungsbeschreibungen auf Technische Spezifikationen, z. B. nationale Normen, mit denen Europäische Normen umgesetzt werden, europäische technische Zulassungen, gemeinsame technische Spezifikationen, Internationale Normen, Bezug genommen wird, werden auch ohne den ausdrücklichen Zusatz: „oder gleichwertig" immer gleichwertige Technische Spezifikationen in Bezug genommen.

Die Bauleistungen sollen den allgemein anerkannten Regeln der Technik entsprechen. Die Anwendung der angegebenen Normen befreit nicht von der Verantwortung für eigenes Handeln. Sind bautechnische Regeln einzuhalten, insbesondere die Verwendbarkeit für Bauprodukte und Bauarten, so gilt grundsätzlich die zum Zeitpunkt der Bestellung/Zustimmung zur Ausführung in Kraft befindliche Vorschrift, sofern diese keinen eigenen späteren Gültigkeitsvermerk trägt. Für die Preisbildung gelten unabhängig davon die zum Zeitpunkt der Angebotsabgabe gültigen Vorschriften.

Auch wenn die VOB/B nicht als Ganzes vereinbart ist, gelten die Abschnitte 1 (Geltungsbereich), Abschnitte 2 (Stoffe, Bauteile) und Abschnitte 3 (Ausführung) der Allgemeinen Technischen Vertragsbedingungen (VOB/C). DIN 18300 ff. haben Vorrang vor DIN 18299. Kurzbezeichnungen in den Ausschreibungstexten entsprechen den angegebenen Normen.

Sofern mehrere Teile einer technischen Regel anzuwenden sind, ist grundsätzlich nur der Haupttitel zitiert. Werden Teilausgaben zitiert, so ist nur der zitierte Teil Ausführungsgrundlage. Die Auflistung von Normen erhebt keinen Anspruch auf Vollständigkeit.

Vom Bieter übergebene eigene technische Vertragsbedingungen sind nicht gültig und werden nicht Vertragsbestandteil.

Leistungen nach Abschnitt 4, Nebenleistungen und Besondere Leistungen, werden – soweit nicht eine andere vertragliche Regelung vereinbart ist – nicht gesondert vergütet und gehören ohne Erwähnung zur vertraglichen Leistung des Auftragnehmer.

Formulierungen in den funktionalen Beschreibungen der Gewerke wie:

- ... falls in den jeweiligen Positionen des Leistungsverzeichnisses nicht anderes festgelegt ist ...
- ... wenn nicht anders ausgeschrieben ...

weisen nur darauf hin, dass es mehrere Möglichkeiten der Ausführung oder Gütebestimmungen gibt. Hier hat der Auftragnehmer eigenverantwortlich die Ausführung oder Güte zu bestimmen und ggf. mit dem Architekten des Auftraggebers abzustimmen, welche der Gesamtanforderung an die vertraglich geforderte Güte entspricht.

Ebenso ist die Formulierung ... bauseits ... so zu verstehen, dass bestimmte Einbauten oder Ausführungen durch ein anderes Gewerk – z. B. 023.1, Pkt.: 3.4: Die bauseits montierten Leuchten sind vom Auftragnehmer... – bereits erfolgt ist oder noch erfolgt. Die Gesamtkoordination in technischer und terminlicher Hinsicht aller Auftragnehmer (Nachunternehmer, Auftragnehmer des Auftraggeber und Leistungen des Auftraggeber selbst) obliegt dem GU.

Formulierungen wie:
.... Nebenleistungen, mit dem Angebotspreis abgegolten
.... zusätzliche Nebenleistungen entsprechend VOB/C
.... ist im Preis zu berücksichtigen usw.
.... der zeitliche Versatz der Leistungen ist im Preis zu berücksichtigen

erfolgen ausschließlich als Hinweis auf die vom Auftragnehmer vertraglich geforderte Leistung im Sinne der Funktionalen Beschreibung.

3. UVV, Patente, Anerkennung der Regelungen

In die Preise sind grundsätzlich einzubeziehen alle Aufwendungen und Kosten, die sich aus der Einhaltung der allgemein für Bauarbeiten sowie für die Gewerke geltenden Unfallverhütungsvorschriften ergeben.

Gebühren für Patentanwendungen, Lizenzen und Franchising sind mit dem Preis grundsätzlich abgegolten.

Individuelle Vereinbarungen haben Vorrang und sind an keine Form gebunden, soweit nichts anderes vereinbart ist.

4. Erforderliche Leistungen für den Betrieb, Lieferant Auftraggeber oder Auftragnehmer

Mit den Angebotspreisen werden alle nachstehenden Auftragnehmer-Leistungen angeboten und abgegolten.

Funktionale Leistungen für den Betrieb:

Erforderliche Leistungen für den Betrieb, Lieferant AG oder AN			
Nr	**AG**	**AN**	**Gegenstand**
1		x	Abdichtungsarbeiten Innen und Außen, Perimeterdämmung
2	x		WKGS-Abfallentsorgung + Container
3		x	Alu-Fahnenmast inkl. Wand-/Bodenhalterung, Fahrradständer, Sperrpfosten Stahl, Taktiles Leitsystem
4	x		Anti-Dekubitus Matratzenauflage, Großzellenwechseldrucksystem

Erforderliche Leistungen für den Betrieb, Lieferant AG oder AN			
Nr	**AG**	**AN**	**Gegenstand**
5	x		Armlehnstühle, Tische, Bänke, Beistelltische Teak
6		x	Asphaltarbeiten
7		x	Aufzüge
8	x		Außenanlagen Wege und Vegetation, Stützwände
9		x	Bannerfahnen
10		x	Baugrunduntersuchung, Ergänzungen
11		x	Baumpfähle, Halbholzlatten, Schutz Baumbestand
12		x	Bauschild/-tafelgerüst, Schriftplatten
13		x	Baustelleneinrichtung
14		x	Beschichtungsarbeiten
15		x	Beschilderung, Info-Leitsystem
16	x		Bilderrahmen incl. Kaschierung u. Fotodruck
17		x	Bodenbelagsarbeiten
18		x	Bohr- und Brunnenarbeiten
19		x	Brandmeldeanlage, RWA – Anlage einschl. Rauchabzugsöffnung/-fenster
20		x	Brandschutzarbeiten
21	x		Bücher für Bibliothek
22	x		Büromöbel
23		x	Lieferung Waschtisch
23.1		x	Montage Waschtisch, Armeturen etc.
24	x		CISCO CATALYST 2960S
25		x	Dachabdichtungsarbeiten
26		x	Dachdeckungsarbeiten
27	x		Dekorationsstoff, Wandascher GLASGOW
28		x	Dichtigkeitsprüfung Grundleitungen, Übergabeschacht
29		x	Digitale Antennenanlage
30		x	Drainagearbeiten
31	x		Duschhocker, Steckbecken, Wertstoffsammler, Mehrzweck- Reinigungswagen, Abfallbehälter,
32	x		Duschvorhänge
33		x	Edelstahlhandlauf, Edelstahlschienen, Edelstahleckschutzschienen
34	x		Einbaumöbel Küchenzeile, Empfangspult, Garderoben, Schließfächer, Putzmittel-schränke etc.
35		x	Grundleitungs- und Kanalarbeiten für Regen-, SW-, Dränage, Energien etc.

Erforderliche Leistungen für den Betrieb, Lieferant AG oder AN			
Nr	**AG**	**AN**	**Gegenstand**
36		x	Erdarbeiten Rohbauarbeiten
36.1	x		Erdarbeiten Außenanlagen
37	x		Erstausstattung Hängemappe-Exklusive
38	x		Erstausstattung Möbel
39	x		Erweiterung Zentraleinheit bei TK-(Kauf-) Anlage
40		x	Estricharbeiten
41		x	Feuerwehrpläne, Flucht-u. Rettungswegepläne
42		x	Flächenhohlböden
43		x	Fliesenarbeiten
44	x		Garderoben- und Schirmständer
45		x	Massiv- Holzhandlauf
46	x		Gartenkrone Blumenwiese
47		x	Gebäude- und Schlussreinigung vor Übergabe an den Auftraggeber
48	x		Gerätehaus
49		x	Gerüstbauarbeiten
50	x		Geschirrspülautomat
51	x		Gesellschaftsspiele, Vasen
52	x		Gewerbesauger
53	x		Großschirme Royal
54	x		Grundregal für Kleingebinde
55	x		Grünpflanzen
56	x		Handfeuerlöscher
57	x		Handtuch-, Seifen- +Desinfektionsspender, Arbeitspflegekombi, Hubwannen, Namensschilder, Elektrositzlift, TR-Badliege
58		x	Hausanschlüsse, Baustrom/-wasser
59	x		Hebelifter, Sitzwaage, Dusch-Rollstuhl; Leichtgewicht-Rollstuhl, Rollatoren
60		x	Holzfenster/-türen Innen und Außen
61		x	Innen- u. Außenputzarbeiten
62	x		Kaffeemaschinen
63	x		Klavier
64		x	Klempnerarbeiten, Fensterbänke, Rinnen, Fallrohr, Standrohr
65	x		Kopfkissen, Schlafdecken, Spannbetttücher, Mitteldecken
66		x	Korrosionsschutzarbeiten

Erforderliche Leistungen für den Betrieb, Lieferant AG oder AN			
Nr	**AG**	**AN**	**Gegenstand**
67	x		Kühlzellen- Kombination, Tiefkühlraum Iso, Mopro- Kühlraum, Kühlraum- Wurst/ Fleisch, -Gemüse/Obst
68	x		Lagercontainer - Schnellbauvariante
69	x		Lagerfroster, Kühlschränke, Speiseausgabewagen, Eloma Joker-T, Eloma Joker-T , GS zur RG 9...
70	x		LCD-Fernseher
71	x		Leinwandkünstlerfotos
72	x		Lieferung aller Leuchten
72.1		x	Montage aller Leuchten
73		x	Maler- und Lackierarbeiten, Super Latex Elf, Kratzputz, Innendekor ELF
74		x	Mauerarbeiten
75	x		MED-Bettenwaage
76		x	Metallbauarbeiten, Edelstahleckschutzschienen
77	x		mobile Küchenausstattung, Servierwagen, Tablett-Transportwagen, Kältespeicher-platten
78		x	Natur- Betonwerksteinarbeiten
79	x		Notfallausstattung
80		x	Parkettlegearbeiten
81	x		Pflege-, Orga-, Regal-, Halimedspender +Etagen-, Verband-, Wäschewagen, Schrankaufbau, Wäschesammler,
82	x		Pflegebetten + Pflegenachttisch, Aufrichter
83	x		Pflegekombinationen
84		x	Prüfung bautechnische Nachweise baulicher Brandschutz
85		x	Raffstoren mit Flachlamellen, Insektenschutzgitter
86	x		Reinigungsmaschine - Scheuersaugautomat
87	x		Rollrasen
88		x	Rolltor, Deckengliedertor
89		x	Sanitär - Heizung – Lüftung - Kälte Installationsarbeiten
90	x		Sauerstoffgerät, Sauerstoffflasche, Trachealabsauggerät
91	x		Sauerstoffzentrale, medizinische Gasversorgung
92		x	Schild Hausnummer
93		x	Schließanlage, Briefkastenanlage RENZ
94		x	Schlosserarbeiten allgemein
95		x	Schriftzüge, Leuchtkasten, Beschilderung
96	x		Schwesternrufanlage

Erforderliche Leistungen für den Betrieb, Lieferant AG oder AN			
Nr	**AG**	**AN**	**Gegenstand**
97	x		Server inkl. Hard- und Software
98	x		Sichtschutzfolie, Sicherheitskennzeichnung
99	x		Sitzmöbel
100		x	Sonnenschutzarbeiten
101		x	Spiegel
102		x	Stahlbauarbeiten
103		x	Stark- u. Schwachstrom Installationsarbeiten, Elektro- Baustromverteiler etc.
104	x		Stoffe
105	x		Stühle Eukalyptusholz, Tisch Nussbaum hell mit Alusäule
106		x	Tapezierarbeiten
107	x		Telefonanlage Endgeräte
108	x		Teleskopbühne
109		x	Tischlerarbeiten, Innentüren etc.
110		x	Trockenbauarbeiten
111		x	Türschließung mit Rundzylinder Standard, Drückergarnitur Edelstahl, Panikschlösser, Blindzylinder
112	x		USV - Anlage
113		x	Verbau-Ramm-Einpressarbeiten
114		x	Verglasungsarbeiten
115		x	Verticalstore Lamelle Deckenmontage (Speiseraum, Schwesternstützpunkt etc.)
116	x		Lieferung VingCard System Türen
116.1		x	Montage einschl. Verkabelung VingCard System Türen
117	x		Wachdienst und Werkschutz
118	x		Waschmaschine, Kondensat Trockner, Gefrierschrank, Geschirrspüler, Kochfeld
119	x		Wasserbausteine, Gesteinsgemisch
120		x	Wasserhaltungsarbeiten
121		x	WDVS-Fassadenarbeiten
122	x		Weidenbaum, Ficusbaum, Ruscusbaum
123		x	Zargen-Türe-Torarbeiten
124		x	Zaun feuerverzinkte Türen
125		x	Zimmer- und Holzbauarbeiten

Der Auftraggeber behält sich vor, weitere Leistungen bis zur Vergabe in Eigenregie zu übernehmen und abzuwickeln.

5. Planungen, Planungsleistungen
Abgrenzung der Planungen des Auftraggeber (fachl. Beteiligte) und dem GU
Die einzelnen Planungsschritte innerhalb der Ausführungsplanung werden erbracht:

5.1 Von den fachlich Beteiligten des Auftraggebers werden erbracht:
OPL 1 – Geometrie für den TWP, Einarbeiten Angaben TWP – Grundlage für TGA
OPL 2 – Koordinierte Durchbruchplanung, Ausführungsplanung M.: 1:50, bis 1:1,
OPL 3 – Architekturbestimmende Details und der Einbauten
OPL 4 – Innenausbauplanung, lose Möblierung, Kunst etc.
TWP - Schal- und Bewehrungspläne einschl. Stahllisten/stat. Bemessung und Freigabe durch den Prüfingenieur
TGA – Ausführungsplanung 1: 50, Strangschematas
Die Freianlagenplanung

5.2 Vom GU/Auftragnehmer ist des Weiteren zu erbringen:
Fortschreibung der Ausführungsplanung des Obejektplaners und der Außenanlagenplanung:

- Fertigstellung und Fortschreibung/-führung der Ausführungsplanung M.: 1:50, 1: 20 bis 1:1
- restliche Detailierungen von Ausführungsdetails, Deckenuntersichten etc.
- Fortschreibung der Ausführungsplanung aufgrund der Auftraggeber-Innenausbauplanung

Der GU-Auftragnehmer ist insbesondere verpflichtet, nach Beauftragung durch den Auftraggeber, die Architekten-Projekt Planungsunterlagen den tatsächlichen und erforderlichen Gegebenheiten bzw. Anforderungen sowie aufgrund baulicher Änderungen der Baustelle anzupassen. Änderungens- oder Ergänzungsanordnungen des Auftraggeber sind ebenfalls durch den Auftragnehmer planerisch zu erbringen; Aufwendungen hierfür sind in den vorzulegenden Nachtragsangeboten zu berücksichtigen.

Alle Einzelheiten des Projektes, Dimensionierung, Maße usw. sind auf ihre Übereinstimmung mit dem Bau laufend zu überprüfen. Änderungen müssen grundsätzlich vom Auftraggeber und dem Projektanten genehmigt werden, und zwar vor der Ausführung.

5.3 Montageplanung TGA
Die vom Auftraggeber übergebene Ausführungsplanung ist zu überprüfen (Kollisionsprüfung). Die Montageplanung ist die Ergänzung der übergebenen Ausführungsplanung um die für die Montage notwendigen Angaben. Sie ist mit dem Auftraggeber abzustimmen und von diesem freizugeben.

Die geschuldete Leistung der Montageplanung wird auf Vollständigkeit geprüft entsprechend VDI Richtlinie 6026 Blatt 1 und 1.1. Sie dient der Klarstellung von Begriffsdefinitionen sowie für die Beteiligten, wie Auftraggeber, Architekten und Ingenieure und sonstige Auftragnehmer. Grundlage sind des Weiteren die Anforderungen während des gesamten Lebenszyklus eines Gebäudes (Entwicklungs- und Planungs-, Realisierungs-, Nutzungs- und Verwertungs-phase).

5.4 Revisionsunterlage (siehe auch Vertragsbedingung TGA LV)
Die Revisionsunterlagen, die u.a. aus Bestandsplänen, Bedienungs- und Wartungsunterlagen bestehen, sind in Papierform und auf Datenträger zu übergeben und sollen den Auftraggeber, Nutzer und Betreiber in die Lage versetzen, die Anlagen sicher zu nutzen und zu betreiben. Es

müssen eindeutige Angaben zu Wartung, Instandhaltung, Sicherheitshinweisen, Betrieb, Stör- und Fehlerbehandlung etc. enthalten sein.

Die vom Auftragnehmer verwendeten Ausführungsunterlagen sind vom Auftraggeber auf Anforderung durch den Auftragnehmer frei zu geben. Den Auftragnehmer trifft insoweit auch eine Kontrollpflicht über seine Nachunternehmer. Nicht freigegebene Unterlagen dürfen nicht verwendet werden. Dies entbindet den Auftragnehmer aber nicht von seiner eigenen Prüfungs- und Hinweispflicht. Diese bleibt unberührt.

5.5 Terminplanung
Der GU-Auftragnehmer erstellt eine Terminplanung aller Gewerke bzw. Tätigkeiten und legt den innerhalb von 4 Wochen nach Auftragserteilung dem Auftragnehmer zur Zustimmung vor.

Insbesondere sind auch alle Lieferungen und Leistungen des Auftraggeber (Möblierung, Endreinigung etc.) in den Terminplan aufzunehmen und zu koordinieren.

6. **Zuordnung zu Teillosen**
Die geforderten Leistungen werden nachstehenden Teillosen zugeordnet.

Teillos 1: VE 240 Erweiterter Rohbau
8.01 000 Funktionale Beschreibung Baustelleneinrichtung
8.02 002 Funktionale Beschreibung Erdarbeiten
8.03 003 Funktionale Beschreibung Bohr-/Ausbau Brunnen
8.04 004 Funktionale Beschreibung Verbau_Ramm_Einpress
8.05 005 Funktionale Beschreibung Wasserhaltungsarbeiten
8.06 006 Funktionale Beschreibung Entwässerungskanalarbeiten
8.07 007 Funktionale Beschreibung Drain- und Versickerungsarbeiten
8.10 010 Funktionale Beschreibung Kampfmittelräuumarbeiten
8.12 012 Funktionale Beschreibung Mauerarbeiten
8.13 013 Funktionale Beschreibung Betonarbeiten
8.18 018 Funktionale Beschreibung Abdichtung
8.19 019 Funktionale Beschreibung Gerüstbauarbeiten

Teillos 2: VE 300 Außenhaut
8.14 014 Funktionale Beschreibung Natur- Betonwerkstein
8.16 016 Funktionale Beschreibung Zimmer_Holzbau
8.17 017 Funktionale Beschreibung Stahlbau
8.18 018 Funktionale Beschreibung Abdichtung - AW
8.19 019 Funktionale Beschreibung Gerüstbauarbeiten
8.20 020 Funktionale Beschreibung Dachdeckung
8.21 021 Funktionale Beschreibung Dachabdichtung
8.22 022 Funktionale Beschreibung Klempner
8.24 024 Funktionale Beschreibung WDVS
8.28 028 Funktionale Beschreibung Tischler/Fenster

Teillos 3: VE 400 Innenausbau
8.14 014 Funktionale Beschreibung Natur-Betonwerkstein
8.18 018 Funktionale Beschreibung Abdichtung - Innen
8.25 025 Funktionale Beschreibung Putz Stuck WDVS

8.26 026 Funktionale Beschreibung Fliesen
8.27 027 Funktionale Beschreibung Estrich
8.28 028 Funktionale Beschreibung Tischler - Türen
8.31 031 Funktionale Beschreibung Metallbau
8.33 033 Funktionale Beschreibung Gebäudereinigung
8.34 034 Funktionale Beschreibung Maler- Lackier Beschichtung
8.35 035 Funktionale Beschreibung Korrosionsschutz
8.36 036 Funktionale Beschreibung Bodenbeläge

Teillos 4: VE 500 Technische Anlagen
08.1 LB mechanische Gewerke
08.2 LB elektrische Gewerke
08.3 LB Fördertechnik

Teillos 5: VE 800 Außenanlagen
8.08 008 Funktionale Beschreibung Verkehrswegebauarbeiten
8.09 009 Funktionale Beschreibung Landschaftsbauarbeiten

Eventualleistung Verbindungsgang
siehe div. Gewerke-Beschreibungen

A.11.4 VB – Projektbeschreibung – Qualitäten Material

1 Funktionale Beschreibung
In Ergänzung zu VB – Funktionale Leistungsbeschreibung Leistungen des GU, Hinweise DIN EN 18299 ff. erfolgt nachstehend die Projektbeschreibung und die Qualitätsfestlegungen der Materialien.

1.1 Residenz am ...
Die Seniorenresidenz am ... ist eine Wohneinrichtung zur Betreuung und Pflege pflegebedürftiger Menschen und eine Einrichtung, in der pflegebedürftige Menschen ganztägig (vollstationär) oder nur tagsüber oder nur nachts (teilstationär) untergebracht und unter der Verantwortung professioneller Pflegekräfte gepflegt und versorgt werden. Das Bauvorhaben ist aus bauordnungsrechtlicher Sicht als ein Pflegeheim einzustufen (keine Sonderbaurichtlinie). In der vollstationären Einrichtung erfolgt eine dauerhafte und anhaltende Unterbringung.

Das Baugebiet (Gemarkung ..., Flurstücke ...) befindet sich westlich der Straße ... im Nordosten der Stadt ... mit einer Gesamtfläche von ca. 8.400 m². Die Flurstücke sind unbebaut und stellen z. Z. eine Streuobstwiese dar. Das Gelände verläuft nahezu ebenerdig. Das Grundstück grenzt an den ... der Stadt an; in der Nähe befindet sich ein Wohngebiet und eine Klinik. Die archäologische Relevanz des Baugebietes ergibt sich aus den im Umfeld bekannten archäologischen Kulturdenkmalen, welche nach § 2 SächsDSchG Gegenstand des Denkmalschutzes sind.

Die Neubauten bestehen aus 3 einzelnen, freistehenden 3-geschossigen Wohngebäuden mit Satteldächern (haustechnischen Zentraleinrichtungen). Ebenerdig sind angrenzend zwei Parkplatzflächen und diverse Haus-Zugänge vorgesehen. Im Erd- und 1. Obergeschoss sind die Bewohnerzimmer und in den Untergeschossen der Wohneinheiten Nebenräume und rückseitig Arbeits-/Untersuchungsräume vorgesehen. Das KG erhält großzügige Lichthöfe, welche terrassiert und begrünt sind.

An den Giebelseiten der Häuser 1 und 2 sowie 3 sind außenliegende Fluchttreppen (Stahlkonstruktion) aus dem Dachgeschoss ins EG vorgesehen. Aus dem KG sind bei den Häusern 1 und 3 außenliegende Fluchttreppen (Beton) vorgesehen. Die Anlieferung erfolgt über die geplanten Eingänge der Treppenräume. Jedes Haus hat einen eigenen Aufzug vom KG ins 1. OG.

Zu vorgenannter Bauausführung ist der Bauantrag erneut eingereicht worden.

Mit einer nachfolgenden Tekturplanung wird zeitnah eine andere Bauausführung beantragt, welche als Eventualleistung Gegenstand der GU-Ausschreibung ist (zwischen den freistehenden Häusern 1 und 2 sowie 2 und 3 sollen als Stahlkonstruktion verglaste Verbindungsgänge mit den Treppen EG ins 1.OG und den Aufzügen (Betonschacht) vom KG ins 1.OG vorgesehen werden). Die Anlieferung der Räume im KG wird ebenerdig zwischen Haus 1 und 2 erfolgen.

Die Erschließung erfolgt über öffentliche Straßen. Alle Gebäude verfügen straßenseitig über einen Haupteingang.

Die Ver- und Entsorgung wird sichergestellt durch ... für die Stromversorgung und ... für Frischwasser und Abwasser (SW und RW Anschluss an öffentliches Kanalnetz).

Für die Einleitung des Niederschlagwassers in den ... wurde eine wasserrechtliche Erlaubnis erteilt.

Das Neubauvorhaben befindet sich im rechtsgültigen Bebauungsplan Nr. ... „...". Das Bauvorhaben entspricht den gesetzlichen und behördlichen Regelungen und Auflagen und ist somit geeignet in Bezug auf die festgelegten Nutzungen. Die Baugenehmigung wurde durch das Landratsamt ... am ... erteilt, z. Z. ist eine Verifizierung der Bauplanung erneut eingereicht worden; mit der Zustimmung wird kurzfristig gerechnet (die beiliegenden Planungen entsprechen der verifizierten Fassung).

Dieses gilt im selben Umfang für sämtliche hierauf anwendbaren aktuellen DIN- Normen, anerkannten Standards- und Regelwerke, für den jeweiligen Stand der anerkannten Regeln der Technik und für die ... Bauordnung mit den entsprechenden Richtlinien, die zum Zeitpunkt der Baugenehmigung gültig sind. Das Bauvorhaben ist darüber hinaus barrierefrei auszuführen.

Alle notwendigen Funktionseinheiten (Foyer, Tages Aufenthaltsraum, Schwesternstützpunkt, Kochküche mit allen Nebenräumen, Pflegearbeitsräume, Personalräume etc. sowie Ein- und Zweibettzimmer) und deren Einrichtungen, Außenanlagen etc. sind mit dieser GU Leistungsbeschreibung gefordert, damit die reibungslose Nutzung/Pflege möglich ist. Es ist davon auszugehen, dass alle Bewohner gehfähig sind, abgesehen von Rollstuhlbenutzern.

In jedem Wohngebäude sind 36 Personen untergebracht, insgesamt sind 108 Betten in der Pflegeeinrichtung vorhanden.

In jedem Geschoss und jedem Gebäude sind 2 rollstuhlgerechte Zimmer vorhanden. Aufgrund der Nutzung als Pflegeeinrichtung sind barrierefrei zugängliche Gebäude vorgesehen. Die für den allgemeinen Besucherverkehr dienenden Bereiche sind barrierefrei erreichbar und sind ohne fremde Hilfe zweckentsprechend nutzbar (§ 50 (2) Satz 1 ...).

Im Objekt werden in der jeweiligen Tagschicht max. 20 Mitarbeiter beschäftigt, in der schwächsten Besetzung stehen je Gebäude 3 Mitarbeiter zur Verfügung.

Die Ausstattung des Gebäudes entspricht einem leicht gehobenen Standard. Wo Beschreibungen von Ausstattungsmerkmalen nicht vorhanden sind, ist die Ausführung als Standard mittlerer Art und Güte anzunehmen.

1.2 Grundlage für die Bau- und Qualitätsbeschreibung ist die Ausführungsplanung Stand ... auf Basis der Genehmigungsplanung.

1.3 Objektplanung des Architekten
Die beigefügte Architektenplanung entspricht dem z. Z. eingereichten Bauantrag. Seitens der Ämter ist hierzu Zustimmung signalisiert.

Die Leistungen der Ausführungsplanung M.: 1: 50 und ff. 1041 ... werden durch das Architekturbüro ... z. Z. erbracht. Die Afu-Planung, welche der AG als Grundlage des GU-Vertrages liefert, wird der Ausführungsplanung des Projektes ... entsprechen und wird Anfang September zur Verfügung gestellt.

1.4 Technische Gebäudeausrüstung
Die Lieferung und Montage der technischen Anlagen hat entsprechend der TGA-Ausführungsplanung und den Leistungsverzeichnissen

- 08.01 SHL Büro ...
- 08.02 Elt Büro ... sowie
- 08.03 Fördertechnik Büro ...

zu erfolgen und sind Gegenstand dieser Verdingungsunterlage und geforderte Leistung durch den GU-Auftragnehmer.

Hinweis: Für die technischen Anlagen entsprechend Nr. 08.01 und 08.02 sind die Planungen und LV's in Vorbereitung und werden kurzfristig nachgesandt. Derzeit ist davon auszugehen, dass die Installationen analog zum Projekt ... erfolgen werden (jedoch anstelle Fußbodenheizung kommen Heizkörper vor den Brüstungen zur Ausführung).

Darüber hinaus ist es u. a. erforderlich, dass der GU- Auftragnehmer nachstehende Leistungen erbringt:

- Koordination der Ausführungs- und Detailplanungen aller vorgenannter technischen Anlagen
- Integration der Ergebnisse in die Ausführungsplanung des GU- Auftragnehmer
- alle baulichen Maßnahmen (Herstellen Schlitze, Durchbrüche und das Verschließen derselben etc.)
- entsprechend den Anforderungen hinsichtlich Schallschutz und Brandschutz etc.

Vorgenannte Leistungspositionen/Leistungsbeschreibung verstehen sich analog zu den Vertragsbedingungen dieser Funktionalen Leistungsbeschreibung mit Lieferung und einschl. aller Nebenleistungen, Baustelleneinrichtung, Geräten, Entsorgung einschl. Gebühren, UVV-Auflagen, Gerüste für Innen und Außen auch über 2,0 m Höhe, Absperrungen und Abdeckungen sowie Berechnungen, Farbtonmuster nach Wahl des Auftraggeber etc. in fix und fertiger, gebrauchsfähiger Ausführung.

1.5 Ver- und Entsorgung, Rigolen
Die Ver- und Entsorgung wird sichergestellt durch ... für die Stromversorgung und ... für Frischwasser und Abwasser (SW Anschluss an öffentliches Kanalnetz).

Für die Einleitung des Niederschlagwassers in den ... wurde eine wasserrechtliche Erlaubnis erteilt.

Die vorhandene Strassenentwässerung (Versickerung über Bankett) ist an das anzulegende Rigolensystem einzubinden.

Alle hierfür erforderlichen Leistungen wie Herstellen und Verfüllen der Gräben, Verlegen der Leitungen, Herstellen der Rigolen mit entsprechenden Übergängen und Anschlüssen ist im Leistungsumfang des GU-Auftragnehmer enthalten (siehe hierzu Planung Büro ...).

1.6 Freianlagenplanung

Mit der Planung der Freianlagen ist das Büro ... beauftragt. Die erforderlichen Leistungen, Lieferung und Montage sind ebenfalls Gegenstand dieser GU-Auftragnehmer Leistung. Hierzu siehe vorab entsprechende Planung Lageplan Büro ....

Vorgenannte Leistungspositionen bzw. Leistungsbeschreibung verstehen sich analog zu den Vertragsbedingungen dieser Funktionalen Leistungsbeschreibung mit Lieferung und einschl. aller Nebenleistungen, Baustelleneinrichtung, Geräten, Entsorgung einschl. Gebühren, UVV-Auflagen, Gerüste für Innen und Außen auch über 2,0 m Höhe, Absperrungen und Abdeckungen sowie Berechnungen, Farbtonmuster nach Wahl des Auftraggeber etc. in fix und fertiger, gebrauchsfähiger Ausführung.

1.7 Bauphysik, Schallschutzanforderungen

Die bauphysikalische und akustische Bearbeitung erfolgt unter Berücksichtigung der anerkannten Regeln der Technik gem. § 12 Abs. 5 ....

Grundlage hierfür sind die Anforderungen der DIN 4109 „Schallschutz im Hochbau", inkl. Anforderungen für den erhöhten Schallschutz gemäß Beiblatt 2 DIN 4109, Tabelle 2, sowie die Empfehlungen der VDI-Richtlinie 2719 und gem. Statik. Zusätzlich gilt für die Technische Gebäudeausrüstung der erhöhte Schallschutz gemäß VDI 4100, Schallschutzstufe II. (mit Ausnahme der elektrisch betriebenen Horizontallamellen) entsprechend den einschlägigen DIN-Normen und Richtlinien zum Zeitpunkt der Baugenehmigung.

Hierzu siehe Bericht, ... des Ingenieurbüro ... vom ...

1.8 Wärmeschutz, Feuchteschutz

Der Wärmehaushalt der Gebäude ist entsprechend den einschlägigen Richtlinien bemessen worden. Grundlage hierfür sind die Anforderungen der DIN 4108 und der Energie-Einsparverordnung (EnEV) sowie den Anforderungen nach KfW 50 entsprechend Wärmeschutznachweis Ingenieurbüro ... vom ... und Energieausweis nach § 16 Abs. 1 EnEV (Energieeinsparverordnung) i. V. m. § 2 Abs. 3 ... (EnEV-Durchführungsverordnung).

1.9 Baulicher Brandschutz

Der vorbeugende bauliche Brandschutz ist entsprechend den geltenden Gesetzen, DIN 4102, Verwaltungsvorschriften, Verordnungen, Richtlinien und Normen bzw. nach einem durch die zuständige Behörde genehmigten Brandschutzkonzept Sachverständigenbüro für Brandschutz „Brandschutz ..., ..." vom ... sowie nach den Anforderungen aus der Baugenehmigung geplant.

Brandschutzmaßnahmen während der Bauzeit siehe Baustelleneinrichtung.

1.10 Baugrunderkundung und Gründungsberatung

Für die Neubauten ist die statische Berechnung vom Büro ... aufgestellt worden.

Grundlage für die Bemessung ist der geotechnische Bericht, die Baugrundgutachten nach DIN EN 1997-2 und DIN 4020, des Datum Nr. 0-... vom ....

1.11 SiGeKo

Der GU-Auftragnehmer erstellt und beauftragt einen Sicherheits- und Gesundheitsschutzkoordinator (SiGeKo). Er hat die Vorankündigung, die Aufstellung des Sicherheits- und Gesundheitsschutzplanes (SIGEPLAN) gemäß Baustellenverordnung vom 10. Juni 1998 mit allen erforderlichen Angaben spätestens 14 Tage nach Vertragsunterzeichnung unaufgefordert dem Auftraggeber zur Verfügung zu stellen.

Des Weiteren stellt der GU-Auftragnehmer die Unterlage für spätere Arbeiten an der baulichen Anlage zusammen und übergibt diese vor der Schlussabnahme dem Auftraggeber in digitaler Form sowie 3-fach in Papier.

1.12 Blower-Door-Test

Entsprechend Forderung KfW 55 ist ein Blower-Door-Test aller Gebäudeteile durchzuführen. Blower-Door-Messung mit Ermittlung des n-50 Wertes nach Messnorm DIN EN 13829 und EnEV mit Leckagesuche incl. Fotodokumentation und Ausstellen eines Prüfberichtes. Entsprechend dieser Anforderung ist die „Dichtheit" der Gebäudehülle mit allen Durchdringungen (vor allem TGA) durch den GU-Auftragnehmer zu herzustellen.

1.13 Beweissicherung

Vor dem Aufbau bzw. Einrichten der Baustelleneinrichtung ist in Abstimmung mit dem Auftraggeber ein selbstständiges Beweissicherungsverfahren durch einen öffentlich bestellten und vereidigten Gutachter zu erstellen. Es umfasst u. a.:

- Das Baufeld
- Angrenzende Straßen, Wege, Gewässer etc.
- Bäume und sonstigen Bewuchs

Nach Fertigstellung der Baumaßnahme ist eine Begehung aller vorgenannten Flächen und Bauteile durch den Gutachter durchzuführen und zu dokumentieren.

Die Gutachten sind dem AG in 4-facher Ausfertigung in Papier und elektronisch zu übergeben.

1.14 Normen und Richtlinien

Die gesamte Ausführung sämtlicher Arbeiten erfolgt nach den zum Zeitpunkt der Baugenehmigung allgemein anerkannten Regeln der Technik. Weiterhin gelten die für das Bauvorhaben relevanten Richtlinien. Ferner gelten die amtlichen Zulassungen, sowie die Empfehlungen der jeweiligen Fachverbände und/oder Arbeitskreise.

1.15 Maßordnung

Für die Tragkonstruktion gilt die DIN 18201/18202, Zeile 2/18203 – Maßtoleranzen im Bauwesen. Dem Gebäude liegt ein Achsraster zu Grunde.

2 Bemusterung

Alle die zu bemusternden Materialien etc. sind in einer gemeinsamen Bemusterungsliste mit entsprechenden Abbildungen, Qualitätsforderungen etc. aufzustellen.

2.1 Qualitäten und Leitfabrikate (Angaben der Fabrikate oder gleichwertig) Bauwerk – Baukonstruktion

Rohbau	Stahlbeton nach Vorgaben Tragwerksplanung	Individuell
	Mauerwerk	entsprechend TWP
	Lichtschächte, Beton, wasserundurchl., Glasabdeckung	Lantenhammer
	Kellerfenster	Lantenhammer
	Feuchtigkeitssperre Bitu-Dickbeschichtung	Remmers
	Perimeterdämmungen/Sockel	Polystyrole XPS
	Drain-Noppenbahn	Delta MS Drain
Fassade	WDVS nicht brennbar, W-Dämmung 18 cm Modellierputz	STO, Knauf
Alu-, Holzfenster	Red Dark Meranti, Lackiert	Garnier, Schneider
	WS -Verglasung	Flachglas, Calorex
	Absturzsicherung	Talea Edelstahl
	Sonnenschutz/Außenraffstore elektrisch	Hüppe, Warema
	Beschläge Edelstahl	FSB, Schlechtendahl
	Insektenschutz	Rahmen, drehbar
Schlosser	Treppengeländer mit Füllstäben	individuell
	Handlauf, rund, aus Hartholz	Buche 42 mm
	Dachausstieg mit Einschubtreppe	Trimme
	Balkongeländer	individuell
	Feuerschutztüren	Hörmann
	RD Türen	Jackson
	Stahltüren	Hörmann
	Türsicherungssystem	VingCard
	Obentürschließer	Dorma
	Beschläge, Edelstahl, Drehsperre	FSB
	Toranlage	Hörmann
	Briefkastenanlage	Renz
Dachabdichtung	Abdichtungsbahnen	Alpha
	Wärmedämmung	Rockwool A1
	Belag Holzdielen	Banghkirai
	Kiesschüttung	individuell
Dachdeckung	Dachstein Harzer Pfanne	Braas
	Schneegitter	individuell
	Spengler	Titan Rheinzink

Putzarbeiten	Einlagig mineralisch gebundener Gips-/Zementputz	Knauf
	erhöhter Oberflächengenauigkeit Qualitätsstufe 3	DIN 18202/3
	Eckschutzschienen aus verzinktem Edelstahl	Knauf, Protector
Estricharbeiten	Trennschicht	PE-Folie, 0,2 mm
	Trittschalldämmung	Rockwool A1
	Wärmedämmschicht	Rockwool A1
	Zementestrich, einschl. Estrichmatte	DIN 18560 ZE 30
	Sauberlaufzone	emco
Hohlraumboden	Schalungselemente oder Doppelbodenplatte	18 mm GP/40 mm
	Estrich	Kalziumsulfat-Estrich
	Leitfabrikat	Knauf FE 80/AE 30
Trockenbau-arbeiten	Gipskarton-Ständerwerkswände	Knauf System
	GK Abhangdecken	Knauf System Clenao
	Revisionsklappen	Knauf Revo
	Vorsatzschalen mit Verstärkungen für Montagen	Knauf System
Türen	mehrschichtiges Vollholz-Türblatt	Wirus, KTM, Westag
	Glastüren mit Diskretionsstreifen	Conzen, K&N
	3 -5-fach verleimte Türblätter	Wirus, KTM
	Beschläge, Edelstahl	KTM, FSB
	Stahlzargen als Umfassungszargen	Hörmann
	Holzzargen, weiß beschichtet	BOS, KTM
	Türsicherungssystem	VingCard
	Automatischer Drehtürantrieb	Dorma ED 250
	Rauchmeldezentrale und Schließfolgeregler	Dorma
Anstricharbeiten	Tapeten/Glasfaserflies	Erfurt
	Anstrich und Lackierung	Brillux
	Bodenbeschichtung	Sikka
Bodenbelags-arbeiten	Linoleum	Tarkett Topaz PVC
	Kautschuk verklebt	Noraplan Stone
	Teppich verklebt, Flächeng. 2.400g/m²	Toucan-T/Aeras
	Fußleisten	Küffner
	Türstopper	FSB, Ogro

Fliesenarbeiten	Wandfliesen 10/20 cm	albiccoc-pistacchia
	Bodenfliesen 5/5 cm	albiccoca R 10
	Abdichtung Duschbereich	Knauf Duschdicht-Set
Betonwerk-steinarbeiten	Betonwerkstein, Trittplatten mit Kennzeichnung Antritt	individuell
Schließanlage	Profilzylinder	Winkhaus X-tra (xt)
	Türsicherungssystem	VingCard RFID
	Wandkartenlesesystem	VingCard RFI
	Fluchtwegsicherung	Dorma TMS Basis Set

Bemusterungsliste Bauwerk – Baukonstruktion und Technische Anlagen

Bauteil/Gewerk	Bemusterungsgegenstand	Bemusterung durch			Termin
		Baustelle	Pros-pekt	Hand-muster	
Rohbau/Ausbau					
Balkone/Dach-terrassen	Bodenbeläge, Entwässerungs-rinnen, Geländer			x	
Fassaden	Oberfläche, Farbe	x			
Balkone/Dach-terrassen	Bodenbeläge, Entwässerungs-rinnen, Geländer			x	
Dachdeckung	Oberfläche, Farbe	x			
Wand- und Decken-oberfläche	Anstrich, Farbe	x			
Fenster- und Fensterelemente	Holzfenster, Verglasung, Beschläge (inkl. Fensterbank, Sonnenschutz u. allen Anschlüs-sen), Glaspaneele, Aludeckleisten, Fensterbank	x			
Fenster- und Fensterelemente	Treppenhausfensterkonstruktion, Verglasung, Beschläge, Fenster-bank	x			
Fenster- und Fensterelemente	Kellerfenster, Verglasung, Be-schläge, Fensterbank		x	x	
Rollläden; Sonnen-schutz	Rollläden, Raffstore, Führungs-schienen			x	
Klempnerarbeiten	Fallrohre, Attikaabdeckungen, Speier		x	x	

Bauteil/Gewerk	**Bemusterungsgegenstand**	**Bemusterung durch**			**Termin**
Türen	Türblätter, Zargen, Beschläge, Bänder, etc.			x	
Bodenbeläge	Linoleum, PVC			x	
	Sockelleisten			x	
	Betonwerkstein			x	
	Bodenfliesen			x	
	Sauberlaufzone/Fußmatte			x	
	Bodenanstriche			x	
	Sockelleisten				
Fliesenarbeiten	Wandfliesen inkl. Fugen			x	
Schlosserarbeiten	Treppengeländer, Brüstungsgeländer, Metallgitterkonstruktion, Handlauf über Geländer			x	
Briefkastenanlage	Briefkastenanlage		x		
	Klingel Tableau		x		
	Gegensprechanlage			x	
	Beleuchtete Hausnummerierung		x		
Haustechnik					
Medienerschließung	Hausanschlusskasten		x		
	Telefonanlage		x		
	TV-/Satellitenanlage		x		
Abwasser-, Wasser/ Gasanlagen	Hebeanlage		x		
	Speicher-Warmwasserbereiter		x		
	Zirkulationspumpe		x		
	Rohrisolierungen			x	
Sanitärobjekt	Badewannen			x	
	Duschtasse			x	
	Badspiegel			x	
	Waschbecken/-tische			x	
	WC inkl. Sitz und Deckel			x	
	Spülkästen			x	
	Sämtliche Armaturen			x	
	Mischbatterien			x	

Bauteil/Gewerk	Bemusterungsgegenstand	Bemusterung durch			Termin
Wärmeversorgung	Wärmeerzeugung		x		
	Fußbodenheizung (Rohre, Verlegung, etc.)		x		
	Verteiler		x		
	Raumthermostat			x	
Lufttechnische Anlagen	Lüfter in innen liegenden WC/Bad			x	
	Raumthermostat			x	
	Zu-/Abluftgitter		x		
Starkstromanlagen	Hausanschluss-/Sicherungs-kasten		x		
Niederspannungsins-tallation	Schalter-/Steckdosen			x	
Beleuchtung	Innen- und Außenleuchten			x	
Telekommunikation	Telefonsteckdosen			x	
Gegensprechanlage	Türtelefon			x	
Breitbandverkabelung	TV-/Radioanschlussdosen			x	
BMA	Fluchttürterminal, Rauchmelder			x	
	Brandmelder			x	

2.2 Qualitäten und Leitfabrikate (Angaben der Fabrikate oder gleichwertig)
Bauwerk – Technische Anlagen
Siehe hierzu Leistungsverzeichnis Büro ...

2.3 Bemusterungsliste – Technische Anlagen
Siehe hierzu Leistungsverzeichnis Büro ...

3 Austausch von Dokumenten der fachl. Beteiligten
Alle Dokumente (Pläne, Gutachten, Berechnungen, Listen, Beschreibungen etc.) werden unter den fachl. Beteiligten per E-Mail ausgetauscht.

Vertragsbedingungen Ergänzung VOB/B

A.11.5 VB – BAB Bau- und Ausschreibungsbedingungen

1. Grundlagen

1.1 Soweit in dem Angebotsschreiben nichts anderes bestimmt ist, hat der Bieter als Grundlage des Angebots – bei Widerspruch in der Rechtsgültigkeit nachstehende Reihenfolge – zu beachten

1.1.1 Inhalt des Angebotsschreibens nebst Anlagen

1.1.2 Leistungsbeschreibung und -programm

1.1.3 Bewerbungs- und Ausschreibungsbedingungen BAB

1.1.4 Besonderen Vertragsbedingungen BVB

1.1.5 Zusätzlichen Vertragsbedingungen ZVB

1.1.6 Baustellenordnung

1.1.7 Funktionale Beschreibung und Leistungsumfang Auftragnehmer

1.1.8 Funktionale Leistungsbeschreibung Bauwerk Baukonstruktion

1.1.9 Leistungsverzeichnisse Bauwerk Technische Anlagen Elt und HLS

1.1.10 Planungsunterlagen, Gutachten

1.1.11 Terminplan

1.1.12 Allgemeinen Technischen Vertragsbedingungen für Bauleistungen (VOB Teil C) in der bei Abgabe des Angebots gültigen Fassung, als Mindestanforderung, soweit nach den Ziffern 1.1.8 keine weitergehenden Anforderungen gestellt werden (ATV)

1.1.13 die Allgemeinen Vertragsbedingungen für die Ausführung von Bauleistungen (VOB Teil B), in der bei Abgabe gültigen Fassung (AVB

1.1.14 alle gesetzlichen sowie die behördlichen Bestimmungen der zuständigen Regierungs-, Verwaltungs- und Bauaufsichtsbehörden;
weitere einschlägige DIN-Vorschriften, Technische Vorschriften, Hersteller- und Verbandsrichtlinien;

1.1.15 die Unfallverhütungsvorschriften (UVV)/DGUV-Vorschriften

1.1.16 die Bestimmungen des Bürgerlichen Rechts (BGB).

1.2 In den Verdingungsunterlagen genannte Vorschriften, die im Teil C der VOB – Allgemeine Technische Vorschriften für Bauleistungen – nicht angeführt sind, sind Zusätzliche Technische Vorschriften im Sinne von § 1 Nr. 2 d VOB Teil B.

1.3 Der Bieter hat keinen Rechtsanspruch auf die Anwendung der Regeln in Teil A der VOB: – Allgemeine Bestimmungen für die Vergabe von Bauleistungen (DIN 1960) -.

2. Angebot

2.1 Die Angebotsausarbeitung – einschließlich aller Berechnungen und Zeichnungen – erfolgt für den Auftraggeber kostenlos.

2.2 Die Angabe der Massen in der Kernmengenzusammenstellung erfolgt durch den Auftraggeber mit dem Hinweis, dass diese unverbindlich sind. Die erforderlichen und tatsächlichen Massen sind durch den Bieter eigenverantwortlich zu ermitteln. Eine Änderung/Anpassung der Auftragssumme/Abrechnungssumme aufgrund abweichender Massen – ausgenommen bei Änderungen durch den Auftraggeber – erfolgt nicht. Vertragsgrundlage ist die Massenangabe/-ermittlung des Bieters.

2.3 Sofern nach Auffassung des Bieters in den Verdingungsunterlagen Unklarheiten, Widersprüche oder nicht eindeutige Beschreibungen oder Positionstexte enthal-

ten sind, die die Ermittlung der Angebotspreise beeinflussen können, ist der Bieter verpflichtet, dies unverzüglich rechtzeitig vor Angebotsabgabe dem Auftraggeber schriftlich mitzuteilen, damit ggf. durch den Auslober Klarheit verschafft wird. Dies gilt auch dann, wenn der Bieter hierauf bereits mündlich hingewiesen hat.
Zusätzliche sachdienliche Auskünfte über die Vergabeunterlagen oder die Grundlage der Preisermittlung werden auf schriftliche Anfrage erteilt.
Der Bieter ist verpflichtet, sich für Rückfragen an die entsprechenden Büros per Mail zu wenden. Die Rückfragen sind in Cc ebenfalls an ... zu senden:

VE Unterlage:	Architekturbüro ama - auer management+architektur
Bauwerk:	Baukonstruktion Architekturbüro ama
	Tragwerkplanung Ingenieurbüro ...
Bauwerk:	Technische Anlagen HLS Ingenieurbüro ...
	Technische Anlagen Elektro Ingenieurbüro ...

2.4 Das Angebot muss vollständig sein; unvollständige Angebote können von der Wertung ausgeschlossen werden. Das Angebot muss die Preise und die in den Verdingungsunterlagen geforderten Erklärungen und Angaben enthalten.

2.5 Änderungen des Bieters an seinen Eintragungen müssen zweifelsfrei sein. Alle Eintragungen müssen dokumentenecht sein.
Muster und Proben müssen als zum Angebot gehörig gekennzeichnet sein.
Alle Preise sind in Euro, Bruchteile in vollen Cent anzugeben.
Die Preise (Einheitspreise, Pauschalpreise, Verrechnungssätze usw.) sind ohne Umsatzsteuer anzugeben. Der Umsatzsteuerbetrag ist unter Zugrundelegung des geltenden Steuersatzes am Schluss des Angebots hinzufügen.
Ein angebotenes Skonto wird nur gewertet, wenn die Zahlungsfrist eindeutig angegeben und diese angemessen ist und wenn das Skonto sich auf alle Zahlungen erstreckt.

2.6 Hinweise gemäß § 4 Nr. 3 VOB/B, Alternativvorschläge und Nebenangebote (auch Zahlungs-bedingungen und Preisvorbehalte), Bemerkungen, Ergänzungen und Änderungsvorschläge des Bieters sind als solche deutlich zu kennzeichnen und in einem besonderen Begleitschreiben mit den Angebotsunterlagen dem Auftraggeber zur Kenntnis zu bringen und bedürfen der schriftlichen Zustimmung des Auftraggeber.
Änderungsvorschläge oder Nebenangebote müssen auf besonderer Anlage gemacht und als solche deutlich gekennzeichnet sein.
Der Bieter hat die in Änderungsvorschlägen oder Nebenangeboten enthaltenen Leistungen eindeutig und erschöpfend zu beschreiben; die Gliederung des Leistungsverzeichnisses ist, soweit möglich, beizubehalten.
Änderungsvorschläge oder Nebenangebote müssen alle Leistungen umfassen, die zu einer einwandfreien Ausführung der Bauleistung erforderlich sind. Hiermit sind auch die Kosten für Leistungen der vom Auftraggeber beauftragten Objektplaner und Fachingenieure gemeint. Die Honorierung der vom Auftraggeber beauftragten Planer erfolgt über den Auftraggeber zu Lasten des Auftragnehmers.
Nebenangebote, die in technischer Hinsicht von der Leistungsbeschreibung abweichen, sind auch ohne Abgabe eines Hauptangebots zugelassen.
Soweit der Bieter eine Leistung anbietet, deren Ausführung nicht in Allgemeinen Technischen Vertragsbedingungen oder in den Verdingungsunterlagen geregelt ist, hat er im Angebot entsprechende Angaben über Ausführung und Beschaffenheit dieser Leistung zu machen.

2.7 In den Ausschreibungsunterlagen enthaltene Fabrikate, Verfahren, Typen- und Konstruktionsangaben sowie firmenspezifische Hinweise dienen nur der qualitativen Beschreibung. Abweichende Angebote sind möglich. Sie müssen mindestens gleichwertig sein. Die Haftung des Auftragnehmer bleibt in jedem Fall erhalten.
Auf Anforderung des Auftraggeber hat der Bieter auf seine Kosten Prüfzeugnisse, Typen- und Konstruktionsbezeichnungen sowie Genehmigungen etc. beizubringen.
Eine Leistung, die von den vorgesehenen technischen Spezifikationen abweicht, darf angeboten werden, wenn sie mit dem geforderten Schutzniveau in Bezug auf Sicherheit, Gesundheit und Gebrauchstauglichkeit gleichwertig ist. Die Abweichung muss im Angebot eindeutig bezeichnet sein. Die Gleichwertigkeit ist mit dem Angebot nachzuweisen.

2.8 Mit der Abgabe des Angebots versichert der Bieter, dass er das Baugelände bzw. die Baustelle besichtigt und Art und Umfang des Projektes, Möglichkeiten, Schwierigkeiten und Beschränkungen der auszuführenden Leistungen ordnungsgemäß überprüft hat. Hierzu gehören auch die Energieversorgung, Lagerungsmöglichkeiten und Transportwege.

2.9 Die Bieterbindefrist für das Angebot beträgt in Abweichung von der VOB 3 Monate über den vorgesehenen Zuschlagtermin hinaus.

2.10 Das Angebot ist in deutscher Sprache abzufassen. Es muss mit rechtsverbindlicher Unterschrift versehen sein.

2.11 Auf elektronischem Wege übermittelte Angebote, wie E-Mail und Telefax etc., sind nicht zugelassen ohne gleichzeitige Zustellung der Angebotsunterlagen in Papierform entsprechend Pkt. 2.9.

3. Geheimhaltung

3.1 Der Bieter ist dafür verantwortlich, dass die ihm bei dem Ausschreibungsverfahren bekannt gewordenen Planungsunterlagen nebst den Projektdaten nicht an unbefugte Dritte gelangen.

3.2 Sämtliche Informationen, die der Bieter, seine Mitarbeiter oder Beauftragte über die Firmenorganisation und über die Produkte des Auftraggeber erhalten hat, sind vertraulich zu behandeln.

4. Unzulässige wettbewerbsbeschränkende Absprachen

Wettbewerbsbeschränkende Absprachen, insbesondere Verabredungen und Verhandlungen mit anderen Bietern über

- Abgabe oder Nichtabgabe von Angeboten
- Preise, Verarbeitungsspannen und andere Preisbestandteile
- Zahlungs- und Lieferungsbedingungen – soweit sie den Preis beeinflussen –

sind unzulässig.
Angebote von Bietern, die sich im Zusammenhang mit diesem Vergabeverfahren an einer unzulässigen Wettbewerbsbeschränkung beteiligen, werden ausgeschlossen.

5. Patente und Urheberrecht

Im Falle seiner Beauftragung sichert der Bieter zu, bei Verwendung von patentierten oder in irgendeiner anderen Form geschützten Ausführung keine in- oder ausländischen Schutzrechte zu verletzen und keine zusätzlichen Kosten zu berechnen. Der Bieter stellt den Auftraggeber von etwaigen Ansprüchen frei.
Beabsichtigt der Bieter, Angaben aus seinem Angebot für die Anmeldung eines gewerblichen Schutzrechtes zu verwerten, hat er in seinem Angebot darauf hinzuweisen.

6. Bietergemeinschaften

6.1 Zur Bildung von Bietergemeinschaften bedarf es vor Angebotsabgabe der schriftlichen Zustimmung des Auftraggeber.
Die Bietergemeinschaft hat dann mit ihrem Angebot eine von allen Mitgliedern rechtsverbindliche unterschriebene Erklärung abzugeben,

- in der die Bildung einer Arbeitsgemeinschaft im Auftragsfall erklärt ist
- in der alle Mitglieder aufgeführt sind und der für die Durchführung des Vertrags bevollmächtigte
- Vertreter bezeichnet ist
- dass der bevollmächtigte Vertreter die Mitglieder gegenüber dem Auftraggeber rechtsverbindlich vertritt,
- dass alle Mitglieder als Gesamtschuldner haften

7. Nachunternehmer

7.1 Beabsichtigt der Bieter, Teile der Leistung von Nachunternehmern ausführen zu lassen, muss er in seinem Angebot Art und Umfang der durch Nachunternehmer auszuführenden Leistungen angeben und auf Verlangen die vorgesehenen Nachunternehmer benennen.

7.2 Der/die Nachunternehmer müssen ebenfalls zertifiziert sein. Die Nachweise seiner Eignung (Fachkunde, Leistungsfähigkeit und Zuverlässigkeit, Kenntnisse vergleichbarer Projekte für die Erbringung seiner Bauleistung) hat der Bieter mit dem Angebot durch notwendige Angaben und entsprechende Unterlagen vorzulegen, soweit diese Nachweise zur Angebotsanfrage nicht eingereicht wurden.
Es gilt im übrigen § 4 Nr. 8 Abs. 1, Abs. 2 und Abs. 3 VOB/B.

8. Ausländische Bewerber

8.1 Der gesamte Schriftverkehr mit dem Auftraggeber muß in deutscher Sprache geführt werden.

8.1 Als Anlage zum Angebot ist anzugeben, bei welchem in der Bundesrepublik Deutschland zugelassenen Versicherungsunternehmen der ausländische Bieter haftpflichtversichert ist. Die vereinbarten Deckungssummen sind getrennt für Personen- und sonstige Schäden anzugeben.

8.1 Mit Angebotsabgabe ist die Zugehörigkeit zu einer deutschen Berufsgenossenschaft nachzuweisen oder durch eine Bescheinigung der deutschen Berufsgenossenschaft zu belegen, dass der Bieter von einer Mitgliedschaft bei einer deutschen Berufsgenossenschaft befreit ist. Ggf. Nachweis des für ihn zuständigen Versicherungsträgers.

8.1 Für die Durchführung des Vertrages finden ergänzend zu den Verdingungsunterlagen ausschließlich deutsche Rechtsvorschriften Anwendung.

9. Eignungsnachweis (soweit nicht schon vorliegend)

9.1 Der Bieter hat zum Nachweis seiner Eignung, (Fachkunde, Leistungsfähigkeit und Zuverlässigkeit) Angaben zu machen über

- den Umsatz des Unternehmers
- die Ausführung von Leistungen in den 3 abgeschlossenen Geschäftsjahren,
- die Zahl der in den letzten 3 abgeschlossenen Geschäftsjahren jahresdurchschnittlich beschäftigte Arbeitskräfte,
- die für die Ausführung der zu vergebenden Leistung zur Verfügung stehende technische Ausrüstung
- das für die Leistung und Aufsicht vorgesehene technische Personal

- die Eintragung in das Berufsregister seines Sitzes oder Wohnsitzes
- andere, insbesondere für die Prüfung der Fachkunde geeignete Nachweise
- Qualitätssichernde Maßnahmen, QM-Handbuch etc.

9.2 Der Bieter hat eine Bescheinigung der Berufsgenossenschaft vorzulegen.

10. Vergabe

Der Auftrag wird als Einheits- oder Pauschalfestpreis und vom Auftraggeber schriftlich erteilt.

11. Zusätzliche Vereinbarungen

11.1 Das für die Leistung und Aufsicht vorgesehene technische Personal ist zu benennen (Projektleiter Bauwerk, technische Anlagen, Sonstiges, Ober- und Bauleiter).

11.2 Gerichtsstand ist ....

A.11.6 VB – Anlage zu § 2 Nebenangebote – Änderungsvorschlag

(Für jedes Nebenangebot auszufüllen bzw. in geeigneter Weise mit den Nebenangeboten einzureichen.)

Nebenangebot/Änderungsvorschlag Nr.: ...

Kurzbeschreibung:

Änderung der Angebotssumme (netto) um: .... €

1) Durch das Nebenangebot / den Änderungsvorschlag werden folgende Leistungen des Hauptangebots

   a) ersetzt:

   b) in anderer Weise betroffen, d. h. inhaltlich oder im Preis geändert

2) Folgende Bauarten, Bauweisen, Baustoffe sind nicht allgemein zugelassen:

3) Wir stehen – ohne Rücksicht auf eigenes Verschulden – dafür ein, dass aus Gründen, die im Nebenangebot / Änderungsvorschlag liegen,

   a) alle erforderlichen Mengenansätze des Hauptangebotes in jeder Hinsicht unverändert bleiben, d. h. in Nr. 1) auch nicht aufgeführten Beschreibungen, Veränderungen durch das Nebenangebot / Änderungsvorschlages berücksichtigt sind (z. B. zus. Baustahl bei Einsatz von Fertigteilen)

   b) Veränderungen des Gesamtbetrags aller sonstigen funktionalen Beschreibungen (Gewerke) durch das Nebenangebot / den Änderungsvorschlag berücksichtigt sind.

   Wir stehen in gleicher Weise dafür ein, dass unser Nebenangebot / Änderungsvorschlag vollständig ist und den in den Verdingungsunterlagen enthaltenen Anforderungen (z. B. einschl. Honoraren / Kosten der notwendigen Planungsarbeiten)

   ☐ uneingeschränkt ☐ mit folgenden Änderungen

   entspricht [1].

....

Ort, Datum rechtsverbindliche Unterschrift

Anlagen zum Nebenangebot / Änderungsvorschlag:
Erläuterungsbericht, Konstruktionspläne
Statische Vorbemessung
Leistungsbeschreibung

[1] Zutreffendes ist vom Bieter anzukreuzen

A.11.7 VB – Anlage zu § 2 Nebenangebote – Änderungsvorschlag Skonto

(Für **jedes** Nebenangebot auszufüllen bzw. in geeigneter Weise mit den Nebenangeboten einzureichen.)

Nebenangebot /Änderungsvorschlag Nr.: ...

Wir gewähren ... % Skonto auf die jeweilige Netto-Rechnungssumme (Abschlags-, Teilschluss-Schlussrechnung)

bei Zahlung innerhalb von ... Werktagen.

Die Fälligkeitsfristen bleiben von dieser Regelung unberührt.

....

Ort, Datum rechtsverbindliche Unterschrift

A.11.8 VB – Anlage zu § 2 Einsatz von Nachunternehmern

Hinweis:
Die Nennung von Nachunternehmern erfolgt i. d. R. zur Angebotsabgabe nicht. Dies wird damit begründet, dass noch kein bestimmter Nachunternehmer aufgrund der ausstehenden Beauftragung feststeht. Somit erfolgt die Nennung erst nach einer Beauftragung.

Anlage zu Punkt 2 der BAB: Einsatz von Nachunternehmern

Der Auftragnehmer verpflichtet sich bei der Weitergabe von Bauleistungen an Nachunternehmer, den Bauvertrag sowie die Vertragsbedingungen zu beachten und als Auftragsgrundlage für die Beauftragung der Nachunternehmer zu vewenden.

Teilleistung	Nachunternehmer	Summe T € oder in v. H.
1.		
2.		
3.		
4.		
5.		
6.		
7.		

....
Ort, Datum rechtsverbindliche Unterschrift

A.11.9 VB – BVB Besondere Vertragsbedingungen

1. Vertragsgrundlagen

1.1 Dem Auftrag liegen – bei Widerspruch in der Rechtsgültigkeit nachfolgender Reihenfolge – zugrunde:

1.1.1 Der Bauvertrag vom ...

1.1.2 Das Auftragsprotokoll vom ...

1.1.3 Der Inhalt des/der Angebotsschreiben nebst Anlagen und Verhandlungsprotokollen vom ...

1.1.4 Verdingungsunterlage: Leistungsverzeichnis/-beschreibung und -programm vom ...
- Funktionale Beschreibung und Leistungsumfang Auftragnehmer oder
- Funktionale Leistungsbeschreibung Bauwerk Baukonstruktion oder
- Leistungsverzeichnisse Bauwerk und
- Leistungsverzeichnis Technische Anlagen Elt und HLS

1.1.5 Bewerbungs- und Ausschreibungsbedingungen BAB

1.1.6 Besonderen Vertragsbedingungen BVB

1.1.7 Zusätzliche Vertragsbedingungen ZVB

1.1.8 Baustellenordnung

1.1.9 Planungsunterlagen, Gutachten gemäß Vergabeverhandlung

1.1.10 Terminplan

1.1.11 Allgemeine Technische Vorschriften für Bauleistungen (VOB Teil C) in der bei Abgabe des Angebots gültigen Fassung, als Mindestanforderung, soweit nach den Ziffern 1.1.8 keine weitergehenden Anforderungen gestellt werden (ATV)

1.1.12 Allgemeine Vertragsbedingungen für die Ausführung von Bauleistungen (VOB Teil B), in der bei Abgabe gültigen Fassung (AVB)

1.1.13 Alle gesetzlichen sowie die behördlichen Bestimmungen der zuständigen Regierungs-, Verwaltungs- und Bauaufsichtsbehörden; weitere einschlägige DIN-Vorschriften, Technische Vorschriften, Hersteller- und Verbandsrichtlinien;

1.1.14 Unfallverhütungsvorschriften (UVV)

1.1.15 Bestimmungen des Bürgerlichen Rechts (BGB).

Für Nachtrags- und Ergänzungsleistungen gelten die obigen Vertragsgrundlagen sinngemäß.

2. Baustelle

Angaben siehe
- VB – Hinweise ATV DIN 18299 ff. Leistungsbeschreibung (Abschn. A.11.3 in diesem Buch)
- Hinweise für das Aufstellen der Leistungsbeschreibung ATV DIN 18299 ff. (Abschn. A.11.3.1 in diesem Buch)
- Besondere vertragliche Leistungen und Hinweise, welche mit dem Angebotspreis angeboten und abgegolten sind (Abschn. A.11.3.2 in diesem Buch)
- VB – Projektbeschreibung – Qualitäten, Material (Abschn. A.11.4 in diesem Buch)

3. Energiever-/Entsorgung

Die Anschlüsse für Baustrom und Bauwasser sowie provisorische Anschlüsse für Regen/ Drain- und Schmutzwasser sind vom Auftragnehmer eigenverantwortlich beim EVU zu beantragen. Die Kosten für den Anschluß, Aufstellen, Unterhaltung (auch für den Winterbetrieb), Verteilung und Rückbau von z. B. auch einem Bautrafo, dem Baustrom und dem Bauwasser trägt der Auftragnehmer und sind in der Auftragssumme enthalten. Die Kosten für den Verbrauch von Frischwasser und Strom übernimmt der Auftraggeber. Siehe dazu auch

- VB – Baustrom Umlage als Vertragsbedingung (Abschn. A.11.23 in diesem Buch)
- VB – Bauschutt Umlage als Vertragsbedingung (Abschn. A.11.24 in diesem Buch)

4. **Wasch- und WC-Einrichtung**
Die erforderlichen Wasch- und WC-Einrichtungen werden vom Rohbau-Auftragnehmer kostenfrei für den Auftragnehmer aufgestellt, unterhalten, gereinigt sowie abgebaut.

5. **Bauschutt**
Angaben siehe

- VB – Baustellenordnung UVV, Fachbauleiter, Nachweise, Erlaubnisschein (Abschn. A.11.22 in diesem Buch)

oder

- VB – Bauschutt Umlage als Vertragsbedingung (Abschn.A.11.24 in diesem Buch)

6. **Leistungsumfang des Auftragnehmers**
in den Auftragssummen erfasst und abgegolten

6.1 **Geltungsbereich, Allgemeines**
Die Verdingungsunterlagen mit

- dem Gewerke-Leistungsverzeichnis oder
- funktionalen Leistungsbeschreibungen bzw. die gewerkeweiswe funktionale Beschreibung

bestimmen eine geforderte Güte, eine bestimmte Bauausführung oder Verwendung von Materialien. Dadurch wird die vertragliche Verantwortung des Auftragnehmer weder eingeschränkt noch tritt dadurch eine Mithaftung des Auftraggeber ein. Bei Widersprüchen zwischen den Beschreibungen und der bei Auftragsdurchführung maßgeblichen Zeichnung ist nach den Zeichnungen bzw. Plänen zu arbeiten. Im Zweifelsfall ist die Entscheidung des Auftraggeber vor der Ausführung herbei zu führen.

Text für funktionale Beschreibung:

Die funktionalen Leistungsbeschreibungen dienen zur Fixierung des zu erbringenden Leistungsziels, ohne die Leistung im Detail konkret oder vollständig zu beschreiben. Der Auftragnehmer trägt das Vollständigkeitsrisiko, da er sämtliche Leistungen schuldet, die für die Errichtung eines funktionstauglichen Werkes erforderlich sind – ohne Rücksicht darauf, ob diese in der Leistungsbeschreibung umfassend definiert wurden.

Unabhängig von den Vergütungsmodalitäten im Einzelnen umfasst die Leistungspflicht des Auftragnehmer alle Planungs- und Bauleistungen, die zur schlüsselfertigen Herstellung des Bauvorhabens erforderlich sind. Und zwar auch solche Leistungen, die nach diesem Vertrag und seinen Anlagen nicht ausdrücklich erwähnt worden sind, die jedoch erforderlich werden, um die Schlüsselfertigkeit des in diesem Vertrag beschriebenen Bauvorhabens herbeizuführen.

6.2 Der Auftragnehmer hatte sich unter Zugrundelegung der in § 1 genannten Vertragsgrundlagen und Vertrags-bestandteile ein umfassendes Bild von den auszuführenden Leistungen und Lieferungen gemacht und hat die hierraus sich ergebenen Leistungen und damit verbundenen Kosten dem Auftraggeber gegenüber benannt.

Er hat vor Abgabe seines Angebots die Baustelle und die vorhandenen, zum Vertragsbestandteil erklärten Unterlagen/Anlagen, insbesondere die Pläne und Zeichnungen, sowie die Leistungsbeschreibung angesehen und auf Richtigkeit und Vollständigkeit überprüft.

6.3 Sämtliche Maßnahmen zur Sicherung der Baustelle einschließlich der erforderlichen Maßnahmen zur Sicherung und Aufrechterhaltung des Baustellenverkehrs, der notwendigen Absperrungen, Beschilderungen und Beleuchtung. Die Kosten der Inanspruchnahme öffentlichen Verkehrsraumes hat die Auftragnehmer ebenfalls einzukalkulieren.

6.4 Die Herbeiführung der erforderlichen Abnahmen und Abnahme-/Übernahmeprüfungen durch Behörden, und - soweit erforderlich - Sachverständige einschließlich aller notwendigen Materialüberprüfungen sowie Tragung der hierfür entstehenden Kosten und Gebühren hat die Auftragnehmer ebenfalls einzukalkulieren.

6.5 Verkehrssicherung und Verkehrsregelung im öffentlichen und privaten Bereich der Baustelle sowie Maßnahmen zum Schutze der Umwelt durch Belastungen der Baustelle.

6.6 Der Auftragnehmer ist verpflichtet, eventuell noch benötigte Unterlagen und Angaben so rechtzeitig und für den Auftraggeber angemessen anzufordern, dass Beschaffung, Arbeitsvorbereitung, Beginn und Fertigstellung der Leistung termingerecht erfolgen kann.

7. Mitwirkung des Auftraggebers

Der Auftragnehmer verpflichtet sich zu einer kooperativen Zusammenarbeit mit den von de Auftraggeber beauftragten Fachingenieuren und dem Architekten des Auftraggebers.

7.1 Der Projektleiter des Auftraggeber, Herr ...

ist allein vertretungsberechtigt für den Auftraggeber. Nur er ist berechtigt, rechtsgeschäftliche Handlungen (z.B. Änderungen des Bauentwurfes, Forderungen nach zusätzlichen Leistungen, Abnahmen etc.) vorzunehmen.

Hierzu gehören des Weiteren die folgenden Handlungen und Erklärungen:

- Änderung von Fertigstellungstermin und Vertragsfristen
- Kostenentscheidungen generell
- Anordnung von Stundenlohnarbeiten i.S.v. § 2 Nr. 10 VOB/B
- Die Anordnung von Nachträgen und zusätzlichen Leistungen
- Vornahme von Abnahmehandlungen und Teilabnahmen
- Anordnung von Nachträgen und zusätzlichen Leistungen
- Vornahme von Abnahmen und Teilabnahmen

Vertreter des Auftraggebers ist Herr ... vom Architekturbüro ...., welchem jedoch Auftragsbefugnisse (Anscheinsvollmacht) nicht erteilt sind; ausgenommen bei Gefahr in Verzug.

8 Termine und Vertragsstrafen

8.1 Einzeltermine siehe Terminplan

8.2 Es wird ein verbindlicher Bauzeitenplan durch den Auftragnehmer aufgestellt. Dieser Terminplan hat alle Bau-Tätikeiten zu erfassen, welche zur funktionsfähigen Fertigstellung der Leistungen des Auftragnehmers bei GU-Gewerke, sonstige Auftragnehmer-Gewerke, Leistungen des Auftraggebers erforderlich sind. Die im Bauzeitenplan enthaltene Fertigstellungsfrist gilt als Vertragsfrist.

8.3 Der Auftraggeber und der Auftragnehmer haben für die vom Auftragnehmer verschuldete, verspätete Fertigstellung eine Vertragsstrafe gem. Bauvertrag vereinbart.

Der Auftragnehmer gerät bei schuldhafter Überschreitung von dem Endtermin ohne weiteres, d. h. auch ohne besondere Mahnung in Verzug. Die Geltendmachung wei-

tergehender Schadensersatzansprüche durch den Auftraggeber bleibt unberührt; eine eventuell verwirkte Vertragsstrafe wird hierauf angerechnet.
Sind die Ausführungsfristen nach § 6 Nr. 2 VOB/B zu verlängern, gilt das Vertragsstrafenversprechen unverändert für die sich daraus ergebenden Termine.
Im Falle der Vereinbarung neuer Termine gilt dieses Vertragsstrafenversprechen entsprechend für die neuen Termine. Die Vertragsstrafe muss nicht bei der Abnahme vorbehalten werden, sondern kann bis zur Schlusszahlung geltend gemacht werden.

9. Abnahme

9.1 Es erfolgt eine Abnahme durch den Auftraggeber gem. Bauvertrag.

9.2 Der Auftragnehmer hat zwei Wochen vor der Abnahme dem Auftraggeber eine vollständige Bauakte mit allen erforderlichen Zustimmungen, technischen Abnahmen, Genehmigungen, Prüfzeugnissen und Berechnungsunterlagen, zu übergeben – soweit sie vorliegen.

9.3 Daneben hat die Auftragnehmer vor der Abnahme seine Leistungen auf Vollständigkeit und Mangelfreiheit zu überprüfen und etwaige Rest- oder Nacharbeiten unverzüglich durchzuführen. Der Auftraggeber ist berechtigt, die Abnahme bis zur Beseitigung wesentlicher Mängel zu verweigern.

9.4 Alle Kosten, die dem Auftraggeber und den fachl. Beteiligten Büros infolge mangelhafter und nicht fristgerechter Behebung von Mängeln sowie durch mehrmalige Abnahmetermine entstehen, gehen zu Lasten des Auftragnehmer.

9.5 Später nicht mehr prüf- oder feststellbare Leistungen oder Teilleistungen können auf Antrag des Auftragnehmer oder auf Verlangen des Auftraggber einer gemeinsamen „Bauzustandsaufnahme" unterzogen werden (unechte Teilabnahme).

9.6 Zur Abnahme sind dem Auftraggeber Prüfatteste, Abnahmebescheinigungen von staatlichen und hierfür besonders bestimmten Stellen, für diejenigen Anlagen, die einer solchen Abnahme bedürfen, alle vertraglich vereinbarten Nachweise über bestimmte Eigenschaften von Baustoffen, Ersatzteillisten, Bestandspläne, Prüfzeugnisse etc. zu übergeben.

9.7 Die Leistungen des Auftragnehmer sind förmlich abzunehmen. Über die Abnahme ist ein Protokoll zu fertigen.

9.8 Eine rechtsgeschäftliche Abnahme erfolgt erst nach weitestgehend mängelfreier Fertigstellung der beauftragten Gesamtleistung und hat weiterhin zur Voraussetzung, dass der Auftragnehmer sämtliche hierfür erforderlichen Unterlagen, wie zum Beispiel Revisions- und Bestandspläne, behördliche Bescheinigungen, Abrechnungen etc. übergeben hat.

10. Mängelansprüche

10.1 Die Verjährungsfrist für Mängelansprüche beträgt fünf Jahre entsprechend §§ 633 ff BGB.

10.2 Nach der Abnahme von Mängelbeseitigungsleistungen beginnen für diese Leistungen die Gewährleistungsfristen neu zu laufen, jedoch nur noch für weitere 2 Jahre. Diese Frist endet nicht vor dem Ablauf der Regelfrist von 5 Jahren.

10.3 Alle Nacharbeiten zur Mängelbeseitigung nach Inbetriebnahme durch die Auftragnehmer dürfen nur in Abstimmung mit dem Auftraggeber durchgeführt werden. Mängelbeseitigungsarbeiten sind unter Berücksichtigung der betrieblichen Erfordernisse des Auftraggeber auszuführen.

10.4 Dier Auftraggeber kann jeweils vor Ablauf der Gewährleistungsfrist für die Leistungen und Nachbesserungsleistungen eine gemeinsame Besichtigung der betreffenden Leistungen auf Kosten des Auftragnehmer verlangen.

10.5 Die Auftragnehmer tritt dem Auftraggeber sämtliche Mängelansprüche gegenüber ihren Nachunternehmern im Zusammenhang mit der Erbringung der übertragenen Leistungen zur eigenen Geltendmachung für den Fall der Insolvenz der Auftragnehmer ab. Der Auftragnehmer verpflichtet sich, gegenüber ihren Nachunternehmern die Abtretung anzuzeigen. Diese Auflistung der Abtretungen ist mit der Schlußrechnung einzureichen. Die Wirksamkeit/Einstandspflicht der Bürgschaft für Mängelansprüche bleibt hiervon unberührt.

11. **Lieferung und Montage**
Alle Leistungen umfassen die Lieferung der dazugehörigen Stoffe und Bauteile einschließlich Transport, Abladen und Lagern auf der Baustelle sowie Einbau bzw. Montage.

12. **Festpreisbindung**
Die Titel-/Lospreise sowie die Stundenverrechnungssätze sind Festpreise. Sie gelten 3 Monate über den im Bauzeitenplan vereinbarten Fertigstellungszeitraum hinaus.

13. **Rechnungsstellung und Zahlungsweise**
Schlussrechnungen sind nicht später als ein Monate nach Leistungsabnahme vorzulegen. Alle Rechnungen und Mengenermittlungen sind per E-Mail an den Auftraggeber und in Cc an das Büro ama zu übermitteln.

14. **Hinterlegung der Kalkulation**
Der Auftraggeber ist berechtigt, die Hinterlegung des Angebots nebst den Kalkulationsgrundlagen (Baustellengemeinkosten, Gerätevorhalte und -reparaturkosten, sonstige Gemeinkosten, Zuschläge für allgemeine Geschäftskosten, Zuschläge für Wagnis und Gewinn) zu verlangen.
Die Hinterlegung hat zu erfolgen bei dem Auftraggeber in einem verschlossenen Umschlag.

15. **Haftpflicht**
Der Auftragnehmer ist verpflichtet die Bestätigung einer Betriebshaftpflichtversicherung vorzulegen. Sie muss mindestens die nachstehenden Deckungssummen umfassen:

für Personenschäden:	3.000.000,- Euro
für Sachschäden je Einzelfall:	20.000.000,- Euro

16. **Sicherheitsleistungen/Bürgschaften**

16.1 Als Sicherheit für die Vertragserfüllung übergibt der Auftragnehmer dem Auftraggeber unverzüglich nach Vertragsschluss eine unbefristete Vertragserfüllungsbürgschaft über 10% der Bruttoauftragssumme eines den Anforderungen des § 17 Nr. 2 VOB/B entsprechenden Kreditinstituts oder Kreditversicherers.
Die Sicherheit für die Vertragserfüllung erstreckt sich auf die Erfüllung sämtlicher Verpflichtungen der Auftragnehmer aus diesem Vertrag, insbesondere auf die vertragsgemäße Ausführung der Leistung einschließlich Abrechnung, Mängelansprüche und Schadensersatz, auf Regress- und Freistellungsansprüche sowie der vorbehaltlosen Anerkennung der geprüften Schlußrechnung aus diesem Vertrag und auf die Erstattung von Überzahlungen einschließlich Zinsen. Umfasst ist die Absicherung der Anspruche bei Nichtzahlung des Mindestentgelts (§ 1a AEntG), bei Nichtzahlung der Beiträge zur Urlaubskasse (§ 1a AEntG) bzw. bei Nichtzahlung der Sozialversicherungsbeiträge (§ 28e Abs. 3a-f SGB IV).

16.2 Der Auftraggeber ist berechtigt, 5 % der Nettoauftragssumme als Sicherheit für die Dauer der Gewährleistung einzubehalten (Gewährleistungseinbehalt). Der Auftragnehmer kann den Sicherheitseinbehalt durch eine Bankbürgschaft ablösen.

16.3 Die Bürgschaft muss auch den Verzicht auf das Recht zur Hinterlegung und die Rechte aus § 776 BGB enthalten und sich auf etwaige Ansprüche auf Überzahlung erstrecken. Sie ist zurückzugeben nach Ablauf der Gewährleistungsfrist, sofern sie bis dahin nicht in Anspruch genommen worden ist.
Siehe hierzu .. Bürgschaftsvordruck – Muster Auftraggeber."

17. Stundenlohnarbeiten

17.1 Mit der Unterzeichnung der Stundenlohnzettel erklärt der Auftraggeber lediglich, dass die aufgeführten Leistungen erbracht sind, nicht jedoch, dass dem Auftragnehmer dafür eine Vergütung zusteht. Diese Prüfung erfolgt im Verlauf der Abrechnungen.

17.2 Stundenlohnarbeiten werden nur im Zusammenhang mit dem Hauptauftrag abgerechnet. Ein stillschweigendes Anerkenntnis von vorgelegten Stundenlohnzetteln – auch nach Ablauf der Frist von sechs Werktagen gemäß § 15 Nr. 3 VOB/B – ist ausgeschlossen.

17.3 Der Auftragnehmer hat über Stundenlohnarbeiten arbeitstäglich Stundenlohnzettel in zweifacher Ausfertigung einzureichen. Diese müssen außer den Angaben nach § 15 Nr. 3 VOB/B

- das Datum
- die Bezeichnung der Baustelle
- die genaue Bezeichnung des Ausführungsortes innerhalb der Baustelle
- die Art der Leistung
- die Namen der Arbeitskräfte und deren Berufs-, Lohn- oder Gehaltsgruppe
- die geleisteten Arbeitsstunden je Arbeitskraft, ggf. aufgegliedert nach Mehr-, Nacht-, Sonntags- und Feiertagsarbeit, sowie nach im Verrechnungssatz nicht enthaltenen Erschwernissen und Gerätekenngrößen enthalten

Die Stundenlohnrechnungen müssen entsprechend den Stundenlohnzetteln aufgegliedert werden. Die Originale der Stundenlohnzettel behält der Auftraggeber, die bescheinigten Durchschriften erhält die Auftragnehmer. Sind Stundenlohnarbeiten mit anderen Leistungen verbunden, so sind keine getrennten Rechnungen aufzustellen.

18. Rechnungen

18.1 Der Netto-Endbetrag der Rechnungssumme ist um die getrennt auszuweisende, jeweils gültige gesetzliche Mehrwertsteuer zu erhöhen.

18.2 Rechnungen sind ihrer Art nach als Abschlags- oder Schlussrechnung zu bezeichnen. Abschlagsrechnungen sind fortlaufend zu nummerieren und richten sich in Abhängigkeit zu dem vertraglichen vorausgesetzten Baufortschritt und Zahlungsplan.

19. Zahlungen

19.1 Die aus dem Zahlungsplan ersichtlichen Bautenstände, die den Auftragnehmer zur Stellung einer Abschlagsrechnung berechtigen, müssen, um die Fälligkeit auszulösen, jeweils vollständig und frei von wesentlichen Mängeln erreicht sein. Dies hat die Auftragnehmer in geeigneter Form nachzuweisen.

19.2 Soweit in dem Auftragsschreiben nebst Anlagen oder in den sonstigen Vertragsbedingungen keine anderweitige Regelung getroffen ist, werden Abschlagszahlungen entsprechend der nachgewiesenen Leistung zur Zahlung freigegeben.

19.3 Der Einbehalt eines angemessenen Betrages für mangelhafte oder sonst nicht vertragsgerechte Ausführungen bleibt vorbehalten.

19.4 Alle Zahlungen werden bargeldlos in € geleistet. Als Tag der Zahlung gilt bei Überweisung von einem Konto der Tag der Hingabe oder Absendung des Auftrags an das Geldinstitut.

19.5 Bei Abschlagszahlungen nach VOB/B § 16 Nr. 1 Abs. 1 Satz 3 ist Sicherheit durch Bürgschaft nach Nr. 26 zu leisten.

19.6 Bei Arbeitsgemeinschaften werden Zahlungen mit befreiender Wirkung für den Auftraggeber an den für die Durchführung des Vertrags bevollmächtigten Vertreter der Arbeitsgemeinschaft oder nach dessen schriftlicher Weisung geleistet. Dies gilt auch nach Auflösung der Arbeitsgemeinschaft.

19.7 Bei Rückforderungen des Auftraggeber aus Überzahlungen (§§ 812 ff. BGB) kann sich die Auftragnehmer nicht auf Wegfall der Bereicherung (§ 818 Abs. 3 BGB) berufen.

19.8 Im Falle einer Überzahlung hat der Auftragnehmer den zu erstattenden Betrag – ohne Umsatzsteuer – vom Empfang der Zahlung an mit 4 v. H. für das Jahr zu verzinsen, es sei denn, es werden höhere oder geringere gezogene Nutzungen nachgewiesen. § 197 BGB findet Anwendung.

20. Zurückbehaltungsrecht

20.1 Macht einer der Vertragspartner ein Leistungsverweigerungs- oder Zurückbehaltungsrecht geltend, so ist er verpflichtet, denjenigen Betrag zu beziffern, wegen dem er das Recht geltend machen will. Bestreitet die Auftragnehmer dem Vertragspartner die Berechtigung der Geltendmachung des Leistungsverweigerungs- oder Zurückbehaltungsrechts, so ist er berechtigt, die Geltendmachung durch Sicherheitsleistung in Höhe des bezifferten Betrages geltend zu machen.

20.2 Die Kosten der Sicherheitsleistung sind im Ergebnis von den Parteien in demjenigen Verhältnis zu tragen, in dem die Geltendmachung des Leistungsverweigerungs- bzw. Zurückbehaltungsrechts berechtigt bzw. unberechtigt war. Die Bestimmungen gelten entsprechend auch dann, wenn der Auftragnehmer den Vertrag wegen Verzugs des Auftraggeber kündigen will und die Auftraggeber den Verzug bestreitet. Der Auftraggeber kann dann die Kündigung durch Sicherheitsleistung abwenden, und zwar auch noch innerhalb einer Frist von vier Wochen, nachdem die Kündigung dem Auftraggeber zugegangen ist. Der Auftragnehmer kann entsprechende Sicherheitsleistungen ablehnen und Zahlung verlangen, sofern er Sicherheit für einen entsprechenden Rückzahlungsanspruch bzw. Schadensersatzanspruch leistet.

20.3 An Plänen, Zeichnungen, Beschreibungen, Rechnungsunterlagen und sonstigen das Bauvorhaben betreffenden Schriftstücken kann der Auftragnehmer ein Leistungsverweigerungs- oder Zurückbehaltungsrecht nicht geltend machen. Dies gilt auch im Falle einer vorzeitigen Beendigung des Vertrages.

20.4 Im übrigen wird ausdrücklich noch einmal darauf hingewiesen, dass der Auftragnehmer kein Leistungsverweigerungsrecht in Bezug auf unerledigte Vergütungsfragen in Sachen Nachträge zusteht.

21. Ergänzende Bestimmungen

21.1 Der Auftraggeber ist berechtigt, den Anspruch des Auftragnehmer aus § 648 BGB, wenn er geltend gemacht wird, durch sonstige Sicherheitsleistung, auch durch selbstschuldnerische Bankbürgschaft, abzuwenden und auch eine etwa bereits gemäß § 648 BGB eingetragene Vormerkung oder Hypothek durch eine entsprechende Sicherheitsleistung abzulösen.

Einen Anspruch aus § 648 BGB kann der Auftragnehmer nur geltend machen, wenn der Auftraggeber sich in Verzug befindet und die angemahnte Zahlung trotz angemessener Nachfristsetzung nicht fristgemäß leistet.
Der Auftragnehmer ist zur Aufrechnung nur mit unstrittigen oder gerichtlich festgestellten Forderungen berechtigt.

21.2 Änderungen und Ergänzungen des Bauvertrages bedürfen der Schriftform, dies gilt auch für die Abbedingung des Schriftformerfordernisses.

21.3 Sollten einzelne Bestimmungen des Bauvertrages oder dieser Besonderen Vertragsbedingungen unwirksam sein, so bleiben die übrigen verbindlich. Mündliche Nebenabreden sind nicht getroffen.

21.4 Gerichtsstand und Erfüllungsort ist ....

A.11.10 VB – Anlage 1 zu BVB § 10 Mängelansprüche, hier Abs. 10.5 Abtretung der Mängelansprüche

1. Zur Absicherung der Gewährleistungsansprüche tritt der Zedent, der Auftragnehmer

…, ……………………………

seine gegen nachstehende Firmen

1.
2.
3.
4.

resultierenden Gewährleistungsansprüche mit sofortiger Wirkung an den Zessionar, den Auftraggeber

…, ……………………………

ab.

2. Der Zessionar nimmt die Abtretung an

……………………………………………………………………………………………

Datum und rechtsverbindliche Unterschrift Zedent

……………………………………………………………………………………………

Datum und Rechtsverbindliche Unterschrift Zessionar

A.11.11 VB – Anlage zu § 1 BVB Erläuterungsberichte

Anlage zu Punkt 1 der BVB: Erläuterungsbericht Architekt
Im Verlauf der Projektabwicklung sind in den verschiedenen LPH nachstehende Baubeschreibungen gefordert:

LPH 1	Allgemeine Verständniserklärung	Vorabzug Erläuterungsbericht
LPH 2	Erläuterungsbericht	ergänzt durch das Raumbuch Schnittstellenbeschreibung
LPH 3	Objektbeschreibung	mit Fortschreibung des Raumbuchs
LPH 4	(Bau-) Objektbeschreibung	und Betriebsbeschreibung etc.
LPH 5	detaillierte Objektbeschreibung	mit Fortschreibung Raumbuch

Ausgangspunkt aller Beschreibungen ist die sog. allgemeine Verständniserklärung. Diese ist als Vorabzug des Erläuterungsberichtes zu sehen, welcher in der LPH 2 zu erstellen ist.

Die allgemeine Verständniserklärung umschreibt bereits alle Angaben zum Projekt; auch wenn einige erst durch die weiterführende Planung beantwortet werden können.

Die Allgemeine Verständniserklärung als Grundlage für den Erläuterungsstruktur ist entsprechend der DIN 276 gegliedert.

Des Weiteren sind u. a. nachstehende Details zu erläutern:

1.1 Grundstückslage siehe ATV
1.2 Aktuelle Situation siehe ATV
1.3 Umweltbedingungen siehe ATV
1.4 Grundstücksgröße siehe ATV
1.5 Bebauung
1.6 Allgemeine Beschreibung des Objekts und Nutzung

2. Sonstiges
2.1 Maßnahmen für Behinderte
2.2 Maßnahmen zur Energieeffizienz und Nachhaltigkeit

Siehe hierzu auch Bau- und Ausstattungsbeschreibungen.

A.11.12 VB – ZVB Zusätzliche Vertragsbedingungen

1. Grundlagen des Auftrages (zu § 1 Nr. 2 VOB/B)
siehe BVB Punkt 1

2. Zusätzliche Vertragsbedingungen (zu § 1 Nr. 2 VOB/B)

2.1 Die in den Verdingungsunterlagen genannten Technischen Vertragsbedingungen, die in Teil C der VOB – Allgemeine Technische Vertragsbedingungen für Bauleistungen – nicht angeführt sind, sind Zusätzliche Technische Vertragsbedingungen im Sinne von § 1 Nr. 2 d VOB/B.

2.2 Wenn der Auftragnehmer für sein Angebot eine selbstgefertigte Abschrift oder Kurzfassung benutzt hat, ist allein das vom Auftraggeber verfasste Leistungsverzeichnis verbindlich.

2.3 Ist in Leistungsbeschreibung und -programm bei einer Teilleistung eine Bezeichnung für ein bestimmtes Fabrikat mit dem Zusatz „oder gleichwertiger Art" verwendet worden, und fehlt die für das Angebot geforderte Bieterangabe, gilt das in Leistungsbeschreibung und -programm genannte Fabrikat als vereinbart.

2.4 Sind in Leistungsbeschreibung und -programm für die wahlweise Ausführung einer Leistung Wahlpositionen (Alternativenpositionen) oder für die Ausführung einer nur im Bedarfsfall erforderlichen Leistung Bedarfspositionen (Eventualpositionen) vorgesehen, ist der Auftragnehmer verpflichtet, die in diesen Positionen beschriebenen Leistungen nach Aufforderung durch den Auftraggeber auszuführen. Die Entscheidung über die Ausführung von Wahlpositionen trifft der Auftraggeber in der Regel bei Auftragserteilung, über die Ausführung von Bedarfspositionen nach Auftragserteilung.

2.5 Die in den Allgemeinen Technischen Vertragsbedingungen und den übrigen Verdingungsunterlagen genannten DIN-Normen sind in der drei Monate vor dem Eröffnungs-/Einreichungstermin gültigen Fassung maßgebend.

3. Vergütung (zu § 2 VOB/B)

3.1 Soweit in dem Auftragsschreiben und in den Anlagen hierzu sowie in den Besonderen Vertragsbedingungen BVB nichts anderes vereinbart ist, sind die Einheits- und Pauschalpreise Festpreise. Sie gelten 3 Monate über den vereinbarten Fertigstellungstermin hinaus.

3.2 Soweit in Leistungsbeschreibung und -programm keine andere Regelung getroffen ist, umfassen die Einheitspreise und die Pauschalpreise die Lieferung aller erforderlichen Materialien und Stoffe frei Verwendungsstelle nebst Einbau bzw. betriebsfertiger Montage.

3.3 Wenn in Leistungsbeschreibung und -programm das Vorhalten von Leistungen gefordert wird, ist auch das (betriebsfähige) Unterhalten mit dem Angebotspreis abgegolten.

3.4 Der Einheitspreis ist der vertragliche Preis, auch wenn im Angebot der Gesamtbetrag einer Ordnungszahl (Position) nicht dem Ergebnis der Multiplikation von Mengenansatz und Einheitspreis entspricht (§ 2 Nr. a VOB/B).

3.5 Ist als Vergütung der Leistung eine Pauschalsumme vereinbart, so bleibt die Vergütung unverändert.

3.6 Wird durch Änderung des Bauentwurfs oder durch Anordnung des Auftraggeber eine in dem Vertrag vorgesehene Leistung geändert (§ 2 Nr. 5 VOB/B) oder wird eine im Vertrag nicht vorgesehene Leistung gefordert (§ 2 Nr. 6 VOB/B), so hat der Auftragnehmer nur dann Anspruch auf eine besondere Vergütung, wenn er dem Auftraggeber diesen Anspruch schriftlich ankündigt, bevor er mit der Ausführung der Leistung beginnt.

3.7 Neue Preise sind auf der Grundlage der Preisermittlung für die vertragliche Leistung zu vereinbaren. Der Auftragnehmer hat auf Verlangen die Preisermittlung für die vertragliche Leistung dem Auftraggeber verschlossen zur Aufbewahrung zu übergeben.
Der Auftraggeber darf die Preisermittlung bei Vereinbarung neuer Preise oder zur Prüfung von sonstigen vertraglichen Ansprüchen öffnen und einsehen, nachdem der Auftragnehmer davon rechtzeitig verständigt und ihm freigestellt wurde, bei der Einsichtnahme anwesend zu sein. Die Preisermittlung wird danach wieder verschlossen.
Die Preisermittlung wird nach vorbehaltloser Annahme der Schlusszahlung zurückgegeben.
Ist der Auftrag auf einen Änderungsvorschlag oder ein Nebenangebot erteilt worden, dann sind mit der vereinbarten Vergütung alle von dem Änderungsvorschlag oder dem Nebenangebot beeinflussten Leistungen auch ggf. der fachlich beteiligten Planer und Sonderingenieure, welche durch den Auftragnehmer zu beauftragen sind, abgegolten, die zur Ausführung der vertraglichen Leistung erforderlich werden.

4. Stundenlohnarbeiten (§§ 2 Nr. 10, 15 VOB/B)
Siehe BVB

5. OBÜ-Architekt, Verantwortliche Bauleitung LBO

5.1 Mit der örtlichen Bauüberwachung ist das Architekturbüro ..., vertreten durch

Herrn/Frau ...

beauftragt.

Der gesamte, allgemeine Projekt-Geschäftsverkehr zur Abwicklung der übertragenen Leistungen ist nur über dieses Büro zu führen und ist außschließlich per E-Mail über Outlook abzuwickeln. Hiervon ausgenommen sind vertragliche Vereinbarungen (Kosten und Termine).

5.2 Ein vertragsrelevanter Schriftverkehr (insbesondere vertraglich vereinbarte Kosten und Termine) ist nur zwischen Auftragnehmer und Auftraggeber gültig. Hiervon unbenommen sind Änderungen durch den Architekten hinsichtlich sonstiger Zwischen-Termine.

5.3 Die verantwortliche Fachbauleitung mit Stellvertreter im Sinne der LBO und UVV übernimmt der Auftragnehmer. Er benennt einen Projekt-/Bauleiter, der die in der LBO aufgeführten Voraussetzungen erfüllt. Ein Wechsel dieses Bauleiters ist nur mit Zustimmung des Auftraggeber und der Bauaufsicht gestattet. Die Benennung hat schriftlich auf einem Formblatt zu erfolgen.
Dem (GU)-PL des Auftragnehmer obliegt es insbesondere, bei diesem Bauvorhaben die Auftraggeber-Koordination gemäß § 4 VOB/B zu erbringen einschl. der Koordination der vom Auftraggeber beauftragten Auftragnehmer sowie einschl. der eigenen Bauleistungen des Auftraggeber zur Erziehlung eines reibungslosen Bauablaufes und zur Vermeidung von Behinderungen.

5.4 Auftragnehmer aller übrigen Leistungsbereiche haben ebenfalls einen verantwortlichen Fachbauleiter im Sinne der LBO zu benennen. Die Regelungen des verantwortlichen Bauleiters im Sinne der LBO gelten für den Fachbauleiter im Sinne der LBO entsprechend. Nach der Vergabe ist der Bauleiter und sein Stellvertreter zu benennen und ein Nachweis über deren Eignung vorzulegen. Bauleiter oder Stellvertreter müssen für den Auftraggeber ständig erreichbar sein. Der Auftraggeber hat das Recht, in begründeten Fällen die Anerkennung zurückzuziehen und einen qualifizierten Ersatz zu verlangen.

Es wird nochmals ausdrücklich darauf hingewiesen, dass die Vertreter des Auftraggeber, Architekten und Ingenieure, eine Auftragsvollmacht des Auftraggeber nicht besitzen, ausgenommen hiervon ist der Umstand „Gefahr in Verzug".

6. Ausführungsunterlagen (zu § 3 VOB/B)

6.1 Bei Widersprüchen in den Ausführungsunterlagen hat der Auftragnehmer Klärung durch die Objektplanung herbeizuführen. Der Auftragnehmer hat die ihm übergebenen Ausführungsunterlagen auf Richtigkeit und Vollständigkeit zu überprüfen. Dies gilt auch in Bezug auf die örtlichen Gegebenheiten.

6.2 Hat der Auftragnehmer gegen die vorgesehene Ausführungsweise oder gegen bauseitig gestellte Baustoffe Bedenken, so hat er unverzüglich die Architekt über die Gründe zu informieren.
Die in Frage kommenden Arbeiten sind einzustellen, bis eine Einigung mit der Architekt über die Weiterführung erzielt ist.

6.3 Die Verantwortung und Haftung des Auftragnehmer nach dem Vertrag, insbesondere nach § 3 Nr. 3 Satz 2, § 4 Nr. 2 und 3 sowie § 13 VOB/B werden nicht eingeschränkt.
Der Auftraggeber darf die vom Auftragnehmer beschafften Ausführungsunterlagen für die Durchführung der Leistung und ihre Erhaltung vervielfältigen und verwenden, für andere Zwecke nur mit Zustimmung des Auftragnehmer.

6.4 Es wird angestrebt, den Schriftverkehr „papierlos" abzuwickeln. Für den elektronischen Datenaustausch des Schriftverkehrs ist dieser eindeutig und gleichartig zu benennen.

7. Werbung (zu § 4 Nr. 1 VOB/B)

Siehe: Beschreibung Baustelleneinrichtung Rev1 – Baustellenschild

8. Bauabwicklung, Bautagesberichte (zu § 4 VOB/B)

8.1 Die Bezeichnung „Baustelle" und „Baubereich" werden in folgendem Sinne verwendet:
Baustelle:
Flächen, die der Auftraggeber zur Ausführung der Leistung, für die Baustelleneinrichtung und zur vorübergehenden Lagerung von Stoffen und Bauteilen zur Verfügung stellt, zuzüglich der Flächen, die der Auftragnehmer darüber hinaus in Anspruch nimmt.
Baubereich:
Baustelle und die Umgebung, die durch die Ausführung der Bauarbeiten beeinträchtigt werden kann.

8.2 Die Architekt wird zu festgesetzten Terminen Baubesprechungen durchführen, um den Stand der Arbeiten und die für den weiteren Fortgang der Leistungen erforderlichen Maßnahmen zu besprechen.
Der Auftragnehmer ist verpflichtet, einen voll unterrichteten und verantwortlichen Vertreter zu entsenden, der berechtigt ist, verbindliche Erklärungen abzugeben und Anordnungen/Weisungen entgegen zunehmen. Eine nochmalige Unterrichtung/Weisung an den Nachunternehmer des Auftragnehmers erfolgt seitens des Architekten nicht.

8.3 Der Auftragnehmer ist verpflichtet, Bautagesberichte zu fertigen und davon dem Auftraggeber wöchentlich über den Architekten eine Durchschrift zu übergeben. Die Bautagesberichte müssen Angaben enthalten, die für die Ausführung des Vertrages von Bedeutung sein können, zum Beispiel: über Wetter, Temperaturen, Zahl und Art der auf der Baustelle beschäftigten Arbeitskräfte, Zahl und Art der eingesetzten Großgeräte, den wesentlichen

Baufortschritt, bestimmte Arten der Ausführung, besondere Abnahmen nach § 12 Nr. 2 VOB/B, Unterbrechung der Ausführung, Unfälle oder sonstige Vorkommnisse.
Rechtsfolgen auslösende Anzeigen und Hinweise z. B. auf zusätzliche Leistungen werden durch die Bautagesberichte nicht ersetzt. Sie müssen gesondert erfolgen.

Angaben Bautagebuch

- Datum
- Objekt (zum Beispiel: Einfamilienhaus Familie Mustermann),-
- Wetter (Temperatur, Bewölkung, Niederschlag),
- Gewerk (Tischler, Maurer, Sanitär...),
- Anzahl der Handwerker einer Firma,
- eingesetzte Baugeräte/-maschinen
- Verwendete Materialien (z. B. Farben, Grundierungen),
- Ergebnisse von Besprechungen (Anwesende (Name und Firma), Beginn und Ende,...)
- Unterschriften von Auftragnehmer Besprechungen Beteiligten.
- Als Anlagen Einbau- und Betriebsanleitungen von verbauten Geräten, z. B. Lüftern, Türen,
- Dokumentation von tatsächlichen oder nur vermuteten Mängeln und Beschädigungen, Verlauf von Kabeln/Rohrleitungen, bevor verfüllt oder verputzt wird.
- Baufortschritte im Allgemeinen (Überblick) und im Detail
- dem Auftragnehmer übergebene Ausführungspläne ggf. mit Index bei Planänderungen während der Ausführung

8.4 Bei Durchführung der Arbeiten hat der Auftragnehmer darauf zu achten, dass bereits fertiggestellte Arbeiten bzw. eingebaute Teile, insbesondere auch solche anderer Auftragnehmer bzw. NU, nicht beschädigt werden. Beschädigungen oder Verschmutzungen hat der Auftragnehmer auf seine Kosten zu beheben.
Insbesondere ist darauf zu achten und das Montagepersonal darauf hinzuweisen, dass Sichtbetonflächen, -kanten usw. nicht verschmutzt und beschädigt werden.

8.5 Sind nach Auffassung des Auftragnehmer Schutzmaßnahmen für seine Leistung notwendig, so hat er dies vorsorglich durchzuführen.

8.6 Der Auftragnehmer ist verpflichtet Beschädigungen, Diebstahl oder unzulässige Handlungen (z. B. Aufnehmen von DB-Platten durch Fremdfirma etc.) zeitnah und eigenverantwortlich der Bauwesenversicherung anzuzeigen, da das objektüberwachende Architekten- und Ingenieurbüro und somit der Auftraggeber Leistung des Auftragnehmer zur Beseitigung vorgenannter Zustände nicht als die vertraglich gefordert sieht.

9. Berufsgenossenschaft

9.1 Während des Vertrages hat der Auftragnehmer jede Änderung in seiner Zugehörigkeit zur Berufsgenossenschaft unverzüglich und unaufgefordert dem Auftraggeber über die Architekt mitzuteilen.

9.2 Auf Verlangen des Auftraggebers hat der Auftragnehmer den Mitgliedschein und eine Bescheinigung darüber vorzulegen, dass er seiner Beitragspflicht nachgekommen ist.

10. Baustelleneinrichtungsplan, Straßen-, Wege-, Lager- und Arbeitsplatznutzung, Mitbenutzung von Einrichtungen (zu § 4 VOB/B)

Siehe hierzu VB – Baustellenordnung UVV, Fachbauleiter, Nachweise, Erlaubnisschein (Abschn. A.11.22 in diesem Buch).

11. Baustellenräumung (zu §§ 4 Nr. 2 und 5 Nr. 1 VOB/B)
Siehe hierzu VB – Baustellenordnung UVV, Fachbauleiter, Nachweise, Erlaubnisschein (Abschn. A.11.22 in diesem Buch).

11.1 Sind bestehende Anlagen zu ändern zu beseitigen, so hat der Auftragnehmer die Zustimmung des Auftraggeber einzuholen; daneben hat der Auftragnehmer den Eigentümer bzw. Besitzer der Anlage rechtzeitig von dem Zeitpunkt der Änderung oder Beseitigung zu verständigen.

11.2 Zum Schutz der Umwelt, der Landschaft und der Gewässer hat der Auftragnehmer die durch die Arbeiten hervorgerufenen Beeinträchtigungen auf das unvermeidliche Maß einzuschränken.
Behördliche Anordnungen oder Ansprüche Dritter wegen der Auswirkungen der Arbeiten hat der Auftragnehmer dem Auftraggeber unverzüglich schriftlich mitzuteilen.

12. Nachunternehmer (zu § 4 Nr. 8 VOB/B)

12.1 Der Auftragnehmer ist verpflichtet, bei Weitergabe von Bauleistungen alle Vertragsbestandteile zugrunde zu legen, die zwischen ihm und dem Auftraggeber bestehen.

12.2 Unbeschadet der Regelung in § 4 Nr. 8 VOB/B ist der Auftraggeber berechtigt, die Ablösung des Nachunternehmers zu verlangen, wenn dieser – trotz Abmahnung – seine Leistungen mangelhaft oder sonst nicht vertragsgemäß erbringt. Damit verbundene Mehrkosten trägt der Auftragnehmer.

12.3 Der Auftragnehmer muss sicherstellen, dass der Nachunternehmer die ihm übertragenen Leistungen nicht weiter vergibt, es sei denn, der Auftraggeber hat zuvor schriftlich zugestimmt; die Nummern 12.1 und 12.2 gelten entsprechend.

12.4 Der Auftragnehmer tritt dem Auftraggeber sämtliche Mängelansprüche gegenüber seinen Nachunternehmern im Zusammenhand mit der Erbringung der übertragenen Leistungen zur eigenen Geltendmachung ab. Der Auftragnehmer verpflichtet sich, gegenüber seinen Nachunternehmern die Abtretung anzuzeigen.

13. Änderungen der DIN-Vorschriften, Technische Vorschriften, Gesetze, Erlasse und Richtlinien etc.
Ändern sich während der Bauausführung die der Beauftragung zugrunde liegenden DIN-Vorschriften, Technische Vorschriften, Hersteller- und Verbandsrichtlinien, Erlasse und Gesetze, so ist der Auftragnehmer verpflichtet, die Objektplanung/Fachplanung hierüber unverzüglich zu informieren und eine Entscheidung darüber herbeizuführen, ob diese Änderungen bei der weiteren Bauausführung Berücksichtigung finden sollen oder nicht.

14. Ausführungsfristen (zu § 5 VOB/B)
Es wird ein verbindlicher Bauzeitenplan vereinbart.

15. Behinderung und Unterbrechung der Ausführung (zu § 6 VOB/B)

15.1 Ist erkennbar, daß sich durch eine Behinderung oder Unterbrechung Auswirkungen ergeben, hat der Auftragnehmer diese dem Auftraggeber unverzüglich schriftlich mitzuteilen. Unterlässt er schuldhaft diese Mitteilung, hat er den dem Auftraggeber daraus entstehenden Schaden zu ersetzen.

15.2 Auf die Pflicht des Hinweises auf den Wegfall behindernder Umstände und der Unterbrechung wird besonders hingewiesen.

15.3 Dem (GU)-Auftragnehmer ist bewusst, daß er bei diesem Bauvorhaben insbesondere zu der Auftraggeber-Koordination gemäß § 4 VOB/B gefordert ist einschl. der Koordination der

vom Auftraggeber beauftragten Auftragnehmer sowie einschl. der eigenen Bauleistungen des Auftraggeber zur Erziehlung eines reibungslosen Bauablaufes und zur Vermeidung von Behinderungen.
Auch alle damit verbundenen Leistungen des Auftragnehmer im Sinne § 6 Nr. 3 VOB/B sind schadensmindernde, vertraglich geforderte Leistungen des Auftragnehmer.

16. Kündigung aus wichtigem Grund (zu § 8 Nr. 3 ff. VOB/B)
Der Auftraggeber ist berechtigt, den Vertrag aus wichtigem Grund zu kündigen.
Ein wichtiger Grund liegt insbesondere vor, wenn der Auftragnehmer

- gegen seine Verpflichtung aus verstößt, Personen, die auf Seiten des Auftraggeber mit der Vorbereitung, dem Abschluss oder der Durchführung des Vertrages befasst sind oder Ihnen nahe stehenden Personen Vorteile anbietet, verspricht oder gewährt.
  Solchen Handlungen des Auftragnehmer selbst stehen Handlungen von Personen gleich, die von ihm beauftragt oder für ihn tätig sind. Dabei ist es gleichgültig, ob die Vorteile den vorgenannten Personen oder in ihrem Interesse einem Dritten angeboten, versprochen oder gewährt werden.

In diesen Fällen gilt § 8 Nr. 3, 5, 6 und 7 entsprechend.

17. Wettbewerbsbeschränkungen (zu § 8 Nr. 4 VOB/B)

17.1 Wenn der Auftragnehmer aus Anlass der Vergabe nachweislich eine Abrede getroffen hat, die eine unzulässige Wettbewerbsbeschränkung darstellt, hat er 3 v. H. der Auftragssumme an den Auftraggeber zu zahlen, es sei denn, dass ein Schaden in anderer Höhe nachgewiesen wird. Dies gilt auch, wenn der Vertrag gekündigt wird oder bereits erfüllt ist.

17.2 Sonstige vertragliche oder gesetzliche Ansprüche des AGs, insbesondere solche aus § 8 Nr. 4, bleiben unberührt.

18. Haftung, Mitteilung von Bauunfällen (zu § 10 VOB/B)
Siehe hierzu VB – Baustellenordnung UVV, Fachbauleiter, Nachweise, Erlaubnisschein (Abschn. A.11.22 in diesem Buch).

18.1 Der Auftragnehmer hat alle Sicherungen innerhalb und außerhalb der Baustelle nach den gesetzlichen –, polizeilichen – und Unfallverhütungsvorschriften unter voller eigener Verantwortung durchzuführen oder diese zu veranlassen. Alle damit verbundenen Kosten sind im Angebotspreis enthalten.
Er haftet für sämtliche aus der Unterlassung solcher Maßnahmen dem Auftraggeber erwachsende Schäden allein, ohne im Verhältnis zum Auftraggeber oder von diesem beauftragte Dritte Ausgleichung beanspruchen zu können; § 10 Nr. 2 Absatz 2 VOB/B bleibt unberührt; jedoch ist die Schriftform der Mitteilung nach § 4 Nr. 3 VOB/B unabdingbare Voraussetzung für die Wirksamkeit.

18.2 Der Auftragnehmer stellt Auftraggeber und Architekt/Ingenieure ausdrücklich frei von Schadensersatzansprüchen jeder Art, die im Zusammenhang mit seinen Leistungen oder Lieferungen gestellt werden. Auftraggeber und Architekt trifft im Verhältnis zum Auftragnehmer keine eigene Sicherungspflicht.

18.3 Alle im Zusammenhang mit der Ausführung oder Architekt stehenden Unfälle, bei denen Personen- oder Sachschäden entstehen, sind vom Auftragnehmer dem Auftraggeber über den Architekten unverzüglich mitzuteilen.

19. Vertragsstrafe (zu § 11 Nr. 4 VOB/B)
In Abänderung der Regelung in § 11 Nr. 4 VOB/B kann der Auftraggeber eine verwirkte Vertragsstrafe bis zur Zahlung der Schlussrechnung geltend machen.

20. Abnahme (zu § 12 VOB/B)

20.1 Die Leistungen des Auftragnehmers sind förmlich abzunehmen. Über die Abnahme ist ein Protokoll zu fertigen. Der Auftragnehmer hat die Abnahme ggf. Teilabnahme bzw. Leistungsfeststellungen durch den Architekten (Technische Abnahme) rechtzeitig schriftlich bei dem Architekten oder Ingenieurbüro zu beantragen.

20.2 Eine rechtsgeschäftliche Abnahme erfolgt erst nach weitestgehend mängelfreier Fertigstellung der beauftragten Gesamtleistung und hat weiterhin zur Voraussetzung, dass der Auftragnehmer sämtliche hierfür erforderlichen Unterlagen, wie zum Beispiel Revisions- und Bestandspläne, behördliche Bescheinigungen, Abrechnungen etc. übergeben hat.

21. Mängelanspruch (zu § 13 VOB/B)

Soweit in dem Auftragsschreiben nebst Anlagen oder den besondern Vertragsbedingen BVB nichts anderes vereinbart ist, gelten für die Fristen des Mängelanspruches die gesetzlichen Verjährungsvorschriften des BGB.

22. Rechnungen, Abrechnungszeichnungen (zu § 14 VOB/B)

22.1 Rechnungen sind in der von dem Architekten geforderten Zahl einzureichen und ihrer Art nach als Abschlags–, Schluss– oder Teilschlussrechnung zu bezeichnen. Die Abschlagsrechnungen und Teilschluss-rechnungen sind jeweils fortlaufend zu nummerieren.

22.2 In Schlussrechnungen, Teilschlussrechnungen oder Abschlagsrechnungen sind die Vertragspreise (Einheitspreise, Pauschalpreise) ohne Umsatzsteuer auszuweisen; die Umsatzsteuer ist unter Zugrundelegung des zum Zeitpunkt des Entstehens der Steuerschuld geltenden Steuersatzes am Schluss hinzuzusetzen.

23. Abtretung (zu § 16 VOB/B)

23.1 Die Abtretung von Werklohnforderungen ist nur mit Zustimmung des Auftraggeber wirksam und wenn die Abtretung sich auf alle Forderungen in voller Höhe aus dem genau bezeichneten Auftrag einschließlich aller etwaiger Nachträge erstreckt. Teilabtretungen sind nur mit schriftlicher Zustimmung des Auftraggeber gegen ihn wirksam.

24. Zahlungsweise (zu § 16 VOB/B)

Siehe BVB

25. Sicherungshypothek (zu §§ 16 und 17 VOB/B)

Der Auftragnehmer verzichtet auf die Rechte gemäß § 648 BGB, es sei denn, dass der Auftraggeber trotz entsprechender Aufforderung keine anderweitige Sicherheit (z. B. Bankbürgschaft) leistet.

26. Sicherheitsleistung (zu § 17 VOB/B)

26.1 Die Sicherheit für Vertragserfüllung erstreckt sich auf die Erfüllung sämtlicher Verpflichtungen aus dem Auftrag, insbesondere für die vertragsgemäße Ausführung der Leistung einschließlich Abrechnung, Gewährleistung und Schadensersatz, sowie auf die Erstattung von Überzahlungen einschließlich der Zinsen.

26.2 Die Sicherheit für Gewährleistung erstreckt sich auf die Erfüllung der Ansprüche auf Gewährleistung einschließlich Schadenersatz sowie auf die Erstattung von Überzahlungen einschließlich Zinsen.

27. Bürgschaften (zu §§ 16 und 17 VOB/B)

27.1 Ist Sicherheit durch Bürgschaften zu leisten, sind die Formblätter des Auftraggeber zu verwenden. Die Bürgschaft ist von einem in den Europäischen Gemeinschaften zugelassenen Kreditinstitut oder Kreditversicherer zu stellen.

27.2 Der Bürge hat auf erstes Anfordern zu zahlen, außer wenn die Bürgschaft für Gewährleistung in Anspruch genommen wird. Die Bürgschaft ist über den Gesamtbetrag der Sicherheit in nur einer Urkunde zu stellen.

27.3 Die Urkunde über die Vertragserfüllungsbürgschaft wird nach vorbehaltloser Annahme der Schlusszahlung zurückgegeben, wenn der Auftragnehmer

- die Leistung vertragsgemäß erfüllt hat,
- etwaige erhobene Ansprüche (einschließlich Ansprüche Dritter) befriedigt hat und
- eine vereinbarte Sicherheit für Gewährleistung geleistet hat

27.4 Die Urkunde über die Gewährleistungsbürgschaft wird auf Verlangen zurückgegeben, wenn die Verjährungsfristen für Gewährleistung abgelaufen und die bis dahin erhobenen Ansprüche erfüllt sind.

28. Geschäftsbedingungen des Auftragnehmer

Geschäftsbedingungen, Zahlungs- und Lieferbedingungen des Auftragnehmer, Angaben des Auftragnehmer über Erfüllungsort und Gerichtsstand gelten nicht.

29. Vertragsänderungen

Jede Änderung und Ergänzung des Vertrages hat schriftlich zu erfolgen.

30. Verträge mit ausländischen Auftragnehmer

Bei Auslegung des Vertrags ist ausschließlich der in deutscher Sprache abgefasste Vertragswortlaut verbindlich. Erklärungen und Verhandlungen erfolgen in deutscher Sprache. Für die Regelung der vertraglichen und außervertraglichen Beziehungen zwischen den Vertragspartnern gilt ausschließlich das Recht der Bundesrepublik Deutschland.

A.11.13 VB – Anlage 1.1 zu ZVB Pkt. 26/27 Bürgschaftsurkunde Vertragserfüllung

Vertragserfüllungsbürgschaft

Der Auftragnehmer

Name und Sitz:

hat mit dem unten genannten Auftraggeber einen Vertrag über

Bezeichnung der Leistung:

abgeschlossen.

Auftraggeber Name und Sitz:
Nr. bzw. SAP-Nr. und Tag des Auftrags:

Vertragsabwickelnde Stelle, Anschrift:

Nach den Bedingungen dieses Vertrages hat der AN dem AG als Sicherheit eine Bürgschaft zu stellen für die Erfüllung sämtlicher Verpflichtungen aus dem Vertrag, insbesondere für die vertraggemäße Ausführung der Leistung einschließlich Abrechnung und Schadenersatz sowie für die Erstattung von Überzahlungen einschließlich der Zinsen.

Der Bürge

Name und Anschrift:

übernimmt hiermit für den AN die selbstschuldnerische Bürgschaft nach deutschem Recht und verpflichtet sich, jeden Betrag bis zu einer Gesamthöhe von

....EUR, (i.W..Euro)

zuzüglich Zinsen, Kosten und Umsatzsteuer an den AG zu zahlen.

Auf die Einreden der Aufrechenbarkeit, der Anfechtbarkeit sowie der Vorausklage gemäß §§ 770, 771 BGB und auf das Recht zur Hinterlegung wird verzichtet. Der Verzicht auf die Einrede der Aufrechenbarkeit gilt nicht für unbestrittene oder rechtskräftig festgestellte Gegenforderungen des ANs.
Die Bürgschaft ist unbefristet; sie erlischt mit der Rückgabe dieser Bürgschaftsurkunde.

Der Gerichtsstand richtet sich ausschließlich nach dem Ort, der bei der Firmierung des AG angegeben ist.

....	....
Ort, Datum	Firma und rechtsverbindliche Unterschrift(en) des Bürgen

A.11.14 VB – Anlage 1.2 zu ZVB Bürgschaftsurkunde Mängelansprüche

Bürgschaft Sicherung Mängelansprüche

Der Auftragnehmer

Name und Sitz:

hat mit dem unten genannten Auftraggeber einen Vertrag über

Bezeichnung der Leistung:

abgeschlossen.

Auftraggeber Name und Sitz:
Nr. bzw. SAP-Nr. und Tag des Auftrags:

Vertragsabwickelnde Stelle, Anschrift:

Nach den Bedingungen dieses Vertrages hat der AN dem AG als Sicherheit eine Bürgschaft zu stellen für die Erfüllung der Ansprüche auf Gewährleistung einschließlich Schadenersatz sowie für die Erstattung von Überzahlungen einschließlich der Zinsen.

Der Bürge

Name und Anschrift:

übernimmt hiermit für den AN die selbstschuldnerische Bürgschaft nach deutschem Recht und verpflichtet sich, jeden Betrag bis zu einer Gesamthöhe von

....EUR,(i.W...
.......Euro)

zuzüglich Zinsen, Kosten und Umsatzsteuer an den AG zu zahlen.

Auf die Einreden der Aufrechenbarkeit, der Anfechtbarkeit sowie der Vorausklage gemäß §§ 770, 771 BGB und auf das Recht zur Hinterlegung wird verzichtet. Der Verzicht auf die Einrede der Aufrechenbarkeit gilt nicht für unbestrittene oder rechtskräftig festgestellte Gegenforderungen des AN.

Die Bürgschaft ist unbefristet; sie erlischt mit der Rückgabe dieser Bürgschaftsurkunde.

Der Gerichtsstand richtet sich ausschließlich nach dem Ort, der bei der Firmierung des AG angegeben ist.

....	....
Ort, Datum	Firma und rechtsverbindliche Unterschrift(en) des Bürgen

A.11.15 VB – Tariftreue

Mit Datum vom 30.03.2018 ist das reformierte Tariftreue- und Vergabegesetz (TVgG) in Kraft getreten

Es entfallen nun die bisherigen Verpflichtungserklärungen zugunsten einer vertraglichen Regelung für die Einhaltung von Mindestarbeitsbedingungen.

Das Gesetz enthält Regelungen zur Tariftreue und zum Mindestlohn sowie zur Gleichstellung von Leiharbeitern.

A.11.16 VB – ZTV Zusätzliche Technische Vertragsbedingungen

1. Allgemeines

1.1 Baustelleneinrichtungen sind Hilfseinrichtungen, die zur Durchführung der vertraglichen Leistungen des Auftragnehmer erforderlich sind.

1.2 Zusätzliche Baustelleneinrichtungen sind Hilfseinrichtungen, die zur Durchführung von Baumaßnahmen vom Auftraggeber zusätzlich vorgehalten werden.

1.3 Alle Leistungen umfassen auch die Lieferung der dazugehörigen Stoffe und Bauteile einschl. Abladen und Lagern auf der Baustelle, wenn nichts anderes vorgeschrieben ist.

1.4 Der Auftraggeber bestimmt, welche Unternehmer während der Gebrauchsüberlassung die zusätzlichen Baustelleneinrichtungen benutzen dürfen.

2. Stoffe, Bauteile

2.1 Stoffe und Bauteile, die der Auftragnehmer vorzuhalten hat, können gebraucht sein, wenn nichts anderes vorgeschrieben ist.

2.2 Stoffe und Bauteile, die in das Eigentum des Auftraggeber übergehen, müssen ungebraucht sein, wenn nichts anderes vorgeschrieben ist.

2.3 Güteprüfung, Ausfallmuster
Soweit nach den technischen Vorschriften Materialien und Bauteile einer Güteprüfung zu unterziehen sind, gelten die dazu entsprechend erlassenen Bestimmungen.
Der Auftragnehmer zeigt die Bereitstellung der Materialien und Bauteile zur Güteprüfung dem Auftraggeber rechtzeitig an. Sind Prüfungen von Materialien und Bauteilen in Prüfstellen des Auftraggeber oder im Auftrag des Auftraggeber in anderen Prüfstellen durchzuführen, entnimmt der Auftragnehmer nach Weisung des Auftraggeber die Proben bzw. stellt diese her und liefert diese ordnungsgemäß verpackt der Prüfstelle ab.
Soweit nach den technischen Vorschriften keine Güteprüfung vorgeschrieben ist, legt der Auftragnehmer auf Verlangendes Auftraggeber Ausfallmuster zum Gütenachweis vor.
Die unbeanstandete Güteprüfung befreit den Auftragnehmer nicht von seinen Verpflichtungen nach § 4, Nr. 7 und § 13 VOB/B.

3. Ausführung Baustelleneinrichtung des Auftragnehmer

Der Auftragnehmer hat die Baustelleneinrichtungen unter eigener Verantwortung auszuführen. Er hat dabei die anerkannten Regeln der Technik und die behördlichen Vorschriften zu beachten. Er ist für die Erfüllung der behördlichen und berufsgenossenschaftlichen Verpflichtungen gegenüber seinen Arbeitnehmern allein verantwortlich.
Zusätzliche Baustelleneinrichtungen, die der Auftraggeber gefordert hat, sind in einem zu dem vertragsgemäßen Gebrauch geeigneten Zustand zu überlassen und während der Vorhaltezeit in diesem Zustand zu erhalten.

4. **Fachlich Beteiligte**
   siehe Projektbeteiligtenliste

5. **Nebenleistungen**

5.1 Unverzügliches Benachrichtigen des Eigentümers von Anlagen (z. B. von Leitungen), die bei
Baustelleneinrichtungsarbeiten und sonstigen Arbeiten beschädigt werden könnten.

5.2 Befördern aller Stoffe und Bauteile, auch wenn sie vom Auftraggeber beigestellt werden, von den Lagerstellen auf der Baustelle zu den Verwendungsstellen und etwaiges Rückbefördern.

5.3 Heranbringen von Wasser und Energie von den vom Auftraggeber durch den Rohbau Auftragnehmer auf der Baustelle zur Verfügung gestellten Anschlussstellen zu den Arbeitsstellen.

5.4 Sichern der Arbeitsbereiche gegen Tagwasser, mit dem normalerweise gerechnet werden muss und seine etwa erforderliche Beseitigung.

5.5 Aufwendungen für die behördliche Genehmigung und Abnahme von Baustelleneinrichtungen des Auftragnehmer.

5.6 Lieferung der Betriebsstoffe.

5.7 Vorhalten der Kleingeräte und Werkzeuge.

5.8 Schutz- und Sicherungsmaßnahmen nach den Unfallverhütungsvorschriften und den behördlichen Bestimmungen (siehe WBVB).

5.9 Bauüberwachung und Kontrolle zur Unfallverhütung.
Für die Ausführung aller Arbeiten ist der Objektüberwachung ein qualifizierter Fachmann, der mit allen Vorschriften und Gesetzen zur Unfallverhütung vertraut ist, schriftlich zu benennen (Bauleiterkennung). Er hat die erforderlichen Kontrollen durchzuführen und dabei Gerüste, Schutzgerüste und -abdeckungen, ausreichende Beleuchtung, Maschinenanschlüsse, Kabel, Verteilerkästen, Schweißgeräte, unfallsichere Zugangsleitern usw. aller Leistungsbereiche zu überwachen, kleinere Schäden sofort selbst zu beseitigen, größere Beanstandungen umgehend zur weiteren Veranlassung zu melden und deren Beseitigung zu überwachen.

6. **Abrechnung**

6.1 Die Leistung ist aus Zeichnungen zu ermitteln, soweit die ausgeführte Leistung diesen Zeichnung entspricht. Sind solche Zeichnungen nicht vorhanden, ist die Leistung auszumessen.

6.2 Die Vorhaltezeit für zusätzliche Baustelleneinrichtungen, die der Auftraggeber gefordert hat, beginnt mit deren Benutzbarkeit, jedoch frühestens an dem Tag, zu dem die Benutzbarkeit vereinbart ist. Die Vorhaltezeit endet mit der Freigabe durch den Auftraggeber.

6.3 Die Rechnungen sind nach dem Auftraggeber-Leistungsverzeichnis zu gliedern und zwar nach Gewerken, Bauwerken, Titeln und Kostengruppen bzw. zusammengefasst nach mehreren dieser Gesichtspunkte.
Vor Beginn der Aufstellung der Abrechnungsunterlagen stimmt der Auftragnehmer mit dem Auftraggeber (Objektüberwachung) die Bauteilweise (Losweise) Abrechnung ab.

6.4 Anweisung für das Abrechnungsverfahren
Die Aufmaße werden sukzessive zur Prüfung vorgelegt (kumulierte Aufstellung). Die Aufstellungen der Aufmaße werden von ... bzw. den zuständigen Fachingenieuren geprüft (Fachtechnische Prüfung). Nach der fachtechnischen Prüfung wird ein Termin vereinbart, in dem Änderungen der Aufmaße besprochen werden. Eventuelle Änderungen durch die Prüfung werden vom Auftragnehmer in seinen Datenbestand eingearbeitet und an ... bzw. die zuständigen Fachingenieure per Mail als PDF übermittelt.
Das geprüfte Original kann der Aufsteller zurückerhalten. Die Objektüberwachenden Büros scannen das geprüfte Aufmaß ein.
Erst nach erfolgter Prüfung und Anerkennung des Aufmaß erfolgt die Vorlage der Rechnung per Mail (Eingang gleichbedeutend mit Beginn der Zahlungsfrist).
Das (kumulierte) Aufmaß zur Schlussrechnung ist einfach in Papier an die OBÜs einzureichen. Es wird als Originaldokument als geprüfte Anlage nach der vom Auftragnehmer vorbehaltlosen Anerkennung der Schlussrechnung mit der geprüften Schlussrechnung dem Auftraggeber übergeben.

7. Vermessungsarbeiten zur Baudurchführung durch den Auftragnehmer
Zur Sicherstellung der Maßgenauigkeit für den Rohbau und den Ausbau nach DIN 18202 wird das Gebäude/Bauteil durch einen Sonderingenieur Vermessung im Auftrag des Rohbau Auftragnehmer durch allgemeine vermessungstechnischen Leistungen überwacht. Dieser gibt für die weiterführenden Arbeiten entsprechende Angaben/Feststellungen vor.
Jeder Auftragnehmer hat für seine Leistungen diese Vorgaben (Fassade, Aufzug, technische Installationen, Innenausbau) verantwortlich zu übernehmen und zu überprüfen. Abweichungen über die Festlegung der zulässigen Maßabweichungen sind der Objektüberwachung vor Ausführung der Arbeiten durch den Auftragnehmer mitzuteilen und das weitere Vorgehen festzulegen.
Vom Sonderingenieur wird erstellt, überwacht und vorgegeben:

- Installation eines Lage - Festpunktnetzes außerhalb der Baugrube
- Installation eines Höhennetzes außerhalb der Baugrube
- Lotungsnetz im Gebäude (Deckenaussparungen) mit Lagenetz je Geschoss.
- Höhen Anschlusspunkte (Meterrisse) im Gebäude am Treppenhaus je Geschoss.

Die Höhenangaben bei horizontalen Flächen und die Lage von vertikalen Flächen gelten an Fugen und Übergänge (Dehn- oder Bauteilfugen) für beide Bauelemente.
Der zulässigen Durchbiegung von Decken wird durch eine Überhöhung der Deckenschalung in einer Richtung teilweise entgegengewirkt. Von den Fassaden- und den Ausbau-Auftragnehmer ist durch Rückfragen bei dem Tragwerksplaner in Abhängigkeit von der Ausschalzeit und den Ausbau von Hilfsstützen die eingetretene Durchbiegung zur Soll-Durchbiegung schriftlich festzulegen.

8. Fluchtwegsicherung während der Bauzeit
Der Auftraggeber hat beim Rohbau - Auftragnehmer die Leistung der Fluchtwegsicherung während der Bauzeit in Auftrag gegeben. Dieser montiert, unterhält und passt neuen Situationen die Fluchtwegbeschilderung (Langnachleuchtende Fluchtweg-Symbolschilder) an. Diese Einrichtungen dürfen ohne vorherige Zustimmung durch die OÜ nicht verändert werden.

9. Produktenangabe im Sinne der §§ 3 und 4 der Baustellenverordnung (BaustellV)

9.1 Leistungen des Auftraggeber

Der Auftraggeber hat entsprechend Baustellenverordnung § 12 BVB eine Datensammlung über die möglicherweise bei der Ausführung (Errichtung des Gebäudes) zum Einsatz vorgesehenen Materialien hinsichtlich Zusammensetzung und Verarbeitung im Hinblick auf spätere vorzusehende Sicherheitsmaßnahmen zum Gesundheitsschutz aufgestellt.

9.2 Leistungen des Auftragnehmer

Der Auftragnehmer hat für seinen Auftrag diese Datensammlung zu aktualisieren (tatsächlich zum Einsatz gelangte Materialien) und ggf. fortzuschreiben.

9.3 Sicherheits- und Gesundheitsschutzplan

Des Weiteren ist der Auftragnehmer verpflichtet, die gemäß BaustellV aufgestellten Forderungen zur Sicherheit und dem Gesundheitsschutz zu erfüllen. Den Anordnungen des Koordinators ist Folge zu leisten.

Vertragsbedingungen sonstige

A.11.17 VB – B II Baustelle DIN 13670 – DIN 1045-3 Bauausführung

Es handelt sich um eine B II-Baustelle nach DIN 1045.

Wir gehören der bauaufsichtlich anerkannten Überwachunsgemeinschaft (Güterschutzgemeinschaft) an:

....
(vom Bieter einzutragen)

bzw.

Wir haben einen Überwachungsvertrag für die Fremdüberwachung der anerkannten Prüfstelle (Betonprüfstelle F)

....
(vom Bieter einzutragen)

abgeschlossen.

Ort/Datum ....
Rechtsverbindliche Unterschrift

A.11.18 VB –VOB/A, VOB/B und VOB/C

Für die nichtöffentliche Vergabe gelten i. d. R. nachstehende Bedingungen:

VOB A:
Abschnitt 1: Basisparagraphen
§ 7 Leistungsbeschreibung (hier i. W. Abs. 1)
§ 13 Form und Inhalt der Angebote, Hier: § 13 Nr. (1) – (4) (soweit in den VB nicht geregelt)

VOB B:
Allgemeine Vertragsbedingungen für die Ausführung von Bauleitungen
§ 1 Art und Umfang der Leistung
§ 2 Vergütung
§ 3 Ausführungsunterlagen
§ 4 Ausführung
§ 5 Ausführungsfristen
§ 6 Behinderung und Unterbrechung der Ausführung
§ 7 Verteilung der Gefahr
§ 8 Kündigung durch den Auftraggeber
§ 9 Kündigung durch den Auftragnehmer
§ 10 Haftung der Vertragsparteien
§ 11 Vertragsstrafe
§ 12 Abnahme
§ 13 Mängelansprüche
§ 14 Abrechnung
§ 15 Stundenlohnarbeiten
§ 16 Zahlung
§ 17 Sicherheitsleistung
§ 18 Streitigkeiten

VOB C:
Allgemeine Technische Vertragsbedingungen für Bauleistungen (ATV)
DIN 18299:2019-09 Allgemeine Regelungen für Bauarbeiten jeder Art
DIN 18300:2019-09 Erdarbeiten
bis
DIN 18459:2016-09 Abbruch- und Rückbauarbeiten

Für die Vergabe von Bauleistungen der öffentlichen Hand gelten die Basisparagraphen der VOB/A sowie die VB des VHB.

A.11.19 VB – Erste-Hilfe-Einrichtung und Fluchtwegplan

Beispiel

Erste-Hilfe-Einrichtung

Fluchtwegeplan

im Notfall

110 Polizei **112 Feuerwehr, Notruf**

Danach oder parallel immer den Vertreter des AG, Herrn .... anrufen.

Erste-Hilfe-Einrichtungen

Am Empfang, in jedem Abteilungsvorzimmer und selbstverständlich auch in jedem Erste-Hilfe-Raum befindet sich ein Verbandskasten. Zusätzlich befindet sich im Erste-Hilfe-Raum 1. EG 10 (Eingangshalle) ein sich selbsterklärendes Defibrillationsgerät.

Erste-Hilfe-Räume

1. EG Raum 10	Eingangshalle
1.12.36	Bauteil 1; Etage 12; Raum 36
2.03.13	Bauteil 2; Etage 03; Raum 13
2.04.13	Bauteil 2; Etage 04; Raum 13
3. EG 48	Bauteil 3; Etage EG; Raum 48
3.04.46	Bauteil 3; Etage 04; Raum 46
N.EG.10	Bauteil 4; Etage EG; Raum 10

Betriebsarzt

Herrn/Frau ...	Raum: 3. EG 58	Telefon 1900

Vorgehensweise im Notfall, Ihre Ersthelfer (Brandwarte) und weitere Ansprechpartner finden Sie im Auftraggeber-Innendienstportal unter Sicherheit.

ergänzen: Grafik Fluchtwegeplan/Lageplan mit Kennzeichnung der Sammelstelle

A.11.20 VB – Zertifizierung Leistung Bau-Auftragnehmer, z. B. entsprechend DGNB (Deutsche Gesellschaft für Nachhaltiges Bauen e.V.)

Einleitung
Die Realisierung des Projektes erfolgt unter besonderer Beachtung von Nachhaltigkeitskriterien, dessen hohe Gebäudequalität über ein Zertifikat der Deutschen Gesellschaft für Nachhaltiges Bauen e.V. (DGNB) bestätigt werden soll. Die Zertifizierung nach DGNB ist für Neubauten in der Variante „Büro- und Verwaltungsbau" als standardisiertes System möglich.

Für die im Projekt „..." angedachten Maßnahmen stellt sich der Entwicklungsstand des Systems wie folgt dar:

Neubau Büro- und Verwaltungsbau
Neubauprojekte, die auf der EnEV 2016 basieren, werden mit den Steckbriefen und nach der Bewertung der Systemvariante NBV09 zertifiziert.

Das Leistungsbild muss sich den mit dem Auftraggeber abgestimmten Prämissen unterwerfen. Von einer Vollständigkeit des Leistungsbildes kann demnach nicht ausgegangen werden. Vielmehr sollen die Grundsätze als Orientierung für die Abwicklung dienen.

Durch die rechtzeitige Bekanntgabe der zum Zeitpunkt der Umsetzung der Vor- und Zertifizierung gültigen Steckbriefe wird das Leistungsbild entsprechend den Anforderungen der Steckbriefe festgelegt.

Grundsätzliche Leistungen des Auftragnehmers, die in allen Phasen zu erbringen sind:
- Berechnung der Massen gem. Gliederung der Systemvariante sowie Zusammenstellen und Dokumentation. Die Berechnung ist einmalig zum Zertifikat anzufertigen. Für das Vorzertifikat ist eine überschlägige Ermittlung einmalig anzufertigen.
- Berechnung der Kosten gem. Gliederung der Systemvariante sowie Zusammenstellen und Dokumentation der Kosten gem. Systemvariante. Die Berechnung ist einmalig zum Zertifikat anzufertigen. Für das Vorzertifikat ist eine Überschlägige Ermittlung einmalig anzufertigen.
- Koordination und Integration der Ergebnisse der Leistungen anderer an der Planung fachlich Beteiligter in die Planung ist Sache des Auftragnehmer.
- Die Auftragnehmer haben bei der Planung und Ausführung die Optimierung der DGNB – Kriterien abzustimmen sowie die wirtschaftliche und sachgemäße Verwendung von Baustoffen zu berücksichtigen.
- Zur Auswahl der zur Verwendung vorgesehenen Materialien wird der Auftragnehmer in Abstimmung mit dem Auditor und gegebenenfalls in Abstimmung mit sonstigen Planern – die Eignung gem. der festgelegten Prämissen prüfen.
- Zusammentragen und Dokumentieren von technischen Eigenschaften der verwendeten Bauprodukte oder Materialien gem. Systemvariante (Materialdeklarationen und Nachweise zu den Bauprodukten).
- Mitwirkung an der Ausarbeitung der Aufgabenstellungen anderer an der Planung fachlich Beteiligter
- Mitwirken bei der Beschreibung bewertungsrelevanter Teilaspekte.
- Zusammentragen der Nachweise zur Rückbaubarkeit, Recycling Freundlichkeit und Demontagefreundlichkeit der verwendeten Baustoffe und Materialien sowie sofern erforderlich von Bauteilen.

- Mitwirken bei der Ausschreibung für die Nachunternehmer hinsichtlich der Nachhaltigkeitskriterien gem. Systemvariante.
- Mitwirken (und späterer Nachweis) bei der Auswahl von Firmen, die in der Lage sind, die geforderte Gewerke Leitung unter Berücksichtigung von Nachhaltigkeitskriterien gem. Systemvariante auszuführen.
- Mitwirken bei der Schaffung von Voraussetzungen für eine optimale Nutzung und Bewirtschaftung (z.B. Objektdokumentation, Instandhaltungsplan, Wartungsanleitungen, Nutzerhandbuch, etc.) gem. Systemvariante.
- Zusammentragen und Dokumentation/Nachweis über die Trennung von Abfällen, Schulung Personal, Kontrolle Bauleitung gem. Systemvariante.
- Zusammentragen und Dokumentation/Nachweis zur Einhaltung von Lärmauflagen und Messung Schalldruckpegel gem. Systemvariante.
- Zusammentragen und Dokumentation/Nachweis zum staubarmen Arbeiten gem. Systemvariante.
- Zusammentragen und Dokumentation/Nachweis zur Verhinderung von chemische Verunreinigung und mechanischen Einflüssen gem. Systemvariante.
- Zusammentragen und Dokumentation/Nachweis der Materialien und Hilfsstoffe durch Vorlage aller Produktdatenblätter und Sicherheitsdatenblätter.
- Berücksichtigen und Abstimmen von Zeitfenstern für etwaige Leistungen des eigenen Leistungsbildes sowie des Leistungsbildes Dritter am Bau Beteiligten im Rahmen des Zertifizierungsprozesses gem. Systemvariante.
- Anzeige von Mehraufwand für den Fall, dass die vereinbarte Leistung der festgelegten Prämissen aus den Anforderungen der DGNB – Zertifizierungsziel Mehraufwand gegenüber einer konventionellen Planung erfordert.
- Mitwirken bei Entscheidungsvorlagen von Zielkonflikten innerhalb der vertraglich vereinbarten Leistungen.

A.11.21 VB – Baustellenordnung UVV, Fachbauleiter, Nachweise, Erlaubnisschein

1. **Architekt (Vertreter des AG) und Ingenieure des Auftraggebers für die OBÜ**

Auftraggeber	**Elektro**	**Hei-Lü-San**
Herr/Frau	Herr/Frau	Herr/Frau ....

Der Vertreter des Auftraggeber ist mit der Wahrnehmung der OBÜ einschließlich der damit einhergehenden Befugnisse beauftragt ohne Befugnisse einer Auftragserteilung.

1.1 **Weisungsbefugnis**

Verantwortlicher Bauleiter des Auftraggeber: ...
Verantwortlicher Fachbauleiter des Auftraggeber: ...

1.2 **Sicherheitskoordinator gem. BaustellV** ....

1.3 **Gefahr in Verzug**

Nachfolgende Personen sind in der Reihenfolge zu benachrichtigen:

1. Vertreter des GU bzw. Bauunternehmer/Handwerker
2. Bauherrenvertreter

Herr/Frau ...

2. **Baustelle**

2.1 **Anschriften/Telefonnummern**

2.1.1	Anschrift der Baustelle:	...
2.1.2	Zuständige Polizeidienststelle:	Polizeikommissariat .... Tel. .... bzw. **Notruf 110**
2.1.3	Zuständige Feuerwehr:	.... Feuerwehr .... Tel. .... bzw. **Notruf 112**
2.1.4	Zuständiges Gewerbeaufsichtsamt:	Staatliches Gewerbeaufsichtsamt .... Tel. ....
2.1.5	Zuständige Bauberufsgenossenschaft:	Arbeitsmedizinisch-Sicherheitstechnischer Dienst der BG Bau, ... Tel. ....
2.1.6	Bauwesenversicherer:	.... Tel. ....
2.1.7	Amt für Arbeitsschutz:	zuständig für den Arbeitsschutz ist das Gewerbeaufsichtsamt ....

2.2 **Baustelleneinrichtungsplan**

Ist vom Auftragnehmer zu erstellen und mit der Architekten sowie dem Auftraggeber abzustimmen.

2.3 **Benutzung des Baugeländes**

2.3.1 Der Aufenthalt auf der Baustelle ist grundsätzlich nur zum Arbeiten erlaubt. Andere Tätigkeiten sowie Nächtigen auf der Baustelle sind verboten.

2.3.2 Das Befahren mit Privat-Pkw ist außer auf den ausgewiesenen Flächen nicht gestattet. Die zulässige Höchstgeschwindigkeit auf der Baustelle beträgt 10 km/h, es gilt die STVO.

2.3.31 Widerrechtlich geparkte Fahrzeuge werden sofort abgeschleppt. Mit den entstehenden Kosten wird der Auftragnehmer oder Halter des Fahrzeugs belastet.

2.3.4 Jeder Benutzer der Baustelle unterliegt der Verkehrssicherungspflicht. Verstöße sind umgehend bei der OBÜ anzuzeigen, bei Gefahr im Verzug ist sofortiger Handlungsbedarf gegeben.

2.3.5 Jeder hat über alle Besonderheiten wie Unfälle, Einbrüche, Brandschäden etc. sowie Störungen und Unregelmäßigkeiten umgehend die OBÜ zu informieren. Vorgänge dieser Art sind in den Bautagesberichten zu vermerken.

2.3.6 Die Arbeitsaufnahme darf erst erfolgen, wenn die ama Bauleitererklärung (Anlage) unterschrieben bei der OBÜ vorgelegt wurde (Auftragnehmer Bauleiter).

2.3.7 Der Auftragnehmer-Bauleiter hat vor Ort eine Namensliste mit allen auf der Baustelle beschäftigten Monteuren zu führen und auf Verlangen der OBÜ des Auftraggeber oder dem Auftraggeber vorzulegen.

2.3.8 Der Zutritt zum Arbeitsbereich darf nur mit entsprechender Schutzausrüstung erfolgen (Helm, Schuhe, Brille, Gehörschutz).

2.3.9 Den Weisungen des Auftragnehmer Sicherheitskoordinators ist Folge zu leisten. Den auf der Baustelle beschäftigten Personen ist das Betreten und der Aufenthalt nur in den Bereichen/Räumen gestattet, die Ihnen für die Ausführung Ihrer Leistungen vom Auftraggeber zugewiesen wurden.

2.3.10 Der Verzehr von alkoholischen Getränken ist nicht gestattet. Alkoholisierte Personen werden umgehend von der Baustelle gewiesen.

2.4 Einrichtungen

2.4.1 Die Anlieferung von Materialien erfolgt eigenverantwortlich.

2.4.2 Überwachungsbedürftige Anlagen und Einrichtungen sind Eigentum des Auftraggeber bzw. eines Auftragnehmer. Notwendige Koordination zur Benutzung ist mit der OBÜ vorher abzustimmen.

2.4.3 Sicherheitseinrichtungen, welche der Sicherheit dienen (Absperrungen, Abdeckungen, Beleuchtung, Feuerlöscher, Gerüste usw.) dürfen nicht entfernt und verändert werden. Interne Bauzäune und Abschrankungen sind durch entsprechende Warnzeichen abzusichern (z. B. Verkehrsschilder) und ausreichend zu beleuchten.

2.4.4 Stromzuleitungen dürfen nicht in Kopfhöhe (mind. 2,10 m) von der Decke o. ä. abgehängt werden (Flucht-Dunkelheit).
Die Beleuchtung von Verkehrswegen und Allgemeinflächen im Gebäude erfolgt durch den Auftragnehmer.
Die Beleuchtung von eigenen Arbeitsbereichen erfolgt durch den Auftragnehmer.

2.4.5 Arbeitsmittel (Baumaschinen, Geräte, Arbeitsmittel) des Auftragnehmer müssen geeignet sein zur Durchführung von Arbeiten des Auftragnehmer. Sie müssen in einem arbeitssicheren Zustand sein und sind ggf. durch Prüfungen zu überwachen.

2.4.6 Durch alle am Bauvorhaben Beteiligten ist sicherzustellen, dass dieses Bauvorhaben ohne störende Einflüsse von innen und außen planmäßig abgewickelt werden kann, Unfallverhütungsvorschriften sind zu beachten! Die Bestimmungen der VOB/C, DIN 18299, 4.1.11 (Abfallentsorgung, Verunreinigungsentfernung) sind zu beachten.

2.4.7 Diebstahl/Demontagen
Jeder Diebstahl wird zur Anzeige gebracht.

3. **Brandschutz**

3.1 **Bauschuttentsorgung des Auftragnehmer**

3.1.1 Die Entsorgung der Abfälle ist im Rahmen des AbfG (Bundes-Abfallgesetz) unter Einbeziehung der kommunalen Auflagen durchzuführen. Die Beseitigung der Abfälle hat unter Beachtung der Richtlinien zur Untersuchung und Beurteilung von Abfällen zu erfolgen.

3.1.2 Der Auftragnehmer und seine NU haben sich nach dem neuesten Stand der Abfallentsorgung zu informieren, so dass sie in der Lage sind, die Entsorgung ihrer Stoffe und Hilfsmaterialien und Gewerke spezifischen Sonderabfälle sowie des durch ihre Leistung anfallenden Stemm- und Bohrgutes für die gesamte Bauzeit kostenmäßig in die Einheitspreise zu kalkulieren.

3.1.3 Es wird besonderen Wert daraufgelegt, dass die Baustelle jederzeit in einem ordnungsgemäßen und aufgeräumten Zustand ist. Dazu sind, sofern Dritte nicht behindert werden, die Arbeitsplätze täglich besenrein zu halten. Bei Behinderungen Dritter sind die Reinigungen laufend durchzuführen. Diese Maßnahme dient neben der Unfallverhütung auch dem prophylaktischen Brandschutz und der Ungeziefervermeidung.

3.1.4 Für die ordnungsgemäße Schuttbeseitigung und Baureinigung ist der Auftragnehmer beweispflichtig. Nach Beendigung der Vertragsleistungen sind sowohl die Lager- und Arbeitsplätze als auch die Baustelle selbst zu räumen und in einem ordnungsgemäßen Zustand zu versetzen.

3.2 **Brennbare Materialien, Schuttentsorgung**

3.2.1 Die Schuttentsorgung ist durch den Auftragnehmer zu Lasten der Auftragnehmer an einen qualifizierten Spezial-Unternehmer zu vergeben.

3.3 **Brandschutz-Einrichtungen**

3.3.1 Feuerwehrzufahrten sind im Baustellen-Einrichtungsplan ausgewiesen. Sie sind ständig freizuhalten.

3.3.2 Die Rettungswege innerhalb des Gebäudes sind möglichst freizuhalten.

3.3.3 Die Fluchtwege zu den Treppenhäusern bzw. Ausgängen sind durch lang nachleuchtende Fluchtweg-Symbole auszuschildern. Eine Demontage ist verboten.

3.3.4 Alle Auftragnehmer/NU sind verpflichtet, Feuerlöschgeräte am Arbeitsplatz bereit zu halten, entsprechend den Forderungen.

3.3.5 Für brennbare und explosive Baumaterialien und Hilfsstoffe sind bei der Festlegung der Lagerflächen und beim Lagern neben den grundsätzlichen Anforderungen zu beachten:

- die Lagerung o. g. Materialien und Stoffe wie Bitumenmassen, Acetylen- und Propangasflaschen, Lacke und Farben, Lösungsmittel, Vorratsbehälter für Dieselkraftstoff sowie Heizöl hat getrennt voneinander zu erfolgen.
- größere im Freien stehende Druckgasflaschen (z.B. Propan) sowie volle und leere Behältnisse für brennbare Flüssigkeiten sind vor direkter Sonneneinstrahlung zu schützen, ggf. sind Druckgasflaschen zu berieseln.

3.3.6 Bei feuergefährlichen Arbeiten ist durch den Auftragnehmer Fachpersonal zu beauftragen und folgendes zu beachten:
Brennbare Stoffe sind in solchem Umfang zu entfernen, dass durch spritzen.

4. **Hinweise auf Merkblätter, Regeln und Vorschriften, welche u. a. vom Auftragnehmer zu beachten sind:**

- Musterbauordnung MBO vom 13.05.2016
- Arbeitsstättenverordnung (vom 02.12.2016)
- DGUV V 1 Grundsätze der Prävention

- DGUV R 100-500 Schweißen, Schneiden und verwandte Verfahren
- DGUV V 79 Verwendung von Flüssiggasen
- DGUV V 68 Flurförderzeuge
- DGUV V 38 Bauarbeiten
- ASR A 2.2 Maßnahmen gegen Brände
- DGUV R 109-008 Fahrzeuginstandhaltung
- DGUV R 110-009 Richtlinien für die Verwendung von Flüssiggas, TRG 280
- DGUV I 209-006 Ortsveränderliche Schmelzöfen für Bitumen, Teer und ähnliche Stoffe
- DGUV V 80 Flüssiggase auf Baustellen

5. Arbeitnehmer

5.1 Vorschriften für Auftragnehmer im Rahmen des Entsendegesetzes -> Anlage 5.1

5.2 Verpflichtungserklärung zum Gesetz zur Bekämpfung der Schwarzarbeit und illegalen Beschäftigung vom 23.07.2004 sowie Sozialgesetzbuch – Drittes Buch – Arbeitsförderung sowie zu § 12a Arbeitsförderungsgesetz -> Anlage 5.2

5.3 Haftung Mitteilung von Bauunfällen -> Anlage 5.3

5.4 Nennung Fachbauleiter, Sicherheitsfachkraft und Ersthelfer -> Anlage 5.4

5.5 Erklärung: Verantwortung des AN zu Unfallverhütungsvorschriften UVV -> Anlage 5.5

5.6 Erlaubnisschein für Schweiß-, Schneid-, Löt-, Auftrau- und Trennschleifarbeiten -> Anlage 5.6

5.7 Einweisungsprotokoll zur Nutzung und Bedienung von Baulastenaufzügen -> Anlage 5.7

5.8 Gefährdungsbeurteilung und festgelegte Schutzmaßnahmen nach ArbSchG -> Anlage 5.8

5.9 Montageanweisung -> Anlage 5.9

6. Allgemeiner Sicherheits- und Gesundheitsschutzplan nach BaustellV

Die Aufstellung, Ankündigung und Kontrolle sowie Aufstellen des Lastenheftes erfolgt durch den Auftragnehmer.

7. Baustellenordnung

Die OBÜ händigt bei Beginn der Ausführung der Leistungen die Baustellenordnung aus. In Absprache mit der OBÜ wird ein Raum zur „Ersten Hilfe" festgelegt. Der Auftragnehmer bestimmt einen Sicherheitskoordinator.

7.1 Verpflichtungsanerkenntnis

Hiermit verpflichten wir uns vorgenannte Vorschriften zur Baustellenordnung einzuhalten.

....

Ort/Datum rechtsverbindliche Unterschrift AG

....

Ort/Datum rechtsverbindliche Unterschrift AN

Anlage 5.1: Vorschriften für Auftragnehmer im Rahmen des Entsendegesetzes

Hiermit wird bestätigt, dass die im Gesetz über zwingende Arbeitsbedingungen enthaltene Regelungen

- Zielsetzung
- Allgemeine Arbeitsbedingungen
- Tarifvertragliche Arbeitsbedingungen
- Zivilrechtliche Durchsetzung
- Kontrolle und Durchsetzung durch staatl. Behörden und die
- Schlussvorschriften

zwischen den Unterzeichnern durchgesprochen, inhaltlich verstanden und befolgt werden.

....

(Ort / Datum) rechtsverbindliche Unterschrift AG

....

(Ort / Datum) rechtsverbindliche Unterschrift / Stempel AN

Anlage 5.2: Verpflichtungserklärung zum Gesetz zur Bekämpfung der Schwarzarbeit und illegalen Beschäftigten v. 23.7.2004 sowie Sozialgesetzbuch – Drittes Buch – Arbeitsförderung

Nachunternehmer:

Bauvorhaben:
(Bezeichnung der Baustelle)

Vertrags-Nr.:

1. Der Nachunternehmer verpflichtet sich hiermit ausdrücklich, keine Arbeitnehmer auf dem oben bezeichneten Bauvorhaben einzusetzen, deren Beschäftigung gegen die Bestimmungen des Schwarzarbeitsgesetzes und/oder gegen die Bestimmungen des Arbeitnehmerüberlassungsgesetzes in der jeweils gültigen Fassung verstößt.

2. Des Weiteren verpflichtet sich der Nachunternehmer hiermit ausdrücklich, auf der bezeichneten Baustelle keinerlei Arbeitnehmer zu beschäftigen, die dem Verbot der gewerblichen Arbeitnehmerüberlassung im Baugewerbe gemäß §§ Arbeitsförderungsgesetz unterliegen.

3. Verstößt der Nachunternehmer gegen Verbote bzw. Gebote der o.g. Gesetze, so hat der Hauptunternehmer (Auftragnehmer) das Recht, den Vertrag fristlos zu kündigen und Ersatz des ihm aus dem Verstoß des Nachunternehmers und der Kündigung entstandenen Schadens vom Nachunternehmer oder Schadensersatz wegen Nichterfüllung zu verlangen.

4. Der Nachunternehmer ist verpflichtet, mit Arbeitsbeginn der OBÜ des Hauptunternehmers (Auftragnehmer) folgende Unterlagen für sämtliche Arbeitnehmer zur Kontrolle vorzulegen: Die gültigen Reisepässe sowie Arbeitserlaubnisse, bei Arbeitnehmern aus Staaten der Europäischen Union auch die Bescheinigung des Versicherungsträgers E 101/ E 111. Für Arbeitnehmer aus der BRD ist der gültige Sozialversicherungsausweis nebst Personalausweis vorzulegen.

5. Der Hauptunternehmer hat das Recht, jederzeit entsprechende Kontrollen durchzuführen, insbesondere beim Auftraggeber die o.g. Unterlagen - auch mehrmals - anzufordern, welche der Nachunternehmer innerhalb der vom Hauptunternehmer gesetzten, angemessenen Frist dem Hauptunternehmer vorzulegen hat.

6. Kommt der Nachunternehmer diesen Vorlageverpflichtungen - auch nur einer davon - nicht oder nicht fristgerecht nach, so hat der Hauptunternehmer nach Ablauf einer von ihm zu setzenden Nachfrist mit Kündigungsandrohung das Recht, den Auftrag zu kündigen und den ihm durch die Pflichtverletzung des Nachunternehmers und die Kündigung entstandenen Schaden beim Nachunternehmer geltend zu machen oder Schadensersatz wegen Nichterfüllung zu fordern.

7. Der Nachunternehmer wird zudem dafür Sorge tragen, dass etwaige von ihm beauftragte Subunternehmen die Vorschriften des Gesetzes zur Bekämpfung der Schwarzarbeit und die §§ Arbeitsförderungsgesetz beachten. Der Nachunternehmer hat seinen Subunternehmern die o.g. Verpflichtungen zur Einhaltung der Vorschriften des Schwarzarbeitergesetzes, des Arbeitnehmerüberlassungsgesetzes und des Arbeitsförderungsgesetzes analog aufzuerlegen und die Einhaltung zu überwachen.

....

(Ort / Datum) rechtsverbindliche Unterschrift / Stempel AN

Anlage 5.3: Haftung, Mitteilung von Bauunfällen

Hinweis BaustellV, DGUV V 1 (Grundsätze der Prävention), ArbSchG, DGUV V 38 (Bauarbeiten)

Baustellenverordnung (BaustellV)
§ 5 Pflichten der Arbeitgeber
(1) Die Arbeitgeber haben bei der Ausführung der Arbeiten die erforderlichen Maßnahmen des Arbeitsschutzes insbesondere in Bezug auf ....
(...)

Unfallverhütungsvorschriften (DGUV Vorschrift 1/BGV A1) – Grundsätze der Prävention
§ 6 Zusammenarbeit mehrerer Unternehmer
(1) Werden Beschäftigte mehrerer Unternehmer oder selbstständige Einzelunternehmer an einem Arbeitsplatz tätig, haben die Unternehmer hinsichtlich der Sicherheit und des Gesundheitsschutzes der Beschäftigten, insbesondere hinsichtlich der Maßnahmen nach § 2 Abs. 1, entsprechend § 8 Abs. 1 Arbeitsschutzgesetz zusammenzuarbeiten. Insbesondere haben sie, soweit es zur Vermeidung einer möglichen gegenseitigen Gefährdung erforderlich ist, eine Person zu bestimmen, die die Arbeiten aufeinander abstimmt; zur Abwehr besonderer Gefahren ist sie mit entsprechender Weisungsbefugnis auszustatten.
(2) Der Unternehmer hat sich je nach Art der Tätigkeit zu vergewissern, dass Personen, die in seinem Betrieb tätig werden, hinsichtlich der Gefahren für ihre Sicherheit und Gesundheit während ihrer Tätigkeit in seinem Betrieb angemessene Anweisungen erhalten haben.

Arbeit Schutzgesetz (ArbSchG)
§ 8 Zusammenarbeit mehrerer Arbeitgeber
(1) Werden Beschäftigte mehrerer Arbeitgeber an einem Arbeitsplatz tätig, sind die Arbeitgeber verpflichtet, bei der Durchführung der Sicherheits- und Gesundheitsschutzbestimmungen zusammenzuarbeiten. Soweit dies für die Sicherheit und den Gesundheitsschutz der Beschäftigten bei der Arbeit erforderlich ist, haben die Arbeitgeber je nach Art der Tätigkeiten insbesondere sich gegenseitig und ihre Beschäftigten über die mit den Arbeiten verbundenen Gefahren für Sicherheit und Gesundheit der Beschäftigten zu unterrichten und Maßnahmen zur Verhütung dieser Gefahren abzustimmen.
(2) Der Arbeitgeber muss sich je nach Art der Tätigkeit vergewissern, dass die Beschäftigten anderer Arbeitgeber, die in seinem Betrieb tätig werden, hinsichtlich der Gefahren für ihre Sicherheit und Gesundheit während ihrer Tätigkeit in seinem Betrieb angemessene Anweisungen erhalten haben.

DGUV Vorschrift 38 Bauarbeiten, insbesondere
§ 13 Schutz gegen herabfallende Gegenstände und Massen
§ 4 Leitung, Aufsicht und Mängelmeldung

Haftung, Mitteilung von Bauunfällen

1. Bewachung und Verwahrung der Bauunterkünfte, Arbeitsgeräte, Arbeitskleider usw. des Auftragnehmer oder seiner Erfüllungsgehilfen auch während der Arbeitsruhe ist Sache des Auftragnehmer; der Auftraggeber ist dafür nicht verantwortlich, auch wenn sich diese Gegenstände auf seinen Grundstücken befinden.

2. Hat der Auftragnehmer aufgrund gesetzlicher Vorschriften Erfüllungsgehilfen des Auftragnehmer Schadenersatz zu leisten, so steht ihm der Rückgriff gegen den Auftragnehmer zu, wenn der Schaden durch Verschulden des Auftragnehmer oder seiner Erfüllungsgehilfen verursacht worden ist. Hat ein Verschulden des Auftraggeber oder seiner Erfüllungsgehilfen mitgewirkt, so findet § 254 BGB Anwendung.

3. Der Auftragnehmer hat Bauunfälle, bei denen Personen- oder Sachschäden entstanden sind, dem Auftraggeber unverzüglich mitzuteilen; er hat eine mündliche Mitteilung innerhalb von zwei Werktagen schriftlich zu bestätigen.

4. Dem Auftragnehmer obliegt die Verkehrssicherungspflicht im Sinne des § 823 ff BGB und die Reinigung verschmutzter Straßen und Wege. Die Vorschriften der zuständigen Stellen sind hierbei zu beachten. Der Auftragnehmer hat alle Schutzmaßnahmen zu treffen, die zur Sicherung von Sachen und Personen, die sich am Bau oder dessen Umgebung befinden, erforderlich sind. Schutzvorkehrungen müssen so lange bestehen bleiben, bis jede Gefahr für Personen und Sachen ausgeschlossen ist. Der Auftragnehmer hat zur ersten Hilfeleistung bei Unglücksfällen erforderliche Vorkehrungen zu treffen und haftet für die Beachtung des § 618 BGB.

5. Die Einhaltung der Unfallverhütungsvorschriften der Bauaufsicht und der Berufsgenossenschaft ist ausschließlich Sache des ANs. Ein Hinweis von Seiten des AGs zur Einhaltung dieser Vorschriften bedeutet nicht die Übernahme der Überwachung und einer Verantwortlichkeit.

6. Den Auftraggeber trifft im Verhältnis zu dem Auftragnehmer keinerlei eigene Sicherungspflicht bezüglich der Baustelle. Der Auftragnehmer verpflichtet sich, in den Verträgen mit seinen Nachunternehmern die Verpflichtungen aufzunehmen, den Auftraggeber von allen gegen diese etwa erhobenen Ansprüche, die auf ungenügender Sicherung der Baustelle beruhen, in vollem Umfang freizustellen.

....

(Ort / Datum) rechtsverbindliche Unterschrift / Stempel AN

Anlage 5.4: Nennung Fachbauleiter, Sicherheitsfachkraft und Ersthelfer

Erklärung AN gem. DGUV 1 (Grundsätze der Prävention) zur UVV und SiGeKo

Projekt: ……….
Auftragnehmer: ……….
Leistung: ……….

Der Auftragnehmer erklärt, dass er bei der für ihn zuständigen Berufsgenossenschaft angemeldet ist:

Berufsgenossenschaft:
Mitgliedsnummer:

1. Als **Fachbauleiter** entsprechend LBO werden benannt:
Name/Unterschrift:
Geburtsdatum:
Berufsbezeichnung:
Tel./Mobil:

Vertreter:
Name/Unterschrift
Geburtsdatum
Berufsbezeichnung
Tel./Mobil:

2. Als **Sicherheitsfachkraft** entsprechend DGUV und SiGe wird benannt:
Name/Unterschrift:
Geburtsdatum:
Berufsbezeichnung:
Tel./Mobil:

Vertreter:
Name/Unterschrift:
Geburtsdatum:
Berufsbezeichnung:
Tel./Mobil:

3. Als ständig anwesende **Ersthelfer** auf der Baustelle werden benannt:
Name/Unterschrift:
Geburtsdatum:
Berufsbezeichnung:
Tel./Mobil:

Vertreter:
Name/Unterschrift:
Geburtsdatum:
Berufsbezeichnung:
Tel./Mobil:

Die benannten Mitarbeiter des Auftragnehmers erklären durch Unterschrift, dass sie die unmittelbare Verantwortung für die Ausführung an Ort und Stelle übernehmen. Der als Bauleiter/Fachbauleiter Benannte besitzt die für eine sichere Ausführung erforderliche Kenntnisse und Verlässlichkeit. Ihm ist bekannt, dass er für die Sicherheit der Baustelle sowie für die Einhaltung der gesetzlichen, behördlichen und berufsgenossenschaftlichen Vorschriften verantwortlich ist.
Der Auftragnehmer sowie der Bauleiter/Fachbauleiter erklären, dass ihnen die die Bauordnung, Unfallverhütungsvorschriften sowie die Vorschriften des Sozialgesetzbuches bekannt sind.
Vorstehende Personen verfügen aufgrund entsprechender Schulungen über das notwendige Wissen zum Unfall-/Arbeits-/vorbeugenden Brandschutz und bei der Brandschutzbekämpfung gemäß den Bestimmungen der Berufsgenossenschaft, der UVV, insbesondere nach DGUV und der Arbeitsstättenrichtlinien. Weiterhin haben sie an Erste-Hilfe-Kursen erfolgreich teilgenommen. Auf ihre Aufgaben und Verantwortlichkeiten im Baustellenbereich o. g. Objektes wurden die vorstehenden Personen eingewiesen.

Ort, Datum

………
Name, rechtsverbindliche Unterschriften

Anlage 5.5 Erklärung: Verantwortung des AN zur Unfallverhütungsvorschrift

Der unterzeichnende Unternehmer erklärt hiermit, dass er die Verantwortung für die ihm übertragenen Arbeiten entsprechend den Bestimmungen der Bauordnung, den anerkannten Regeln der Technik und der Reichsversicherungsordnung sowie sämtlicher weiterer Vertragsgrundlagen übernimmt.

Als **Stellvertreter des Auftragnehmers** wird benannt:

Name ...
Geburtsdatum ...
Berufsbezeichnung ...
Anschrift ...

Vertreter:
Name ...
Geburtsdatum ...
Berufsbezeichnung ...
Anschrift ...

Der Auftragnehmer bestätigt durch nachstehende Unterschrift, dass er die unmittelbare Verantwortung für die Ausführung an Ort und Stelle übernimmt und sowohl den Auftraggeber als auch die für den Auftragnehmer tätige Büros bzw. Mitarbeiter von sämtlichen Ansprüchen Dritter aus der Verletzung der den Auftragnehmer treffenden Pflichten freistellt.

Der Stellvertreter des Auftragnehmers besitzt die für eine sichere Ausführung erforderlichen Kenntnisse und Verlässlichkeit. Ihm ist bekannt, dass er für die Sicherheit der Baustelleneinrichtung des Auftragnehmers sowie für die Einhaltung der gesetzlichen, behördlichen und berufsgenossenschaftlichen Vorschriften verantwortlich ist.

Der Auftragnehmer erklärt, dass er bei der für ihn zuständigen Berufsgenossenschaft angemeldet ist.

Mitgliedsnummer:

Der Auftragnehmer sowie sein Stellvertreter erklären, dass ihnen sämtliche, den Auftragnehmer aus Gesetz, Vertrag oder sonstigen Rechtsvorschriften treffende Pflichten, insbesondere die Unfallverhütungsvorschriften, die Bauordnung, die Kabelschutzverordnung der Deutschen Bundespost sowie die Vorschriften des Sozialgesetzbuches bekannt sind.

Der Stellvertreter ist berechtigt, rechtsgeschäftliche Erklärungen des Auftragnehmer abzugeben bzw. vom Auftraggeber entgegenzunehmen. Im Falle der Verhinderung des Stellvertreters ist sein benannter Vertreter entsprechend berechtigt und verpflichtet.

....
Ort / Datum rechtsverbindliche Unterschrift des Bauleiters/Fachbauleiters

....
Ort / Datum rechtsverbindliche Unterschrift des Vertreters

....
Ort / Datum Stempel und Unterschrift des AN

....
Ort / Datum rechtsverbindliche Unterschrift Architekt

Anlage 5.6: Erlaubnisschein für Schweiß-, Schneid-, Löt-, Aufrau- und Trennschleifarbeiten

Erlaubnisschein Nr.

für Schweiß-, Schneid-, Löt-, Aufrau- und Trennschleifarbeiten

Arbeitsort:	Haus
Arbeitsauftrag:	Anschweißen der Konsole
Arbeitstechnik:* * Nichtzutreffendes löschen	Schweißen, Löten, Trennschleifen, Sonstiges*

Erforderliche Sicherheitsvorkehrungen vor Arbeitsbeginn

1. Entfernen aller brennbaren Gegenstände und Stoffe, konzentrierte Staub/Spanablagerungen im Umkreis von 5,00 m und, falls erforderlich, auch in angrenzenden Räumen inkl. ordnungsgemäßer Zwangsbelüftung, besonders in geschlossenen Räumen.

2. Schließen von Durchbrüchen, Fugen, Öffnungen in angrenzenden Räumen, Etagen etc. mit nicht brennbaren Materialien. Kontrolle der angrenzenden Räume nach Arbeitsdurchführung auf evtl. Brandherde.

3. Entfernen von Isolierungen und Verkleidungen z. B. an Rohrleitungen.

4. Beseitigen der Explosionsgefahr in Behältern und Rohrleitungen (z. B. Heizöltanks etc.)

5. Bereitstellen einer Brandwache mit gefüllten Löschwasser-Eimern, betriebsfähigem Wasserschlauch, oder besser, geprüften Handfeuerlöschern.

Beauftragte Brandwache

Während der Durchführung:	....	Dauer ca.
Nach der Durchführung:	....	Dauer ca.

Brandmeldung

Sicherheits-/Hausmeisterdienst AG:	....
Objektüberwachung:	....
Feuerwehr:	....

Bereitgestellte Löschmittel

- Feuerlöscher CO, Pulver, Halon
- Gefüllte Wasser- und Sandeimer
- Betriebsfertiger Wasserschlauch

Erlaubnis

Unter den vorbeschriebenen Sicherheitsvorkehrungen und Beachtung der Unfallverhütungsvorschriften der Berufsgenossenschaft (DGUV-R 100-500) sowie sonstiger Länderverordnungen zur Verhütung von Bränden und einschlägiger Versicherungsvorschriften wird hiermit einmalig für den angegebenen Arbeitsauftrag die Ausführungserlaubnis erteilt.

....	....
Auftragnehmer (AN)	Vertreter Auftraggeber (AG)

Anlage 5.7 Einweisungsprotokoll zur Nutzung und Bedienung von Baulastenaufzügen

Zur Verfügung stellender Auftragnehmer:

Firma /Anschrift AN: ...
Telefon / E-Mail ...

Nutzer:

Nachstehende/r

- Baulastenaufzug
- Mastkletter
- Arbeitsbühne

wurde hiermit nach Einweisung zur temporären Nutzung übergeben.

Typ:
Maschinen-Nr.:
Baujahr:
Standort:
Nutzlast:
Förder-/Hubhöhe:

Außerdem wurden folgende Teile zur Beachtung und Nutzung überlassen:

- Steuerung
- Bedienungsanleitung

Bedienpersonal: ...
Aufsichtsführender: ...
Einweisung erfolgt durch: ...

Detaillierte Informationen und Einweisung erfolgten besonders zu folgenden Punkten:
( ) Endschalte
( ) Motor/Getriebekupplung
( ) Bedienungs- und Sicherheitsschalter
( ) Zahnstangen
( ) Abschmierintervalle
( ) Verankerungen
( ) Speisestromdrehfeld

Wichtiger Auszug aus den Unfallverhütungsvorschriften – Unbedingt beachten!

- Mit dem selbständigen Bedienen von Baulastenaufzügen und Mastkletter-Arbeitsbühnen (Hebebühnen) dürfen nur Personen beauftragt werden, die
  - das 18. Lebensjahr vollendet haben,
  - in der Bedienung des Gerätes unterwiesen wurden,
  - ausdrücklich vom Auftragnehmer (Nutzer) zum Bedienen und evtl. Warten der Geräte ausdrücklich bestimmt sind. (Bei Mastkletter-Arbeitsbühnen muss die Befähigung dem Auftraggeber gegenüber nachgewiesen werden. Der Auftrag zum Bedienen muss schriftlich erfolgen.)
- Baulastenaufzüge mit einer Nutzlast von 500 kg sind nicht zur Personenbeförderung zugelassen!
- Sind mehrere Personen mit der Bedienung und Nutzung beauftragt, hat der Auftragnehmer/Nutzer einen **Aufsichtführenden** zu bestimmen!
- Defekte und Wartungsarbeiten sind unverzüglich dem zur Verfügung stellenden Auftragnehmer zu melden!

Besondere Bemerkungen:

....

Ort, Datum , Unterschrift Eingewiesener   Unterschrift Einweiser   Unterschrift ...

Anlage 5.8: Gefährdungsbeurteilung und festgelegte Schutzmaßnahmen nach ArbSchG

Firma /Anschrift AN: ....
Mobil-Telefon / E-Mail: ....
Verantwortlicher: ....
Beteiligte Personen: ....

Im Einzelnen beschreiben:

Tätigkeit:
Gefährdung:
Schutzmaßnahme:
Montage auf Gerüsten:
Verletzung durch Absturz:
Nur freigegebene benutzen

DGUV:

....
Ort, Datum , Unterschrift AN Verantwortlicher

Anlage 5.9: Montageanweisung gem. BGV C22 § 17, DGUV V 38 § 17

Firma /Anschrift Auftragnehmer: ....
Mobil-Telefon / E-Mail: ....
Verantwortlicher: ....

Auftragsbezeichnung:
Auftraggeber:
Vertreter des Auftraggebers:
Baustellenanzeige an Berufsgenossenschaft:
Projektleiter des Auftragnehmers:
Weisungsberechtigter Montageleiter:
Weitere Mitarbeiter:

Im Einzelnen beschreiben:

Materialanlieferung – Lagerplatz –
Sicherheitstechnische Angaben – Lieferscheine / Zeichnungen

Zugänge zu den Arbeitsplätzen

• Leitern	erforderlich	ja	nein
• Standgerüst	erforderlich	ja	nein
• Rollgerüst	erforderlich	ja	nein
• Hubarbeitsbühnen	erforderlich	ja	nein

Absturzsicherungen

• Netze	erforderlich	ja	nein
• Fanggerüst	erforderlich	ja	nein
• Geländer	erforderlich	ja	nein
• Absperrung	erforderlich	ja	nein
• Auffanggurt	erforderlich	ja	nein

Höhe des Gebäudes:
Besondere Gefahren:
Montage
Leihgeräte
Maschinen und Werkzeuge
PSA Persönliche Schutzausrüstung

Montageanweisung wurde von mir durchgelesen, ist verstanden worden und wird befolgt.

....
Ort, Datum , Unterschrift AN Verantwortlicher

A.11.22 VB – Baustrom Umlage als Vertragsbedingung

ZTV – Zusätzliche Technische Vertragsbedingungen – Baustelleneinrichtung –

1.	**Vertragliche Regelung** **Entsprechend BVB § 3 Energieversorgung ist vereinbart:** Baustrom und Bauwasser stehen dem AN ab Unterverteilung bzw. Zapfstelle in den einzelnen Bauteilen bzw. Geschossen zur Verfügung. Die Vorhaltung von Baustellenverteilern erfolgt bauseits durch den Rohbauunternehmer. Die Kosten für Baustrom und Bauwasser trägt der AN. Sie sind in Regelung der VOB in die Kalkulation einzubringen.	
1.1	**Geschätzter Aufwand Baustrom im Zeitraum x.20xx bis x.20xx**	
	Für Werkzeugmaschienen, Baustelleneinrichtungen (Kran etc.)	
	und Container i. M. ... €/Monat (Durchschnitt x. – xx.20xx)	... €
	Hinweis: Tatsächlicher Verbrauch wird der Abrechnung zugrunde gelegt	
1.2	**Bauwasser**	
	Wird vom AG übernommen	
1.3	**Container der AN/AG**	
	Baustelleneinrichtung AG (Gasheizung)	2 Stk.
	Fa. .... (Gasheizung)	6 Stk.
	Fa. .... (Elektroheizung)	2 Stk.
	Fa.	0 Stk.
	Fa. .... (Elektroheizung)	1 Stk.
	Fa. .... (Elektroheizung)	2 Stk.
	Fa. .... (Elektroheizung)	2 Stk.
	Fa. .... (Elektroheizung)	2 Stk.
	Fa.	Zentralenraum UG
	Fa. ...	Zentralenraum UG
2.	**Rohbauarbeiten durch den AN/AG**	**45 %**
	Baustelleneinrichtung AG (Bauaufzug/Feuerwehraufzug/ WC Container etc.)	20 v. H.
	VE 240 Erweiterte Rohbauarbeiten	25 v. H.
3.	**Fassadenarbeiten/Dach**	**12 %**
	VE 250	5 v. H.
	VE 251	3 v. H.
	VE 252	3 v. H.
	VE 282	0 v. H.
	VE 282.2	1 v. H.
4.	**Innenausbau**	**21 %**
	VE 406 .... Kunststein/Fliesenarbeiten NN	1 v. H.
	VE 414 .... Estricharbeiten NN	1 v. H.
	VE 416 .... Installationsböden NN	2 v. H.
	VE 456 .... Textile Bodenbelagsarbeiten NN	1 v. H.
	VE 457 .... Parkettarbeiten NN	1 v. H.

	VE 426 .... RD Türen	1 v. H.
	VE 426. .... Treppen	2 v. H.
	VE 430 Metallbau Edelstahlböden/Feuerschutztore etc. NN	1 v. H.
5.	VE 440 Tischlerarbeiten Decken/Wände NN	1 v. H.
	VE 444 Holz-/Glastrennwände NN	1 v. H.
	VE 446 Trockenbauarbeiten, Wände, Türen, Feuerschutz NN	2 v. H.
	VE 466 Flexible Trennwandanlagen NN	1 v. H.
	VE 452 Brandschutzanstrich	1 v. H.
	VE 453 Maler- und Lackierarbeiten NN	1 v. H.
	VE 460 Pförtneranlagen, Empfangstresen, Sonder-Möblierung	1 v. H.
	VE 462 Garderobenanlagen, Empfangsdienste	1 v. H.
	VE 464 Teeküchen	1 v. H.
	VE 468 Allgemeine Einbauten	1 v. H.
5.1	**Loses Mobiliar**	**5 %**
	VE 470 Mobilar Konferenz usw. NN	2 v. H.
	VE 472 Arbeitsplatzmobiliar AG/NN	2 v. H.
	VE 476 Audio/Video/Eventeinrichtung NN	1 v. H.
	VE 490 Orientierungssysteme NN	0 v. H.
6.	**TGA**	**14 %**
	VE 710 .... Sanitär	2 v. H.
	VE 720 .... Heizung	1 v. H.
	VE 730 .... Lüftung	2 v. H.
	VE 734 .... Kälte	3 v. H.
	VE 740 .... Elektro	2 v. H.
	VE 760 .... Fördertechnik	1 v. H.
	VE 775 .... Sprinkler	1 v. H.
	VE 780 .... Gebäudeautomation	1 v. H.
	VE 790 .... Küchentechnik	1 v. H.
7.	**Außenbereich**	**3 %**
	VE 253 .... Fassadenbefahranlage	2 v. H.
	VE 800 ff. Außenanlagen	1 v. H.

Ort, Datum

A.11.23 VB – Bauschutt Umlage als Vertragsbedingung

ZTV – Zusätzliche Technische Vertragsbedingungen – Baustelleneinrichtung –

1.	**Bauschutt – Verpackung – Baumaterial –**	
	geschätzte Gesamtkosten:	xx.xxx €
	(Dauer: x.20xx – x.20xx, 6 Tage, 18.00 - 22.00 Uhr/5 MA/ 300 Container à xxx €)	
1.1	**Rohbauarbeiten durch den AN (ca. 25 % AS = Bau-Auftragsumme)**	
	VE 240 Erweiterte Rohbauarbeiten	0 v. H.
1.2	**Fassadenarbeiten (ca. 25 % AS)**	**11 v. H.**
	VE 250 Metallbau-Fassade	3 v. H.
	VE 251 Holz-Fassade	4 v. H
	VE 252 Stahlbauarbeiten	2 v. H.
	VE 282 Abdichtung innen/Dachabdichtungsarbeiten	2 v. H
1.3	**Innenausbau (ca. 12 % AS)**	**53 v. H.**
	VE 403 Naturwerkstein – innen	3 v. H.
	VE 406 Betonwerkstein	3 v. H.
	VE 407 Putz- und Stuckarbeiten	4 v. H.
	VE 410 Fliesenarbeiten	3 v. H.
	VE 414 Estricharbeiten	4 v. H.
	VE 416 Installationsböden	3 v. H.
	VE 418 Hohlraumboden	2 v. H.
	VE 422 Doppelboden	3 v. H.
	VE 424 Asphaltarbeiten	0,5 v. H.
	VE 426 Schlosserarbeiten	1 v. H.
	VE 428 Zargen_Türen_Tore	2 v. H.
	VE 430 Tischlerarbeiten	3 v. H.
	VE 442 Parkett, Holzpflasterarbeiten	3 v. H.
	VE 444 Metallbauarbeiten innen	2 v. H.
	VE 446 Trockenbauarbeiten, Wände, Türen, Feuerschutz	4 v. H.
	VE 452 Maler- und Lackierarbeiten, Tapezierarbeiten	3 v. H.
	VE 456 Bodenbelagsarbeiten	3 v. H.
	VE 460 Pförtneranlagen, Empfangstresen, Möblierung Eingangshalle	0,5 v. H.
	VE 462 Garderobenanlagen, Empfangsdienste	1 v. H.
	VE 464 Teeküchen	1 v. H.
	VE 466 Flexible Trennwandanlagen	2 v. H.
	VE 468 Allgemeine Einbauten	2 v. H.
1.4	**Loses Mobiliar (ca. 13 % AS)**	**10 v. H.**
	VE 470 Möbel	3 v. H.
	VE 472 Arbeitsplatzmobiliar	3 v. H.
	VE 476 Audio/Video/Eventeinrichtung	2 v. H.
	VE 490 Orientierungssysteme	1 v. H.
	VE 495 Parkierungssysteme	1 v. H.
1.5	**TGA (ca. 25 % AS)**	**18v. H.**
	VE 710 Sanitär	1 v. H.
	VE 720 Heizung	2 v. H.

	VE 730 Lüftung	2,5 v. H.
	VE 740 Kälte	2 v. H.
	VE 750 Elektrotechnik gesamt	4 v. H.
	VE 760 Fördertechnik	2,5 v. H.
	VE 775 Sprinkler	1 v. H.
	VE 780 Gebäudeautomation/MSR	1 v. H.
	VE 790 Küchentechnik	2 v. H.
1.6	**Grundreinigung AG**	**8 v. H.**

Ort, den *Datum*

VHB Teil VI Anhang, 603

Leitfaden für Ausschreibung und Vergabe zur Vermeidung, Verwertung und Beseitigung von Bauschutt, Baustellenabfällen und Erdaushub bei der Durchführung von Bauaufgaben des Bundes durch die Staatliche Bauverwaltung

A.11.24 VB – Baumschutz während der Bauausführung

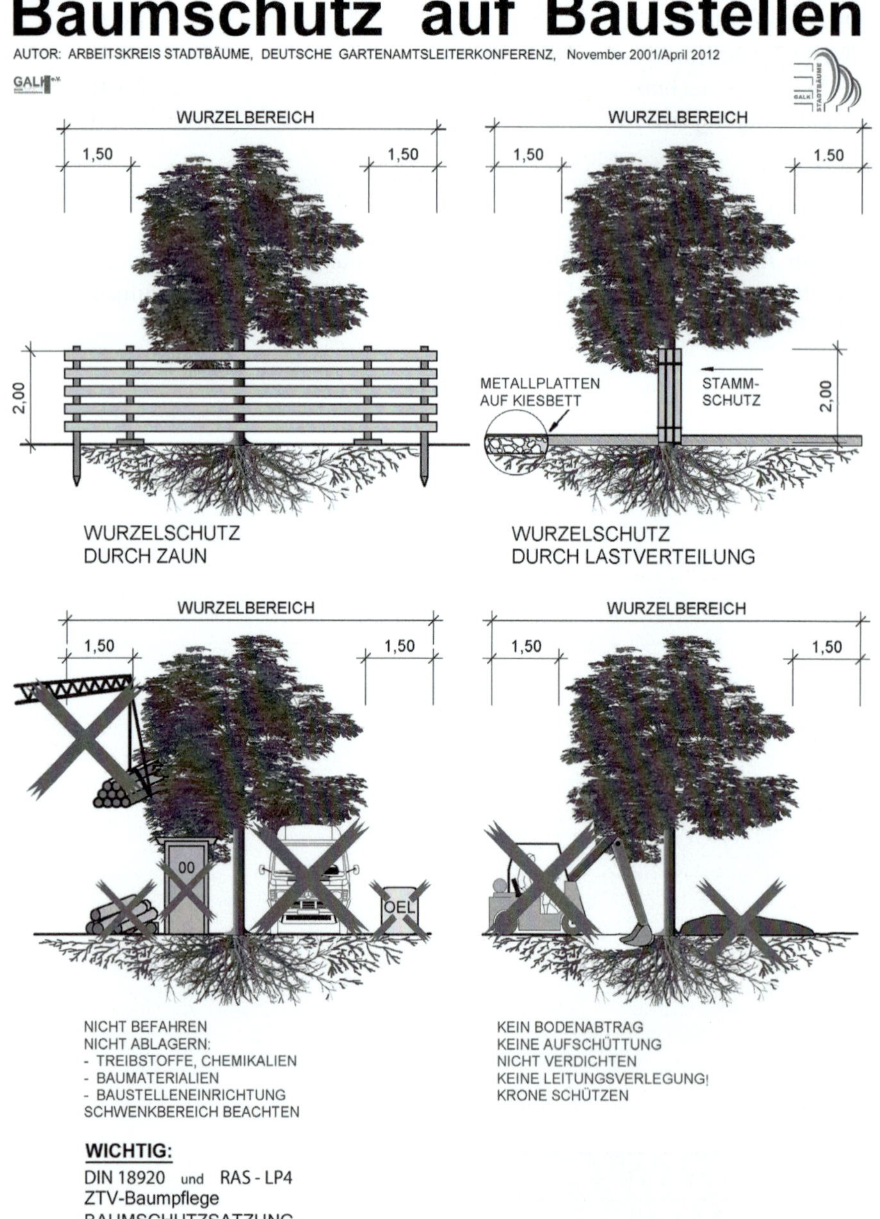

Abdruck mit freundlicher Genehmigung des Arbeitskreises Stadtbäume der Deutschen Gartenamtsleiterkonferenz (GALK)

A.11.25 VB – Angebot Titelsummen Zusammenstellung

Projekt: ...
Bauherr: ...
Betreff: Angebot Titelzusammenstellung, ...

Vergabeeinheit	Gewerk	Angebotspreis in Euro
VE/LB 000	Baustelleneinrichtung	1,00 €
VE/LB 001	Gerüstarbeiten	1,00 €
VE/LB 002	Erdarbeiten	1,00 €
VE/LB 003	Landschaftsbauarbeiten	1,00 €
VE/LB 004	Landschaftsbauarbeiten Pflanzen	1,00 €
VE/LB 005	Brunnenbauarbeiten, Aufschlussbohrungen	1,00 €
VE/LB 006	Verbau-, Ramm- und Einpressarbeiten	1,00 €
VE/LB 007	Untertagebauarbeiten	1,00 €
VE/LB 008	Wasserhaltungsarbeiten	1,00 €
VE/LB 009	Entwässerungskanalarbeiten	1,00 €
VE/LB 010	Dränarbeiten	1,01 €
VE/LB 011	Abscheider-, Kleinkläranlagen	1,01 €
VE/LB 012	Mauerarbeiten	1,01 €
VE/LB 013	Beton- und Stahlbetonarbeiten	3.000.000,00 €
VE/LB 014	Natur-/Betonwerksteinarbeiten	1,01 €
VE/LB 016	Zimmer- und Holzbauarbeiten	1,01 €
VE/LB 017	Stahlbauarbeiten	1,01 €
VE/LB 018	Abdichtung gegen Wasser	1,01 €
VE/LB 020	Dachdeckungsarbeiten	1,02 €
VE/LB 021	Dachabdichtungsarbeiten	1,02 €
VE/LB 022	Klempnerarbeiten	1,02 €
VE/LB 023	Putz- und Stuckarbeiten	1,02 €
VE/LB 024	Fliesen- und Plattenarbeiten	1,02 €
VE/LB 025	Estricharbeiten	1,02 €
VE/LB 027	Tischlerarbeiten	1,02 €
VE/LB 028	Parkett-, Holzpflasterarbeiten	1,02 €
VE/LB 029	Beschlagarbeiten	1,02 €

Vergabeeinheit	Gewerk	Angebotspreis in Euro
VE/LB 030	Rolladen, Sonnenschutz, Verdunkelung	1,03 €
VE/LB 031	Metallbau-/Schlosserarbeiten	1,03 €
VE/LB 032	Verglasungsarbeiten	1,03 €
VE/LB 033	Gebäudereinigungsarbeiten	1,03 €
VE/LB 034	Maler-, Lackiererarbeiten	1,03 €
VE/LB 035	Korrosionsschutzarbeiten	1,03 €
VE/LB 036	Bodenbelagarbeiten	1,03 €
VE/LB 037	Tapezierarbeiten	1,03 €
VE/LB 039	Trockenbauarbeiten	1,03 €
VE/LB 040	Heizungs- und Brauchwassererwärmung	1,04 €
VE/LB 042	Gas- und Wasserinst.-Leitung, Armaturen	1,04 €
VE/LB 043	Druckrohrleitung-Gas, Wasser, Abwasser	1,04 €
VE/LB 044	Abwasserinst.-Leitungen, Abläufe	1,04 €
VE/LB 045	Gas-, Wasser-, Abwasser/Einrichtung	1,04 €
VE/LB 046	Gas-, Wasser-, Abwasser/Betriebseinrichtung	1,04 €
VE/LB 047	Wärme- und Kältedämmarbeiten	1,04 €
VE/LB 048	Sanitärausstattung f. d. med. Bereich	1,04 €
VE/LB 049	Feuerlöschanlagen	1,04 €
VE/LB 050	Blitzschutz- und Erdungsanlagen	1,05 €
VE/LB 051	Bauleistungen für Kabelanlagen	1,05 €
VE/LB 052	Mittelspannungsanlagen	1,05 €
VE/LB 053	Niederspannungsanlagen	1,05 €
VE/LB 055	Ersatzstromversorgungsanlagen	1,05 €
VE/LB 056	Batterien	1,05 €
VE/LB 058	Leuchten und Lampen	1,05 €
VE/LB 059	Notbeleuchtung	1,05 €
VE/LB 060	ELA-Anlage, Sprech-/Rufanlage	1,06 €
VE/LB 061	Fernmeldeleitungsanlagen	1,06 €
VE/LB 063	Meldeanlagen	1,06 €
VE/LB 069	Aufzüge, Fahrtreppen	1,06 €

Vergabeeinheit	Gewerk	Angebotspreis in Euro
VE/LB 070	Regelung-, Heiz-, Raumluft-, sanitäre Anlagen (MSR)	1,07 €
VE/LB 071	Gebäudeautomation, Einrichtung/Funktionen	1,07 €
VE/LB 072	Gebäudeautomation, Feldger. Verkabelung/Schalt	1,07 €
VE/LB 074	Raumlufttechnische Anlagen/Zentralger.	1,07 €
VE/LB 075	Raumlufttechnische Anlagen/Luftverteilsystem	1,07 €
VE/LB 076	Raumlufttechnische Anlagen/Einzelgeräte	1,07 €
VE/LB 077	Raumlufttechnische Anlagen/Schutzräume	1,07 €
VE/LB 078	Raumlufttechnische Anlagen/Kälteanlagen	1,07 €
VE/LB 080	Straßen, Wege, Plätze	1,08 €
VE/LB 081	Betonerhaltungsarbeiten	1,08 €
Summe 1	ohne MwSt.	3.000.068,24 €
19%	Mehrwertsteuer	570.012,97 €
Summe 2	**incl. MwSt.**	**3.570.081,21 €**
Ort, den *Datum*		

A.12 Quellenverzeichnis

[1] *Roth, Werry; Gaber, Bernhard*: Kommentar zum Vertragsrecht und zur Gebührenordnung für Architekten, GOA. Berlin: Ullstein Verlag,1962

[2] *Baecker, Dirk*: Der Code der Architektur. In: Luhmann et al.: Unbeobachtbare Welt. Bielefeld: Haux, 1991

[3] Brockhaus Enzyklopädie. Wiesbaden: 1966, Erster Band, Seite 688: Architekt

[4] *Roth, Werry; Gaber, Bernhard*: Kommentar zum Vertragsrecht und zur Gebührenordnung für Architekten, GOA. Berlin: Ullstein Verlag,1962

[5] *Rösel, Wolfgang*: Baumanagement. Berlin: Springer Verlag, 2000

[6] www.din.de/go/DIN-TERM

[7] www.din.de/go/DIN-TERM

[8] *Pollio, Marcus Vitruvius*: Zehn Bücher über Architektur. Übersetzt von Jakob Prestel. Baden-Baden: Verlag Valentin Koerner, 1987

[9] www.din.de/go/DIN-TERM

[10] *Goertz, Carsten*: Neue Siemenszentrale in Düsseldorf. In: Rheinische Post vom 30.10.2010

[11] *Monning, Andreas*: Coaching & Consulting, Work-Life-Balance als Wettbewerbsvorteil. In: Der Tagesspiegel vom 26.03.2007

[12] *newwork.journal* des Vitra Magazin, by stores, Ausgabe 1, 4/2019

[13] Seite „Qualität". In: Wikipedia, Die freie Enzyklopädie. Bearbeitungsstand: 24. Juni 2019, 07:59 UTC. URL: https://de.wikipedia.org/w/index.php?title=Qualit%C3%A4t&oldid=189819584 (Abgerufen: 21. August 2019, 14:54 UTC)

[14] *Kochendörfer, Bernd; Liebchen, Jens H.; Viering, Markus G.*: Bau-Projekt-Management: Grundlagen und Vorgehensweisen. Wiesbaden: Vieweg+Teubner Verlag, 2010

[15] Bundesministerium für Wirtschaft und Energie. Projektvorstellung: Bundesweite Vergabestatistik. Juni 2019

[16] *Oswald, Rainer; Abel, Ruth*: Hinzunehmende Unregelmäßigkeiten bei Gebäuden. Wiesbaden: Vieweg+Teubner Verlag, 2005

[17] nach Unterlagen von *Hubert Petschnigg*

A.13 Literatur

Abschlussbericht zum Forschungsprojekt „Evaluierung HOAI-Aktualisierung der Leistungsbilder". 2011, abrufbar unter www.bmwi.de

Abschlussbericht „Aktualisierungsbedarf zur Honorarstruktur der HOAI". 2012, abrufbar unter www.bmwi.de

Auer, W.: Sicherheits-Risikoanalysen Rechenzentren (Klöckner, LB-SH, KHD, LVM etc.). 1978 ff.

Auer, W.: CAD-Evaluierung Intergraph und Einführung bei HPP KG, Vorträge, 1986–1987

Auer, W.: CAD-Planungen mit automatischen Mengenermittlungen, Vorträge, 1989–1994

Auer, W.: Baumanagement bei HPP PM, Handbuch. 1. Auflage 1993

Auer, W.: Baumanagement VOB-Musterschreiben HPP-PM, Handbuch. 1. Auflage 1994

Auer, W.: Baumanagement Kostenermittlungen HPP-PM, Handbuch. 1. Auflage 1996

Auer, W.: Die Ausschreibung und Abrechnung bei HPP KG, Vortrag Seminar, 1997

Auer, W.: FM-Datenerhebung aus CAD-Datenbank Intergraph, Coburg 1995–1997

Auer, W.: Die Bauwirtschaft und die HOAI in Europa (Atkins Report), Vortrag Seminar HPP, 1998

Auer, W.: Der Architekt als Generalplaner, Seminare AK-Berlin/Düsseldorf, 1999, 2000, 2001, 2002, 2003

Auer, W.: Der Architekt als Generalplaner, Vortrag Deutsche Gesellschaft für Baurecht, Frankfurt 2000

Auer, W.: Der Architekt als Generalplaner, Vortrag Bundesarchitektenkammer, Bonn 2001

Auer, W.: Baumanagement und Kostenplanung, Lehrveranstaltung FH Düsseldorf, 2002

Auer, W.: Die Steuerung eines Bauprojektes, Lehrveranstaltung FH Düsseldorf, 2003, 2004, 2005

Auer, W.: Bauleiterschulungen, AK NW/Hessen 2000, 2001

Auer, W.: Generalplanung und Baumanagement bei HPP, Vorträge, 2003, 2005

Auer, W.: FM-Technical Due Diligence-EnBop, div. Vorträge 2006 – 2008 am Beispiel BM-Finanzen

Auer, W.: Nachhaltiges Bauen und Einsatz von Zertifizierungssystemen, für Seminar FH Düsseldorf, 2009

BGB Bürgerliches Gesetzbuch. C.H.Beck, dtv Verlagsgesellschaft, 2017

VOB Teil A/B, BGB Bauvertrag §§ 650 a-v. C.H.Beck, dtv Verlagsgesellschaft, 2019

BauGB Baugesetzbuch. C.H.Beck, dtv Verlagsgesellschaft, 2018

BKI DAK, BKI-Baukostendatenbank, (Objekte, Baupreise, Altbau etc.), Ausgaben 2018

DIN e. V., VOB Vergabe- und Vertragsordnung für Bauleistungen. Berlin: Beuth Verlag, Ausgabe 2016

DIN e. V., VOB Vergabe- und Vertragsordnung für Bauleistungen. Berlin: Beuth Verlag, Ausgabe 2012

DIN e. V., VOB Vergabe- und Vertragsordnung für Bauleistungen. Berlin: Beuth Verlag, Ausgabe 2009

DVA, VOB 2019, Teil A und Teil B. Hamburg: Deutscher Rechtstexte Verlag, 2019

Fröhlich, Peter: Hochbaukosten – Flächen – Rauminhalte. Wiesbaden: Verlag Vieweg+Teubner, 2010

Gädtke, Horst; Czepuk, Knut; Johlen, Markus; Plietz, Andreas; Wenzel, Gerhard: BauO NRW, Kommentar. Neuwied: Werner Verlag, 2010

Gädtke, Horst; Temme, Heinz: LBO NRW, Kommentar. Neuwied: Werner Verlag, 10. Auflage

Heiermann, Wolfgang; Linke, Liane: VOB-Musterbriefe für Auftraggeber. Wiesbaden: Verlag Vieweg, 2002

Heiermann, Wolfgang; Linke, Liane: VOB-Musterbriefe für Auftragnehmer. Wiesbaden: Verlag Vieweg, 2002

Herig, Norbert: Praxiskommentar VOB Teile A B C. Neuwied: Werner Verlag, 2003

Irmler, Henning; Morlock, Alfred (Hrsg.): HOAI-Praktikerkommentar. Köln: Bundesanzeiger Verlag, 2018

Kapellmann, Klaus: Juristisches Projektmanagement. Neuwied: Werner Verlag, 2007

Korbion, Claus-Jürgen; /Mantscheff, Jack; Vygen, Klaus: Honorarordnung für Architekten und Ingenieure HOAI. München: C.H.Beck, 2016

Locher, Ulrich; Koeble, Wolfgang; Frik, Werner: Kommentar zur HOAI. Neuwied: Werner Verlag, 2017

Neufert, Ernst; Lohmann, Matthias: Bauentwurfslehre. Wiesbaden: Verlag Springer Vieweg, 2016

Oswald, Rainer; Abel, Ruth: Hinzunehmende Unregelmäßigkeiten bei Gebäuden. Wiesbaden: Vieweg+Teubner Verlag, 2005

Pollio, Marcus Vitruvius: Zehn Bücher über Architektur. Übersetzt von Jakob Prestel. Baden-Baden: Verlag Valentin Koerner, 1987

Roth, Werry; Gaber, Bernhard: Kommentar zum Vertragsrecht und zur Gebührenordnung für Architekten, GOA. Berlin: Ullstein Verlag,1962

Stammkötter, Andreas: Die Bauleiterschule. Berlin/Offenbach: VDE Verlag, 2017

Seifert, Werner; Locher, Horst: HOAI 2013 – Honorartabellenbuch. Neuwied: Werner Verlag, 7. Novelle 2013

Verordnung über die Honorare für Architekten- und Ingenieurleistungen (Honorarordnung für Architekten und Ingenieure – HOAI). 2013

Werner, Ulrich; Pastor, Walter: Der Bauprozess. Neuwied: Werner Verlag, 2016

Stichwortverzeichnis

H

I

K

L

M

N

Z